64 コンクリートライブラリー

2023年制定 コンクリート標準示方書
改訂資料 施工編・ダムコンクリート編・規準編

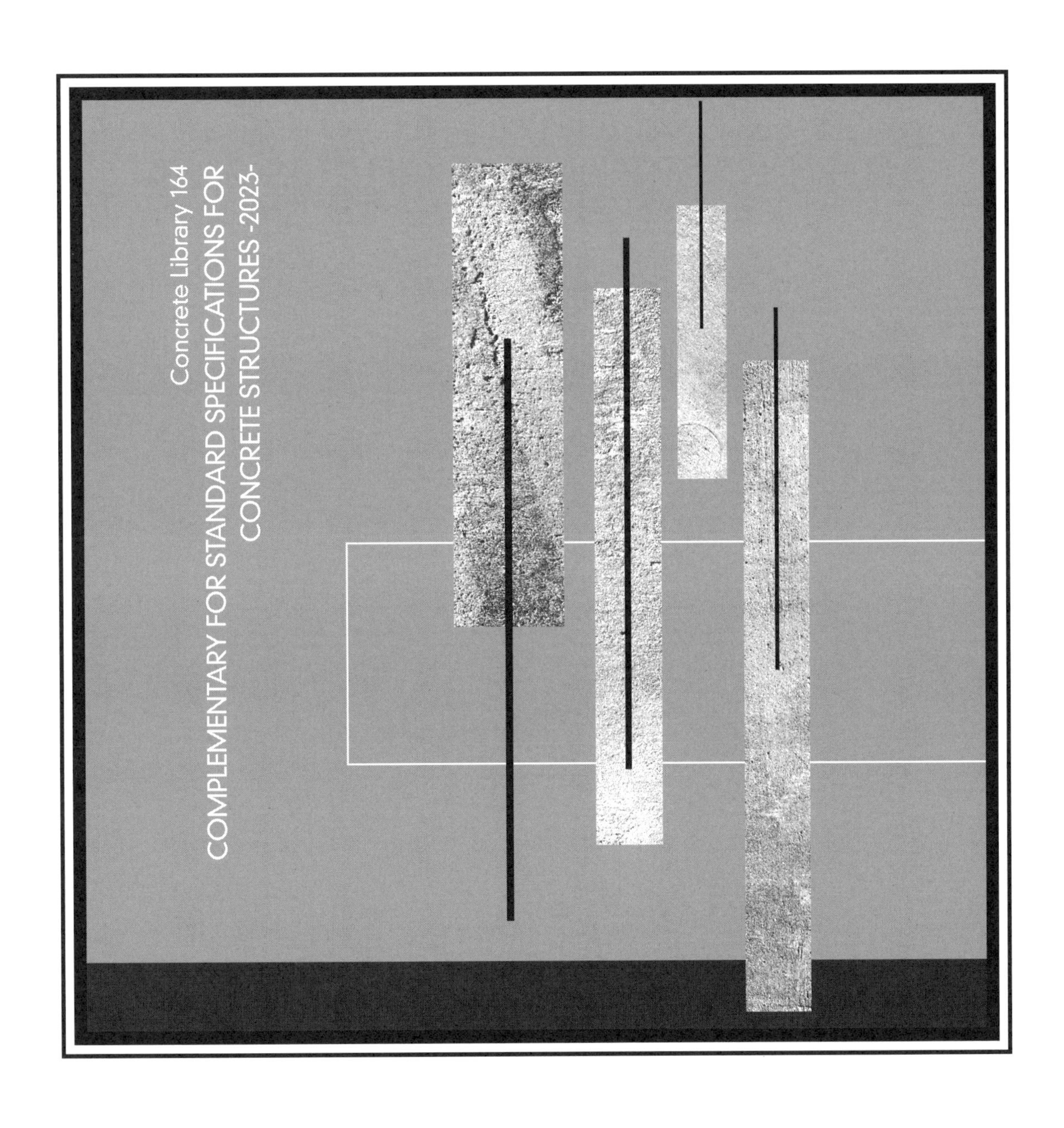

土木学会

Concrete Library 164

COMPLEMENTARY
FOR STANDARD SPECIFICATIONS
FOR CONCRETE STRUCTURES-2023-

September, 2023

Japan Society of Civil Engineers

はじめに

土木学会「コンクリート標準示方書」は，1931年（昭和6年）に土木学会コンクリート委員会の前身であるコンクリート調査会が作成した「鉄筋コンクリート標準示方書」と同解説を起源としている．以来，我が国の土木分野のコンクリート構造物の設計，施工，維持管理の在り方の一般的な基本原則を示す至高の規準としての役割を果たしてきた．その間，コンクリートに関する技術の進歩を取り入れ，また社会情勢や技術の運用形態の変化に適合すべく，コンクリート委員会により定期的に，近年では概ね5年ごとに，改訂が重ねられている．

現在のコンクリート標準示方書の基本となる骨格が整えられたのは，設計編に限界状態設計法が導入された1986年（昭和61年）に遡る．また，この時にそれまでは一冊であった示方書が各編に分冊化されている．その後，1996年（平成8年）に耐震設計編の分離による耐震設計の強化，2001年に既設構造物の維持管理を専門に扱う維持管理編の新設，2002年（平成14年）に平成11年版［施工編－耐久性照査型－］の発刊を受けての耐久性照査の導入が行われた．2000年代以降は示方書全体を貫く理念として，構造物が必要とされる性能を保持することを設計・施工・維持管理に共通かつ明解な目的と設定し，その達成が客観的に確認できるならば方法の自由度を大きく許容する性能照査の考え方が掲げられた．そして2007年には設計編，施工編が，2013年には維持管理編が，性能照査体系を示す「本編」と実用性を備えた「標準」により構成されることとなった．また2012年には，示方書の基本原則を示す基本原則編が新設された．

今回の改訂は，2023年3月に基本原則編，設計編，維持管理編が2022年版として先行して出版され，これらに続いて，9月に施工編とダムコンクリート編が2023年版として出版されるものである．また，先行して出版された3編より，社会全体ならびに建設分野におけるデジタル化の流れを受け数年前から検討されていた示方書の電子化が実現し，書籍版と電子版の2媒体で出版された．一連の取組みは，2019年度から2022年度までの4年間に亘りコンクリート委員会委員長を務められた下村匠前委員長の下で進められたものである．新しい示方書が，これまで同様，より良いコンクリート構造物の実現に役立ち，以て社会の発展に寄与することを祈念する．

一方，昭和61年版における示方書の分冊化以降，各編がそれぞれの改訂を重ねてきたことにより，示方書群全体の背骨は見えにくくなってきた．示方書が各編に分冊化される以前の昭和55年版までは，示方書全体の構成は明らかに材料・施工主導であり，配合設計での想定を受けて構造設計を行う建付けとなっていた．これに対して，昭和61年版では，限界状態設計法の導入に合わせて設計主導の方針が示されたが，その方針転換は未だ道半ばであることが今回の改訂作業を通して明らかとなった．今後，これまでの示方書の改訂の歴史を踏まえて，未完となっている課題を整理し，今後の示方書が目指すべき姿を明確にすることが重要である．

厳しい日程の下で行われた改訂作業の末に2022/2023年版の示方書5編が出版に至ったことは，膨大な改訂作業に粘り強く取り組まれた二羽淳一郎委員長をはじめとするコンクリート標準示方書改訂小委員会委員各位，ならびに各改訂作業部会の主査，副主査，幹事，委員各位の絶大な努力に負うものである．また，コンクリート委員会各位および各外部機関・団体の皆様には，改訂案の審議にあたって貴重なご意見をいただいた．ここに記して深甚の謝意を表する次第である．

2023年9月

土木学会コンクリート委員会
委員長　　　　　岸　利治

序

今般2022年制定および2023年制定コンクリート標準示方書が改訂されるにあたり、先行3編、後行2編の分割刊行となったのは、ご案内の通りである。先行は基本原則、設計、維持管理の3編であり、後行は施工、ダムコンクリートの2編である。本改訂資料は、後行する施工編、ダムコンクリート編の改訂に際して、示方書改訂に至った背景、あるいは改訂の根拠を補完するものである。また、今回の改訂に際して、示方書に盛り込むには至らなかったが、施工編、ダムコンクリート編の両部会において、検討した内容が含まれており、改訂の背景がうかがえる貴重な事項も含まれているので、参考にしていただければ幸いである。

一般に示方書は5年ごとに小改訂、10年ごとに大改訂と言われてきたが、これは毎回改訂される施工編や設計編、あるいは維持管理編を念頭においたものといえる。今回の改訂では、基本原則編とダムコンクリート編が改訂されたが、この両編はいずれも前回は改訂を見送っており、10年ぶりの改訂となった。今回のダムコンクリート編についても、当初、その改訂の要否自体が議論された。しかしながら、ダムコンクリートにおける技術の進歩・発展と、コンクリートダムを含めた社会インフラに対する社会の変容を考慮したとき、今回改訂しておくのが妥当との意見が多かったことから、担当部会を設置し、改訂を行うに至ったものである。改訂資料の中には、担当部会での検討内容が具体的に示されているので、参考にしていただきたい。

施工編は、昭和6年（1931年）の鉄筋コンクリート標準示方書としての初版刊行以来、示方書の中心的な役割を果たしてきたものである。伝統的に、コンクリートの施工は、コンクリートに関係する技術者がみずからコンクリートを配合し、材料を調達し、これを練り混ぜ、型枠内に打ち込むという姿を想定していた。しかし、こちらもコンクリートを取り巻く技術の進歩・発展と、社会の変容により、このような伝統的な姿は変化し、現在ではレディーミクストコンクリートの使用が一般的となっている。また、工場などで製作されたプレキャストコンクリートの使用も増加してきている。このような現実に対応すべく、施工編の改訂が進められた。ところで、レディーミクストコンクリートは工業製品であり、品質検査はJIS規格にしたがうものである。一方、コンクリート標準示方書には従来からの品質検査の規定がある。この両者がそれぞれ独自のものであることから、そのすり合わせとともに実務での活用に支障をきたさない記述とするために、施工編の改訂に際してかなりの時間と調整が必要となった。この点は、今後の課題であり、是非次回の改訂に際しては、わかりやすく、明快な結論を期待したい。

最後に、施工編のとりまとめにご尽力いただいた丸屋　剛副委員長、示方書改訂全般の運営を適切にお進めいただいた石田哲也幹事長のお二人に深く感謝申し上げ、結びとしたい。

2023年7月

土木学会コンクリート委員会
コンクリート標準示方書改訂小委員会
委員長　　二羽 淳一郎

序

土木学会では，コンクリートに関する品質規格および試験方法を土木学会規準として制定してきた．これらの規準類は，関連するJISとともに整備されてきており，1991年よりコンクリート標準示方書［規準編］として発刊され，今日に至っている．特に，2002年に示方書全編が性能照査型に移行して以降，性能評価のための試験方法が構造物の設計や施工，あるいは維持管理の場面で果たす役割が拡大し，これにともなって規準編の重要性はますます高まっている．このような状況下において，規準編に盛り込むべき品質規格や試験方法に関する最新の情報を反映させるとともに，コンクリート標準示方書の記載内容を補完するという位置づけを明確化することを基本方針として，今回，2018年版の内容を改めて見直し，2023年制定コンクリート標準示方書［規準編］として発刊する運びとなった．

コンクリート標準示方書［規準編］は，2005年版から，土木学会規準とJIS以外の関連規準をまとめて1冊として土木学会が製作し，コンクリート標準示方書との関係が深いJISを日本規格協会が編集し1冊にまとめ，2分冊で発行している．このうち土木学会規準は，土木学会（コンクリート委員会）の責任において制定されたものであり，他の方法での入手が困難であることから全て掲載している．一方，土木学会以外の規準類については，コンクリート標準示方書と関係が深いJISや日本コンクリート工学会，日本非破壊検査協会などの規格・規準のうち，重要と判断されたもののみを掲載し，利用される機会の少ないと考えられるものは規格や規準の名称のみを目次に示し，内容の掲載は省略することとした．

今回の2023年版における改訂の主な内容を以下に示す．

1) 軽微な修正も含め，内容の修正を行った土木学会規準については制定年号を2023に変更し，（案）をつけた．「軽微な修正」の中には，JIS規格番号の変更等も含むが，誤字・脱字や「てにをは」の修正などは除外した．
2) 2018年版で試験方法名に「(案)」の付してあった規準のうち，今回の見直しにより「(案)」を取る規準については，2018年以前（2018年を含む）の年号が付されており，かつ，特に内容の変更のない場合とした．
3) 土木学会規準として，暑中コンクリートを対象とした混和剤の試験方法を1編，フレッシュコンクリートの性能評価に関する試験方法を2編，自己治癒充填材の性能評価に関する試験方法を1編，表面含浸材によるコンクリート中の鋼材の防せい率の試験方法を1編，合計5編を追加あるいは改訂した．また，JIS規格と重複した内容となっていた連続繊維シートの試験方法を廃止した．
4) 関連規準として，日本非破壊検査協会規格からは，放射線透過試験方法，表層透気試験方法，塩化物イオン浸透深さ試験方法，ボス供試体を用いた各種試験方法などの7編，JCI規準からは，コア試料による膨張率試験方法の1編，合計8編を追加した．なお，日本コンクリート工学会からの掲載は「JCI規準」に限定し，それ以外の掲載は取りやめた．
5) コンクリート標準示方書［基本原則編］，［設計編］，［施工編］，［ダムコンクリート編］，ならびに［維持管理編］の記載内容を補完することを目的として，これらに記載されている試験方法などを可能な限り網羅し，利用者への便宜を図ることに留意した．

なお2023年版からは，従来の冊子体に加えて，電子書籍版による発刊が実現した．利用者のニーズや場面に応じた形式を選んでいただくことで，これまで以上に便利に活用いただけるものと考えている．最後に，この規準編が多くの読者に広く活用され，優れた性能を有するコンクリート構造物の設計，施工および維持管理に生かされることを期待し，本編の取りまとめにあたってご尽力頂いた規準関連小委員会幹事長，WG主査および委員各位に心から感謝の意を表する.

2023 年 9 月

規準関連小委員会
委員長　山 口 明 伸

土木学会　コンクリート委員会　委員構成

（令和5・6年度）

顧　問　上田　多門　　河野　広隆　　武若　耕司　　二羽淳一郎　　前川　宏一
　　　　宮川　豊章　　横田　　弘

委員長　岸　　利治

幹事長　細田　　暁

委　員

○青木　圭一　　秋山　充良　○綾野　克紀　○石田　哲也　○井上　　晋　○岩城　一郎
○岩波　光保　○上田　隆雄　　上野　　敦　　宇治　公隆　○氏家　　勲　○内田　裕市
○大内　雅博　△大島　義信　　春日　昭夫　　加藤　絵万　○加藤　佳孝　○鎌田　敏郎
○河合　研至　　木村　嘉富　　国枝　　稔　○河野　克哉　△古賀　裕久　○小林　孝一
○齊藤　成彦　△斎藤　　豪　○佐伯　竜彦　△坂井　吾郎　○佐川　康貴　○佐藤　靖彦
　島　　　弘　○下村　　匠　○菅俣　　匠　○杉山　隆文　○高橋　智彦　　髙橋　良輔
○田所　敏弥　　谷村　幸裕　○玉井　真一　○津吉　　毅　○鶴田　浩章　　土橋　　浩
　長井　宏平　○中村　　光　○永元　直樹　△半井健一郎　　橋本　親典　　濱田　　譲
○原田　修輔　○久田　　真　　日比野　誠　○平田　隆祥　△藤山知加子　○前田　敏也
○牧　　剛史　○松尾　豊史　○松田　　浩　○丸屋　　剛　　三木　朋広　　三島　徹也
　皆川　　浩　○宮里　心一　○森川　英典　○山口　明伸　○山路　　徹　○山本　貴士

（五十音順，敬称略）

○：常任委員会委員

△：常任委員会委員兼幹事

土木学会　コンクリート委員会　委員構成

（令和3・4年度）

顧　問　上田　多門　　河野　広隆　　武若　耕司　　前川　宏一　　宮川　豊章
　　　　横田　　弘

委員長　下村　　匠（長岡技術科学大学）

幹事長　山本　貴士（京都大学）

委　員

秋山　充良	○綾野　克紀	○石田　哲也	○井上　　晋	○岩城　一郎	○岩波　光保
○上田　隆雄	上野　　敦	宇治　公隆	○氏家　　勲	○内田　裕市	○大内　雅博
△大島　義信	春日　昭夫	加藤　絵万	△加藤　佳孝	○鎌田　敏郎	○河合　研至
○岸　　利治	木村　嘉富	國枝　　稔	○河野　克哉	○古賀　裕久	○小林　孝一
○齊藤　成彦	○斎藤　　豪	○佐伯　竜彦	○坂井　吾郎	佐川　康貴	○佐藤　靖彦
島　　　弘	○菅俣　　匠	○杉山　隆文	髙橋　良輔	△田所　敏弥	谷村　幸裕
○玉井　真一	○津吉　　毅	○鶴田　浩章	土橋　　浩	長井　宏平	○中村　　光
○永元　直樹	半井健一郎	○二羽淳一郎	橋本　親典	○濵田　秀則	濱田　　譲
○原田　修輔	○久田　　真	日比野　誠	○平田　隆祥	藤山知加子	△細田　　暁
○本間　淳史	△前田　敏也	△牧　　剛史	○松田　　浩	○松村　卓郎	○丸屋　　剛
三木　朋広	三島　徹也	皆川　　浩	○宮里　心一	○森川　英典	○山口　明伸
○山路　　徹	渡辺　忠朋				

（五十音順，敬称略）

○：常任委員会委員

△：常任委員会委員兼幹事

土木学会　コンクリート委員会　委員構成

（令和元・2 年度）

顧　問　石橋　忠良　　魚本　健人　　梅原　秀哲　　坂井　悦郎　　前川　宏一
　　　　丸山　久一　　宮川　豊章　　睦好　宏史

委員長　下村　　匠（長岡技術科学大学）

幹事長　加藤　佳孝（東京理科大学）

委　員

○綾野　克紀	○石田　哲也	○井上　　晋	○岩城　一郎	○岩波　光保	○上田　隆雄
○上田　多門	宇治　公隆	○氏家　　勲	○内田　裕市	梅村　靖弘	△大内　雅博
春日　昭夫	金子　雄一	○鎌田　敏郎	○河合　研至	○河野　広隆	○岸　　利治
木村　嘉富	國枝　　稔	○小林　孝一	○齊藤　成彦	斎藤　　豪	○佐伯　竜彦
佐藤　　勉	○佐藤　靖彦	島　　　弘	○菅俣　　匠	杉山　隆文	武若　耕司
○田中　敏嗣	○谷村　幸裕	玉井　真一	○津吉　　毅	鶴田　浩章	土橋　　浩
○中村　　光	○二井谷教治	○二羽淳一郎	橋本　親典	服部　篤史	○濵田　秀則
濱田　　譲	○原田　修輔	原田　哲夫	○久田　　真	日比野　誠	○平田　隆祥
△古市　耕輔	○細田　　暁	○本間　淳史	○前田　敏也	△牧　　剛史	○松田　　浩
○松村　卓郎	○丸屋　　剛	三島　徹也	○宮里　心一	○森川　英典	○山口　明伸
△山路　　徹	△山本　貴士	○横田　　弘	渡辺　忠朋	渡邉　弘子	○渡辺　博志

旧委員

○名倉　健二

（五十音順，敬称略）

○：常任委員会委員

△：常任委員会委員兼幹事

土木学会　コンクリート委員会
コンクリート標準示方書改訂小委員会　委員構成

顧　　問　石橋　忠良（JR 東日本コンサルタンツ(株)）
魚本　健人（東京大学）
丸山　久一（長岡技術科学大学）
宮川　豊章（京都大学）

委 員 長　二羽淳一郎（(株)高速道路総合技術研究所）
副委員長　丸屋　　剛（大成建設(株)）
幹 事 長　石田　哲也（東京大学）

委　　員

綾野　克紀（岡山大学）
井上　　晋（大阪工業大学）
岩城　一郎（日本大学）
岩波　光保（東京工業大学）
宇治　公隆（東京都立大学）
大内　雅博（高知工科大学）
加藤　佳孝（東京理科大学）
金縄　健一（国土技術政策総合研究所）
上東　　泰（中日本高速道路(株)）
河合　研至（広島大学）
河野　広隆（京都大学）
小林　孝一（岐阜大学）
下村　　匠（長岡技術科学大学）
武若　耕司（(一社)構造物診断技術研究会）
田所　敏弥（(公財)鉄道総合技術研究所）
玉井　真一（(独)鉄道建設・運輸施設整備支援機構）
中村　　光（名古屋大学）
名倉　健二（清水建設(株)）
濱田　秀則（九州大学）
古市　耕輔（西武ポリマ化成(株)）
細田　　暁（横浜国立大学）
前川　宏一（横浜国立大学）
皆川　　浩（東北大学）
山口　明伸（鹿児島大学）
山本　貴士（京都大学）
渡辺　忠朋（(株)HRC 研究所）

オブザーバー

高橋　佑弥（東京大学）
三浦　泰人（名古屋大学）

旧委員

佐藤　弘行（国土技術政策総合研究所）

（五十音順，敬称略）

土木学会　コンクリート委員会
コンクリート標準示方書改訂小委員会
運営部会　委員構成

主　査　　二羽淳一郎　（（株）高速道路総合技術研究所）

副主査　　丸屋　　剛　（大成建設（株））

幹事長　　石田　哲也　（東京大学）

委　員

綾野　克紀	（岡山大学）	岩城　一郎	（日本大学）
岩波　光保	（東京工業大学）	宇治　公隆	（東京都立大学）
大内　雅博	（高知工科大学）	金縄　健一	（国土技術政策総合研究所）
上東　　泰	（中日本高速道路（株））	小林　孝一	（岐阜大学）
田所　敏弥	（（公財）鉄道総合技術研究所）	玉井　真一	（（独）鉄道建設・運輸施設整備支援機構）
中村　　光	（名古屋大学）	名倉　健二	（清水建設（株））
濵田　秀則	（九州大学）	古市　耕輔	（西武ポリマ化成（株））
細田　　暁	（横浜国立大学）		

オブザーバー

高橋　佑弥	（東京大学）	三浦　泰人	（名古屋大学）

旧委員

井上　　晋	（大阪工業大学）	加藤　佳孝	（東京理科大学）
河合　研至	（広島大学）	河野　広隆	（京都大学）
佐藤　弘行	（国土技術政策総合研究所）	下村　　匠	（長岡技術科学大学）
武若　耕司	（（一社）構造物診断技術研究会）	前川　宏一	（横浜国立大学）
渡辺　忠朋	（（株）HRC 研究所）		

旧オブザーバー

佐藤　良一　（広島大学）

（五十音順，敬称略）

土木学会　コンクリート委員会

コンクリート標準示方書改訂小委員会

施工編部会　委員構成

主　査　綾野　克紀　(岡山大学)
副主査　名倉　健二　(清水建設(株))
幹事長　細田　　暁　(横浜国立大学)

幹　事

網野　貴彦 (東亜建設工業(株))
臼井　達哉 (大成建設(株))
桜井　邦昭 ((株)大林組)
谷口　秀明 (三井住友建設(株))
梁　　　俊 (大成建設(株))
石関　嘉一 ((株)大林組)
坂井　吾郎 (鹿島建設(株))
白根　勇二 (前田建設工業(株))
根本　浩史 (清水建設(株))
渡邉　賢三 (鹿島建設(株))

委　員

阿波　　稔 (八戸工業大学)
上野　　敦 (東京都立大学)
梶山　敏也 (NPO コンクリート製品 JIS 協議会)
木野　淳一 (東日本旅客鉄道(株))
蔵重　　勲 ((一財)電力中央研究所)
古賀　裕久 (土木研究所)
佐川　康貴 (九州大学)
辻本　一志 (全国生コンクリート工業組合連合会)
橋本紳一郎 (千葉工業大学)
細口　光博 (西日本旅客鉄道(株))
皆川　　浩 (東北大学)
伊代田岳史 (芝浦工業大学)
長田　光司 (中日本高速道路(株))
加藤　佳孝 (東京理科大学)
國枝　　稔 (岐阜大学)
河野　克哉 (ギソンセメントコーポレーション)
子田　康弘 (日本大学)
菅俣　　匠 (ポゾリス ソリューションズ(株))
中村　敏之 (オリエンタル白石(株))
日比野　誠 (九州工業大学)
本間　淳史 (東日本高速道路(株))
渡辺　　健 (徳島大学)

旧委員

谷村　　充 (太平洋セメント(株))
二井谷教治 (オリエンタル白石(株))

(五十音順, 敬称略)

本編 WG

WG 主査　　谷口　秀明

WG 副査　　根本　浩史

綾野　克紀	國枝　　稔	蔵重　　勲	古賀　裕久
坂井　吾郎	桜井　邦昭	白根　勇二	名倉　健二
日比野　誠	細田　　暁	梁　　　俊	

施工標準 ・ 場所打ちコンクリート WG

WG 主査　　坂井　吾郎

WG 副査　　石関　嘉一

阿波　　稔	網野　貴彦	上野　　敦	臼井　達哉
長田　光司	蔵重　　勲	河野　克哉	子田　康弘
佐川　康貴	菅俣　　匠	辻本　一志	根本　浩史
橋本紳一郎	渡辺　　健	渡邉　賢三	

プレキャストコンクリート WG

WG 主査　　白根　勇二

WG 副査　　網野　貴彦

上野　　敦	長田　光司	梶山　敏也	國枝　　稔
佐川　康貴	中村　敏之	皆川　　浩	渡辺　　健
梁　　　俊			

検査標準 ・ 品質管理 WG

WG 主査　　梁　　　俊

WG 副査　　渡邉　賢三

石関　嘉一	梶山　敏也	木野　淳一	蔵重　　勲
古賀　裕久	佐川　康貴	菅俣　　匠	日比野　誠
細口　光博	本間　淳史	皆川　　浩	渡辺　　健

目的別コンクリート WG

WG 主査　　桜井　邦昭

WG 副査　　臼井　達哉

伊代田岳史	加藤　佳孝	河野　克哉	菅俣　　匠
中村　敏之	根本　浩史	橋本紳一郎	渡邉　賢三

他編連携 WG

WG 主査　　細田　　暁

綾野　克紀	坂井　吾郎	桜井　邦昭	白根　勇二
谷口　秀明	名倉　健二	梁　　　俊	

（五十音順，敬称略）

土木学会　コンクリート委員会
コンクリート標準示方書改訂小委員会
ダムコンクリート編部会　委員構成

主　査	宇治　公隆	（東京都立大学）
副主査	金縄　健一	（国土技術政策総合研究所）
幹事長	大内　雅博	（高知工科大学）
幹　事	大内　　斉	（鹿島建設（株））
幹　事	宮澤　伸吾	（足利大学）

WG 主査

本編・標準 WG 主査	金縄　健一	（国土技術政策総合研究所）
温度応力解析 WG 主査	宮澤　伸吾	（足利大学）
新技術 WG 主査	大内　　斉	（鹿島建設（株））

委　　員

新井　博之（大成建設(株)）
小川　和延（(株)建設技術研究所）
川崎　秀明（(一財)ダム技術センター）
古賀　裕久（土木研究所）
金銅　将史（国土技術政策総合研究所）
貫井　　明（八千代エンジニヤリング(株)）
林　　俊斉（(株)安藤・間）
三坂　岳広（前田建設工業(株)）
石田　哲也（東京大学）
小俣　光弘（(株)大林組）
久保田貴史（(独)水資源機構）
小林　保之（東京電力ホールディングス（株））
中村　浩之（日本工営(株)）
早川　　潤（国土交通省）
樋川　直樹（清水建設(株)）

旧委員

佐藤　弘行（国土技術政策総合研究所）
三宅　　洋（国土交通省）

（五十音順，敬称略）

ワーキンググループ

本編・標準 WG	主査・金縄　健一	石田　哲也	宇治　公隆
	大内　雅博	小俣　光弘	久保田貴史
	金銅　将史	早川　　潤	
温度応力解析 WG	主査・宮澤　伸吾	新井　博之	宇治　公隆
	大内　　斉	大内　雅博	小川　和延
	金縄　健一	川崎　秀明	小林　保之
	中村　浩之	貫井　　明	樋川　直樹
新技術 WG	主査・大内　　斉	新井　博之	石田　哲也
	宇治　公隆	大内　雅博	小俣　光弘
	金縄　健一	古賀　裕久	林　　俊斉
	三坂　岳広		

（敬称略）

土木学会　コンクリート委員会
規準関連小委員会
令和1－5年度　委員構成

委員長	山口　明伸	（鹿児島大学）
幹事長	皆川　　浩	（東北大学）

委　　員

安部　誠司	（(株)高速道路総合技術研究所）	安東　祐樹	（ショーボンド建設(株)）
五十嵐数馬	（デンカ(株)）	板谷　英克	（極東鋼弦コンクリート振興(株)）
市場　幹之	（東京電力ホールディングス(株)）	上田　隆雄	（徳島大学）
上野　　敦	（東京都立大学）	小川　秀男	（ポゾリス ソリューションズ（株））
小田部裕一	（住友大阪セメント(株)）	掛川　　勝	（太平洋マテリアル(株)）
片平　　博	（(国研)土木研究所）	鎌田　敏郎	（大阪大学）
川西　貴士	（(株)大林組）	國枝　　稔	（岐阜大学）
蔵重　　勲	（(一財)電力中央研究所）	坂本　　淳	（大成建設(株)）
佐野　浩一	（経済産業省）	高谷　　哲	（京都大学）
田中　博一	（清水建設(株)）	俵　　道和	（オリエンタル白石(株)）
辻本　一志	（全国生コンクリート工業組合連合会）	鶴田　浩章	（関西大学）
永元　直樹	（三井住友建設(株)）	西田　孝弘	（静岡理工科大学）
野村　倫一	（西日本旅客鉄道(株)）	日比野　誠	（九州工業大学）
松原　喜之	（住友電気工業(株)）	丸岡　正知	（宇都宮大学）
森　　寛晃	（太平洋セメント(株)）	渡邉　賢三	（鹿島建設（株））
坂井　吾郎	（鹿島建設（株））　（担当幹事）		

旧委員

岩生　知樹	（(株)高速道路総合技術研究所）	長谷　俊彦	（(株)高速道路総合技術研究所）
平塚　慶達	（ショーボンド建設(株)）	堀口　浩司	（(株)中研コンサルタント）
正村　克身	（KM 研究所）	加藤　佳孝	（東京理科大学）　（担当幹事）

（五十音順，敬称略）

セメント，水，骨材，混和材料 WG：

	○鶴田　浩章	五十嵐数馬	小川　秀男
	片平　　博	森　　寛晃	

鋼材，補強材 WG：	○上田　隆雄	板谷　英克	市場　幹之
	川西　貴士	永元　直樹	正村　克身※
	松原　喜之		

フレッシュコンクリート WG：

	○日比野　誠	坂本　　淳	田中　博一
	辻本　一志	丸岡　正知	

硬化コンクリート WG：	○蔵重　　勲	安部　誠司	岩生　知樹※
	上野　　敦	長谷　俊彦※	西田　孝弘
	渡邉　賢三		

製品，施工機械等 WG：	○小田部裕一	佐野　浩一	堀口　浩司※

補修材料 WG：	○國枝　　稔	◇掛川　　勝	安部　誠司
	安東　祐樹	岩生　知樹※	高谷　　哲
	俵　　道和	野村　倫一	平塚　慶達※

ＪＩＳ連携 WG：	○鎌田　敏郎
ホームページ WG：	○皆川　　浩

○：主査，◇：幹事

（五十音順，敬称略，※：旧委員）

コンクリートライブラリー164

2023年制定　コンクリート標準示方書　改訂資料
施工編・ダムコンクリート編・規準編

総　目　次

[施　工　編]

[ダムコンクリート編]

［規 準 編］

CL164

施工編

[施 工 編]

目　　次

1．【2023 年制定】コンクリート標準示方書［施工編］の改訂概要

1.1　過去の改訂の経緯と今回の改訂の特徴および［施工編］の構成について

1.1.1　【2023 年制定】コンクリート標準示方書［施工編］の改訂の特徴

コンクリート標準示方書［施工編］は，設計図書に示されたコンクリート構造物を設計図書どおりに構築するための施工に関する基本的な考え方および標準を示すものである．構成は，【2007 年制定】示方書［施工編］から採用されている，［本編］，［施工標準］，［検査標準］および［特殊コンクリート］を踏襲している．ただし，［特殊コンクリート］は，生産性の向上，環境負荷の低減，機能の付与・性能の向上，および特別な方法で施工するコンクリートの 4 つの目的別に分類したため，名称を［目的別コンクリート］に変更している．施工に関する基本的な考え方は［本編］に，一般的なコンクリート工事における施工と検査の標準は［施工標準］と［検査標準］に，特に生産性向上，環境負荷低減，機能の付与や性能を向上させたコンクリート，特別な方法で施工するコンクリート等，目的が明確になっているコンクリートの施工の標準は［目的別コンクリート］に示している．

検査は，検査の項目，試験の方法，頻度（時期）および合格判定基準の 4 つからなることを示し，発注者の行う検査は［検査標準］に，施工者または生産者が品質管理で行う検査は［施工標準］「13 章 品質管理」に示している．品質管理と検査の関係は，目次の構成においても，できる限り検査項目ごとに対にすることで，対応が示せるようにした．［検査標準］には，施工者の品質管理記録を発注者が確認する検査と，発注者が構造物や部材を直接検査する形態がある．施工者の品質管理記録を発注者が検査する項目については，［施工標準］「13 章 品質管理」に移行した．また，性能規定の原則に応じて，施工者が材料を購入する際は，要求する品質を生産者に示し，要求したとおりの品質の材料を受け入れていることを受入れ検査で確認することを明記した．これは，鋼材，レディーミクストコンクリート，プレキャストコンクリート製品だけでなく，コンクリートの材料であるセメントや骨材を購入する場合にも共通することである．レディーミクストコンクリートの圧縮強度については，施工者が受入れ検査で実施する検査と，発注者が行う検査では検査の方法が異なる．施工者が行う受入れ検査では，要求したとおりのレディーミクストコンクリートが入荷されていることを確認することが目的であるため，JIS A 5308「レディーミクストコンクリート」の規定に従う検査を行い，発注者が行う検査では，1 回の強度の試験値が特性値を下回る確率，すなわち，不良率が 5%以下であることを検査計画書に示す生産者危険で検査することを明記した．なお，現場プラントで製造するコンクリートの圧縮強度は，配合設計において検査で設定する圧縮強度の合格判定基準値に対して目標値を算定するように修正した．

［施工標準］には，これまでのスランプで管理するコンクリートに加え，自己充填性を有する高流動コンクリートを加えた．さらに，［目的別コンクリート］に締固めを必要とする高流動コンクリートを加え，スランプからスランプフローまで，全ての流動性のコンクリートを用いることができるようにした．将来的には，3 つに分類されるこれらのコンクリートが，流動性（または充填性）を指標に連続的に配合選択できる体系が構築されることが望まれる．場所打ちコンクリートには，レディーミクストコンクリートが用いられることが一般的であるが，［施工標準］では，コンクリートの基本を理解する重要性を考慮し，「6 章 レディーミクストコンクリート」の前に，現場プラントで製造するコンクリートに関する「3 章 コンクリートの製造に用いる材料」，「4 章 コンクリートの配合」，「5 章 コンクリートの製造」を記載する構成としている．

［目的別コンクリート］には，生産性の向上に貢献できる締固めを必要とする高流動コンクリートの他に，打込み時のコンクリート温度が 35℃を超える暑中コンクリート，環境負荷の低減に貢献できる，混和材を大量に使用したコンクリートおよび再生骨材コンクリートを新設した．

JIS A 5371，JIS A 5372，JIS A 5373 および JIS E 1201，JIS E 1202 に規定されているプレキャストコンクリ

ート製品については［施工標準］に，施工者が自ら製作するプレキャストコンクリート，施工者が工場に製作を委託するプレキャストコンクリートおよび JIS に規定されていないプレキャストコンクリート製品は，施工者が製作仕様に関与するプレキャストコンクリートとして［目的別コンクリート］に記載した．JIS 認証品でも，それ以外のプレキャストコンクリートでも，求める品質または性能が確保されていることを型式検査の結果で確認する必要があること，製造実績がある場合は，最終検査の記録等で，品質の安定したプレキャストコンクリートの製造が行われていることを確認することが重要であることを記載した．

1.1.2　【2023 年制定】コンクリート標準示方書［施工編］の全体構成について

【2023 年制定】示方書［施工編］の目次構成とそれぞれの主な改訂点を**表 1.1.1(a)**から**表 1.1.1(d)**に示す．この表には【2017 年制定】示方書［施工編］との関係も示している．なお，章立てしていない「参照する指針類および用語」は省略した．土木学会が過去に制定した関連する指針類と用語の定義は，［施工編］全体で共通して使用できるものであるため，2017 年制定版と同様に［本編］の前に［施工編：参照する指針類および用語］を設けて収録した．

表 1.1.1(a)に示すように，2017 年制定版では，［本編］に『構造物の施工性』の章を設け，施工者が自由に設定した施工方法や材料で構造物が設計図書どおりに構築できることを，施工者の責任で実験等により確認（照査）することを記述した．今回の改訂もその方針に従ったが，『構造物の施工性』を章としては設けず，「1 章 総則」および「2 章 施工計画」にこの趣旨を記述した．［本編］は，施工の基本を示すもので，具体的な構造物の施工方法は示していない．

表 1.1.1(a)　【2023 年制定】示方書［施工編：本編］の目次構成と【2017 年制定】［施工編：本編］との比較

2017 年制定	2023 年制定	
目　次	目　次	主な改訂点
1 章 総　　則	1 章 総　　則	
2 章 構造物の施工性	2 章 施工計画 2.2 施工計画策定のための事前の確認 2.3 施工方法の設定	2017 年制定の 2 章と 3 章の一部を統合
	3 章 構造物の構築に用いる材料（新設） 3.2 鉄筋等の補強材 3.3 現場プラントで製造するコンクリート 3.4 レディーミクストコンクリート 3.5 プレキャストコンクリート製品	
3 章 施工計画	［施工標準］「2 章 施工計画」に移行	
4 章 施　　工	4 章 施　　工	
5 章 品質管理	5 章 品質管理	
6 章 検　　査	6 章 検　　査	
7 章 記　　録	7 章 施工の記録	

表 1.1.1(b)に示すように，［施工標準］の章立ては，その構成を見直すとともに，「13 章 品質管理」の節立てに合わせている．例えば，「6 章 構造物の構築に用いる製品」は，「13.4 製品として購入する材料」と対応させている．「13 章 品質管理」の内容は，施工者が品質管理として行う検査であり，13 章以外の章は，施工計画に関することを記載している．

6 章に示される鉄筋等の補強材，レディーミクストコンクリート，プレキャストコンクリート製品は，JIS 認証品が対象である．売買契約において，購入者が求める品質を生産者に指定して製品を購入することおよび要求したとおりの品質の製品が入荷していることを購入者が受入れ検査で確認することは，この 3 つの製品に共通しているため一つの章に統合している．また，【2017 年制定】［施工編：施工標準］の『7 章　運搬・打込み・締固めおよび仕上げ』，『8 章　養生』，『9 章　継目』を統合し，「9 章　コンクリート工」にすることで，「13.7　コンクリート工」と対応がとれるようにしている．「9 章　コンクリート工」は，構成の変更に加え，運搬，打込み，締固め，仕上げ，養生等の個々の施工だけでなく，フレッシュコンクリートの性状が施工中に変化することを考慮し，作業を次の段階に引き継ぎ，全工種を通じて支障を及ぼさず円滑なコンクリート工を実施する必要性を解説した．

表 1.1.1(b)　【2023 年制定】示方書［施工編：施工標準］の目次構成と【2017 年制定】示方書［施工編：施工標準］との比較

2017 年制定	2023 年制定	
目　次	目　次	主な改訂点
1 章 総　則	1 章 総　則	対象とするコンクリートの品質および仕様を解説表 1.1.2 に提示
	2 章 施工計画	［本編］『3 章 施工計画』から移行
2 章 コンクリートの品質	4.2 節に移行	
3 章 材　料	3 章 コンクリートの製造に用いる材料	現場のコンクリート製造プラントを想定して，製造に用いる材料を集約
4 章 配合設計	4 章 コンクリートの配合 4.2 コンクリートの品質 4.3 配合設計 4.4 試し練り 4.5 配合の表し方	圧縮強度の目標値と割増し係数の設定方法を解説に詳述
5 章 製　造	5 章 コンクリートの製造	現場のコンクリート製造プラントを想定した製造を集約
6 章 レディーミクストコンクリート	6 章 構造物の構築に用いる製品 6.2 鉄筋等の補強材 6.3 レディーミクストコンクリート 6.4 プレキャストコンクリート製品（新設）	・レディーミクストコンクリートの品質指定で，呼び強度の指定の考え方を解説に詳述 ・2017 年制定の［特殊コンクリート］の『12 章 工場製品』の JIS 認証品に関する部分を移行し，「プレキャストコンクリート製品」として新設．製品の指定の考え方を解説に詳述
	7 章 鉄 筋 工	
	8 章 型枠および支保工	
7 章 運搬・打込み・締固めおよび仕上げ	9 章 コンクリート工	2017 年制定の 7〜9 章を統合し，コンクリートの品質確保のためのコンクリート工の各段階で遵守すべきことを詳述
8 章 養　生		
9 章 継　目		
10 章 鉄 筋 工	7 章および 8 章に移行	
11 章 型枠および支保工		
12 章 寒中コンクリート	10 章 施工環境等に応じたコンクリート工	・2017 年制定の 12〜14 章を統合 ・2017 年制定の［特殊コンクリート］の『7 章 海洋コンクリート』を移行
13 章 暑中コンクリート		
14 章 マスコンクリート		
	11 章 高流動コンクリートを用いたコンクリート工（新設）	2017 年制定の［特殊コンクリート］の『3 章 高流動コンクリート』を移行
	12 章 プレキャストコンクリート工（新設）	2017 年制定の［特殊コンクリート］の『11 章 プレキャストコンクリート』の一部を移行
15 章 品質管理	13 章 品質管理 13.2 品質管理計画（新設） 13.3 現場プラントで製造するコンクリート 13.4 製品として購入する材料 13.5 鉄筋等の補強材の加工および組立 13.6 型枠および支保工 13.7 コンクリート工 13.8 プレキャストコンクリート工（新設） 13.9 出来形，かぶり，表面状態（新設） 13.10 品質管理の記録（新設）	・［検査標準］の項目と対になることを考慮 ・施工者がコンクリートの品質確保のために，施工の各段階で実施すべき品質管理を詳述 ・「品質管理計画」，「プレキャストコンクリート工」，「出来形，かぶり，表面状態」，「品質管理の記録」の節を新設 ・13.3〜13.7 は，元々記述されていたものを節に分けて詳述
16 章 施工記録	14 章 施工の記録	
17 章 その他の施工上の留意事項	15 章 施工を引き継ぐ場合の留意事項 15.2 あと施工アンカー 15.3 防水工への引継ぎ（新設）	・2017 年制定の『17 章 その他の施工上の留意事項』の章タイトルを変更 ・「防水工への引継ぎ」を新設

「4章 コンクリートの配合」は，【2017年制定】示方書［施工編：施工標準］における『2章 コンクリートの品質』と『4章 配合設計』を統合し，求められる品質のコンクリートの配合設計を行う体系とした．これまで，［特殊コンクリート］にあった高流動コンクリートおよび海洋コンクリートは，［施工標準］「13章 品質管理」と［検査標準］に示される品質管理および検査以外に特別な配慮を必要とする項目がないため，［施工標準］に移行し，統合した．

表1.1.1(c) に示すように，［検査標準］の章立ては，［施工標準］「13章 品質管理」と内容が対応するように配慮している．また，これまで，施工者の品質管理記録を発注者が検査するとされてきた項目は，各章の品質管理記録に示している．［検査標準］は，前半の3章，4章および5章が施工に用いる材料と施工に関する検査で，後半の6章および7章が構造物に関する検査となっている．

発注者が行う検査の形態は，「施工者の品質管理記録を発注者が検査」する手法と「発注者が構造物や部材を直接検査」する手法がある．型枠および支保工やコンクリート工のように，施工者の品質管理の記録を確認することが合理的なものは，検査項目を［施工標準］「13章 品質管理」に移し，［検査標準］では，施工者の品質管理記録を検査するように記載した．また，【2017年制定】示方書［施工編：検査標準］では，どの検査項目が，発注者が直接検査を行うものか，どの検査項目が施工者の品質管理記録を確認するものかを示したが，【2023年制定】示方書では，発注者が，いずれの手法にするかを検査項目ごとに決定し，検査計画に明記することにした．

表1.1.1(c)　【2023年制定】示方書［施工編：検査標準］の目次構成と【2017年制定】示方書［施工編：検査標準］との比較

2017年制定	2023年制定	
目　次	目　次	主な改訂点
1章 総　則	1章 総　則	
2章 検査計画	2章 検査計画	
3章 コンクリート材料の検査	［施工標準］「13章 品質管理」に移行	
	3章 鉄筋等の補強材 3.2 加工および組立 3.3 品質管理記録（新設）	施工者が行った品質管理記録を検査することを明記
4章 コンクリートの製造設備の検査	［施工標準］「13章 品質管理」に移行	
5章 レディーミクストコンクリートの検査	4章 コンクリート 4.2 圧縮強度 4.3 圧縮強度以外の特性値および仕様（新設） 4.4 品質管理記録（新設）	・圧縮強度の検査は，現場プラントとレディーミクストコンクリートに分けて合格判定の考え方を具体的に記述 ・設計図書に示された圧縮強度以外の特性値および仕様の検査の考え方を具体的に記述 ・施工者が行った品質管理記録を検査することを明記
6章 補強材料の検査	3章に移行	
	5章 プレキャストコンクリート（新設） 5.2 品質管理記録（新設）	施工者が行った品質管理記録を検査することを明記
7章 施工の検査	「2章 検査計画」と，［施工標準］「13.6 型枠および支保工」，「13.7 コンクリート工」に移行	
8章 コンクリート構造物の検査	6章 出来形，かぶり，表面状態 6.2 出来形 6.3 かぶり 6.4 表面状態 6.5 不合格と判定した場合の措置	・2017年制定の8章から，出来形，かぶり，表面状態に関する部分をこの章に集約 ・これらの検査で，不合格と判定した場合の措置を記述
	7章 部材または構造物 7.2 構造物中のコンクリート 7.3 載荷試験	・2017年制定の8章から構造物中のコンクリート，載荷試験に関する部分をこの章に集約 ・構造物完成までの検査で合格と判定されなかった場合の具体的な検査の方法について記述
9章 検査記録	8章 検査の記録	

表 1.1.1(d) に示すように，［目的別コンクリート］では，2 章，3 章および 4 章は生産性向上を目的としたコンクリート，5 章および 6 章は環境負荷低減に資するコンクリート，7 章，8 章，9 章，10 章および 11 章は機能の付与や性能の向上を目的としたコンクリート，12 章，13 章および 14 章は特別な方法の施工に関する章になっている．［目的別コンクリート］においては，［施工標準］と共通する事項は省略し，［施工標準］とは異なる品質管理および検査については記述している．これまで［目的別コンクリート］に取り入れられるものは，コンクリートライブラリーとして発刊された後に，数年間運用され，その内容に問題がないことが確認された後に掲載されることが多かったが，今回の改訂では，社会的要請の高い技術である，生産性向上に寄与する締固めを必要とする高流動コンクリートや近年，特に課題になりつつある打込み時のコンクリート温度が 35℃を超える暑中コンクリートは，コンクリートライブラリーの発刊直後や発刊前であっても掲載している．

表 1.1.1(d)　【2023 年制定】示方書［施工編：目的別コンクリート］の目次構成と【2017 年制定】示方書［施工編：特殊コンクリート］との比較

2017 年制定	2023 年制定	
目　次	目　次	主な改訂点
1 章 総　則	1 章 総　則	大きく 4 つに分類して章立て 生産性向上：2〜4 章 環境負荷低減：5〜6 章 機能の付与や性能の向上：7〜11 章 特別な方法の施工：12〜14 章
	2 章 施工者が製作仕様に関与するプレキャストコンクリート（新設）	・2017 年制定の［特殊コンクリート］の『11 章 プレキャストコンクリート』を移設し，内容を大幅に改訂 ・CL155, CL158 を参照
	3 章 締固めを必要とする高流動コンクリート（新設）	CL161 を参照
	4 章 流動化コンクリート	
	5 章 混和材を大量に使用したコンクリート（新設）	CL152 を参照
	6 章 再生骨材コンクリート（新設）	CL120 を参照
	7 章 35℃を超える暑中コンクリート（新設）	
	8 章 膨張コンクリート	
	9 章 短繊維補強コンクリート	
	10 章 高強度コンクリート	
	11 章 軽量骨材コンクリート	
	12 章 プレストレストコンクリート	コンクリート工，プレストレスト工および PC グラウト工に整理
	13 章 水中コンクリート	
	14 章 吹付けコンクリート	
2 章 流動化コンクリート	4 章に移行	
3 章 高流動コンクリート	［施工標準］に移行	
4 章 高強度コンクリート	10 章に移行	
5 章 膨張コンクリート	8 章に移行	
6 章 短繊維補強コンクリート	9 章に移行	
7 章 海洋コンクリート	［施工標準］に移行	
8 章 水中コンクリート	13 章に移行	
9 章 吹付けコンクリート	14 章に移行	
10 章 プレストレストコンクリート	12 章に移行	
11 章 プレキャストコンクリート	2 章に移行	
12 章 工場製品	JIS 認証品に関する部分を［施工標準］に移行し，構造物の構築に用いる材料として記載	
13 章 軽量骨材コンクリート	11 章に移行	

1.1.3　基本原則編，設計編，維持管理編との関係およびこれまでに制定された施工編からの変更点

［基本原則編］には，コンクリート標準示方書全体に関わる基本の考え方，各編の役割および体系が示されている．［施工編］については，コンクリート構造物の要求性能を確保するための施工計画を作成し，その計画に基づき確実に施工を行い，検査により性能が満足していることを確認することとなっている．また，設計段階では確定することが困難であった条件を検討し，品質や経済性，工程，工期，安全性，法令遵守，ならびに環境負荷等を総合的に考慮した上で，コンクリート工事の施工計画を作成するとしている．

［施工編］は，本編，施工標準，検査標準および目的別コンクリートの構成である．多くの一般的なコンクリート工事では，［施工標準］および［検査標準］に記載される標準的な方法で施工が可能であり，施工計画，施工，品質管理および検査において［施工標準］および［検査標準］の各章の内容を参照できる．［目的別コンクリート］についても同様で，目的に応じたコンクリートの各章の内容を参照すればよい．ただし，コンクリート工事の難易度の違いだけでなく，構造物条件や施工環境条件等により標準的なもの以外の検討事項は必ず存在するため，最初に［本編］に従ってコンクリート工事全体をとらえ，使用するコンクリートや施工方法を検討し，不確かなものは試験等で確かめた上で施工を実施することが重要である．一般的なコンクリート工事であっても，設計段階ですべての施工条件を考慮することはできないこと，また，設計図書には，施工に必要なすべての情報が必ずしも網羅されないこと等から，［設計編］からの情報をもとに施工するための最初の入口は必ず［施工編：本編］となる．［施工編］の流れは，［施工編：本編］に従い，設計図書の確認や工事箇所の調査を行った上で，性能規定の原則に従って，材料や施工方法を選定し，施工計画を立案する．施工計画に従って施工および品質管理を行い，構築された構造物の性能を検査により確認する．これらの施工の記録および検査の記録は，［維持管理編］に従い維持管理する事業主体に引き渡す流れにしている．

【2022年制定】示方書［設計編：本編］「4.8 設計図」では，設計図は，設計者の意図を施工担当者，並びに維持管理者に伝える唯一の手段であると記載され，［設計編：付属資料］「2編 設計図に記載する設計条件表の記載項目の例」には，設計図に記載する設計条件表の記載項目の例が示されている．コンクリートの配合に関する項目として，特性値，配合条件，参考値が示される．特性値には，設計時に設定した全ての特性値が記載される．ただし，設計図に示される全ての特性値を検査する必要はなく，検査を行う必要のない特性値に対してはセメントの種類や最大水セメント比等の配合条件が示され，この配合条件が守られることで，特性値を満足しているとみなしてよいとされている．参考値には，特性値を算出する際に前提とした配合や，設計の前提としたスランプ等が示される．検査を行う必要のある特性値が示される場合は，これらの参考値を参考に試し練りにより配合選定することになる．

【2023年制定】示方書［施工編］では，圧縮強度の検査は，1回の試験値が圧縮強度の特性値を下回る確率が5%以下，すなわち，不良率が5%以下であることを検査計画書に記載される生産者危険で判定することにした．これは，**表 1.1.2** に示すように，これまでの［施工編］の考え方を踏襲している．耐久性に関する特性値の検査は，不良率が50%であることを生産者危険0.135%で判定することとした．【2007年制定】示方書［施工編］より，発注者，設計者，施工者および生産者の責任の所在をはっきりさせる方針となっていたが，【2023年制定】示方書［施工編］では，圧縮強度の検査における合格判定基準の考え方について，これまでに決められたことが正確に行えるよう，現場で製造するコンクリートとレディーミクストコンクリートに分けて，それぞれの解説に詳しく記述した．特に，レディーミクストコンクリートにおいては，この改訂資料の「9．レディーミクストコンクリートの配合選定および強度の検査」で，具体的な事例を基に，生産者，施工者および発注者の責任の所在の範囲について詳述している．

表 1.1.2　示方書における圧縮強度の合格判定基準の推移

示方書	圧縮強度の条件	
昭和 24 年 (1949 年)	割増し係数	割増し係数を 1.15 とする
昭和 31 年 (1956 年)	特性値	1 回の試験値は，0.8σ_{ck} を 1/20 以上の確率で下回らない．（σ_{ck}：設計基準強度）
	合格判定基準	連続 5 回の試験値の平均値は，σ_{ck} を 1/20 以上の確率で下回らない．
昭和 42 年 (1967 年)	特性値	・1 回の試験値は 0.8σ_{ck} を 1/20 以上の確率で下回らない． ・1 回の試験値は σ_{ck} を 1/4 以上の確率で下回らない．
	合格判定基準	・$\overline{\sigma_n} \geq 0.8\sigma_{ck} + k_a S_n$ または $\overline{\sigma_n} \geq \sigma_{ck} + k_b S_n$ ・解説に示される生産者危険は 10%.
	受入れ検査	レディーミクストコンクリートの受入れ検査は，JIS A 5308 による．
昭和 49 年 (1974 年)	特性値	・1 回の試験値は 0.8σ_{ck} を 1/20 以上の確率で下回らない． ・1 回の試験値は σ_{ck} を 1/4 以上の確率で下回らない．
	合格判定基準	・$\overline{\sigma_n} \geq 0.8\sigma_{ck} + k_a S_n$ または $\overline{\sigma_n} \geq \sigma_{ck} + k_b S_n$ ・解説に示される生産者危険は 10%.
	受入れ検査	レディーミクストコンクリートの受入れ検査は，JIS A 5308 による．
昭和 53 年 (1978 年)	JIS A 5308 改正 ・1 回の試験結果は，指定した呼び強度の強度値の 85%以上 ・3 回の試験結果の平均値は，指定した呼び強度の強度値以上	
昭和 55 年 (1980 年)	特性値	・1 回の試験値は 0.8σ_{ck} を 1/20 以上の確率で下回らない． ・1 回の試験値は σ_{ck} を 1/4 以上の確率で下回らない．
	合格判定基準	・$\overline{\sigma_n} \geq 0.8\sigma_{ck} + k_a S_n$ または $\overline{\sigma_n} \geq \sigma_{ck} + k_b S_n$ ・解説に示される生産者危険は 10%.
	受入れ検査	レディーミクストコンクリートの受入れ検査は，JIS A 5308 による．
昭和 61 年 (1986 年)	特性値	1 回の試験値が，設計基準強度 f'_{ck} を下回る確率が 5%以下となるように定める．
	合格判定基準	・$\bar{x} \geq f'_{ck} + kS_n$ かつ $\frac{\sqrt{n-1}C_n}{\sqrt{\chi^2\left(n-1,\frac{\alpha}{2}\right)}} \leq C \leq \frac{\sqrt{n-1}C_n}{\sqrt{\chi^2\left(n-1,1-\frac{\alpha}{2}\right)}}$ ・解説に示される生産者危険は 10%.
	受入れ検査	レディーミクストコンクリートの受入れ検査は，JIS A 5308 による．
平成 3 年 (1991 年)	特性値	1 回の試験値が，設計基準強度 f'_{ck} を下回る確率が 5%以下となるように定める．
	合格判定基準	・$\bar{x} \geq f'_{ck} + kS_n$ かつ $\frac{\sqrt{n-1}C_n}{\sqrt{\chi^2\left(n-1,\frac{\alpha}{2}\right)}} \leq C \leq \frac{\sqrt{n-1}C_n}{\sqrt{\chi^2\left(n-1,1-\frac{\alpha}{2}\right)}}$ ・解説に示される生産者危険は 10%.
	受入れ検査	レディーミクストコンクリートの受入れ検査は，JIS A 5308 による．
平成 8 年 (1996 年)	特性値	1 回の試験値が，設計基準強度 f'_{ck} を下回る確率が 5%以下となるように定める．
	合格判定基準	・$\bar{x} \geq f'_{ck} + kS_n$ かつ $\frac{\sqrt{n-1}C_n}{\sqrt{\chi^2\left(n-1,\frac{\alpha}{2}\right)}} \leq C \leq \frac{\sqrt{n-1}C_n}{\sqrt{\chi^2\left(n-1,1-\frac{\alpha}{2}\right)}}$ ・解説に示される生産者危険は 10%.
	受入れ検査	レディーミクストコンクリートの受入れ検査も，圧縮強度は示方書の計量抜取検査に従う．

表 1.1.2　示方書における圧縮強度の合格判定基準の推移（つづき）

示方書	圧縮強度の条件	
平成 11 年（1999 年）	特性値	1 回の試験値が，設計基準強度 f'_{ck} を下回る確率が 5%以下となるように定める．
	合格判定基準	・配合検査によることを標準． ・配合検査によらない場合は，強度試験を行い，設計基準強度を下回る確率が 5%以下であることを，適当な生産者危険で推定（合格判定の式が消される）．
	受入れ検査	レディーミクストコンクリートの受入れ検査も，配合検査を標準とし，試験を行う場合は，設計基準強度を下回る確率が 5%以下であることを，適当な生産者危険で推定．
平成 14 年（2002 年）	特性値	1 回の試験値が，設計基準強度 f'_{ck} を下回る確率が 5%以下となるように定める．
	合格判定基準	・配合検査によることを標準． ・配合検査によらない場合は，強度試験を行い，設計基準強度を下回る確率が 5%以下であることを，適当な生産者危険で推定（合格判定の式なし）．
	受入れ検査	レディーミクストコンクリートの受入れ検査も，配合検査を標準とし，試験を行う場合は，設計基準強度を下回る確率が 5%以下であることを，適当な生産者危険で推定．
平成 19 年（2007 年）	特性値	1 回の試験値が，設計基準強度 f'_{ck} を下回る確率が 5%以下となるように定める．
	合格判定基準	圧縮強度の合格判定基準が不記載．
	受入れ検査	・レディーミクストコンクリートの受入れ検査は，設計基準強度を下回る確率が 5%以下であることを，適当な生産者危険で推定．
平成 24 年（2012 年）	特性値	1 回の試験値が，設計基準強度 f'_{ck} を下回る確率が 5%以下となるように定める．
	合格判定基準	圧縮強度の合格判定基準が不記載．
	受入れ検査	・レディーミクストコンクリートの受入れ検査は，設計基準強度を下回る確率が 5%以下であることを，適当な生産者危険で推定． ・「国や地方公共団体が管理する土木工事共通仕様書等では，JIS A 5308「レディーミクストコンクリート」に示される検査規定と同様の検査基準が示されている場合が多い．」を併記．
平成 29 年（2017 年）	特性値	1 回の試験値が，設計基準強度 f'_{ck} を下回る確率が 5%以下となるように定める．
	合格判定基準	圧縮強度の合格判定基準が不記載．
	受入れ検査	・レディーミクストコンクリートの受入れ検査は，設計基準強度を下回る確率が 5%以下であることを，適当な生産者危険で推定． ・「JIS A 5308 の判定基準を満たすことで，設計基準強度を下回る試験値の確率が 5%以下であると判断することができる．」を併記（【2023 制定】示方書で削除）．
令和 5 年（2023 年）	特性値	1 回の試験値が，圧縮強度の特性値 f'_{ck} を下回る確率が 5%以下となるように定める．
	合格判定基準	・圧縮強度の特性値を下回る確率が 5%以下であることを，n 個の試験値の平均値を用いて，検査計画書に示される生産者危険で判定（平成 8 年までの式を再掲載し，レディーミクストコンクリートと現場プラントで製造するコンクリートの合格判定の式を区別）． ・試験値の平均値の合格判定基準値と標本不偏分散の合格判定基準を記載． ・検査は，発注者の設計基準および検査基準に適合する判定基準で行うことを記載．
	受入れ検査	レディーミクストコンクリートの受入れ検査時の圧縮強度の規定は，JIS A 5308 による．

施工から維持管理に引き継ぐ検査の結果は，当初立案した検査計画，竣工図面を含め，施工者から提出された施工に関わる記録と合わせて保管し，維持管理を行う事業主体に確実に伝達する必要があることを示した．また，構造物の完成時に測定することで，将来の維持管理にも役立つと思われるデータを取得するための試験方法の例を［検査標準］に示した．

1.2　示方書［施工編］において参照する指針類および用語の定義

1.2.1　参照する指針類

平成28年以降に出版された**表1.2.1**に示される指針類を新たに追加した．なお，記号CLは，コンクリートライブラリーの略である．

表1.2.1　【2023年制定】示方書［施工編］において新たに参照する指針類

CL148 コンクリート構造物における品質を確保した生産性向上に関する提案	平成28年
CL150 セメント系材料を用いたコンクリート構造物の補修・補強指針	平成30年
CL151 高炉スラグ微粉末を用いたコンクリートの設計・施工指針	平成30年
CL152 混和材を大量に使用したコンクリート構造物の設計・施工指針（案）	平成30年
CL154 亜鉛めっき鉄筋を用いるコンクリート構造物の設計・施工指針（案）	平成31年
CL155 高炉スラグ細骨材を用いたプレキャストコンクリート製品の設計・製造・施工指針（案）	平成31年
CL156 鉄筋定着・継手指針［2020年版］	令和2年
CL157 電気化学的防食工法指針	令和2年
CL158 プレキャストコンクリートを用いた構造物の構造計画・設計・製造・施工・維持管理指針（案）	令和3年
CL160 コンクリートのあと施工アンカー工法の設計・施工・維持管理指針（案）	令和4年
CL161 締固めを必要とする高流動コンクリートの配合設計・施工指針（案）	令和5年
CL163 石炭ガス化スラグ細骨材を用いたコンクリートの設計・施工指針	令和5年

CL148を踏まえ，規格化されたプレキャストコンクリート製品および高流動コンクリートを［施工標準］に記載した．

CL150は，［検査標準］「6.5 不合格と判定した場合の措置」において，補修による対策を講じる場合に参照するとよい．

CL151は，［施工標準］「3.3 混和材」の記載に活用した．

CL152に則り，2050年のカーボンニュートラルに向けた取組みも考慮して，［目的別コンクリート］「5章 混和材を大量に使用したコンクリート」を新設した．

CL154に則り，［施工標準］「6.2 鉄筋等の補強材」や「13.4.2 鉄筋等の補強材」において，亜鉛めっき鉄筋に関する事項を記載した．

CL155で得られた知見は，［施工標準］「3.5.4 高炉スラグ細骨材および高炉スラグ粗骨材」，「4.2.9 劣化に対する抵抗性」，「6.4 プレキャストコンクリート製品」，「12章 プレキャストコンクリート工」および［目的別コンクリート］「2章 施工者が製作仕様に関与するプレキャストコンクリート」に活用した．

CL156の知見は，［施工標準］「13.5 鉄筋等の補強材の加工および組立」および［検査標準］「3.2 加工および組立」に反映した．

CL157 は，［検査標準］「6.5 不合格と判定した場合の措置」において，補修による対策を講じる場合に参照するとよい．

CL158 は，［目的別コンクリート］「2 章 施工者が製作仕様に関与するプレキャストコンクリート」に活用した．

CL160 は，［施工標準］「15.2 あと施工アンカー」の改訂に反映した．

CL161 に則り，［目的別コンクリート］「3 章 締固めを必要とする高流動コンクリート」を新設した．

CL163 は，［施工標準］「3.5.8 石炭ガス化スラグ細骨材」の参考となる．

1.2.2　用語の定義および解説

JIS A 0203「コンクリート用語」に掲載され，同じ定義で使われているものは，［施工編］からは削除した．JIS A 0203 で定義される用語のうち，［施工編］と異なる定義のものは，解説でその違いを説明している．【2023 年制定】示方書で新たに定義した用語を**表 1.2.2** に，【2023 年制定】示方書で定義を修正した用語を**表 1.2.3** に，JIS A 0203 と［施工編］で定義の異なる用語を**表 1.2.4** に示す．

表 1.2.2　新たに定義した用語

用　語	定　義
要求性能	目的および機能に応じて構造物に求められる性能．
材料物性の特性値	定められた試験法による材料物性の試験値のばらつきを想定した上で，1 回の試験値がそれを望ましくない側に下回るもしくは上回る確率がある一定の値となるように設定される材料物性の基準となる値．
高強度コンクリート	通常のコンクリートに比べ，圧縮強度の高いコンクリートの総称．
水中不分離性コンクリート	水中コンクリートの一つで，水中不分離性混和剤を混和することにより，コンクリートが水の洗い作用を受けても材料分離しにくい性質を付与したコンクリート．
自己充塡性	打込み時に締固め作業を行わなくとも，自重のみで型枠内の隅々まで均質に充塡するフレッシュコンクリートの性質．
流動性	重力や振動等の外力によって変形するフレッシュコンクリートの性質．
材料分離抵抗性	重力や振動等の外力に対して，構成材料の分布の均一性を保持しようとするフレッシュコンクリートの性質．
温度ひび割れ	結合材の水和熱に伴うコンクリートの体積変化が拘束されるために発生する温度応力により引き起こされるひび割れ．
型式検査	目標とする品質の製品が生産者の定める方法によって製造できることを，繰返しの製造が始まる前，および繰返しの製造が始まった後に，生産者が試験あるいは製造実績等によって定期的に確認する行為．
工程管理	構造物の構築や製品の製造過程における作業を分類化，体系化した工程を，効率的な方法で計画，運営すること．
工程検査	施工者があらかじめ定めた工程管理に従い施工を行い，安定した品質の構造物の構築を確認する行為，もしくは，生産者があらかじめ定めた工程管理に従い製造を行い，安定した品質の製品が製造されることを確認する行為．
受渡検査	現場に納入する製品が，購入者が指定した品質を満足することを，生産者が受渡し前に確認する行為．
受入れ検査	現場に納入された製品が，指定した品質を満足することを，購入者が製品の受入れ時に確認する行為．

表 1.2.3　定義を修正した用語

用　語	【2017 年制定】示方書以前	【2023 年制定】示方書
施工性	コンクリート構造物の構築における施工のしやすさ	構造物の構築における施工のしやすさ
マスコンクリート	部材あるいは構造物の寸法が大きく，セメントの水和熱による温度の上昇の影響を考慮して設計・施工しなければならないコンクリートあるいはコンクリート構造物.	部材あるいは構造物の寸法が大きく，セメントの水和熱による温度の上昇の影響を考慮して設計・施工する必要があるコンクリートあるいはコンクリート構造物.
水中コンクリート	淡水中，安定液中あるいは海水中に打ち込むコンクリート.	水中に打ち込むコンクリート.
粉　体	コンクリート材料のうち，セメントおよびセメントと同程度またはそれ以上の粉末度を持つ固体の総称.	コンクリートの製造に用いる材料のうち，セメントおよびセメントと同程度またはそれ以上の粉末度を持つ固体の総称.
配合設計	コンクリートまたはモルタル等が所定の目標とする品質を満足するように，それらの製造に用いる各材料の使用量あるいは使用割合を定めること.	コンクリートが所定の品質を満足するように，コンクリートの製造に用いる各材料の使用量あるいは使用割合を定めること.
割増し係数	目標強度を定める際に，品質のばらつきを考慮し，圧縮強度の特性値に乗じる係数.	圧縮強度の目標値を定める際に，そのばらつきを考慮し，圧縮強度の特性値に乗じる係数.
充塡性	コンクリートが材料分離することなく型枠中へ充塡する作業のしやすさ.	フレッシュコンクリートが材料分離することなく型枠中へ充塡するときの，充塡のしやすさ.
圧送性	コンクリートポンプによって，フレッシュコンクリートを圧送する作業のしやすさ.	コンクリートポンプによって，フレッシュコンクリートを圧送するときの，圧送のしやすさ.
水平換算距離	コンクリートポンプの配管が鉛直管，ベント管，テーパ管，フレキシブルホース等を含む場合に，これらをすべて水平換算係数によって水平管に換算し，配管中の水平管部分と合計した全体の距離.	コンクリートポンプの配管に，鉛直管，ベント管，テーパ管，フレキシブルホース等が含まれる場合に，これらすべての配管要素の管内圧力損失を水平換算係数により水平管の距離に換算し，配管中の水平管部分と合計した全体の距離.
自由落下高さ	コンクリートの打込みにおいて，輸送管先端やシュート端等からコンクリートが露出した状態で落下する時の高さ.	コンクリートの打込みにおいて，配管先端やシュート端等からコンクリートが露出した状態で型枠下端あるいはコンクリートの打込み面まで落下する時の高さ.
打重ね時間間隔	コンクリートを層状に打ち重ねる場合に，下層のコンクリートの打込み終了から上層のコンクリートの打込み開始までの時間の差.	コンクリートを層状に打ち重ねる場合に，下層のコンクリートの打込み終了から上層のコンクリートの打込み開始までの時間.
温度制御養生	打込み後一定期間コンクリートの温度を制御する養生.	コンクリートが正常に硬化するために，また，硬化後にひび割れや大きな内部応力が生じることを防ぐために，打込み後一定期間コンクリートの温度を制御する養生.

表 1.2.3　定義を修正した用語（つづき）

用　語	【2017 年制定】示方書以前	【2023 年制定】示方書
化学的侵食	酸や硫酸塩等の侵食物質によりコンクリートが溶解もしくは膨張性の化合物を生成することによって劣化する現象．この結果，コンクリートの欠損や体積膨張が生じ，さらにはひび割れやかぶりのはく離，鋼材腐食を引き起こす．	酸や硫酸塩等の侵食物質によりコンクリートが溶解もしくは膨張性の化合物を生成することによって劣化する現象．

表 1.2.4　JIS A 0203 と示方書［施工編］で定義の異なる用語

用　語	JIS A 0203	示方書［施工編］
プレキャストコンクリート	工場又は工事現場内の製造設備によって，あらかじめ製造されたコンクリート部材又は製品．	最終的に使用される場所以外で製作されたコンクリート部材または製品．
耐久性	気象作用，化学的侵食作用，機械的磨耗作用，その他の劣化作用に対して長期間耐えられるコンクリートの性能．	構造物が設計耐用期間にわたり安全性，使用性および復旧性を保持する性能．
標準養生	温度を 20±3 ℃に保った水中，湿砂中又は飽和蒸気中で行う供試体の養生．	温度を 20±2℃に保った水中または湿潤な雰囲気中（相対湿度 95%以上）で行う供試体の養生．

1.3　今後の課題

1.3.1　施工の DX 化に向けた流動性の全数計測の試み

コンクリートのスランプ，空気量，単位水量等を抜取検査する代替手法として，AI の画像解析による全数計測手法の導入が検討されている．コンクリートのスランプや空気量の品質に関する検査は，コンクリートの荷卸し時に，レディーミクストコンクリート工場の試験員もしくは第三者機関の試験員が試験を行い，発注者がそれに立ち会って，合格判定を行うのが一般的である．AI による画像解析が導入されれば，スランプの全数計測が可能になるほか，発注者は遠隔地でも即時に結果が把握できるため，立会も不要となることに期待が寄せられている．画像解析による全数計測手法とは，**図 1.3.1** に示されるように，トラックアジテータのシュートから流れ出るコンクリートを動画で撮影しながら，コンクリートのスランプが目標の範囲にあることを AI が判定するものである．ここで得られた情報を圧送，打込みおよび締固め等の作業従事者と共有することで，確実な施工に役立てることができる．

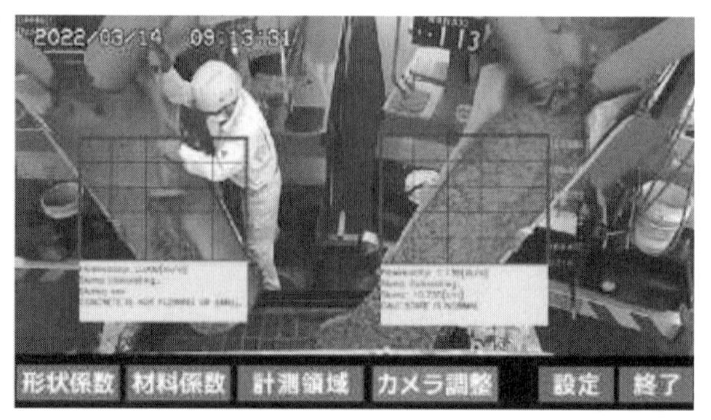

図 1.3.1　AI 画像解析によるスランプの全数計測 [1]

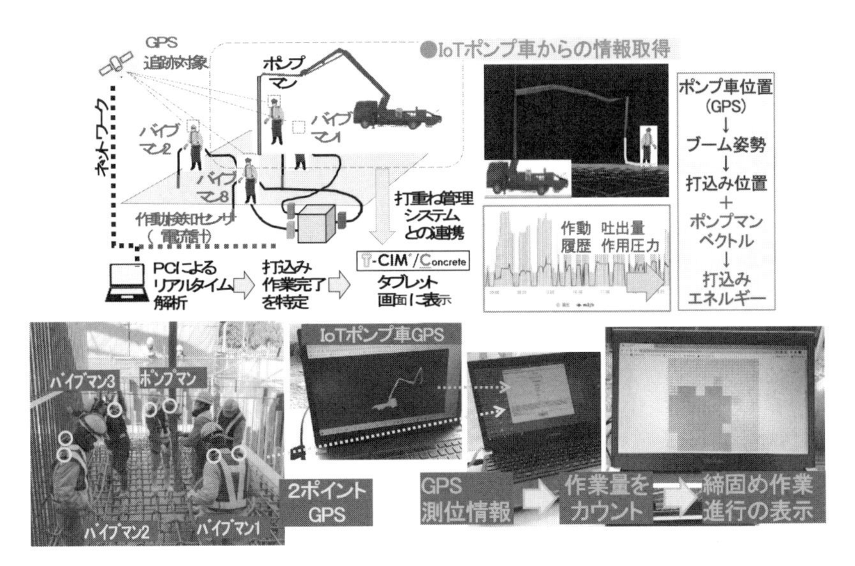

図 1.3.2　リアルタイムの情報の施工への活用 [2)]

ポンプの筒先周辺で作業を行う作業員に伝えられる情報には，トラックアジテータの到着時刻もある．**図 1.3.2** に示すように，AI が，この時刻と当初計画していた許容打重ね時間間隔等の時間との差を計算して，打込み場所や打込み順序の変更を，GPS を装着した作業員に指示するシステムも適用されている．AI の画像解析から推測されるスランプの情報から，施工者が任意に設定した閾値により，硬い，普通，軟らかい程度の情報で作業員に伝えられ，それをバイブレータの振動時間の調整に使うこともできる．しかし，この情報を，発注者の検査に用いるようにするには，合格か不合格しかない現在のスランプの検査方法を変更する必要がある．［施工編：施工標準］「9.2.1 現場までの運搬」では，抜取検査を前提とし，受入れ検査で要求する品質に適合することが確認されるまでは，コンクリートの荷卸しを認めないとの記載がされている．すなわち，受入れ検査により不適合のコンクリートを打ち込まない体系になっている．これに対して，全数計測した結果を用いて検査を行う場合は，コンクリートを打ち込みながら検査を行うことになる．全てのコンクリートのスランプが合格でなければならない全数検査は現実的でなく，圧縮強度のように不良率を認める検査方法に変更する必要がある．

スランプの全数検査を，JIS Z 9002「計数規準型一回抜取検査」により行うとする．計数抜取検査は，1 ロットあたりn回の試験を実施し，そのうち合格判定基準値を満足しない試験回数がc回以下のときにそのロットを合格にするものである．**図 1.3.3** は，計数抜取検査における OC 曲線である．OC 曲線は，1 回試験を行い，検査に合格しない確率，すなわち，不良率pを横軸に，その不良率のロットが検査に合格する確率$L(p)$を縦軸に示したものである．ロットが検査に合格する確率$L(p)$は，不良率pを用いて，式（1.3.1）で与えられる．不良率が小さければ合格率は高く，不良率が大きければ合格率は下がることになる．計数抜取検査は，生産者危険αと消費者危険β，検査に合格させたいコンクリートの不良率p_0と検査に合格させたくないコンクリートの不良率p_1を定め，ロットあたりの試験の回数nと不適合を許す試験の回数cを決めて検査を行う方法である．

$$L(p) = \sum_{r=0}^{c} {}_nC_r \cdot p^r \cdot (1-p)^{n-r} \tag{1.3.1}$$

ここに，　n　：施工の 1 ロットにおける試験の回数

　　　　　c　：合格判定基準値を満足しない結果の回数

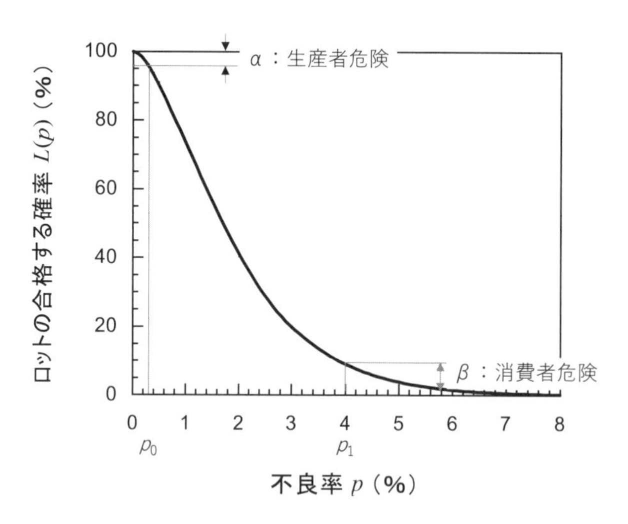

図 1.3.3　不良率と検査に合格する確率の関係

連続して100回のスランプ試験を行う場合を例として考える．このとき，**図 1.3.4** のように，スランプの不良率がp_0=0.3%のコンクリートのロットは，検査に合格させ，**図 1.3.5** のように，不良率がp_1=4.0%のコンクリートのロットは，検査に合格させたくないとする．p_0=0.3%のとき，ロットが検査に合格する確率$L(p_0)$は96.3%で，**図 1.3.3** 中の$\alpha\left(=1-L(p_0)\right)$は3.7%である．$\alpha$は，生産者にとっては，検査に合格させたいにも関わらず，ロットが検査に合格しない確率であるために生産者危険と呼ばれる．また，p_1=4.0%のとき，**図 1.3.3** 中のβ，すなわち，ロットが検査に合格する確率$L(p_1)$は8.7%である．βは，コンクリートの購入者にとっては，検査に合格させたくないにも関わらず，ロットが検査に合格する確率であるために，消費者危険と呼ばれる．圧縮強度の検査で用いられる計量抜取検査での生産者危険および消費者危険と使われ方は異なるが，意味は同じである．また，計数抜取検査においても，計量抜取検査と同様に，生産者危険および消費者危険は，それぞれ，5%および10%とするのが一般的である．

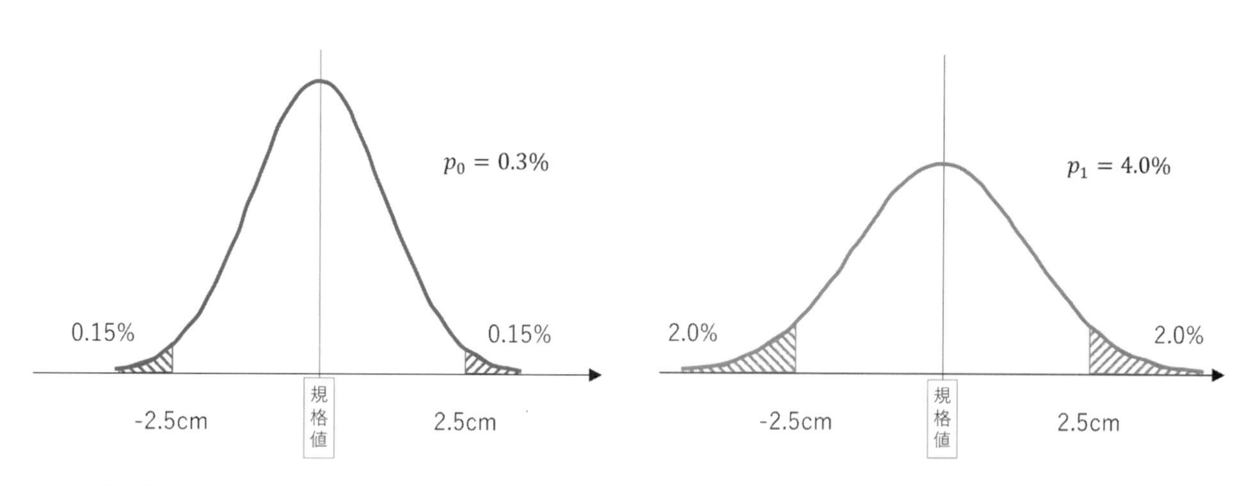

図 1.3.4　スランプの不良率が p_0=0.3%の場合　　図 1.3.5　スランプの不良率が p_1=4.0%の場合

図 1.3.6 および**図 1.3.7** 中の実線は，100回の試験を行い，スランプの規格値を満足しない試験回数は1回までのときに，そのロットを合格とするOC曲線である．また，**図 1.3.6** 中の破線は，100回のうち，2回までスランプの規格値を満足しなくても，ロットを合格とするOC曲線である．スランプの規格を満足しない回数cを2回まで許すと，ロットが検査に合格する確率$L(p_1)$は23.2%となる．消費者危険は10%とすると，スランプの規格を満足しない回数cは1回までしか許せないことになる．**図 1.3.7** 中の破線は，試験の回数nを

200回とし，スランプの規格を満足しない回数cは1回まで許すとしたOC曲線である．ロットが検査に合格する確率$L(p_0)$は87.8%，すなわち，生産者危険$\alpha\left(=1-L(p_0)\right)$は12.2%と，5%を超えており，生産者に厳しい検査となる．生産者危険を5%，消費者危険を10%とし，不良率p_0が0.3%のコンクリートは合格させ，不良率p_1が4.0%のコンクリートは合格させたくないのであれば，試験回数nは100回とし，そのうち合格判定基準を満足しない試験回数cを1回以下として検査を実施することになる．

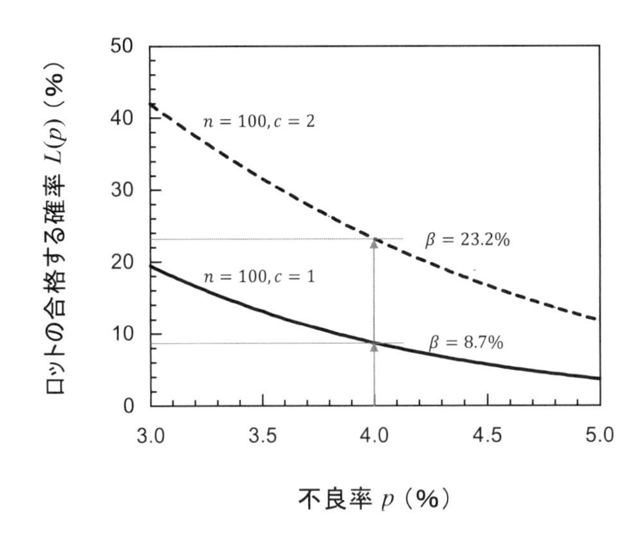

図 1.3.6　消費者危険と検査に合格する確率

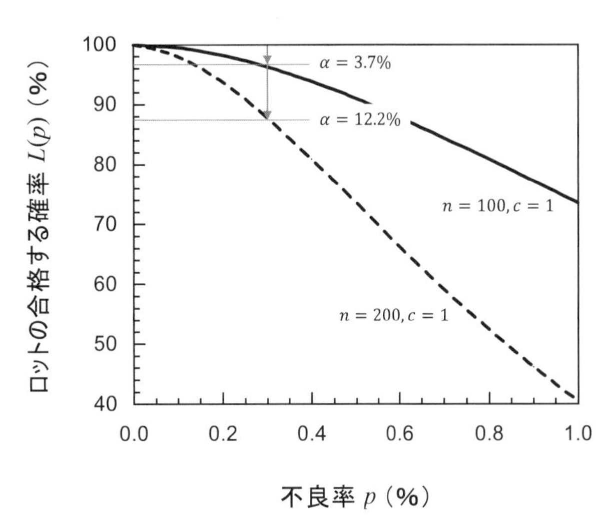

図 1.3.7　生産者危険と検査に合格する確率

JIS A 5308「レディーミクストコンクリート」において，検査に用いる試料は，JIS A 1115「フレッシュコンクリートの試料採取方法（附属書1（参考）分取試料の採取方法)」に従うことになっている．すなわち，トラックアジテータから排出されるコンクリートを用いる場合は，ドラムを30秒間高速で回転させた後，最初に排出されるコンクリート50〜100ℓを除いた後に，分取試料を採取することになる．分取試料は，トラックアジテータの回転速度を変えることによって流れ出るコンクリートの量を調節しながら，コンクリート流の全横断面から，定間隔に3回以上，採取することになっている．また，排出の初めと終わりの部分から採取してはならない規定になっている．コンクリートポンプから試料を採取する場合は，配管の筒先から出るトラックアジテータ1台分または1バッチと判断されるコンクリート流の全横断面から定間隔に3回以上試料を採取するか，排出されたコンクリートの山の3か所以上から試料を採取する規定になっている．このように，抜取検査で用いられる試料は，コンクリートの均質性が担保された状態で採取される．これに対して，全数計測では，抜取検査では廃棄される排出の初めの試料も検査することになる．全数計測した結果により検査を実施する場合は，試料の採取方法がスランプの試験結果に与える影響を考慮して，スランプの不良率を定める必要がある．

また，JIS A 5308の箇条8.1.4（運搬車）では，トラックアジテータは，その荷の排出時に，コンクリート流の約1/4および3/4のとき，それぞれ全断面から試料を採取してスランプ試験を行い，両者のスランプの差が3cm以内になるものでなければならないとされている．すなわち，トラックアジテータから流出される最初の1/4と最後の3/4では，3cmのスランプの差が許容されている．全数計測した結果により検査を実施する場合は，トラックアジテータの性能も考慮して，スランプの不良率を定める必要がある．

図1.3.8および**図1.3.9**は，スランプの低下が1cm見込まれる場合のスランプの経時変化を示したものである．なお，レディーミクストコンクリートの運搬時間は30分以内とし，スランプの規格値は12cmを想定して

いる．**図 1.3.8** に示されるように，スランプの規格値に練上がりから荷卸しまでのスランプの低下量 1.0cm を加えて品質管理を行うと，30 分以内にレディーミクストコンクリートが届けられる場合は，不適合のコンクリートとなる可能性がある．このような不適合を生じさせないためには，**図 1.3.9** に示されるように，練上がりのスランプの上限は，14.5cm で管理することになる．運搬時間を 30 分とした場合，スランプの低下量が 1.0cm ある場合は，荷卸し時におけるスランプの範囲は，12.0cm±2.5cm ではなく，11.5cm±2.0cm とする品質管理が行われる必要がある．連続計測を検査に用いる場合，検査の目的が規格値に入っていることを確認するのか，それとも，適正な品質管理が実施されていることを確認するのかによっても，合格判定基準値の定め方が変わる．

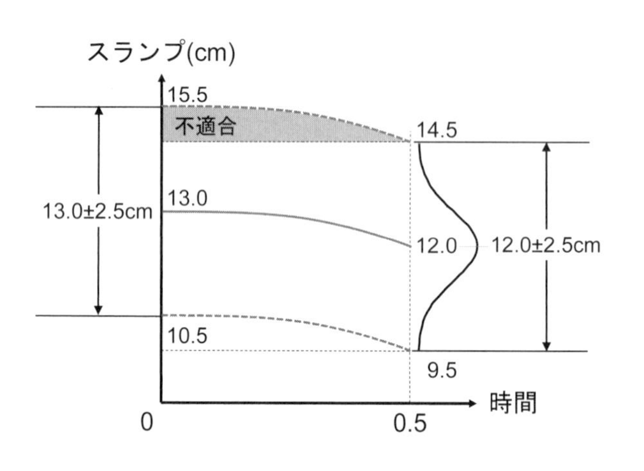

図 1.3.8　スランプ低下の影響（不適合あり）

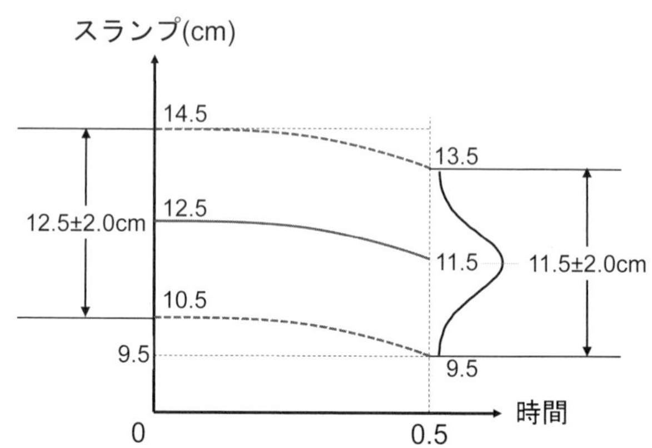

図 1.3.9　スランプ低下の影響（不適合なし）

IT 技術の進歩は，コンクリートの全数計測を可能にする．その計測結果を，施工者の行う品質管理として用いるのか，発注者の行う検査として用いるのかでは，整備すべきルールのレベルが異なる．全数計測を発注者の行う検査に用いることができれば，構造物の品質をより高いものにできることは明らかである．そのためには，発注者，施工者および生産者で合意がとれる生産者危険および消費者危険と，それぞれの不良率を定める必要がある．これらが定まれば，1 ロットの試験回数nに応じて，合格判定基準を満足しないことを許す試験回数cは決められる．計量抜取検査と同様に，計数抜取検査においても，検査に合格しない確率を限りなく小さくするためには不良率を小さくする必要がある．しかし，圧縮強度と異なり，スランプは，判定基準が大きい側にも，小さい側にもあり，不良率を小さくするには限界がある．全数計測を発注者の検査に導入するには，検査に合格しない場合のリスクにどのように対応するかも重要な課題である．

1.3.2　施工の DX 化に向けたコンクリート工の見える化の試み

積雪寒冷地域のコンクリートプラントにおいては，コンクリートの練上がり温度を制御することが困難で，厳冬期においては，練上がり温度が 10℃を下回ることもある．対策として，コンクリート製造プラントで，練上がり温度を自動計測して次バッチに反映させる等のシステムが実用化されている．**図 1.3.10** は，山岳トンネルの吹付けコンクリートの製造プラントの事例である．この製造システムでは，セメント温度を 50℃以下に抑えた上で，コンクリートの練上がり温度を 5～35℃の範囲で管理が可能となっている．今後，このような製造プラントが普及することで，プラント内の材料温度，練上がり時のコンクリート温度等の全数計測が可能となり，データの共有の方法を整備すればリアルタイムの共有も可能となる．

コンクリートの打込みにおいては，途切れることなくコンクリートを供給する必要があり，トラックアジテータの現場到着時刻を把握することは，コールドジョイントの発生防止の上でも極めて重要である．GPS

を活用し，地図上にリアルタイムで示したトラックアジテータの位置情報を関係者で共有し，運転手に対する指示もタイムリーかつ適切に出すことができる（**図 1.3.11**）．JIS A 5308「レディーミクストコンクリート」では，練混ぜ開始から荷卸し地点到着までの時間を 1.5 時間以内，[施工編] では，練混ぜから打終わりまでの時間を規定している．このシステムの適用により，この規定に対する全車の合否が判定できることになる．なお，合格とならない車が搭載したコンクリートの対応を検討しておく必要がある．

機能 I	材料の加温機能	・骨材はベルトコンベヤ上で蒸気により加温 ・原水は大型ボイラーで加温
機能 II	練混ぜ材料の温度計測機能	・練混ぜ材料の練混ぜ前の自動温度測定 ・練混ぜ時のコンクリートの自動温度測定
機能 III	練上がり温度の自動制御機能	・目標練上がり温度に合わせて，次バッチの原水と温水の割合を熱容量計算によって自動調整する機能
機能 IV	クラウド管理機能	・練混ぜ実績データをデジタル化し，クラウドを介して遠隔収得する機能

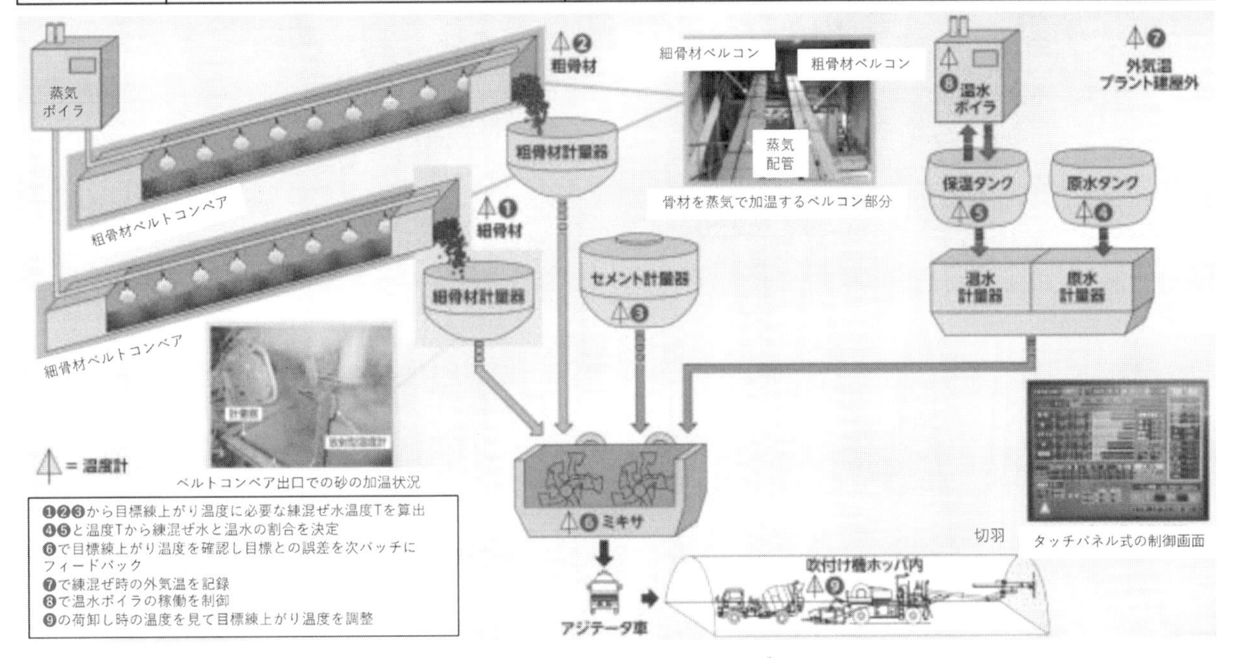

図 1.3.10　練上がり温度を自動制御するコンクリート製造プラントの概要 [3)]

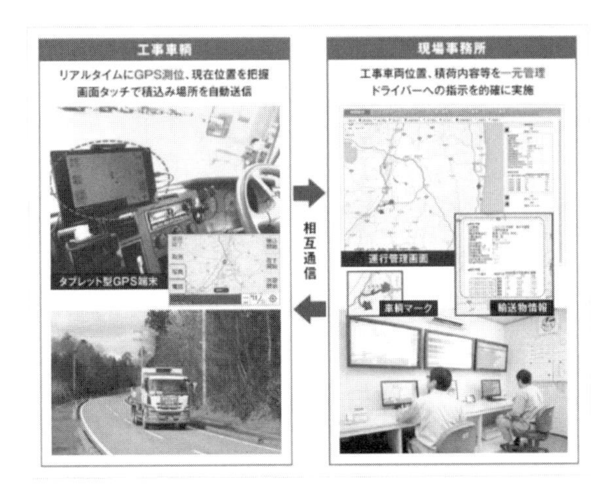

図 1.3.11　運行管理システムによる遠隔監視 [4)]

練混ぜから打終わりまでの時間を正確に管理するためには，入念な施工計画に加え，施工者および生産者が，コンクリートの練混ぜから荷卸しまでの時間をリアルタイムで共有することが重要である．また，レディーミクストコンクリート納入書の電子化およびクラウド等を活用したデータのリアルタイム共有によって，施工者が現場の状況に応じて効率的かつ最適に発注できるようになる．**図 1. 3. 12** に示すようなシステムの活用により，現場での待機時間が短縮され，所定の流動性を有するコンクリートを打ち込むことが可能となり，品質確保と生産性の向上につながることが期待される．レディーミクストコンクリート情報のリアルタイム共有によって，コンクリートの受入れにおいて，レディーミクストコンクリート納入書の代替として，デジタル伝票による受入れ検査，計量印字記録から算出した単位量による水結合材比や単位水量の検査等の実用化も期待できる．

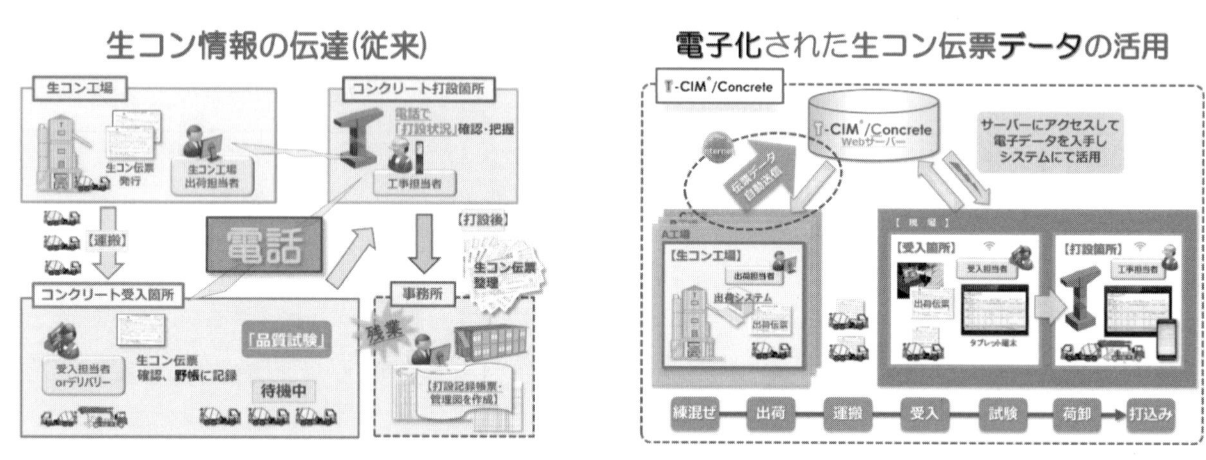

図 1. 3. 12　生コン伝票の電子化とデータの活用 [5)]

IoT の活用により，コンクリートポンプの稼働記録，機械効率，実吐出量および管内圧力損出を取得できる技術が開発されている．今後は，ポンプからのこれらの情報をリアルタイムで施工者が共有し，吐出量の管理に加え，圧力損失を把握することで圧送によるスランプ低下の抑制，配管の閉塞等のトラブル防止や安全管理に活用することが期待される（**図 1. 3. 13**）．

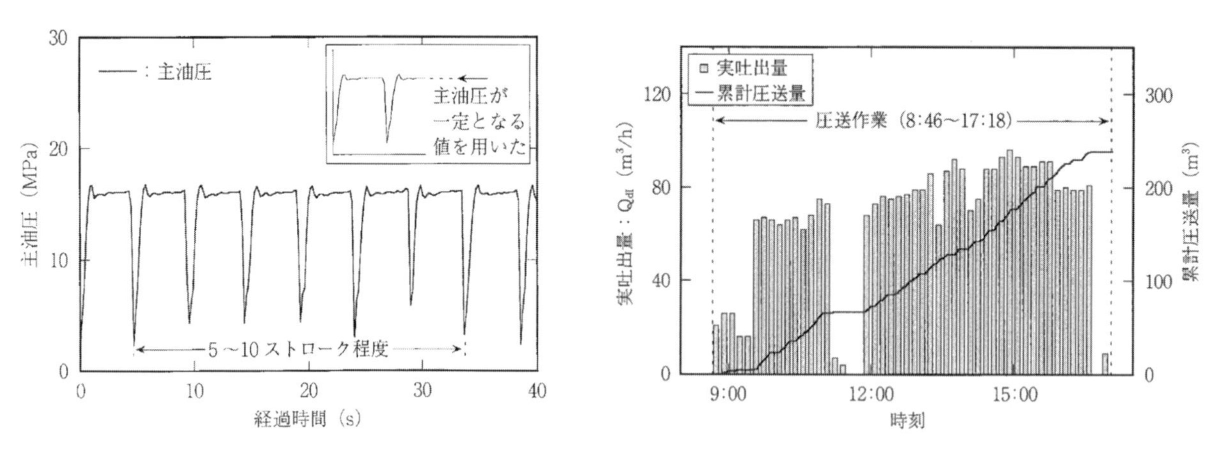

図 1. 3. 13　ポンプ車の車両管理支援システムで共有されるデータ（主油圧の波形と圧送状況の経時データ） [6)]

コンクリートの打上がり高さは，施工管理者が鋼製の巻尺を天端から降ろす等して，直接測るのが一般的である．特に，トンネルの覆工コンクリート等の閉鎖空間への打込みにおいては，打上がり高さを即時に把握することは困難であった．この課題を解決するために，照度センサと LED 照明を用いて，型枠内にコンクリートが打ち込まれているか否かを判別して，打上がり高さを可視化するシステムが提案されている（**図**

1.3.14）．このような打上がり高さの見える化技術は，打込みの一層の高さ管理，打上がり速度管理をはじめとする品質管理の合理化に貢献することが期待される．

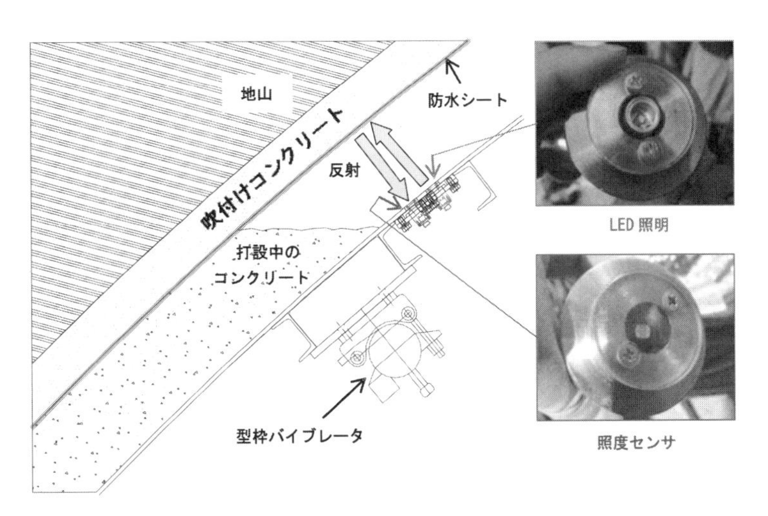

図 1.3.14　打上がり高さの見える化 7)

コンクリート構造物の品質を確保する上で，バイブレータによる締固め状況を把握することが極めて重要となる．締固めの不足による豆板の発生や，過剰な締固めによるコンクリートの材料分離等を防止するためには，コンクリートの締固めの状況を可視化して管理することが有効となる．コンクリート締固め管理システムは，作業員のヘルメットに装着したカメラ映像を AI が解析し，締固め状況を評価する．評価結果はモニター上に 3 次元モデルで投影されるため，締固めの過不足を視覚的に確認できる（図 1.3.15）．このシステムを用いて施工者が締固めの管理を行うことは現状でも有効なツールとして活用されている．今後，このシステムによる施工者の品質管理記録を発注者が検査することで従来の検査の代替とすることが認められれば，施工者と発注者は両者とも，業務を省力化できる．そのためには，検査としての精度，確からしさ，不正防止の対策等の基準を設けていく必要がある．

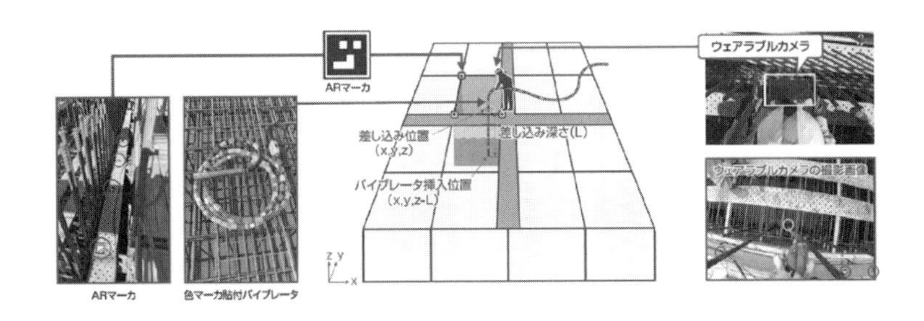

モニター映像イメージ

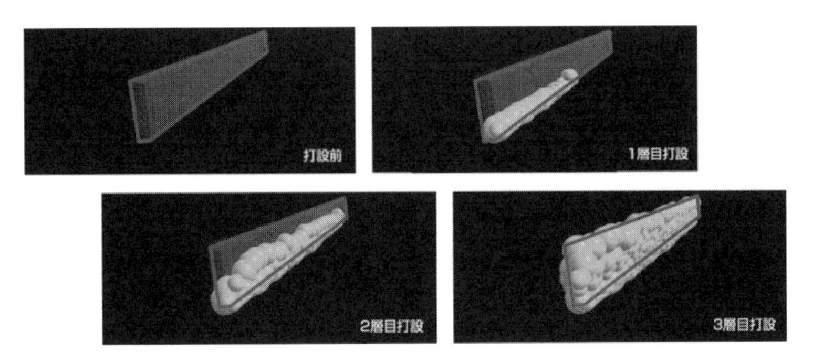

図 1.3.15　バイブレータによる締固め状況を可視化 8)

仕上げ作業の効率化と品質確保を目的として仕上げ作業のロボット化が検討されている（**図 1.3.16**）．現状の開発技術では，仕上げ作業を行った区域の明示に加え，走行速度，旋回速度，こて回転数等の細かい調整を行うことができる．今後の課題としては，コンクリートの表面状態に合わせた仕上げ作業を行えるように自動制御することや，仕上がり面が所定の品質を有していること等の品質管理の合理化が挙げられる．

図 1.3.16　仕上げ作業のロボット化 [9)]

温度制御養生のうち，パイプクーリングはマスコンクリートの温度ひび割れ制御工法として広く用いられているものの，その運転管理には多くの手間を必要とする課題があった．事前の温度応力解析によって目標とするコンクリート温度履歴の管理幅を設定し，その幅を超えないように，クーリング水の温度をリアルタイムで把握するとともに，流量を遠隔操作により調整できる技術も開発されている（**図 1.3.17**）．温度制御養生の施工管理としてこのシステムを用いて施工者が品質管理を行い，システムによる施工者の品質管理記録を発注者と共有することでリアルタイムの検査も可能となる．

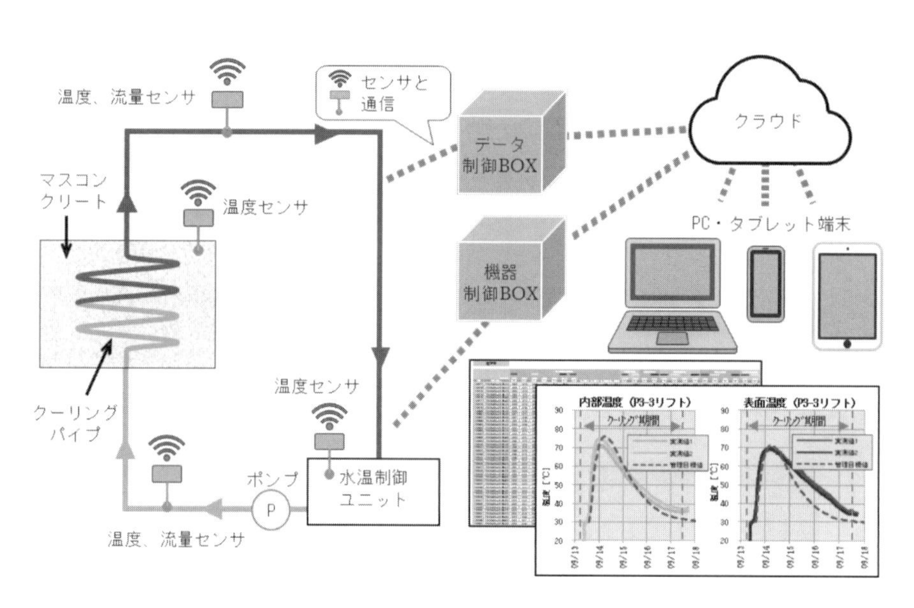

図 1.3.17　温度制御養生の自動化 [10)]

コンクリートの打継ぎ処理は，表面のレイタンスや緩んだ骨材等を高圧洗浄によって除去し，目粗しを行っている．打継面の処理が適切に行われないと，コンクリートの一体性が損なわれ，漏水の原因となり得る．このように，打継面の処理が構造物の機能，性能に大きな影響を与えるにも関わらず，これまで，処理状態の良否を施工現場で簡便に判定する方法は確立されていなかった．打継ぎ処理の管理システムは，打継面の凹凸の状態，粗骨材の露出状態によって変化する輝度分布に着目し，輝度の分布度合いから打継面の良否を定量的に判定し，そのデータをクラウド上で管理するものである（図 1.3.18）．これにより，評価の個人差を解消し，打継ぎ処理不足やオーバーカットを防ぐとともに，リアルタイムでの情報共有，管理も可能となる．

このシステムを施工の検査に用いる場合には，打継面全面を対象とできること，天候や日照等の環境条件等にも影響されない精度を有すること，高密度配筋部や狭隘箇所等も対象にできること等，検査として一定レベル以上の有効性があることを確認する必要がある．

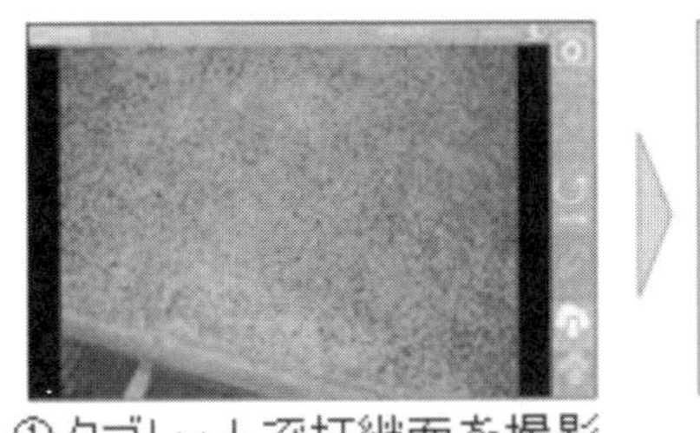

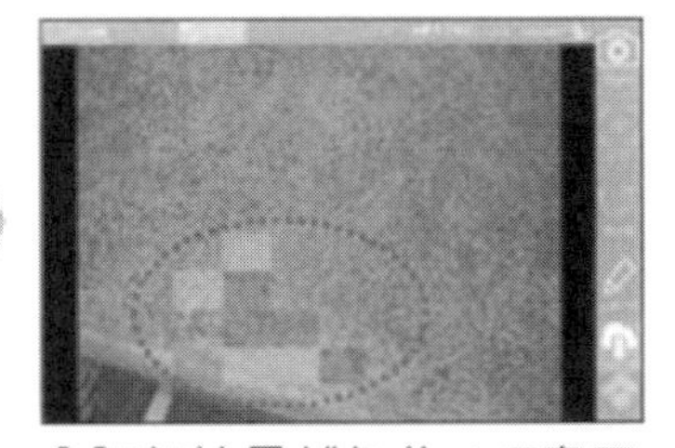

図 1.3.18　打継ぎ処理の管理システムの評価手順[11)]

生産性向上の支障となっている鉄筋組立の作業の合理化を目的として，鉄筋組立の自動化，機械化が進められている．例えば，プレキャストコンクリート工場等で大量製作する鉄道構造物の軌道スラブの鉄筋組立を自動化したロボットが開発されており，ロボットアームの先端に鉄筋を把持する治具と鉄筋を結束する市販の機械が備えられている（図 1.3.19）．

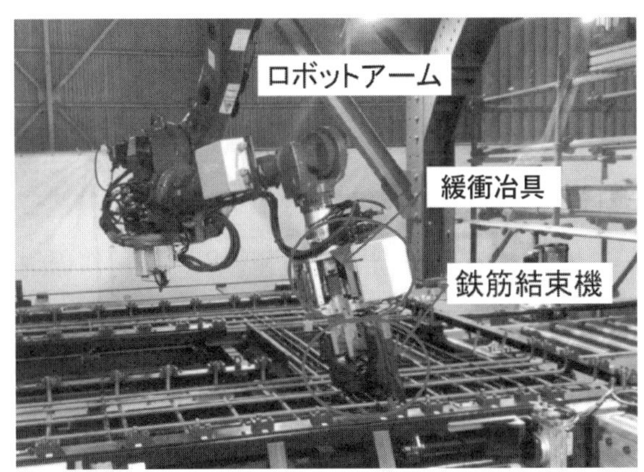

図 1.3.19　ロボットによる鉄筋組立[12)]

高密度配筋部では，図面を理解し，鉄筋の組立手順を事前に検討する必要がある．また，コンクリートの充塡性を考慮し，未充塡の発生が高い確率で生じると判断された場合には，配筋の変更を検討する必要がある．現場で鉄筋を組み立てている際に，過密で組み立てられない，あるいはコンクリートを充塡する空間が確保されていないと判明しても，既に対応ができないことが多い．そこで，事前に CIM を使って高密度配筋部の改善に取り組み，3 次元 CAD による施工困難な箇所の抽出技術が確立されている（図 1.3.20）．

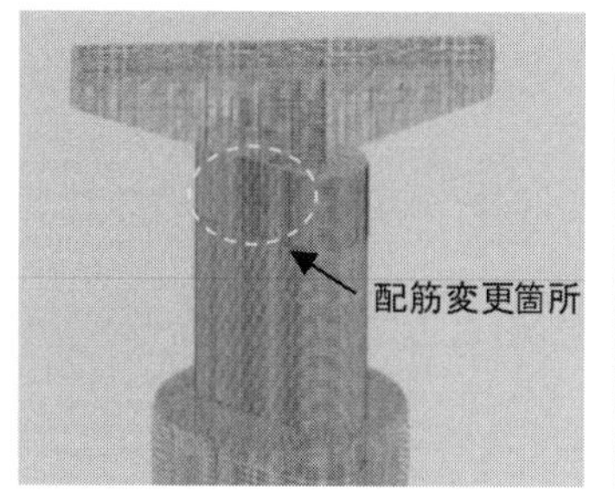

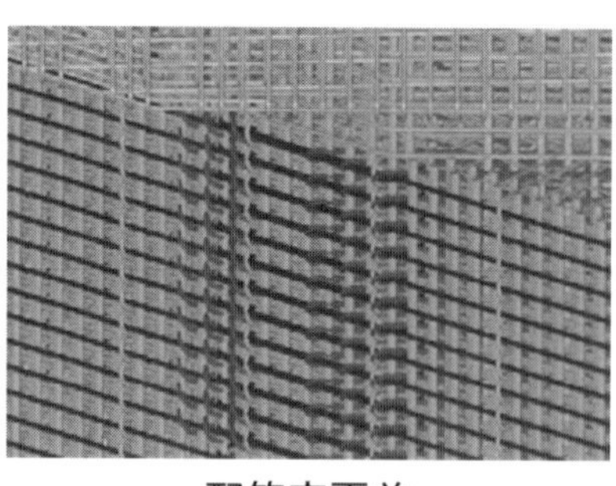

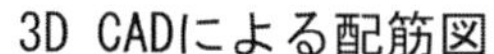

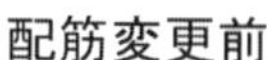

配筋変更後

図 1.3.20　CIM を使った配筋のリスク回避 [13)]

また，従来の鉄筋検査では，検尺ロッドと黒板，鉄筋マーカ等を用いて発注者の立会によって鉄筋の径，間隔，本数が設計どおりであることを検査していた．これに対し，カメラで撮影した画像と画像解析技術によって鉄筋径，間隔，本数のみならず重ね継手の長さ，かぶりを計測し，検査帳票を自動作成できるシステムが開発されている（図 1.3.21）．検査結果の精度も環境条件の影響を受けずに±1.0mm，配筋の平均間隔で±5.0mm と工事管理基準内に収まる精度を実現しており，検査の合理化に貢献している．今後は，同種の検査方法を広く普及していくために，システムのコストダウンに加え，標準化によって使用しやすい環境の整備が必要である．

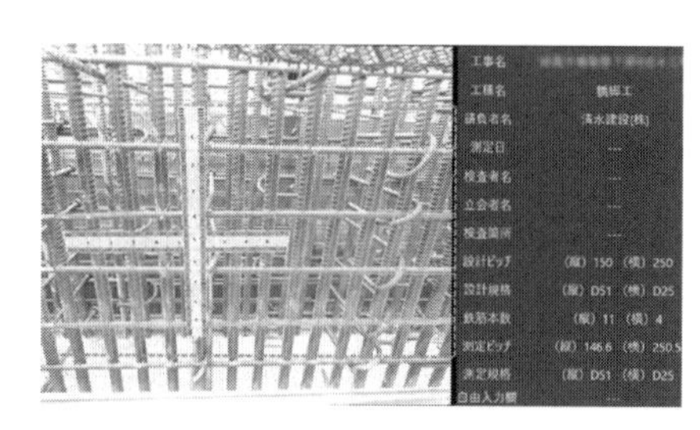
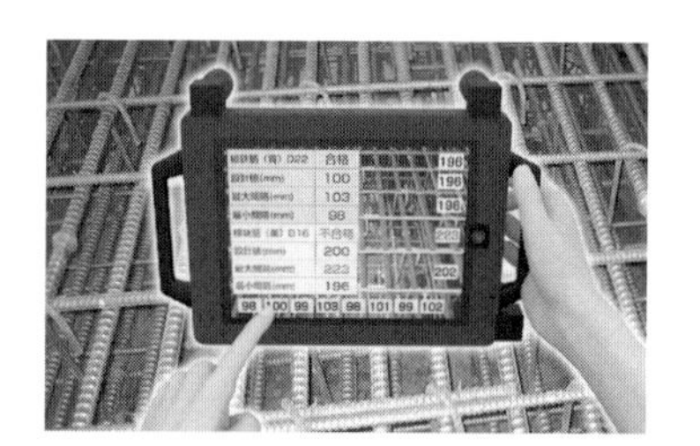

図 1.3.21　リアルタイム自動配筋検査システム [14)]

型枠および支保工の DX に向けた見える化の試みは，作業効率の見える化，プレキャストコンクリート製の埋設型枠や移動式大型型枠による作業の高効率化等は検討されているものの，現状では工事に導入されている事例は少ない．これは，型枠および支保工の多くが人間の手による施工に依存しているためである．型枠を 3D プリンタで構築する試験的検討が始まっており，この技術が一般化することにより型枠および支保工の合理化と見える化が同時に期待できる [15)]．

参考文献

1)　国土交通省ホームページ：コンクリート生産性向上検討協議会（第 12 回）資料 3，2023.2

2)　大友健：コンクリート構築工における DX 技術―クラウド/AI/IoT の活用によるコンクリート製造～運搬～施工履歴と全数品質情報の自動取得・CIM への統合―PRISM による試行例，土木学会 2022 年度第 14 回公共調達シンポジウム，2022.6

3)　（社）日本建設業連合会：生産性向上事例集～土木編～2018：吹付けコンクリートの練上り温度を最適温度に自動制御して生産性向上（飛島建設），pp.32-33，2018

4)　（社）日本建設業連合会：生産性向上事例集～土木編～2018：資機材・人の位置情報のリアルタイム把握による現場管理の効率化（鹿島建設），pp.47-48，2018

5)　（社）日本建設業連合会：生産性向上事例集～土木編～2018：i-Construction の流れに沿った現場打ちコンクリートの生産性向上（大成建設），pp.57-58，2018
6)　中田善久，大塚秀三，宮田敦典，吉田兼治：IoT によるコンクリートポンプの稼働記録を利用した圧送データの実態分析の試み，コンクリート工学 Vol.59，No.12，pp.1004-1010，2021.12
7)　（社）日本建設業連合会：生産性向上事例集～土木編～2019：覆工打設高さ管理システム「スターライトセンサシステム」（飛島建設），pp.68-69，2019
8)　山口浩，根本浩史，宇野昌利，仲条仁：AI を活用したコンクリート締固め管理システムの開発，コンクリート工学，Vol.60，No,5，pp.420～423，2022.5
9)　鹿島建設(株)ホームページ：https://www.kajima.co.jp/news/press/201807/17c1-j.htm
10)　（社）日本建設業連合会：生産性向上事例集～土木編～2019：IoT を活用した橋梁上部工のマスコンクリート対策（銭高組），pp.34-35，2019
11)　松本修治，柳井修司，渡邉賢三：コンクリート工事を見える化する，データプラットフォーム「CONCRETE@i」を構成する各種要素技術，建設機械施工 Vol.72，No.9，pp.59-64，2020
12)　（社）日本建設業連合会：生産性向上事例集～土木編～2019：鉄筋組立作業における生産性向上の取組み（三井住友建設），pp.86-87，2019
13)　（社）日本建設業連合会：生産性向上事例集～土木編～2018：鋼管矢板井筒基礎形式の橋脚工事における生産性向上への取組み事例（東急建設），pp.26-27，2018
14)　吉武謙二，坂本貴嗣，川勝雄介，森田圭一，有田真一：社会実装を通じた 3 眼カメラによる 配筋検査システムの機能高度化，土木学会 土木情報学シンポジウム講演集，vol.46，pp.345-348，2021
15)　小林聖ら：構造物の外殻形成を目的とした吹付け用繊維補強モルタルの検討，土木学会年次学術講演会公演概要集，V-127，2021

1.3.3　カーボンニュートラルへの対応

持続可能な社会の実現に向けた 1 つの方策として，2050 年にカーボンニュートラル（以下，CN）を実現することが世界的な要請となっている．我が国の地球温暖化計画では，2030 年度において，温室効果ガス 46% 削減（2013 年度比）を目指して脱炭素に向けて取り組み，2050 年脱炭素社会実現に向けたロードマップも示されている[1]．社会基盤の整備においても例外ではなく，建設プロジェクトの上流段階での検討および意思決定が重要にはなるが，ここでは，［施工編］に関連する主な論点について記述する．

CN への対応とは，これまでの経済合理性に基づく価値基準に加えて，CO_2 排出量という新たな価値基準を考慮する必要があることを意味し，コンクリート構造物を構築する上での材料および施工方法の選択に関して，パラダイムシフトが生じていると言える．なお，現在取り組みが進められているカーボンクレジット市場が正式に運用されるようになるとともに，目標とする CO_2 排出量からの超過分をオフセットすることも制度化されれば，CO_2 排出量を含んだ広義の経済合理性に基づいて材料や施工方法が選択されるようになる．

土木のコンクリート構造物の場合，ライフサイクルを通した CO_2 排出量に対して，建設時の材料由来の CO_2 排出量が多くの割合を占めることが一般的であるため，CO_2 排出量を削減した材料や CO_2 を固定化する材料等の開発が活発に進められている．2050 年の CN を実現するためには，これまでに汎用的に使用してきたコンクリートとは異なる特性を有するコンクリート系材料を積極的に活用することが求められる．特殊な材料や，それを適切に施工するための工法等の開発，その特性を考慮した構造物の維持管理方法が従来と異なることも考慮して，今まで以上に施工および維持管理を想定した設計が求められることになる．例えば，CO_2 排出量は削減できるが物質の透過に対する抵抗性が低い材料の場合は，設計の時点で非腐食系の補強材を使用することを前提とする必要がある．また，CO_2 排出量が削減できる材料であっても輸送時の CO_2 排出量が大きい等，材料，施工方法，調達等のあらゆる施工条件および維持管理の方法を考慮した設計を実施しなければ，真に有効な技術の採用には至らないことになる．このようなことに対応するためには，例えば，［基本原則編］，［設計編］，［施工編］，［維持管理編］と分かれている構成に加えて，構造物のライフサイクルにわたる性能規定の原則論をまとめた編を新たに作成し，この編には，CO_2 排出量という価値基準も含めた標準的な方法を紐づけするような示方書の体系についても議論が必要であると考えられる．

現在，今までに我々が経験したことがないほどの速度で，CN に貢献する技術の開発が進められている．このような社会情勢に的確に対応するためには，［施工編］も，実績にとらわれない性能規定の原則に基づいた技術の採用が可能となる体系を整備する必要がある．コンクリート構造物の施工では，設計で定めたコンクリートの特性値を満足することが求められるため，例えば，コンクリート工では使用材料，フレッシュコンクリートの品質，配筋条件等に関わらず，均質に型枠内に充填されることが必要となる．CL161「締固めを必要とする高流動コンクリートの配合設計・施工指針（案）」では，このような将来像を想定し，その本編にて均質度に対する照査を提案しており，標準的な照査の方法の提案には至ってはいないものの，1 つの考え方として資料編にまとめられている．均質度を照査することで，CN に貢献する新たな材料や施工法の適用が容易になると思われる．今後，さらなる議論を進め，標準的な照査の方法について整備されることが望まれる．また，個別の技術についても，例えば，配合修正での目安を表形式で取りまとめるような経験則に基づく技術体系ではなく，可能な限り理論的な技術体系へと展開する必要があると考えられる．さらに，様々な材料技術の採用を推進しつつ構造物の品質を確保できるように，材料の品質保証のあり方や，多種の材料に対応できる設備や製造方法等についても検討が必要であると考えられる．

参考文献

1)　例えば，国土交通省ホームページ：国土交通グリーンチャレンジ，2021.7,
https://www.mlit.go.jp/report/press/sogo10_hh_000252.html

1.4　他編との連携

［設計編：付属資料］「2 編 設計図に記載する設計条件表の記載項目の例」には，コンクリートの配合に関する項目として，特性値，配合条件，参考値が示されている．特性値には，設計時に設定した全ての特性値が記載されるが，設計図に示される全ての特性値を検査する必要がない場合として，配合条件として示されたセメントの種類や最大水セメント比等を検査することで，特性値を満足しているとみなしてよいとの考え方も示された．［設計編：本編］「5.2 材料物性の特性値」の解説では，圧縮強度の特性値の不良率は 5%，耐久性に関する特性値では期待値にあたる 50%を上限として材料物性の値が特性値を上回る確率を想定することが示されたことから，［施工編］では，これらを満足するための配合設計の考え方を記述した．その一方で，耐久性に関する特性値のうち中性化速度係数は，試験方法を提示することができないために，所定のかぶりのコンクリートに求める特性値を示すことができず，また，塩化物イオンの拡散係数の特性値は，その定義で［設計編］と合意に至らなかった．［設計編］および［施工編］の材料物性の特性値の定義からすれば，塩化物イオンの拡散係数の特性値は，［設計編：標準］に示される JSCE-G 572（浸せきによるコンクリート中の塩化物イオンの見掛けの拡散係数試験方法　（案））等により求める見掛けの拡散係数D_{ap}である．しかし，［設計編：標準］ではD_{ap}に，時間の関数や特性値の設定に関する安全係数γ_k，材料物性の予測値の精度を考

慮する安全係数γ_pを乗じたものを特性値としている．また，塩害環境下で使用が想定されるプレキャストコンクリートに求められる塩化物イオンの見掛けの拡散係数は，浸せき法で得られた見掛けの拡散係数と乾燥状態にある実構造物の見掛けの拡散係数の関係の評価が逆になる等，明確な結論は得られなかった．［設計編］から［施工編］に受け渡される設計条件の基本的な事項については，次回の改訂で解決されることが望まれる．

［施工編］と［維持管理編］の連携については，その基本的なあり方は［基本原則編］において述べられている．近年の改訂のたびに連携の着眼点として挙げられるのは，施工時に生じる変状の扱いと，維持管理段階における施工についてである．ここでは，これらについて，将来の展望を述べる．

まず，施工時に生じる変状の扱いについて述べる．［施工編］には，コンクリート構造物の品質確保が達成されるための施工方法が記載されている．検査が実施され，不合格になったものに対しては適切な措置がなされることにより，構造物の品質確保が達成される，ということである．不合格になった場合の措置において，［維持管理編］の該当箇所を参照する連携が取られており，［維持管理編］で参照される各種の指針類がより充実し，体系化されていくことにより，真の品質確保につながっていくものと考えられる．

【2018 年制定】示方書［維持管理編］において，「初期欠陥」の定義が見直され，「施工時に生じた変状のうち，有害となる可能性のあるひび割れや豆板，コールドジョイント，砂すじ等の変状．かぶり不足や PC グラウト充塡不足等を含む.」と改められた．施工時に変状が生じた場合，検査に合格しない場合には，有害とならないように措置する必要がある．構造物の供用開始後の耐久性を確保するための検査方法の改善，措置する際に使用する材料，施工，検査の方法等についての研究が重ねられていく必要がある．また，施工の記録，検査の記録は維持管理に引き継がれ，その記録を活用することが［基本原則編］と［施工編］にも述べられているが，実務においてこの考え方が広く実践されていくことが，構造物の性能確保と技術の発展に重要である．

次に，維持管理段階における施工について述べる．維持管理における施工について，［施工編］で取り扱わないのか，という議論が改訂のたびになされるが，現時点では［施工編］では取り扱わない，という見解がとられている．そのため，維持管理における施工について，［維持管理編］では，目標とする性能を達成するための基本的な考え方が述べられている状況にある．しかし，［維持管理編］の対策工法のうち，「力学的な抵抗性の改善」の例として挙げられている増厚工法や巻立て工法，あるいは改築において使用する材料や施工方法，検査等は［施工編］を適用できる場合もある．次回の改訂で，［維持管理編］から［施工編］を参照する流れについての議論が望まれる．

［ダムコンクリート編］で扱うコンクリートと［施工編］で扱うコンクリートの違いに，粗骨材の最大寸法とコンシステンシーの測定方法が挙げられる．［施工編］で対象とするコンクリートは，構造物に用いられるコンクリートと圧縮強度等の試験に用いられる供試体に用いられるコンクリートは同じである．ダムコンクリートは，粗骨材の最大寸法が 80mm や 150mm のものを用いることがほとんどであり，そのため，40mm のふるいでウェットスクリーニングを行ったコンクリートを用いて品質管理や検査が行われる．設計で考えているコンクリートと，試験で用いられるコンクリートでは，粗骨材の最大寸法だけでなく，ペースト量やモルタル量も異なる．したがって，［施工編］で扱うコンクリートのように，設計基準強度は，設計において基準とする強度で，一般に，コンクリートの圧縮強度の特性値をとるという考え方を単純には採用できない．［施工編］においても，実構造物の湿潤養生期間と供試体の標準養生期間が異なることを考えれば，設計基準強度を機械的に圧縮強度の特性値と読み替えてよいものか疑問である．これらの違いを，設計における材料係数で考えるのか，試験結果の精度を考慮する係数で補うのか，または，設計基準強度と特性値を結びつける新たな係数を考えるのか等については，［設計編］だけでなく，［ダムコンクリート編］とともに考える必要がある．

ダムコンクリートには，RCD や CSG で用いられるスランプが 0cm のコンクリートから，2～5cm のスランプのコンクリートが用いられる．また，［施工編］は，スランプが8cm程度の流動性のコンクリートから，締固めを必要とする高流動コンクリート，自己充填性を有する高流動コンクリートのように流動性をスランプフローで管理するコンクリートまでを扱っている．このようなVC値，スランプ，スランプフロー，充填高さ等で測定されるコンシステンシーのコンクリートが，それぞれに適した施工方法で用いられている．コンシステンシーの違いで，［ダムコンクリート編］と［施工編］で扱うコンクリートを分けているが，ダムコンクリートに高流動コンクリートを用いてはいけない理由はなく，実際にプレキャストコンクリートを用いた監査廊の底版の下部等に自己充填性を有する高流動コンクリートが用いられている．また，プレキャストコンクリート部材の中には，即時脱型（即脱）するコンクリートが適する場合もある．それぞれの編が対象とする構造物に適したコンクリートの技術を，互いのコンクリートの製造または施工に活かすことが，次の技術革新につながるものと思われる．

1.5　改訂資料の構成

この改訂資料では，改訂の経緯を示すとともに，［施工編］の解説では十分に説明できない事柄を，必要に応じて，図表や参考文献を入れて補足説明を行っている．すなわち，この示方書［施工編］の利用者の疑問に答えるとともに，［施工編］の内容の理解が深まるように心がけている．

この改訂資料では，以下の内容を記述している．

・　改訂した項目や削除した箇所を示して，その理由を示した．
・　改訂に至らなかった箇所についても，改訂小委員会，施工編部会およびWGで討議された内容や経緯を掲載した．
・　［施工編］の解説では示されていないが，説明があるとより理解が深まるものについては，図や表，参考文献を用いて説明を加えた．
・　削除した箇所と今回の改訂で新しく記述した箇所を対比して表現する場合には，前者を二重かっこ『　』で，後者を「　」で示している．
・　この改訂資料と示方書の章，節，項の番号を区別するため，示方書内の記述を表す場合には，例えば，「1章○○」,「2.1○○」等のように「　　」で囲って表現している．

［施工編］の改訂資料は，下記の構成からなる．

１．【2023年制定】コンクリート標準示方書［施工編］の改訂概要
２．本編の改訂内容と補足説明
３．施工標準の改訂内容と補足説明
４．検査標準の改訂内容と補足説明
５．目的別コンクリートの改訂内容と補足説明
６．設計図の設計条件表と特性値に基づく配合選定
７．流動性に応じたコンクリートの選択
８．現場プラントで製造するコンクリートの圧縮強度の目標値，品質管理および検査
９．レディーミクストコンクリートの配合選定および強度の検査
１０．プレキャストコンクリートの補足説明

２～５については，示方書［施工編］の各章の番号とこの改訂資料の節番号を合わせた．また，【条文】,【解説】に改訂内容と改訂理由を記述し，適宜，示方書［施工編］の解説では十分に説明できない事柄について，図表や参考文献を交えて説明を加えた．

2．本編の改訂内容と補足説明

2.1　本編の概要および総則

［施工編：本編］の2017年制定版と2023年制定版の章構成を，**図2.1.1**に示す．2017年制定版は，『2章 構造物の施工性』を設けていたこと，『3章 施工計画』では，材料，施工および品質管理の計画の詳細を記載していたこと，材料の章はなく，『4章 施工』，『5章 品質管理』の記述は，それぞれ，計画に基づき実施すること等が主な内容であった．『2章 構造物の施工性』の内容は，一般と施工方法の設定の2節で構成されており，本来，施工方法の設定は施工計画の一つであるので，必ずしも独立した章として存在しなくてもよいと判断した．また，『3章 施工計画』は，材料，施工および品質管理の計画内容が細かく節・項立てされているため，施工計画の基本的な事項が不明瞭であり，これらの一般のコンクリートを対象とする内容は［施工編：施工標準］に近く，その概要を示しているようにみえるという意見もあった．このことは，2007年制定版の改訂において，新技術を適用する場合にも標準的な材料・施工方法に制限されない目的で設けた［施工編：本編］の趣旨に相反する印象を受けるとともに，示方書として本来示すべき材料，施工および品質管理の基本的な事項にも曖昧な部分が見受けられた．2017年制定版の［施工編：本編］は，実務に即した施工の流れが示されているという利点があるが，実務については，工事の請負契約や発注者の共通仕様書，あるいは施工者が保有する過去の施工計画書やノウハウで十分に対応できるもので，示方書［施工編］よりもはるかに詳しく，具体的な内容のものが存在する．したがって，【2023年制定】示方書［施工編：本編］は細部に踏み込まず，施工者，設計者あるいは発注者が，施工に関して理解しておくべき基本的な考えを明確に示すこととした．

2017年制定版	2023年制定版
1章 総則	1章 総則
2章 構造物の施工性	
3章 施工計画	2章 施工計画
	3章 構造物の構築に用いる材料
4章 施工	4章 施工
5章 品質管理	5章 品質管理
6章 検査	6章 検査
7章 記録	7章 施工の記録

図2.1.1　［施工編：本編］の章構成

これらに鑑み，今回の改訂では，まず，2017年制定版の2章に記載されていた内容は，2023年制定版の1章と2章に振り分けた．また，2章は施工計画の基本事項に限定して，一般的な事項，設計図書と現地の確認ならびに施工方法の設定に関する内容に分別した．施工方法の設定に記載する内容についても，場所打ちコンクリートに加えて，プレキャストコンクリートを追記し，それぞれ，特に留意すべき事項を記載し，詳細は［施工編：施工標準］等に委ねることとした．併せて，新技術が活用しやすいよう，これに関する節も併記した．設計の実務では，設計基準強度の設定や，一般的なコンクリート等の材料や施工方法の選定に際し，コンクリートの圧縮強度の特性値や，構造物の性能を確保する上で重要となる施工方法の影響等は必ずしも配慮していないこともある．しかし，示方書［設計編］に示すとおり，設計において構造計画，構造詳細および材料特性の設定を行う際には，示方書［施工編］を参照し，構造物の性能を大きく左右する材料物性の特性値や施工方法等を十分に検討する必要がある．示方書［施工編：本編］は，設計者に対しては，最初に参照すべき示方書［施工編］の入口に相当するものである．そこで，今回の改訂では，示方書［施工編：本編］に，材料に関する「3章 構造物の構築に用いる材料」を新設した．もちろん，混和材料等のコンクリートの製造に用いる材料を考えることも必要であるが，細部に入る前に，コンクリートに要求される品質を理解し，いかなるものを用いるのか等，施工の方針を検討することが重要である．

2.1.1 一 般

大半のコンクリート工事は，構造物条件や施工条件等に特殊な事項をほとんど含まない一般的なものである．［施工編：施工標準］等では，このような一般的なコンクリート工事において，要求される性能を満足するコンクリート構造物を構築するための標準的な事項を示している．その一方，昨今では，大深度地下空間や都市部での狭隘な空間での工事，災害復興や老朽化・更新に伴う大規模かつ短期間で実施する工事，維持管理時代に向けて構造物の供用期間の長期化を可能にし得る対策を講じた工事等，従来とは異なる難易度の高い工事が増えている．また，我が国は，急速に少子高齢化が進み，とりわけ，建設に関わる技術者・技能者の高齢化ならびに不足は深刻であり，働き方改革や労働生産性向上を実現させる技術の開発と早期の実装が重要になっている．さらに，建設に限らず，あらゆる産業において，持続可能な社会の実現に向けて地球環境への負荷低減に配慮した社会活動が求められている．このような多様な要求を満足しつつ，構造物の所要の性能を確保できる技術がますます必要になる．

このような変化に柔軟に対応すべく，公共工事の入札契約方式の多様化が進み，施工者（建設会社）が建設のより早い段階から発注者に対して技術提案や交渉等を行うことで，施工者の知見を反映できる構造物の実現に向けた動きが活発化している．例えば，発注・落札方式を論じれば，従来から多数を占めてきた設計・施工分離型発注方式以外に，橋梁上部工等に適用されてきた詳細設計付工事発注方式，設計・施工一括発注方式，設計段階から施工者が関与する方式（ECI 方式），維持管理付工事発注方式，包括発注方式等がある．設計・施工分離型発注方式であっても，総合評価落札方式が公共工事に広く適用されるようになっており，技術的工夫の余地が小さい工事に適用される「施工能力評価型」だけでなく，技術的工夫の余地が大きい工事を対象に高度な技術提案を求める，あるいは発注者が示す標準的な仕様（標準案）に対して施工上の特定の課題等に対する工夫等の技術提案を求める「技術提案評価型」を採用する比率がかなり高くなっている．これらは，施工者の優れた技術力を活用し，工事の効率や構造物の品質をより高めることを期待するものである．

これらの礎となる示方書［施工編］の役割と責任は極めて重要であり，2007 年の改訂で［施工編：本編］が新規に設けられた理由でもある．しかし，その目的に反して［施工編：本編］は，施工編の目次，施工標準等の概要，施工の流れ等が書かれているものと思われがちであった．

【2023年制定】示方書［施工編：本編］は，施工の基本的な考え方を示し，建設を取り巻く様々な課題にも対応できる内容であるべきであることを一層強調した表現とした．例えば，「1.1 一般」条文（2）の解説に，以下の記述を追加した．

「［施工編：本編］は，設計図書に示された性能を満足し，構造諸元が設計図どおりである構造物が構築されるのであれば，施工に用いる具体的な材料および施工方法を規定しない．すなわち，［施工編：本編］は，施工者自らの責任において自由に施工方法を設定し，その施工方法に見合うコンクリートや補強材等の材料を選定したり，施工者が実験等を実施した上で提案する材料に見合う施工方法を選定したりすることで，設計図書に示された性能を満足する構造物が構築できることを確認するという，施工の基本的な考え方に基づいている．」

一般的なコンクリート工事では，JIS A 5308 に適合するレディーミクストコンクリートを使用する場合がほとんどであるため，コンクリートの品質を確認するという行為が希薄になりがちである．施工方法についても，過去の類似する工事で用いたものをそのまま施工計画書に記載していることも多い．しかし，レディーミクストコンクリート工場の品質保証の範囲は荷卸し地点までであり，過去の類似する工事も施工環境条件や部材条件の細部，あるいは実際に施工を行う技術者・技能者が一致しているわけでもない．すべてのことに対して実験等を行い，確認して実施するといった非効率な施工は現実性がないが，その一方で「みなし」で済ませ，確認等を省略したことに伴う不具合の発生も否定できない．したがって，実験等による確認は，きわめて特殊な材料や施工方法を対象としたものではなく，通常の場合にも，確認すべきことは確認してから実施するという基本的な考え方を示したものである．

また，新技術は設計段階に取り入れないと構造物に適用できない場合が多いため，設計編に新しい材料や施工方法の内容も記載すべきという意見が出ることがある．しかし，新技術の重要性については，これまでにも示方書［設計編］においても触れられており，設計段階で構造物に使用する材料および施工方法を決める際には，示方書［設計編］内にそれらを書き込むことが困難であるので，示方書［施工編］を参考にすることになっている．これらを踏まえ，構造物の設計の流れと［施工編：本編］との関わりを**図 2.1.2** に示す．施工あるいは設計の実務者は，実際の発注形態，特に，設計施工分離型発注に基づき，これに当てはめて示方書各編を読む傾向があるが，示方書［施工編］には，設計段階，施工段階のいずれの段階にも検討すべき材料や施工のことを記載している．元々，示方書は設計と施工を一冊に収めていたが，それぞれに検討すべき事項が多くなり，現状のような分冊になっているに過ぎない．

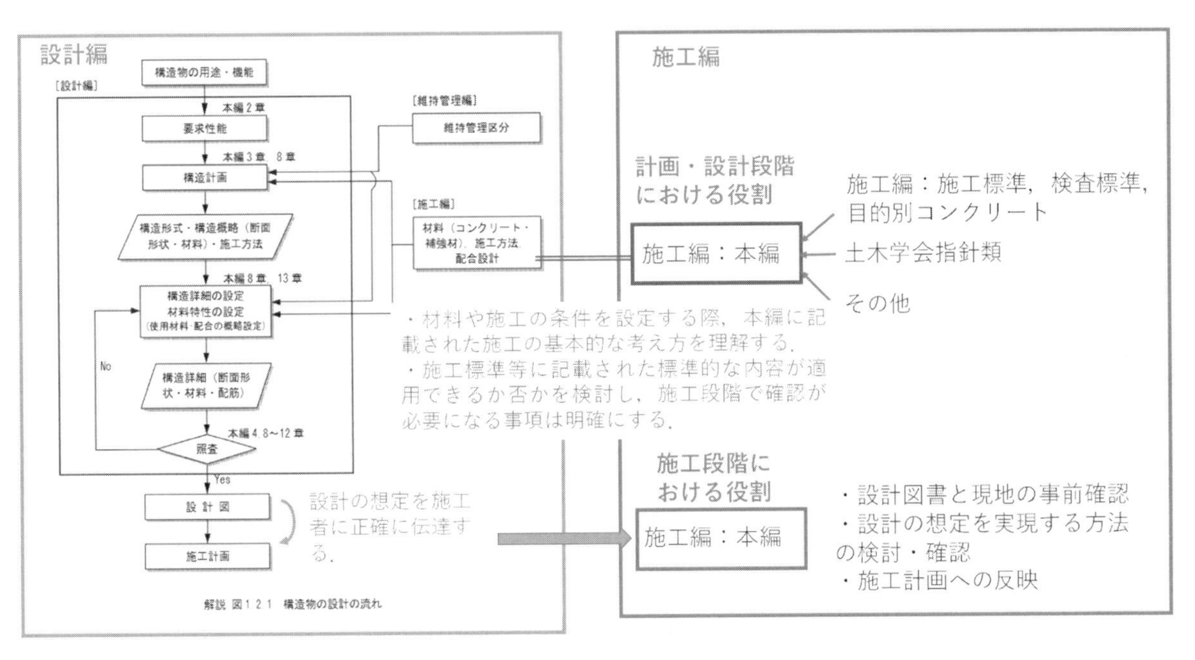

図 2.1.2　構造物の設計の流れと［施工編：本編］との関わり

今回の改訂では，示方書［施工編］は，コンクリート構造物を構築するための施工に適用するものではあるが，構築する構造物が設計図書に示された構造物であることを強調し，［施工編：本編］とその他が，それぞれ，基本的な考え方，標準的な方法を記述したものであることを明確にした．

【条　文】

改訂前

『(1)　コンクリート標準示方書［施工編］は，コンクリート構造物を構築するための施工に適用する．

（2）　［施工編：本編］は，設計図書に示されたコンクリート構造物を構築するために，性能規定の原則に応じて施工を行う場合の基本的な考え方を示す．

（3）　［施工編：施工標準］は，一般的な土木工事で用いられる構造形式，使用材料，施工機器，施工条件に対して，施工者が実施すべき標準的な事項を示す．

（4）　［施工編：検査標準］は，一般的な新設の土木構造物のコンクリート工事において，施工の各段階および完成した構造物に対して，発注者側の責任技術者の責任において実施する検査の標準を示す．

（5）　［施工編：特殊コンクリート］は，［施工編：施工標準］では取り扱わないコンクリートについて，それらの製造あるいは施工する場合に特に必要な事項について示す．』

改訂後

「（1）　コンクリート標準示方書［施工編］は，設計図書に示されたコンクリート構造物を構築するための施工に関する基本的な考え方および標準的な方法を示す．

（2）　施工に関する基本的な考え方は，［施工編：本編］に，標準的な方法は，［施工編：施工標準］，［施工編：検査標準］および［施工編：目的別コンクリート］に示す．」

2.1.2　施工の基本

今回の改訂では，QCDSE を強調した表現を用いた．QCDSE とは，品質（Quality）の確保，合理的なコスト（Cost），工期等期限（Delivery）の遵守，安全（Safety）の確保，環境（Environment）への負荷の低減である．建設のみならず，他業種でも共通する，生産の計画・管理に用いられている言葉である．［施工編：本編］には，従来も QCDSE に類似する記述はあったが，今回の改訂で 5 つの事項を明確にし，その重要性を強調した内容にしている．施工の計画および管理では，作業員が安全で働きやすい環境で作業し，周辺環境に悪影響を与えない方法で工事を行い，また，良質な構造物を予算内に，かつ工期を遵守し構築することを目指すため，QCDSE を検討することが重要であることは，施工実務では常識である．QCDSE の各項目が要求水準を満足するように検討するとともに，総合的に判断してバランスの良い施工計画を立案するとよい．

また，設計図書に施工を行う上で必要とされる情報が記載されていない場合や，当初の設計図書に明示されている内容と実際の現場条件が一致しない場合等は実務の中ではよくあることである．施工開始後も，大規模な地震や暴風雨等に伴う被害等の想定外の事態が生じることもある．被害は建設中の当該構造物だけでなく，土砂崩れ等で現場周辺の道路が寸断される状況もあり得る．その場合にどう対処すべきか考え，事態を深刻化させる前に，発注者および設計者と協議して解決を図ることが重要であるので，その趣旨の記載を行った．施工計画を策定する中で，想定されるリスクを抽出し，その対策を事前に検討しておくリスクマネジメントが重要であるが，想定外の事象についても，冷静かつ速やかに対応策を講じる必要がある．

検査に関しては，一般的な工事では，発注者の施工管理基準および規格値等に従った内容で計画できるが，前述のとおり，入札契約方式の多様化により，施工者から様々な段階で技術提案がなされ，特殊なものを取り入れることがある．それを妥当な方法で検査し，合否判定するには，これが事前に反映された検査計画を発注者から施工者に示すべきである．そこで，示方書では，「あらかじめ施工者と合意した検査計画」という表現を用いた．

今回の改訂では，条文（1）に変更はない．条文（2）と（3）は，順番を入れ替えている．条文（2）では，施工開始後に想定外の事象にも配慮した条文とした．

【条　文】

改訂前

『（1）　施工者は，設計図書に基づき適切な施工計画を立案し，この施工計画に従って施工を管理しながら構造物を構築し，構造物が設計図書どおりに構築されていることを確認する．

（2）　発注者側の責任技術者は，施工者が立案した施工計画を事前に確認し，構造物が設計図書どおりに構築されていることを必要な段階で検査する．

（3）　施工計画の立案に際し，合理的な施工ができないと判断される場合には，施工者側の責任技術者は，発注者側の責任技術者と設計図書の内容変更について協議する．』

改訂後

「（1）　施工者は，設計図書に基づき施工計画を立案し，この施工計画に従って施工を管理しながら構造物を構築し，設計図書に示された構造物が構築できていることを確かめるものとする．

（2）　施工者は，施工計画の立案時または施工開始後に想定外の事象が発生することにより，合理的な施工ができないと判断される場合は，発注者および設計者と協議を行い，対応策を講じるものとする．

（3）　発注者は，あらかじめ施工者と合意した検査計画に則り，設計図書に示された構造物が構築されていることを検査しなければならない．」

2.2　施工計画

2.2.1　一　　般

これまでの施工計画は，場所打ちコンクリートを前提とした記述になっていたが，プレキャストコンクリートの記述のほか,「2.2 施工計画策定のための事前の確認」の内容について補足している.「1.2 施工の基本」で述べたとおり，今回の改訂では，QCDSE を強調した表現を用いた．ただし，条文であるので，記号ではなく，各記号が意図するところを日本語で表現している．

【条　文】

改訂前

『施工者は，設計図書に示されたコンクリート構造物を構築するために適切な施工計画を立案し，施工計画書を作成する．』

改訂後

「施工者は，構造物と施工の条件を考慮し，設計で設定した性能を有するコンクリート構造物が，経済的に, 工期内に, 施工の安全性を確保して, 環境負荷を少なく構築できる施工計画を立案しなければならない.」

2.2.2　施工計画策定のための事前の確認

今回の改訂で新設した節である．施工者が，施工計画の立案に先立ち，施工者が設計図書の内容と現地の施工条件の確認をすることの重要性を示すため，新たな節を設けた．施工の実務上はごく一般的なことであるが，これまでの［施工編：本編］の中では明確でなかった部分である．

施工者は，設計図書に基づき，施工計画を立案するが，実際の工事では，工事施工調整会議（三者会議）によって設計図書の不具合が多くの工事で確認されたことを受け, 従来の施工者の自主的な確認だけでなく, 国土交通省等では共通仕様書等で「設計図書の照査」という項目を設け，工事を受注した施工者が設計図書の照査（確認）を行うことを義務化している．施工者は，施工前および施工途中において，自らの負担により契約書に係る設計図書の照査を行い，設計図書に誤り等がある場合は，発注者にその事実が確認できる資料を提出し，発注者にその判断を確認する必要がある．

施工計画は，設計図書の内容を実際の構造物の構築に反映させることであるが，設計図書の照査で施工上の課題が見つかる場合がある．施工計画の策定にあたっては，設計図書の内容と製品供給や施工を行う環境条件に相違がないこと，設計図と設計計算書に記載の誤りや数量計算の食い違いがないこと，設計図に記載された配置で鉄筋等の補強材の組立やコンクリートの打込み，締固め等が可能であること等に着目し，設計図書を確認するとよい．

設計図書は，建設予定地の地形等の条件を踏まえて作成されたものであるが，図面や文書で分かりにくい部分等に対して施工者の視点で現地の状況を把握することは，合理的な施工計画を立案する上で役に立つばかりでなく，設計で想定されていない事項が確認されることもある．一般に，設計段階では，使用するレディーミクストコンクリート工場やプレキャストコンクリート製品工場を特定していないため，施工者が施工計画段階で調査し，製造設備や品質管理の状況，工場から現場までの運搬路を確認して工場を選定する必要がある．設計図書にコンクリートの特性値が示される場合は，設計図書に示される特性値を満足するコンクリートが生産できることを確認することも，工場の選定において重要である．

【条　文】

改訂後（新設）

「施工者は，施工計画の立案に先立ち，設計図書および現地の施工条件を確かめるものとする.」

2.2.3　施工方法の設定

2017年制定版の施工方法の設定は，基本的に，場所打ちコンクリートを想定し，その細部の運搬，打込み，締固めおよび仕上げの段階におけるコンクリートの施工方法とコンクリートの品質を検討して，施工方法を決めることに注力した内容であった．また，コンクリート構造物の施工性を十分に検討し，合理的，経済的かつ安全に施工し，所要の性能を有する構造物を構築することを記述していたが，漠然とした表現で具体的にどうすればよいのかわからないという意見もあった．

今回の改訂では，設計段階でも参照することを想定し，また新技術も取り入れやすくするため，「施工方法の設定」をもう少し上位に想定し，場所打ちコンクリートを用いた施工，プレキャストコンクリートを用いた施工および新技術を活用した施工の3構成とした．また，場所打ちコンクリートを用いた施工およびプレキャストコンクリートを用いた施工については，留意しなければいけない重要な事項を条文にも取り込み，設計者，施工者の双方の認識を高めることとした．解説には，それらの具体的な記述も最低限必要な範囲で行っている．そして，施工の効率化と構造物の品質確保を合理的に達成できるような新しい技術の活用も促す内容の条文も加えた．もちろん，QCDSEの観点から，安全や環境に配慮した技術等すべてが必要なことは記載するまでもないが，この条文は，CL148「コンクリート構造物における品質を確保した生産性向上に関する提案」で述べているとおり，技術者・技能者の高齢化ならびに不足が深刻化する我が国の建設業界の最重要課題であり，これに配慮して取り入れたものである．

今回の改訂では，条文（1）に示すとおり，場所打ちコンクリートを用いた施工では，施工の様々な段階で，時間経過等によりコンクリートの性状が変化することを十分に理解せず，不具合を発生させることが多いので，これに配慮した内容にした．条文（2）に示すプレキャストコンクリートを用いた施工では，場所打ちコンクリートのように，性状の変化に伴う不具合は極めて少ないが，製造，運搬，受入れ，設置・組立および接合の各段階において配慮すべきことがあり，それらの作業をいかに計画どおりのサイクルで円滑に進めていくか，その際に，示方書［施工編］の観点から言えば，プレキャストコンクリートの品質が確保できる方法であるかが着目点になる．条文（3）は，施工の効率化と構造物の品質を確保できる新技術に重点を置いたものである．施工者の努力による新技術も必要であるが，それにとどまらず，3次元モデルの活用等，施工のみならず，設計，施工および維持管理が連携し，総合的な見地から高い効果を引き出す必要性を解説で述べた．

【条　文】

改訂前

『施工方法の設定においては，現場の施工条件，環境条件，経済性等を総合的に考慮し，適切な施工方法を設定しなければならない．』

改訂後

「（1）　場所打ちコンクリートを用いた施工を計画する場合には，施工中のコンクリートの性状の変化を考慮した施工方法を設定しなければならない．

（2）　プレキャストコンクリートを用いた施工を計画する場合には，製造，運搬，受入れ，設置・組立および接合の各段階においてプレキャストコンクリートの品質が確保できる施工方法を設定しなければならない．

（3）　施工の効率化と構造物の品質を確保する新しい技術の活用の推進を図るものとする．」

2.3　構造物の構築に用いる材料

今回の改訂で新設した章である．2017 年制定版では，場所打ちコンクリートを対象に，［施工編：施工標準］と同様にコンクリートの配合計画が詳しく記載され，補強材については鉄筋工の計画で簡単に記載されていた．しかし，前述のとおり，設計段階においては，一般的なコンクリートと補強材の物性が考慮され，それぞれの特性値が設定されるとともに，材料の詳細な情報は示方書［施工編］を参照することになっている．特に，新材料の検討あるいは施工方法も含めた検討においては，示方書［施工編］や土木学会指針類の情報は重要となり，設計と施工が整合した内容であることが望ましい．コンクリートの配合計画は，設計者よりも施工者や生産者に必要な情報であるが，［施工編：施工標準］や［施工編：目的別コンクリート］に詳細に記載されていることや，配合計画についてある程度の知識や経験がある技術者が使用しているため，［施工編：本編］の記述を参照していない場合もある．また，［施工編：本編］では，様々なコンクリートの使用材料や配合まで記述することができず，［施工編：施工標準］の一般的な記述に近い内容になりがちであった．

これらに鑑み，3 章を新設して，必要な条文と解説を示した．この章では，一般的な事項を記述した後，補強材とコンクリートの内容を述べている．ただし，コンクリートについては，施工者の責任で製造を行う「現場プラントで製造するコンクリート」，レディーミクストコンクリート工場で製造したコンクリートを調達する「レディーミクストコンクリート」，ならびにプレキャストコンクリート工場で製造された製品を調達する「プレキャストコンクリート製品」の 3 つの節に分けて，施工方法の選定等の全体計画に対応し，それぞれの留意点が明確になる構成にした．

2.3.1　一　　般

条文は，構造物の構築に用いる材料が設計図書に示された品質を満足するものであることを簡潔に述べたものである．しかし，実際には，施工段階で確認される様々な制約により，設計で設定したものとは異なる材料が必要になる場合があるので，この場合の留意点を述べ，その具体例を解説に記述した．JIS で認証された材料を使用する場合にも，単に購入するだけではなく，JIS の合格判定基準，設計図書に示される特性値とその不良率，生産者危険により定まる合格判定基準値等を設定し，所定の品質を有する材料であることを確認することを述べた．

さらに，硬化後のコンクリートの品質に対しては，コンクリートの特性値に対する合格判定基準値，n回の試験値の平均値，および試験の信頼性に対する安全係数で表される式を示し，確認することとした．2017年制定版までも，コンクリートの性能照査を行うものとして，コンクリートに要求される性能に関する特性値，コンクリートのある性能に関する実験で得られる実績値およびそのばらつきに関する安全係数という表現を用いた式を示していたが，より具体的に実務に適用しやすい表現に変更した．加えて，圧縮強度の特性値の不良率を5%，圧縮強度以外の特性値の不良率を50%として，計量抜取検査を実施する上で合格判定基準値を定めるために必要な生産者危険と試験回数等の記述も行った．

【条　文】

改訂後（新設）

「施工者は，設計図書に示された品質を満足することが確かめられた材料を用いなければならない．」

2.3.2　鉄筋等の補強材

条文は，「3.1 一般」と同様に原則を述べたものである．補強材の場合には施工者自らが生産者になる可能性は極めて低いので，解説には補強材の購入における留意点を述べている．

一般的に用いられる鉄筋以外にも，PC 鋼材，ステンレス鉄筋，エポキシ樹脂塗装鉄筋，連続繊維補強材，短繊維等があるので，設計図書どおりに選定するだけではなく，それぞれの特性を理解し，所定の補強効果が発揮されるよう施工上の留意点も記述している．

【条　文】

改訂後（新設）

「施工者は，要求する品質を満足する補強材を用いるものとする．」

2.3.3　現場プラントで製造するコンクリート

現場プラントでのコンクリートの製造では，施工者がコンクリートの品質ならびに製造に責任を持ち，関連する一連の行為を行う必要がある．通常の工事では，ほとんどがレディーミクストコンクリートを使用し，コンクリートの品質はその工場の能力に依存していることが多いので，現場プラントの使用にあたっては，施工者はコンクリートおよびその製造に十分な知識を有する技術者を確保し，品質管理計画に従って，工程管理と工程検査が実施できる体制を構築する必要がある．

【条　文】

改訂後（新設）

「施工者は，品質管理における管理基準を定め，品質の安定したコンクリートを製造しなければならない．」

2.3.4　レディーミクストコンクリート

レディーミクストコンクリートの場合には，高い品質管理能力を持った生産者を選ぶことが重要であるが，施工者は生産者任せにすればよいわけではない．また，JIS 認証品以外のコンクリートの使用も必要になる場合が増えているので，施工者にもコンクリートに関する知識と技術力が必要であり，それが施工者による高度な技術提案による差別化にもつながる．

【条　文】

改訂後（新設）

「施工者は，品質管理体制の整った工場で製造されたレディーミクストコンクリートを用いるものとする．」

2.3.5　プレキャストコンクリート製品

プレキャストコンクリートに関して，構造物の構築に用いる材料に位置付けられるものは，節のタイトルである「プレキャストコンクリート製品」であり，基本的には，JIS 認証品である．JIS 認証品は用途が定められているので，異なる用途で使用する場合の留意点，推奨仕様とは異なる製品が必要な場合の留意点を記述した．その上で，プレキャストコンクリート製品が要求する性能を満足していれば，生産者に対してその製作方法は問わないこととした．また，プレキャストコンクリート製品の利点を活かし，合理的な設計等が行えることも記述し，そのためには，プレキャストコンクリート製品に用いられたコンクリートの耐久性に関する試験値の蓄積と情報共有についても述べている．

【条　文】

改訂後（新設）

「施工者は，要求する性能を満足するプレキャストコンクリート製品を用いるものとする．」

2.4　施　　工

今回の改訂では，条文は 2017 年制定版の条文（1）に類する内容で，他の章と同様に基本的な考え方を示す記述に留めた．2017 年制定版の条文（2）は，条文（1）を実現するための要因なので，解説に記述した．記述した内容は，2017 年制定版よりも，技術者，技能者の重要性を強調した内容としている．

2017 年制定版の条文（3）については，「1.2 施工の基本」の条文（2）で，施工開始後の想定外の事象について触れているので，解説の中で記述することとした．ただし，施工計画書を遵守できない場合の対応は重要であるので，責任と権限，ならびにその能力を有する技術者が発注者と協議して，構造物の性能を確保できる方法で実施することを強調している．

【条　文】

改訂前

『（1）　施工者は，施工計画に従ってコンクリート構造物を施工する．

（2）　施工者は，コンクリート構造物の施工に関して十分な知識および経験を有する技術者を現場に常駐させ，その指示の下で施工する．

（3）　施工において施工計画が遵守できない場合，施工者は，責任技術者の指示に従い，構造物に設計で要求される性能が確保されるように，適切な措置を講じる．』

改訂後

「施工者は，設計図書に示された構造物が構築できるように策定された施工計画書に従い施工しなければならない．」

2.5　品質管理

2017 年制定版は，品質管理計画と品質管理を別の章にしていたが，今回の改訂では，「5 章　品質管理」に取りまとめ，構造物の構築において重要な品質管理の意味合いを深く理解できる解説の文章に変更した．すなわち，改訂版の「5.1　一般」の条文は，2017 年制定版における『3 章　施工計画』の『3.8　品質管理計画』と『5 章　品質管理』の『5.1　一般』の双方を含む内容である．2017 年制定版の『3.8　品質管理計画』においてただし書きの部分（品質改善）は，条文から除外し，解説で反映している．また，品質管理の記録の重要性を明確にするため，「5.2 品質管理の記録」として独立させた．

今回の改訂では，品質管理の基本に立ち戻り，品質管理の目的は構造物の品質保証と品質改善であること，品質保証は工程管理と工程検査の双方を実施することで実現できること等を明記した．品質管理における工程管理，工程検査および品質改善の取組みについて，それぞれの意味と施工の各段階において必要な確認項目を示している．また，施工のリスクマネジメントやPDCAサイクルの重要性の他，継続的な改善に向けた，定量的あるいは定性的な分析の必要性も述べた．品質管理には新技術を活用しやすいので，デジタル化や情報通信技術等の活用についても触れている．

【条　文】

改訂前

『3.8　施工者は，設計図書どおりの構造物を構築するために，効率的かつ効果的な品質管理計画を立てる．ただし，品質管理は，施工の状況に合わせて適宜変更できるよう柔軟に対応できる計画が必要である．

5.1　施工者は，品質管理計画に従って，施工の各段階において品質管理を行う．』

改訂後

「5.1　施工者は，設計図書に示された構造物を構築するために合理的かつ効率的な品質管理計画を立て，この計画に従って品質管理を行わなければならない．

5.2　品質管理の記録は，施工の改善，構造物の品質の証明，発注者の検査および構造物の維持管理に活用するために保存し，発注者へ提出しなければならない．」

2.6　検　　査

2017年制定版では，検査計画の立案，検査計画に基づく検査の実施，検査結果が合格と判定されなかった場合の対策措置，および検査の記録を，それぞれ条文としていた．しかし，検査全般については，同版の『1.2　施工の基本』条文（2）で記述しており，改訂後においても内容を見直した上で「1.2　施工の基本」条文（3）に記述している．今回の改訂では，「6章 検査」は，「5章 品質管理」と同様に，一般的な事項と記録の2節の構成として，前者の，特に検査の原則に関わる内容を「6.1 一般」に，後者の内容を「6.2 検査の記録」に記述した．

解説では，発注者が，施工計画書の確認から構造物の完成時の検査までの行為を通じて，設計図書どおりの構造物が構築され，要求性能を満足していることを確認する重要性を強調した．また，検査は，発注者が定めた共通の検査事項のみならず，施工者が提案する施工方法の信頼性やコンクリートの品質を保証する方法等を確認できる内容とする必要があること等についても述べている．

【条　文】

改訂前

『（1）　発注者は，構造物の重要度，用途・目的を考慮し，設計図書と施工計画に基づき，信頼性のある検査計画を立案する．

（2）　検査は，検査計画に従い，発注者の責任において行う．

（3）　検査結果が合格と判定されなかった場合には，対策措置を検討する．

（4）　発注者は，実施した検査の内容を記録し，保管する．』

改訂後

「6.1　発注者は，構造物が設計図書に示された性能を満足することを検査しなければならない．

6.2　構造物の検査結果は，記録として保存しなければならない．」

2.7　施工の記録

2017 年制定版では，『7 章　記録』として，条文（１）および（２）には，施工者，発注者それぞれが記録に対して実施する内容を記述していた．今回の改訂では，章のタイトルを「施工の記録」として，施工者が行う記録行為に関する内容とし，発注者の行為は，前述の「6.2 検査の記録」に記述した．具体的には，改訂後の条文（１）は記録を残す行為，条文（２）は発注者に記録を提出する行為について述べている．

施工の記録が，施工者にとって構造物の品質を文書で保証できる唯一のもので，工期，品質，出来形，原価，安全および環境を管理した多くの情報は今後の工事に活用できる貴重な資料であることを強調している．また，記録には計画と結果の双方が揃っていること，設計変更や施工承諾等変更が生じた事項等の記録も重要であることを述べている．なお，今回の改訂では，2017 年制定版『7.2 構造物標』の条文を「7.1 一般」の条文（３）に取り入れた．

【条　文】

改訂前

『7.1　一　　般

（１）　施工者は，実施した施工の内容を記録する．

（２）　発注者は，コンクリート構造物の維持管理のために，供用期間中，工事に関わる記録を保管する．

7.2　構造物標

構造物には構造物標等を取り付ける．』

改訂後

「（１）　施工者は実施した施工の内容を記録に残すものとする．

（２）　施工の記録は，あらかじめ協議により定めた項目について発注者に提出しなければならない．

（３）　構造物には構造物標等を取り付けるものとする．」

3．施工標準の改訂内容と補足説明

3.0　施工標準の章構成

【2023 年制定】示方書［施工編：施工標準］の章構成は，【2017 年制定】示方書［施工編：施工標準］と基本的な構成は変わっていないが，施工編全体の構成の見直しに伴い，**表 3.0.1** に示すように，【2017 年制定】示方書［施工編：本編］や【2017 年制定】示方書［施工編：特殊コンクリート］（【2023 年制定】示方書では［施工編：目的別コンクリート］）から内容の一部を移設するとともに，章の統合や順序の入替え等の再編を行った．

表 3.0.1　【2017 年制定】示方書［施工編：施工標準］と【2023 年制定】示方書［施工編：施工標準］の章構成

2017 年制定　施工標準		2023 年制定　施工標準	
1 章	総　　則	1 章	総　　則
2 章	コンクリートの品質	2 章	施工計画（本編から移設）
3 章	材　　料	3 章	コンクリートの製造に用いる材料
4 章	配合設計	4 章	コンクリートの配合
5 章	製　　造	5 章	コンクリートの製造
6 章	レディーミクストコンクリート	6 章	構造物の構築に用いる製品
		7 章	鉄 筋 工
		8 章	型枠および支保工
		9 章	コンクリート工（再編）
		9.1	一　　般
7 章	運搬・打込み・締固めおよび仕上げ	9.2	運　　搬
		9.3	打 込 み
		9.4	締 固 め
		9.5	仕 上 げ
8 章	養　　生	9.6	養　　生
9 章	継　　目	9.7	継　　目
10 章	鉄 筋 工	10 章	施工環境等に応じたコンクリート工（再編）
11 章	型枠および支保工	10.1	一　　般
12 章	寒中コンクリート	10.2	寒中コンクリート
13 章	暑中コンクリート	10.3	暑中コンクリート
14 章	マスコンクリート	10.4	マスコンクリート
		10.5	海洋コンクリート（特殊コンクリートから移設）
		11 章	高流動コンクリートを用いたコンクリート工（特殊コンクリートから移設）
		12 章	プレキャストコンクリート工（新設）
15 章	品質管理	13 章	品質管理
16 章	施工記録	14 章	施工の記録
17 章	その他の施工上の留意事項	15 章	施工を引き継ぐ場合の留意事項

「2 章 施工計画」は，【2017 年制定】示方書［施工編：施工標準］の『1.2 施工計画』を削除し，【2017 年制定】示方書［施工編：本編］の『3 章 施工計画』の内容を移設した章としてまとめた.「3 章 コンクリートの製造に用いる材料」は，【2017 年制定】示方書［施工編：施工標準］の『3 章 材料』のうち，コンクリートに用いる材料だけを記載することとした.「4 章 コンクリートの配合」は，【2017 年制定】示方書［施工編：施工標準］の『2 章 コンクリートの品質』と『4 章 配合設計』を統合して，求められる品質を明らかにした上でコンクリートの配合設計を行う体系に再編した.「5 章 コンクリートの製造」は，【2017 年制定】示方書［施工編：施工標準］の『5 章 製造』に示されていた製造に関する従来の記述に加え，『3 章 材料』に記載されていた材料の貯蔵に関する記述を移設して再編した.「6 章 構造物の構築に用いる製品」は，施工者が構造物の構築に用いる材料として購入する製品について示す章と位置付け，【2017 年制定】示方書［施工編：施工標準］の『6 章 レディーミクストコンクリート』，『3 章 材料』に記載されていた鉄筋等の補強材料および【2017 年制定】示方書［施工編：特殊コンクリート］の『12 章 工場製品』から移設した内容を再構成した.「7 章 鉄筋工」および「8 章 型枠および支保工」は，【2017 年制定】示方書［施工編：施工標準］の『10 章 鉄筋工』および『11 章 型枠および支保工』を実際の施工手順に合わせて章の順番を入れ替えた.「9 章 コンクリート工」は，コンクリートの性状が時間の経過や作業の影響等で変化することを考慮し，次の段階へ支障を及ぼさず円滑な施工が行えるようにする一連の作業工程として捉えることを意図し，【2017 年制定】示方書［施工編：施工標準］の『7 章 運搬・打込み・締固めおよび仕上げ』，『8 章 養生』および『9 章 継目』を統合して再編した.「10 章 施工環境等に応じたコンクリート工」は，コンクリート工における特別な施工環境や施工条件下での留意事項を取りまとめた章と位置付け，【2017 年制定】示方書［施工編：施工標準］の『12 章 寒中コンクリート』，『13 章 暑中コンクリート』，『14 章 マスコンクリート』および【2017 年制定】示方書［施工編：特殊コンクリート］の『7 章 海洋コンクリート』の内容を再構成した.「13 章 品質管理」は，検査標準の改訂に合わせて，【2017 年制定】示方書［施工編：施工標準］の『15 章 品質管理』の内容を大幅に見直した.「14 章 施工の記録」は，【2017 年制定】示方書［施工編：施工標準］の『16 章 施工記録』から章のタイトルを改めたが，内容に大きな変更はない.「15 章 施工を引き継ぐ場合の留意事項」は，【2017 年制定】示方書［施工編：施工標準］の『17 章 その他の施工上の留意事項』で示されていた付属物の施工上の留意点だけではなく，躯体工の施工者と付属物の施工者の連携の重要性についての解説を加え，章のタイトルを改めた.

この他に，【2023 年制定】示方書［施工編：施工標準］では，コンクリート構造物の施工の合理化，生産性向上を推進する立場から，自己充填性を有する高流動コンクリートの適用拡大を意図して，【2017 年制定】示方書［施工編：特殊コンクリート］の『3 章 高流動コンクリート』の内容を整理した上で，「11 章 高流動コンクリートを用いたコンクリート工」として施工標準に組み入れた．また,「6 章 構造物の構築に用いる製品」に組み入れたプレキャストコンクリート製品を現場で施工する際の標準的な方法について示した「12 章 プレキャストコンクリート工」を新設した．以上により,【2023 年制定】示方書［施工編：施工標準］は，15 の章から構成されている.

3.1　総　　則

3.1.0　改訂の概要

【2017 年制定】示方書［施工編：施工標準］で対象としていたスランプで管理するコンクリートに，自己充填性を有する高流動コンクリートを加えたことを受け，【2023 年制定】示方書［施工編：施工標準］「1 章 総則」の「**解説 表 1.1.1** 」に自己充填性を有する高流動コンクリートに関する内容を追記した．また，今回

の改訂で修正した内容も含めて，示方書［施工編：施工標準］で対象とするコンクリートの品質および仕様を，理解が容易となるように整理して「**解説 表 1.1.2**」に示した．さらに，今回の改訂から示方書［施工編：施工標準］の対象とした JIS に規定のあるプレキャストコンクリート製品について，その概略を示した．

3.1.1　一　　般

【2017 年制定】示方書［施工編：施工標準］の箇条（2）の条文『この[施工編:施工標準]では，設計基準強度が 50N/mm^2 未満，打込みの最小スランプが 16cm 以下の AE コンクリートを対象とする．』を削除し，「**解説 表 1.1.2**」に他の品質および仕様とともに整理して示した．解説では，コンクリートの各種の特性値に関する記述を追加した．また，自己充塡性を有する高流動コンクリートのように JIS 認証品の範囲を超えるものを使用する場合の留意事項，示方書［施工編：施工標準］で対象とするプレキャストコンクリート製品の JIS の情報を追加した．なお，今回の改訂では，施工計画について「2 章 施工計画」としてまとめることとしたため，【2017 年制定】示方書［施工編：施工標準］『1.2 施工計画』の条文『施工計画は，設計図書の内容を十分に理解し，適切に立案する．』を削除した．

3.2　施工計画

3.2.0　改訂の概要

【2017 年制定】示方書では，［施工編：施工標準］『1.2 施工計画』に，条文，解説とも基本的な考え方のみを示しており，工程ごとの詳細な内容については，［施工編：本編］『3 章 施工計画』に記載されていた．しかし，改訂の議論において，施工計画の詳細として記載されるべき事項は，［施工編：施工標準］の各章にて解説される内容であることから，施工計画について示した章も［施工編：施工標準］にあるべきとの結論に至った．そのため，今回の改訂では，【2017 年制定】示方書［施工編：本編］『3 章 施工計画』を基として，条文，解説とも基本的な考え方のみを示すという方針はそのままに，施工者，発注者がそれぞれ行うべき行為が明確になるように記載を改めた．

また，今回の改訂における検討項目として，前回の改訂時にまとめた，施工計画における工程ごとの検討項目の表（【2017 年制定】コンクリート標準示方書改訂資料 **表 3.1.2.1～表 3.1.2.5**）の示方書［施工編］への掲載が挙げられていた．それを受けて，具体的な文章案が作成され，検討が行われた．その結果，これらは，示方書［施工編：施工標準］の 3 章以降の章の記載内容を概要としてまとめたものであり，記述が重複することになるとの結論に至り，工程ごとの概要の記載は見送ることとし，「2.1 一般」において基本的な考え方のみを示すこととした．

3.2.1　一　　般

施工者が行うべき行為として，施工計画書の作成，施工計画書に記載が必要な項目の抽出，発注者が行うべき行為として，施工計画書の確認があり，それぞれが明確になるように 3 つの条文の記載を改めた．それぞれの条文は，【2017 年制定】示方書［施工編：本編］『3.1 一般』，『3.9 施工計画書』，および『3.10 施工計画の確認』を基としている．

箇条（1）およびその解説については，【2017 年制定】示方書［施工編：本編］『3.1 一般』の条文において，『適切な施工計画を立案し』を削除し，より具体的な行為として「設計図書の内容，現場の環境条件および施工条件を確認し」に改めた．解説については，【2017 年制定】示方書［施工編：本編］『3.1 一般』を基として，大きな変更はせず，記述の整理と見直しを行った．なお，「**解説 表 2.1.1**」については，実際の工程順に項目の順番を入れ替えるとともに，今回の改訂で追加されたプレキャストコンクリート製品の調達計画，プレキャストコンクリート製品を用いた施工の計画の項目を追加した．

箇条（2）およびその解説については，【2017年制定】示方書［施工編：本編］『3.9 施工計画書』の条文，解説を記載した．施工計画書に記載すべき項目や内容については，【2017年制定】示方書［施工編：施工標準］『1.2 施工計画』の中に記載されていた項目や内容を基に整理して記載した．

箇条（3）については，【2017年制定】示方書［施工編：本編］『3.10 施工計画の確認』の条文を記載した．解説は，【2017年制定】示方書［施工編：本編］『3.10 施工計画の確認』を基として，記述の整理と見直しを行い，新技術あるいは新工法を採用する場合の記述を追加した．

3.3　コンクリートの製造に用いる材料

3.3.0　改訂の概要

【2017年制定】示方書［施工編：施工標準］『3章 材料』は，「3章 コンクリートの製造に用いる材料」として，章の構成を変更した．【2017年制定】示方書［施工編：施工標準］『3.5 混和材料』は，「3.3 混和材」と「3.6 混和剤」に節を分けて記載した．また，【2017年制定】示方書［施工編：施工標準］『3.4.1 細骨材』および『3.4.2 粗骨材』は，砕砂・砕石やスラグ骨材のように原材料が同じ場合に説明が重複することを避けるため，「3.5 骨材」として細骨材と粗骨材を一つに統合し，その節内で原材料の種類（骨材の種類）ごとに項を設けて構成した．新たにJISが制定された火山ガラス微粉末，石炭ガス化スラグ細骨材および収縮低減剤を記載した．また，各材料の貯蔵に関する内容は「5章 コンクリートの製造」に移設した．この章では，コンクリートの製造に用いる材料をまとめることにしたため，【2017年制定】示方書［施工編：施工標準］『3.6 補強材料』は削除し，『3.6.1 鉄筋』および『3.6.3 その他の補強材料』に記載されていた連続繊維補強材は，「6.2 鉄筋等の補強材」に移設した．『3.6.3 その他の補強材料』に記載されていた短繊維は，【2023年制定】示方書［施工編：目的別コンクリート］「9章 短繊維補強コンクリート」を参照する記載に改めた．

3.3.1　一　般

【2017年制定】示方書［施工編：施工標準］『3.1 一般』の内容を部分的に修正し，簡潔な表現に変更した．

3.3.2　セメント

【2017年制定】示方書［施工編：施工標準］『3.2 セメント』の箇条（1），および貯蔵に関わる箇条（3）と箇条（4）を削除した．箇条（2）のみを【2023年制定】示方書［施工編：施工標準］「3.2 セメント」の条文とし，その表現を部分的に修正した．解説は，【2017年制定】示方書［施工編：施工標準］『3.2 セメント』箇条（2）の解説を一部の表現を修正して記載した．なお，セメントの貯蔵に関わる内容は，【2023年制定】示方書［施工編：施工標準］「5.3 材料の受入れおよび貯蔵」解説（2）に移動させた．

3.3.3　混　和　材

火山噴出物を原料とするJIS A 6209「コンクリート用火山ガラス微粉末」が2020年に新しく制定されたことや，砕石および砕砂を工場で岩石から製造する際に発生した石粉を利用するJIS A 5041「コンクリート用砕石粉」が2009年に制定されていたものの，【2017年制定】示方書［施工編：施工標準］『3.5.2 混和材』には記載がなかったことから，「3.3 混和材」にそれぞれ箇条（5），（6）として加えた．また，【2017年制定】示方書［施工編：施工標準］『3.5.2 混和材』箇条（5）はJISに規格されていない混和材や使用頻度の低い混和材に関する内容であったため，表現を見直して「3.3 混和材」箇条（1）の条文とした．【2017 年制定】示方書［施工編：施工標準］『3.5.2 混和材』の箇条（6）は，混和材の貯蔵に関わる内容であるため削除した．

解説では，フライアッシュ，膨張材，高炉スラグ微粉末およびシリカフュームに関する解説は，【2017 年制定】示方書［施工編：施工標準］の文章を部分的に削除・修正し，いずれも簡潔な表現とした．火山ガラス微粉末および砕石粉に関する解説は，それぞれ材料の説明，コンクリートに使用した際の効果や留意点について簡潔に記載した．【2017 年制定】示方書［施工編：施工標準］の箇条（5）の解説に記載されていたけい酸質微粉末，天然ポゾラン（けい酸白土，けい藻），人工ポゾラン（焼成粘土）の説明は削除し，石灰石微粉末と高強度用混和材のみ一部の表現を修正して記載した．

3.3.4　練混ぜ水

【2017 年制定】示方書［施工編：施工標準］『3.3 練混ぜ水』の箇条（1）と箇条（2）をまとめ，海水に関する箇条（3）は削除した．解説は，【2017 年制定】示方書［施工編：施工標準］『3.3 練混ぜ水』の箇条（1）と箇条（2）についての解説をまとめて，一部の表現を削除・修正し，簡潔な説明とした．

3.3.5　骨　　材

【2023 年制定】示方書［施工編：施工標準］「3.5 骨材」の節では，「3.5.1 一般」を新たに設けて，箇条（1）には【2017 年制定】示方書［施工編：施工標準］『3.4.1 細骨材』の箇条（1）と『3.4.2 粗骨材』の箇条（1）をまとめて記載した．また，箇条（2）では，コンクリート用スラグ骨材に関して環境安全品質基準を満足するものを用いることを記載した．解説では，（1）については，【2017 年制定】示方書［施工編：施工標準］『3.4.1 細骨材』（1），（6），（7），および『3.4.2 粗骨材』（1），（6），（7）の条文と解説を統合し，簡潔な表現となるように一部について削除と修正を行った．また，「3.5.1 一般」の箇条（2）についての解説では，コンクリート用スラグ骨材の環境安全型式検査と環境安全受渡検査について新たに説明するとともに，以前から記載されていた一般用途の場合と港湾用途の場合の環境安全品質基準について説明した．

【2017 年制定】示方書［施工編：施工標準］『3.4.1 細骨材』の箇条（2）～（5），および『3.4.2 粗骨材』の箇条（2）～（5）は，「3.5.2 砂および砂利」，「3.5.3 砕砂および砕石」，「3.5.4 高炉スラグ細骨材および高炉スラグ粗骨材」，「3.5.5 フェロニッケルスラグ細骨材およびフェロニッケルスラグ粗骨材」，「3.5.6 銅スラグ細骨材」，「3.5.7 電気炉酸化スラグ細骨材および電気炉酸化スラグ粗骨材」および「3.5.9 再生細骨材 H および再生粗骨材 H」の項として再構成した．解説についても，それぞれ【2017 年制定】示方書［施工編：施工標準］の解説の一部の表現を削除・修正して再構成した．

また，石炭ガス化複合発電の副産物として発生した石炭ガス化スラグを利用する JIS A 5011-5「コンクリート用スラグ骨材－第 5 部：石炭ガス化スラグ骨材」が 2020 年に新しく制定されたことを受け，産業副産物の有効利用を促す観点から，「3.5.8 石炭ガス化スラグ細骨材」の節を新たに設けた．また，解説では，粒度による区分および環境安全受渡検査の対象項目と確認内容を新たに記述した．

なお，【2017 年制定】示方書［施工編：施工標準］『3.4.1 細骨材』と『3.4.2 粗骨材』の箇条（6）は，それぞれ解説に移設し，『3.4.1 細骨材』と『3.4.2 粗骨材』の箇条（7）は，いずれも削除した．

3.3.6　混 和 剤

【2023 年制定】示方書［施工編：施工標準］「3.6 混和剤」の箇条（1）と箇条（2），およびその解説は，【2017 年制定】示方書［施工編：施工標準］『3.5.3 混和剤』の箇条（1）と箇条（2）を一部の表現を修正

して記載した．また，JIS A 6211「コンクリート用収縮低減剤」が2020年に新しく制定されたことから，「3.6 混和剤」の箇条（3）として新たに記載し，解説には【2017年制定】示方書［施工編：施工標準］『3.5.3 混和剤』の箇条（3）の解説の一部として記載されていた内容を修正して記述した．なお，『3.5.3 混和剤』の箇条（4）は，混和剤の貯蔵に関わる内容であることから「5.3 材料の受入れおよび貯蔵」の解説に移動させた．

3.4　コンクリートの配合

3.4.0　改訂の概要

【2023年制定】示方書［施工編：施工標準］「4章コンクリートの配合」は，【2017年制定】示方書［施工編：施工標準］における『2章　コンクリートの品質』と『4章　配合設計』を統合し，求められる品質のコンクリートの配合設計を行う体系とした．【2017年制定】示方書［施工編：施工標準］『2章　コンクリートの品質』は，「4.2 コンクリートの品質」として移設した．コンクリートの品質に関する内容は，昭和6年にコンクリート標準示方書が発行されて以来，【2017年制定】示方書まで，コンクリートに使用される材料に関する章の前に記述されてきた．改訂にあたっては，コンクリートの品質に関する条文および解説を，これまでどおり【2017年制定】示方書のままの位置とする意見や，［本編］に移設する意見も出されたが，今回の改訂では，求められる品質のコンクリートの配合設計を行う体系（「**解説　図4.3.1**」）となるよう，「3章　コンクリートの製造に用いる材料」と「4.3 配合設計」の間の位置で記述することとした．これに伴い，章のタイトルを『4章　配合設計』から「4章　コンクリートの配合」に変更した．

「4.2 コンクリートの品質」は，【2017年制定】示方書［施工編：施工標準］『2章　コンクリートの品質』と基本的な考え方は同様であるが，充塡性，圧送性，凝結特性については，『4章　配合設計』の内容を移設した．また，力学的特性のうちヤング係数に関する項目を追加するとともに，劣化に対する抵抗性については最近の知見を盛り込んだ上で，表現の一部を見直した．さらに，『2.5 その他の品質』には，ひび割れ抵抗性，水密性，耐摩耗性に関する記述があったが，今回，「4.2.11 温度ひび割れに関わる品質」，「4.2.12 施工や収縮等に関わる品質」を新しく設け，構成を変更した．耐摩耗性については「4.2.9 劣化に対する抵抗性」に移設した．

「4.3 配合設計」では，配合設計のフロー「**解説　図4.3.1**」を見直した．【2022年制定】示方書［設計編：本編］「4.8 設計図」においては，設計者は設計時に設定したコンクリートの特性値を全て設計図に記載し，設計者の意図を施工側に引き継ぐこととしている．また，設計時の仮定を施工者に伝達するために，セメントの種類（必要に応じて混和材の種類），粗骨材の最大寸法，単位セメント量（必要に応じて単位混和材量，混和材混入率），コンクリートの打込みの最小スランプまたはスランプフロー，最大水セメント比（必要に応じて水結合材比），空気量の中から必要なものが記載されることとなっている．施工者は，特性値や配合条件を満足するように，コンクリートの配合設計を行う必要がある．「**解説　図4.3.1**」は，これらの配合設計のフローが分かるように改訂した．さらに，【2023年制定】示方書［施工編：検査標準］における圧縮強度の合格判定基準値に関する整理を受け，圧縮強度の目標値（【2017年制定】示方書での配合強度）の設定方法に関する記述を見直した．

3.4.1　一　　般

条文の表現を一部，以下のとおり見直した．示方書全体の表現の見直しに伴い，『所要の』を「所定の」に変更した．【2017年制定】示方書［施工編：施工標準］の箇条（2）の条文『単位水量をできるだけ少なくするように定める』を「単位水量を少なく定めるものとする」に変更した．解説では，【2017年制定】示方書［施工編：施工標準］箇条（1）の設計図書に関する記述の段落は，「4.3 配合設計」の「4.3.1 一般」に記述される内容であることから削除した．

3.4.2 コンクリートの品質

今回の改訂では，コンクリートに要求される品質と，「**解説 図4.3.1**」に示した配合設計の流れが対比できるよう，【2017年制定】示方書［施工編：施工標準］『2章 コンクリートの品質』を「4.2 コンクリートの品質」に移設した．

3.4.2.1 一　般

【2017年制定】示方書［施工編：施工標準］『2.1 一般』の箇条（1）を基に，コンクリートに求められる基本的な品質として，ヤング係数，物質の透過に対する抵抗性，水密性，温度ひび割れに対する抵抗性，収縮を条文中に加筆した．解説では，【2017年制定】示方書［施工編：施工標準］『2.1 一般』の解説を基に，条文の変更に対応するように修正した．なお，【2017年制定】示方書［施工編：施工標準］に示されていた個別の項目に関する解説は，以降の節の解説に移設または統合した．

3.4.2.2 ワーカビリティー

【2017年制定】示方書［施工編：施工標準］『2.2 ワーカビリティーと強度発現性』の箇条（1）と同様とした．解説では，フレッシュコンクリートの性質を表す用語として，コンシステンシー，プラスティシティー，ポンパビリティー，フィニッシャビリティーに関する解説を加えた．また，ワーカビリティーとしては，【2023年制定】示方書［施工編：施工標準］では，重要なものとして充填性，圧送性および凝結特性を取り上げていることを示し，以降の「4.2.3 充填性」，「4.2.4 圧送性」および「4.2.5 凝結特性」とのつながりを明確にした．

3.4.2.3 充 填 性

【2017年制定】示方書［施工編：施工標準］『4.4.1 充填性』の箇条（1）を基にした記述とした．解説では，【2007年制定】示方書から施工編に導入されている，「充填性は，コンクリートの流動性と材料分離抵抗性に基づいて定める」，「コンクリートの流動性は，打込みの最小スランプを適切に設定することにより確保する」，「コンクリートの材料分離抵抗性は，単位セメント量あるいは単位粉体量を適切に設定することによって確保する」という考え方を踏襲し，説明した．

3.4.2.4 圧 送 性

条文，解説ともに，【2017年制定】示方書［施工編：施工標準］『4.4.2 圧送性』と同様の記述とした．

3.4.2.5 凝結特性

条文，解説ともに，【2017年制定】示方書［施工編：施工標準］『4.4.3 凝結特性』と同様の記述とした．

3.4.2.6 強度発現性

条文，解説ともに，【2017年制定】示方書［施工編：施工標準］『2.2 ワーカビリティーと強度発現性』の箇条（2）に記載されていたものを移設した．

3.4.2.7　強　　度

条文は，「コンクリートは，構造物に必要とされる強度を有していなければならない．」とし，解説は，【2017年制定】示方書［施工編：施工標準］『2.3 強度』の一部を基にした記述とした．なお，『2.3 強度』の箇条のうち（１）および（２）については，表現を一部見直し，「4.3.6 圧縮強度の目標値」に移設した．また，箇条（３）については，具体的な試験法（JIS の規格番号等）は「13 章 品質管理」および［施工編：検査標準］で記述することとしたことから，削除した．

3.4.2.8　ヤング係数

今回の改訂で，コンクリートの品質を表す項目として新設した．これは，コンクリートのヤング係数は，他の物性に比べて構造物の安全性に及ぼす影響は小さいが，温度応力を求める際やプレストレストコンクリート部材等の変形やたわみの算定の際に設計で考慮されている場合があること，骨材の種類や品質，産地によって異なることが知られており，ヤング係数がコンクリート構造物の性能に影響を及ぼす場合には，配合設計において検討する必要があることを勘案したことによるものである．

3.4.2.9　劣化に対する抵抗性

劣化に対する抵抗性に関する具体的項目として，耐凍害性，化学的侵食に対する抵抗性，アルカリシリカ反応に対する抵抗性，すりへりに対する抵抗性を挙げ，条文に示した．条文で示した項目に対応する解説として，【2017年制定】示方書［施工編：施工標準］『2.4.2 劣化に対する抵抗性』の解説に下記のような記述の追加，整理を行った．耐凍害性については，連行する空気の量が適切であっても，吸水率が高い骨材を用いた場合には，耐凍害性を確保できないこと，また，JIS A 1122「硫酸ナトリウムによる骨材の安定性試験方法」による結果と JIS A 1148「コンクリートの凍結融解試験方法」による結果は異なる場合があること，凍結防止剤が散布される積雪寒冷地では，凍結融解による劣化が加速すること等の知見を基に，コンクリートの耐凍害性の評価ならびに確保の具体的方法に関する解説を記述した．化学的侵食については，コンクリートを劣化させる代表的な化学物質として硫酸塩と硫酸を取り上げ，それらによるコンクリートの劣化のメカニズムと抵抗性を改善するための方法に関する解説を記述した．アルカリシリカ反応の抑制対策については，【2017年制定】示方書［施工編：施工標準］『2.4.2 劣化に対する抵抗性』の解説と，『4.3.3 コンクリートの劣化および物質の透過に対する抵抗性』の箇条（４）の解説の記述を統合して記載した．すりへりに対する抵抗性については，【2017年制定】示方書［施工編：施工標準］『2.5 その他の品質』の解説の記述と同様とした．

3.4.2.10　物質の透過に対する抵抗性

【2017年制定】示方書［施工編：施工標準］『2.4.3 物質の透過に対する抵抗性』と主旨は変わらないが，コンクリート中の鋼材の腐食に及ぼす要因として，中性化，水の浸透，塩化物イオンの浸透を挙げ，条文に示した．また，条文で示した項目に対応する解説として，『2.4.3 物質の透過に対する抵抗性』の解説を基に記述の見直しを行った．

3.4.2.11　温度ひび割れに関わる品質

【2017年制定】示方書［施工編：施工標準］『2.4.5 その他の品質』では，温度ひび割れに関する記述はほとんどなく，解説で『コンクリートの温度上昇を抑制するには，水和熱の小さいセメントの選定や単位セメント量（単位結合材量）をできるだけ少なくすることが重要であり，施工方法としては材料の温度を低く抑

える等の処置が有効である.』との記述に留まっていた．しかし，温度ひび割れが懸念される構造物の施工において使用材料の選定や配合設計は抑制対策を検討する上で重要であることから，この項を新設した.

3.4.2.12　施工や収縮等に関わる品質

【2017年制定】示方書［施工編：施工標準］『2.5 その他の品質』では，ひび割れ抵抗性に関する解説として，乾燥収縮および自己収縮が取り上げられていた．劣化の場合を除き，コンクリートに有害なひび割れが生じるのは，主に水分の逸散による乾燥収縮ひずみ等の収縮によるものであることから，今回の改訂ではこの項を新設した．条文の内容に対応する解説として，収縮ひずみがどのような要因で生じるのかを説明するとともに，ひび割れを抑制するためには，運搬，打込み，締固め等の作業に適する範囲内で，できるだけ単位水量を少なくし，材料分離の生じにくい配合を選定する必要があることについて記述した.

3.4.3　配合設計

3.4.3.1　一　　般

【2022年制定】示方書［設計編：本編］「4.8 設計図」では，設計者は設計時に設定したコンクリートの特性値および配合条件は全て設計図に記載し，施工側に引き継ぐこととしている．施工者は，特性値や配合条件を満足するように，コンクリートの配合設計を行う必要がある．これを踏まえて，条文では「配合設計にあたっては，設計図書に示される圧縮強度等の特性値，配合条件および参考値を確認しなければならない.」と記述した．また，配合選定の手順として箇条（2）を追加し，条文を「目標とするコンクリートの品質を満足するようにそれぞれの材料の単位量を定め，試し練りによって品質を確認しなければならない」とした．解説では，配合設計において要求される品質については，【2017年制定】示方書［施工編：施工標準］『4.3 コンクリートの特性値の確認』の解説の一部を基にした記述とした．「**解説 図4.3.1**」は，設計図書に示された特性値や参考値と配合設計との関係がわかるように改訂した．また，図中には，施工方法により決定される各種の条件と配合設計との関係についても示すこととした．配合設計の手順については，【2017年制定】示方書［施工編：施工標準］『4.2 配合設計の手順』の解説の一部を基にした記述とした.

3.4.3.2　粗骨材の最大寸法

条文，解説ともに，【2017年制定】示方書［施工編：施工標準］『4.5.1 粗骨材の最大寸法』と同様の記述とした.

3.4.3.3　スランプ

条文は，【2017年制定】示方書［施工編：施工標準］『4.5.2 スランプ』の条文の一部を基にした記述とした．なお，（2）は，「4.3.11 単位粉体量」に記述される内容であることから，削除した．解説には，改訂前の［施工編：特殊コンクリート］『10章 プレストレストコンクリート』に記載されていた「**表4.3.6** プレストレストコンクリート部材における打込みの最小スランプの標準」を移設した.

3.4.3.4　空 気 量

条文の主旨は【2017年制定】示方書［施工編：施工標準］『4.5.5 空気量』の箇条（1）と変わらないが，設計図の設計条件表の配合条件との関係を明確化し，「設計図書の配合条件にコンクリートの空気量の指定がない場合は，粗骨材の最大寸法，その他に応じ，練上がり時においてコンクリート体積の4～7%とする.」と記述した．なお，（2）については，具体的な試験法（JISの規格番号等）は「13章 品質管理」および［施工編：検査標準］で記述することから，削除した．

3.4.3.5　その他の指定事項

条文は，【2017年制定】示方書［施工編：施工標準］『4.3.4 その他の特性値および参考値』の箇条（1），（2）および（3）の主旨を変えずに設計図書との関係を明確化した表現として統合して，「設計図書に記載される水密性および温度ひび割れに関する指定事項を確認しなければならない.」とした. 改訂前の箇条（4）および箇条（5）は，「4.2.12 施工や収縮等に関わる品質」に関連する記述であることから，削除した．解説は，『4.3.4 その他の特性値および参考値』の箇条（1）から箇条（3）に対応するものと同様の記述とした．

3.4.3.6　圧縮強度の目標値

条文は，箇条（1）では，圧縮強度の目標値の材齢および供試体の養生条件を示した．箇条（2）については，コンクリートの圧縮強度の目標値f'_{cr}と合格判定基準値f'_{c3}との関係を示した．

箇条（1）については，上記の条文の改訂に併せて解説を新設した．箇条（2）の解説では，検査は，計量抜取検査で実施されるため，ロットの合格判定を完全には行うことはできない旨を示し，判定結果には誤りが必ず生じることを前提として，生産者危険に基づき合格判定基準値を定める必要があることを記述した．また，これを踏まえて，合格判定基準値を用いた検査に合格するように，圧縮強度の目標値f'_{cr}を定めることを記述した．今回の改訂では，1回の試験値が特性値を下回る確率が5%以下となる分布の平均値f'_{avg}を，式（解4.3.1）として示し，試験回数をn回とし，生産者危険をα%として合格判定基準値f'_{cn}を式（解4.3.2）で示した．この式から，検査に合格とならない確率が3σに相当する0.135%となるように圧縮強度の目標値f'_{cr}を定める式（解4.3.3）を示し，さらに変動係数V_0およびV_1をVとして割増し係数を式（解4.3.4）に示した．配合設計時においては，nを3，変動係数Vを10%としてよいことを記述し，生産者危険を10%とすると，割増し係数αは，式（解4.3.4）から1.34となることを示した．

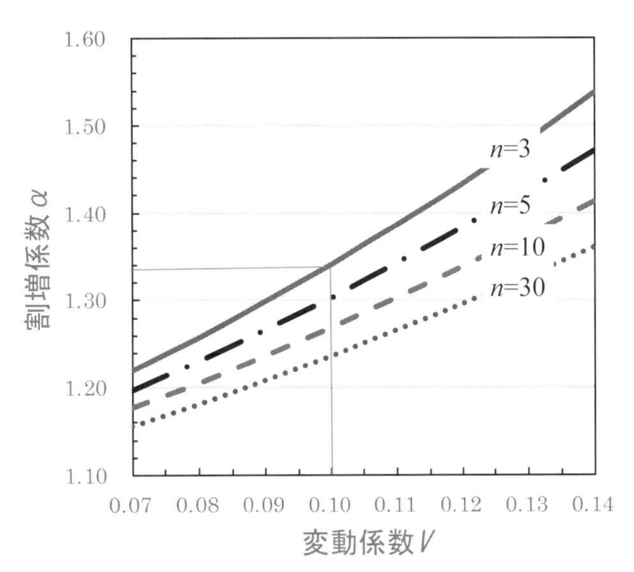

図3.4.1　変動係数Vおよび試験回数nと割増し係数の関係

図3.4.1に変動係数Vおよび試験回数n回を変化させた際の割増し係数を示す．この図に示すように，変動係数を同じとした場合，試験回数が増えるほど，割増し係数は小さくなる．このため，試験回数を3回と想定して目標値を設定しておき，それ以上の回数で試験を行う場合は，検査に合格する確率が高くなる．また，コンクリートの製造が統計的管理状態に入った後も，シューハート管理図の活用や，貯蔵設備，製造設備の日常点検を徹底し，不適合の発生を事前に予知して対策を講じながら工程管理および工程検査を実施して，変動係数が小さくなるように品質管理を行うことが重要である．なお，繰返しの製造が始まった後に割増し係数を小さくする再設定は，工程能力指数により判断する必要がある．

3.4.3.7　圧縮強度以外の特性値

今回の改訂では，設計図の設計条件表に記載される圧縮強度以外の特性値について，配合条件および参考値に基づいて，使用材料および配合を選定する必要があることから，条文および解説を新設した．解説では，配合条件を満たせば特性値を満足するとみなしてよいとされない場合は，配合を定めた後に要求される特性値を満足することを試験により確認する必要があること，発注者の検査計画書に指示等がない場合は，**図 3.4.2** に示されるように，平均値と目標値が等しくなるよう，特性値を下回る不良率が 50%以下であることを生産者危険 0.135%で定めてよいこと等を記述した．

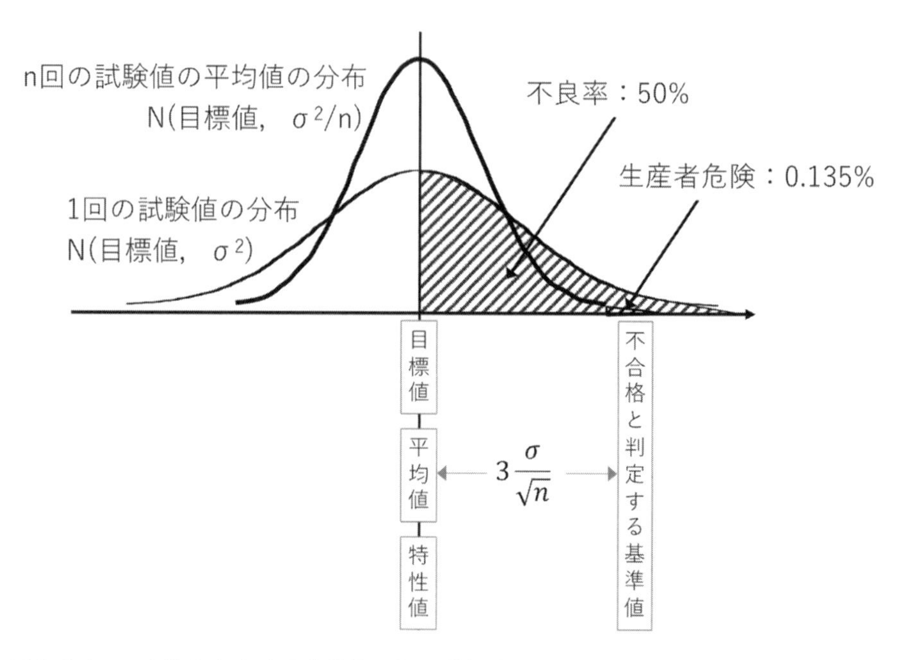

図 3.4.2　不合格と判定する基準値の例（特性値より大きい値が望ましくない場合）

3.4.3.8　水セメント比

【2017 年制定】示方書［施工編：施工標準］『4.5.4 水セメント比』の条文のうち，箇条（1）および箇条（2）については，設計図書の配合条件との関係を明確化し，表現を見直して 1 つの条文とした．（3）については，設計図の設計条件表に示される配合条件に関する内容であり，「4.3.1 一般」で記述することから，条文から削除した．解説は，『4.5.4 水セメント比』の解説の一部を基にした記述とした．

3.4.3.9　単位水量

【2017 年制定】示方書［施工編：施工標準］『4.6.1 単位水量』のうち，箇条（1）は今回の改訂でも同様の記述とした．箇条（2）の条文『コンクリートの単位水量の上限は 175kg/m^3 を標準とする』については，条文にあることで単位水量の安易な増加を抑止できる効果が望める等の意見が多くあったが，条文に記載する数値は遵守すべき普遍的なものに限るとの考え方に基づき，解説で示すこととし，条文からは削除した．

3.4.3.10　単位セメント量

条文は，【2017 年制定】示方書［施工編：施工標準］『4.6.3 単位セメント量』の主旨は変えずに，設計図書の配合条件との関係を明確化し，「単位セメント量は，設計図書の配合条件に示される下限または上限を満足するように定めるものとする．」とした．解説は，『4.6.3 単位セメント量』の解説の一部を基にした記述とした．なお，海洋コンクリートや水中コンクリートに関する内容は，関連する他の章で記述するため，解説から削除した．

3.4.3.11　単位粉体量

条文は，【2017年制定】示方書［施工編：施工標準］『4.6.2 単位粉体量』の箇条（1）と箇条（2）の主旨を変えずに，まとめて表現することとした．箇条（3）については，従来と同様の記述とした．解説は，『4.6.2 単位粉体量』の解説と同様の記述とした．なお，「**解説 図4.3.7**」において，図の注釈として単位粉体量の上限値および下限値の目安の考え方について記述されていた内容は，解説として追記した．これと同様に，「**解説 図4.3.8**」において，図の注釈としてプレストレストコンクリート構造物等の高強度なコンクリートを使用した構造物の単位粉体量の上限値の考え方について記述されていた内容についても解説として追記した．

3.4.3.12　細骨材率

条文，解説ともに，【2017年制定】示方書［施工編：施工標準］『4.5.6 細骨材率』と同様の記述とした．

3.4.3.13　混 和 剤

条文，解説ともに，【2017年制定】示方書［施工編：施工標準］『4.5.7 混和材料』と同様の記述とした．

3.4.4　試し練り

【2017年制定】示方書［施工編：施工標準］『4.7 試し練り』のうち，箇条（1）については，従来と同様の記述とした．箇条（2）については，試し練りの目的や室内試験で試し練りを行う場合の留意事項に関する内容と室内試験の試験条件とを2つの条文に分けて表現した．なお，改訂前の箇条（3）に記述されていた内容は発注者と施工者との契約図書または協議等により決定される内容であるため，条文からは削除した．解説は，条文の改訂に合わせて，（1）については，『4.7 試し練り』の箇条（1）の解説に示されていた内容の一部にコンクリートの物性を求めるための供試体の作製方法および試験方法に関する内容を追記した．改訂後の（2）については，『4.7 試し練り』箇条（1）および箇条（2）の解説として示されていた内容の一部に，運搬による時間経過に伴うスランプの低下や室内試験と実機ミキサによる試験との違い等に関する解説を追記した．改訂後の（3）については，条文の内容に対応する解説を新たに記述した．

3.4.5　配合の表し方

条文，解説ともに，【2017年制定】示方書［施工編：施工標準］『4.8 配合の表し方』と同様の記述とした．

3.5　コンクリートの製造

3.5.0　改訂の概要

今回の改訂では，名称を【2017年制定】示方書［施工編：施工標準］における『5章 製造』から「5章 コンクリートの製造」へ変更した．従来は，コンクリートの製造として記述された内容のうち，レディーミクストコンクリートの製造に関するものと，施工者が建設現場に製造プラントを設けてコンクリートの製造を行う場合に関するものが混在している部分があり，やや不明確であったことから，「5章 コンクリートの製造」では後者についての基本事項を示すこととして再整理を行った．

また，【2017年制定】示方書［施工編：施工標準］『3章 材料』では，材料の受入れおよび貯蔵に関わる記述が含まれていたが，これらはコンクリートの製造に関する記載内容と考えられるため，この章に「5.3 材料の受入れおよび貯蔵」を新設して重複箇所を整理するとともに，コンクリートの製造工程を集約した構成に見直した．

3.5.1　一　　般

条文は，【2017 年制定】示方書［施工編：施工標準］では項目ごとに細分化されていたが，供給能力と品質管理体制の整備として表現したものに変更し，その内容は解説にて記述することとした．また，解説では，所定の品質を有するコンクリートを製造するために，設備の性能と管理する技術者，および品質管理計画の策定が重要であることを記述した．また，製造設備およびコンクリートの製造に関わる具体的な行為は，「5.2 製造設備」，「5.3 材料の受入れおよび貯蔵」，「5.4 計量」，「5.5 練混ぜ」に示していることから，記述を削除した．

3.5.2　製造設備

今回の改訂では，【2017 年制定】示方書［施工編：施工標準］『3 章 材料』に記載されていた材料の受入れおよび貯蔵に関わる記述を「5.3 材料の受入れおよび貯蔵」として移設した．

3.5.2.1　貯蔵設備

条文，解説ともに，【2017 年制定】示方書［施工編：施工標準］『5.2.1 貯蔵設備』と同様の記述とした．

3.5.2.2　計量設備

条文，解説ともに，【2017 年制定】示方書［施工編：施工標準］『5.2.2 計量設備』と同様の記述とした．

3.5.2.3　ミ キ サ

条文，解説ともに，【2017 年制定】示方書［施工編：施工標準］『5.2.3 ミキサ』と同様の記述とした．

3.5.3　材料の受入れおよび貯蔵

【2017 年制定】示方書［施工編：施工標準］『3 章 材料』に記述されていた材料の受入れおよび貯蔵を移設し，材料の受入れ時には要求した品質であることを確認する必要があること，受け入れた材料はその品質が変動しないように貯蔵状態を管理する必要があること，を示した 2 つの条文とした．また，解説も『3 章 材料』に記述されていた材料の受入れおよび貯蔵に関わる解説を本項に移設した．

3.5.4　計　　量

条文，解説ともに，【2017 年制定】示方書［施工編：施工標準］『5.3 計量』と同様の記述とした．

3.5.5　練 混 ぜ

条文，解説ともに，【2017 年制定】示方書［施工編：施工標準］『5.4 練混ぜ』と同様の記述とした．

3.6　構造物の構築に用いる製品

3.6.0　改訂の概要

今回の改訂では，【2017年制定】示方書［施工編：施工標準］の『3.6 補強材料』，および『6章 レディーミクストコンクリート』を「3章 コンクリートの製造に用いる材料」とは分離し，コンクリート構造物を構築するために調達する製品を扱う章に再構成した．レディーミクストコンクリートに関しては，製品を購入する際に指定する呼び強度に対する考え方を詳細に記述した．また，【2017年制定】示方書［施工編：特殊コンクリート］の『12章 工場製品』の一部を移し，JISに規定されたプレキャストコンクリート製品を対象として，その品質の確認，運搬，受入れに関する詳細な記述を「6.4 プレキャストコンクリート製品」として追加した．

3.6.1　一　　般

条文は，「構造物の構築に用いる鉄筋等の補強材，レディーミクストコンクリートおよびプレキャストコンクリート製品は，生産者によって品質の保証された製品を用いるものとする．」とし，この章の対象および製品に対する生産者による品質保証の必要性を明確に記載した．解説では，製品の購入者が留意する事項，製品の生産者が留意する事項について記載した．

3.6.2　鉄筋等の補強材

【2017年制定】示方書［施工編：施工標準］『3.6.1 鉄筋』の箇条（1）『鉄筋は，JIS G 3112，JSCE-E 121，JIS G 4322 または JSCE-E 102 に適合したものを標準とする．』を削除し，新たに箇条（1）を「JISまたは土木学会規準に適合した鉄筋等の補強材を用いるものとする．」とし，JISおよび土木学会規準に関する詳細は，規格番号も含め解説に記載した．『3.6.1 鉄筋』の箇条（2）『鉄筋は，品質に影響を及ぼさないように保管する．』を，箇条（2）「鉄筋等の補強材は，品質に影響を及ぼさないように保管しなければならない．」に改め，本節の対象が鉄筋のみでないことを明示した．

解説では，箇条（1）について，JIS G 3112「鉄筋コンクリート用棒鋼」の2020年4月の改正に伴い，同JISに規定されている鉄筋の種類および降伏点の上限および下限が設定されている鉄筋の種類を修正した．また，『3.6.1 鉄筋』に記載されていた鋼材の腐食の要因に加えて，中性化と化学的侵食を記載した．また，亜鉛めっき鉄筋に関する記述を追加した．連続繊維補強材についても，鉄筋，構造用鋼材と同じ節に記載し，この節での対象が，コンクリートの補強筋や緊張材として使用する連続繊維を結合材で棒状に固めて鉄筋やPC鋼材の代替として用いるものであることを明示した．箇条（2）については，『3.6.1 鉄筋』，『3.6.2 構造用鋼材』および『3.6.3 その他の補強材料』に分散していた記述を統合して示した．

3.6.3　レディーミクストコンクリート

3.6.3.1　一　　般

条文は，【2017年制定】示方書［施工編：施工標準］『6.1 一般』を基に表現を一部見直した．箇条（1）については『JIS A 5308に適合し』を削除した．（2）については，『購入にあたっては，所要の品質のコンクリートが得られるように，工場を選定し，JIS A 5308 に規定されている指定事項について生産者と協議の上，指定しなければならない単位水量をできるだけ少なくするように定める．』を「所定の品質のコンクリートが得られることを確認しなければならない．」に変更した．

解説は，『6.1 一般』を基に，「購入者である施工者」の表現を追記し，施工者が行う指定事項や確認事項を明記した．また，「JIS外品のコンクリートを購入する場合は，施工者にはコンクリートに関する知識と技術力が，また，生産者には，高い品質管理能力が求められる．」を加えた．

3.6.3.2　工場の選定

条文は,【2017年制定】示方書［施工編：施工標準］『6.2 工場の選定』と同様の記述とした．解説は,（1）について,『6.2 工場の選定』を基に，購入者である「施工者」の表現を追記し，運搬時間について生産者が留意する事項を加えた．また,「JISマーク表示を認証されたレディーミクストコンクリート工場に対しては,登録認証機関が少なくとも3年ごとに定期的な審査を行うとともに，必要に応じて臨時の審査を行っている．」を加えた．また，㊜マークの使用が認められた工場数やJISマーク表示認証工場の2016年度の調査結果を削除した．

3.6.3.3　品質の指定

節タイトルを【2017年制定】示方書［施工編：施工標準］『6.3 品質についての指定』から「6.3.3 品質の指定」に変更した．また，条文では,「(a) レディーミクストコンクリートの種類」,「(b) 指定事項」は削除し,新たに箇条を2つ設けた．箇条（1）の条文は「施工者は，JIS認証品の中から施工に求める品質のコンクリートを指定するものとする.」とし，箇条（2）の条文は「施工者は，所定の品質を得るため，必要に応じて指定事項を指定するものとする.」とした．解説は，JIS A 5308の改正を受けて，レディーミクストコンクリートの種類を「**解説 表6.3.1**」に示し，太枠で示される［施工編：施工標準］の対象範囲として，今回の改訂で施工標準に加えた高流動コンクリートの範疇に該当する可能性があるスランプフロー55cmおよび60cmの呼び強度を追加した．［施工編：施工標準］の対象から外れる軽量コンクリートおよび高強度コンクリートに関する記述は削除したが，高強度コンクリートの呼び強度50および呼び強度55は，呼び強度の強度値の85%が，それぞれ，42.5N/mm^{2}および46.8N/mm^{2}であり，圧縮強度の上からは,「施工編：施工標準」の対象になり得ること，これらの製品を標準化しているレディーミクストコンクリート工場は全国でも少ないことから，**解説 表6.3.1**では対象として示さなかったことを追記した．また，打込みの最小スランプの標準値に関する記述は「4章 コンクリートの配合」に記載されているため，削除した．

『6.3 品質についての指定』で示されていた呼び強度，設計基準強度，配合強度に関する記述は，圧縮強度の特性値とレディーミクストコンクリートの呼び強度，合格判定基準値，圧縮強度の目標値として新たに記述した．

認証を受けていない製品についての記述『JIS A 5308に規定されるコンクリートの品質や材料を指定する場合においても，レディーミクストコンクリート工場がそのコンクリートの配合について，標準化がされておらずJISマーク表示の認証を受けていない場合は，JIS認証品にならないことに注意する．』を削除した．また,空気量を4.5%よりも大きい値で指定する場合には,強度に与える影響等にも考慮する必要があること,ワーカビリティーの確保や温度ひび割れの制御を目的に単位セメント量の目標値の下限値や上限値を指定する場合があること等を解説に加えた．流動化コンクリートに関する記述は削除し，アルカリシリカ反応の対策については,「生産者が標準化しているアルカリシリカ反応抑制対策の方法と異なる方法で，アルカリシリカ反応を抑制する場合は，その方法を指定する必要がある.」を加えた．

3.6.3.4　配合計画書の確認

条文は,【2017年制定】示方書［施工編：施工標準］『6.4 配合計画書の確認』と同様の記述とした．解説は，配合計画書の記載事項，構成について示した．また,『6.4 配合計画書の確認』の『**解説 表6.4.1** 配合の種別と定義』を削除し，標準配合と修正標準配合の説明を解説に記載した．

3.6.3.5　受 入 れ

条文は，【2017 年制定】示方書［施工編：施工標準］『6.5 受入れ』の 6 つの条文を 5 つの条文に再構成した．改訂後の箇条（1）は，購入者である「施工者」，「受入れ検査の方法等」の表現を追記した．改訂前の箇条（4）と（5）を統合し，『荷卸し作業を容易に行うことができる場所でおこなうものとする.』を「材料分離が生じにくい方法で行うものとする.」に改めて新たな箇条（4）とした．改訂前の箇条（6）『適切な方法により受入れ検査をおこなわなければならない.』を「レディーミクストコンクリート納入書で，全数，確認しなければならない.」に改め，新たな箇条（5）とした．

解説では，条文の変更に合わせて記述を修正した．（1），（2），（3）および（4）では，「現場に納入されるコンクリートのスランプ（スランプフロー）および空気量の試験は，施工者の判断において必要に応じて行い，圧縮強度は，一般に試験成績表により確認することになる.」を新たに加えた．なお，JIS A 5308 の運搬時間に関する記述，トラックアジテータを利用して現場でコンクリートを流動化する場合の記述は削除した．また，運搬に用いるトラックアジテータに関する記述を「コンクリートの運搬には，荷卸し時に材料分離を生じさせにくい，運搬車性能試験に合格したトラックアジテータを用いる」に改めた．解説（5）は，『6.5 受入れ』箇条（6）の解説を基に，荷卸し完了時刻を記入すること，施工の記録の確認が必要になった場合等に備えて納入書を保管しておく必要があることを記載した．

3.6.4　プレキャストコンクリート製品

3.6.4.0　新設の経緯と目的

【2023 年制定】示方書［施工編：施工標準］「6.4 プレキャストコンクリート製品」は，今回の改訂で新設した節である．この節では，製造実績が豊富，かつ，JIS Q 1001「適合性評価－日本産業規格への適合性の認証－一般認証指針（鉱工業品及びその加工技術）」および JIS Q 1012「適合性評価–日本産業規格への適合性の認証–分野別認証指針（プレキャストコンクリート製品）」の定める製造・試験設備や管理体制の下で製造される製品で，所要の性能を有することを国の定める第三者認証機関が認証した“JIS マーク表示認証のあるプレキャストコンクリート製品（以下，JIS 認証品）”を対象とした．JIS 認証品は，JIS 認証を取得するための初回製品審査，3 年ごとに行われる認証維持審査等の型式検査が定期的に行われているため，製品の品質に対する信頼性は高い．すなわち，鉄筋等と同様に，生産者が提示する製品カタログ，試験成績表や品質証明書等の確認により施工者は製品を指定でき，生産者が実施する最終検査や受渡検査に合格した製品に付される JIS マーク等の表示の確認によって受入れを行うことができるものである．

【2017 年制定】示方書［施工編：特殊コンクリート］『12 章 工場製品』には，常設の工場で製造されるプレキャストコンクリート製品（工場製品）を対象に，工場製品の製造および工場内での取扱いにおいて特に必要な事項とその標準が示されていた．しかし，工場ごとに定めている社内規格，所有する製造・試験設備，製造に用いられる材料やコンクリートの配合，成形方法，品質管理の体制や管理基準等は，同じ種類および型式の JIS 認証品であっても様々である．また，製品の性能や品質に関する規定の範囲，要求事項等は様々で，旧来の設計法または実験に基づく仕様を示すもの，適合みなし仕様を示すもの等，製品の性能や品質の定め方も異なる．このため，工場における製品の製造に関する取扱いや標準を示すのではなく，製品を購入する施工者（または発注者）の目線から，製品の指定，工場から現場までの運搬，受入れまでの行為に関する事項を示すこととした．なお，受け入れた製品を施工者が現場で施工する際の取扱いについては，【2023 年制定】示方書［施工編：施工標準］「12 章 プレキャストコンクリート工」に，JIS 認証品以外のプレキャストコンクリートの製作および施工については，［施工編：目的別コンクリート］「2 章 施工者が製作仕様に関与

するプレキャストコンクリート」に記載している．

「6.4 プレキャストコンクリート製品」の構成は，次のとおりとした．

6.4.1　一　　般

6.4.2　品質の確認

6.4.3　運　　搬

6.4.4　受 入 れ

3.6.4.1　一　　般

「6.4.1 一般」では，条文を「プレキャストコンクリート製品には，JIS マーク表示認証のある製品を用いるものとする．」とした．また，解説に，「6.4 プレキャストコンクリート製品」で対象とするプレキャストコンクリート製品は，JIS A 5371「プレキャスト無筋コンクリート製品」，JIS A 5372「プレキャスト鉄筋コンクリート製品」，JIS A 5373「プレキャストプレストレストコンクリート製品」，JIS E 1201「プレテンション式 PC まくらぎ」および JIS E 1202「プレテンション式 PC まくらぎ」であることを述べ，「**解説 表 6.4.1**」に製品の種類を取りまとめた．加えて，プレキャストコンクリート製品を用いた構造物の設計や施工を行う技術者の理解に役立つよう，関連する JIS について概説した．

示方書に従い構築される構造物に用いるプレキャストコンクリート製品は，性能照査で設定されている各限界状態に応じた限界値を構造物の応答値が超えないことが明らかなものである必要がある．したがって，製品の購入者である施工者は，設計図書に示される硬化コンクリートの特性値やかぶり等の要求事項と照らして製品を指定する必要があり，この考え方は JIS 認証品であっても同じである．

JIS 認証品は，JIS の定める推奨仕様または購入者の提示する要求事項を満たす製品であることを国の指定する第三者機関が認証しているプレキャストコンクリート製品で，その製品に要求する性能が，JIS 認証取得の際に定められている．例えば，I類の製品は，JIS A 5371，JIS A 5372，JIS A 5373 に示される推奨仕様に従って製品の性能や仕様が定められている．一方，II類の製品は，受渡当事者間の協議によって性能および仕様を定めて製造される製品であり，購入者からの要求事項を満足するように製品の性能や仕様が定められている．

つまり，JIS 認証品は，適用できる環境や荷重の作用等の条件が製品ごとに設定されているため，それぞれの製品に想定されている使用場所または目的が，設計で想定されているものと異なっていないことを，設計者と施工者は確認する必要がある．特に，製品ごとの耐久性に関するコンクリートの物性については，現状，工場で十分な量のデータを保有していないため，JIS 認証品を用いる場合の注意事項として，「それぞれのプレキャストコンクリート製品に想定されている使用場所または目的とは異なる使い方をする場合は，構造物としての安全性，使用性等を，プレキャストコンクリート製品の配筋図や硬化コンクリートの特性値等を基に，照査し直す必要がある．」ことを解説に示した．

3.6.4.2　品質の確認

「6.4.2 品質の確認」には，施工者が製品を指定する方法，および製品指定の際に購入予定の工場から入手しておくべき製品の性能や品質に関する情報とその確認方法について，現状で実行可能と思われる方法を示した．箇条（1）は，設計図書に示される製品を JIS A 5361「プレキャストコンクリート製品－種類，製品の呼び方及び表示の通則」に従って指定しなければならないことを記載し，解説には，JIS Q 1012 に適合する品質管理体制の整った工場で製造されていることの確認とともに，設計で要求された性能や品質を有する製品であることを，生産者の実施した型式検査の結果や過去の製造で取得されている最終検査の結果等を活用して，施工者が事前に確認する必要があることを示した．箇条（2）および（3）は，設計図書に硬化コンクリートの特性値（主に，耐久性に関するコンクリートの特性値）やかぶりの最小値等が示される場合に，【2022年制定】示方書［設計編］に照らして，施工者がその特性値やかぶり等を満足する製品であることを確認するための方法を示した．具体的には，次の考えに基づいている．

JIS 認証品の性能照査の方法として，JIS A 5362「プレキャストコンクリート製品－要求性能とその照査方法」の 5.3（性能照査の方法）には，次の 3 つの方法が示されている．

a) 性能の照査を設計図書による場合，設計方法及び／又は解析方法は，受渡当事者間で合意したものでなければならない．

b) 性能の照査を性能試験による場合，通常，JIS A 5363 に従って試験する．

c) 性能の照査を実績による場合，実績として認める条件などは受渡当事者間の協議による．この場合，製造業者（【2023 年制定】示方書［施工編］では生産者と称している）はコンクリートの使用材料，配合，成形方法，養生等の条件，製品の形状，配筋などに関係する資料を提示しなければならない．また，購入者は，使用環境，維持管理の条件などに関する資料を提示しなければならない．

また，JIS A 5362 の 5.3（性能照査の方法）の但し書きには“JIS A 5371，JIS A 5372 及び JIS A 5373 で推奨仕様が規定されている製品については，購入者が製品名，種類及び呼びを指定することによって性能照査に代えることができる”ことが，JIS A 5362 の 4（要求性能）の注記には“JIS A 5371，JIS A 5372 及び JIS A 5373 の推奨仕様で規定する製品の性能は，一般的な環境で標準的な荷重作用に対して設定されている”ことが記されている．I類の製品では，一般に，型式検査や最終検査において上記の b）の方法により製品の力学的な性能等を確認しているが，耐久性に関するコンクリートの特性値やかぶりに関しては c）の長年の実績に基づく方法としているものが多い．JIS A 5362 における c）には“実績として認める条件”に対して注釈が付されており，“実績は，類似の製品を用いた構造物又は製品の性能に関する技術文書としてとりまとめられた資料によることが望ましい”ことが記載されている．これに関し，施工編部会（プレキャストコンクリート WG）で調査した結果，実際には耐久性について技術文書として取りまとめられたものはほとんど見当たらなかった．

一方，工場で製造される JIS 認証品の多くは蒸気養生が適用されているが，【2022 年制定】示方書［設計編：本編］では，蒸気養生を適用したコンクリートに対しては，［設計編：標準］に示される予測式を用いて，耐久性に関するコンクリートの特性値を水セメント比等の仕様に換算できないことが述べられている．つまり，蒸気養生が行われるプレキャストコンクリート製品に対しては，場所打ちコンクリートのように，セメント種類や水セメント比といった仕様で設計図書に示すことは難しく，設計段階で試験を実施する等して，耐久性に関するコンクリートの試験値を取得し，図 3.4.2 に示したように，特性値を満足しない，すなわち不合格と判定する基準値を定めることになる．

以上のことから，JIS 認証品に対する耐久性に関するコンクリートの物性に関しては，設計で想定されているものと類似の環境で供用された実績を有する製品の調査データが十分に蓄積されておらず，その結果の評価方法も一律ではないこと，また示方書［設計編：標準］に示される予測式を用いて水セメント比等の仕様に換算することはできないことを勘案して，上記の b）の試験による方法を基本に，現状で対応可能な方法として，「施工者は，設計図書に示されるコンクリートの特性値を満足することを，製品と同一の養生条件で作製した供試体を用いて確認しなければならない．」ことを，箇条（2）に示すこととした．このとき，「生産者が，製品カタログ，試験成績表や品質証明書等に，耐久性に関するコンクリートの試験値を示している場合は，その値を参考に製品を選定してよい」が，「これらの試験値を得るために行われた試験の方法および信頼性は，施工者が，生産者の行った最終検査の記録で確認する必要がある．」ことを，解説に補足した．

なお，II類の製品については，JIS 認証取得の段階で，購入者から耐久性に関する要求事項が指定されていれば，それを満足する仕様で製品が製造されていることを，生産者は型式検査で確認しており，繰返しの製造が開始された後も，最終検査によって製品と同一の工程を得た供試体等による試験結果を取得している．このため，II類の製品に対しては，設計者または施工者は，生産者に型式検査や最終検査の結果の提示を求め，設計図書で示される耐久性に関するコンクリートの特性値やかぶり等と照合して製品を指定すればよい．

JIS A 5362 の 4（要求性能）には，注記として“JIS A 5371，JIS A 5372 及び JIS A 5373 の推奨仕様で規定される製品の性能は，一般的な環境で標準的な荷重作用に対して設定されている”と記されている．この記述と【2022 年制定】示方書［設計編］を照らした場合，I類の製品は，塩害，凍害，化学的侵食等のおそれのない環境，すなわち【2022 年制定】示方書［設計編：標準］「2 編 3.1.3 中性化と水の浸透に伴う鋼材腐食に対する照査」に合格するコンクリートの特性値とかぶりの組合せで製造されている製品であることを確認できればよいことになる．そこで，今回の改訂では，**表 3.6.1** に示すように，それぞれの最小かぶりと設計耐用期間の組合せにおいて，鋼材腐食深さに対する照査で合格となるコンクリートの水分浸透速度係数の特性値の目安を示した．なお，表中の数値は，［設計編：標準］「2 編 3.1.3.2」に示される照査の方法（式（3.6.1）～式（3.6.7））により算出したものである．

鋼材腐食深さに対する照査は，鋼材腐食深さの設計値s_d（mm）の，鋼材腐食深さの限界値s_{lim}（mm）に対する比に構造物係数γ_iを乗じた値が，1.0 以下であることを確かめることにより行われる．

$$\gamma_i \cdot s_d / s_{lim} \leq 1.0 \tag{3.6.1}$$

ここに，　γ_i　：構造物係数．一般に，1.0～1.1 としてよい．

s_{lim}：鋼材腐食深さの設計限界値（mm）．

s_d　：鋼材腐食深さの設計応答値（mm）．一般に，式（3.6.2）で求めてよい．

$$s_d = \gamma_w \cdot s_{dy} \cdot t \tag{3.6.2}$$

ここに，　γ_w　：鋼材腐食深さの設計応答値s_dの不確実性を考慮した安全係数．一般に，1.0 としてよい．

s_{dy}　：1 年当りの鋼材腐食深さの設計値（mm/年）．一般に，式（3.6.3）で求めてよい．

t　：中性化と水の浸透に伴う鋼材腐食に対する設計耐用年数（年）．一般に，設計年数 100 年を上限とする．

$$s_{dy} = 1.9 \times 10^{-4} \cdot F_w \cdot exp(-0.068 \cdot (c - \Delta c_e)^2 / {q_d}^2) \tag{3.6.3}$$

ここに，　F_w　：コンクリートへの水掛りの程度によって鋼材腐食への影響度が異なることを考慮する係数．一般に 1.0 としてよい．

c　：かぶり（mm）．

Δc_e ： かぶりの施工誤差（mm）.

q_d ： コンクリートの水分浸透速度係数の設計値（mm/$\sqrt{\text{hour}}$）．一般に，式（3.6.4）で求めてよい．

$$q_d = \gamma_c \cdot q_k \quad (3.6.4)$$

ここに，q_k ： コンクリートの水分浸透速度係数の特性値（mm/$\sqrt{\text{hour}}$）．

γ_c ： コンクリートの材料係数．一般に 1.3 とするのがよい．

$$s_{lim} = 3.81 \times 10^{-4} \cdot (c - \Delta c_e) \quad (3.6.5)$$

ただし，$(c - \Delta c_e) > 35mm$の場合は，$s_{lim} = 1.33 \times 10^{-2}$（mm）とする．

したがって，水分浸透速度係数の特性値q_kは，式（3.6.6）および式（3.6.7）より求められる．

$$q_k \leqq \frac{1}{\gamma_c} \cdot \sqrt{\frac{-0.068 \cdot (c - \Delta c_e)^2}{ln\left[\frac{3.81 \cdot 10^{-4} \cdot (c - \Delta c_e)^2}{\gamma_i \cdot \gamma_w \cdot 1.9 \cdot 10^{-4} \cdot F_w \cdot t}\right]}} \quad (c \leq 35mmの場合) \quad (3.6.6)$$

$$q_k \leqq \frac{1}{\gamma_c} \cdot \sqrt{\frac{-0.068 \cdot (c - \Delta c_e)^2}{ln\left[\frac{1.33 \cdot 10^{-2}}{\gamma_i \cdot \gamma_w \cdot 1.9 \cdot 10^{-4} \cdot F_w \cdot t}\right]}} \quad (c > 35mmの場合) \quad (3.6.7)$$

構造物係数γ_iを 1.1，鋼材腐食深さの応答設計値s_dのばらつきを考慮した安全係数γ_wを 1.0，コンクリートへの水掛りの程度によって鋼材腐食への影響度が異なることを考慮する係数F_wを 1.0，コンクリートの材料係数γ_cを 1.3 とすると，設計耐用期間 50 年および 100 年において，プレキャストコンクリート製品の最小かぶりに対して求められる水分浸透速度係数の特性値の目安は，**表 3. 6. 1** で与えられる．

表 3. 6. 1　水分浸透速度係数の特性値の目安（［施工編：施工標準］解説 表 6. 4. 2）

設計耐用期間	プレキャストコンクリート製品の最小かぶり						
	20mm	25mm	30mm	35mm	40mm	45mm	50mm
50 年	7.1	16.4	要求しない				
100 年	3.9	5.6	7.7	10.4	11.9	13.4	14.9

表中の数値は水分浸透速度係数（mm/$\sqrt{\text{hour}}$）

この表では，【2022 年制定】示方書［設計編：標準］「9 編 1 章　総則」の解説にあるように，部材厚やかぶりが著しく小さな製品は設計段階にて製品の取替え等の計画検討が既になされているものとして，かぶり

20mm 以上の製品を対象に示した．また，表中の“要求しない”とは，**図 3.6.1** に示すように，設計耐用期間 50 年かつ最小かぶり 30mm 以上であれば，鋼材腐食深さの応答値が限界値に達しないことを表している．なお，表中の最小かぶりとは，「製品のカタログ等に示されるかぶりの設計値から工場ごとの管理基準として定められた許容差を差し引いた最小かぶり」であり，箇条（3）の解説でこれを説明している．

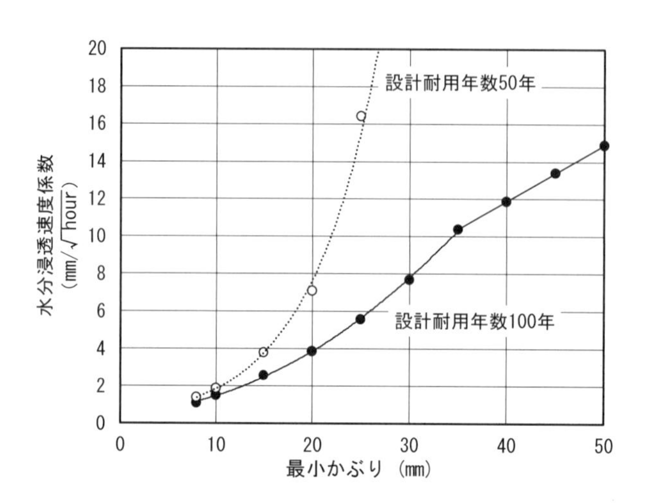

図 3.6.1 水分浸透速度係数の特性値と最小かぶり

ここで，**表 3.6.1** を今回の改訂で提示した理由について説明を補足する．箇条（2）の解説では，「生産者は，品質に対して信頼性の高い試験値を蓄積し，施工者の求めに応じて提示できることが望ましい.」こと，「施工者は，これを提示する生産者からプレキャストコンクリート製品を購入することが望ましい.」ことを述べた．この意図は，生産者が耐久性に関するコンクリートの物性の試験結果を保有することで，【2022 年制定】示方書［設計編］で想定する一般的な環境に対して所要の耐久性を有している JIS 認証品であることを証明できることに加え，設計者が設計段階から JIS 認証品の使用を前提に設計できるようになり，コンクリート工事の生産性向上の観点からも合理的な設計や施工につなげられると考えられることにある．すなわち，設計の段階で JIS 認証品の選定を検討する際に，設計者や施工者が工事のプロジェクトごとに耐久性に関するコンクリートの物性の試験値を取得するよりも，日々の工場での製造・品質管理を通じてデータを蓄積し，サンプル数の多い信頼性の高い試験値を活用して設計に反映した方が，より良い構造物の構築を実現でき，生産性向上の後押しにもつながると判断した．なお，水分浸透速度係数等の特性値を満足できない製品に対し，JIS 認証の再取得等を求めるために提示したものではないことに注意されたい．

また，【2022 年制定】示方書［設計編：標準］「2 編 3.1.3」には，中性化と水の浸透に伴う鋼材腐食深さの算定が困難である場合に，中性化深さが設計耐用期間中に鋼材腐食発生限界深さに達しないことを確認する照査方法も示されている．そこで，設計図の設計条件表に中性化速度係数の特性値が示される場合も想定して，【2022 年制定】示方書［設計編：標準］「2 編 3.1.3.4」に示される照査の方法に基づく式 (3.6.8) ～式 (3.6.13) により算出される，**表 3.6.2** の掲載についても検討した．

中性化に伴う鋼材腐食に対する照査は，中性化深さの設計値y_d (mm) の，鋼材腐食発生限界深さy_{lim} (mm) に対する比に構造物係数γ_iを乗じた値が，1.0 以下であることを確かめることにより行われる．

$$\gamma_i \cdot y_d / y_{lim} \leq 1.0 \qquad (3.6.8)$$

ここに，　γ_i　：構造物係数．一般に，1.0〜1.1 としてよい．
　　　　　y_{lim}　：鋼材腐食発生限界深さ（mm）．一般に，式（3.6.9）で求めてよい．
　　　　　y_d　：中性化深さの設計値（mm）．一般に，式（3.6.11）で求めてよい．

$$y_{lim} = c_d - c_k \tag{3.6.9}$$

ここに，　c_d　：耐久性に関する照査に用いるかぶりの設計値（mm）．施工誤差を考慮して，式（3.6.10）で求めることとする．
　　　　　c_k　：中性化残り（mm）．一般に，通常環境下では 10mm としてよい．

$$c_d = c - \Delta c_e \tag{3.6.10}$$

ここに，　c　：かぶり（mm）．
　　　　　Δc_e　：かぶりの施工誤差（mm）．

$$y_d = \gamma_{cb} \cdot \alpha_d \cdot \sqrt{t} \tag{3.6.11}$$

ここに，　α_d　：中性化速度係数の設計値（mm/$\sqrt{\text{year}}$）．

$$\alpha_d = \alpha_k \cdot \beta_e \cdot \gamma_c \tag{3.6.12}$$

ここに，　α_k　：中性化速度係数の特性値（mm/$\sqrt{\text{year}}$）．
　　　　　β_e　：環境作用の程度を表す係数．一般に 1.6 とするのがよい．
　　　　　γ_c　：コンクリートの材料係数．一般に 1.3 とするのがよい．
　　　　　γ_{cb}　：中性化深さの設計値y_dの不確実性を考慮した安全係数.一般に 1.0 としてよい．
　　　　　t　：中性化に対する設計耐用年数（年）．一般に，式（3.6.11）で算出する中性化深さに対しては，設計耐用年数 100 年を上限とする．

したがって，中性化速度係数の特性値α_kは，式（3.6.13）より求められる．

$$\alpha_k \leqq \frac{1}{\gamma_i \cdot \gamma_{cb} \cdot \beta_e \cdot \gamma_c} \cdot \frac{(c - \Delta c_e) - c_k}{\sqrt{t}} \tag{3.6.13}$$

γ_iを 1.1，c_kを 10mm，β_eを 1.6，γ_{cb}を 1.0，γ_cを 1.3 とすると，設計耐用期間 50 年および 100 年において，プレキャストコンクリート製品の最小かぶりに対して求められる中性化速度係数の特性値の目安は，**図 3. 6. 2**

および**表 3.6.2** で与えられる.

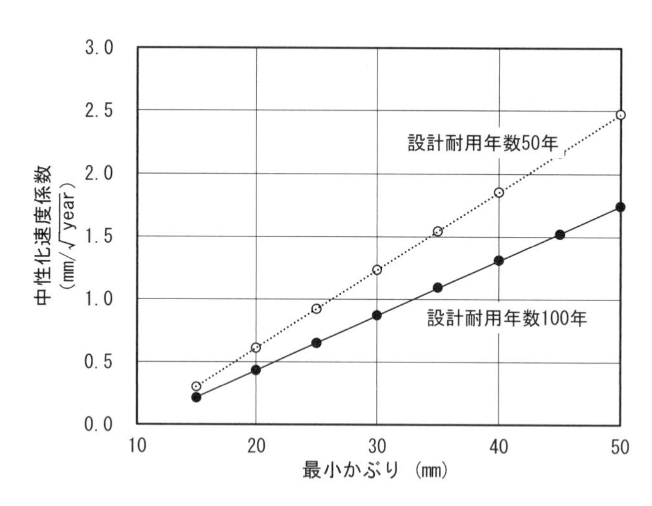

図 3.6.2　中性化速度係数の特性値と最小かぶり

表 3.6.2　中性化速度係数の特性値の目安

設計耐用期間	プレキャストコンクリート製品の最小かぶり						
	20mm	25mm	30mm	35mm	40mm	45mm	50mm
50年	0.61	0.92	1.23	1.54	1.85	2.16	2.47
100年	0.43	0.65	0.87	1.09	1.31	1.52	1.74

表中の数値は中性化速度係数（$\mathrm{mm}/\sqrt{\mathrm{year}}$）

ただし,【2022年制定】示方書［設計編］には，中性化速度係数を求める具体的な試験方法は示されていない．中性化速度係数を求める試験方法には，JIS A 1153「コンクリートの促進中性化試験方法」，屋外暴露試験による方法等が候補としてあるが，前者のJIS A 1153には，“この試験方法は，コンクリート構造物における中性化抵抗性の直接的評価，及び／又は中性化抵抗性によって定まるコンクリート構造物の耐用年数予測を行うためのものではない”ことが明記されており,【2022年制定】示方書［設計編］も中性化速度係数の特性値を定める際にJIS A 1153を適用することを認めていない．また，屋外暴露試験による場合は試験に数年以上の期間を要するため，工場の品質管理として中性化速度係数を得ることは難しい．さらに，仮に試験等によって中性化速度係数を取得する場合でも，環境作用の程度を表す係数β_e等の値を暴露条件によって変更できるのか等，不明な点が多い．以上のことから，施工編部会での審議を通じ，**表 3.6.2** の示方書への掲載は見送ることとし,「プレキャストコンクリート製品に用いられているコンクリートの耐久性に関する品質の確認は，水分浸透速度係数を用いて行うことになる.」ことを解説で補足した．なお，工場では自然環境暴露試験に基づく中性化速度係数を保有・取得できないことが多いので，設計図書に安易に中性化速度係数を記載しない方がよいと考えられる.

また，箇条（**2**）の解説では，最終検査として実施する耐久性に関するコンクリートの物性値の1回の試験結果，検査の1ロットの目安，不合格と判定する基準値の設定方法の標準的な考え方を示した．この内容を，水分浸透速度係数を例にして整理すると，**表 3.6.3** および**図 3.6.3** のようになる.

表 3.6.3　水分浸透速度係数に対する試験方法，検査ロット，判定基準の考え方の例

試験方法	供試体	1 回の試験結果	検査の 1 ロット	不合格と判定する基準
JSCE-G 582「短期の水掛かりを受けるコンクリート中の水分浸透速度係数試験方法（案）」	ϕ100·200mm 製品同一養生	複数の供試体による試験値の平均値で示されることが望ましい[1)	・半年を 1 回の検査の 1 ロットにする（目安） ・少なくとも 3 回の試験結果を 1 ロットとし平均値とする[2)	$A_p > A_k$ A_p：試験の平均値 A_k：表 3.6.1 に示される特性値+3σ/√n

1) 水分浸透速度係数の場合，9 本で 1 個の試験値となる．2) 5 回以上の試験結果で構成されることが望ましい．

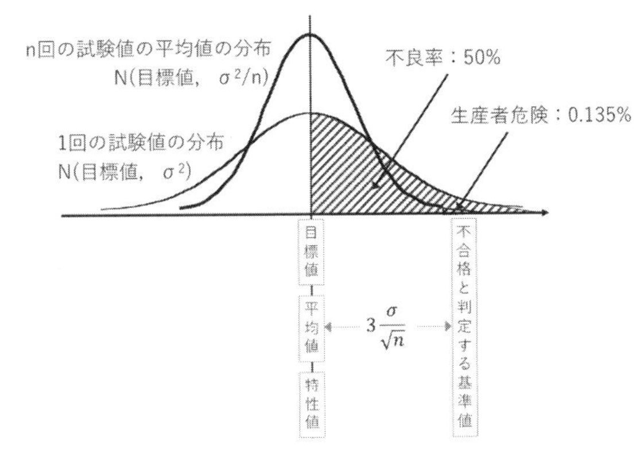

図 3.6.3　水分浸透速度係数の不合格と判定する基準値の例（不良率 50%，生産者危険 0.135%の場合）

3.6.4.3　運　　搬

「6.4.3 運搬」では，生産者が製造する工場から現場までの製品の運搬計画書の作成において，施工者も関与し，製品の積載方法や固定方法，公道利用における関係法令等の遵守と通行許可等の届出の手続き等が，適切に計画されていることを確認する必要があることを解説した．図 3.6.4 に，製品の出荷状況の例を示す．

(a) 壁状の製品

(b) 版状の製品

(c) ボックスカルバート製品

(d) 小型の製品

図 3.6.4　プレキャストコンクリート製品の出荷状況の例

3.6.4.4　受 入 れ

「6.4.4 受入れ」では，JIS認証品の受入れにあたって，生産者と協議して施工者が方法を定める受渡検査と，施工者自らが行う受入れ検査に関する事項を示した．また，受入れ時にトラブルとなりやすい製品のきず，ひび割れおよび欠け等に対する補修に関する基準を，生産者と協議して定め，事前に工事の発注者の承認を受けることが望ましいことを示した．**表3.6.4**および**表3.6.5**に，JIS認証品における型式検査，最終検査，受渡検査および受入れ検査の実施者およびその方法を示した．以下に，各検査の位置付けについて補足する．

表3.6.4　型式検査，最終検査の実施者およびその方法

	型式検査	最終検査
検査方法の決定者	生産者	生産者
検査項目	製品の性能，製造仕様等の妥当性確認	外観，性能，形状および寸法
判定基準	I類：JIS A 5371，5372，5373附属書の推奨仕様 II類：購入者が要求する品質・仕様等	同左
頻度	・繰返し製造前 ・繰返し製造後，定期的に実施 ・材料や製造設備等が変更された場合　等	・繰返し製造後，製造要領書等に定めた方法 ①：全数検査 ②：抜取検査 ③：①と②の組合せ

表3.6.5　受渡検査，受入れ検査の実施者およびその方法

<table>
<tr><th></th><th>受渡検査
※一般に出荷前に生産者が実施</th><th>受入れ検査
※現場搬入時に施工者が実施</th></tr>
<tr><td>検査方法の決定者</td><td>施工者</td><td>施工者</td></tr>
<tr><td>検査項目</td><td>外観，形状および寸法</td><td rowspan="2">・JISマークの表示
・I類またはII類の表示
・製造工場の検査済みの表示
・記号等の表示　等
※受入れ時に確認を実施しない項目（性能等）は「生産者の最終検査の結果」で確認</td></tr>
<tr><td>判定基準</td><td>最終検査と同じ</td></tr>
<tr><td>頻度</td><td>・繰返し製造後，製造要領書等に定めた方法
①：全数検査
②：抜取検査
③：無試験検査
④：①～③の組合せ
※外観は全数検査で行うことが多い</td><td>全数検査を基本</td></tr>
<tr><td>その他</td><td colspan="2">・受渡当事者間で補修基準を定める
※補修不要な基準，仕上げを行う基準，合否判定基準，補修の材料と方法等</td></tr>
</table>

生産者である工場が実施する検査には，型式検査，最終検査と受渡検査がある．型式検査は，当該製品のJIS 認証を取得するための初回製品審査，3 年ごとに行われる認証維持審査等が該当する．また，最終検査は，繰返しの製造段階において，外観，性能，形状および寸法等について実施するものである．製品の特性，製造方法，製造数量，製造期間，受注数量等を考慮し，工場ごとの社内規格等に従って，生産者が検査の項目や方法，頻度，合格判定基準を定める．

一方，受渡検査は，主として外観，形状および寸法について，検査の項目やロットの大きさ，頻度，合格判定基準等を，生産者との協議によって施工者が定め，それに従って主に工場を出荷する前に生産者が実施するものである．受渡検査に合格した製品には，**図 3. 6. 5** に示すように，JIS A 5361 に規定する事項（JIS マーク，検査済み，製品識別，および製造日等）が表示される．すなわち，受渡検査は施工者自らが行う受入れ検査の一部になるもので重要な位置付けとなる．また，生産者の実施する最終検査の結果も，製品に要求される性能や品質が確保できていることの記録となるため，「施工者は，生産者に最終検査の結果および施工者が必要とする記録の提出を求め，その内容を確認する必要がある．」ことを示した．

図 3. 6. 5　製品の特性等を示す記号の表示の例

3. 7　鉄 筋 工

3. 7. 0　改訂の概要

今回の改訂では，章構成の見直しに伴い，【2017 年制定】示方書［施工編：施工標準］では『10 章 鉄筋工』であったものを，コンクリート工と順序を入れ替えて【2023 年制定】示方書［施工編：施工標準］「7 章 鉄筋工」とした．「7.4 鉄筋の組立」の解説では，鉄筋組立時の溶接やエポキシ樹脂塗装鉄筋の組立時の留意事項に関して追記した．また，「7.4.3 先組み鉄筋の設置」の解説においては，先組み鉄筋による施工の合理化について説明するとともに，適用する際の留意事項について追記した．

3. 7. 1　一　　般

【2017 年制定】示方書［施工編：施工標準］『10.1 一般』の条文では，鉄筋の形状や組立に関する記述が中心であったが，7.2 節以降の条文と重複しているものもあった．そこで，【2023 年制定】示方書［施工編：施工標準］「7.1 一般」では鉄筋工の実施にあたって計画立案に重要となる項目を記載することとし，条文は「鉄筋工は鉄筋の加工，配置および組立までの具体的な方法および人員計画を定めた上で実施しなければならない．」とした．解説では，7.2 節以降の条文と重複していた（a）全体計画，（b）鉄筋の発注，納入および保

管，(c) 鉄筋の加工，(d) 鉄筋の配置および組立の記述を削除し，鉄筋工の計画，鉄筋の納入前後の確認，鉄筋の配置および組立において必要な資格名等を具体的に挙げて記述した．なお，材料に関する記述は「6 章　構造物の構築に用いる製品」に移設した．

3.7.2　準　　備

箇条（2）では，打込みおよび締固め作業を行うために必要な空間が確保できていることの確認を「図面によって事前に」行うことを追記した．解説では，複雑な組立条件においては，BIM/CIM の活用が有効であることを追記した．

3.7.3　鉄筋の加工

条文は，【2017 年制定】示方書［施工編：施工標準］『10.3　鉄筋の加工』と同様の記述とした．解説（3）では，鉄筋に熱を加えることによる問題点を追記するとともに，「やむを得ず鉄筋を加熱して加工する場合には，加工部の鉄筋温度を確認しながら，材質を害さないことがあらかじめ確認された方法で行う」ことを追記した．解説（4）では，エポキシ樹脂塗装鉄筋の加工において，加工機の性能，加工環境および補修時期等の施工を行う上での具体的な留意事項を記載した．

3.7.4　鉄筋の組立

3.7.4.1　一　般

【2023 年制定】示方書［施工編：施工標準］「7.4.1　一般」の条文では，付着を阻害するおそれのあるものすべてを対象とすべきであることから，【2017 年制定】示方書［施工編：施工標準］『10.4.1　一般』の箇条（1）にあった『浮き錆等』を削除した．また，『10.4.1　一般』の箇条（6）『鉄筋を組み立ててから長時間が経過した場合には，コンクリートを打ち込む前に，再度鉄筋表面を清掃し，付着を阻害するおそれのある浮き錆等を取り除かなければならない．』は，【2023 年制定】示方書［施工編：施工標準］「7.4.1　一般」の箇条（5）「組み立てた鉄筋の一部が長時間大気にさらされる場合には，鉄筋の防錆処理を行うか，シート等による保護を確実に行うものとする．」に包含されるべき内容であるため，その解説に移設した．

解説（2）では，組立用鋼材が所定のかぶりを確保できない場合，エポキシ樹脂塗装鉄筋を使用するのがよい旨を追記した．また，帯鉄筋と軸方向鉄筋の交差部の溶接は，地震時の伸び性を損なう危険性があることから禁止する旨を追記した．さらに，エポキシ樹脂塗装鉄筋の取扱い方法を詳細に記載した．

3.7.4.2　鉄筋の継手

【2017 年制定】示方書［施工編：施工標準］『10.4.2　鉄筋の継手』の箇条（1）の一部，箇条（2）および箇条（4）の記述を解説に移設した．箇条（2）において，鉄筋の継手の方法は，「日本鉄筋継手協会で定められた方法で行う」ことを明記し，その詳細を継手の種類ごとに解説に記述した．

3.7.4.3　先組み鉄筋の設置

条文は【2017 年制定】示方書［施工編：施工標準］『10.4.3　先組み鉄筋の設置』と同様の記述とした．解説については，先組み鉄筋はプレファブ鉄筋のことを指すことを記述するとともに，プレファブ鉄筋を適用することによるメリットや注意点等を記述した．

3.8　型枠および支保工

3.8.0　改訂の概要

今回の改訂では，章構成の見直しに伴い，【2017 年制定】示方書［施工編：施工標準］『11 章 型枠および支保工』から【2023 年制定】示方書［施工編：施工標準］「8 章 型枠および支保工」に章を修正した．目次に大きな変更はないが，改訂前の『11.9 特殊な型枠および支保工』は，『11.9.1 一般』，『11.9.2 スリップフォーム』および『11.9.3 移動支保工』を「8.9.1 特殊な型枠」と「8.9.2 特殊な支保工」に再構成した．

3.8.1　一　　般

【2017 年制定】示方書［施工編：施工標準］『11.1 一般』の箇条（2）と箇条（3）は，それぞれ，【2023 年制定】示方書［施工編：施工標準］「8.3 型枠および支保工に用いる材料」の箇条（1），「8.6 型枠の施工」の箇条（1），「8.7 支保工の施工」の箇条（1）と内容が重複すること，また箇条（4）は解説にて記載されていた内容と同様であったことから削除し，『11.1 一般』の箇条（1）は内容を変更することなく表現を見直した．解説では，『11.1 一般』から削除した箇条（2）から箇条（4）の要点をまとめた内容に変更するとともに，型枠および支保工の創意工夫は生産性や品質の向上につながることを追記した．

3.8.2　荷　　重

3.8.2.1　一　　般

【2017 年制定】示方書［施工編：施工標準］『11.2.1 一般』の条文は，荷重に関するものではなく，設計に関する内容であったため，「型枠および支保工の設計では，構造物の種類，規模，重要度，施工条件および環境条件を考慮して，型枠および支保工に作用する鉛直方向荷重，水平方向荷重，コンクリートの側圧等の各荷重を設定しなければならない．」に修正した．解説については，『11.2.1 一般』の解説で，各作用荷重の数値を増加させることに対する注意喚起がなされていたが，今回の改訂では，作用荷重の数値を増加させることが重要なのではなく，施工者が構造物の諸条件を考慮して作用荷重を適切に設定し，所定の出来形，品質を有する構造物を構築できるようにすることが重要であることが伝わるよう記述を修正した．

3.8.2.2　鉛直方向荷重

条文では，型枠および支保工の検討に必要な【2017 年制定】示方書［施工編：施工標準］『11.2.2 鉛直方向荷重』の箇条（1）のみを残し，具体的な数値が記載された箇条（2）と箇条（4），および通常の骨材と密度が異なる特殊なコンクリートの単位体積重量に関する箇条（3）を削除し，解説に移設した．解説では，軽量骨材コンクリートの単位容積質量に関する記述は，【2023 年制定】示方書［施工編：目的別コンクリート］「11 章 軽量骨材コンクリート」に記載されていることから削除し，重量コンクリートに関しては，試し練りにより求めた単位体積重量の割増しの目安となる数値を示した．

3.8.2.3　水平方向荷重

条文では，【2017 年制定】示方書［施工編：施工標準］『11.2.3 水平方向荷重』の箇条（3）にあった労働安全衛生規則第 240 条第 3 項第 3 号および第 4 号の転載を削除し，その内容を箇条（2）の解説として記載した．解説では，労働安全衛生規則第 240 条第 3 項第 3 号および第 4 号の転載とともに，実際に作用する荷重と照査水平方向荷重のうち大きい方を用いることを明記した．

3.8.2.4　コンクリートの側圧

条文は，型枠の設計に関する内容であった【2017年制定】示方書［施工編：施工標準］『11.2.4　コンクリートの側圧』の箇条（1）を削除し，箇条（2）のみを残すこととした．解説では，標準的な材料・配合のコンクリート（スランプが10cm程度以下）に対する側圧式と，高流動コンクリート等の流動性が高く凝結が遅延する傾向にあるコンクリートに対する液圧と見なす側圧式の記載順序を入れ替え，解説を全体的に見直した．

また，最終的な打上がり高さが2.5mよりも大きく，型枠内のコンクリート温度が低い条件の場合，スランプ10cm程度以下のコンクリートに対する側圧の計算値（以下，前者）よりも，『11.2.4　コンクリートの側圧』に記載のスランプ 18cm 程度のコンクリートの側圧の計算値（以下，後者）は小さくなる．一例として，**図3.8.1**に，最終的な打上がり高さH=4.0m，打上がり速度R=2.0m/h，コンクリートの単位体積重量W_c=23.5kN/m³として，柱と壁の場合で両者の側圧分布を比較した結果を示す．柱の場合には5℃，壁の場合には20℃のときに，後者は前者よりも明らかに小さい側圧分布として計算される．このことから，今回の改訂では，特に低温環境下において過小な側圧の計算値を与えないよう，『11.2.4　コンクリートの側圧』の箇条（2）に対する解説に紹介されていた，スランプ18cm程度のコンクリートに対する側圧に関する『式（解11.2.4）』～『式（解11.2.6）』および『**解説　図11.2.4**』を削除した．

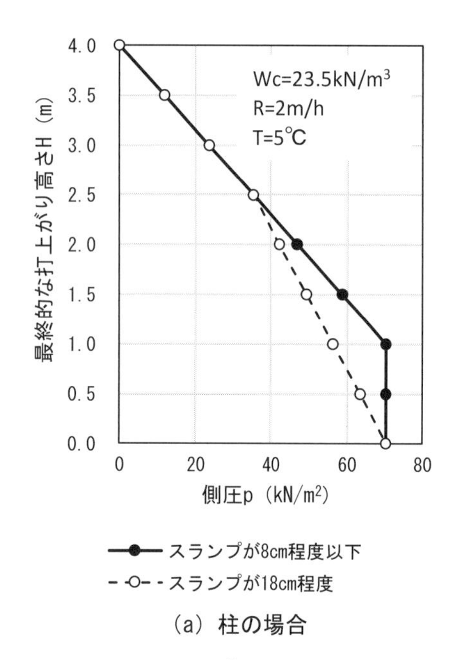

（a）柱の場合

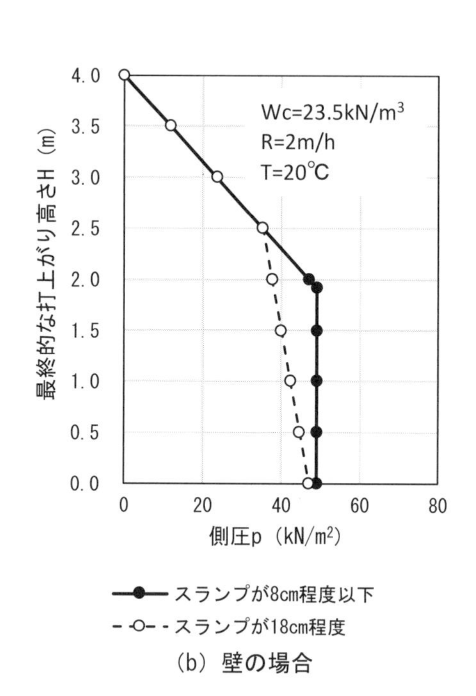

（b）壁の場合

図3.8.1　スランプ8cm程度以下の側圧式とスランプ18cm程度の側圧式における側圧分布の比較例

削除した記述

『式（解11.2.4）～（解11.2.6）は，打上がり速度が10m/h以下で，最終的な打込み高さが4m以下の条件において，スランプが大きなコンクリート（18cm程度）を打ち込んだ場合の側圧の実用的な計算式の一例である．また，**解説　図11.2.4**は，それらの計算式を用いて求めた側圧分布を表したものである．スランプが大きなコンクリートの側圧を検討する場合の参考にするとよい．ただし，それらの計算式は，式（解11.2.2）および（解11.2.3）とは異なり，打上がり速度やコンクリート温度の項を含まない．

(a) 打上がり高さが0mから1.5m以下の範囲では液圧が作用するものとする．

(b) 打上がり高さが1.5mを超え，4.0m以下の範囲では，構造物の種類ごとに次式で側圧を求める．

(i) 柱の場合：

$$p = 1.5W_C + 0.6W_C(H - 1.5) \qquad (解11.2.4)$$

（ii）壁（長さが 3m 以下）の場合：　$p = 1.5W_C + 0.2W_C(H - 1.5)$　（解 11.2.5）

（iii）壁（長さが 3m を超える）の場合：$p = 1.5W_C$　（解 11.2.6）

ここに，p　：側圧　（kN/m²）

W_C：コンクリートの単位重量（kN/m³）

H　：打上がり高さ（m）

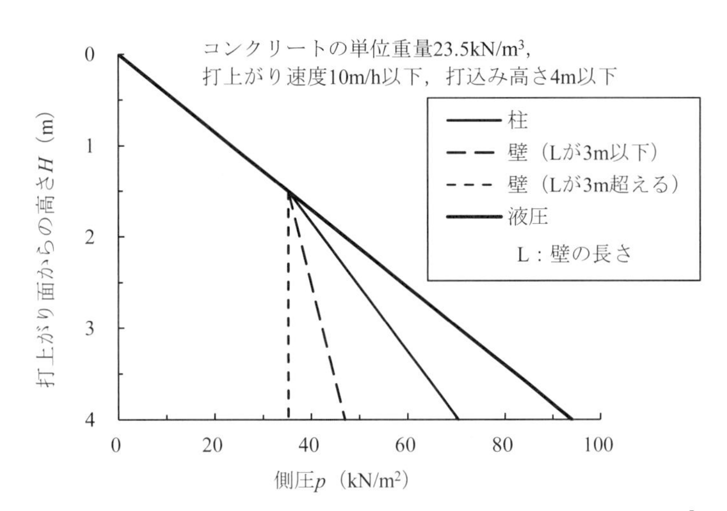

解説 図 11.2.4　スランプが 18cm 程度のコンクリートの側圧分布』

3.8.2.5　特殊な荷重

条文，解説ともに，今回の改訂では文末表現等を見直したのみで，大きな修正は行わなかった．

3.8.3　型枠および支保工に用いる材料

示方書では，耐久性という用語は構造物に対して用いることとしているが，【2017 年制定】示方書［施工編：施工標準］『11.3 材料』の箇条（１）には，型枠および支保工に用いる材料に対して『耐久性』が用いられていたため，「転用回数」に修正した．解説については大きな変更は行わなかった．

3.8.4　型枠の設計

締付け金物の材料選定に関する記述は，「8.3 型枠および支保工に用いる材料」に移動したことから，【2017 年制定】示方書［施工編：施工標準］『11.4 型枠の設計』における箇条（１）を削除した．また，『11.4 型枠の設計』における箇条（４）には『必要のある場合には，（後略）』との曖昧な表現があったことから，今回の改訂では，箇条（３）において「型枠の内部が閉塞している等，型枠の清掃，検査およびコンクリートの打込み等に支障が生じる場合には，型枠の構造上の弱点とならない位置を選定して，一時的な開口を設けてもよい．」と，具体的な状況を記載した．解説は，内容は変更せず文末表現等を見直した．

3.8.5　支保工の設計

条文は，文末表現等を見直した．解説は，【2017 年制定】示方書［施工編：施工標準］『11.5 支保工の設計』における箇条（４）の解説において『上げ越し量は，一般に，設計図書に示しておく必要がある』と記載されていたが，必ずしも設計図書に上げ越し量が示されるケースばかりではないことや，施工者が採用する支保工の構造等によって上げ越し量が変わる可能性があることを鑑み，施工者が行う支保工の設計の段階で確認するように記述を修正した．

3.8.6　型枠の施工

【2017年制定】示方書［施工編：施工標準］『11.6 型枠の施工』における箇条（1）では，型枠取外し後の締付け金物に対する配慮事項が記載されていたが，今回の改訂では「8.8 型枠および支保工の取外し」への記載が適切と判断し，記載箇所を移設した．

解説は，上述の箇条（1）の移設に伴い，プラスティック製コーンを除去した後の穴の処理に関する記述を，「8.8 型枠および支保工の取外し」の解説（1）に移設した．

3.8.7　支保工の施工

条文，解説ともに，改訂前の内容の主旨を変更することなく文末表現等を見直した．

3.8.8　型枠および支保工の取外し

3.8.6にて示したとおり，【2017年制定】示方書［施工編：施工標準］『11.6 型枠の施工』における箇条（1）をこの節に移設した．解説では，箇条（1）の修正に伴い，プラスティック製コーンを除去した後の穴の処理に関して追記した．

3.8.9　特殊な型枠および支保工

【2017年制定】示方書［施工編：施工標準］『11.9 特殊な型枠および支保工』の項立てを変更し，これに伴い，条文および解説を見直した．

3.8.9.1　特殊な型枠

改訂前は，移動を伴うスリップフォームのみを『11.9.2 スリップフォーム』として項立てしていたが，埋設型枠や透水型枠等が標準的に使われるようになってきたこと等を踏まえ，これらを「8.9.1 特殊な型枠」としてまとめて記載することとした．なお，スリップフォーム工法は，特殊な型枠を使用するのみならず，コンクリートの材料や配合，型枠の取外し，養生の方法等も［施工編：施工標準］と異なる方法を採用する必要があることから，解説にて簡単に紹介するに留め『11.9.2 スリップフォーム』にあった詳細な記述は削除した．また，解説では，近年の使用頻度等を踏まえて，埋設型枠，透水型枠や吸水型枠に次いで，スリップフォーム等の特殊な型枠を紹介する順序とした．

3.8.9.2　特殊な支保工

今回の改訂では，【2017年制定】示方書［施工編：施工標準］『11.9.3 移動支保工』を「8.9.2 特殊な支保工」に変更した．また，『11.9.3 移動支保工』の箇条（1），（2），（3），（4）および（5）は削除し，改訂前の箇条（6）のみを改訂後の条文とした．削除した条文の内容は解説で記載した．

3.9　コンクリート工

3.9.0　改訂の概要

3.9.0.1　コンクリートの品質変化を考慮した各作業の連携

【2017年制定】示方書［施工編：施工標準］では，『7章 運搬・打込み・締固めおよび仕上げ』，『8章 養

生』,『9 章 継目』の章構成であったが，これらは現場でコンクリートを打ち込むための一連の行為であり，構造物に求められる品質を確保するためには，コンクリートの性状が経時的に変化する下での各作業の連携が重要であることから，今回の改訂ではこれらを 1 つの章としてまとめ,「9 章 コンクリート工」とした.

コンクリート工事は，鉄筋工，型枠および支保工およびコンクリート工に大別される.【2023 年制定】示方書［施工編：施工標準］では，通常のコンクリートの運搬，打込み，締固め，仕上げ，養生，さらには継目までを含め，この「9 章 コンクリート工」で扱っている．コンクリート工は，他工種に比べて，現場の状況を考慮して判断することが多く，構造物の品質に大きく影響する．このため，この章は，コンクリート工事を対象にするコンクリート標準示方書［施工編］の主要かつ基本部分に位置付けられるものと言える.

発注者および設計者が設計図書を作成する段階，施工者が施工計画書を作成する段階，あるいは施工時の品質管理で何らかの想定外の事態を解決する段階等において，コンクリートの標準的な施工方法を共通認識し，工事の内容との相違を見つけ，その解決策を考える上で，この章の内容は重要な役割を持つ.【2023 年制定】示方書［施工編：本編］では，コンクリート工の基本的な考え方は示しているが，具体的な方法まで言及していない．このため，特にコンクリート工の経験と知識が浅い技術者にとっては，この章の内容をよく理解して，標準的な方法でよいか，それとも標準の範囲を超え，実際に施工試験等で確認しなければいけないか等を判断する必要がある．また,【2023 年制定】示方書［施工編：施工標準］では，打込みおよび締固めに記述する標準的な施工方法を示しているが，実際の工事では，**図 3.9.1** に示すように構造物の形状寸法や配筋の条件は個々に異なり，標準的な方法のとおりに施工を実施できるとは限らない．標準的な施工方法を理解しつつも，細部に至るまでどのような施工方法を用い，その方法が妥当であるかを考えるのが施工者の役目である.

図 3.9.1　実際の打込みおよび締固めの状況

また，施工者は，設計段階で設定することが難しい，実際の施工環境等の諸条件を踏まえ，具体的な施工計画を立案することになるが,【2023 年制定】示方書［施工編：施工標準］の 8 章までの記述のとおり，コンクリートの品質（スランプ等）や配合を定める段階から，コンクリート工の各段階の施工方法を設定する必要がある．すなわち，**図 3.9.2** に示すとおり，材料仕様（コンクリートとこれを構成する材料）と施工方法の検討は同時進行であり，どちらかに偏ることなく，双方の組合せとして良い条件を決めることが必要である.

この場合に重要になるのは，鉄筋等の材料とは異なり，コンクリートの性状が時間の経過とともに変化し，その変化の程度が，工場ごとに異なる使用材料，配合，製造方法，あるいはコンクリート温度や外気温等によって異なることである．このようなコンクリートの性状変化を考慮してコンクリート工における各段階の施工方法を設定し，設定どおりに実施する必要がある．特に，コンクリート工のうち，運搬，打込み，締固めおよび仕上げの各作業中は，コンクリートの品質が大きく変化するので，次の段階へ支障を及ぼさないようにする必要がある．

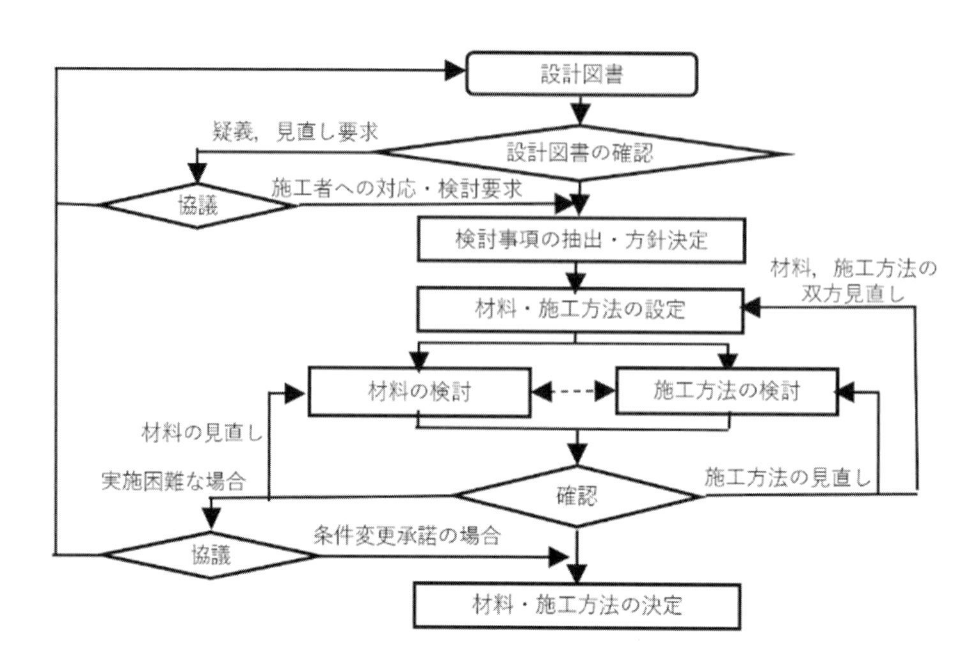

図 3.9.2 材料と施工方法の決定フロー図

事前に発生し得るリスクを抽出し，対応策を整理しておくこと，若干のトラブルが生じても後作業に大きな影響を与えないよう，多少の余裕を持った施工計画および品質管理計画を立てること，各作業の管理を担当する技術者と作業を行う技能者に周知するとともに作業間の共通認識を持たせること，計画どおり施工できるように品質管理を行い，何らかのトラブルが生じた場合には事前に検討した手順や方法によって対応することが必要である．特に，打込みおよび締固めにおいては，型枠の隙間からのペーストのしみ出しやせき板のはらみ等を発生する場合等もあるので，コンクリート工のみならず，型枠および支保工，鉄筋工とも連携した施工の実施が重要である．これらの連携により，円滑なコンクリート工が実現できる．

トラックアジテータ 1 台分のコンクリート量で足りる小規模工事の施工であれば，各施工作業の連携にさほど留意する必要はないが，コンクリート工事では 1 日に数 100m^3 程度のコンクリートを打ち込むことが多いので，ある時点のトラブルがその前後のすべての施工作業に影響する．例えば，施工作業の遅れにより，最終の仕上げおよび養生の作業が夜間になり，それらが不十分となって打上がり面のひび割れや表層剥離等の品質の不具合の発生につながることがある．また，コンクリートの圧送・打込み速度を優先した作業計画を立てると，コンクリートの供給が間に合わなくなったり，締固め作業が追い付かずに締固め不足になったりすることもある．**図 3.9.3** に示すとおり，【2023年制定】示方書［施工編：施工標準］では，場内運搬から養生までのコンクリート工に関わる一連の施工作業について標準となる方法や留意すべき事項を記載している．しかし，実際には，数 m^3 を積載したトラックアジテータごとに場外運搬し，それをコンクリートポンプのホッパに入る量ずつ荷卸しをしながら圧送（場内運搬）して，筒先から出てきた直後から打込み，締固めの連続作業を行うことになる．したがって，荷卸しから締固めは一つの作業群として実施する必要がある．また，コンクリート上面は締固めから時間が経過すると凹凸等を修正しにくくなるので，締固め直後から仕上げのうち粗均しという作業を実施し，おおよその形状寸法になるようにする必要がある．特に，**図 3.9.4** に示すように，厚さの薄い床版では，この粗均し（仕上げ）も含めて，一つの作業班を組織して作業を進めることになる．

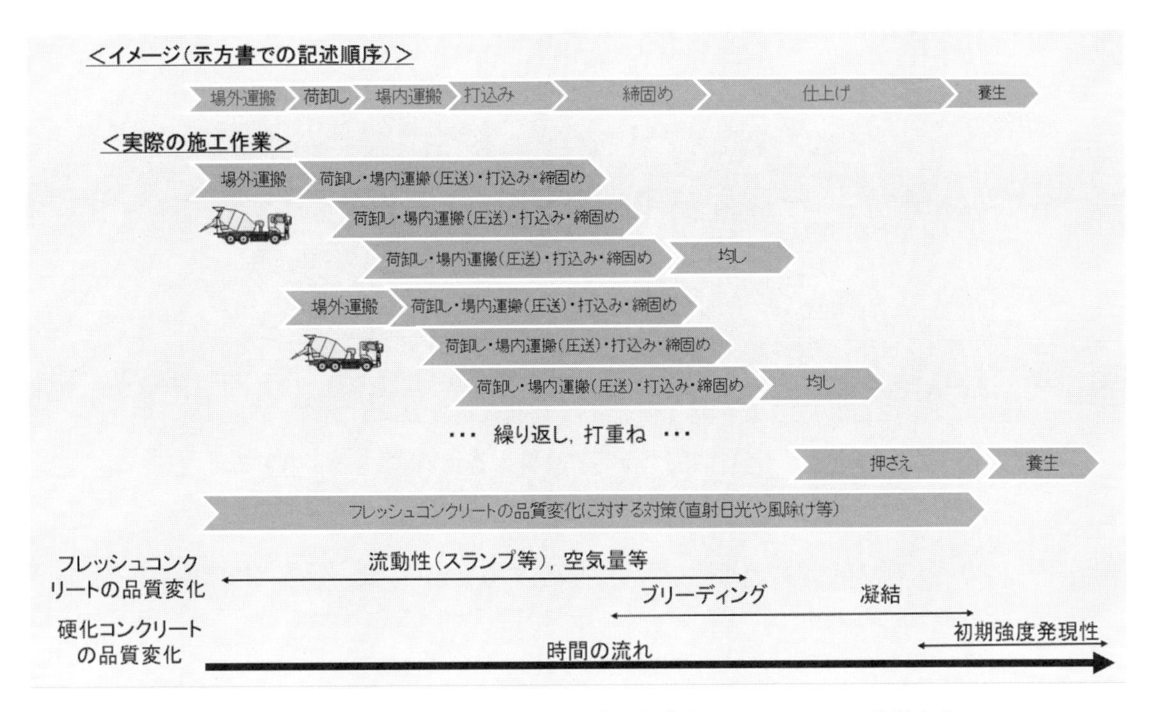

図 3.9.3　コンクリート工に関わる一連の作業とコンクリートの品質変化

図 3.9.4　コンクリート工（打込み，締固めおよび仕上げ）の作業状況

次のトラックアジテータに積載したコンクリートを使用するには，コンクリートポンプの背後でトラックアジテータの入替えを行うことになるが，その作業は短時間で行い，打込みの連続性を失わないようにする必要がある．このような作業は，**図 3.9.5** に示すように，製造から打込み終了（実際には最初に打ち込まれたコンクリートの締固め終了）までのコンクリートの性状変化を考慮したものである必要がある．

これらの繰返しを行う中で，打込みの連続性が確保できない箇所は，**図 3.9.6** に示すように，打重ねとして，すでに打ち込んだコンクリートの性状変化にも配慮した施工を行う必要がある．すでに打ち込まれたコンクリートは，打込み直後に締固めを行い，型枠内にある程度の時間にわたって静置した状態である．この場合の経過時間と性状変化の関係は，必ずしもトラックアジテータ内で攪拌されたコンクリートのものとは一致せず，変形性や流動性がかなり低下している可能性がある．【2023 年制定】示方書［施工編：施工標準］

では，打重ねを行う下層に棒状バイブレータを 10cm 程度挿入することにしているが，下層のコンクリートは上層に比べてかなり変形性や流動性が低下した状態なので，両層を一体にさせつつ，上層には過剰とならない締固めが必要になる．したがって，打重ね時間間隔はできるだけ短い方が施工は容易である．

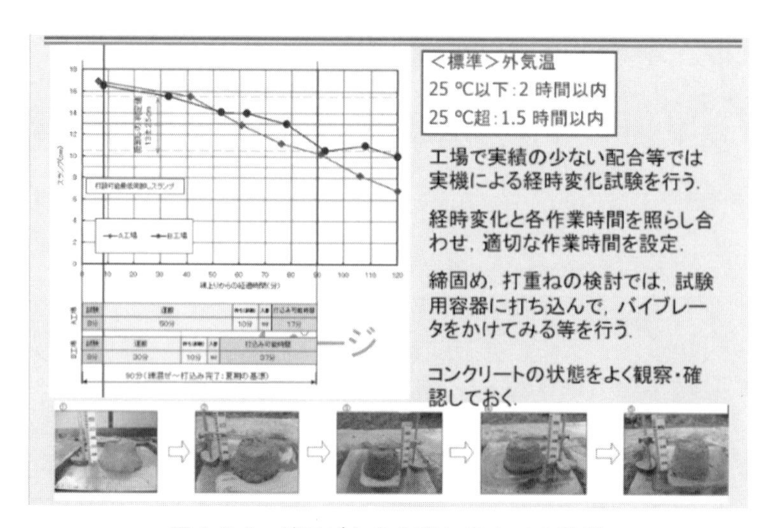

図 3.9.5　練混ぜから打終わりまでの時間

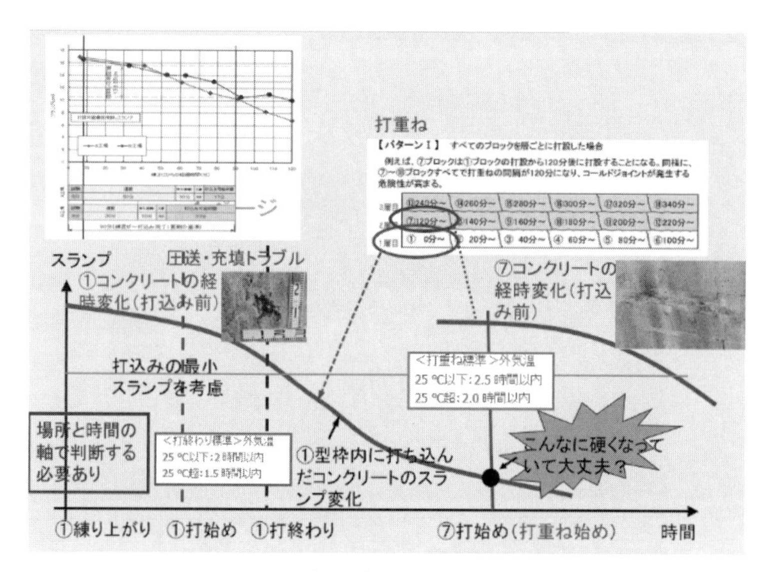

図 3.9.6　練上がりから打重ねの時間

締固めを終了し，前述の粗均しあるいは打重ねを行う頃には，コンクリートのブリーディングによってコンクリート上面に溜まる水の処理が重要になる．仕上げ作業を早く終えすぎると，仕上げ後に浮上する水で表層剥離や脆弱層が形成されやすい．したがって，仕上げにおけるブリーディングによる浮き水の終了と凝結の始発のタイミングの見極めは，押さえ作業によって緻密な表面状態を確保する上で最も重要である．

コンクリート工に関連する施工作業の連携は，大別すると，おおよそ，以下の 4 つの観点で考える必要がある．

1）レディーミクストコンクリート工場からの場外運搬と現場内作業の連携
2）現場内の場内運搬，打込み，締固め，仕上げおよび養生の各作業の連携
3）コンクリート工と他工種（鉄筋工，型枠および支保工）との連携
4）現場内での複数作業を進行する中での各作業班の連携

1）について

コンクリート工事では，コンクリートをレディーミクストコンクリート工場で製造し，トラックアジテータで現場まで運搬することが多い．運搬の距離および時間は工事ごとに異なるが，多くの場合にはコンクリートの供給が途切れないよう，あらかじめ，施工者と生産者で協議して決めた時間間隔を空けて出荷される．ここで，現場内での作業に何らかのトラブルが生じ，コンクリートの荷卸しが滞ると，すでに工場を出発したトラックアジテータが次々と建設現場で待機することになる．この待機の間にコンクリートの性状は変化し，待機時間が長くなるほど性状が大きく変化したコンクリートを使用しなければならなくなる．このコンクリートの性状変化は，圧送や締固めのしやすさにも影響するので，各作業の作業性がさらに低下することになる．そして，待機中にコンクリートの品質が所定の品質を下回ると，多くの台数のコンクリートを廃棄しなければならなくなる事態が生じる．

この影響は，現場内に留まらず，本来，現場内の施工作業が順調に行われれば工場に戻ってくるはずのトラックアジテータが工場内に存在しない事態を招くことになる．工場において，空のトラックアジテータがあれば，その車を当該工事に充てることが可能な場合もあるが，時間帯によっては工場待機の台数が相当に少なくなり，他工事への出荷も考えると当該工事に充てることができないといったことも多い．当該工事への出荷頻度が低下し，現場内のトラブルを改善した頃には，今度はコンクリートの供給が困難になる．連続的な打込みができなくなり，打重ね時間間隔が長くなって，コールドジョイント等を発生しやすくなる．現場で施工管理に従事する技術者は，工場や運搬中の状況を容易には把握することができず，このような場合には大きな不具合になりかねない．施工者は，このような状況が起こり得ることを十分に認識し，現場の都合だけを考えず，生産者との連絡を密に取り合い，総合的に判断して最良の選択をする必要がある．

2）について

現場内での場内運搬，打込み，締固めおよび仕上げを一体とした作業が必要であることは，前述のとおりである．現場内の各作業の連携で発生しやすい問題としては，圧送によるコンクリートの供給速度と，締固め作業の速度が合わないことが挙げられる．現在のコンクリートポンプは，コンクリートの搬送能力が高いため，施工の担当者が施工速度を適時に指示せず，圧送作業者任せになると，圧送作業のペース中心の施工になりやすい．このような場合，打込みの速度が速くなり，その後の締固め作業が追い付かなくなる．最近の構造物は配筋が密でかつ複雑であり，形状寸法も様々であるので，そのような条件での締固め作業はコンクリートの充塡状況を十分に確認しながら行う必要がある．締固め作業に時間を要するので，そのための人員を確保するとともに，締固め作業のペースを考慮した圧送および打込みの速度を設定し，締固めの状況を見ながら調整する必要がある．また，仕上げ作業についても同様で，締固めまでの進行が速すぎると，粗均し等の作業が追い付かなくなる．仕上げ作業を含めた作業全体が円滑に進行する計画を立て，施工全体と各作業の進行を管理していくことが重要である．

3）について

【2012年制定】示方書［施工編：施工標準］から，鉄筋工の準備として，打込みおよび締固めの作業を行うための空間が確保されている必要があることが記載されるようになった．打込みおよび締固めの作業において，一時的に鉄筋をずらす必要がある場合には確実に元に戻すことを管理することも記述された．また，【2017年制定】示方書［施工編：施工標準］において，示方書［設計編］と連携し，設計段階からそれらに考慮した設計を行うように記述がなされた．このように，鉄筋工は，コンクリート工と密接な関係があり，打込みおよび締固めの作業において連携を取る必要がある．

一方，型枠および支保工については，コンクリートの打込みおよび締固めの作業中に型枠のはらみや破壊を生じる可能性があるので，コンクリート工の間も対応できるようにしておく必要がある．また，見落とされやすいのが，型枠および支保工の設計条件を十分に理解しないままで，コンクリート工の作業を行っていることである．例えば，コンクリートの側圧は，この［施工編：施工標準］において一般的な計算式を示している．側圧の計算式には，打上がり速度や温度の項が含まれるように，施工条件を想定して計算するので，この条件と異なる条件でコンクリート工を実施すれば，想定外の側圧が発生し，型枠の破壊等を招く可能性がある．また，［施工編：施工標準］で記述しているとおり，計算式は，実験結果に基づき，ある程度の安全性を考慮して求めたものではあるものの，対象とする実際の工事でどの程度の安全率があるのかは必ずしも定かではない．側圧の計算式は，打ち込まれたコンクリートの性状変化を考慮し，ある条件下では液圧として作用する圧力よりも小さな値でもよいとするものである．現在では，スランプを保持する能力を高めた混和剤等が使用されるようになっているので，型枠内に打ち込まれたコンクリートの性状変化は計算式が作成された当時とは相当に異なる場合もあり得る．実際の施工が側圧の発生に対して厳しい条件になる場合には，コンクリート工の計画および管理で何らかの対応が必要である．

3.9.0.2　養生に関する改訂の概要

養生においては，【2017年制定】示方書［施工編：施工標準］の改訂以後の養生に関する研究成果等をふまえて記述の追加と見直しを行った．「9.6.1　養生の目的および方法」において，【2017年制定】示方書［施工編：施工標準］『8.1　一般』の解説に記載されていた内容を基に，条文を「養生の方法や期間は，部材の形状や厚さ，施工時期，配合等を考慮して定めるものとする.」とするとともに，「9.6　養生」で対象とする養生について見直し，「**解説　表9.6.1**」とした．「9.6.2　湿潤養生」において，【2017年制定】示方書［施工編：施工標準］までは『8.2　湿潤養生』の条文に記載されていた『**表8.2.1**　湿潤養生期間の標準』を解説に移動し，「**解説　表9.6.2**　湿潤養生期間の目安」とした．また，同表に，中庸熱ポルトランドセメント，低熱ポルトランドセメントを追加した．さらに，湿潤養生日数の決定方法についてその方法を解説に追記した．「9.6.3　温度制御養生」および「9.6.4　有害な作用に対する保護」において，示方書の各章に記載されている内容との整合を図った．

3.9.0.3　継目に関する改訂の概要

継目においては，示方書全体の改訂の方針に合わせた文末の修正に加え，図をより分かりやすいように改訂した．さらに，近年，実施工で使用されてきている打継処理剤や埋設型枠等について追記した．

3.9.1　一　　般

今回の改訂では，コンクリート工として運搬から継目までを対象とした全面的な変更を行ったことから，一般の記述もそれに合わせて見直しを行った．各施工段階の施工標準は各節に示しているが，一般では，コンクリート工全体を通しての重要なポイントを条文として示している．また，【2017年制定】示方書［施工編：施工標準］では『7.2　練混ぜから打終わりまでの時間』を節立てしていたが，これを削除し，その内容を一般の解説に移設した．「9.1　一般」では，箇条（1）については，構造物に求められる品質を満足するためには，フレッシュコンクリートの品質（特にスランプ）の設定と運搬，打込み，締固めおよび仕上げの各施工方法が整合しているか否かが重要であることから，条文の最初に示した．箇条（2）については，フレッシュコンクリートの品質は練上がりからの時間経過で変化するので，運搬，打込みおよび締固めの各作業はなるべく短時間に行うことができる方法を定め，計画したとおりの時間内に作業の進行を管理することが重要であることを条文として示した．箇条（3）については，コンクリートの施工は，コンクリート工で示している運搬から継目までの各項目以外に，コンクリートの打込みが型枠および支保工にかかる荷重として与える影響や，打込みや締固めの作業に対する鉄筋配置の影響を確認すること等が必要であり，コンクリート工と型枠および支保工の施工，また鉄筋工との連携が重要となることを条文として示した．

解説では，（1）については，施工者の工夫によって締固め作業高さを小さくして打込みの最小スランプの小さいコンクリートを用いて施工する場合や自己充塡性を有する高流動コンクリートを用いる場合を例に挙げ，コンクリート工における各段階の施工方法とコンクリートとの組合せを定めることで，より良い品質のコンクリート構造物を構築することについて説明した．（2）については，コンクリートの性状は，練混ぜから時間の経過とともに変化するが，運搬，打込み，締固めおよび仕上げの各段階において，それぞれの施工に適したコンクリートの性状が確保されていることが重要であり，施工計画を策定する初期の段階では，コンクリートの練混ぜから打込み終了までの時間は，現場に比較的近い工場を選定した上で，外気温が日平均で25℃以下では2.0時間以内を，25℃を超える時期に施工を行う必要がある場合には1.5時間以内を目安に計画をするとよいとした．また，フレッシュコンクリートのコンシステンシーは，練混ぜ後からの時間の経過とともに大きくなることに留意して，性状に合った締固め時間や締固め間隔で締固め作業を行うことや，仕上げを行う際の均しや押さえの時期は，目視や指で押さえることで判断するだけでなく，季節や気温に応じたコンクリートの凝結特性を事前に把握しておくことも重要であることを示した．（3）については，側圧の作用により，型枠の変形や崩壊が発生することがあることから，打込みおよび締固めの計画を策定することが重要であること，また，打込み時には，緊急の対応ができるよう，型枠工に従事する者を配置しておくことの必要性を示した．また，コンクリートの打込みや締固めに対して，鉄筋が干渉しないかをコンクリート工を開始する前に確認すること，打込み時には鉄筋工に従事する者を配置しておくことの必要性を示した．

3.9.2　運　　搬

3.9.2.1　現場までの運搬

【2017年制定】示方書［施工編：施工標準］『7.3.1 現場までの運搬』の箇条（2）はJIS A 5308を参照し確認できる内容であるため，今回の改訂で削除した．また，現場までの運搬計画において必要となるコンクリートの受入れに関する項目を箇条（2）として追加した．解説では，（1）について，運搬の方法および時間は，施工者と生産者が協議して定める必要があることを追記した．また，コンクリート運搬中の水や他の材料の混入に対する注意喚起，雨水の混入防止対策の必要性について記述した．（2）については，コンクリートの受入れにおいて，荷卸し完了時刻等の記録の必要性，受入れ検査でスランプ試験，空気量試験等を実施し，要求品質に適合していることの確認，不適合品や余ったコンクリートの処置の方法をコンクリートの製造計画や運搬計画に反映させることの必要性を記述した．

3.9.2.2　コンクリートポンプによる現場内の運搬

【2017年制定】示方書［施工編：施工標準］の『7.3.2.1 コンクリートポンプ』を，今回の改訂で，「9.2.2 コンクリートポンプによる現場内の運搬」とした．条文の内容に変更はない．

解説は，（1）について，「**解説 図9.2.1**」として，コンクリートポンプにおける圧送計画の検討フローを示し，その流れに基づいて各段階でのポイントの解説をした．また，輸送管の選定において管内圧力損失に応じた輸送管と継手の選定が実施できるように，「**解説 表9.2.3** 輸送管と継手の選定基準の目安」を示した．

（2）について，『7.3.2.1 コンクリートポンプ』と同様に，「コンクリートの圧送に先立ち，コンクリートポンプや輸送管内面の潤滑性を確保して閉塞を防止する目的で先送りモルタルを圧送する必要がある.」とし，今回の改訂ではこれに続けて「なお，先送りモルタルは，コンクリートの品質を損なうおそれがあるため，型枠内に打ち込まないこととした.」を追記して，条文で示している先送りモルタルの配合について記述した. また，『7.3.2.1 コンクリートポンプ』での『先送りモルタルは，輸送管等への付着，あるいはそれらに残留した水，グリース，残渣等の混入により品質が変化している場合がある.』は，今回の改訂で，「先送りモルタルは，コンクリートの品質を損なうおそれがあるため,」と，より明確な表現に改めた.（3）については，『7.3.2.1 コンクリートポンプ』での『配管の移動，作業員の交代，あるいは降雨その他の不測事態の発生等の理由で，やむを得ず中断しなければならないときは再開時期をできるだけ早く予測して関係者に連絡する. 長時間の中断が予想される場合には，閉塞を防止するためのインターバル運転を実施する. また，長時間の中断によって閉塞が生じる可能性が高い場合には，配管内のコンクリートを排出しておく.』を「配管の移動あるいは降雨や不測事態の発生等の理由で，やむを得ず中断するときは，再開時期をできるだけ早く予測して関係者に連絡し，円滑に圧送が再開できるように備えるのがよい. なお，不慮の中断に備えて，コンクリートのこわばりを低減できる混和剤等の使用や，圧送中断時の対処方法をあらかじめ定めておくのがよい. また，長時間の中断によって閉塞が生じる可能性が高い場合には，配管内のコンクリートを全て排出する必要がある.」とし，圧送中断時の対応策について，より具体的な記述を書き加えた.

3.9.2.3　バケットによる現場内での運搬

【2017年制定】示方書［施工編：施工標準］の『7.3.2.2 バケット』を，今回の改訂で，「9.2.3 バケットによる現場内での運搬」とした. 条文，解説ともに，『7.3.2.2 バケット』と同様の記述とした.

3.9.2.4　その他の方法による現場内での運搬

【2017年制定】示方書［施工編：施工標準］の『7.3.2.3 シュート』および『7.3.2.4 その他の運搬機械』を合わせて，「9.2.4 その他の方法による現場内での運搬」とした. 条文については，『7.3.2.3 シュート』の箇条（2）および箇条（3）を解説で記述することとし，条文からは削除した.

解説では，（1）について，下向きの場内運搬についてシュートを用いる場合，今回の改訂では，鉛直下向きの運搬と，横移動が伴う下向きの運搬を区別して記述した. 鉛直下向きの運搬については，「材料分離を防ぐため，縦シュートの下端はできるだけコンクリートの打込み面近くに保ち，下端から打込み面までの自由落下高さを小さくするのがよい. また，コンクリートが一箇所に集まると，コンクリートの横移動が必要になったり，材料分離を生じたりする可能性があることを考慮して，コンクリートの投入口の間隔，投入順序等を検討するのがよい. 漏斗管を継ぎ合せたり，フレキシブルホースを応用した縦シュートの接続部は，コンクリートの落下時の衝撃により外れない強度を持つものを用いるのがよい.」とし，縦シュートを用いる場合の，より詳細な注意点等を記述した. また，横移動が伴う下向きの運搬において，やむを得ず斜めシュートを用いる場合は，「横移動の距離をできるだけ小さくし，吐出口に漏斗管やバッフルプレートを設け，材料分離を抑制する必要がある. シュートの傾きは，コンクリートが円滑に流下することと材料分離を生じないことの双方を考慮して，概ね水平 2 に対して鉛直 1 程度の斜度を目安とするのがよい. 斜めシュートには，鉄製のもの，鉄板張り，あるいは軽量の FRP 製のものがあるが，滑らかな内面で，段差や角度変化のないものを用いるとよい. シュートは使用前後に水でよく洗い，さらに使用に先がけてモルタルを流下させておくとよい. ただし，流下後の水およびモルタルは，型枠の中に流れ込まないように注意する必要がある.」として，斜めシュートを用いる場合の注意点等について，より詳細に記述した．（3）について，「運搬の振動等により骨材が沈降している場合には，練り返してから打ち込む必要がある．」として，手押し車やトロッコ等を用いて運搬する場合に骨材が沈降した場合の対策について追記した．

3.9.3　打 込 み

3.9.3.1　打込みの準備

【2017 年制定】示方書［施工編：施工標準］の『7.4.1　準備』を，今回の改訂では「9.3.1　打込みの準備」とした．条文は，箇条（1），（2），（3）については，『7.4.1 準備』の条文と同様の記述とし，箇条（4）については，『7.4.1　準備』の『型枠内に水が流入して新しく打ち込んだコンクリートを洗わないように』に対して，「打込み中や打込み後に型枠内に水が流入して新しく打ち込んだコンクリートを洗わないように」として，水が流入する時期についての記述を追記した．

解説は，（1）について，「型枠の隅々までコンクリートを行き渡らせるために，コンクリートを打ち込むための鉄筋のあきやかぶりを確保する必要がある．コンクリートの打込みの状況は目視で確認するのがよい．」とし，『7.4.1　準備』に比べてより簡易な表現に変更するとともに，打込みの状況を直接目視で確認することの必要性を追記した．また，「打込みの計画では，打込みの中断，中止，再開の判断基準を設定し，それぞれの対応を定めておく必要がある．打重ね時間間隔は，要求した品質のコンクリートが予定の時刻に届かない場合も想定して，余裕をもった計画を立てることが重要である．」を追記し，打込みの計画における注意点を示した．（2）について，冒頭に天候の予期せぬ状況への対策の必要性を示した．（4）について，コンクリートの打込み中や打込み後，コンクリートが硬化する前に，降雨や地下水等が流入した場合の対策として，地下水の流入については止水が困難な場合があることを考慮し，排水を追加した．

3.9.3.2　打込みの方法

【2017 年制定】示方書［施工編：施工標準］での『7.4.2 打込み』を，今回の改訂で「9.3.2 打込みの方法」とした．打込みの方法を示す項として記述することとしたため，条文は，『7.4.2 打込み』の箇条（1），箇条（3）および箇条（4）を削除し，箇条（1）と同様の趣旨の文章を「9.4 締固め」の解説に移設した．『7.4.2 打込み』の箇条（2）は，「コンクリートが型枠内で横移動しない」に加えて，「打込み間隔を定めるものとする．」を追記し，「9.3.2 打込みの方法」の箇条（1）とした．『7.4.2 打込み』の箇条（6）では，許容打重ね時間間隔の標準を『**表** 7.4.1』として示していたが，今回の改訂では箇条（4）として文章形式で記述した．また，『7.4.2　打込み』の『上層と下層が一体となるように施工しなければならない．また，コールドジョイントが発生しないよう，施工区画の面積，コンクリートの供給能力，打重ね時間間隔等を定めなければならない．』の内容については解説に記述し，条文からは削除した．『7.4.2 打込み』の箇条（7）は，自由落下高さを規定した箇所のみを残し，今回の改訂では箇条（5）「輸送管，シュート，バケット，ホッパ等の吐出口と打込み面までの自由落下高さは，1.5m 以下とする．」とした．『7.4.2 打込み』の箇条（9）は，今回の改訂では箇条（6）の条文「高さのある壁または柱では，コンクリートの打上がり速度は 30 分当り 1.5m 程度以下とする．」として，打上がり速度の上限を規定する部位を明確に示した．また，打上がり速度の下限は削除した．

解説では，（1）について，『7.4.2 打込み』は『コンクリートは移動させるごとに材料分離を生じる可能性が高くなるため，目的の位置にコンクリートをおろして打ち込むことが大切である．』としていたが，今回の改訂では「コンクリートは横移動させると材料分離を生じる可能性が高くなるため，打込み間隔以上に棒状バイブレータ等の振動等で強制的に横移動させないことが重要である.」とし，条文でも示したように，打込み間隔以上に横移動させないことの重要性を記述した．また，「打込み中に著しい材料分離が認められた場合には，練り直して均質なコンクリートとすることは難しいので，打込みを中断し，材料分離の原因を調べて対策を講じる必要がある.」を追記し，材料分離が生じた場合の対策について追記した．（2）について，「勾配のある部位にコンクリートを打ち込む場合，先に高い位置へコンクリートを投入すると，傾斜に沿ってコンクリートが流れて材料分離が生じるため，低い位置から順に打ち上げる必要がある.」を追記し，勾配のある部位での打込み方法の注意点を示した．（3）について，コンクリートを打ち込む一層の高さについて，「締固めに用いる棒状バイブレータを打ち重ねるコンクリートの下層のコンクリートまで挿入して両者が一体化できる高さを超えることなく，また，スランプも考慮して，コンクリートが横方向に流れて材料分離が生じない高さに定める必要がある.」とし，一層の高さを設定する理由について追記した．（4）について，たわら打ちを行う場合のポイントとして，「下層のコンクリートの先端位置を確認しやすくするよう，型枠や鉄筋等にマーキングするとよい．なお，たわら打ちは，スランプが12cm程度以下のコンクリートに適用すると効果的である.」を追記した．また，許容打重ね時間間隔を設定する際の注意点や許容打重ね時間間隔を延長する対策についても記述を追加した．さらに，解説の最後に，打込みが始まった後に生じたトラブル時の対策についても追記した．（6）について，1回の打上がり高さが高くなる場合の懸念事項について，「密度の大きなセメント等の結合材や骨材が沈降し，密度の小さい空気や水が上に浮くブリーディングの影響によって，均質なコンクリートが得られにくく，上層と下層のコンクリートで強度に差が生じる．過度のブリーディングは，鉄筋に沿って生じる沈みひび割れや，型枠を取り外した後にコンクリート表面に生じる砂すじの原因になる.」を追記した．また，ブリーディングにより滞水が生じる場合の懸念事項と対応策について，「コンクリートのブリーディングによる打上がり面の滞水を取り除かないと，型枠に接する面が洗われ，砂すじや打上がり面近くにぜい弱な層を形成するおそれがある．滞水は，スポンジやひしゃく，小型水中ポンプ等により除去する必要がある.」と追記した．

3.9.4　締固め

本節は，締固めの具体的な方法を示すものとして条文を再構成した．【2017年制定】示方書［施工編：施工標準］『7.5 締固め』の箇条（1）から『ただし，棒状バイブレータの使用が困難で，かつ型枠に近い場所には型枠バイブレータを使用して確実に締め固めなければならない.』を分離し，同様の趣旨の文章を箇条（5）とした．『7.5 締固め』の箇条（2）および箇条（3）を削除し，箇条（2）に棒状バイブレータの挿入間隔を，箇条（3）に締固め時間に関する記述を具体的な数値とともに加えた．再振動に関する『7.5 締固め』の箇条（6）は，再振動を行うべき時期や効果を明確に示すことが困難であること，時期を誤るとむしろコンクリートの品質を低下させるおそれがあることから削除した．

解説は，（1）について，棒状バイブレータの使用方法と，締固めにおけるその目的および注意点について整理して記述した．また，棒状バイブレータの形式，締固め能力，大きさおよび数と，1台の棒状バイブレータで締め固めることができるコンクリート量について示した．（2）では，棒状バイブレータの挿入間隔について，「棒状バイブレータから一定の距離以上離れた場所では伝達される振動エネルギーが減衰するため，棒状バイブレータの挿入間隔が大きくなると，均質な締固めを行うことができなくなる.」と注意点を示した．また，フレッシュコンクリートの性状に合った締固め時間や締固め間隔を定める必要性を記述した．（3）について，棒状バイブレータによる締固めによって，エントラップトエア，特に表面気泡を除去するには，振動時間のみならず棒状バイブレータの挿入方法にも留意が必要である．一方で，コンクリート打込みの一層の高さは40〜50cm以下であるが，棒状バイブレータの振動部長さは最大でも40cm強であり，一層当りの全高を振動させることが難しい．そこで「**解説 図9.4.1**」に，エントラップトエアの除去にも配慮した棒状バイブレータの挿入と締固めの方法を示した．特に，最終層の天端部側面に気泡が溜まり易いため，天端付近において気泡を除去するよう注意点を示した．（5）では，型枠バイブレータを使用方法についての詳細を記述した．

3.9.5　仕上げ

条文は，【2017年制定】示方書［施工編：施工標準］『7.6 仕上げ』と同様の記述とした．ただし，実際の施工の順序に従って，『7.6 仕上げ』の箇条（2）を今回の改訂では箇条（3）にし，同様に『7.6 仕上げ』の箇条（3）を箇条（2）に入れ替えた．

解説は，箇条（1）と箇条（2）に対する説明をまとめて記述し，冒頭に仕上げの重要性を示すとともに，仕上げの具体的な手順と留意点を解説した．箇条（3）の解説は，『7.6 仕上げ』の箇条（2）に対する説明を移設するとともに，沈みひび割れの防止方法について追記した．

3.9.6　養　　生

3.9.6.1　養生の目的および方法

今回の改訂においては，【2017年制定】示方書［施工編：施工標準］までは解説に書かれていた『養生の具体的な方法や期間は，それぞれの該当する条項に従い，（中略），個々の工事における条件に応じて定める．』を修正し，条文に記載することとした．本来，コンクリートの養生とは，構造物条件（構造形式，部材の種類，形状寸法等），コンクリートの条件（要求される品質，使用材料，配合）および施工環境条件（環境温度，湿度等）を考慮し，個々の工事における条件に応じて適切に定めることが重要であることから，この前提として条文に記載したものである．

また，改訂作業の議論の中で，施工標準の養生で取り扱う養生はコンクリートの品質確保を目的として行われる行為であることを確認し，これに基づいて「**解説 表9.6.1**」の見直しを行った．各種養生方法を整理するためにより適切な表現として，表の項目を『種類』から「目的」に変更し，表のタイトルも変更した．寒中コンクリートと暑中コンクリートの掲載順序を示方書全体の章立てと合わせた．工場製品ついては，品質確保よりも生産性向上のために実施する蒸気養生，オートクレーブ養生が記載されていたため，本表からは削除し，【2023年制定】示方書［施工編：目的別コンクリート］「2章 施工者が製作仕様に関与するプレキャストコンクリート」の「2.2.3 養生」にて記載することとした．

3.9.6.2　湿潤養生

【2017年制定】示方書［施工編：施工標準］までは条文に記載されていた『**表8.2.1** 湿潤養生期間の標準』について，タイトルを目安に変更し，「**解説 表9.6.2** 湿潤養生期間の目安」として解説に移動した．条文に本表があるメリットとして，どの工事においても本表の湿潤養生日数を遵守することで，一定以上の品質を確保することができ，施工計画の立案や施工段階での遂行において意思決定が容易となる等が挙げられる．一方で，本表が条文にあるデメリットとしては，湿潤養生日数の意思決定や施工の際に思考停止になり，養生の方法や期間は各種条件を考慮し，個々の工事における条件に応じて定めることの重要性が忘れ去られ，環境条件や設計供用期間によらず「これだけやっておけばよい」という状況に陥ることがある．ここで，コンクリートの目標強度が同じであっても，使用材料によって配合が異なることは周知の事実であり，物質の

透過に対する抵抗性等に大きな影響を及ぼす水セメント比も異なる．また，コンクリートが同じであっても構造物の部位によってはかぶりが異なるため，自ずとコンクリートに求められる品質も異なる．例えば，塩害環境下で構築される橋梁の壁高欄で，かぶり30mmの高炉セメントを用いた圧縮強度の特性値が30N/mm^{2}のコンクリートを湿潤養生する場合と，塩害環境下の橋梁フーチングでかぶり100mmの高炉セメントを用いた圧縮強度の特性値が24/mm^{2}のコンクリートを湿潤養生する場合では，同じ養生日数としてよいかという問いに対し，正しくは「上述のような各種条件をふまえて施工者が適切に設定する」が答えである．したがって，安易に養生日数の標準を参考にするのではなく，まず，施工者が考えて適切に設定することを改訂の方針として，検討を進めた．

一方で，湿潤養生日数の決定方法が明確でないとの指摘もあるため，今回の改訂においては，「(前略) 施工実績，信頼できるデータ，あるいは試験等により定めるものとする」と条文を改訂した．ここで，施工実績や信頼できるデータがない場合も多いため，解説には試験方法の概要を追記した．試験としては，実験による養生日数の設定方法について，「試験の方法には，室内試験から得られた養生日数とコンクリートの強度発現との関係から判断する方法が挙げられる．湿潤養生日数の目安は，コンクリートの圧縮強度が特性値に達するまでとしてよい.」を追記した．現場において，湿潤養生日数を試験にて決定する場合は，実際に使用するコンクリートを用いて，セメント種類，環境温度をふまえて圧縮強度で評価することとした．ここで，耐久性と圧縮強度は必ずしも比例関係にないものの，現場での実施しやすさ等を勘案し，圧縮強度を指標とすることとした．また，湿潤養生日数を決定するために必要とされる強度について，改訂小委員会において議論がなされ，特性値の1/2，3/4等にする意見もあったものの，必要とされる「特性値」とした．これは，圧縮強度から求められる水セメント比よりも耐久性上求められる水セメントの方が小さくなる場合があり，この場合には比較的短期間で必要強度に達すると考えられることから，湿潤養生期間が短くなるケースが想定されたためである．

すべてのコンクリート工事において個々に試験を実施して湿潤養生日数を決定することは難しいため，あくまで目安として「**解説 表9.6.2**」を示したが，【2017年制定】示方書［施工編：施工標準］の『**表8.2.1** 湿潤養生期間の標準』には，中庸熱ポルトランドセメント（以下，中庸熱），低熱ポルトランドセメント（以下，低熱）の記載がなかったため，これらのセメントを用いたコンクリートに対する湿潤養生日数の目安についての追記の要望が多かった．これに対し，湿潤養生日数の目安について検討した．

表3.9.1　湿潤養生期間の目安（【2023年制定】示方書［施工編：施工標準］解説 表9.6.2）

日平均気温	早強ポルトランドセメント	普通ポルトランドセメント	混合セメントB種	中庸熱ポルトランドセメント	低熱ポルトランドセメント
15℃以上	3日	5日	7日	8日	10日
10℃以上	4日	7日	9日	9日	※
5℃以上	5日	9日	12日	12日	※

※15℃以下での使用は，試験により定める．

今回の改訂において，**表 3.9.1** に示すように，「中庸熱ポルトランドセメント，低熱ポルトランドセメント」を追加した．この日数の決定根拠について以下に示す．検討に際しては，土木学会コンクリート技術シリーズ　コンクリート構造物の養生効果の定量的評価と各種養生技術に関する研究小委員会（356 委員会）成果報告書[1] 等を参考にした．

1）【2017 年制定】コンクリート標準示方書改訂資料での検討

【2017 年制定】示方書の改訂資料においては，各メーカの技術資料に基づき，供試体を対象とした各種セメントの強度発現の挙動から必要な養生日数を算定している．算定方法としては，【2017 年制定】示方書［施工編：施工標準］の『**表 8.2.1**』に記載された各温度および日数において水セメント比が 55%のコンクリートの圧縮強度を算出し，相対的に中庸熱，低熱を用いたコンクリートがその強度に達するまでの日数を必要養生日数としている．算定の結果，15℃の場合，中庸熱で 9 日，低熱で 19 から 20 日としている．さらに文章としての記述はないものの，改訂資料中の算定結果の図から概算した 10℃，5℃の場合の必要湿潤養生日数を**表 3.9.2** に示す．種々の検討の結果，算定した強度は線形補間した値であり，信頼に足らないとの理由から標記養生日数は示方書に明記しないこととなった．

表 3.9.2　中庸熱，低熱の場合の必要湿潤養生日数（【2017 年制定】示方書改訂資料を基に作成）

日平均気温	中庸熱ポルトランドセメント	低熱ポルトランドセメント
15℃以上	9 日	19～20 日
10℃以上	11 日	28 日
5℃以上	15 日	掲載された図では判定不可能

2）既往の検討結果からの検討

a）水分逸散からの検討

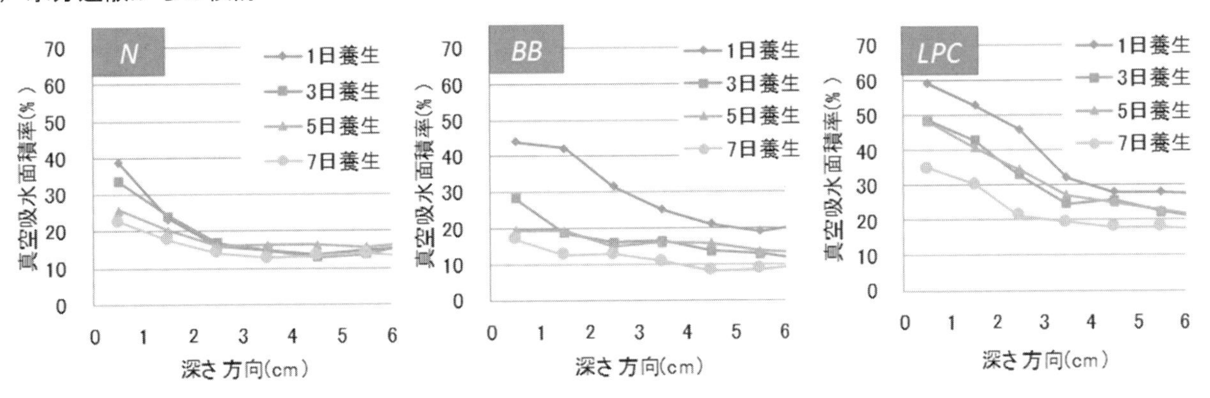

図 3.9.7　セメント種類の異なる表層からの深さ位置での乾燥の影響範囲の比較 [2]

図 3.9.7 には，普通ポルトランドセメント（N），高炉セメント B 種（以下，BB），低熱ポルトランドセメント（LPC）における湿潤養生期間における表面からの水分逸散の影響を評価した結果を示している（温度は

20℃と推定）[2)]．図中の真空吸水面積率（%）が大きいほど空隙量が多く，物質移動抵抗性が低下することを意味する．セメントが普通の場合は，養生5日と7日の差異が小さく，ほぼ5日で同程度の性能が発揮しているものと推測した．BBの場合は，普通のように統一的な傾向ではなく，ばらついているように見えるものの，養生5日と7日の差異が小さく，ほぼ5日で同程度の性能が発揮しているものと推測した．一方，低熱の場合，養生5日と7日の差異は大きく，5日もしくは7日では性能の発現が一定値まで到達していないものと考えられた．以上を踏まえ，水分逸散のデータから必要養生日数を**表 3.9.3** にまとめた．

表 3.9.3 各種セメントの必要湿潤養生日数（図 3.9.7 を基に作成）

日平均気温	普通ポルトランドセメント	高炉セメントB種	低熱ポルトランドセメント
20℃以上	5日	5日	7日以上

b) 空隙構造からの検討

養生方法が空隙構造に与える影響を評価した事例を**図 3.9.8** に示す．養生条件としては，標準水中養生，封緘養生（示方書の標準に相当），およびその他としている[3)]．

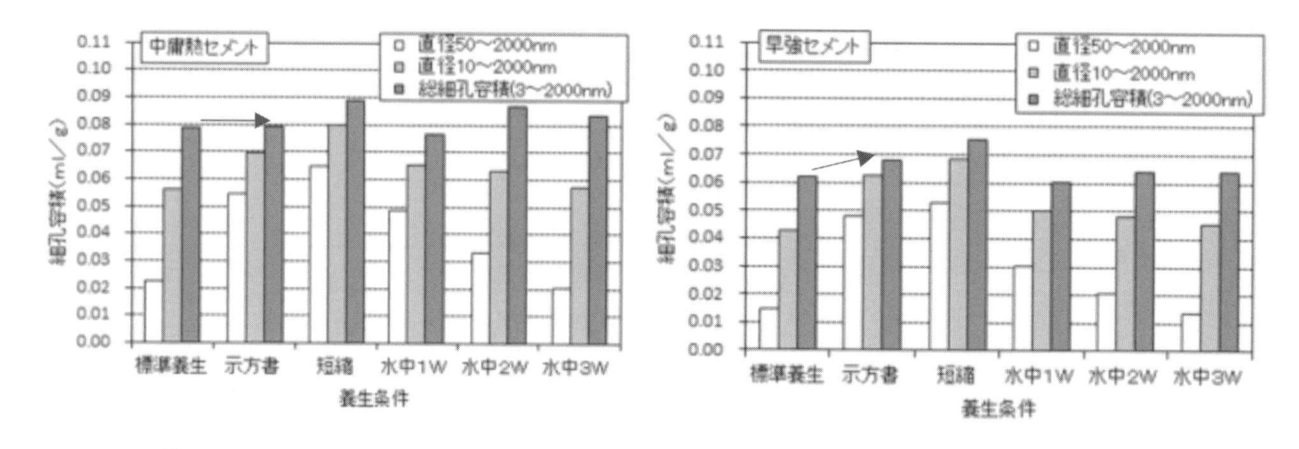

※補足 養生条件「示方書」の養生日数は中庸熱9日，早強3日，「短縮」の養生日数は中庸熱5日，早強2日

図 3.9.8 標準水中養生と封緘養生における総細孔容積の比較[3)]

ここで，普通，中庸熱，早強，低熱において，標準水中養生と封緘養生における総細孔容積を比較し，細孔容積が同等になる養生日数について整理した．例えば，中庸熱の場合，標準水中養生と9日間の封緘養生において，総細孔容積は等しくなった．一方，早強の場合，標準水中養生に比べ示方書に相当する封緘養生の方が総細孔容積は大きくなった．以上をふまえ，必要養生日数を**表 3.9.4** にまとめた．

表 3.9.4 総細孔容積から検討した必要養生日数（文献[3)]を基に作成）

日平均気温	早強ポルトランドセメント	普通ポルトランドセメント	中庸熱ポルトランドセメント	低熱ポルトランドセメント
15℃以上	3日以上	5日	9日	12日以上

c）中性化に対する抵抗性からの検討

脱型時期の違いが中性化に対する抵抗性に及ぼす影響を検討した事例における，実験の要因と水準を**表 3.9.5** に示す．脱型後は材齢 28 日まで気中養生を行っている[4)]．中性化促進材齢 1 週における中性化深さを**図 3.9.9** に示す．普通においては，養生日数 7，28 日の差異が小さく，7 日で中性化に対しては十分な養生が行われていると考えられた．中庸熱，低熱においては，中性化深さが 7 日脱型＞28 日脱型の傾向であり，特に低熱はその差異が大きい結果となった．以上から各種セメントの養生日数を**表 3.9.6** にまとめる．

表 3.9.5　実験の要因と水準[4)]

要因	水準
結合材種類	普通ポルトランドセメント(N) 中庸熱ポルトランドセメント(M) 低熱ポルトランドセメント(L) エコセメント(E) 普通ポルトランドセメント+高炉スラグ微粉末(B)
水結合材比	55%
BS添加率	42.5%
脱型時期	中性化・透水：1日，7日，28日 含水率：1日，3日，7日，28日

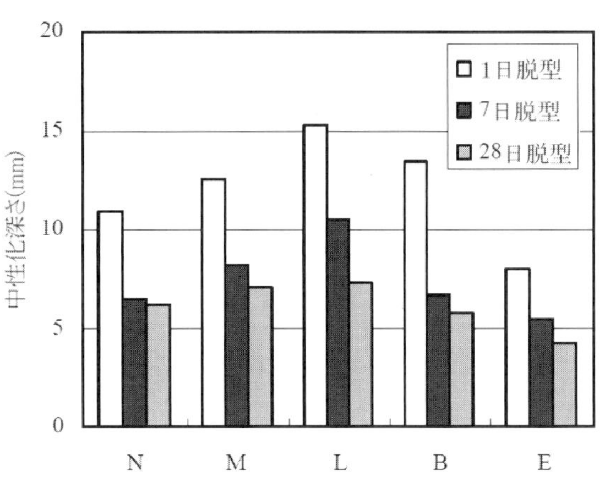

図 3.9.9　中性化深さ（促進材齢 1 週）[4)]

表 3.9.6　中性化深さから検討した必要養生日数（文献[4)]を基に作成）

日平均気温	普通ポルトランドセメント	中庸熱ポルトランドセメント	低熱ポルトランドセメント
15℃以上	7 日	7 日以上	7 日以上

d）構造物に求められる強度からの検討

i) 湿潤養生を終了する目標となる圧縮強度の調査

コンクリート標準示方書［施工編：施工標準］におけるコンクリートを対象に，各種条件下においてコンクリート構造物に要求される圧縮強度を抽出し，湿潤養生日数について検討した．なお，湿潤養生を終える材齢は，強度発現のみならず外部からの劣化因子の浸透や外的要因からの抵抗性あるいは配合や環境条件等を総合的に勘案して決定する必要があることを認識しつつ，ここでは圧縮強度に着目した．

ii) 寒中コンクリート

寒中コンクリートにおいては，**表 3.9.7** に示すように，凍結融解作用に対する抵抗性を確保するためには，最大 15 N/mm^2 の発現を確認する必要がある．

iii) 型枠の取外し

コンクリートの品質確保のうち，特に外部からの劣化因子に対する抵抗性等には直接関係しないものの，型枠の取外しについては，**表 3.9.8** に示すように，最大 14 N/mm^2 となる．

表 3.9.7　初期凍害を防止するために必要となる圧縮強度の目安（N/mm²）
（【2023 年制定】示方書［施工編：施工標準］解説 表 10.2.1）

5℃以上の温度制御養生と所定の湿潤養生を行った後に想定される気象条件	断面の大きさ		
	薄い場合	普通の場合	厚い場合
（1）厳しい気象条件	15	12	10
（2）まれに凍結融解する程度の気象条件	5	5	5

表 3.9.8　【2023 年制定】示方書［施工編：施工標準］
「解説 表 8.8.1　型枠および支保工を取り外してよい時期のコンクリート圧縮強度の参考値」

部材面の種類	例	コンクリートの圧縮強度（N/mm²）
厚い部材の鉛直または鉛直に近い面，傾いた上面，小さいアーチの外面	フーチングの側面	3.5
薄い部材の鉛直または鉛直に近い面，45°より急な傾きの下面，小さいアーチの内面	柱，壁，はりの側面	5.0
橋等のスラブおよびはり，45°より緩い傾きの下面	スラブ，はりの底面，アーチの内面	14.0

iv)　JASS 5（日本建築学会　建築工事標準仕様書・同解説　鉄筋コンクリート工事）

JASS 5 においては，湿潤養生の期間として，セメント種類ごとに養生日数を示すとともに，所定の圧縮強度を満足することを確認すれば湿潤養生を打ち切ることができるとしている．その時の圧縮強度は，計画耐用年数「長期および超長期」で 15 N/mm²，「短期および標準」で 10 N/mm² としている．

v)　まとめ

上記調査の結果から，湿潤養生を終了する目標となる圧縮強度は，15N/mm² とした．

e）圧縮強度が 15N/mm² に到達するまでの材齢の算定

i) 解析による算定方法

圧縮強度の算定については，【2022 年制定】コンクリート標準示方書［設計編：標準］（6 編：温度ひび割れに対する照査）に従い，コンクリートの発熱による強度発現の促進を勘案するために，温度解析による温度上昇を反映させて圧縮強度を算定した．温度解析は，3 次元温度応力解析プログラム ASTEA MACS を用いて 1 次元で解析し，表面熱伝達率は 8W/m² で一定，打込み温度は環境温度と同じとした．なお，表面から 10mm 間隔で 100mm までの深さの平均温度を求め，有効材齢に反映させた．解析要因は，コンクリートの W/C は 55，50，45％とし，セメント種類は普通，BB，中庸熱，低熱とし，環境温度は 5，10，15，25℃とした．

ii) 解析結果

コンクリートの W/C=50％，環境温度 15℃の場合の圧縮強度算定結果を**図 3.9.10** および**表 3.9.9** に示す．解析の結果，圧縮強度 15N/mm² を得るための材齢は，中庸熱の場合 15℃：4 日以上，10℃：5 日以上，5℃：

7 日以上，低熱の場合 15℃：7 日以上となった．

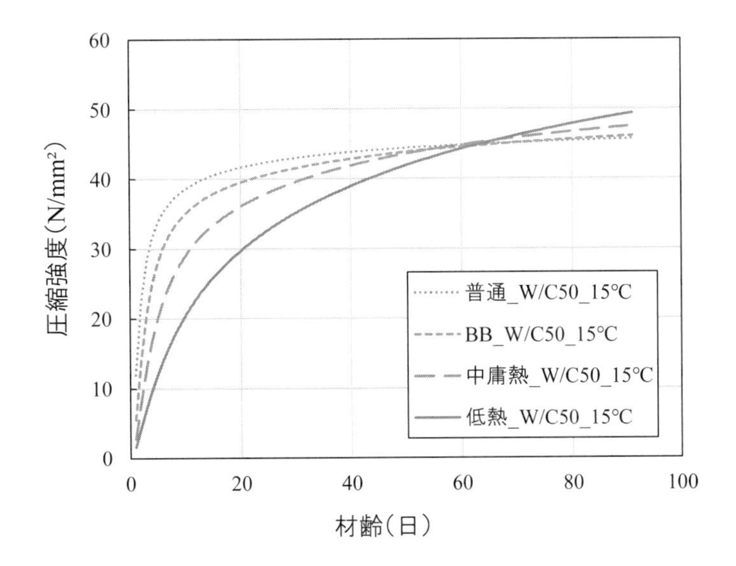

図 3.9.10　圧縮強度算定結果の一例(W/C=50%, 温度 15℃)

表 3.9.9　各種セメントを用いたコンクリートの圧縮強度 15N/mm² を得るための材齢（日）

温度 (℃)	W/C (%)	普通 N	高炉 B 種 BB	中庸熱 M	低熱 L
15	45	1	2	3	5
	50	2	3	4	7
	55	2	3	5	9
10	45	2	3	4	7
	50	2	3	5	9
	55	3	4	7	12
5	45	2	3	5	9
	50	3	5	7	12
	55	4	6	9	16

表 3.9.10　中庸熱，低熱の場合の必要湿潤養生日数

日平均気温	中庸熱ポルトランドセメント	低熱ポルトランドセメント
15℃以上	8 日	10 日
10℃以上	9 日	試験により定める
5℃以上	12 日	試験により定める

3）まとめ

中庸熱，低熱の湿潤養生日数として，**表 3.9.10** の内容を追記することとした．中庸熱の 15℃以上において，8 日としたのは，強度発現は高炉セメント B 種と中庸熱で同等であるものの，温度が比較的高い場合は，中庸熱の方が強度発現は遅くなる傾向を考慮した結果である．また低熱の記載を 15℃以上のみとしたのは，

低熱を温度ひび割れ対策で用いることが多く，低温時では使用するケースが多くないこと，さらに低温時でも使用する場合には，別途十分な検討が実施されることを想定した．

3.9.6.3　温度制御養生

条文，解説ともに【2017年制定】示方書［施工編：施工標準］『8.3 温度制御養生』と同様の記述とした．

3.9.6.4　有害な作用に対する保護

条文，解説ともに【2017年制定】示方書［施工編：施工標準］『8.4 有害な作用に対する保護』と同様の記述とした．

参考文献

1)　土木学会コンクリート技術シリーズ122：コンクリート構造物の養生効果の定量評価と各種養生技術に関する研究小委員会（356委員会）成果報告書およびシンポジウム論文集，2018

2)　伊代田岳史：硬化コンクリートの耐久性に与える養生の定量化とその管理手法，コンクリート工学，Vol.56，No.5，pp.383-387，2018

3)　齋藤淳，福留和人，古川幸則，庄野昭：湿潤養生条件がコンクリートの細孔径分布に及ぼす影響評価手法に関する研究，土木学会論文集E2，69巻，3号，pp.270-280，2013

4)　佐藤幸惠，丸山一平，伊代田岳史，檀康弘：脱型時期の違いがコンクリートの乾燥と品質に及ぼす影響に関する実験的検討，コンクリート工学年次論文集，Vol.30，No.1，pp.531-536，2008

3.9.7　継　目

3.9.7.1　継目の位置

【2017年制定】示方書［施工編：施工標準］での『9.1 一般』を，今回の改訂で，「9.7.1 継目の位置」とした．条文，解説ともに『9.1 一般』と同様の記述とした．

3.9.7.2　打継目の計画

【2017年制定】示方書［施工編：施工標準］での『9.2 打継目』を，今回の改訂で「9.7.2 打継目の計画」とした．条文は，遵守しなければならない事項のみを記述する改訂の方針に従い，『9.2 打継目』の箇条（4）から『やむを得ず打継目を設ける場合には，打継目が耐久性に影響を及ぼさないように十分に配慮しなければならない．』を削除し，文章の一部を修正し，解説に移設した．

3.9.7.3　水平打継目

条文は，【2017年制定】示方書［施工編：施工標準］『9.2.2 水平打継目』と同様の記述とした．解説では，近年，高密度配筋の増加や，施工の合理化，工期短縮の観点から，打継処理剤が利用されるケースが増えてきていること，打継処理剤は定められた手順や条件を守って使用しなければ，期待される打継面の接着効果が得られないことを鑑み，コンクリート構造物の品質を確保する観点から「なお，打継面の処理を不要とする打継処理剤の使用にあたっては，打継部が確実に接着するように，構造物の施工条件，環境条件，供用条件等を考慮し，事前に試験や信頼できるデータを基に使用の可否を検討する必要がある．」を追記した．また，「**解説 図9.7.1** 逆打ちコンクリートの打継ぎ」を，より読み取りやすくなるように更新した．

3.9.7.4　鉛直打継目

条文は，打込みや締固めに関しての記述であった，【2017 年制定】示方書［施工編：施工標準］『9.2.3 鉛直打継目』の箇条（3）『打ち込んだコンクリートが打継面に行きわたり，打継面と密着するように打込みおよび締固めを行わなければならない.』を削除し，解説に移設した．解説（2）は，「**解説 図 9.7.4** のような凹凸状の表面形状を有するモルタルもしくはコンクリート製の埋設型枠を用いる施工方法もある.」の記述を追加するとともに，「**解説 図 9.7.4** 凹凸状表面を有する埋設型枠による打継ぎ」を新たに加えた.

3.9.7.5　床組みおよびこれと一体になった柱または壁の打継目

条文は，【2017 年制定】示方書［施工編：施工標準］『9.2.4 床組みおよびこれと一体になった柱または壁の打継目』と同様の記述とした．解説では，（1）および（2）について，より理解しやすい記述とするために，「はりまたはスラブのスパン中央付近に鉛直打継目を設けるのは，せん断力が小さく，圧縮応力が打継目に直角に働き，部材の耐力の低下が少ないからである．はりのスパンの中央部に小ばりが交わっている場合には，応力の急変部を避け，小ばりの幅の 2 倍ぐらい離したところに打継目を設けるのがよい．この場合，打継目には大きいせん断力が働くので，**解説 図 9.7.5** に示されるように，45°に傾けた引張鉄筋を用いて，打継目を補強するのがよい.」に修正した.

3.9.7.6　アーチの打継目

条文は，【2017 年制定】示方書［施工編：施工標準］『9.2.5 アーチの打継目』と同様の記述とした．解説では，より理解しやすい記述とするために，「アーチの打継目は，打継面に沿ってせん断力が作用しないように，アーチ軸に対して直角に設ける必要がある．やむを得ずアーチ軸に鉛直でない鉛直打継目を設ける場合には，活荷重の偏載荷等によるせん断力に対して補強を行った上で，打継目を設ける必要がある．アーチ軸に直角に打継目を設ける際，アーチの水平との角度，部材の厚さ，コンクリートのスランプによっては，押え型枠等が必要になる場合もある．このような箇所では，充填不良が発生しやすいことに留意する必要がある.」に修正した.

3.9.7.7　目地の位置

【2017 年制定】示方書［施工編：施工標準］『9.3.1 一般』を，今回の改訂で，「9.7.7 目地の位置」とした．内容は，条文，解説ともに『9.3.1 一般』と同様の記述とした.

3.9.7.8　伸縮目地

条文の内容は，【2017 年制定】示方書［施工編：施工標準］『9.3.2 伸縮目地』と同様の記述とした．解説は，内容は『9.3.2 伸縮目地』と同様の記述とし，「**解説 図 9.7.6** 各種伸縮目地」を，より読み取りやすくなるように更新した.

3.9.7.9　ひび割れ誘発目地

条文の内容は，【2017 年制定】示方書［施工編：施工標準］『9.3.3 ひび割れ誘発目地』と同様の記述とした．解説では，ひび割れの発生について「乾燥収縮ひずみが原因で生じるひび割れは，一度発生すると時間経過とともに，徐々に拡幅や進展することが多い.」の記述を追加した．さらに，ひび割れ誘発目地に関して「高水圧下では，水平打継目から誘発目地のひび割れに水が浸透して漏水の原因となることがあるため，ひび割れ誘発目地と打継目交差部の止水対策を実施することが重要である.」の記述を追加した.

3.10　施工環境等に応じたコンクリート工

3.10.0　改訂の概要

【2017 年制定】示方書［施工編：施工標準］の『12 章 寒中コンクリート』,『13 章 暑中コンクリート』,『14 章 マスコンクリート』を統合するとともに,［施工編：特殊コンクリート］の『7 章 海洋コンクリート』を移設し,「10 章 施工環境等に応じたコンクリート工」として再構成した．寒中コンクリート，マスコンクリート，海洋コンクリートの基本的な内容に変更はない.

暑中コンクリートは，打込み時のコンクリート温度が 35℃を超える場合の対応について，所定の品質を確保できる場合は打込み時のコンクリート温度の上限を 38℃としてよいことを条文に入れる一方，具体的な対応方法については［施工編：施工標準］から切り離して［施工編：目的別コンクリート］に新設した「7 章 35℃を超える暑中コンクリート」を参照することとした.

海洋コンクリートは,【2017 年制定】示方書までは［施工編：特殊コンクリート］に独立した章として掲載されてきたが，今回の改訂で［施工編：施工標準］に移行した．これは,［施工編：目的別コンクリート］では,［施工編：施工標準］や［施工編：検査標準］に記載される品質管理や検査のほかに，独自の品質管理や検査が必要なコンクリートを掲載する方針になり,【2017 年制定】示方書［施工編：特殊コンクリート］『7 章 海洋コンクリート』の『7.7 検査』が,『海洋コンクリート構造物においては,［施工編：検査標準］8.3 に準じて表面状態の検査を行うことを標準とする』と示されていたこと等による．改訂作業では，海洋コンクリートを独立した章あるいは節として残すのではなく，該当する［施工編：施工標準］の章の中に分割して取り込み，留意点を記載することも議論されたが，海外のコンクリートに関する指針類の多くは,「marine concrete」が章立てられていること，多くの発注機関の共通仕様書等に海洋コンクリートが章立てられていることを踏まえて，独立した節として残すこととした．また，施工標準への移設にあたって,『7.5 コンクリート表面の保護』に関する記述は，本来設計段階で考慮し設定すべき内容であることから削除した.『7.6 プレキャストコンクリート部材の設置』に関する記述は,［施工編：目的別コンクリート］「2 章 施工者が製作仕様に関与するプレキャストコンクリート」に取り込んだ.

3.10.1　一　　般

「10 章 施工環境等に応じたコンクリート工」としての再構成に伴い,「10.1 一般」を新設し，寒中コンクリート, 暑中コンクリート, マスコンクリートおよび海洋コンクリートを対象とすることを条文に明記した．解説では，コンクリートの施工が多様な条件下で行われることを説明し，ここでは上記の 4 つのコンクリートの施工について解説することを記した.

3.10.2　寒中コンクリート

3.10.2.1　一　般

【2017 年制定】示方書［施工編：施工標準］『12.1 一般』の箇条（2）『寒中コンクリートの施工にあたっては，コンクリートが凍結しないように，また，寒冷下においても所要の品質が得られるように，材料，配合，練混ぜ，運搬，打込み，養生，型枠および支保工等について，適切な処置をとらなければならない.』は，この節で具体的に記述されるべきことを曖昧に述べているだけであることから削除した．解説では,『12.1 一

般』の箇条（2）の解説の内容は，箇条（1）と統合した．

3.10.2.2　コンクリートの製造に用いる材料

【2017年制定】示方書［施工編：施工標準］『12.2 材料』の箇条（4）は，練混ぜにも関わる内容であるため，ここでは削除し，「10.2.4 製造」の箇条（2）の条文と統合した．『12.2 材料』の箇条（1）の解説の記述『寒中コンクリートにおいては，所要の圧縮強度を早期に得られる早強ポルトランドセメントもしくは普通ポルトランドセメントを使用することが望ましい．』は，設計段階において所定の品質および耐久性等が確保されるようセメントの種類が指定される場合があることから削除した．『12.2 材料』の箇条（4）の解説の内容は，「10.2.4 製造」の解説（2）に移設した．

3.10.2.3　配　合

条文は，【2017年制定】示方書［施工編：施工標準］『12.3 配合』から基本的な内容に変更はない．解説は，打上がり高さの高い構造物や部材を寒中に施工する場合，通常のコンクリートと比較してブリーディング水の量が増大する傾向にあることを追記した．施工時における過度なブリーディングはコンクリートの品質や作業性を著しく低下させることから，ブリーディングの性状を事前に確認し，必要に応じて，コンクリートの使用材料や配合を変更してブリーディングの抑制対策を講じる必要があることを解説した．

3.10.2.4　製　造

［施工編：施工標準］の章構成に合わせて，項のタイトルを『練混ぜ』から「製造」に変更した．条文は，【2017年制定】示方書［施工編：施工標準］『12.4 練混ぜ』の箇条（2）を，材料を加熱する場合は具体的に何を加熱すべきか，何が生じてはいけないのかが明確になるように修正した．解説では，箇条（2）の説明として，温度の高いセメントと水を接触させると，急結してコンクリートの品質に悪影響を及ぼすおそれがあるので，セメントを加熱することは避ける必要があることを解説した．また，【2017年制定】示方書［施工編：施工標準］『12.2 材料』の（4）の解説を移設した．

3.10.2.5　運搬および打込み

【2017年制定】示方書［施工編：施工標準］『12.5 運搬および打込み』の箇条（5）は，養生における留意点であるため，この項では削除し「10.2.6 養生」に移設した．解説では，『12.5 運搬および打込み』の箇条（3）の説明として記述されていた地盤の上にコンクリートを打ち込む場合の留意点を，「10.2.5 運搬および打込み」の箇条（4）の解説に移設した．

3.10.2.6　養　生

条文は，【2017年制定】示方書［施工編：施工標準］『12.6 養生』から基本的な内容に変更はないが，記述を整理して再構成した．『12.6 養生』の箇条（3）の『**表 12.6.1** 養生温度を5℃以上に保つのを終了するときに必要な圧縮強度の標準（N/mm²）』は解説に移設した．解説は，条文の記述の調整に伴い，整理した．これまで条文にあった『**表 12.6.1**』の解説への移設に対応し，表タイトルも『養生温度を5℃以上に保つのを終了するときに必要な圧縮強度の標準』から「初期凍害を防止するために必要となる圧縮強度の目安」に改めた．また，『**表 12.6.1**』に記載される凍結融解の頻度の条件『5℃以上の温度制御養生を行った後の次の春までに想定される凍結融解の頻度』は，湿潤養生期間との関係が不明確であり，温度制御養生の終了をもって湿潤養生も終了できるとの誤解を与える可能性があることから，「5℃以上の温度制御養生と所定の湿潤養生を行った後に想定される気象条件」に表現を改めた．さらに，今回の改訂で，箇条（3）の解説において，所定の品質を確保するためには，寒中コンクリートにおいても湿潤養生が不可欠であることを強調した．

3.10.2.7　型枠および支保工

条文，解説ともに，【2017年制定】示方書［施工編：施工標準］『12.7 型枠および支保工』と同様の記述としたが，箇条（5）およびその解説は，温度ひび割れの抑制に関する記述であったため，ここでは削除した．

3.10.3　暑中コンクリート

3.10.3.1　一　般

【2017年制定】示方書［施工編：施工標準］『13.1 一般』の箇条（2）『暑中コンクリートの施工にあたっては，高温によるコンクリートの品質の低下がないように，材料，配合，練混ぜ，運搬，打込みおよび養生等について，適切な処置をとらなければならない.』は，この節で具体的に記述されるべきことを曖昧に述べているだけであることから削除した．解説では，暑中コンクリートがコンクリートの品質に及ぼす影響について説明し，それらを考慮した対策を検討するとともに，その施工計画を立案することが重要であることを記述した．『13.1 一般』の箇条（2）の解説の内容は，箇条（1）の解説と統合した．

3.10.3.2　コンクリートの製造に用いる材料

条文は，【2017年制定】示方書［施工編：施工標準］『13.2 材料』の箇条（2）の表現を整理して「JIS A 6204に適合する減水剤，AE減水剤および流動化剤の遅延形，または，高性能AE減水剤を用いるものとする．」とした．解説では，高性能AE減水剤の効果について説明しつつ，流動性を長時間保持したり，凝結を遅延したりできる混和剤を用いることも効果的であることを解説した．

3.10.3.3　配　合

条文，解説ともに，【2017年制定】示方書［施工編：施工標準］『13.3 配合』と同様の記述とした．

3.10.3.4　製　造

［施工編：施工標準］の章構成に合わせて，項のタイトルを『練混ぜ』から「製造」に変更した．条文は，【2017年制定】示方書［施工編：施工標準］『13.4 練混ぜ』の内容をそのままに記述を見直し，「コンクリートの練上がり温度は，打込み時のコンクリート温度の上限を満足するように定めるものとする.」とした．解説は，基本的な内容に変更はないが，他節との記述の重複を整理した．

3.10.3.5　運搬および打込み

寒中コンクリートの構成に合わせて，【2017年制定】示方書［施工編：施工標準］では別の節になっていた『13.5 運搬』と『13.6 打込み』を一つの項にした．運搬に関する条文，解説は，【2017年制定】示方書［施工編：施工標準］『13.5 運搬』と同様の記述とした．

打込みに関する条文は，【2017年制定】示方書［施工編：施工標準］『7.4.2 打込み』の『**表7.4.1**』に示されていた許容打重ね時間間隔に関する記述を箇条（4）として移設し，「外気温が25℃を超える場合のコンクリートの許容打重ね時間間隔は2.0時間以内とする.」とした．また，近年の地球温暖化の影響による暑中期のコンクリート温度の上昇傾向から，打込み時のコンクリート温度の上限35℃を遵守することが難しくなりつつあることを鑑み，所定の品質を確保できることを条件に38℃まで許容することとし，箇条（5）として「打込み時のコンクリート温度の上限は，［施工編：目的別コンクリート］に基づき所定の品質を確保できる場合は38℃とし，それ以外の場合は35℃とする.」を記載した．解説では，外気温が25℃を超える場合の許容打重ね時間間隔は2.0時間以内とすることを説明するとともに，箇条（5）の解説として「［施工編：目的別コンクリート］（7章 35℃を超える暑中コンクリート）に従い，所定の品質を確保したコンクリートを用いることができれば，打込み時のコンクリート温度の上限を38℃としてよいこと」を記述した．また，上記に伴い，【2017年制定】示方書［施工編：施工標準］『13.6 打込み』の箇条（3）の解説として記述されていた，打込み時のコンクリート温度が35℃を超える場合の5項目の対応については削除した.

3.10.3.6　養　生

条文，解説ともに，【2017年制定】示方書［施工編：施工標準］『13.7 養生』と同様の記述とした.

3.10.4　マスコンクリート

3.10.4.1　一　般

条文は，【2017年制定】示方書［施工編：施工標準］『14.1 一般』の箇条（2）の後半部分『設計段階の照査条件が実際の施工条件に合致していない場合は，［設計編］を参照し，施工計画において実際の施工条件を勘案して，温度ひび割れに対する照査を再度行わなければならない.』を削除し，同様の内容を解説に移設した．解説は，基本的な内容に変更はない.

3.10.4.2　コンクリートの製造に用いる材料

条文，解説ともに，【2017年制定】示方書［施工編：施工標準］『14.2 材料』と同様の記述とした.

3.10.4.3　配　合

条文は，【2017年制定】示方書［施工編：施工標準］『14.3 配合』の『コンクリートの単位セメント量は，実際の施工条件に基づく温度ひび割れの照査時に想定したものとしなければならない.』を「コンクリートの単位セメント量は，できる限り小さくなるように定めるものとする.」とし，解説において，ワーカビリティーを確保した上で，実際の施工条件に基づき温度ひび割れを照査した際に想定した単位セメント量よりも小さくするのがよいことを追記した.

3.10.4.4　製　造

条文，解説ともに，【2017年制定】示方書［施工編：施工標準］『14.4 製造』と同様の記述とした.

3.10.4.5　打 込 み

条文，解説ともに，【2017年制定】示方書［施工編：施工標準］『14.5 打込み』と同様の記述とした.

3.10.4.6　養　生

条文，解説ともに，【2017年制定】示方書［施工編：施工標準］『14.6 養生』と同様の記述とした.

3.10.4.7　ひび割れ誘発目地

条文，解説ともに，【2017年制定】示方書［施工編：施工標準］『14.7 ひび割れ誘発目地』と同様の記述とした．

3.10.4.8　鉄筋によるひび割れ幅の抑制

節の見出しを【2017年制定】示方書［施工編：施工標準］の『14.8 鉄筋工』から「10.4.8 鉄筋によるひび割れ幅の抑制」に修正した．その他は条文，解説ともに，『14.8 鉄筋工』と同様の記述とした．

3.10.4.9　型　枠

条文，解説ともに，【2017年制定】示方書［施工編：施工標準］『14.9 型枠』と同様の記述とした．

3.10.5　海洋コンクリート

3.10.5.1　一　般

条文は，［施工編：施工標準］への移行に伴い，【2017年制定】示方書［施工編：特殊コンクリート］『7.1 一般』の箇条（1）は，主旨を変更することなく表現を改めた．また，『7.1 一般』の箇条（3）および箇条（4）は条文としては削除し，（1）の解説で記述した．

3.10.5.2　コンクリートの製造に用いる材料

条文，解説ともに，【2017年制定】示方書［施工編：特殊コンクリート］『7.2 材料』と同様の記述とした．

3.10.5.3　配　合

【2017年制定】示方書［施工編：特殊コンクリート］『7.3 配合』では，水セメント比，単位セメント量，空気量に関する3つの条文があり，解説の表として，水セメント比の最大値，最小の単位セメント量，空気量の標準値が掲載されていた．これらは，本来，設計段階で検討して設定すべき値であることから，今回の改訂では条文を見直すとともに，解説表の掲載を取りやめた．なお，これらの解説の表は，【2022年制定】示方書［設計編：付属資料］「4編 2. 海洋コンクリートの配合」に掲載されている．

3.10.5.4　施　工

【2017年制定】示方書［施工編：特殊コンクリート］『7.4 施工』の箇条（1）は，海洋コンクリートに限った内容ではなく，概念的な記述であったことから削除した．箇条（3）には海水に洗われないようにする日数を材齢5日までと記載していたが，セメントの種類によっても変化するものであることから，条文からは具体的な数字は削除し，解説に記載した．箇条（4）は主旨を変更することなく表現を改めた．解説は，『7.4 施工』の内容から主旨を変更することなく表現の見直しを行った．

3.11　高流動コンクリートを用いたコンクリート工

3.11.0　改訂の概要

高流動コンクリートは，【2017年制定】示方書までは［施工編：特殊コンクリート］に収められていたが，1997年に土木学会として指針(案)が作成されてから25年が経過し，その間に指針の改訂も行われていること，施工実績が多数蓄積されていること，近年，コンクリート構造物の施工に対する生産性向上の要望と期待が高まっていること，土木学会の示方書として実務においてより使いやすい環境を整えること等を鑑み，今回の改訂で［施工編：施工標準］に移設することとした．また，タイトルも「高流動コンクリートを用いたコンクリート工」に変更し，以下の点に基づいて見直しを行った．

・ 高流動コンクリートの自己充填性と対象構造物の構造条件の記述を再整理し，構造物の条件レベルに応じて自己充填性ランクを選定するように構成を整えた．
・ 高流動コンクリートの品質の目安の表を，自己充填性のランクごとに示すよう修正した．
・ 打込みに際して，バイブレータを補助的に使用してもよいことを追記した．

［施工編：施工標準］への移設に伴い，【2017年制定】示方書［施工編：特殊コンクリート］の『3.3 材料』，『3.5.1 工場の選定』，『3.7 品質管理』は［施工編：施工標準］に，『3.8 検査』は［施工編：検査標準］に，それぞれ内容として含まれることから，本章からは削除した．

3.11.1 一 般

【2017年制定】示方書［施工編：特殊コンクリート］『3.1 一般』の箇条（1）および箇条（2）の内容は，解説にて記述することとし，条文からは削除した．解説は，［施工編：目的別コンクリート］「3章 締固めを必要とする高流動コンクリート」が設けられたことから，本章の高流動コンクリートは自己充填性を有するものを対象とすることを明記するとともに，『3.1 一般』の『**解説 図** 3.1.1』を削除した．

3.11.2 自己充填性

【2017年制定】示方書［施工編：特殊コンクリート］の『3.2.2 自己充填性』の内容を整理し，「11.2 自己充填性」として再構成した．条文には，高流動コンクリートの自己充填性を3つのランクとすることを示し，『3.2.2 自己充填性』の箇条（5）の『**表** 3.2.1 自己充填性の各ランクを満足する特性値』の表記を見直して「**表** 11.2.1 自己充填性の各ランク」として記載した．解説には，『3.2.2 自己充填性』の（1），（4）および（5）の解説部分の表現を見直して記述した．

3.11.3 対象構造物の構造条件

【2017年制定】示方書［施工編：特殊コンクリート］の『3.2.2 自己充填性』の内容を整理し，「11.3 対象構造物の構造条件」として再構成した．条文には，高流動コンクリートの適用対象とする構造物の構造条件を3レベルとすることを示し，『3.2.2 自己充填性』の箇条（2）の記述を整理して「**表** 11.3.1 条件レベル」として示した．また，条件レベルに応じて，高流動コンクリートの自己充填性のランクを選定することを箇条（2）として記述した．解説には，『3.2.2 自己充填性』の（2）の説明を基に，内容を整理して記載した．

3.11.4 高流動コンクリートの選定

【2017年制定】示方書［施工編：特殊コンクリート］の『3.4.1 一般』を「11.4 高流動コンクリートの選定」に変更した．条文には，粉体系高流動コンクリート，併用系高流動コンクリートおよび増粘剤系高流動コンクリートの3種類の高流動コンクリートから選定することを示した．解説については，『3.4.1 一般』の内容から変更はない．

3.11.5 配合設計

【2017年制定】示方書［施工編：特殊コンクリート］の『3.4.2 配合設計』を一部見直した．条文は，内容

を変えずに，文章を若干変更した．解説は，『**解説　表 3.4.1**』～『**解説　表 3.4.3**』を自己充填性のランクごとに変更し，「**解説　表 11.5.1**」～「**解説　表 11.5.3**」として示した．また，『3.4.3　試し練り』を解説の部分に移動した．

3.11.6　製　造

【2017年制定】示方書［施工編：特殊コンクリート］の『3.5　製造』の項の内容を整理し，節として再構成した．条文は，『3.5.1 工場の選定』を箇条（１）に，『3.5.2 骨材の貯蔵』を箇条（２）に，『3.5.3 練混ぜ』を箇条（３）および箇条（４）に記載した．解説は，条文と同様に『3.5 製造』の各項の内容を記載した．

3.11.7　施　工

3.11.7.1　一　般

条文，解説ともに，【2017年制定】示方書［施工編：特殊コンクリート］『3.6.1　一般』と同様の記述とした．

3.11.7.2　運　搬

【2017年制定】示方書［施工編：特殊コンクリート］の『3.6.2　運搬および打込み』の一部を「11.7.2　運搬」として記載した．条文，解説ともに，『3.6.2　運搬および打込み』の（１），（２）と同様の記述とした．

3.11.7.3　打込み

【2017年制定】示方書［施工編：特殊コンクリート］の『3.6.2　運搬および打込み』の一部を「11.7.3　打込み」として記載した．条文，解説ともに，『3.6.2　運搬および打込み』の（３）～（５）と同様の記述とした．

3.11.7.4　仕上げおよび養生

【2017年制定】示方書［施工編：特殊コンクリート］の『3.6.3 仕上げおよび養生』を「11.7.4 仕上げおよび養生」として記載した．『3.6.3　仕上げおよび養生』では，条文と解説の記述が重複していたため，条文を高流動コンクリートの特性を考慮して仕上げおよび養生を行うという記述に改めた．解説は，『3.6.3　仕上げおよび養生』の（１），（２）と同様の記述とした．

3.11.7.5　打継目

【2017年制定】示方書［施工編：特殊コンクリート］の『3.6.4 打継目』を「11.7.5 打継目」として記載した．『3.6.4　打継目』の条文では，打継面の処理を簡略化できることのみが記述されていたが，高流動コンクリートであっても打継面の処理を行うことが基本であるため，条文の記述を「高流動コンクリートを打ち継ぐ場合には，あらかじめ打継面の処理を行うものとする.」に改めた．解説は，『3.6.4 打継目』と同様の記述とした．

3.11.7.6　型　枠

【2017年制定】示方書［施工編：特殊コンクリート］の『3.6.5 型枠』を「11.7.6 型枠」として記載した．条文は，『3.6.5　型枠』の箇条（１）および箇条（２）を1つの文章にまとめて記述し，箇条（３）は特定の状況（表面に残存気泡が多い場合）への対応であることから，条文からは削除した．解説は，『3.6.5　型枠』の（１）～（３）と同様の記述とした．

3.11.8　今後の課題

今回の改訂では，一般的なコンクリート工事への適用を促すことを目的として，［施工編：施工標準］にこの「11 章　高流動コンクリートを用いたコンクリート工」が加えられたが，【2017 年制定】示方書［施工編：特殊コンクリート］に記載されていた高流動コンクリートを［施工編：施工標準］に移設したというレベルに留まっている．自己充填性を有する高流動コンクリートが，より一般的に使用されるようになるためには，さらなる［施工編：施工標準］の各章との融合が必要であると考えられる．また，CL161「締固めを必要とする高流動コンクリートの配合設計・施工指針（案）」が発刊されたことを受け，今回の改訂では［施工編：目的別コンクリート］に「3 章 締固めを必要とする高流動コンクリート」が新設された．これにより，ダム工事や舗装工事等の特殊なものを除けば，従来から［施工編：施工標準］で取り扱われている，変形性をスランプで評価する一般的なコンクリートと合わせて，コンクリート工事で用いられる 3 種類のコンクリートの全てが示方書［施工編］でカバーされることとなった．しかし，現状ではそれらの使い分けの方法や，フレッシュコンクリートの性状や品質に関する体系的な整理は十分に行われていない．将来的に，これらが［施工編：施工標準］の中でシームレスに記述され，品質が確保されることを前提に，コンクリート工事の生産性向上に寄与するために適切に選択されることが可能になるよう，今後一層の整理が望まれる．

3.12　プレキャストコンクリート工

3.12.0　新設の経緯と目的

「12 章 プレキャストコンクリート工」は，今回の改訂で新設した章であり，【2023 年制定】示方書［施工編：施工標準］「6.4 プレキャストコンクリート製品」に示した JIS 認証品（以下，製品）を用いた施工を対象としている．なお，製品の受入れまでの行為は 6.4 節に記載し，12 章では，施工者が受け入れた製品を用いて，現場内で保管，運搬，設置および組立，接合等の一連の作業を行う際の，施工上の留意事項および標準を取りまとめた．なお，6.4 節で対象とする製品とは，プレキャストコンクリート工場で製造される JIS 認証品であり，安全な施工を実施する上で，製品の支持方法や吊上げ方法等は，生産者の定めた方法で行うことが基本となるものである．

「12 章 プレキャストコンクリート工」の構成は，次のとおりとした．

12.1　一　　般
12.2　保　　管
12.3　現場内運搬
12.4　設置および組立
12.5　接　　合

3.12.1　一　　般

「12.1 一般」では，主に，製品を用いた施工計画の立案に際して，現場での作業工程と工場での製造工程について十分に協議しておくことが重要であり，製品の運搬や設置に関する制約を考慮する必要があること，また生産者が定めている製品の支持方法や吊上げ方法等を確認しておく必要があることを記載した．また，施工途中では，組立・接合作業が段階的に進むため，製品に生じる応力状態が変化することを考慮して，施工の順序や方法を定めることが大切であること，接合部については JIS に定められる推奨仕様および設計図書に定められた方法に従い，施工する必要があることを解説した．

3.12.2　保　　管

「12.2 保管」では，現場で受入れ後の製品の保管に関する留意事項を中心に解説した．例えば，保管時は，生産者が製品の設計で定めた支持位置で支持する必要があること，製品を積み重ねて保管する場合，**図 3.12.1** に示すように，設計で想定しない曲げモーメントやせん断力が製品に生じないよう，各段の支持材の位置を揃える等の対策が必要であることを記載した．また，保管場所の面積，製品の配置および向きは，現場作業の効率性や安全に影響するため，製品の形状，寸法，重量，数量，積重ねの可否，揚重機等の設備および設置工程を考慮して計画することを解説した．

図 3.12.1　プレキャストコンクリート製品の保管状況の例

3.12.3　現場内運搬

「12.3 現場内運搬」では，受け入れた製品を現場内で運搬する際に，運搬車両の選定や運搬経路の設定，製品の運搬車両への荷役方法，車両への製品の積込みおよび荷卸しに使用する揚重機の選定や，地耐力の確認等に関する留意事項を解説した．

3.12.4　設置および組立

「12.4 設置および組立」では，設計図書に示される構造物の出来形の精度を確保できるよう，製品の設置および組立を行う箇所の位置，傾き，高さ等を測量等により正確に把握し，さらに，製品ごとに，平面的な位置，傾き，高さ等に対する管理基準を設定しておくことの重要性を解説した．特に，**図 3.12.2** に示すように，複数のプレキャストコンクリート製品の設置または組立を行う場合，各製品の設置または組立の精度が他の製品の設置または組立の精度に影響を与えるため，施工中の出来形の管理基準は，構造物の形式や，設置または組立の順序等を考慮して定めることを解説した．また，それらの精度は，次工程の接合が終了するまで確実に維持される必要があるため，設置後に転倒しやすい製品は，接合が完全に完了するまで，地盤の不同沈下や地震，暴風雨，その他の不慮の荷重によって倒れないように転倒防止の処置を行う場合があることも補足した．

図 3.12.2　プレキャストコンクリート製品の設置および組立状況の例

3.12.5　接　　合

「12.5 接合」では，接合部の施工は，構造物の安全性，使用性および耐久性に影響を及ぼすため，設計図書に示される方法に従うことを条文に示した．また，解説では，PC鋼材の緊張による接合方法の代表的なものとして，差込み方式，接合キー方式を，その他の接合方法として，ほぞ継ぎ構造による接合，ボルト式接合，モルタル接合およびループ継手と場所打ちコンクリートを用いた接合を取り上げ，それぞれの留意事項を示した．**図3.12.3**に，PC鋼材の緊張による接合方法，床版等の接合で使用されることの多いループ継手と場所打ちコンクリートの併用による接合方法を示す．

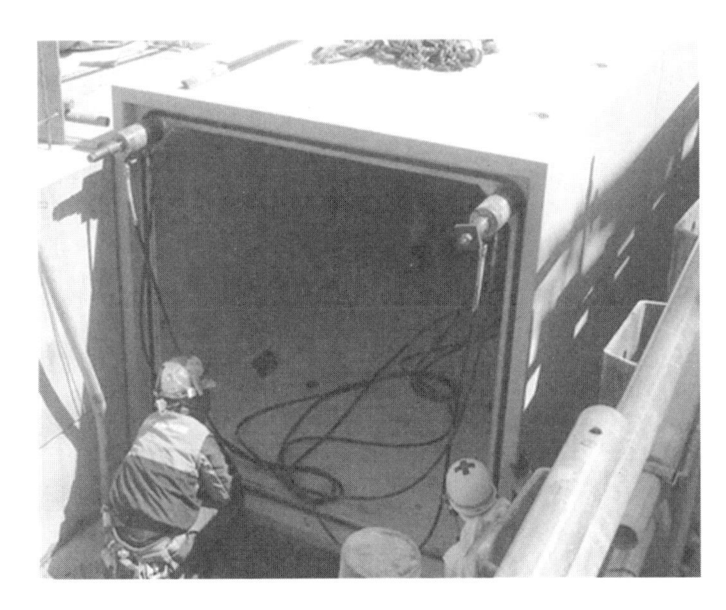

図 3.12.3　プレキャストコンクリート製品の接合方法の例
（左：PC 鋼材の緊張による接合方法，右：ループ継手と場所打ちコンクリートの併用による接合方法）

3.13　品質管理

3.13.0　改訂の概要

品質管理の改訂では，［施工編：検査標準］の項目と対になることを考慮し，施工者がコンクリートの品質確保のために，施工の各段階で実施すべき項目を詳述した．また，**表 3.13.1** の施工標準と品質管理の目次構成に示すように，施工標準の各章とも対をなすように，「13.2 品質管理計画」，「13.8 プレキャストコンクリート工」，「13.9 出来形，かぶり，表面状態」，「13.10 品質管理の記録」を新しく節として立て，詳述するように改訂した．

なお，今回の改訂において「検査」の形態は，「施工者の品質管理記録を発注者が検査」する場合と「発注者が構造物や部材を直接検査」する場合を明確にした．【2017 年制定】示方書［施工編：検査標準］においては，検査の形態は，『**解説 表 2.1.1**』で「直接」と「確認」の 2 つに定義されていたが，「確認」とは，『施工者が行った検査結果の確認でもよい』と説明され，実施主体と責任があいまいな表現となっていた．今回の改訂により，施工者が品質管理として行う工程検査の結果を確認する場合と，発注者が直接実施する検査が明確になるようにした．

また，今回の改訂において，使用する材料を「現場プラントで製造するコンクリート」と「製品として購入する材料」（鉄筋等の補強材，レディーミクストコンクリート，プレキャストコンクリート製品を含む）に大きく分類し，その品質管理の違いを明確にした．例えば，現場プラントで製造するコンクリートの場合，施工者が品質管理について責任を負い，品質管理計画に基づいて，製造設備の点検，維持管理を行い，材料の購入，受入れ検査，工程の管理等を行う必要がある．一方，レディーミクストコンクリート等の製品として購入する材料については，施工者は要求する品質を生産者に明示し，要求した品質の製品を受け入れることが基本であり，JIS 認証品であれば生産者の試験成績表によって品質を確認し，要求した製品が納入されていることを受入れ検査で確認すればよいこととなる．これは，鋼材等に適用されていた品質管理の方法と同じ考え方である．

表 3.13.1　施工標準と品質管理との目次構成の比較

施工標準	13 章 品質管理
［施工標準］	13 章 品質管理
1 章 総　　則	13.1 一般
2 章 施工計画	13.2 品質管理計画（新設）
3 章 コンクリートの製造に用いる材料	13.3 現場プラントで製造するコンクリート
4 章 コンクリートの配合	13.3.1 一　　般
5 章 コンクリートの製造	13.3.2 コンクリートの製造設備
	13.3.3 コンクリートの製造に用いる材料
	13.3.4 工程管理（新設）
	13.3.5 工程検査（新設）
6 章 構造物に用いる製品	13.4 製品として購入する材料（新設）
6.4.1 一　　般	13.4.1 一　　般（新設）
6.4.2 鉄筋等の補強材	13.4.2 鉄筋等の補強材（新設）
6.4.3 レディーミクストコンクリート	13.4.3 レディーミクストコンクリート
6.4.4 プレキャストコンクリート製品	13.4.4 プレキャストコンクリート製品（新設）
7 章 鉄 筋 工	13.5 鉄筋等の補強材の加工および組立
8 章 型枠および支保工	13.6 型枠および支保工
9 章 コンクリート工	13.7 コンクリート工
12 章 プレキャストコンクリート工	13.8 プレキャストコンクリート工（新設）
	13.9 出来形，かぶり，表面状態（新設）
14 章　施工の記録	13.10 品質管理の記録（新設）

3.13.1　一　般

【2017年制定】示方書［施工編：施工標準］『15章 品質管理』の『15.1 一般』において，『(1) 所要の品質を有するコンクリート構造物を経済的に造るため，施工の各段階において品質管理を適切に行わなければならない』とあった．土木構造物を経済的に造ることは当然であるが，構造物を経済的に造ることは品質管理の目的とはならない，品質管理の節において経済性について記載する必要性は小さい等の議論を踏まえ，今回の改訂では『経済的に造る』の部分を削除した．また，『15.1 一般』において，『(2) 品質管理は，施工者の自主的な活動であり，施工者自らがその効果が期待できる方法を計画し，適切に行わなければならない』とあったが，施工者の自主的な活動のみならず，発注者が品質管理の記録を確認することが検査となることもある．そのため，箇条（2）を削除するとともに，解説において品質管理の結果を記録する必要があることを示した．さらに，『15.1 一般』の（3）の品質管理の記録については，新設された「13.10 品質管理の記録」に移設した．

3.13.2　品質管理計画

今回の改訂で「13.2 品質管理計画」を新設し，「施工者は，要求される品質のコンクリート構造物を構築するために，設計図書および発注者の定める検査方法に基づき，施工の各段階において適切な品質管理を行うための品質管理計画を立てる」とした．品質管理は，工事の発注者の実施する検査に合格するために，施工者が自主的に実施する活動である．品質管理の実施が品質に与える影響は大きく，適切に実施していることが重要であり，その内容については，施工者に委ねられるべきである．「品質管理は，工程管理，工程検査，品質改善の3つの取り組みを通じた管理」であり，工程管理と工程検査については，関係者で合意されているルールの下，最低限のことは実施する必要がある．なお，ISOにおいては，ルールづくり（Plan），ルールどおりの実施（Do），ルールが守られているかの確認（Check），そして，ルールの改善（Action）が前提であり，ISO 9001のPlanには，組織の状況（あるべき姿の明確化），リーダーシップ（組織の役割，責任および権限の明確化），計画（目標を達成するための計画の立案）とあり，品質管理に携わる組織の明確化が必要である．

3.13.3　現場プラントで製造するコンクリート

3.13.3.1　一　般

一般に，レディーミクストコンクリート工場では，不適合製品が発生しないよう原材料の受入検査，製造設備管理，試験設備管理，工程検査，製品検査等の管理規定をJIS A 5308およびJIS Q 1011の要求事項に沿って充実させ，管理にあたっている．これを不適合管理と称し，現場プラントで製造するコンクリートにおいても上記と同様に品質管理を行う必要があり，不適合管理を不適合製品の管理に限定せず，製造設備のトラブル，潜在的不適合の検出等も含めて考えるべきである．

不適合管理とは，是正処置，予防処置，不適合品の管理等から構成される．是正処置で重要な点は，製造工程の全ての段階において発生した不適合や不具合（監査の指摘事項を含む）について，必要な是正処置を実施する手順を文書化し，実施することである．不適合の発生を確認した者は，応急的な対応をとるとともに品質管理責任者へ報告し，品質管理責任者は，原因調査，影響範囲の調査，是正処置，有効性の評価，報告，記録までを迅速かつ適切に行い，同様の不適合の発生を防止する必要がある．

予防処置では，製造工程の全ての段階において発生が予想される不適合について，必要な予防処置を実施する手順を文書化し，実施することが重要となる．潜在的不適合は，生産活動における各種データの統計的手法，製造および試験設備の日常点検，気象情報等あらゆる情報に基づいて検出することができる．また，全国生コンクリート工業組合では，過去の不適合についてデータベースを作成している．これらを参考にして，原因排除のための予防処置を行って，不適合が生じることのないようにすることが重要である．

不適合品の管理では，要求品質を満たさない不適合品が発生した場合，その不適合品が不注意に使用されることを防ぐために，不適合品の処置に関連する責任・権限および処置方法について文書化し，実施していることが重要となる．不適合製品管理基準を設け，各担当者に出荷停止や荷卸しの中断の権限を与えることが重要である．

3.13.3.2　コンクリートの製造設備

コンクリートを製造するにあたり，施工者がコンクリートの品質を確保するのに必要な設備に対する管理項目の具体を追記した．

3.13.3.3　コンクリートの製造に用いる材料

コンクリートを製造するにあたり，施工者がコンクリートの品質を確保するのに必要な材料に対する管理項目の具体を追記した．まず「施工者は，コンクリートの製造に先立ち，材料に要求する品質，品質の検査項目，試験方法，試験の頻度または時期，合格判定基準値を定め，不適合の発生を想定し，その対策を立てる」こととし，生産者に要求する品質の明確化，生産者に求めた材料が納入されていることの全数確認，および品質が指定どおりであることの確認が必要であることを示した．さらに，材料ごとに具体的な受入れ検査の項目と頻度の例として，「砕石，砕砂，砂利，砂」，「高炉スラグ骨材，フェロニッケルスラグ骨材」，「銅スラグ細骨材，電気炉酸化スラグ骨材」，「人工軽量骨材，コンクリート用再生骨材 H」について示した．

3.13.3.4　工程管理

工程能力図とは，シューハート管理図に代表されるように，横軸には製造順を，縦軸には，個々の測定値等をプロットし，規格値に対する品質特性値のばらつきを上方管理限界値 UCL と下方管理限界値 LCL を設け，その範囲内にあるか否かで管理するものである．ここで，ある工程が作り出す製品の品質特性の分布が正規分布の場合，UCL と LCL は平均値±3σ で表すことが多い．工程能力図のうち，コンクリートの品質管理においては，$X-R_s$ 管理図と $\bar{X}-R$ 管理図が有効であり，これらを用いて工程が安定していることを確認する必要がある．使い分けとしては，$X-R_s$ 管理図で工程管理を行い，$\bar{X}-R$ 管理図で季節配合の切替えのタイミングなどを確認するとよい．

図 3.13.1 に圧縮強度の $X-R_s$ 管理図のデータシート，**図 3.13.2** に圧縮強度の $X-R_s$ 管理図の一例を示す．$X-R_s$ 管理図のデータシートには，測定値（供試体 1 本の結果），3 つの測定値を平均した試験値および移動範囲（直近の検査ロットのおける連続する 2 つの試験値の差の絶対値）とその平均が示される．繰り返しの製造の始まりにおいては，データのまとまりを小さくし，管理限界値を見直していく．そのデータ数に関する方式は，5+3+5+7+10+10 方式，5+5+10+10 方式等があり，前者の場合，5 個のデータで次の 3 つのロットを管理し，続いて 3+5 の 8 個のデータで次の 5 つのロットを管理する．5+3+5+7 までの 20 個のデータで次の 10 個のロットを管理し，以降，最近の 20 個のデータを用いて次の 10 個のロットを管理していく方式である．具体的にはデータシートに示すように，番号 5 までのデータが揃った段階では，$\bar{X}$＝27.4 N/mm^2，$\overline{R_s}$＝5.25 N/mm^2 となり，式（解 13.3.1），式（解 13.3.2）に従って，上方管理限界線 UCL=27.4+2.660×5.25＝41.4 N/mm^2，下方管理限界線 LCL=27.4+2.660×(－5.25)＝13.4 N/mm^2 となる．このように管理限界値を番号 8，13，20，・・・の時点で更新し，次の工程を管理していく．

X-Rs管理図データシート

名 称		コンクリート	期 間	自	令和　5年　1月　10日
品質特性	圧縮強度	測定単位 N/mm^2		至	令和　5年　2月　6日
規格限界 最大		試料 大きさ	1回　3　試料	受注者	
規格限界 最小				現場代理人	

測点又は月日	番号	測定値 a	測定値 b	測定値 c	計 Σ	試験値 X	移動範囲 Rs	n=2	n=3	n=4	項 目	x	Rs	
2023/1/10	1	24.7	23.5	25.3	73.5	24.5					UCL=	41.4	17.2	
2023/1/11	2	25.4	23.5	24.0	72.9	24.3	0.2				LCL=	13.4		
2023/1/12	3	28.1	30.0	29.2	87.3	29.1	4.8				平 均	27.4	5.25	
2023/1/13	4	34.7	34.2	35.1	104.0	34.7	5.6				箇 所	5	4	
2023/1/16	5	23.5	24.2	25.2	72.9	24.3	10.4				小 計	136.9	21.00	
											UCL=	37.6	12.1	
2023/1/17	6	29.0	27.7	26.8	83.5	27.8	3.5				LCL=	18.0		
2023/1/18	7	29.2	27.1	28.1	84.4	28.1	0.3				平 均	27.8	3.70	
2023/1/19	8	28.5	29.9	29.3	87.7	29.2	1.1				箇 所	8	7	
											累計	222.0	25.90	
2023/1/20	9	36.1	34.8	34.0	104.9	35.0	5.8							
2023/1/23	10	30.0	29.1	29.4	88.5	29.5	5.5				UCL=	39.0	12.7	
2023/1/24	11	27.1	26.3	27.6	81.0	27.0	2.5				LCL=	18.4		
2023/1/25	12	32.2	29.7	31.2	93.1	31.0	4.0				平 均	28.7	3.88	
2023/1/26	13	26.9	27.6	30.2	84.7	28.2	2.8				箇 所	13	12	
											累計	372.7	46.50	
2023/1/27	14	31.9	31.5	31.9	95.3	31.8	3.6							
2023/1/30	15	27.0	24.9	28.4	80.3	26.8	5.0							
2023/1/31	16	26.8	25.3	29.3	81.4	27.1	0.3							
2023/2/1	17	31.2	27.3	28.1	86.6	28.9	1.8				UCL=	37.0	10.4	
2023/2/2	18	27.9	23.9	28.9	80.7	26.9	2.0				LCL=	20.0		
2023/2/3	19	28.5	26.6	27.6	82.7	27.6	0.7				平 均	28.5	3.19	
2023/2/6	20	26.4	28.5	30.0	84.9	28.3	0.7				箇 所	20	19	
											累計	570.1	60.60	

記事

X : U・LCL=X±E2*$\overline{\mathrm{Rs}}$

Rs : UCL=D4*$\overline{\mathrm{Rs}}$

n	D4	E2
2	3.267	2.660
3	2.575	1.772
4	2.282	1.457
5	2.115	1.290

[注]　1. 品質特性，測定単位は施工管理基準により記入する.

2. 規格限界，設計基準値は施工管理基準，設計図書，仕様書に定められた値を記入する.

3. 管理限界線の引直しは5+3+5+7+10+10方式による.

(備考)　—— 管理限界線計算のためのデータの区間を示す.

---- 上記の管理限界を適用する区間を示す.

4. 以下，接近の20個（平均値Xを1個とする）のデータを用い，次の10個に対する管理限界とする.

図 3.13.1　圧縮強度の$X-R_s$管理図のデータシートの例

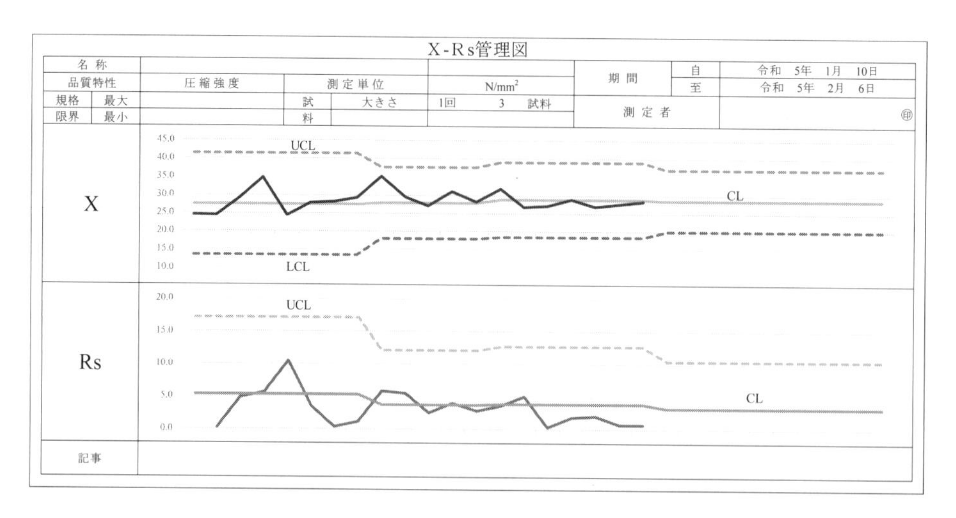

図 3.13.2　圧縮強度の$X - R_s$管理図の例

$X - R_s$管理図では，$\bar{X}$：測定値の平均値，X：個々の測定値，R_s：移動範囲（連続する 2 つの試験値の差の絶対値）を用いる．X 管理図では，管理図上の試験値の系統的なパターンは，管理限界の外側に即座に現れるほど十分に大きくはなく，**図 3.13.3** に示すパターンを確認した場合は，原因を調査し，是正を行う．

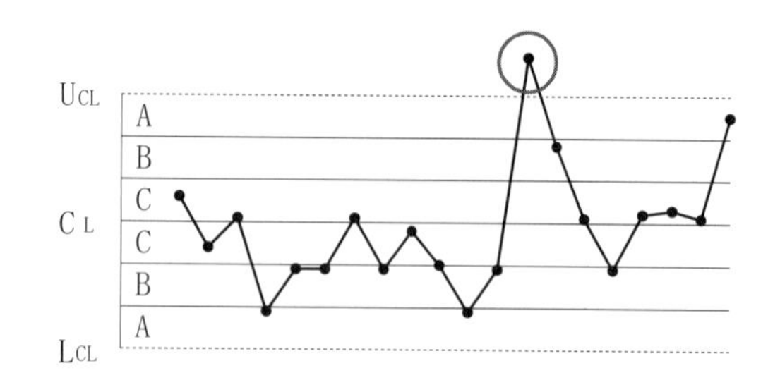

ルール 1：一つ又は複数の点がゾーン A を超えたところ（管理限界の外側）にある

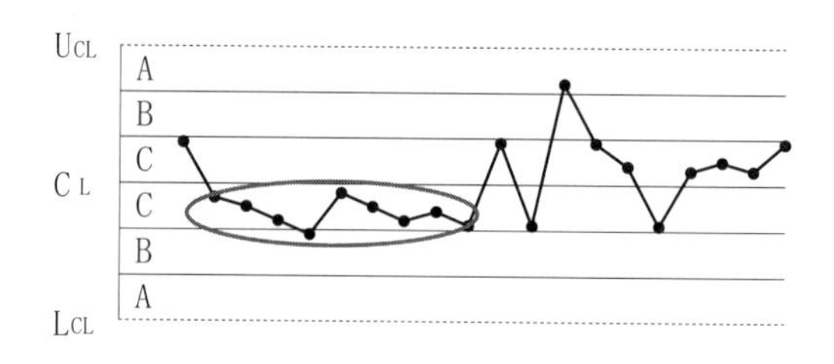

ルール 2：連－中心線の片側の七つ以上の連続する点

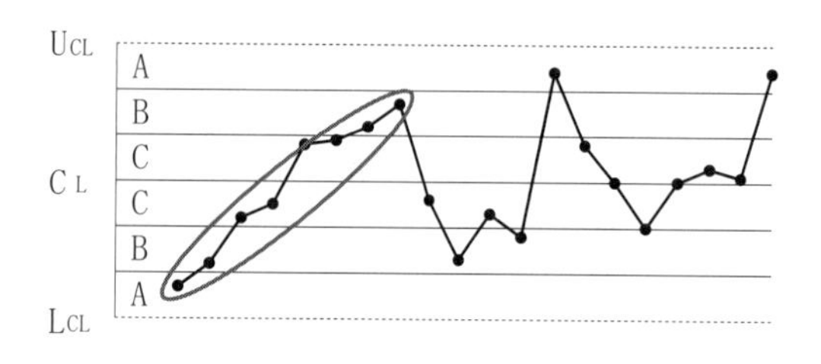

UCL A B C CL C B A LCL

ルール 3：トレンド－全体的に増加または減少する連続する七つの点

ルール 4：明らかに不規則ではないパターン

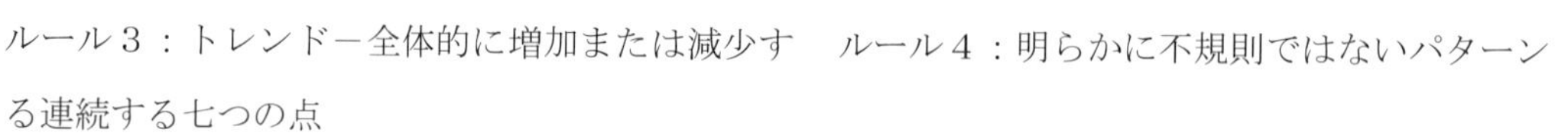

図 3.13.3　JIS Z 9020-2 の本文に規定された異常判定ルールの例（JIS Z 9020-2：図３転載）

$\bar{X} - R$管理図では，$\bar{X}$：製造ロットの平均値，R：製造ロットの試験値の範囲（製造ロットにおける最大値と最小値の差分）を用いる．$\bar{X}$管理図は，製造ロットの平均値をプロットし，製造ロットの平均値を中心線に設定し，1 ロットの試験数が 3 回の場合，上方管理限界線 $UCL = \bar{\bar{X}} + 1.023\bar{R}$ および下方管理限界線 $LCL = \bar{\bar{X}} - 1.023\bar{R}$ で構成される．R 管理図は，製造順の製造ロットにおける試験値の範囲をプロットし，上方管理限界線$UCL = 2.575\bar{R}$で構成される．

図 3.13.4 に$\bar{X}-R$管理図のデータシート，**図 3.13.5** に$\bar{X}-R$管理図の一例を示す．$\bar{X}-R$管理図のデータシートには，試験値（3 本の供試体の測定値の平均値），3 回の試験値の平均値とする製造ロットの平均値および試験値の範囲が示される．データシートに示すように，10 個の製造ロットのデータが揃った段階では，$\bar{X}$は 28.9N/mm^2，$\bar{R}$は 4.24N/mm^2 となり，式（解 13.3.4），式（解 13.3.5）に従って，上方管理限界線は，33.2N/mm^2（＝28.9＋1.023×4.24），下方管理限界線 *LCL* は，24.6N/mm^2（28.9－1.023×4.24）となる．シューハート管理図については，JIS Z 9020-2 を参考にするとよい．

工程能力指数は，定められた規格限度で製品を生産できる能力を示す指標で，一般に工程能力指数 Cp は Cp＝公差の幅÷6σ で表される．ここで公差の幅とは，上限規格値と下限規格値との幅を指すものの，コンクリート強度の場合は，上限規格値がないためそのまま利用できない．そこで，Cp は Cp＝（平均値－下限規格値）÷3σ として利用される．工程能力指数は，一般的に 1.33 以上の場合，「工程能力は十分にあり，工程管理の簡素化が可能」，1.00 以上 1.33 未満の場合「工程能力はあるが十分とはいえない」，1.00 未満の場合，「工程能力が不足していて，工程の改善が必要」と判断される．工程能力指数が 1.33 を大きく下回ると，製造工程において何らかの変化が生じていることを表しており，その原因を調査するとともに，配合の修正等を検討する必要がある．

発注者は，種々の条件下で打ち込まれたコンクリートが全体的に品質の偏りがなく，かつ各部が所定の品質を有していることを検査する必要がある．そのためには，工事中に打ち込まれたコンクリート全体を単に一つのロットとして検査するのではなく，品質の変動要因も考慮して，任意の部分を一つの施工ロットとして設定し，施工ロットごとに検査を行う必要がある．なお，施工の 1 ロットは，施工計画時に施工者が定めた範囲とするとよい．

これに対して，施工者の行う工程検査は製造ロットごとに行い，発注者の行う検査で合格している場合であっても，工程検査に合格しない場合は，自主的に合格と判定されない製造ロットのコンクリートに対して，発注者と相談した上で処置を行う必要がある．製造の大きさは，示方書［施工編］では，JIS A 5308 の製品ロットにならい，3 回の試験で構成することとしている．1 回の試験は，20～150m^3 に 1 回を想定しているが，試験の頻度，すなわち，1 回の試験が代表するコンクリートの量は，当事者間である発注者と施工者の協議により決定するとよい．従来のコンクリート工事の例によれば，コンクリートの品質は，バッチごとあるいは施工した日ごとに変動するだけでなく，長期間にわたる工事では，季節による変動も認められている．1 回の試験が代表するコンクリートの量が多すぎる場合，良い品質のコンクリートが含まれていても合格と判定されないと良いコンクリートが無駄になり，逆に悪い品質のコンクリートが含まれていても合格と判定されると悪い品質のコンクリートが施工に用いられることになる．一方，1 回の試験が代表するコンクリートの量が少なすぎる場合は，試験の回数が多くなり検査に多大な経費を要することになる．製造ロットにおいて 1 回の試験が代表するコンクリートの量は，これらのことを考慮して決める必要がある．

工程検査や工程管理は，製造ロットにおいて代表する試料の品質は確認できるが，ごく一部に強度の著しく小さいコンクリートや異なる品質のコンクリートが混合しても，これを検出することは困難である．そのため，コンクリートの製造設備として自動計量記録装置（印字記録装置）を設置することが望ましく，この記録値を確認する方法であれば全バッチのコンクリートの計量値を検査することにより，全体的なコンクリートの品質を検査することが可能となる．

検査ロットの大きさは，工程検査が十分な精度で行われるために必要な数の試験値が得られる大きさが必要である．示方書［施工編］では，10 回の製造ロット，すなわち，30 回の試験で構成するとしている．

$\bar{X}$ -R管理図データシート

名 称			コンクリート	期 間	自	令和 5年 1月 10日
品質特性	圧縮強度	測 定 単 位	N/mm^2		至	令和 5年 4月 6日
規格 最大		試料	大きさ	3 回	受注者	
限界 最小					現場代理人	

測点又は月日	ロット番号	試験値 X1	X2	X3	計 Σ	平均 $\bar{X}$		製造ロットにおける試験値の範囲R n=2	n=3	n=4	項 目	X		R
1/10-1/12	1	24.5	24.3	29.1	77.9	26.0			4.8					
1/13-1/17	2	34.7	24.3	27.8	86.8	28.9			10.4					
1/18-1/20	3	28.1	29.2	35.0	92.3	30.8			6.9					
1/23-1/25	4	29.5	27.0	31.0	87.5	29.2			4.0					
1/26-1/30	5	28.2	31.8	26.8	86.8	28.9			5.0					
1/31-2/2	6	27.1	28.9	26.9	82.9	27.6			2.0					
2/3-2/7	7	27.6	28.3	28.1	84.0	28.0			0.7		UCL=	33.2		10.92
2/8-2/10	8	28.5	29.9	29.3	87.7	29.2			1.4		LCL=	24.6		
2/13-2/15	9	34.1	27.8	30.5	92.4	30.8			6.3		平 均	28.9	$\bar{R}$ =	4.24
2/16-2/20	10	30.0	29.1	29.4	88.5	29.5			0.9		箇 所	10		10
											小 計	288.9		42.40
2/21-2/24	11	31.3	30.0	28.9	90.2	30.1			2.4					
2/27-3/1	12	32.2	29.7	31.2	93.1	31.0			2.5		UCL=	34.2		10.09
3/2-3/6	13	34.2	33.3	30.2	97.7	32.6			4.0		LCL=	26.1		
3/7-3/9	14	31.9	30.5	29.9	92.3	30.8			2.0		平 均	30.2	$\bar{R}$ =	3.92
3/10-3/14	15	33.1	35.1	30.4	98.6	32.9			4.7		箇 所	20		20
3/15-3/17	16	33.9	29.9	29.3	93.1	31.0			4.6		小 計	603.2		78.40
3/20-3/24	17	31.2	32.8	35.1	99.1	33.0			3.9					
3/27-3/29	18	30.6	31.7	28.9	91.2	30.4			2.8					
3/30-4/3	19	30.1	33.8	31.1	95.0	31.7			3.7					
4/4-4/6	20	33.9	28.5	30.0	92.4	30.8			5.4					

記事

$\bar{X}$: U・LCL= $\bar{\bar{X}} \pm A2^* \bar{R}$

R : UCL=D4*$\bar{R}$

n	D4	A2
2	3.267	1.881
3	2.575	1.023
4	2.282	0.729
5	2.115	0.577

[注] 1. 品質特性，測定単位は施工管理基準により記入する．
2. 規格限界，設計基準値は施工管理基準，設計図書，仕様書に定められた値を記入する．

(備考) —— 管理限界線計算のためのデータの区間を示す．
---- 上記の管理限界を適用する区間を示す．

図 3.13.4 圧縮強度の$\bar{X}$ − R管理図のデータシートの例

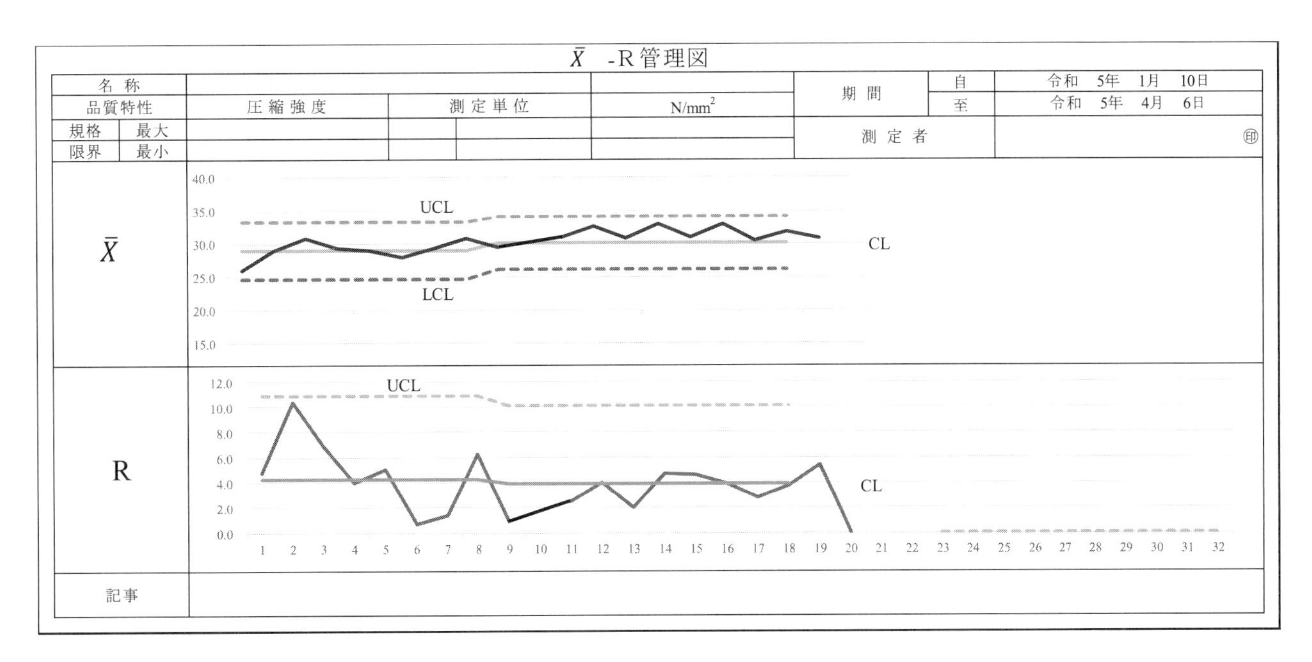

図 3.13.5　圧縮強度の$\bar{X}-R$管理図の例

3.13.3.5　工程検査

「13.3.5 工程検査」に示した，式（解 13.3.8）～（解 13.3.11）の解説については，この改訂資料「8 章 現場プラントで製造するコンクリートの圧縮強度の目標値，品質管理および検査」の「8.4 検査」に計算例を示したので参考されたい．

3.13.4　製品として購入する材料

「13.4 製品として購入する材料」は新設された章であり，「13.4.1 一般」（新設），「13.4.2 鉄筋等の補強材」（新設），「13.4.3 レディーミクストコンクリート」および「13.4.4 プレキャストコンクリート製品」からなる．レディーミクストコンクリートについては，【2017年制定】示方書［施工編：施工標準］『15.4 レディーミクストコンクリート受入れ時の品質管理』として記載されていたが，今回の改訂では製品として購入する材料として取り扱うこととした．

3.13.4.1　一　般

施工者が製品を購入する際には，要求する品質を生産者に示し，要求したとおりの品質の材料を受け入れる．その品質を満足していることを目視と納入伝票等で受入れ時に確認すること，もしくは検査方法を定めて確認することを明記した．この考え方は，性能照査型の示方書の考え方に基づくものであり，構造物に要求する性能を示して，要求したとおりの性能の構造物であることを確認して受け入れる一連の流れと同じである．

3.13.4.2　鉄筋等の補強材

施工者は，鉄筋等の補強材の購入において，要求する品質を生産者に明示し，受入れ検査で入荷したすべての補強材が品質を満足していることを確認し，品質管理記録を作成する．JIS や土木学会規準に適合する補強材の受入れ検査では，生産者に求めた種類の補強材の結束した束の表示により指定した銘柄，種類であることを，目視により全数確認し，その化学成分および機械的性質を試験成績表（ミルシート）により品質を確認する．JIS や土木学会規準のない補強材を受け入れる際には，施工前にあらかじめ発注者と規格を設定し，入荷した補強材の品質が設定した規格に適合していることを，生産者の試験成績表で確認する．なお，生産者より試験成績表が提出されない場合，施工者は自ら試験を行い，品質を確認する必要がある．

試験成績表（ミルシート）とは，補強材の品質を保証する書類であり，使用する補強材が設計上の要求値を満たしているかを判断する材料となる．試験成績表（ミルシート）に記載される内容は，大きく分けて一般項目と製造実績値の 2 つがある．一般項目には，最終需要者や商社，注文者，紹介番号，証明書番号，工事番号，契約番号等が記載され，製造実績値には，寸法，員数，質量，化学成分，引張試験値，めっき量（表面処理されている場合），降伏点または耐力，伸び等が規格値と対比する表形式で記載されている．

3. 13. 4. 3　レディーミクストコンクリート

施工者は，JIS 認証品を購入する際，コンクリートの種類，呼び強度，スランプ（またはスランプフロー），粗骨材の最大寸法，セメントの種類を生産者に示す．その際，設計図書を確認し，圧縮強度および耐久性に関する特性値や，セメントの種類，骨材の種類，最大水セメント比，単位水量の上限値，単位セメント量の上限値，粗骨材の最大寸法およびスランプおよび空気量の範囲等のコンクリートの配合条件（または，参考値）を確認し，検査に合格とならないリスクを考慮し，JIS 認証品を指定することが重要である．設計図書の配合条件に水セメント比の最大値が示されている場合は，計量に伴う計量値の許容差が生じても，水セメント比の最大値を満足するように，式（解 13.4.1）および式（解 13.4.2）に従い，水セメント比$(W/C)_R$を設定する必要がある．この計算を行うためには，計量データおよびレディーミクストコンクリート工場における細骨材および粗骨材の表面水率の管理値を必要とする．JIS A 5308 では，購入者からの要求があれば，レディーミクストコンクリートの納入後に，バッチごとの計量記録およびこれから算出した単位量を提出しなければならないことになっている．よって，購入者は，レディーミクストコンクリート工場に納入後の計量データからの単位量の提出を求めることができ，併せて表面水率の管理値の提供を受けることで，水セメント比$(W/C)_R$を算出できる．ただし，レディーミクストコンクリート工場における細骨材および粗骨材の表面水率の管理値の上限が分からない場合は，最大水セメント比から 2%程度小さい水セメント比を$(W/C)_R$に指定するのがよい．単位水量の上限値，単位セメント量の上限値を管理する場合は，レディーミクストコンクリート工場へ計量データの提出を求める必要がある．

【2022 年制定】示方書［設計編］では，設計条件表に圧縮強度以外の特性値が示される場合でも，配合条件を満足することで，耐久性に関する特性値は満足するとみなしてよい場合があるとされている．なお，参考値は，コンクリートの配合を選定する際に参考にするものであり，コンクリートに求められる特性値を満足し，確実な施工が行えるのであれば遵守する必要はない．

施工者は，受け入れたレディーミクストコンクリートの品質が指定どおりであることを，レディーミクストコンクリート工場の製品検査に基づく試験成績表で確認する必要がある．試験成績表の例を**図 3. 13. 6** に示す．なお，この例では試験成績表を品質証明書という名称で表している．生産者に求めたレディーミクストコンクリートが納入されていることを入荷の都度，レディーミクストコンクリート納入書等により全数確認する．レディーミクストコンクリート納入書には，年月日，納入場所，運搬車番号，納入時刻，納入容積，呼び方（コンクリートの種類による記号，呼び強度，スランプまたはスランプフロー，粗骨材の最大寸法，セメントの種類による記号）および配合表等が記載されている．このうち，配合表には，標準配合，修正標準配合もしくは計量読取記録から算出した単位量，計量印字記録から算出した単位量，または計量印字記録から自動算出した単位量のいずれかを記入することになっている．レディーミクストコンクリートの受入れ検査はJIS A 5308に従って実施することになる．これは，受け入れたレディーミクストコンクリートがJIS A5308に適合していることを確認する作業である．この判定基準は1回の試験値が呼び強度の強度値の0.85倍（下限規格値に相当）以上であることを保証するものである．この判定基準を満たすことで，設計基準強度を下回る試験値の確率が5%以下であることを判断できるものではない．

品　質　証　明　書

御中

下記に示す納入実績により当工場製造の【普通24-8-20BB】は
JIS A 5308に適合することを証明致します。

納入期間	現場名	配合	スランプ（cm）	空気量（%）	7日強度（N/mm²）	28日強度（N/mm²）

上記すべて岡山市管轄工事

納入期間	現場名	配合	スランプ（cm）	空気量（%）	7日強度（N/mm²）	28日強度（N/mm²）

上記すべて国土交通省管轄工事

令和5年5月31日

○○○コンクリート株式会社

図 3.13.6　レディーミクストコンクリートの試験成績表の例

呼び強度の強度値f'_{ca}に圧縮強度の特性値f'_{ck}を指定すると，レディーミクストコンクリートの配合計算書に示される$K_{eq}/\sqrt{3}$が1.732の場合は，試験回数nが3のときに検査に合格とならない確率が7.4%で，試験回数nが10のときで5.5%になる．また，$K_{eq}/\sqrt{3}$が2.0の場合は，試験回数nが3のときに検査に合格とならない確率は2.5%で，試験回数nが10のときで0.5%となることを，施工者は理解しておく必要がある．その詳細な内容については，この改訂資料の9章を参照されたい．施工者が，レディーミクストコンクリート工場のコンクリート試験成績表ではなく，自ら試験を行い，コンクリートの品質を確認する際は，検査項目，試験方法，頻度，合格判定基準が，JIS A 5308の製品規格に適合する試験記録を作成し，その試験記録を基に発注者の検査を受けることとなる．

3.13.4.4　プレキャストコンクリート製品

施工者は，所定の外観，性能，形状および寸法に関する規格を満足するプレキャストコンクリート製品を受け入れていることを検査する必要がある．I類の製品については，JIS A 5371，JIS A 5372，JIS A 5373の附属書の推奨仕様に従って，II類の製品については，型式検査等の結果に基づき工場で定めた方法に従って製造された製品であることを，施工者が確認して受入れ記録を作成する．なお，ひび割れ，角欠け，気泡等の外観に関する検査基準はJIS等には示されていないため，外観が性能に対して有害なものかを考慮して，あらかじめ検査基準を発注者と相談の上で定めておくのがよい．また，施工者は，補修を行う基準，補修に用いる材料，補修の方法，補修の記録の方法等の妥当性を示し，発注者にその適用の承認を求める必要がある．

3.13.5　鉄筋等の補強材の加工および組立

施工者は，施工計画に則って，適切な量の鋼材を適切な時期に現場に納入させ，受け入れることが重要である．さらに，購入した補強材は養生を行って腐食の発生や汚れの付着がないように保管し，加工や組立の際には，傷や変形等を生じないように配慮する必要がある．

鉄筋等の補強材の加工および組立にあたっては，【2023年制定】示方書［施工編：施工標準］「7章　鉄筋工」に準じて施工管理を行う必要がある．

3.13.6　型枠および支保工

施工者は，構造物の出来形が設計図書に示される条件を満足するように，型枠および支保工の剛性を確保し，構造物の最終的な形状および寸法を所定の精度で管理する必要がある．型枠および支保工は，いわゆる仮設構造物であり，安全関連を除き工事の発注者の検査は不要とする場合が多く，上述の条件を満たしつつ，施工者の裁量で出来形を満足する詳細計画を立案することになる．

3.13.7　コンクリート工

施工者は，コンクリート工における品質管理を行うにあたり，施工計画や品質管理計画どおりに，コンクリート材料の品質管理，運搬，打込み・締固め，仕上げ，養生や鉄筋工，型枠支保工が行われていることを確認し，適切に改善していく必要がある．コンクリート工の各種工程においては，コンクリートの状態や作業の程度を客観的なデータとして把握し，そのデータに基づいて改善していくことが有効である．この具体の手段としては，各種ICTツールの開発によって実施工に適用できる技術が整備されてきている．これらの技術を有効に使用し，コンクリート工に関する品質管理の合理化と高度化を図ることが期待される．具体的な技術については，以下を参考にするとよい．

一般社団法人　日本建設業連合会ホームページ　生産性向上
https://www.nikkenren.com/sougou/seisansei/

一般社団法人　日本建設業連合会ホームページ　建設DX事例集
https://www.nikkenren.com/publication/fl.php?fi=1202&f=DXcase_202203.pdf

3.13.8　プレキャストコンクリート工

今回の改訂からプレキャストコンクリート製品が［施工編：施工標準］に取り込まれたため，プレキャストコンクリート工の品質管理の節を新設した．

プレキャストコンクリート製品の設置および組立の品質管理は，施工方法に応じて適切に行う必要がある．具体的には，平面位置，蛇行，ずれ（目開き，目違い），傾き，計画高さ等，出来形に関わるものや，ひび割れや損傷，汚れ等の外観に関わるもの等がある．また，鉄筋や付属物の損傷，汚れ等も後工程の品質に大きく影響するため，十分に留意する必要がある．吊り用インサート等，施工のための材料についても使用材料，後埋め，処置等の記録を残しておく必要がある．

プレキャストコンクリート部材を接合する際の品質管理は，一般に，接合に用いる材料自体の管理と施工時に留意すべき管理に大別されるが，プレキャストコンクリート部材の接合に使用される材料は，接着剤やモルタルに加え，ゴムパッキンや嵌合材等，工法ごとにそれぞれの材料の組合せによって多岐にわたる．このため，接合部の施工を行う際の品質管理では，材料を個々に管理することを標準としつつも，採用された接合方法の持つ独自の基準・指針等によって定められる品質管理手法が存在する場合は，要求性能を実現するべくその方法に準じることが重要である．また，採用される個々の材料の多くはJIS認証品であるが，その一方で，技術開発によって製品化されたものや，様々な施工条件に合わせた独自の試験等によって，その品質を証明することで使用されている材料も存在する．したがって，新規性の高い材料と既述の在来工法との組合せは今後も増加するものと考えられ，この場合においても設計の要求性能が得られるようにすることが重要である．

3.13.9　出来形，かぶり，表面状態

かぶりは，鉄筋コンクリート構造物の耐久性および安全性において重要であり，特に塩化物イオンの侵入や中性化による鋼材腐食に対する抵抗性を確保するためには，コンクリートの密実性を向上させることに加え，所定のかぶりを確実に確保することが重要である．しかしながら，組み立てた鉄筋の配置検査や型枠検査を行った後でも，型枠，鉄筋およびスペーサの固定具合によっては，コンクリートの打込み途中または打込み後に鉄筋位置が変化し，かぶりが不足することがある．したがって，設計における耐久性照査の結果でかぶりに余裕の少ない構造物または部材，塩害環境にある構造物，かぶりコンクリートの剥落が第三者被害につながる懸念のある構造物等の場合は，完成した構造物に対して非破壊試験によってかぶりを測定する必要がある．ここで，非破壊試験によるかぶり測定は，測定作業が比較的容易であり，測定機器がリース等でも入手可能であることから多くのデータを合理的に収集することに優れている．そのため，上述のように重要部位や着目部位等に対し，測定データに基づいて次の施工に反映させることができる．一方で，かぶりの測定精度は，一般的な方法で±5mm程度，あるいは測定値の±20%とされているため，合格を判定することには適していない．そこで，「13.9 出来形，かぶり，表面状態」に新たに追記した施工中におけるかぶりの実測を活用することが有用である．施工中における実測と非破壊試験によるかぶり測定を併用してデータを蓄積し，評価することで，完成した構造物のかぶり測定の省略や補完，もしくは校正にも応用できる．

3.13.10　品質管理の記録

品質管理記録は，供用後における維持管理段階の点検，劣化予測，対策を実施する上での有益な情報となるため，確実に発注者に情報伝達する必要がある．情報伝達の媒体としてデジタルデータへの移行は進んできているものの，その保管や管理，そして活用については更なる高度化が重要であり，この視点においてもAIをはじめとするデジタルツールの応用，活用が求められる．

3.14　施工の記録

条文に変更はない．解説は，【2017 年制定】示方書［施工編：施工標準］『16.1　一般』では，品質管理は施工者の自主的な活動であるため，施工者が必要に応じて，施工記録を残す記述となっていたが，【2023 年制定】示方書［施工編：施工標準］「14.1　一般」では，品質管理は発注者が品質記録により検査を行うこともある旨を追加し，施工者と発注者が契約段階で施工の記録の取り扱いを定めておくことの重要性を記述した．また，施工の記録は，所定の品質を満足することの証明であること，引渡し後に何らかの変状が生じた際の原因の究明に役立つことから，工事終了後の長期間保存することが望ましいことを記述した．さらに，今後は CIM 等の情報伝達ツールの選定についても重要である旨を記述した．

3.15　施工を引き継ぐ場合の留意事項

3.15.0　改訂の概要

【2017 年制定】示方書［施工編：施工標準］『17 章　その他の施工上の留意事項』は，道路トンネルで発生した天井板の崩落による大事故の教訓から，コンクリート構造物の躯体工のみならず，付属物の施工において施工者が留意すべき点について新たに設けられた章であった．【2023 年制定】示方書［施工編：施工標準］「15 章　施工を引き継ぐ場合の留意事項」では，【2017 年制定】示方書［施工編：施工標準］に込められた意図を継承しつつ，躯体工と付属物の施工が別々の施工者によって行われることが多いことを鑑み，施工の引継ぎにおいて，コンクリート構造物全体としての品質が確保されるように配慮することの重要性を示すこととした．具体的には，工種として特に問題になると考えられる，あと施工アンカーおよび防水工を取り上げ，先行するコンクリート工事の施工者は，後行工事となる付属物の品質に配慮した施工を行い，付属物の施工者はコンクリート躯体の品質を低下させることのないように施工することが必要であることを記述した．

3.15.1　一　般

条文は，【2017 年制定】示方書［施工編：施工標準］『17.1　一般』の『設計図書に示されている付属物を，所定の位置，所定の数量を設置しなければならない．』とされていた記述について，これが後行工事の施工者として留意すべき事項であることから，【2023 年制定】示方書［施工編：施工標準］「15.1　一般」の箇条（2）に移設し，「15.1　一般」の箇条（1）は，先行工事の施工者の立場について「最終的な構造物の品質が確保されるように配慮した上で，後行工事の施工者に構造物を引き継ぐものとする．」を新たに追記した．解説では，（1）について，コンクリート構造物の構築においては，完成までに複数の施工者によって施工が行われる場合が多いことを述べ，所要の性能や品質を有する構造物とするには，施工者各々が責任を全うするだけでは不十分であり，後工程の施工および品質に問題が生じないように配慮した上で，構造物を引き継ぐ必要があることを記述した．施工が引き継がれる場合の具体例を挙げ，先行工事の施工者として留意すべき事項とその理由を解説した．（2）については，後行工事の施工者の留意すべき事項として，『17.1　一般』の（1）の解説を「15.1　一般」（2）の解説に移設した．なお，『17.1　一般』（2）の解説にあった，あと施工アンカーに関する記述は，【2023 年制定】示方書［施工編：施工標準］に，新たな節として新設した「15.2　あと施工アンカー」に移設した．

3.15.2　あと施工アンカー

【2017 年制定】示方書［施工編：施工標準］『17.1　一般』の解説（2）に記載していた，あと施工アンカーについての記述を節として新設し，留意事項等について記述した．

条文は，『17.1 一般』の箇条（2）の記述も踏まえて，「付属物の固定冶具をあと施工アンカーで設置する場合は，設計図書に示されている仕様のアンカーを所定の位置に設置しなければならない.」とした. 解説は，CL160「コンクリートのあと施工アンカー工法の設計・施工・維持管理指針（案）」において解説されている施工に関する記述を基に，用途に応じたあと施工アンカーの選定方法，施工条件やアンカーの性能の確認方法，施工後の維持管理方法等を考慮した設計，施工，および維持管理の各段階で必要となる対応方法，あと施工アンカー工法ごとに定められた作業手順を把握した上で施工を行う必要性，並びに，あと施工アンカーの種類や現場条件および付帯設備の重要度に応じて，判定基準と試験の頻度を定めて行う必要性等について記述した.

3.15.3　防水工への引継ぎ

防水工においては，先行工事であるコンクリート工事の施工者からコンクリート構造物の引き渡しを受けた後，乾燥状態にしてプライマの接着を向上させる目的で，コンクリートの表面を直接ガスバーナー等であぶる事案が散見しており，コンクリート部材の強度低下や不具合が発生していることから，新たに「15.3 防水工への引継ぎ」の節を設けて，留意事項等について記述した.

条文は，先行工事であるコンクリート工事の施工者と，後行工事である防水工の施工者，それぞれの立場から構成し，前者については「（1）コンクリート工事の施工者は，防水工に適した下地処理が行えるコンクリート表面とし，防水工事の施工者に構造物を引き継ぐものとする.」，後者については「（2）防水工事の施工者は，コンクリートの表面が防水工に適した下地処理の行える状態になっていることを確認しなければならない．」とした.

解説は，全文新たに作成し，（1）については，防水工事の施工者と連携し，それぞれの施工計画を立てることの重要性，防水工におけるブリスタリング現象の発生メカニズムとそれを回避するために防水工の施工者が引き起こしやすい構造物の品質低下，プレキャストコンクリート製品における接合目地の防水工の方法等，コンクリート工事の施工者が認識しておくべき防水工への配慮事項について記述した.（2）については，防水工の施工者が，コンクリート構造物の品質を確保するために留意すべき事項を整理し，その内容を具体的に示した.

4．検査標準の改訂内容と補足説明

4.1　検査標準の章構成と総則

【2023年制定】示方書［施工編：検査標準］の構成を【2017年制定】示方書［施工編：検査標準］と比較して図4.1.1に示す．なお，【2017年制定】示方書［施工編：検査標準］の記載内容を【2023年制定】に移行したものは点線で，【2023年制定】示方書［施工編：検査標準］で記載内容を大幅に見直したものは実線で示す．

検査は，検査項目，試験方法，試験の頻度（または時期）および判定基準からなるものであり，施工者や生産者の行う検査は，【2023年制定】示方書［施工編：施工標準］「13章 品質管理」に示し，【2023年制定】示方書［施工編：検査標準］には，発注者の責任で行う検査を記載した．なお，【2023年制定】示方書［施工編：検査標準］にある項目は，【2023年制定】示方書［施工編：施工標準］「13章 品質管理」にもあり，お互いを対にすることで，施工者は検査に合格することを考慮した品質管理が行えるように配慮した．

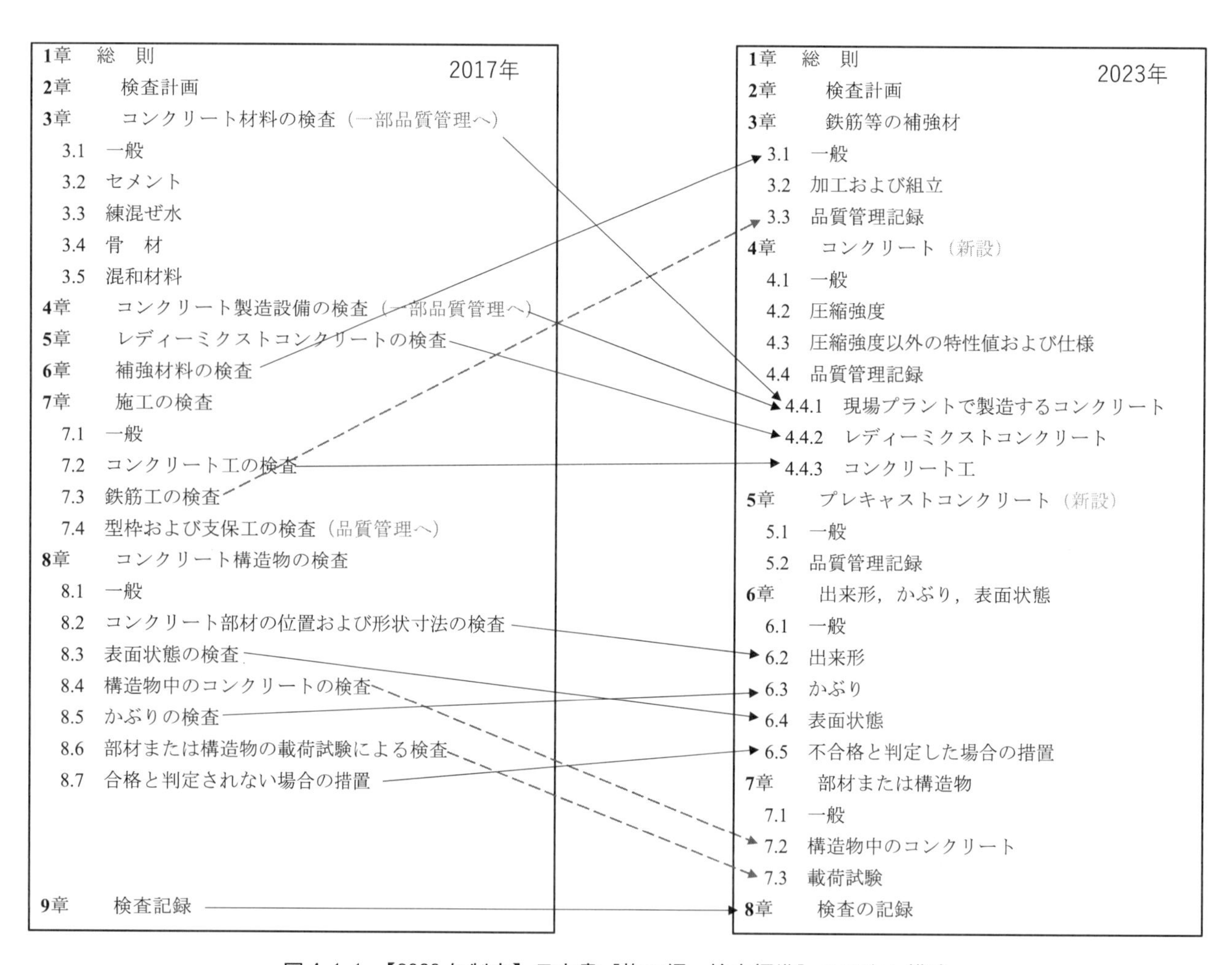

図4.1.1　【2023年制定】示方書［施工編：検査標準］の目次と構成

施工者が行う検査を品質管理に位置付けたことから，【2017年制定】示方書［施工編：検査標準］の『3章 コンクリート材料の検査』，『4章 コンクリートの製造設備の検査』は，【2023年制定】示方書［施工編：施工標準］の「13章 品質管理」へ移設した．なお，発注者の検査として，施工者の品質管理記録を確認することは，【2023年制定】示方書［施工編：検査標準］に新設した「4.4.1 現場プラントで製造するコンクリート」に記載した．

【2017 年制定】示方書［施工編：検査標準］の『5 章 レディーミクストコンクリートの検査』は，施工者が品質管理として行う受入れ検査であるため，【2023 年制定】示方書［施工編：施工標準］の「13 章 品質管理」の「13.4.3 レディーミクストコンクリート」に移設した．また，発注者は，施工者が指定したとおりのレディーミクストコンクリートを受け入れていることを品質管理記録で検査すること，および，施工ロットごとのコンクリートの圧縮強度の 1 回の試験値が特性値を下回る確率が5%以下であることを検査計画書に示した生産者危険で検査すること，発注者が検査計画書に設計基準および検査基準に適合する判定基準を示した場合にはその方法に従う（例えば，JIS A 5308 の規定を満足していることを検査する方法等）ことを，「4.2.2 レディーミクストコンクリート」に記載した．

【2023 年制定】示方書［施工編：施工標準］に「6.4 プレキャストコンクリート製品」および「12 章 プレキャストコンクリート工」が新設されたことを受け，【2023 年制定】示方書［施工編：検査標準］に「5 章 プレキャストコンクリート」を新設した．

【2017 年制定】示方書［施工編：検査標準］の『6 章 補強材料の検査』，『7.3 鉄筋工の検査』は，【2023 年制定】［施工編：検査標準］の「3 章　鉄筋等の補強材」にまとめ，【2017 年制定】示方書［施工編：検査標準］の『7.2 コンクリート工の検査』は，【2023 年制定】示方書［施工編：検査標準］の「**解説表 2.1.2**　コンクリートの検査の例」にまとめた．また，『7.4 型枠および支保工の検査』は施工者が行う品質管理であるため，【2023 年制定】示方書［施工編：施工標準］の「13 章 品質管理」に移設した．

【2017 年制定】示方書［施工編：検査標準］の『8 章 コンクリート構造物の検査』から，出来形，かぶりおよび表面状態に関する検査を，【2023 年制定】示方書［施工編：検査標準］の「6 章 出来形，かぶり，表面状態」の章に集約した．6 章までの検査で合格と判定できなかった場合に行う構造物を対象とした構造物中のコンクリートの検査と，載荷試験に関することを【2023 年制定】示方書［施工編：検査標準］の「7 章 部材または構造物」に集約した．

4.1.1　一　　般

発注者の行う検査とは，製造，施工されたコンクリート，部材，構造物等が，設計図書どおりに構築され，設計において設定された要求性能を満足し，完成した構造物が受取り可能かどうかを，工事の発注者が判定するための行為であり，検査の項目，試験方法，頻度（時期）および合格判定基準等をあらかじめ定め，検査計画書を作成する必要がある．

今回の改訂では，［検査標準］と，［施工標準］の「13 章 品質管理」の内容が対応するような構成とするとともに，目次および構成を整理し，実施工での検査に適用しやすい記述内容となるように改訂した．

発注者の検査には，施工者の品質管理記録を検査する手法と使用するコンクリートの特性値や構造物を直接検査する手法がある．いずれの手法にするかは，発注者が，検査項目ごとに決定し，検査計画書に明記する必要がある．今回の改訂では，検査と品質管理の内容を明確に区分できるように表現を修正した．

【条　文】

【2017 年制定】示方書［施工編：検査標準］の箇条（2）中の客観的な判定が可能な方法（JIS または土木学会規準等）は，2 章以降の各章の中で記載した．また，箇条（3）は，総則から削除し，検査で合格と判定されない場合の対応は，それぞれの検査の章で記載することとした．

検査における判定基準には，合格と判定する基準と不合格と判定する基準を設ける必要がある．これは，圧縮強度の検査のように，合格と判定するものの中に不合格なものが含まれる可能性を低くし，合格とならないものの中に一定の割合で合格のものが含まれる可能性を許容する場合は，合格と判定する基準値を設けるのがよく，単位水量やかぶりの検査のように，不合格と判定するものの中に合格のものが含まれる可能性を低くし，不合格とならないものの中に一定の割合で不合格のものが含まれることを許容する場合は，不合格と判定する基準値を設けて検査するのがよいためである．よって，新たな箇条（2）の条文には，下記のとおり，検査は合格と判定する基準値または不合格と判定する基準値に基づき客観的に判定しなければならないことを記載した．

削除した記載

『（2）検査は，あらかじめ定めた判定基準に基づいて，客観的な判定が可能な方法を用いて行わなければならない．その方法については日本工業規格（JIS）または土木学会規準等に定められたものを標準とする．

（3）検査の結果，合格と判定されない場合は，部材，構造物が所定の性能を満足するように適切な措置を講じなければならない．』

追加した記載

「（2）検査では，あらかじめ定めた合格と判定する基準値または不合格と判定する基準値に基づき，客観的に判定しなければならない．」

【解　説】

【2017年制定】示方書では，工事の途中に行うプロセスごとの検査においても発注者の責任で実施することになっていたが，施工者が品質管理として行う検査の記録を確認することでもよいとの記述であった．しかし，工事の途中のプロセスごとに検査を行うことは，契約の適正な履行を確保するために必要な監督であり，工事を設計図書や施工計画と照合し，これらに適合していることを判定する必要があることを記載した．

追加した記載

「（1）について　（前略）発注者は，契約の適正な履行を確保するために必要な監督を行い，工事を設計図書や施工計画と照合し，これらに適合していることを判定する必要がある．また，工事の施工状況の確認を充実させ，適正かつ効率的な検査を行うとともに，施工の節目においても必要な技術的な検査を計画し，実施するのがよい．検査の結果，施工について改善を要すると認めた事項や現地における指示事項が必要と判断した場合には，これらを書面等により施工者に通知する必要がある．技術的な検査は工事の品質の向上に加えて，施工者の技術の向上や育成等を図ることも目的としており，発注者はこの目的を実現するための具体的な実施要領を策定しておく必要がある．なお，検査実施者の技術力や知識による着目点および検査項目の差を小さくし，施工が順調に進行することを概観的に把握できるよう，施工状況把握の要点をまとめたチェックシート等を活用するとよい．

（2）について　（前略）検査に用いる試験には，試験を行う者によって結果が異なることのないように，客観的な方法が求められる．また，検査における判定基準には，合格と判定する基準と不合格と判定する基準を設ける必要がある．例えば，圧縮強度の検査のように，合格と判定されるものの中に不合格なものが含まれる可能性を低くし，合格とならないものの中に一定の割合で合格のものが含まれることを許容する場合は，合格と判定する基準値を設けて検査するのがよい．合格と判定する基準により合格とならなかった場合は，他の方法で再度検査を行い，改めて合格の判定を行うことができる．一方，単位水量やかぶりの検査のように，不合格と判定するものの中に合格のものが含まれる可能性を低くし，不合格とならないものの中に一定の割合で不合格のものが含まれることを許容する場合は，不合格と判定する基準値を設けて検査するのがよい．不合格と判定する基準により不合格になった場合は，他の方法で再度検査を行う必要はない．

検査における試験の信頼性や費用，試験に要する時間等について事前に検討した上で，検査の実施方法を検査計画として契約図書に明記する必要がある．（中略）そのような場合は，発注者は，部材，構造物が所要の性能を満足するような措置を講じた上で受け取ることを検討することも考えられる．」

4.2　検査計画

4.2.1　一　　般

【2017年制定】示方書［施工編：検査標準］では，**解説　表 2.2.1** に一般的な工事に必要とされる検査項目の標準として，分類，検査の項目，主な内容，検査の形態が示されていた．今回の改訂では，施工者の行う品質管理と発注者が行う品質管理記録による検査を明確に区別するとともに，検査の項目，試験方法，頻度・時期および判定基準を明確に示すように，条文および解説を全体的に見直した．また，発注者の検査には施工者の品質管理記録を検査する手法とコンクリートの特性値や構造物等を直接検査する手法があり，いずれの手法にするかは，発注者が，検査項目ごとに決定し，検査計画書に明記する必要があることを示した．

【条　文】

検査における判定基準には，合格と判定する基準と不合格と判定する基準を設けることとしたため，以下のとおり箇条（2）を改訂した．

改訂前

『（2）検査計画は，設計図書に対応して，検査する項目を選定し，その検査方法，検査の時期や頻度，検査の合否判定基準等についてあらかじめ策定する．』

改訂後

「（2）検査計画では，設計図書に対応して，検査する項目を選定し，その試験方法，検査の時期や頻度，合格と判定する基準または不合格と判定する基準を明記しなければならない．」

【解　説】

【2023年制定】示方書［施工編：検査標準］の**解説　表 2.1.1**～**解説　表 2.1.7** にそれぞれ，補強材，コンクリート，プレキャストコンクリート製品，コンクリート工，プレキャストコンクリート工，出来形，かぶり，表面状態，部材または構造物の検査に対して，検査項目，試験方法，頻度・時期および判定基準の例を示した．また，【2017年制定】示方書の**解説　表 2.1.1** に示した一般的な工事に必要とされる検査項目の標準を削除したことにより，箇条（3）の解説を以下のように見直した．

改訂後

「（3）について　最終的な検査の目的は，構造物が設計図書どおりに構築され，所要の性能が確保されていることを確認し，構造物の受取りを判断することである．検査計画の策定では，検査項目，試験方法，検査の時期や頻度，合格または不合格を判定する基準を定める必要がある．なお，客観的な検査とするため，検査に用いる試験方法はJISまたは土木学会規準等に定められたものを用いるのがよい．**解説 表 2.1.1**～**解説 表 2.1.7** に，一般的なコンクリート構造物で行う検査の例を示す．検査計画の策定にあたっては，構造物の重要度，工事の規模，使用材料や工法の種類等を考慮し，検査の体系を計画的，かつ合理的に決める必要がある．検査の形態には，施工者の品質管理記録を発注者が検査する手法と，構造物や部材等を直接検査する手法がある．発注者は，いずれの手法にするかを検査項目ごとに決定し，検査計画に明記する必要がある．（後略）」

4.3　鉄筋等の補強材

4.3.1　一　　般

【2017年制定】示方書［施工編：検査標準］の『6章 補強材料の検査』は，【2023年制定】［施工編：施

工標準］の「6 章 構造物の構築に用いる製品」の記載順の変更に伴い，コンクリートに関する記載よりも前の位置に「3 章 鉄筋等の補強材」を記載した．また，【2017 年制定】示方書［施工編：検査標準］の『7.3 鉄筋工の検査』の記載を統合した．加工，組立および継手の検査は，【2023 年制定】示方書［施工編：検査標準］の「3.2 加工および組立」に具体的な検査方法を記載し，補強材の受入れおよび品質管理記録の検査は，「3.3 品質管理記録」に記載した．鉄筋等の補強材の受入れ検査では，誤納がないことを目視で全数確認し，生産者の試験成績表（ミルシート）で品質を確認することを施工者の品質管理とし，施工者が行ったこれらの品質管理記録を確認することを発注者の検査とした．

【条　文】

【2017 年制定】示方書［施工編：検査標準］の『6 章 補強材料の検査』および『7.3 鉄筋工の検査』を基に，上記の改訂方針に従い，箇条（1）および（2）の条文を記載した．

【解　説】

検査では，施工者が設計図書で指定された鋼材を受け入れていることを，施工者の品質管理記録により検査する必要があるとし，【2023 年制定】示方書［施工編：検査標準］の**解説 表** 3.1.1 に鋼材の JIS および土木学会規準の一覧を示した．

4.3.2　加工および組立

【条　文】

【2017 年制定】示方書［施工編：検査標準］の『7.3 鉄筋工の検査』の内容を踏まえ，箇条（1）および（2）の条文を記載した．

【解　説】

（1）について　【2017 年制定】示方書［施工編：検査標準］の『7.3 鉄筋工の検査』の箇条（1）の条文の『**表** 7.3.1　鉄筋の加工および組立の検査』およびその解説を基に記載した．ただし，スペーサはかぶりを確保するための仮設材料，鉄筋の結束用の鉄線は鉄筋を固定するための仮設材で，施工者がスペーサの種類や配置，鉄筋の固定方法等を施工計画で策定し，施工時に品質管理を行うものであり，設計図書に示される材料ではないことから，『スペーサの種類・配置・数量』および『鉄筋の固定方法』は検査項目から削除し，【2023 年制定】示方書［施工編：施工標準］「13.5 鉄筋等の補強材の加工および組立」で，これらについて具体的に記述した．鉄筋の加工および組立の検査で行う項目の例を**解説　表** 3.2.1 に示した．また，鉄筋の加工寸法の許容差は，組み立てた鉄筋の配置の許容差に直接影響するため，構造物の種類や重要度，部材の寸法ならびに設計図書に示すかぶりと，その施工精度等によって定める必要があるとし，その目安を**解説 表** 3.2.2 に示した．

（2）について　継手の種類については，【2017 年制定】示方書［施工編：検査標準］の『7.3 鉄筋工の検査』の箇条（3）の解説にある『**解説　表** 7.3.2 継手の種類と検査方法』を基に構成し，溶接継手（突合せアーク溶接継手，突合せ抵抗溶接継手，フレア溶接継手）について追記した．また，検査項目および判定基準に関する記載を大幅に追加した．なお，【2017 年制定】示方書［施工編：検査標準］の『7.3 鉄筋工の検査』では，継手の検査方法として『外観検査』という表現が用いられていたが，「外観目視」に変更した．

4.3.3　品質管理記録

【条　文】

発注者は，施工者が入荷した鋼材の全数について誤納がないことを確認した記録を検査することとし，その検査方法は，受け入れた鋼材の検査ロットごとに試験成績表（ミルシート）で品質を確認した記録を検査するとした．これらの内容を箇条（1）および（2）の条文に記載した．また，箇条（3）の条文には，発注者は，鉄筋等の補強材の加工および組立時に生じた塗膜等の損傷に対して施工者が補修を行っていることを，その記録によって検査しなければならないことを記載した．

【解　説】

上記の条文に対する解説を記載した．なお，生産者から試験成績表が提出されない場合は，施工者が自ら行った試験に代えてよいこと，JIS や土木学会規準に適合しない鉄筋等の補強材を用いる場合は，施工前に発注者と施工者で規格を設定する必要があることを記載した．また，エポキシ樹脂塗装鉄筋や亜鉛めっき鉄筋の塗膜が施工中に損傷した場合，施工者が補修していることを品質管理記録で検査することを記載した．

4.4　コンクリート

4.4.1　一　　般

【昭和 42 年制定】示方書から【2023 年制定】示方書までのレディーミクストコンクリートの受入れ検査における圧縮強度の検査と構造物に用いるコンクリートについての圧縮強度の検査の変遷の概略を，**表 4.4.1** に示す．不良率が 25%であった【昭和 55 年版】示方書までは，設計基準強度（圧縮強度の特性値）の方が合格判定基準値よりも大きかった．したがって，呼び強度の強度値に設計基準強度を指定すれば，圧縮強度の目標値よりも大きい配合強度のレディーミクストコンクリートを購入することができた．これに対して，不良率が 5%となった【昭和 61 年制定】示方書以降においては，設計基準強度の方が合格判定基準値よりも小さくなった．したがって，呼び強度の強度値に設計基準強度を指定してレディーミクストコンクリートを購入すれば，圧縮強度の目標値よりも小さい配合強度のレディーミクストコンクリートを購入することになっていた．

表　4.4.1　示方書における圧縮強度の検査の変遷の概略

示方書制定年	呼び強度の指定	レディーミクストコンクリートの受入れ検査	構造物に用いるコンクリートの検査
昭和 42 年（1967 年） 昭和 49 年（1974 年）	設計基準強度	JIS A 5308 の規定を満足すること	特性値を下回る確率が 25%以下であることを計量抜取検査で検査
昭和 55 年（1980 年）	設計基準強度	JIS A 5308 の規定を満足すること	特性値を下回る確率が 25%以下であることを計量抜取検査で検査
昭和 61 年（1986 年） 平成 3 年（1991 年）	設計基準強度	JIS A 5308 の規定を満足すること	特性値を下回る確率が 5%以下であることを計量抜取検査で検査
平成 8 年（1996 年） 平成 11 年（1999 年） 平成 14 年（2002 年）	設計基準強度	特性値を下回る確率が 5%以下であることを計量抜取検査で検査	特性値を下回る確率が 5%以下であることを計量抜取検査で検査
平成 19 年（2007 年）	設計基準強度	特性値を下回る確率が 5%以下であることを計量抜取検査で検査	記載なし
平成 24 年（2012 年）	設計基準強度	・特性値を下回る確率が 5%以下であることを計量抜取検査で検査 ・国や地方公共団体が管理する土木工事共通仕様書等では，JIS A 5308 に示される検査規定と同様の検査基準が示されている場合が多い．	記載なし
平成 29 年（2017）	設計基準強度	・特性値を下回る確率が 5%以下であることを計量抜取検査で検査 ・JIS A 5308 の判定基準を満たすことで，設計基準強度を下回る確率が 5%以下であると判断することができる．	記載なし
令和 5 年（2023）	合格判定基準値を満足する圧縮強度	JIS A 5308 の規定を満足すること	・特性値を下回る確率が 5%以下であることを計量抜取検査で検査 ・発注者が検査方法を定めた場合は，その検査方法による

【昭和 42 年制定】示方書から【平成 3 年制定】示方書までは，レディーミクストコンクリートの受入れ検査における圧縮強度の検査は，JIS A 5308 の強度の規定に従い実施し，発注者が行う構造物の施工に用いるコンクリートの圧縮強度の検査は，適当な生産者危険の基に計量抜取検査で行うものとされていた．【平成 8 年制定】示方書で，レディーミクストコンクリートの受入れ検査として行われる圧縮強度の検査も，構造物の施工に用いるコンクリートの圧縮強度の検査も，計量抜取検査で行うことになり，【平成 11 年制定】示方書から【2002 年制定】示方書では，合格判定の式や生産者危険の目安が解説から削除された．【2007 年制定】示方書から【2017 年制定】示方書では，構造物の施工に用いるコンクリートの圧縮強度の検査が削除され，レディーミクストコンクリートの受入れ検査のみが残り，検査は，計量抜取検査により，不良率が 5%以下であることを適当な生産者危険で推定できることと記載されていた．

施工者がレディーミクストコンクリート工場の標準配合の中から JIS 認証品を指定してレディーミクストコンクリートを使用する場合，受入れ検査は，指定したとおりの製品が入荷していることを確認するための品質管理として，JIS A 5308 の規定に従い検査を行う必要がある．【2023 年制定】示方書では，【昭和 42 年制定】示方書から【平成 3 年制定】示方書までと同様に，施工者が品質管理として行うレディーミクストコンクリートの受入れ検査は，JIS A 5308 の強度の規定に従うこととした．このため，施工者は品質管理として受入れ検査を行い，レディーミクストコンクリート納入書により指定した製品が納入されていること，および生産者が提出する試験成績表によりコンクリートの品質が JIS A 5308 の規定を満足していることを確認して，その結果を品質管理記録に残し，発注者はこれらの品質管理記録を検査することとした．なお，施工者がレディーミクストコンクリート工場に提出を求める試験成績表は，国土交通省や地方自治体の「土木工事施 工管理基準及び規格値」等に示される品質証明書に相当するものである．

構造物に用いるコンクリートの検査では，圧縮強度の試験値が特性値を下回る確率，すなわち，不良率が 5%以下であることを計量抜取検査で検査する必要がある．【2023 年制定】示方書では，【昭和 42 年制定】示方書から【平成 8 年制定】示方書までと同様に，計量抜取検査によることを詳細に記載し，不良率が 5%以下であることを，発注者が定めた生産者危険で検査することとした．このため，生産者危険は発注者の検査計画書に示すことを基本とし，消費者危険を設けた場合と同程度の大きさの合格判定基準値となる生産者危険を定める必要があるとした．また，現場プラントで製造するコンクリートの場合は圧縮強度の母分散が未知，レディーミクストコンクリートの場合は圧縮強度の母分散が既知として，それぞれの検査方法を記載した．なお，発注者が設計基準や検査基準等に適合する判定基準を定めている場合は，その検査方法によることも記載した．

【2022 年制定】示方書［設計編：付属資料］「2 編 設計図に記載する設計条件表の記載項目の例」には，圧縮強度以外の特性値を設計図の設計条件表に示した場合に，配合条件を指定することで，特性値も満足するとみなしてよい場合と，参考値を踏まえて，特性値が満足することを試験により確認する場合の 2 つがあることが示されている．すなわち，設計図の設計条件表に，コンクリートの特性値が示され，施工時に特性値の検査を行う場合には，施工に先立ち，特性値を満足することを試験により確認した結果を検査することが必要になる．なお，施工時に試験により検査を行う場合は，その判定方法を示した．

【条　文】

箇条（1）の条文には，検査は，設計図書に示した採取場所で採取された試料を用いて，設計図書に示される検査の項目，試験の方法，頻度（時期）および合格判定基準によって行うものとすることを記載した．

箇条（2）の条文には，コンクリート圧縮強度の検査基準に関する記載を，【2017 年制定】示方書までは『設計基準強度を下回る確率が 5%以下であることを，適当な生産者危険率で推定できること』としていたのを改訂し，「コンクリートの圧縮強度は，計量抜取検査で実施し，施工計画に基づく施工ロットごとに，特性値を下回る不良率が 5%以下であることを，検査計画書に示す生産者危険で検査しなければならない」と記載した．

箇条（3）の条文には，圧縮強度以外の特性値は，施工者が配合選定時に特性値を確認した記録で検査し，さらに，配合選定で定めた仕様に従いコンクリートが製造されていることを検査しなければならないことを記載した．

箇条（4）の条文には，施工者が指定した品質のコンクリートが受け入れられていることを品質管理記録で確認しなければならないことを記載した．

箇条（5）の条文には，施工前に，施工者の計画したコンクリート工が検査計画に適合するものであることを確認し，施工中は，コンクリート工の状況を把握しなければならないことを記載した．

【解　説】

（1）について　設計図書に試料の採取場所を特に定めておらず，積雪寒冷地等において空気量の確保が特に重要で，圧送による空気量の低下が見込まれる場合には，打込み箇所で試料を採取する必要があること，打込み箇所と荷卸し地点との結果の差が把握できる場合には，荷卸し地点で採取した試料を用いてもよいことを記載した．また，コンクリートの打込みは，検査に合格したことを確認してから行うのが原則であることを示した．

コンクリートの圧送は空気量に影響を与えることが知られている．「コンクリート技術シリーズ 127　コンクリート構造物の耐凍害性確保に関する調査研究小委員会（359 委員会）委員会報告書およびシンポジウム論文集」では，圧送がコンクリートの空気量に与える影響を以下のようにまとめている[1]．

コンクリートの凍結融解抵抗性を確保するためには，硬化コンクリート中の空気量，特に，気泡径が 150μm 未満の微細な気泡量を確保することが重要である．CL135「コンクリートのポンプ施工指針［2012 年版］」では，圧送に伴う空気量の減少量を**図 4.4.1** のように示している．圧送距離が 100m 程度の場合では圧送前後の空気量にほとんど違いは認められないが，圧送距離が 150m 以上の場合には圧送後の空気量が 0.5～1.0%程度減少する傾向になる．既往の報告の中には，山岳トンネルの覆工コンクリートにおいて，圧送後の空気量が 2.0～3.0%程度まで減少することが報告されている[2]．

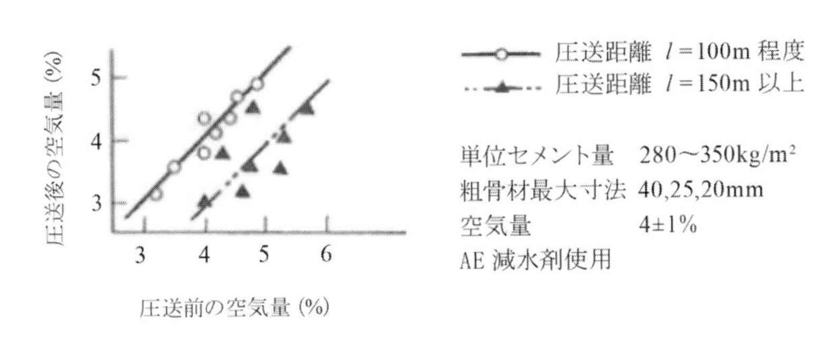

図 4.4.1　圧送によって減少する傾向で圧送に伴う空気量の減少量の関係[2]

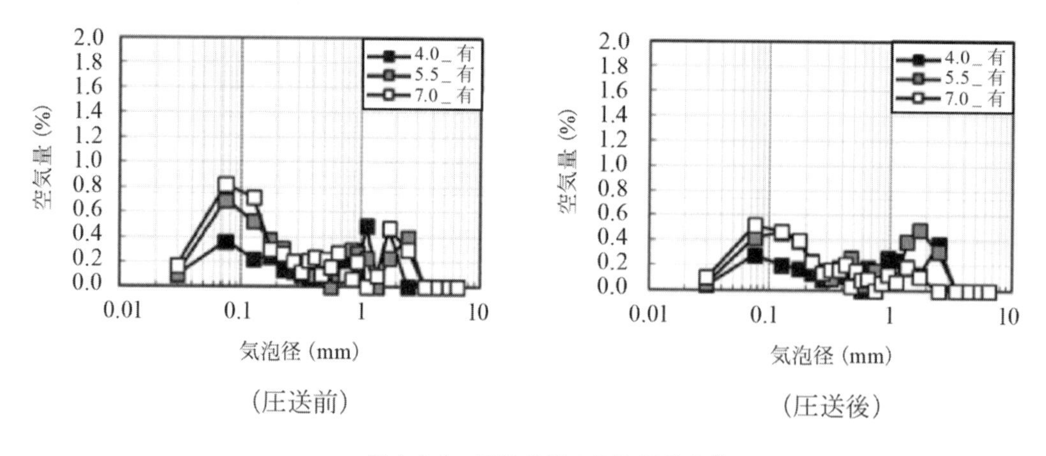

図 4.4.2　圧送前後の気泡径分布 [3)]

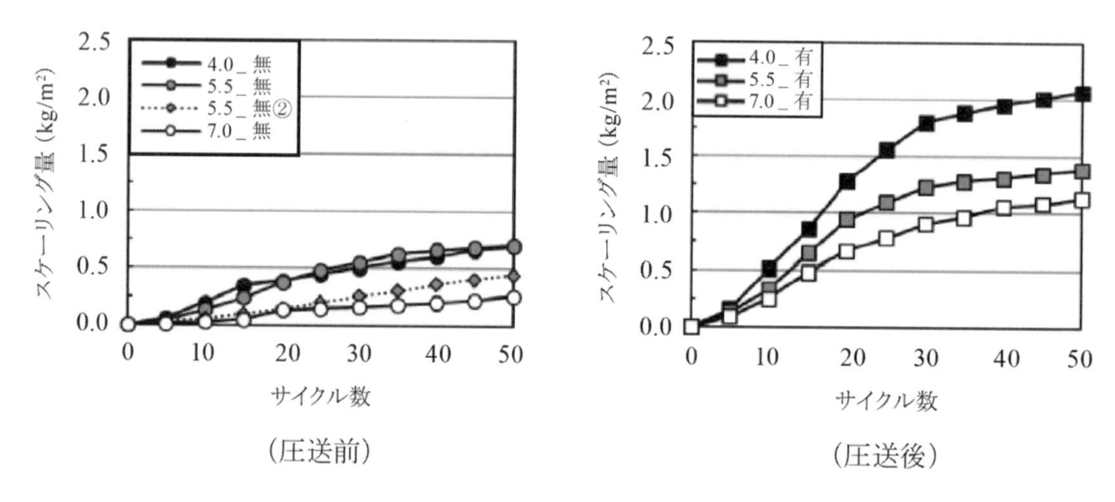

図 4.4.3　圧送前後のスケーリング量の推移 [3)]

硬化コンクリートの空気量を気泡径分布で確認すると，**図 4.4.2** に示すように，圧送後におけるコンクリートでは，スケーリング抵抗性に有効とされる微細な空気量が減少している [3)]．また，この時の圧送前後におけるスケーリング促進試験（ASTMC672）の結果は，**図 4.4.3** に示すように圧送前と比べて圧送後の方が，明らかにスケーリング量が多くなっており，圧送による空気量の減少でスケーリング抵抗性の低下することが確認されている [3)]．

一方，高性能 AE 減水剤を用いた高強度コンクリートは，**図 4.4.4** に示すように，コンクリートポンプによる圧送によりフレッシュコンクリートおよび硬化コンクリートの空気量が著しく増加する場合もあることが報告されている [4)]．また，98 ケースのコンクリート配合について圧送前後の空気量の変化を，化学混和剤別に比較したデータも報告されており，**図 4.4.5** に示すように，混和剤の違いによる影響が顕著であり，高性能 AE 減水剤を用いたコンクリートは圧送後に空気量が増大する傾向が認められる [5)]．これらのコンクリートで圧送前後において空気量が増大した要因としては，コンクリートポンプ車のホッパ部での攪拌に伴うエントレインドエアの巻き込みが影響したことや，ポリカルボン酸ポリマーを主成分とする高性能 AE 減水剤自体の空気連行性が高いことが影響している可能性があることを報告している．

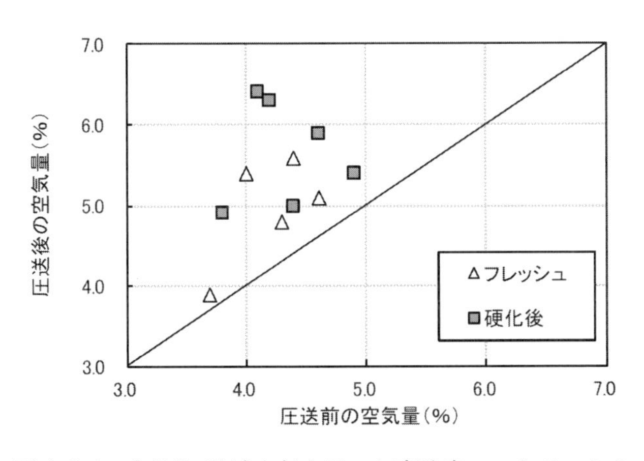

図 4.4.4　高性能 AE 減水剤を用いた高強度コンクリートの圧送による空気量の変化[4)]

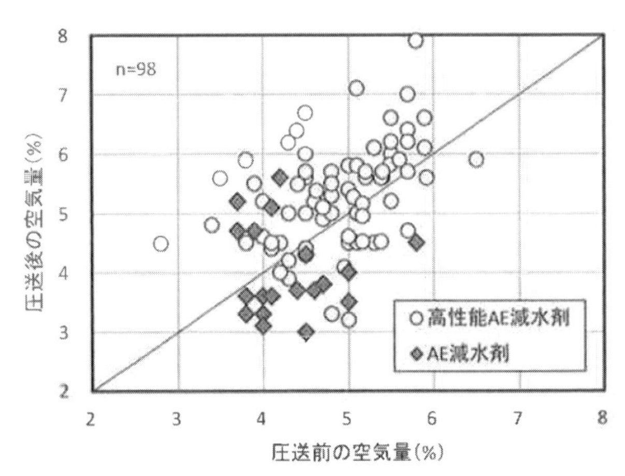

図 4.4.5　化学混和剤の種類の異なるコンクリートの圧送による空気量の変化[4)]

また，高強度コンクリートの圧送前後の気泡径分布を**図 4.4.6** に，気泡径分布から硬化後の全気泡（全空気量），0.30mm 未満，1mm 以上，その他の気泡径に分類したものを**図 4.4.7** に示す[4)]．図のように，気泡径 1mm 以上の気泡量は若干減少傾向にあり，0.30mm 未満の微細な空気量が増加することが示されている．これらのメカニズムはまだ明らかにはなっていないが，粘性が高いコンクリートほどコンクリートポンプ車のホッパ部分で空気を巻き込むこと，圧送中についてはベント管中でせん断層流の複雑な動きにより化学混和剤の気泡作用が再活性化されること，コンクリートが輸送管を圧送される過程で大きな気泡が微細気泡に分割されること等が考えられる．

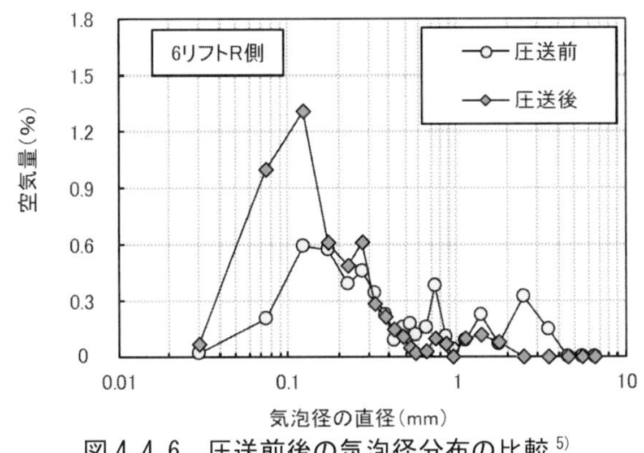

図 4.4.6　圧送前後の気泡径分布の比較[5)]

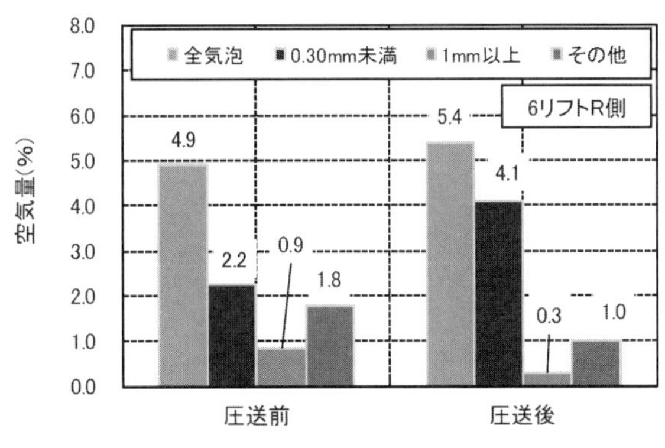

図 4.4.7　気泡径ごとの空気量の比較[5)]

以上から，圧送によるコンクリートの空気量の増減は，コンクリートの配合，圧送距離および圧送に関係する条件等により相違することがわかる．しかしながら，圧送による空気量の増減を定量的に判断するまでは至っていないことから，今回の改訂では，圧送の影響による考慮すべき空気量の増減を定量的に示すことは見合わせ，「コンクリートの荷卸し地点で採取した試料を用いて試験を行う場合は，打込み箇所で採取した試料を用いて行う試験結果との差を把握しておく必要がある」との記載にとどめた．

（２）について　【昭和 42 年制定】示方書以降，継続して圧縮強度の検査に用いられている計量抜取検査の基本的な考え方について示した．なお，一般的に工業製品では JIS Z 9003 および JIS Z 9004 のように生産者危険を 5%，消費者危険を 10%とすることを標準としているが，今回の改訂においても，これまでの示方書の記載と同様に，生産者危険のみで合格判定基準値を定めることとした．この理由については，この改訂資料「９．レディーミクストコンクリートの配合選定および強度の検査」に示しているので参照されたい．

なお，生産者危険を定めて，検査計画書に示す必要があること，生産者危険を定める際は，消費者危険を設けた場合と同程度の大きさの合格判定基準値となる生産者危険を定める必要があること，施工の1ロットの大きさ等も考慮し，試験回数に応じた合格判定基準値を設定する必要があることを示した．

（3）について　施工者に圧縮強度以外の特性値（ヤング係数，水分浸透速度係数，塩化物イオン拡散係数，相対動弾性係数および収縮ひずみ等）を指定した場合の検査として，発注者は施工者が特性値を満足するコンクリートを選定していることを配合選定時の記録により確認するとともに，配合選定で定めた仕様に従いコンクリートが製造されていることを施工者の品質管理記録で検査することを示した．また，構造物の耐久性に関わるコンクリートの空気量や塩化物含有量等の品質は，施工時のコンクリートの打込み前に検査することも示した．

（4）について　施工者が要求したとおりの品質のコンクリートを受け入れていることを品質管理記録で検査する方法を記載した．また，最大水セメント比（または最大水結合材比）を定めた場合には材料の計量の記録を検査することや，単位水量の上限値を定めた場合には試験により検査する必要があることを示した．

（5）について　コンクリート工は，打ち込まれたコンクリートの品質および構造物の出来形や出来栄えに及ぼす影響が大きいため，コンクリート工が適正かつ能率的に行われていることを監督し，改善を行うことで品質等の向上に寄与すると考えられる事項および設計図に示される品質を満足しなくなる可能性があると判断される事項等を把握することが重要であると記載した．

4.4.2　圧縮強度

圧縮強度の検査は，現場プラントで製造するコンクリートおよびレディーミクストコンクリートについて，合格判定方法を記述した．「4.2.1 現場プラントで製造するコンクリート」では，圧縮強度の検査は，母集団の分散が未知とし，JIS Z 9004に基づき行うことを記載した．

【条　文】

条文には，現場プラントで製造するコンクリートおよびJIS認証品外のレディーミクストコンクリートの圧縮強度の合格判定方法について示した．これらのコンクリートは母集団の分散が未知であるとし，JIS Z 9004「計量規準型一回抜取検査（標準偏差未知で上限又は下限規格値だけ規定した場合）」に基づき行うことを記載した．

【解　説】

圧縮強度の母分散が未知の場合の合格判定に関する具体的方法を示した．n 回の試験値の平均値$\overline{x_n}$が$(f'_{ck}+k\cdot s_n)$以上であることを計量抜取検査で確認でき，また，当該施工ロットで試験した圧縮強度の標本不偏分散$s_n{}^2$が，工程検査ロットの標本不偏分散$s_{30}{}^2$と差がないことをF検定により有意水準 20%で確認できれば，母集団の不良率がp_0%以下であることが保証されるとして，合格と判定するものである．なお，kは合格判定係数，s_nは標本不偏分散の平方根である．解説には，不良率p_0を 5%，生産者危険をα%とした場合の合格判定係数kの算定式を，式（解 4.2.2）～式（解 4.4.4）に記載した，これらは，【平成 8 年制定】示方書まで記載されているものと同じである．なお，【平成 8 年制定】示方書には，不良率を 5%，生産者危険を10%とした場合の試験回数nと合格判定係数kの関係として，**図 4.4.8** が解説に示されていた．計量抜取検査では，受け入れたいコンクリートが検査に合格する確率を 95%以上，受け入れたくないコンクリートが検査に合格する確率が 10%以下となるように，一般に生産者危険は 5%，消費者危険は 10%として試験回数を決め，その試験回数に基づき合格判定基準値が定められる．しかし，実際の施工では，試験の回数はコンクリートの打込み量に比例して決めた方が合理的である．試験回数が少なくなると合格判定基準値が下がる．これを防ぐため，試験回数が少ない場合でも，消費者危険を考慮して定めた合格判定基準値と同じ程度になるよう，【平成 8 年制定】示方書までは，生産者危険として 10%が示されていた．また，F検定により有意水準 20%で確認する式（解 4.2.6）を示した．現場プラントで製造したコンクリートの圧縮強度の目標値の定め方，繰返しの製造が始まった後の圧縮強度の管理の仕方，検査の例を「8．現場プラントで製造するコンクリートの圧縮強度の目標値，品質管理および検査」に示しているので参照されたい．

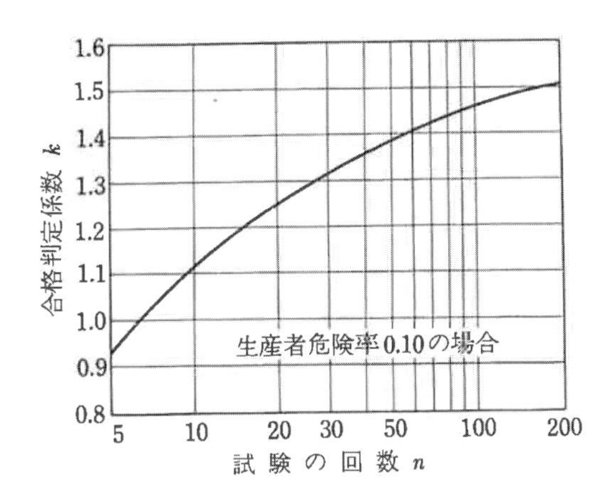

図 4.4.8　試験の回数と合格判定係数との関係（【平成 8 年制定】示方書 解説 図 13.4.1）

「4.2.2 レディーミクストコンクリート」では，圧縮強度の検査は，母集団の分散が既知とし，JIS Z 9003 に基づき行うことを記載した．

【条　文】

箇条（1）の条文には，JIS 認証品のレディーミクストコンクリートの合格判定方法を示した．JIS 認証品のレディーミクストコンクリートは母集団の分散が既知であるとし，JIS Z 9003「計量規準型一回抜取検査（標準偏差既知でロットの平均値を保証する場合及び標準偏差既知でロットの不良率を保証する場合）」に準じて行うことを記載した．

箇条（2）の条文には，圧縮強度の検査は，発注者の設計基準および検査基準に適合する判定基準で行うことを記載した．

【解　説】

（1）について　圧縮強度の母分散が既知の場合の合格判定に関する具体的方法を示した．母分散が既知の n 回の試験値が得られた場合，n 回の試験値の平均値$\overline{x_n}$が合格判定基準値を満足していることを検査する方法である．不良率p_0を 5%，生産者危険をα%とした場合の合格判定式は式（4.4.1）で表される．なお，式（4.4.1）の右辺は合格判定基準値である．

$$\overline{x_n} \geq \frac{1 - K_\alpha V/\sqrt{n}}{1 - 1.645V} \cdot f'_{ck} \tag{4.4.1}$$

ここに，　$\overline{x_n}$ ：n 回の試験値の平均値（N/mm^2）

f'_{ck} ：圧縮強度の特性値（N/mm^2）

K_α ：生産者危険をα%としたとき，標準正規分布において上側確率がα%となる点

V ：変動係数

箇条（1）の解説に示した式（解 4.2.8）には，不良率が 5%（K_{p0}=1.645）の判定式を記載している．生産者危険は検査計画書に示されている．変動係数Vは，レディーミクストコンクリート工場から提出される配合計画書に含まれる配合計算書の値を用いるとよいが，配合計算書に配合強度f'_{cd}と標準偏差σが示されている場合は，変動係数Vはσ/f'_{cd}で求めてよい．

当該施工ロットで試験した圧縮強度の標本不偏分散$s_n{}^2$は，レディーミクストコンクリート工場から提出される配合計算書に示される標準偏差σから求めた分散σ^2と差がないことを，χ^2検定により有意水準 20%で評価する式（解 4.2.9）を示した．

施工ロットごとのコンクリートの圧縮強度の検査は，n回の試験値の平均値$\overline{x_n}$が式（解 4.2.8）を満足し，かつ，式（解 4.2.9）を満足することを総合的に判断し，合格判定を行う必要がある．母分散が既知の場合の検査の一般的な考え方と検査の例を，「9．レディーミクストコンクリートの配合選定および強度の検査」に示しているので参照されたい．

発注者は，種々の条件下で打ち込まれたコンクリートが全体的に品質の偏りがなく，かつ各部が所定の品質を有していることを検査する必要がある．そのためには，工事中に打ち込まれたコンクリート全体を単に一つのロットとして検査するのではなく，品質の変動要因も考慮して，任意の部分を一つの施工ロットとして設定し，施工ロットごとに検査を行う必要がある．なお，施工の 1 ロットは，施工計画時に施工者が定めた範囲とするとよい．

（2）について　発注者は，それぞれの検査基準により圧縮強度の検査を行うため，発注者の定める設計基準や検査基準等に適合する判定基準により検査を行うこととした．加えて，国や地方公共団体が用いる土木工事共通仕様書等では，5%とは異なる不良率を想定したり，生産者危険を考慮しないで，JIS A 5308 の「5.品質」の規定に適合すればよいとしている場合が多いと記載した．

【補足説明】

【2017年制定】示方書［施工編：検査標準］の『5章 レディーミクストコンクリートの検査』の解説には，『呼び強度の強度値に設計基準強度を指定してレディーミクストコンクリートを購入すれば，設計基準強度を下回る 1 回の試験値の確率が 5%以下であると判断することができる．』との記載があったが，この記載は正確ではないため解説から削除した．この記載は，呼び強度の強度値に圧縮強度の特性値を指定してレディーミクストコンクリートを購入した場合，レディーミクストコンクリートの受入れ検査に合格すれば，構造物に用いるコンクリートの検査にも合格することを意味する．このことは，【昭和 55 年制定】示方書のように，不良率が 25%の場合には成り立つが，不良率が 5%となった昭和 61 年以降に制定された示方書では成り立たない．レディーミクストコンクリートの標準偏差σ（$=\alpha_A \fallingdotseq \alpha_B$）とすると，**図 4.4.9** に示すように，不良率が 5%となった【昭和 61 年制定】示方書からは，圧縮強度の平均値および合格判定基準値ともに，不良率が 25%であった【昭和 55 年制定】示方書までに比べて，1σ程度大きな値となる．すなわち，構造物に用いるコンクリートの検査に合格するためには，式（4.4.1）に示す合格判定基準値を満足するようなレディーミクストコンクリートを指定する必要があることになる．

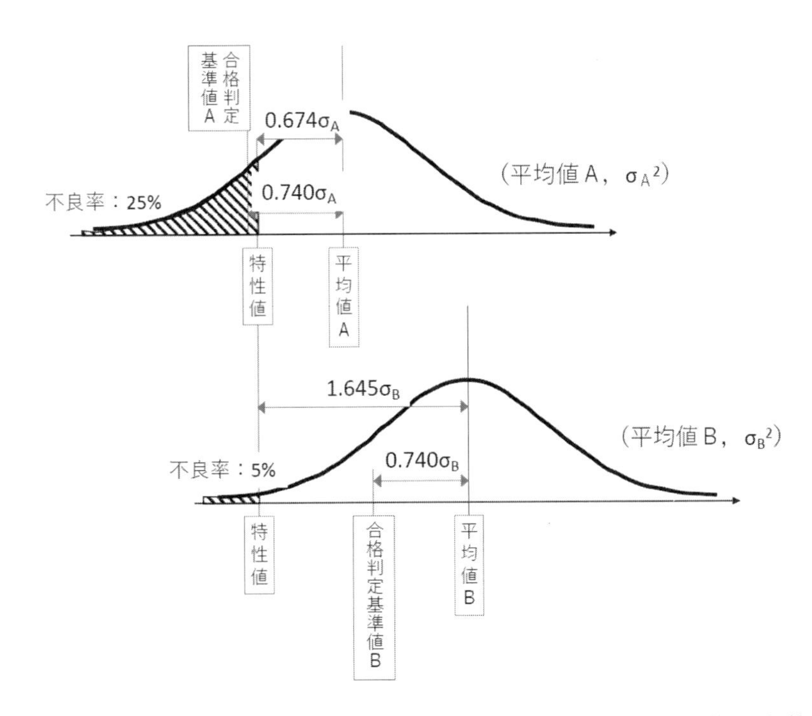

図 4.4.9　不良率が 25%の場合と不良率が 5%の場合の平均値と合格判定基準値

4.4.3　圧縮強度以外の特性値および仕様

圧縮強度以外の特性値は，不良率が 50%であることを検査すること，構造物の耐久性に関わるコンクリートの品質は打込み前に検査することを記載した.

【条　文】

箇条（1）の条文には，圧縮強度以外の特性値（ヤング係数，水分浸透速度係数，塩化物イオン拡散係数，相対動弾性係数および収縮ひずみ等）を，設計図の設計条件表等で示した場合には，発注者は施工者が配合選定時に確認していることを記録により検査しなければならないことを記載した.

箇条（2）の条文には，構造物の耐久性に関わるコンクリートの空気量や塩化物含有量等の品質は，コンクリートの打込み前に検査しなければならないことを記載した.

コンクリートの単位水量は耐久性に大きく影響する．設計図の設計条件表に単位水量あるいは水セメント比（水結合材比）の上限が指定されている場合，検査では骨材の表面水率と計量装置の測定精度を考慮する必要がある．箇条（3）および（4）の条文には，骨材の表面水率と計量装置の誤差を考慮して決めた単位水量の上限と水セメント比（水結合材比）の上限が守られていることを検査しなければならないことを記載した.

【解　説】

（1）について　コンクリートの圧縮強度以外の特性値を試験により検査する場合について，特性値を下回る不良率が 50%以下であることを，有意水準 0.135%で t 検定により確認する方法として，式（解 4.3.1）～式（解 4.3.5）を記載した.

コンクリートの凍結融解抵抗性は，AE 剤による空気量が入っていれば確保されるものではない．コンクリートの凍結融解抵抗性は，エントレインドエアを含む良質なセメントペーストと，凍結融解抵抗性に優れる骨材の使用によって実現する．骨材の凍結融解抵抗性は，JIS A 1122「硫酸ナトリウムによる骨材の安定性試験方法」による安定性で判断するのが一般的である．JIS A 5308 では，砂利の安定性は 12%以下，砂は 10%以下と規定されている．しかし，JIS A 5308 に規定される安定性を満足する骨材を用い，空気量を

4.5±1.5%としても，**図 4.4.10** に示されるように，60%以上の耐久性指数が得られない場合がある．なお，**図 4.4.10** は，良質な川砂を細骨材に用い，W/C を 50～55%にした AE コンクリートである．

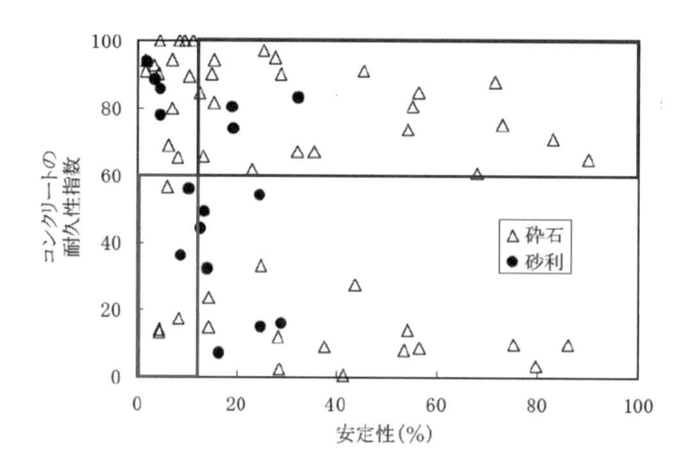

図 4.4.10　安定性と耐久性指数の関係 [6)]

厳しい環境条件に立地するコンクリート構造物で，コンクリートに耐凍害性が求められる場合には，施工に先立ち，実際に凍結融解試験や，スケーリング試験によって所定の品質が得られることを確認する必要があることを記載した．

（2）について　空気量や塩化物含有量等のコンクリートの品質は，構造物の耐凍害性や構造物中の鋼材の腐食に影響を与える重要な品質のため，コンクリートの打込み量や構造物の重要度に応じた頻度で，打込み前に検査を行う必要があることを記載した．

（3）について　施工に用いられるコンクリートの水結合材比を試験で確認する場合には，計量印字記録と実測の骨材の表面水率を用いて算出された水結合材比が最大水結合材比よりも大きくなる場合に不合格と判定する条件を式（解 4.3.6）に示した．また，水結合材比の上限が守られていることは，全てのバッチについて判定することが望ましいことを記載した．

（4）について　単位水量を試験で確認する場合，単位水量の試験値が，配合中の単位水量試験値ならびに単位水量試験の精度の和を上回ると不合格と判定する条件を式（解 4.3.7）に示した．

4.4.4　品質管理記録

【条　文】および【解　説】

【2017年制定】示方書［施工編：検査標準］の『3章 コンクリート材料の検査』,『4章 コンクリートの製造設備の検査』,『5章 レディーミクストコンクリートの検査』,『7章 施工の検査』の内容を踏まえ，施工者が行った品質管理記録の検査方法に関わる箇所を整理し，条文および解説に記載した．現場プラントで製造するコンクリートを用いる場合は「4.4.1 現場プラントで製造するコンクリート」に，レディーミクストコンクリートを用いる場合は「4.4.2 レディーミクストコンクリート」に，それぞれ品質管理記録により検査しなければならないことを記載した．なお，レディーミクストコンクリートでは，施工現場に入荷されたコンクリートの製造ロットの試験成績表を基に，施工者はコンクリートの圧縮強度，スランプ，空気量および塩化物含有量等を確認し，これらの品質管理の記録を残している．また，「4.4.3 コンクリート工」には，施工者が施工計画書どおりにコンクリート工を行っていることを品質管理記録により検査しなければならないこと

を記載した.

4.5　プレキャストコンクリート

4.5.1　一　　般

【2023 年制定】［示方書：施工標準］に「6.4 プレキャストコンクリート製品」および「12 章 プレキャストコンクリート工」が新設されたことを受け，検査標準においても「5 章 プレキャストコンクリート」を新設した．なお，JIS マーク表示認証のあるプレキャストコンクリート製品の受入れと施工に関する検査を対象としたものである.

【条　文】

箇条（1）の条文には，「施工者が要求したとおりの品質のプレキャストコンクリート製品を受け入れていることを，施工者の品質管理記録により検査しなければならない」こと，箇条（2）の条文には，「プレキャストコンクリート製品が設計図書どおりに設置され，組み立てられていることを検査しなければならない」ことを記載した.

【解　説】

「発注者は，施工者が所要の性能，外観，形状および寸法に関する規格を満足するプレキャストコンクリート製品を受け入れていることを検査する必要がある．I類の製品については，JIS A 5371，JIS A 5372，JIS A 5373 の附属書の推奨仕様に従って，II類の製品については，生産者の行った型式検査の結果等に従って，施工者が所定の品質の製品であることを確認して受け入れていることを購入前の確認記録等により検査する必要がある」ことを示すとともに，JIS には検査基準が示されていないため，発注者は，ひび割れ，角欠け，気泡等の外観が性能に対して有害なものかを考慮して，これらの検査基準等を定めて，施工者に示すことを記載した.

4.5.2　品質管理記録

【条　文】

品質管理記録により検査する内容は，「施工者が指定したとおりの製品を受け入れていること」，「プレキャストコンクリート製品の品質が要求したとおりであることを，施工者が最終検査に基づく試験成績表で確認していること」，「施工計画書に従いプレキャストコンクリート工が行われていること」を検査しなければならないことを記載した.

【解　説】

発注者は，施工者が所定のプレキャストコンクリート製品を誤納なく入荷していることを，プレキャストコンクリート工場が行った最終検査および受渡検査の記録，施工者が行った受入れ検査の記録により検査すること，施工の各段階で設置位置が管理基準内に収まっていることを施工者の品質管理記録により検査することを記載した．また，接合について，プレストレスを用いた接合や機械式継手工法に関する検査等についての留意事項を示した.

4.6　出来形，かぶり，表面状態

4.6.1　一　　般

【2017 年制定】［示方書：検査標準］の『8 章 コンクリート構造物の検査』から，出来形，かぶりおよび表面状態に関する部分を，【2023 年制定】［示方書：検査標準］の「6 章 出来形，かぶり，表面状態」に集約

した．また，これらの検査で，不合格と判定した場合の措置もこの章に記載することとし，構成変更に伴い，内容を精査した上で記載した．

【条　文】および【解　説】

【2017 年制定】［示方書：検査標準］の出来形，かぶりおよび表面状態に関する部分を精査して，条文に記載した．解説には，完成後に検査できない部材や部位については，施工過程での段階的な検査が必要であることを記載した．

4.6.2　出 来 形

【条　文】および【解　説】

【2017 年制定】示方書［施工編：検査標準］の『8.2 コンクリート部材の位置および形状寸法の検査』を見直し，条文には「位置および形状寸法が，発注者の定める許容差を満足していることを検査しなければならない」と記載し，解説には，「発注者の定める出来形管理基準および品質管理基準により測定した位置および形状寸法の実測値が，全て許容差を満足することで合格とする」こと，「許容差は，構造物の種類や重要度，部材の種類により定める必要がある」ことを記載した．

4.6.3　か ぶ り

【条　文】

【2017年制定】示方書［施工編：検査標準］の『8.5 かぶりの検査』を見直して記載した．【2017年制定】示方書［施工編：検査標準］では，『かぶりの検査が必要と判断された構造物または部材では，非破壊試験により所定のかぶりが確保されていることを確認しなければならない』ことと，かぶりの検査の試験方法および判定基準が条文に記載されていた．【2023 年制定】示方書［施工編：検査標準］では，これを見直し，条文には「かぶりは，必要と判断する構造物または部材で，試験装置の測定精度を考慮して非破壊試験による測定結果が所定のかぶりより小さくないことを検査しなければならない」ことを記載した．

【解　説】

解説には，「非破壊検査を用いた検査におけるかぶりの判定基準には，測定の精度を考慮に入れる必要がある．測定精度は，5mm または測定値の 20%のうち，大きい値を用い，式（解 6.3.1）より不合格の判定をしてよい」との記載を追加した．

表 4.6.1 に各発注機関の非破壊検査によるかぶり検査の基準をまとめた[7)~10)]．測定値が測定精度を考慮して定めた判定基準を満足することで，合格と判定している基準が多いが，現状の非破壊検査における測定精度では，判定基準を満たす測定値が得られたとしても，必ずしも必要なかぶりを確保したとは言い切れない．よって，かぶりの非破壊検査は，十分なかぶりが確保されたことを検査するのではなく，かぶりが明らかに不足していることを検査することが適切であると判断した．

したがって，耐久性照査の結果から必要とされるかぶりの設計値を判定基準とするのではなく，設計図に示されるかぶりから設計で見込まれている施工精度を差し引いた値から，さらに測定精度 5mm または測定値の 20%のうち大きい方を引いた値を不合格と判定する基準値として，非破壊試験によるかぶりの測定値がこの判定基準より小さい場合を不合格と判定することにした．また，橋梁上部構造，橋梁下部構造，ボックスカルバートについて，推奨するかぶりの測定位置や測定数量を示すとともに，試験の省略が可能なケース，試験装置の構成，記録の残し方に関する考え方を具体的に記載した．

表 4.6.1 各発注機関の非破壊検査によるかぶり検査の基準[7)〜10)]

区　分	NEXCO	JR 東日本	国土交通省	JASS 5
頻　度	床版・桁は，上下面，両側面 2 箇所/10m，箱桁は上下側 3 箇所/10m，カルバート 1 箇所/50m²	床版・張出し：下面測定，平均 2m×5m 範囲で 1 箇所，柱は上端から 2D 区間内で 3 面 カルバート：上床版下面最低 3 箇所，側壁は上端から 2D 区間，平均 2m×5m 範囲で 1 箇所	橋梁上部構造:1 径間当たり 3 断面，橋梁下部構造:柱部は3 断面（基部，中間部，天端部），張出し部は下面 2 箇所ボックスカルバート:1 基当たり 2 断面の測定を行うことを標準 （プレキャストは対象外）	かぶり厚さ不足が懸念される部材をおのおの 10%選定し，測定可能な面においておのおの 10 本以上の鉄筋のかぶり厚さを測定する
測定箇所	監督員が指定	対象によって相違	あらかじめ規定されている（図示）	せき板又は，支柱取外し後，目視検査により，構造体コンクリートのかぶり厚さ不足が懸念された場合，非破壊検査を行う
測定方法	非破壊探査機	非破壊探査機	非破壊探査機	非破壊探査機
補正方法	電磁誘導法と電磁波法の補正例あり	規定なし	(国研)土木研究所ＨＰ）により，近接鉄筋の影響についての補正	明記してない
判定基準	測定値≧「（設計かぶり－許容施工誤差）×0.80」	測定値が 25mm 以上，凍結融解作用の影響を受ける環境では 35mm 以上	規格値（＝設計値＋Φ）×1.2 以下　かつ下記いずれかの大きい値以上とする 規格値（＝設計値－Φ）×0.8，又は，規格値（＝最小かぶり）×0.8	測定値が Cmin を下回る確率が 15%以下

4.6.4　表面状態

【条　文】および**【解　説】**

【2017 年制定】示方書［施工編：検査標準］の『8.3 表面状態の検査』を見直して，条文には「コンクリートの表面状態は，露出面の状態，ひび割れ，空洞，浮き，打継目の状態について検査しなければならない」ことを記載した．なお，【2017 年制定】示方書［施工編：検査標準］の条文に示されていた検査項目は変更していないが，検査の試験方法と判定基準，ならびにマスコンクリートのひび割れの検査時期に関する条文は削除し，内容を精査した上で解説に記載した．解説には，マスコンクリートの場合には，構造物の所定の品質あるいは必要な機能を損なう許容ひび割れ幅を超えるような温度ひび割れが発生していないことを検査，コールドジョイント，豆板，砂すじおよび打継目等は目視で検査，露出面にあるコールドジョイントや豆板の周囲は，空隙や浮き等がないことを打音等で検査することを記載した．

4.6.5　不合格と判定した場合の措置

【条　文】および**【解　説】**

【2017 年制定】示方書［施工編：検査標準］の『8.7 合格と判定されない場合の措置』を見直し，条文には，「出来形，かぶりおよび表面状態の検査の結果，不合格と判定した場合は，部材および構造物が所要の性能を満足するように対策を講じるものとする」ことを記載した．解説には，「コンクリート部材の位置および形状寸法の検査で不合格と判定した場合」，「かぶりの検査で不合格と判定した場合」，および「表面状態の検査で不合格と判定した場合」のそれぞれについての対策を整理して，具体的に記載した．

4.7　部材または構造物

4.7.1　一　　般

【2017 年制定】示方書［施工編：検査標準］の『8 章 コンクリート構造物の検査』から，出来形，かぶり，表面状態の検査で合格と判定できなかった場合に行われる構造物を対象とした検査である『8.4 構造物中の

コンクリートの検査』,『8.6 部材または構造物の載荷試験による検査』を集約した．また，構造物完成までの検査で合格と判定できなかった場合の具体的な詳細調査の方法についても，この章に記載した．

【条　文】および【解　説】

【2017年制定】示方書［施工編：検査標準］の『8.1 一般』を見直し，条文には「構造物完成までの検査で合格と判定できなかった場合，または，あらかじめ検査計画に部材または構造物の検査が定められている場合には，部材または構造物の品質を検査しなければならない」とした．また，解説には，合格と判定されなかった検査項目がある場合の詳細調査に関する項目として，「非破壊試験によるコンクリート表面の強度の確認，構造物より採取したコアによる品質の確認，載荷試験による構造物の性能の確認等の検査を行う必要がある」ことを記載した．

4.7.2　構造物中のコンクリート

【条　文】および【解　説】

【2017年制定】示方書［施工編：検査標準］の『8.4 構造物中のコンクリートの検査』を見直して記載した．【2017年制定】示方書［施工編：検査標準］の条文では，『あらかじめ検査計画に定められている場合や，コンクリートの受入れ検査または施工の検査で合格と判定されない場合，あるいは，これらが確実に実施されない場合には，適切な方法により構造物中のコンクリートの検査を行うものとする』としていたが，今回の改訂では，条文には「コンクリートの受入れ検査または施工の検査で合格と判定できない場合，あるいは，施工計画に従って確実な施工が実施されていないと判断した場合は，構造物中のコンクリートの検査をしなければならない」と記載した．解説には，圧縮強度に関する試験方法を整理して示すとともに，「総合的な判断からコンクリートの強度が合格と判定されなかった場合には，確認すべき性能に応じて，部材または構造物の載荷試験を行って構造物の性能を確認する必要がある」ことを記載した．なお，【2017年版】示方書［施工編：検査標準］には，コンクリートの物質の透過に対する抵抗性を評価する試験についての記載があったが，これは「将来の維持管理においてコンクリートの劣化予測を行うために有益となる情報である」として，【2023年制定】示方書［施工編：検査標準］の「8章 検査の記録」に記載した．

4.7.3　載荷試験

【条　文】および【解　説】

【2017年制定】示方書［施工編：検査標準］の『8.6 部材または構造物の載荷試験による検査』を見直して，条文には「部材または構造物の安全性や使用性等を載荷試験によって検査する場合，所要の性能を確認できる方法を定めるものとする」こと，「載荷中および載荷後，たわみ，ひずみ等が設計において考慮した値に対して異常がないことを検査しなければならない」ことを記載した．解説には，載荷試験を実施するに至る状況や計画に際しての配慮事項について記載した．また，新しい考え方で設計された構造物，新しい施工方法を用いた構造物または特殊な材料を用いた構造物等において，部材または構造物の載荷試験によって構造物の性能を確認する場合は，検査方法をあらかじめ検査計画書に示しておく必要があることも記載した．

4.8　検査の記録

4.8.1　一　　般

【2017年制定】示方書［施工編：検査標準］の『9章 検査記録』を，【2023年制定】示方書［施工編：検査標準］の「8章 検査の記録」に集約した．コンクリート構造物の検査記録，補修等の記録を維持管理に伝

達すること，将来の維持管理において劣化の予測に有益な情報の取得について記載した．

【条　文】

箇条（1）の条文には，「検査の結果は，施工記録の一部分として保管し，竣工図面，構造計画書，設計図書等とともに維持管理に伝達しなければならない」こと，箇条（2）の条文には，「補修や手直し等の措置を講じた場合は，その原因や補修の位置，範囲，使用材料についても検査の記録として保存し，施工記録として維持管理へ伝達しなければならない」ことを記載した．

構造物の維持管理で信頼性の高い診断を行うためには，構造物の完成時の状態を把握しておくことが重要である．また，検査で合格と判定されなかった項目とその措置については，維持管理段階において，その対策箇所から劣化が生じる可能性もあり，補修対策を検討する際の重要な基礎資料とするため，新たに箇条（3）として，条文には「将来の維持管理においてコンクリートの劣化を標準と予測するために有益となる情報を，構造物の完成時に得ることが望ましい」ことを記載した．

【解　説】

コンクリート構造物の検査結果は，維持管理における構造物の初期状態の把握，維持管理計画の立案，変状の進行予測や原因分析等の資料として重要であるため，これらの検査の記録は，維持管理する事業主体に確実に伝達する必要があることを記載し，保管すべき項目を例示した．構造物の完成時に測定することで，将来の維持管理に役立つと思われる項目とそのデータを取得するための試験方法の例を，**解説　表 8.1.1** に示した．

参考文献

1) 土木学会：コンクリート技術シリーズ 127　コンクリート構造物の耐凍害性確保に関する調査研究小委員会（359 委員会）委員会報告書およびシンポジウム論文集，2021.10
2) 土木学会：CL135 コンクリートのポンプ施工指針[2012 年版]，2012.6
3) 小山田哲也，平戸謙好，山本英和：コンクリートのスケーリング劣化に及ぼす施工による空気量の変化の影響に関する研究，コンクリート工学年次論文集，Vol.41, No.1, pp.803-808, 2019.6
4) 高木智子，橋本学，松本修治，林大介：高所へ圧送した際のフレッシュおよび硬化コンクリートの空気量の変化，土木学会全国大会第 75 回年次学術講演会，V-415，2020.9
5) 山﨑順二，木村芳幹，岩清水隆，岩竹秀昭，岸繁樹，中村成春，橋本紳一郎：コンクリートの圧送における空気量の変化とその制御方法に関する検討，日本コンクリート工学会，コンクリート中の気泡の役割・制御に関する研究委員会報告書，pp.187-192，2016.6
6) 土木研究所材料地盤研究グループ基礎材料チーム：骨材がコンクリートの凍結融解抵抗性と乾燥収縮に与える影響と評価試験法に関する研究，土木研究所資料，第 4199 号，2011.3
7) 東・中・西日本高速道路株式会社：NEXCO 試験方法 第 3 編 コンクリート関係試験方法，2021.7
8) 東日本旅客鉄道株式会社： 土木工事標準仕様書（JR 東日本/編），【付属書】08-09 打音検査および最外縁の鉄筋かぶり厚さの検査を実施する部位，2020.7
9) 国土交通省大臣官房技術調査課：非破壊試験によるコンクリート構造物中の配筋状態及びかぶり測定要領，2018.10
10) 日本建築学会：建築工事標準仕様書・同解説 JASS 5 鉄筋コンクリート工事，11 節 品質管理および検査，2022.11

5．目的別コンクリートの改訂内容と補足説明

5.1 総　則

名称は，これまでの『特殊コンクリート』から「目的別コンクリート」に改めた．【2007年制定】示方書［施工編］の改訂で，本編，施工標準，検査標準および特殊コンクリートの編成となり，今回の改訂でもこの構成は継承されている．『特殊コンクリート』は，施工標準では取り扱わないコンクリートで施工する場合の標準を示すものであるが，特殊という言葉が，特別なコンクリートや適用するにはハードルが高いコンクリートという印象を与えるおそれがあることから，名称を改めることにした．ここで取り上げているコンクリートは，ある目的を達成するために，一般のコンクリートと比べて，様々な材料を用いたり，ある特性を向上させたり，特別な方法で施工したりするコンクリートであることから，新しい名称は「目的別コンクリート」とした．また，目的を大別して，**表 5.1.1** に示されるように，生産性の向上，環境負荷の低減，機能の付与・性能の向上，特別な方法での施工の4つのカテゴリに区分した．

表 5.1.1 【2017年制定】示方書［施工編：特殊コンクリート］と【2023年制定】示方書［施工編：目的別コンクリート］の章構成

2017年制定　特殊コンクリート	
1章	総　則
2章	流動化コンクリート
3章	高流動コンクリート（施工標準へ）
4章	高強度コンクリート
5章	膨張コンクリート
6章	短繊維補強コンクリート
7章	海洋コンクリート（施工標準へ）
8章	水中コンクリート
9章	吹付けコンクリート
10章	プレストレストコンクリート
11章	プレキャストコンクリート
12章	工場製品（施工標準へ）
13章	軽量骨材コンクリート

2023年制定　目的別コンクリート		
カテゴリ	1章	総　則
生産性の向上	2章	施工者が製作仕様に関与するプレキャストコンクリート
	3章	締固めを必要とする高流動コンクリート（新設）
	4章	流動化コンクリート
環境負荷の低減	5章	混和材を大量に使用したコンクリート（新設）
	6章	再生骨材コンクリート（新設）
機能の付与・性能の向上	7章	35°Cを超える暑中コンクリート（新設）
	8章	膨張コンクリート
	9章	短繊維補強コンクリート
	10章	高強度コンクリート
	11章	軽量骨材コンクリート
特別な方法での施工	12章	プレストレストコンクリート
	13章	水中コンクリート
	14章	吹付けコンクリート

目的別コンクリートで取り上げるコンクリートは，目的別コンクリートWGおよび施工編部会で議論を行い，締固めを必要とする高流動コンクリート，混和材を大量に使用したコンクリート，再生骨材コンクリートおよび35℃を超える暑中コンクリートを新たに掲載することとした．一方で，土木学会ではここで取り上げた以外にも多くの指針類が整備されており，これらの概要を総則に列記するのがよいとの意見も出された．しかしながら，示方書［施工編］の冒頭に参照すべき指針類が示されていること，指針の中には施工標準等に取り込まれているものもあることから，列記するのは見送ることとした． WG内で議論した目的別コンクリートと本編，施工標準および検査標準との関係の概念図を**図 5.1.1** に示す．

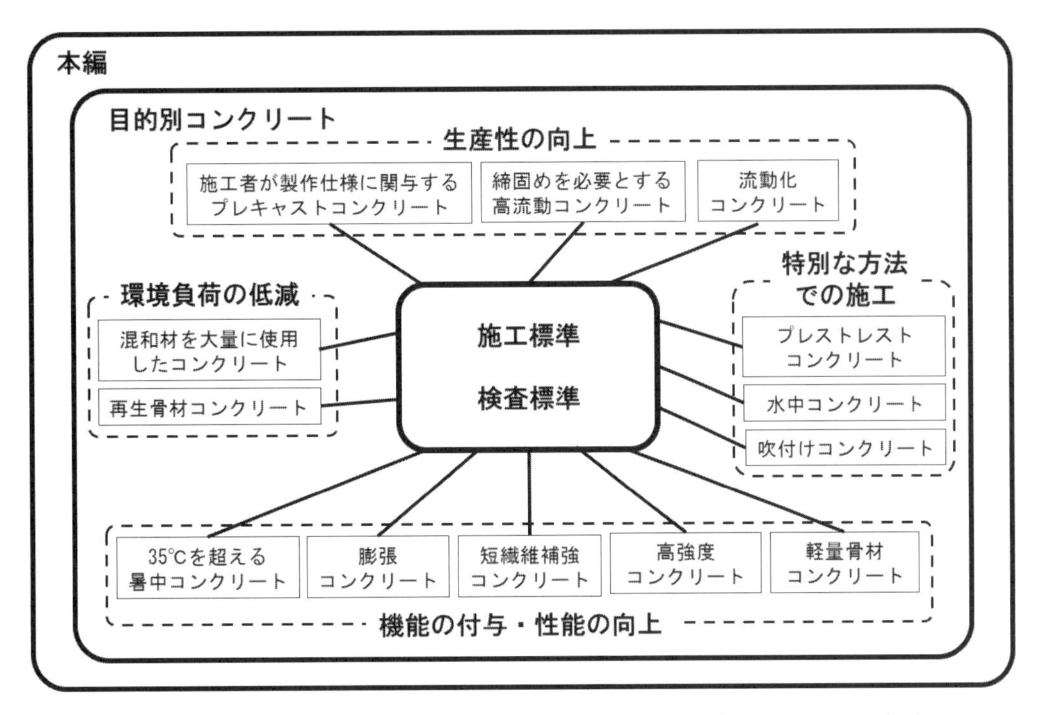

図 5.1.1　目的別コンクリートと本編，施工標準および検査標準との関係の概念図

新設した 4 つの章のほかにも，各種スラグ骨材を使用したコンクリートの新設や，2017 年の改訂で削除されたプレパックドコンクリートの再掲も検討したが，各種スラグ骨材を使用したコンクリートは，［施工編：施工標準］「3 章　コンクリートの製造に用いる材料」でその品質や特徴が記載されていること，プレパックドコンクリートは，新たな知見が得られていないこと，プレパックドコンクリートに使用する混和剤は汎用的には製造されておらず，施工実績が少ないと想定されることから，掲載を見送ることにした．【2017 年制定】示方書［施工編：特殊コンクリート］で記載されていた高流動コンクリートと海洋コンクリートは施工標準に移設した．また，プレキャストコンクリートと工場製品のうち，JIS で規定されないプレキャストコンクリート製品や，施工者が作業ヤードで製造したり，工場に委託して製作したりするプレキャストコンクリート製品を対象とした新たな章「2 章　施工者が製作仕様に関与するプレキャストコンクリート」を設けた．

目的別コンクリートで取り上げたコンクリートは，施工標準で取り扱うコンクリートに対して，使用材料や配合の選定，施工方法，品質管理および検査の方法等が異なり，これらのコンクリートを適用する際には，十分な知識と経験を有する技術者の指導の下，材料，配合，製造および施工方法を検討する必要がある．このため，【2017 年制定】示方書［施工編：特殊コンクリート］では，各章の一般の条文には，『十分な知識と経験を有する技術者の指導の下，材料，配合，製造および施工方法について十分に検討する必要がある』旨が示されていたが，今回の改訂では，「1 章　総則」にのみ記載し，各章での記載は行わないことにした．各章の一般では，箇条（1）の条文で，この章の適用範囲（対象とする範囲）を示し，箇条（2）の条文で，そのコンクリートの留意点を記載した．また，目的別コンクリートで取り上げているコンクリートは，［施工編：施工標準］に示される品質管理や［施工編：検査標準］に示される検査以外に，行うべき品質管理および検査があることから，各章には品質管理と検査の節を必ず設けることにした．

目的別コンクリートに取り上げたコンクリートに関連する指針類の一覧を「1 章　総則」**解説 表 1.1.1** に示し，目的別コンクリートで記載されていない事項については，それらの指針類を参照するように記述した．指針類の中には発刊から長時間を経過しているものもあり，現状の技術にそぐわない場合もあることから，参照に際しては，指針の記載内容の趣旨を勘案して取り扱う必要があることを示した．また，目的別コンクリートで取り上げたもの以外にも，土木学会からは多種多様な材料を用いたコンクリートの製造あるいは施工，構造性能や耐久性を向上させる工法等に関する指針が発刊されている．これらの指針はコンクリート標準示方書を補完するものであり，対象とする構造物の目的，設計耐用年数および施工条件等に応じて，これらの指針のコンクリートや工法を積極的に適用するとよいことを記述した．次回の改訂においても，社会的な要求や，将来的なコンクリート標準示方書の存在意義等を踏まえて，目的別コンクリートに掲載すべきコンクリートの種類，その掲載方法，施工標準へ移行すべきコンクリート等について議論されることが望まれる．

目的別コンクリートで取り上げているコンクリートは，ある特定の目的のために適用されるものであることから，工事案件によっては使用数量が少量となり，試験回数が少なく［施工編：検査標準］に示される統計的な判断が困難な場合もある．そのような場合は，1 回の試験結果が圧縮強度の特性値を下回らない必要があると記載している．1 回の試験結果が必ず圧縮強度の特性値を下回らないようにするには，変動係数Vが 10%であれば，圧縮強度の目標値を圧縮強度の特性値の 1.43 $(= 1/(1 - 3 \times 0.1))$ 倍にする必要がある．なお，変動係数が 10%のとき，不良率が 5%以下であることが生産者危険 10%で検査される場合は，圧縮強度の目標値には，圧縮強度の特性値の 1.34 倍を設定することになる．すなわち，目的別コンクリートの検査で記載している 1 回の試験結果が圧縮強度の特性値を下回らないようにすることとは，統計的な検査が行える場合と比較して，大きめの目標値を設定して配合選定することに留意する必要がある．

5.2　施工者が製作仕様に関与するプレキャストコンクリート

5.2.1　一　　般

この章は，【2017 年制定】示方書［施工編：特殊コンクリート］の『11 章 プレキャストコンクリート』と『12 章 工場製品』を改編したものである．製造実績が豊富，かつ，JIS Q 1001「適合性評価－日本産業規格への適合性の認証－一般認証指針（鉱工業品及びその加工技術）」および JIS Q 1012「適合性評価–日本産業規格への適合性の認証–分野別認証指針（プレキャストコンクリート製品）」に基づき，製品が当該 JIS に適合していること，および生産者の品質管理体制を審査していることを国の定める第三者認証機関が認証した“JIS マーク表示認証のあるプレキャストコンクリート製品（以下，JIS 認証品）”は，［施工編：施工標準］「6.4 プレキャストコンクリート製品」に新たに節を設けて記載した．［施工編：目的別コンクリート］「2 章 施工者が製作仕様に関与するプレキャストコンクリート」は，場所打ちコンクリートと同様に施工者の品質管理の下で作業ヤードを設けて製作するプレキャストコンクリートと，プレキャストコンクリート工場に委託して製作するプレキャストコンクリート，および，JIS に規定されていないプレキャストコンクリート製品を対象とすることとした．

JIS 認証品は，鉄筋等と同様に，生産者が提示する製品カタログ，試験成績書や品質証明書等の確認により製品を指定でき，JIS マーク等の表示の確認によって受入れ，購入することができる．一方，この章で扱うプレキャストコンクリートは，施工者が自ら，あるいは，製作者と協働で製作仕様を定め，品質管理を行っていく必要がある．このため，章タイトルは「施工者が製作仕様に関与するプレキャストコンクリート」とすることにした．

プレキャストコンクリートの製作方法は様々であり，体系化された手法やそれらに関する情報が少ないため，場所打ちコンクリートによる施工方法や JIS 認証品のプレキャストコンクリート製品の製作方法を参考に，この章ではプレキャストコンクリートの製作における留意点を示すことにした．また，JIS 認証品と比べて大型のプレキャストコンクリートを扱うことがあること，多様な組立方法や接合方法を採用することがあること，ハーフプレキャストコンクリートとして施工することがあること等を考慮して，［施工編：施工標準］「12 章 プレキャストコンクリート工」に示される施工方法に加えて，不足する事項についても補足した．

また，「設計図書に示される性能をもつ構造物が構築できるよう，製作場所の違いに応じた施工計画を立案し，製作および施工を行うことが重要である．」ことを解説に記載した．特に，プレキャストコンクリート工場に製作を委託する場合には，工場の設備や品質管理体制を施工者自らが確認する必要がある．公共性の高い土木工事に使用されるプレキャストコンクリートの品質は，JIS 認証品の製作工場と同等レベルで管理されていることが望ましく，JIS Q 9001「品質マネジメントシステム－要求事項」等に基づく品質管理体制が認証された工場に委託することが望ましいことを示した．

プレキャストコンクリートは，場所打ちコンクリートによる構造物の構築と異なり，繰返しの製作が始まる前に実際の製作条件でプロトタイプのプレキャストコンクリートを試作することが可能で，所要の性能が得られていることを，直接に試験を実施して確認することが望ましいことを記載した．

5.2.2 製　　作

プレキャストコンクリートの製作に特に重要である工程として，製作精度，養生，型枠の取外し，プレストレスの導入を取り上げ，それらの注意事項を示した．

現地で型枠等により寸法調整が容易な場所打ちコンクリートの施工と異なり，プレキャストコンクリートを用いた施工では，現地で複数のプレキャストコンクリートの設置および接合を行うため，個々のプレキャストコンクリートの製作精度が，各作業工程や全体の出来形に与える影響が大きくなる．「2.2.2 製作精度」では，型枠の組立精度と蒸気養生による熱の影響，プレキャストコンクリートの製作の際に使用する製作台の不同沈下に対する対策，部材変形を拘束しない製作台の構造，PC 鋼材がシース内に容易に挿入できる製作精度の確保，コンクリートやモルタル接合における接合面の目粗しの精度管理について，注意事項を示した．また，橋梁工事等で接合面の精度を確保するために採用されることが多いマッチキャスト方式を記載するとともに，構造物全体の出来形へ影響を及ぼす累積誤差の管理の必要性を示した．

「2.2.3 養生」では，プレキャストコンクリートの品質を確保するための養生方法と期間に関する注意事項を示した．施工者の品質管理の下，場所打ちコンクリートと同様に作業ヤードでプレキャストコンクリートを製作する場合は，［施工編：施工標準］に従い養生を行うことになるため，一般のコンクリートの施工と同様の品質を得ることができる．しかし，プレキャストコンクリート工場に委託して製作する場合は，製作サイクルや工期の短縮を目的に蒸気養生が行われることが多く，養生初期に高温下に置かれたコンクリートは，標準養生のコンクリートに比べて圧縮強度が小さく，塩化物イオンの見掛けの拡散係数や中性化速度係数が大きくなることが知られている．また，標準養生のコンクリートや場所打ちコンクリートと比較して蒸気養生を行ったコンクリートは，細孔構造が粗になることが報告されている[1]．特に，養生槽の設定温度を下げる過程においてコンクリートの温度が雰囲気温度よりも高くなり，温度差によって蒸気圧勾配が生じるため，コンクリートの表層部から水分が損失して表層部が内部よりも乾燥した状態となり，細孔構造が粗になると報告されている[2]．そのため，最近は蒸気養生の最高温度を低く抑える工場が多いこと，および蒸気養生を行う場合には，その温度履歴を品質管理記録として残すのがよいことを解説に記載した．また，蒸気養生中に散水を行うことでコンクリートの乾燥を抑制し，コンクリート表層部の細孔構造が密になることが報告されている[2]．そのため，蒸気養生中のコンクリート打込み面をビニールシートで覆ったり，打込み面に散水を行い，蒸気養生中のコンクリートの乾燥を防止することが重要であることを示した．ただし，コンクリート表層部の急激な冷却は内部拘束による温度ひび割れを引き起こすため，温度勾配が大きくなるような多量な散水は避ける必要がある．

「2.2.4 型枠の取外し」では，プレキャストコンクリートに損傷を与えることなく，かつ，安全に作業を行うための型枠の取外しに関する注意事項を示した．プレキャストコンクリートによる構造物の構築では，型枠を取り外した後に，移動やプレストレスの導入等，通常のコンクリート構造物とは異なる作業を伴うため，型枠の取外しに必要とされるコンクリートの圧縮強度は，プレキャストコンクリートの形状，寸法，重量，型枠の取外し方法，吊上げの方法や時期等の取扱いによって個別に定める必要があることを解説した．また，膨張材を使用する場合には，鋼材による拘束が小さいと膨張材による圧縮応力の導入効果が小さくなることから，型枠の存置を長くする等の工夫が必要であること，養生期間中（温度20℃で3日間〜7日間）は十分な水分の供給が必要であることを記載した．また，プレキャストコンクリートを安全に吊り上げるための配慮事項として，吊上げ金物と治具は十分な強度を有すること，コンクリート中に埋め込まれる吊上げ金物は十分な定着長を確保すること，吊上げ金物の設置位置周辺に用心鉄筋を配筋すること，吊上げ用フックは繰返しの曲げを受けても変形や破断が生じないよう節とリブのない丸鋼を用いることを記載した．

「2.2.5 プレストレスの導入」では，プレストレス導入時の圧縮強度は製品同一養生を行った供試体を用いて確認することとした．プレストレス導入時に必要なコンクリートの圧縮強度は，「プレストレスにより生じるコンクリートの最大圧縮応力度の1.7倍以上とし，プレテンション方式の場合は30N/mm^{2}とする必要がある．」ことを記載するとともに，JIS A 5373 附属書B（規定）「橋りょう類」および高速道路会社の「設計要領第二集（橋梁建設編）」に定められている下限値を示した．また，プレテンション方式のプレストレス導入について，緊張材とコンクリートの間に十分な付着強度が得られるようにプレストレス導入時の圧縮強度を定めること，PC鋼材に引張力を導入する際に予備緊張を行うことが望ましいこと等を記載した．くさび形式の固定装置を用いる場合の配慮事項として，引張台の長さを確保し，緊張材の移動量（セット量）を小さくする等の工夫を行う必要があること，緊張材を折れ線状に配置する場合は，緊張材の配置や緊張を行う順序により，支持装置と緊張材との間の摩擦損失の状態が異なることに留意する必要があること，プレストレスを導入する際に緊張材の固定装置を急激に緩めると，コンクリートに衝撃を与えて緊張材とコンクリートの付着を損なうおそれがあることを記載した．蒸気養生を行った場合，緊張材が破断するおそれがあるため，常温までコンクリートの温度が下がらないうちにプレストレスを導入することが望ましいことを解説した．また，PC鋼材緊張後のPC鋼材端部の切断における配慮事項，切断後のPC鋼材端面の保護方法および端部処理の作業時のプレキャストコンクリートの養生の必要性についても解説に記載した．

5.2.3　運搬および保管

施工者が作業ヤードを設けてプレキャストコンクリートを製作する場合は，寸法が大きく，重量が大きい部材の製作が可能となる．このような場合には部材に適した能力をもつ運搬車両や積込み等の設備を選定するとともに，作業範囲や運搬経路を確保し，作業および周辺環境への安全を図る必要があることを記載した．また，運搬中にひび割れや欠け等の損傷を防ぐための防護処置を施す必要があり，支持方法や支持点の位置を想定して作用応力を算定し，過大な応力が発生しない方法を定めることが重要であることを示した．**図5.2.1**に，プレキャストコンクリートの運搬の際の積込み状況の例を示す．

【2017年制定】示方書［施工編：特殊コンクリート］『7章 海洋コンクリート』に，海上におけるプレキャストコンクリートの設置に関する注意事項が記載されていたが，今回の改訂において，海洋コンクリートの配合等に関する記載が［施工編：施工標準］に移行したため，プレキャストコンクリートの設置に関する事項は，この項に記載することとした．海上運搬する場合には，設計で考慮されている荷重条件や運搬等の

方法を確認し，気象条件，海象条件，海上交通の状況等を事前に調査し，運搬計画を策定する必要がある．

プレキャストコンクリートの保管については，部材を積み重ねる場合や橋桁等の転倒しやすい部材の保管方法について示した．また，早期材齢で脱型し，長期間保管する場合には，乾燥収縮やクリープ等の影響によって有害な変形が生じることがあるため，所定の期間，湿潤養生を行う必要があることを記載した．

(a) スラブ部材の積込み状況

(b) パネル形状の部材の積込み状況

図 5.2.1　プレキャストコンクリートの積込み状況の例

5.2.4　設置および組立

プレキャストコンクリートは，運搬から設置まで作用する荷重が異なる場合が多いため，設計図書に示された方法と異なる吊り方や支持方法とした場合，有害なひび割れを発生させる場合があることを記載した．設計図書に示された方法と異なる方法で設置および組立を行う場合は，あらかじめ応力と変形を検討し，部材に有害な影響がないこと，安全が確保されていることを確認し，発注者の承諾を得る必要がある．

5.2.5　接　　合

接合部の位置および構造は，構造物の安全性，使用性および耐久性を考慮して設計時に定められており，接合部の施工は，設計図書に示される接合方法で，施工を行う必要があることを記載した．代表的な接合方法として，PC 鋼材の緊張による接合方法は，コンクリートせん断キー方式を取り上げ，その他の接合方法は，機械式定着体を用いた接合を取り上げた．

5.2.6　ハーフプレキャストコンクリートの施工

ハーフプレキャストコンクリートの施工は，型枠および支保工の設置ならびに撤去の作業を省力化することが期待できる．構造としては，埋設型枠として扱う場合と，構造体の一部として考慮する場合があるが，ハーフプレキャストコンクリートと後から打ち込まれるコンクリート（場所打ちコンクリート）の一体性が確保されている必要がある．したがって，条文は「ハーフプレキャストコンクリートは，場所打ちコンクリートと一体性を確保しなければならない．」とした．

場所打ちコンクリートとハーフプレキャストコンクリートの一体性を確保するための接合面に対する具体的な方法として，遅延剤等を散布後に目粗し処理によって粗面仕上げする方法と，凹凸形状の樹脂製シートによって凹凸を形成する方法を記載した．図 5.2.2 に，これらの施工状況を示す．また，一体性を確保するためにジベル筋の配置等の処理がなされていることを確認する必要があることも記載した．ハーフプレキャストコンクリートが構造部材の一部として設計されている場合には，ハーフプレキャストコンクリートと鉄筋のあきが小さくなる傾向となるため，設計図面で十分なあきが確保されていること，ハーフプレキャストコンクリートの製作時の断面厚さや鉄筋の位置等の精度を確認することを示した．施工段階では，ハーフプレキャストコンクリートに様々な荷重が作用し，曲げ破壊や埋込みインサートやセパレータに作用する引抜き力による定着破壊が生じる可能性がある．作用する荷重は，ハーフプレキャストコンクリートの自重，鉄筋の荷重，作業における荷重，コンクリートの打込み時の荷重，および側圧等の作用が挙げられるが，これらは設計段階で検討されているため設計者の定める施工手順に従って施工する必要がある．施工に先立ち，想定される施工条件で，設計者が定める手順どおりに施工が行えることを確認する必要があることを記載した．

(a) 遅延剤散布後の目粗し作業状況　　(b) 樹脂製凹凸シートの設置状況

図 5.2.2　ハーフプレキャストコンクリートの接合面の処理方法の例

ハーフプレキャストコンクリートどうしを接合する場合は，目地部から場所打ちコンクリートやモルタルが漏れないように，止水材を設置する必要があることを示した．止水材に用いる材料には，エポキシ樹脂接着剤，エポキシ樹脂モルタル，クロロプレンゴム，ブチルゴムおよび水膨張性ゴム等があり，**図 5.2.3** は，プレキャストコンクリートの目地部にエポキシ樹脂接着剤を塗布し，ボルト接合した例を示している．通常の場所打ちコンクリートによるコンクリート工事は，コンクリートの硬化後に型枠を取り外す際に，コンクリート表面が現れるため，豆板やコールドジョイント等の初期欠陥を即座に確認することができ，初期欠陥が発生した場合には，原因を調査して補修を行うことが可能である．しかし，ハーフプレキャストコンクリートの施工は，施工後にコンクリートの充填状況を確認することができないため，締固め不足や充填不良の箇所が生じないように事前に対策を検討して施工することが重要である．具体的な対応として，締固め作業高さはコンクリートの打込みおよび締固め状況が目視で確認できる高さに設定すること，傾斜のあるハーフプレキャストコンクリートを用いる場合は，鋤状の道具等によるスペーディングによって空気泡を除去すること，埋設型枠と鉄筋のあきが狭くコンクリートの充填が困難と判断される場合は，高流動コンクリートの採用を検討することを記載した．

ハーフプレキャストコンクリートによる施工の例として，スラブ部材，はり部材および橋梁下部工について取り上げ，それぞれの注意事項を示した．ハーフプレキャストコンクリートは，吊上げ時，設置時，施工後で支持方法が異なることや，吊上げ時に過大な曲げモーメントが作用してひび割れが発生する可能性があるため，具体的な対策として，ワイヤロープを長くするか，あるいは吊り天秤を使用し，部材の開口面端部にワイヤロープが干渉しないよう工夫する必要があることを記載した．また，橋梁下部工におけるハーフプレキャストコンクリートの施工では，施工場所の近くで地組みし，鉄筋等の鋼材を先組みすることで作業の省力化を図ることがあるが，地組みされた部材は，寸法が大きくなり重量も増加するため，支持地盤を整備した作業ヤードの確保，大型揚重機の使用を考慮した施工計画の立案，吊上げ時の注意事項等を記載した．**図 5.2.4** に，スラブ部材のハーフプレキャストコンクリートの設置状況を示す．吊上げ時は 4 点支持であるが，設置時は 2 辺単純支持となる．

図 5.2.3　ハーフプレキャストコンクリートの目地部の止水処理の例

図 5.2.4　スラブ部材のハーフプレキャストコンクリートの設置状況

図 5.2.5 および**図 5.2.6** に，橋梁下部工のハーフプレキャストコンクリートの地組み状況と設置状況を示す．平面形状で運搬されたハーフプレキャストコンクリートは，現地で函体に地組みされた後，内部には変形を制御するサポートが設置され，鉄筋が組み立てられる．この函体を吊上げて設置する場合には，地組みされた函体に変形が生じないように吊り天秤を使用する必要がある．橋梁下部工にプレキャストコンクリートを使用する際においても，内部に充填するコンクリートは，断面が大きくマスコンクリートとなるため，温度応力によるひび割れが発生する可能性があることから，温度ひび割れ対策を検討するとよいと記載した．

図 5.2.5　橋梁下部工のハーフプレキャストコンクリートの地組み状況

図 5.2.6　橋梁下部工のハーフプレキャストコンクリートの設置状況

5.2.7　足 場 工

プレキャストコンクリート工は，型枠の組立作業や取外し作業が不要となる．**図 5.2.7** は，鉄道高架橋における足場の事例を示す．あらかじめプレキャストコンクリート側面にブラケット足場を固定し，プレキャストコンクリートと一緒に所定の位置に設置している．足場工の簡略化によって，供用中の路線での鉄道リニューアル工事等においても作業の安全性が向上している．**図 5.2.8** は，橋梁下部工における足場の事例を示す．地上で枠組みしたブラケット足場を吊り上げ，コンクリートの打込みリフトに合わせて設置を行っている．足場工は，施工者の工夫によって簡略化が可能であるが，労働安全衛生規則に準拠しなければならないため，足場の組立て等作業主任者技能講習を修了した者の中から足場の組立て等作業主任者を選定すること，労働安全衛生規則に準拠して墜落防止，崩壊防止を確実に行う必要があることを記載した．

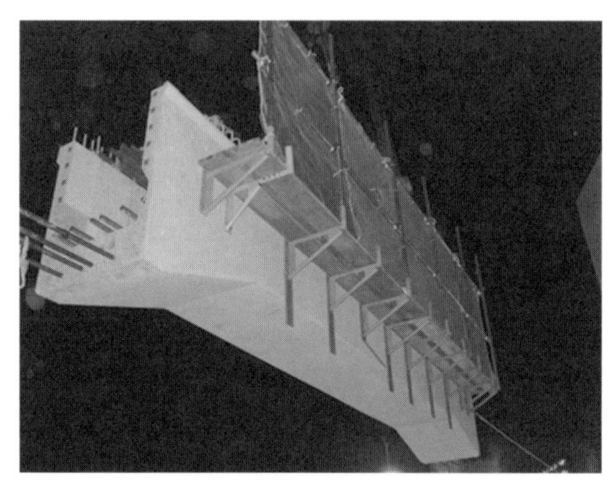

(a) ブラケット足場の先付け状況

(b) 設置状況

図 5.2.7　鉄道高架橋の足場工の例

(a) 足場の設置状況

(b) コンクリート打込み時の状況

図 5.2.8　橋梁下部工の足場工の例

5.2.8　品質管理

この章で取り扱うプレキャストコンクリートは，JIS 認証品とは異なるため，施工者自らが，製作者と協働で製作仕様を定め，品質管理を行う必要がある．施工者は，設計図書に定められた性能を満足するプレキャストコンクリートを製作および施工するために，発注者の検査計画を踏まえて品質管理計画を策定する必要があり，策定するにあたって，品質管理で考慮すべき主な事項を示した．施工者の品質管理の下で作業ヤードを設けて製作するプレキャストコンクリート，工場に委託して製作するプレキャストコンクリート，または，JIS に規定されていないプレキャストコンクリート製品では，それぞれのプレキャストコンクリートの製作に関する品質管理の責任の範囲が異なるため，製作および施工の各作業における品質管理の責任者と担当者を定め，管理項目，管理方法，管理基準および不適合が生じた場合の対策を明確にしておく必要があることを記載した．特に，JIS に規定されていないプレキャストコンクリート製品は，製作の実績が少ないものがあるため，受け入れようとする製品の製作の実績が十分でないと判断される場合，施工者は，必要に応じて，製品に用いる材料の管理状況，製作設備・検査設備の管理状況，製作要領書等に従って製作・品質管理されていることの確認等，製作開始前および製作中に品質管理を行うことが望ましい．また，施工者または製作を委託されたプレキャストコンクリート工場が，品質管理業務を外部に委託する際の留意点を示した．

5.2.9　検　　査

発注者は，施工者が実施したプレキャストコンクリートの性能照査を行った設計の結果またはプロトタイプの部材を用いた試験結果を，繰返しの製作に入る前に確認する必要があることを示した．繰返し製作するプレキャストコンクリートは，試作品を製作して，設計図書に示される性能を満足していることを確認することが望ましい．

また，蒸気養生を施したコンクリートと標準養生のコンクリートの品質は異なるため，プレキャストコンクリート製作時に蒸気養生が行われる場合には，発注者は，施工者がプレキャストコンクリートと同一の養生で作製した試験体を用いてコンクリートの品質を確認していることを施工前に検査する必要があることを示した．さらに，発注者は，施工計画書または製作要領書が適切であり，その手順にしたがって製作されていることを確認すること，施工者に品質管理記録の提出を求め，品質管理計画に定めた品質管理が行われたことを検査することを示した．

5.2.10　今後の課題

JIS で規定されていないプレキャストコンクリート製品の中には，民間審査制度で認証される団体規格品や自社開発品等もある．これらは，JIS 認証品に比べて品質が劣るものではないが，型式検査，最終検査および受渡検査の方法に関して調査が十分でなく，品質保証の体系を十分に整理することができなかった．そのため，[施工編：施工標準] は JIS 認証品のみを記載することとし，その他のプレキャストコンクリート製品は，この章に記載した．今後の改訂において，品質保証の体系を整理し，民間審査制度に認証された団体規格品等を施工標準に移行することを検討する必要があると思われる．

参考文献

1) 寺川麻美，宇治公隆，上野敦，大野健太郎：プレキャストコンクリート製品の細孔構造に及ぼす養生条件の影響，コンクリート工学年次論文集，Vol.34，No.2，pp.469-474，2012
2) 鳥海秋，原洋介，宇治公隆，上野敦：蒸気養生を施したコンクリート製品の乾燥と細孔構造，コンクリート工学，Vol.58，No.11，pp.878-883，2020.11

5.3　締固めを必要とする高流動コンクリート

5.3.1　一　　般

本章は新設した章である．基本的に，2023 年 2 月に発刊した CL161「締固めを必要とする高流動コンクリートの配合設計・施工指針（案）」に基づいた内容であるが，「3.4 レディーミクストコンクリートの選定」，「3.6 品質管理」，「3.7 検査」では，指針（案）には記載のないレディーミクストコンクリートを購入する場合の留意点，品質管理や検査における留意事項を記述した．

締固めを必要とする高流動コンクリートは，【2017年制定】示方書［施工編：特殊コンクリート］『3章 高流動コンクリート』に，その位置づけが記載されているものの，技術的な情報は未整備であった．これに対して，CL148「コンクリート構造物における品質を確保した生産性向上に関する提案」にて，このような流動性を高めたコンクリートの活用について言及されたことを受けて，土木学会コンクリート委員会は，2023年2月にCL161「締固めを必要とする高流動コンクリートの配合設計・施工指針（案）」を発刊した．また，2019年のJIS A 5308の改訂では，普通コンクリートの種類に，スランプフローで管理するコンクリートが追加された．これらの動きを受けて，今回の改訂では，［施工編：目的別コンクリート］に「3章 締固めを必要とする高流動コンクリート」を新設した．なお，新設した章の解説で具体的に記載している内容は，CL161の［指針（案）：施工標準］に基づいている．

圧縮強度の特性値が50N/mm^{2}未満のコンクリートを対象として，スランプで管理されるコンクリート（図中の一般のコンクリート），締固めを必要とする高流動コンクリート，自己充塡性を有する高流動コンクリートの3つのコンクリートに対して，流動性と充塡に必要な締固めの程度の関係に着目したときの各コンクリートの位置付けを**図 5.3.1**に示す．締固めを必要とする高流動コンクリートは，流動性がスランプフローで管理されるコンクリートのうち，締固めをすることを前提としたコンクリートである．

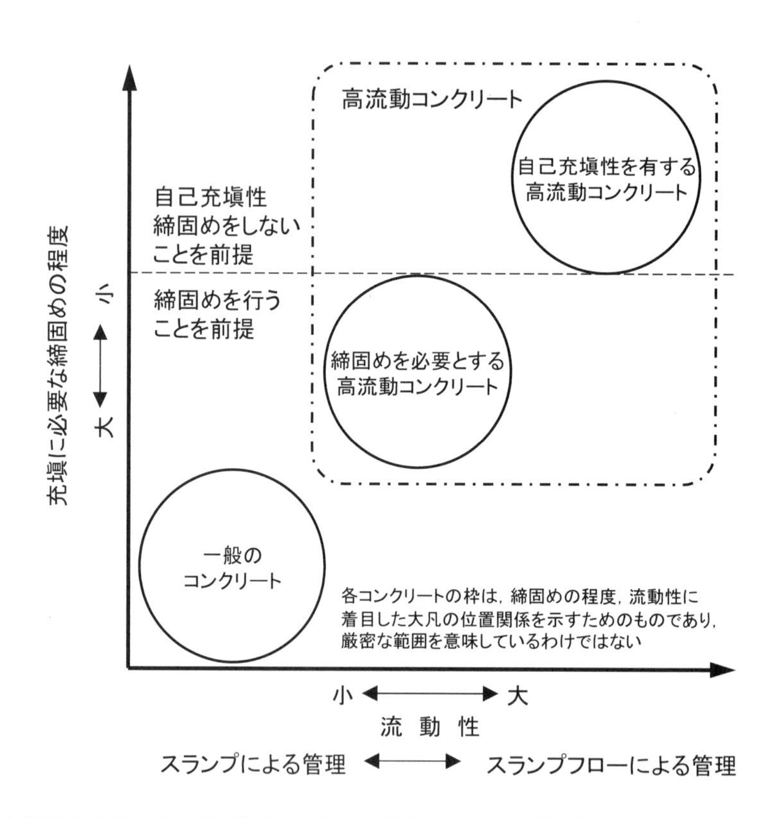

図 5.3.1　流動性と充塡に必要な締固めの程度の関係（CL161［指針（案）：本編］解説 図1.1.1）

この章では，CL161の［指針（案）：施工標準］に基づき，フレッシュコンクリートの品質は，スランプフロー，粗骨材量比率，間隙通過速度で評価することを前提としている．これは，流動性を高めることは施工の合理化に貢献できる一方で，過度な流動性の増加は材料分離等を招きコンクリート構造物の品質を損なうおそれがあり，配合を選定する際には，流動性だけではなく，材料分離抵抗性と間隙通過性も考慮する必要があるためである．一方で，硬化コンクリートの品質は，使用材料や水結合材比の等しいスランプで管理される一般のコンクリートと同様であることが明らかにされていることから，この章では記載していない．

なお，スランプで管理される一般のコンクリートの製造後に，流動化剤等の添加によって流動性を増大させ，スランプフローで管理されるコンクリートとして施工に用いる方法の検討も進められている[例えば1)~3)]．このような方法で製造されるコンクリートであっても，締固めを必要とする高流動コンクリートの品質の目標値を満足すれば，その利用を妨げるものではないが，この章では，記載してはいない．これは，CL161の［指針（案）：施工標準］で対象にしていないこと，［施工編：目的別コンクリート］「4章 流動化コンクリート」との位置づけの整理の議論が十分でないこと等による．今後，［施工編：施工標準］で対象とするコンクリート（打込みの最小スランプが16cm以下のコンクリート，自己充塡性を有する高流動コンクリート）に加えて，打込みの最小スランプが16cmを超えるスランプで管理されるコンクリート，流動化コンクリート，締固めを必要とする高流動コンクリートを対象として，スランプ／スランプフローで表現する流動性について，連続的かつ体系的な技術情報の整理を実施する必要がある．

5.3.2　フレッシュコンクリートの品質

フレッシュコンクリートの品質は，構造条件および施工方法との組合せを考慮し，コンクリートが密実に型枠内に充塡されるように設定すればよいが，ここでは，CL161の［指針（案）：施工標準］に記載されている一般的な土木構造物の構造条件への適用を想定したタイプ1と高密度配筋部を有する部材への適用を想定したタイプ2の2種類のコンクリートについてフレッシュコンクリートの品質の目標値を例示している．なお，間隙通過速度の測定方法は［規準編］JSCE-F 701「ボックス形容器を用いた加振時のコンクリートの間隙通過試験方法（案）」附属書1（規定），粗骨材量比率の測定方法は［規準編］JSCE-F 702「加振を行ったコンクリート中の粗骨材量試験方法（案）」として，新たに規準化されている．なお，短繊維を混入した締固めを必要とする高流動コンクリートでJSCE-F 701の試験を行うと，短繊維が鉄筋間隙に絡まり適切な間隙通過速度を測定できない場合もあるので留意が必要である．

5.3.3　配　　合

配合については，それぞれのタイプにおいて，これまでの実績に基づいた単位量の参考値を示している．

このコンクリートの特徴は，試し練りで，粗骨材量比率および間隙通過速度が所定の目標値を満足するスランプフローの上限および下限を確認することである．これは，粗骨材量比率および間隙通過速度を指標として品質管理および検査を実施するのではなく，スランプフローを指標として用いるためである．

5.3.4　レディーミクストコンクリートの選定

JIS A 5308「レディーミクストコンクリート」の普通コンクリートの種類には，締固めを必要とする高流動コンクリートと同程度の流動性（スランプフロー）を有するコンクリートがあるが，粗骨材量比率や間隙通過速度の目標値を定めて選定された配合ではない．また，JIS A 5308ではスランプフロー45，50および55cmの許容差は±7.5cm，60cmの許容差は±10cmである．先述のように，この章では，流動性だけでなく，材料分離抵抗性や間隙通過性を有する配合を試し練りで選定して用いることとしている．このため，レディーミクストコンクリートを選定する際には，そのコンクリートが目標とする粗骨材量比率および間隙通過速度を満足していること，かつそれらが満足できるスランプフローの範囲を確認する必要があることを記載している．

5.3.5 施　工

スランプで管理される一般のコンクリートと比較して，締固めを必要とする高流動コンクリートを適用することによる施工上の利点や留意点について記載している．特に，スランプで管理される一般のコンクリートと異なるのは，打込みに伴いある程度の距離を流動する点にある．この特徴により，打込み間隔を大きく設定することは可能となるが，打込み伴う流動距離が大きすぎると材料分離が生じやすくなる．解説では，これまでの検討結果に基づいた打込み間隔の例を示しているが，材料分離が生じない距離とすることが重要である．

5.3.6 品質管理

流動性，材料分離抵抗性，間隙通過性が所定の品質を満足することを管理するために，各品質とスランプフローとの関係に基づき，スランプフローのみで品質管理できるように判定基準を設定している．

5.3.7 検　査

締固めを必要とする高流動コンクリートの特徴であるフレッシュコンクリートの品質に関する検査について記載している．

5.3.8 今後の課題

今回の改訂で，自己充塡性を有する高流動コンクリートが［施工編：施工標準］に移行する一方で，締固めを必要とする高流動コンクリートは，新設となることから［施工編：目的別コンクリート］に掲載した．次回の改訂では，［施工編：施工標準］に移行した上で，流動性をスランプで管理する一般のコンクリート，締固めを必要とする高流動コンクリート，自己充塡性を有する高流動コンクリートを 1 つの章でとりまとめて，構造条件や施工条件に応じて適切な流動性のレベルのコンクリートが選択できる枠組みにすることが望ましいと考えられる．

また，締固めを必要とする高流動コンクリートは，レディーミクストコンクリート工場で流動性をスランプで管理するベースコンクリートを製造して，増粘剤成分を含有した流動化剤を後添加して製造する方法もある．しかし，ベースコンクリートの配合，流動化に伴う流動性の増大量の標準的な範囲等に関する実績データが十分ではないことから，今回の改訂では記載は見送った．今後，後添加による施工実績が蓄積されることが望まれる．

参考文献

1) 前原聡，笠倉亮太，早川健司，伊藤正憲：増粘剤含有型流動化剤を用いた中流動コンクリートの施工性および硬化性状に関する検討，コンクリート工学年次論文集，Vol.36，No.1，pp.1630-1635，2014

2) 宮川美穂，岩城圭介，佐々木秀一，入内島克明：後添加型液体増粘剤を使用した中流動コンクリートに関する研究，コンクリート工学年次論文集，Vol.36，No.1，pp.160-165，2014

3) 太田貴士，黒岩秀介，野田泰史：粉末の流動化剤および増粘剤を用いた高性能流動化コンクリートのフレッシュ性状に関する実験的検討，コンクリート工学年次論文集，Vol.39，No.1，pp.1285-1290，2017

5.4　流動化コンクリート

5.4.1　改訂の概要

2017年制定版の内容を踏襲し，章立ての大きな変更は行わず，条文および解説は趣旨を変更することなく表現を見直した．改訂前『2.3.1 一般』は，「4.3.1 ベースコンクリート」に変更し，ベースコンクリートの選定に関する留意点を記載した．また，『2.3.3 配合の表し方』は，［施工編：施工標準］と同様であるため削除し，解説の一部を改訂後の「4.3.1 ベースコンクリート」に移設した．

5.4.2　主な改訂点

「4.1 一般」の箇条（2）の条文は，『流動化コンクリートの施工にあたっては，流動化後に所要の品質が得られるように，事前にベースコンクリートの配合の選定，流動化の方法および品質管理の方法等について十分検討を行わなければならない.』と，流動化の手順に視点をおいた記載から，「流動化剤によるスランプの増大量は材料分離の生じない範囲とし，流動化後は速やかに打ち込むものとする.」と，流動化コンクリートに視点をおいた記載に変更した．解説では，流動化コンクリートの使用目的として，高密度な配筋条件での充塡性の向上，打込み作業の省力化による生産性の向上，暑中コンクリート等で運搬や打込み作業においてスランプの低下が著しい場合のワーカビリティーの改善等があることを示した．また，流動化コンクリートは，工事現場まで運搬したベースコンクリートに，流動化剤を添加して製造するのが一般的であることから，生産者と施工者が連携をとりながら施工を進めていくことが重要であることを示した．

流動化コンクリートは，工事現場まで運搬したベースコンクリートに，流動化剤を添加して製造するのが一般的であり，ベースコンクリートの配合が重要である．「4.3.1 ベースコンクリート」の条文は，『ベースコンクリートの配合および流動化剤の添加量は，流動化コンクリートが所要のワーカビリティー，強度，劣化に対する抵抗性，物質の透過に対する抵抗性，ひび割れ抵抗性等をもち，品質のばらつきが少なくなるように定めなければならない．』と記載されていたが，品質のばらつきを少なくするのは，表面水率の管理を適切に行う等，製造時に考慮すべき内容であることから，「ベースコンクリートの配合は，流動化コンクリートが所定のワーカビリティー，強度，劣化に対する抵抗性，物質の透過に対する抵抗性，ひび割れ抵抗性等を満足するように定めるものとする．」に改めた．

流動化コンクリートのスランプの管理では，スランプの増大量と流動化後のスランプの大きさの2つが重要となる．「4.3.2 スランプ」では，スランプの増大量は，これまでと同様に，5～8cmを標準とし，最大でも10cm以下であり，流動化後のスランプの大きさは18cm以下であるが，条文では，これらがより明確になる記載に表現を修正している．なお，【2017年制定】示方書に記載されていた『（2）によらない場合は，あらかじめ材料分離が生じないことや硬化コンクリートの品質に影響を及ぼさないことを確認しなければならない．』の条文は，前の条文の記載が守られないことを前提とした記載であり，示方書が示す条文を示方書が否定するものであるため，記載を削除した．流動化後のスランプが18cmを超える場合の留意事項は箇条（3）の解説に示している．

流動化コンクリートの再流動化は，流動化剤の過剰添加によりコンクリートの品質に悪影響を及ぼすおそれがあるため，「4.4 コンクリートの流動化」の箇条（2）の条文は，『（2）流動化コンクリートの再流動化は，原則として行わないものとする.』から，「（2）　あらかじめ試験等により確認することなく，流動化コンクリートの再流動化を行わないものとする.」と，原則としての部分の記述を削除し，認めないこととした．ただし，暑中期の打込み等で，流動化コンクリートの流動性が低下することが施工計画の段階で懸念され，再流動化を行う事態が想定される場合には，あらかじめ試験等により，再流動化による悪影響が生じないことを確認しておく必要があることを解説に記載している．

品質管理は，施工者が実施する行為であること，検査は，発注者が確認する行為であることを明確にした．施工標準における品質管理以外の項目として，所定の品質のコンクリート（ベースコンクリート）であること，流動化後のコンクリートでは，スランプと空気量を確認する必要があることを記載した．

5.4.3　今後の課題

施工標準で対象とする一般のコンクリートは，適用する部材の種類ごとに，構造条件と締固め作業高さに応じて打込みの最小スランプを選定することとなっている．一方で，流動化コンクリートは，流動化剤による流動性の増大量等は記述されているが，どのような配筋の部材に用いる場合に，どの程度の流動性の大きさの流動化コンクリートを用いるべきかについては示されていない．本来，流動化後の流動性が同等であれば，あらかじめレディーミクストコンクリート工場で製造した一般のコンクリートと同様に，打込みの最小スランプ等を選定する必要があるはずであるが，これらについての議論が十分に行われていない．また，流動性の増大量や流動化後のスランプの上限値は，CL74「高性能AE減水剤を用いたコンクリートの施工指針（案）付・流動化コンクリート施工指針（改訂版）」に記載されている内容に基づくものであり，現状，汎用的に用いられているコンクリートの流動性とは必ずしも一致していない場合もあると考えられる．

流動化コンクリートは，2002年の改訂で，それまで独立した章であったものが施工標準の『製造』の中に取り込まれ，2012年の改訂で再び独立した章に復活した経緯がある．次回の改訂では，流動化コンクリートを独立した章として残すことが適切であるか，それとも施工標準において流動化という1つの製造方法として取り扱うことが適切であるかについての検討が必要と考えられる．また，レディーミクストコンクリート工場で製造したスランプで管理するベースコンクリートに，増粘剤成分を含有した流動化剤を後添加して製造する締固めを必要とする高流動コンクリートの取扱いも検討が望まれる．

5.5　混和材を大量に使用したコンクリート

5.5.1　一　　般

表5.5.1に示されるように，土木学会コンクリート委員会では，これまでに，各種の産業副産物を有効利用するための指針類の整備を進めてきている．このうち，混和材に関する指針類としては，シリカフューム，フライアッシュ，高炉スラグ微粉末を対象にしたものがあり，2018年（平成30年）にはCL152「混和材を大量に使用したコンクリート構造物の設計・施工指針（案）」を発刊している．これらの動きは，現在のように2050年のカーボンニュートラルに向けた取り組みが積極的に推進されるよりも前から実施してきており，資源の有効活用等の観点に基づき材料技術が社会実装されるように努めてきている．

表 5.5.1　未利用資源の有効利用に関連する指針類

CL76 高炉スラグ骨材コンクリート施工指針	平成 5 年
CL80 シリカフュームを用いたコンクリートの設計・施工指針（案）	平成 7 年
CL94 フライアッシュを用いたコンクリートの施工指針（案）	平成 11 年
CL106 高強度フライアッシュ人工骨材を用いたコンクリートの設計・施工指針（案）	平成 13 年
CL110 電気炉酸化スラグ骨材を用いたコンクリートの設計・施工指針（案）	平成 15 年
CL146 フェロニッケルスラグ骨材を用いたコンクリートの設計施工指針	平成 28 年
CL147 銅スラグ細骨材を用いたコンクリートの設計施工指針	平成 28 年
CL151 高炉スラグ微粉末を用いたコンクリートの設計・施工指針	平成 30 年
CL152 混和材を大量に使用したコンクリート構造物の設計・施工指針（案）	平成 30 年
CL155 高炉スラグ細骨材を用いたプレキャストコンクリート製品の設計・製造・施工指針（案）	平成 31 年
CL159 石炭灰混合材料を地盤・土構造物に利用するための技術指針（案）	令和 3 年

今回の改訂で，混和材を大量に使用したコンクリートを［施工編：目的別コンクリート］の 1 つとして新設した．これは，2050 年にカーボンニュートラル，2030 年に温室効果ガス 46%削減（2013 年度比）という目標を達成するためには，コンクリート構造物の構築においても，CO_2 排出量を削減できる技術を採用することが必要であり，その 1 つの手段として有効であると判断したことによる．なお，これまでの［施工編：施工標準］に従っても，材料としての品質を満足すれば各種の混和材は使用可能であるとともに，その使用量についても制限されていない．すなわち，［施工編：施工標準］に従って，混和材を大量に使用したコンクリートを使用することは可能であったが，混和材を大量に使用することによるフレッシュコンクリートおよび硬化コンクリートの品質や施工時の留意点等が示方書には取りまとめられていなかったことや，これらの混和材の活用を促進させる観点から，今回の改訂で新しい章を設けた．

［設計編：標準］（2 編）では，耐久設計で用いるコンクリートの特性値を，配合に基づいた予測式から設定する方法が示されているが，混和材を大量に使用したコンクリートの場合，この予測式の適用範囲外にあることが多いことに留意する必要がある．重要なことは，設計で設定されたコンクリートの特性値を満足する配合を選定することであり，［設計編：標準］で示される予測式の適用範囲外であることが，混和材を大量に使用したコンクリートの使用を妨げるものではないことを認識しておくことである．

解説で具体的に記載している内容は，CL152「混和材を大量に使用したコンクリート構造物の設計・施工指針（案）」に基づいた内容であるが，今回の改訂では，使用実績を踏まえて，その適用範囲を「混和材を質量比で結合材の 70%～90%用い，混和材の 50%以上に高炉スラグ微粉末を用いたコンクリート」とし，指針(案)では記述のない置換率の上限を設けた．混和材の分量が 90%を超えるような場合には，CL152 を参照しながら，その適用を検討するとよい．

5.5.2　環境負荷の低減効果

混和剤を大量に使用したコンクリートは，カーボンニュートラルに大きく貢献できるものであるが，その環境負荷の低減効果を表す際には，根拠となるインベントリデータ等を明らかにしておくことが重要であることを，箇条（1）の条文に記載した．また，環境負荷の低減効果は，コンクリートの製造およびコンクリート構造物の施工段階のみで考慮するのではなく，構造物の使用段階および解体等の最終段階についても考慮する必要があることを，箇条（2）の条文に示した．

5.5.3　材　　料

これまでの使用実績に基づき標準的に用いる材料について記載した．記載されていない材料の使用を妨げるものではないが，それらの材料を用いることで，設計で示される所定の品質を満足するコンクリートが得られることを確認する必要がある．

5.5.4　配　　合

混和材を大量に使用したコンクリートの配合を選定する上での留意事項として，同一の強度を得るための水結合材比が小さくなり粘性が高くなるため，打込みのスランプを大きく設定するのがよいこと，設計図書に示される特性値を満足する混和材の置換率や水結合材比を試験により確かめる必要があること，低温時には一般のコンクリートに比べて強度の発現が遅れる傾向があるので，これに留意して圧縮強度の目標値を設定する必要があることを記載した．

5.5.5　施　　工

混和材を大量に使用したコンクリートは，一般のコンクリートに比べて，粘性が高くなること，スランプの経時的な低下の程度が大きくなること，低温環境下での強度発現性が小さくなること等の留意点について記載した．

5.5.6　品質管理

一般のコンクリートに比べて，ポルトランドセメントの使用量が極端に少ない等の特徴があるため，計量に関する留意点を記載した．

5.5.7　検　　査

混和材を大量に使用したコンクリートの特徴である，計量，養生については，条文として記載した．さらに，低温環境下での強度発現性が小さいことを考慮し，圧縮強度の合格判定の留意点についても記載した．

5.5.8　今後の課題

基本的には，CL152の指針（案）の内容に基づいた記述としたが，適用の範囲は，指針（案）とは異なり，混和材の置換率に上限（90%以下）を設けた．これは，指針（案）に示される資料から，混和材の置換率が90%を超えるコンクリートの実績が少ないことに加え，高炉スラグ微粉末やフライアッシュを単純にポルトランドセメントに置換しただけでは十分な強度発現が得られないこと等によるものである．今後，90%を超える置換率の適用実績が蓄積されてきた場合には，それらを取り込んでいく必要がある．

また，「5.2 環境負荷の低減効果」に示した内容は，この章で対象とするコンクリートに限定したものではなく，建設材料としてのコンクリートの環境側面への貢献アピールになるものである．次回以降の改訂では，この節の条文と同様の記述を［施工標準］にも記載することについて検討する必要があると考えられる．そのためには，特に環境負荷の低減効果が期待される混和材を大量に使用したコンクリートの実績を積み上げていくことが望まれる．

5.6　再生骨材コンクリート

5.6.1　一　　般

高度経済成長期に建設されたコンクリート構造物で更新の時期を迎えるものが多くなっている．解体に伴い発生するコンクリート塊は，年々増加すると予想されており，循環型社会の形成においてリサイクルの推進が不可欠である．国土交通省の資料[1)]によれば，解体に伴い発生するコンクリート塊は年間3,700万トン程度であり，99%以上が再利用されているが，その大半は路盤材（再生砕石）である．このため，路盤材以外の再利用先として，再生骨材コンクリートとしての利活用が求められている．

示方書改訂小委員会では，これまで幾度となく再生骨材コンクリートの新設を議論してきた．2007年の改訂では，原案を作成したものの，施工実績が少ないことおよび再生骨材の品質とコンクリートの適用箇所との対応等，示方書に取り込むためには各種の資料が不足している等の理由により見送られた[2)]．2012年の改訂では上記の原案を修正する形で検討がなされたが，再生骨材MやLがコンクリートに利用されている量は極めて少ないと推測されたこと，その時点での技術的な進展が少なく，すでにJISが存在しコンクリートとしての利用方法が示されている等の理由により掲載が見送られた[3)]．2017年の改訂でも，継続して審議を行ったが掲載は見送られた[4)]．

表5.6.1　JISや他の指針類における再生骨材コンクリートの適用先

<table>
<tr><th>種　類</th><th>JIS A 5022 および 5023</th><th>国交省（国官技第379号）</th><th>JASS 5（2022）</th><th>コンクリート標準示方書</th></tr>
<tr><td>再生骨材コンクリートM1</td><td rowspan="2">乾燥収縮及び凍結融解の影響を受けにくい部材及び部位(推奨例として杭,耐圧版,基礎梁コンクリート,鋼管充填コンクリートまたは乾湿繰り返しを受けない部材,継続的に乾燥を受けないよう表面が保護される部材が記載)</td><td>乾燥収縮や塩害の影響を受けにくい部材,無筋コンクリート部材</td><td rowspan="2">乾燥収縮や凍結融解作用による影響を受けない構造部材および非構造部材</td><td rowspan="2">乾燥収縮および凍結融解の影響を受けにくい部材（杭,地中梁,フーチングおよび基礎コンクリート）</td></tr>
<tr><td>再生骨材コンクリートM2</td><td>構造体でない部位</td></tr>
<tr><td>再生骨材コンクリートM1(耐凍害品)</td><td>乾燥収縮の影響を受けにくい部材,かつ凍結融解作用の影響を受ける部材及び部位</td><td>凍結融解作用を受ける無筋コンクリート部材</td><td>乾燥収縮による影響を受けない構造部材および非構造部材</td><td>凍結融解作用を受ける部材</td></tr>
<tr><td>再生骨材コンクリートL</td><td>裏込めコンクリート,間詰コンクリート,均しコンクリート，捨てコンクリート等の,高い強度・高い耐久性が要求されない部材又は部位,凍結融解作用を受けない部材又は部位</td><td>構造体でない部材</td><td>無筋の非構造体</td><td>非構造体（均しコンクリート，裏込めコンクリート，間詰コンクリート,中詰めコンクリート，重力式擁壁，消波ブロック,根固めブロックおよび植生ブロック）</td></tr>
</table>

表 5.6.2　JIS や他の指針類における再生骨材コンクリートの種類

再生骨材の種類	JIS A 5022 および 5023	国交省（国官技第 379 号）	JASS 5（2022）	コンクリート標準示方書
再生粗骨材 M	再生骨材コンクリート M1 種	再生骨材コンクリート M1 種	再生骨材コンクリート M 1 種	再生骨材コンクリート M1
再生細骨材 M	再生骨材コンクリート M2 種	再生骨材コンクリート M2 種	再生骨材コンクリート M 2 種	再生骨材コンクリート M2
再生粗骨材 L	再生骨材コンクリート L 種	再生骨材コンクリート L1 種	再生骨材コンクリート L	再生骨材コンクリート L
再生細骨材 L		再生骨材コンクリート L2 種		

一方で，土木学会では CL120「電力施設解体コンクリートを用いた再生骨材コンクリートの設計施工指針（案)」を 2005 年に発刊し，解体コンクリートから取り出した再生骨材の品質やそれらを用いたコンクリートに関する留意点等をとりまとめている．また，2005 年に再生骨材 H，2006 年に再生骨材コンクリート M，2007 年に再生骨材コンクリート L がそれぞれ JIS 化されている．さらに，国土交通省から「コンクリート副産物の再生利用に関する用途別基準」（国官技第 379 号，平成 28 年 3 月 31 日）の通達が出され，公共工事における再生骨材コンクリートの使用範囲の標準が示されている．

近年では，SDGs の推進，循環型社会やカーボンニュートラル社会の実現に向けた取り組みが世界中で急速に進められている．そのような社会的要請を踏まえ，今回の改訂で再生骨材コンクリートの新設の必要性について改めて議論し，新たな章として取り入れることにした．

この章では，JIS A 5022「再生骨材コンクリート M」または JIS A 5023「再生骨材コンクリート L」の認証品が対象であり，それぞれの JIS の表示認証のない工場で製造した再生骨材コンクリートは適用外である．なお，再生骨材 H は，JIS A 5308 において普通コンクリートおよび舗装コンクリートに適用できるものであり，この示方書では［施工編：施工標準］の範囲内となるため，この章では対象としていない．基本的には JIS A 5022 または JIS A 5023 の内容に準じた記述としているが，以下の 2 点については，JIS の規定よりも厳しく定めた．

・再生骨材は，アルカリシリカ反応性の区分 B（無害でない）として取り扱うこと
・耐凍害性が求められる部位に適用する場合には，再生骨材のみならず再生骨材コンクリートが所定の耐凍害性を有することを確認すること

箇条（1）の条文には，この章の適用範囲が，JIS A 5022 または JIS A 5023 の認証品である再生骨材コンクリート M または再生骨材コンクリート L であることを，箇条（2）の条文には，再生骨材はアルカリシリカ反応で無害でないとして取り扱うことを示した．解説には，JIS に示される再生骨材コンクリートの種類，この章における再生骨材のアルカリシリカ反応性や再生骨材コンクリートの耐凍害性に対する考え方，再生骨材コンクリートの具体的な適用例を記述した．JIS や他の指針類における再生骨材コンクリートの適用先を**表 5.6.1** に，種類を**表 5.6.2** に示す．この章は，種類および適用先とも JIS と同様の記述としている．

5.6.2　再生骨材コンクリートの製造工場の選定と品質の指定

条文では，再生骨材コンクリートはそれぞれの JIS の認証を取得した工場から購入すること，所定の品質が確保できる製品を指定すること，耐凍害性が要求される場合には，設計図書に示される所定の耐凍害性を有する再生骨材コンクリート M1（耐凍害品）を用いること，およびアルカリシリカ抑制対策としては混合セメントを使用する，あるいは抑制効果のある混和材を使用することを明記し，解説では条文を補足する記述を行った．また，解説では JIS に示される再生骨材コンクリートの種類と，再生骨材コンクリートの種類と使

用する再生骨材の組合せを解説表に示した．

耐凍害性が要求される部材に適用する場合，JIS A 5022 では，附属書 A で示される試験により耐凍害性を有することが確認された再生骨材を用いることとしている．しかし，耐凍害性が要求される箇所への再生骨材コンクリートの適用事例が少ないこと等を踏まえて，この章では，JIS A 1148「コンクリートの凍結融解試験」等を行い，設計図書に示される耐凍害性を有することを確認する必要があると記述した．

JIS A 5022 附属書 C では，再生骨材コンクリート M のアルカリシリカ抑制対策の区分として，次の a)～e) が示されている．

a)　コンクリート中のアルカリ総量を 3.0kg/m^3 以下に規制する対策
b)　アルカリシリカ抑制対策のある混合セメント等を使用し，かつ，コンクリート中のアルカリ総量を 3.5kg/m^3 以下に規制する抑制対策
c)　アルカリシリカ抑制対策のある混合セメント等を使用し，かつ，コンクリート中のアルカリ総量を 4.2kg/m^3 以下に規制する抑制対策
d)　アルカリシリカ抑制対策のある混合セメント等を使用し，かつ，単位セメント量の上限値を規制する抑制対策
e)　安全と認められる骨材を使用する抑制対策

この章では，原コンクリートの使用材料や配合に関する情報，入荷ロットごとの再生骨材のアルカリシリカ反応性試験の結果が得られていたとしても，その結果が必ずしも製造した再生骨材コンクリートのアルカリシリカ反応性を保証できるとは限らないこと，再生骨材コンクリートの施工実績が少なく，実環境におけるアルカリシリカ反応に関する調査結果の情報が乏しいこと等から，再生骨材は区分 B（無害でない）として取り扱うこととした．また，再生骨材に含まれるアルカリ量を正確に把握するのは困難であることから，アルカリ総量による規制も行わないことにした．このため，この章では，再生骨材コンクリート M のアルカリシリカ抑制対策は，JIS A 5022 附属書 C の d)と同様に，「混合セメントを使用し，かつ，単位セメント量の上限値を規制」することとした．なお，この考え方は，CL120「電力施設解体コンクリートを用いた再生骨材コンクリートの設計施工指針（案）」と同様である．現実的には，再生骨材コンクリート M1 の場合は，大半の場合で混合セメント B 種，ないしはそれと同等の置換率で高炉スラグ微粉末あるいはフライアッシュを用いる対策を行うことになり，再生骨材コンクリート M1 でも単位セメント量が多い場合や再生骨材コンクリート M2 の場合には混合セメント C 種ないしはそれと同等の置換率で混和材を置換することになる．一方，JIS A 5023 では，再生骨材コンクリート L のアルカリシリカ抑制対策は，再生骨材が無害でない場合には，次のいずれかの対応を講じることとしている．

・　高炉スラグ微粉末の分量が 40%以上の高炉セメントの使用
・　フライアッシュの分量が 15%以上のフライアッシュセメントの使用
・　ポルトランドセメントに高炉スラグ微粉末を 40%以上混和して使用
・　ポルトランドセメントにフライアッシュを 15%以上混和して使用

この章では，再生骨材が無害でない場合の JIS A 5023 と同様に上記のいずれかを行うこととした．再生骨材 L の方が再生骨材 M に比べて，その表面に付着あるいは混入するセメントペースト分は多くなると考えられるが，適用先が非構造体に限定されており，一般に圧縮強度の特性値（設計基準強度）が小さく，単位セメント量が少ないと想定されることから，B 種相当以上の混合セメントあるいは混和材の置換率とした．

5.6.3　施　　工

条文では，再生骨材コンクリートは，再生骨材の吸水率が大きいことに起因して，練上がりからの時間経過や圧送に伴い流動性等の性状の変化に留意する必要があることを記述した．解説では，条文を補足するとともに，打込みや締固めは，一般のコンクリートと同様に行ってよいことを示した．さらに，再生骨材中の微粒分や混入モルタルの影響から，ブリーディング水の量が少なくなる場合もあることから，仕上げのタイミングに留意する旨を記載した．

5.6.4　品質管理

条文は，施工者は荷卸し時に指定した品質であることを確認する必要があることを示した．解説には，荷卸し時に確認するスランプ，空気量および塩化物含有量について解説表に示した．また，コンクリート中の空気量を正確に把握するため，あらかじめ骨材修正係数を求めておく必要があること，再生骨材は表面にセメントペーストが付着しており塩化物イオンが固定化されているおそれがあることから，塩化物含有量はJIS A 5022ないしはJIS A 5023に示される方法に準じて行う必要があることを記述した．

5.6.5　検　　査

条文では，発注者は，施工者が施工計画に従って，所定の品質の再生骨材コンクリートを用いて施工していることを，施工者の品質管理記録に従って検査する必要があることを示した．解説では，条文を補足するとともに，圧縮強度の合格判定基準について記述した．

5.6.6　今後の課題

新設するにあたり，JIS A 5022またはJIS A 5023の認証品を用いることを前提とした上で，アルカリシリカ反応の抑制対策についてはJISよりも厳しく設定しており，再生骨材は区分Bとして取り扱い，混合セメントあるいはアルカリシリカ抑制効果のある混和材を所定量以上置換して用いることとした．これは，これらの再生骨材コンクリートの製造，適用実績が少ない現状を踏まえたためである．今後，製造および適用実績が増大した際には，これらの記述についての見直しを行っていく必要がある．

参考文献

1)　国土交通省：建設リサイクル推進計画2020　～「質」を重視するリサイクルへ～，2020.9
2)　土木学会：2007年版コンクリート標準示方書改訂資料，CL129，pp.89-90，2008.3
3)　土木学会：2012年制定コンクリート標準示方書改訂資料，CL138，p.181，基本原則編・設計編・施工編，2013.3
4)　土木学会：2017年制定コンクリート標準示方書改訂資料　設計編・施工編，CL149，p.155，2018.3

5.7　35℃を超える暑中コンクリート

5.7.1　一　　般

2012年の改訂において，暑中コンクリートの打込み温度に関する記述は，「打込み時のコンクリートの温度は35℃以下でなければならない」から「35℃以下を標準とする．コンクリート温度がこの上限値を超える場合には，コンクリートが所要の品質を確保できることを確かめなければならない」に変更され，35℃を上回る場合に確認すべき項目として以下の5項目が明記された．

(1) フレッシュコンクリートの品質に及ぼす影響を確認する
(2) 硬化コンクリートの強度に及ぼす影響を確認する
(3) コンクリートの施工に及ぼす影響を確認する
(4) 温度ひび割れに対する照査を行う
(5) 初期の高温履歴が圧縮強度に及ぼす影響を試験により確認する

これにより，所定の品質が確保できれば，打込み時のコンクリート温度が35℃を超えても打込み作業を行うことが可能となったが，個々の工事において，これら5項目を確認することは容易ではない状況にあった．また，昨今の都市部のヒートアイランド現象等による気温上昇により，今後ますます打込み時のコンクリート温度を35℃以下に保つことが困難な場合が増加すると推測された．

一方で，従来の混和剤に比べ，流動性を長時間保持でき，かつ，凝結時間を適切に遅延できる混和剤の技術開発が進み，夏期のコンクリート温度が非常に高い環境下においても，フレッシュコンクリートの性状を従来よりも長時間確保することが可能になり，実際の工事にも適用され始めている[1]．

打込み時のコンクリート温度が35℃を超える環境下において，上記の(1)および(3)に関してフレッシュコンクリートに要求される主な事項は，所定の打込み終了時間までスランプが適切に保持されることと，所定の打重ね時間間隔までバイブレータの振動で後から打ち込まれるコンクリートと一体化できることである．そこで，流動性を長時間保持でき，かつ，凝結時間を適切に遅延できる混和剤の室内での試験方法が検討され，JSCE-D 504「暑中環境下におけるコンクリートのスランプの経時変化・凝結特性に関する混和剤の試験方法」として制定された．この試験において評価基準を設定することにより，上記の(1)および(3)が確認できることになる．

高温となることが硬化コンクリートの品質に及ぼす影響については，日本コンクリート工学会近畿支部「暑中コンクリート工事の現状と対策に関する研究専門委員会」[2]で詳細な検討がなされている．実機プラントの実験で，練上がり時の温度が35±5℃の範囲となったコンクリートの圧縮強度（標準養生）は，コンクリート温度が35℃以下と35℃を超える場合で，大きな差は認められなかったという結論を得ている．また，打込み温度が30℃を超える場合の温度ひび割れの検討を温度応力解析で行う場合，断熱温度上昇特性の標準値を入力値に用いることで，安全側の解析結果を得ることができるとの見解を示している．高温履歴が圧縮強度に及ぼす影響については，マスコンクリートを施工する場合において，部材中心部の温度が90℃を超えないことを確認するのがよいとの見解を示している．これらの結果を踏まえると，上記(2)，(4)および(5)はあらかじめ対策を講じたり，問題がないことを確認しておくことは十分に可能と考えられる．

これまで，新しいコンクリートについては，土木学会に研究委員会を立ち上げて検討した結果を指針として発刊し，数年間実用された後に，示方書に取り込むことが多かった．しかし，上述のように打込み時のコンクリート温度が35℃を超える事例が増加しており，そのような暑中環境下でも所定の品質を満足するコンクリート構造物を構築する上では，上記の混和剤を用いたコンクリートを活用することが有効であると考えられることから，今回の改訂において新章を設立して，打込み時のコンクリート温度が35℃を超えるおそれがある場合のコンクリートの選定方法，施工における留意点，品質管理および検査を取りまとめることとした．

箇条（2）の条文には，打込み時のコンクリート温度が35℃を超えるおそれがある場合には，流動性を長時間保持でき，凝結を遅延できる混和剤を用いたコンクリートを用いる必要があることを示した．解説では，まずは，打込み温度をできるだけ下げる対策を講じる必要があり，材料や使用器具を冷却したり，早朝や夜間に打込みを行う方法を示した．その上で，35℃を超えるおそれがある場合の対策として，上記の混和剤を用いる方法があることを記載した．また，単に上記の混和剤を用いたコンクリートを使用すればよいのではなく，運搬，打込み，仕上げおよび養生の各施工段階での配慮も必要であることを示した．

5.7.2 混和剤

打込み時のコンクリート温度が35℃を超える過酷な暑中環境下でも充塡不良やコールドジョイント等の不具合を生じさせないため，JSCE-D 504に示される方法で試験を行い，以下の4項目を満足する混和剤を用いたコンクリートを使用する必要があることを条文および「**表 7.2.1**」に示した．

(1) 室内温度36±2℃の環境で静置したときの練混ぜから60分後のスランプ低下量が6cm以内であること

(2) 室内温度36±2℃の環境で静置したときの練混ぜから60分後の空気量の変化量が±1.5%以内であること

(3) 室内温度36±2℃の環境における凝結試験による貫入抵抗値が0.1N/mm^{2}に達する時間が，練混ぜから3.5時間以上であること

(4) 室内温度36±2℃の環境における凝結試験による凝結の始発が12時間以内であること

なお，試験を実施する室内の温度を36±2℃に設定した理由は，既往の文献の調査により，34～38℃の範囲で温度が変化してもフレッシュコンクリートの品質に大きな違いは生じないこと等によるが，詳細はJSCE-D 504の解説に示されている．また，この混和剤には，コンクリートの製造時に添加される「プラント添加型混和剤」と，コンクリート製造後のある時点に添加される「別途添加型混和剤」があり，施工条件等を踏まえて選択できることを解説に示した．

上記の(1)および(2)の設定理由は以下のとおりである．JIS A 6204「コンクリート用化学混和剤」において高性能AE減水剤は，スランプの経時変化量が規定されており，20℃環境の室内試験において練混ぜから60分後のスランプ低下量が6cm以内，空気量の変化量が±1.5%以内とされている．すなわち，室内試験において60分経過後のスランプの低下量がこの程度に収まれば，現状，標準的な環境温度の範囲にあれば，実際の工事においてコンクリートが所定の流動性を保ちながら打ち込まれているものとみなすことができる．

コンクリート温度35～38℃の室内試験における既往の報告から，一般的なAE減水剤および高性能AE減水剤ならびに「プラント添加型混和剤」と「別途添加型混和剤」を使用した目標スランプ12cmのコンクリートの練混ぜから60分後のスランプの低下量の平均値を**図 5.7.1**および**表 5.7.1**に示す[2~7]．一般的なAE減水剤および高性能AE減水剤を使用した**図 5.7.1**(a)では，練混ぜから60分後のスランプの低下量の平均値は8.5～13.5cmで，上述の基準となる6cmよりも低下が大きい．一方，**図 5.7.1**(b)の流動性を長時間保持でき，かつ，凝結時間を適切に遅延できる「プラント添加型混和剤」と「別途添加型混和剤」を使用したコンクリート温度35～38℃の室内試験における60分後のスランプの低下量の平均値は1.0～2.5cmであり，一般的な混和剤を使用したコンクリートよりも小さく，かつ，JIS A 6204に規定される高性能AE減水剤の経時変化量である6cmよりも小さいことを確認した．

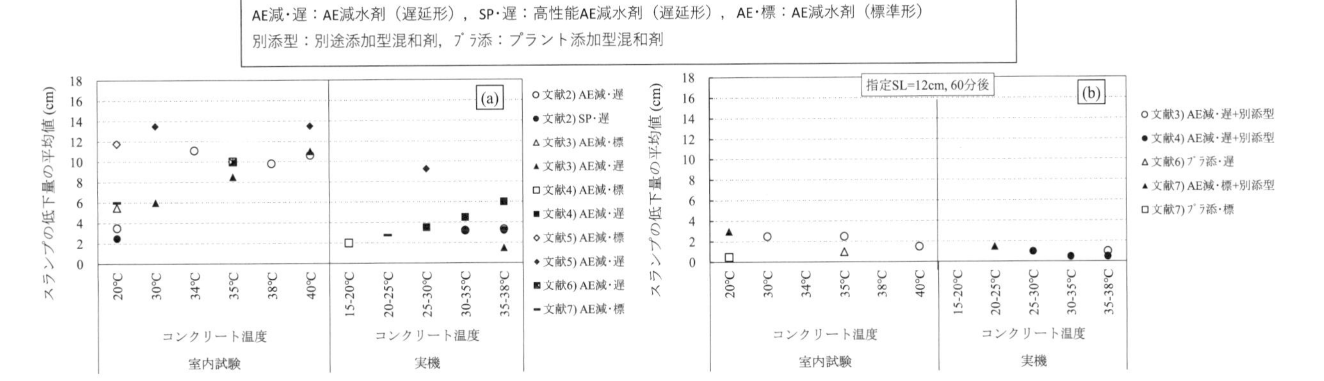

(a) 一般的な AE 減水剤・高性能 AE 減水剤の場合　　(b) プラント添加型・別途添加型混和剤の場合

図 5.7.1 目標スランプ 12cm のコンクリートの練混ぜから 60 分後のスランプの低下量の平均値

表 5.7.1 目標スランプ 12cm のコンクリートの練混ぜから 60 分後のスランプの低下量の平均値（範囲）

混和剤区分	室内試験	実機
一般 標準形 (20°C)	5.5～12.0cm	2.0～3.0cm
一般 遅延形 (20°C)	2.5～3.5cm	-
一般 遅延形 (35°C超)	8.5～13.5cm	1.5～6.0cm
プラント添加・別途添加型(35°C超)	1.0～2.5cm	0.5～1.0cm

以上のことから，JSCE-D 504 を用いて 35℃を超える環境でのスランプ保持性が適切であるかどうかを確認する場合には，練混ぜから 60 分後のスランプの低下量が 6cm 以内であることを評価基準とするのが適当と考えて設定した．なお，日本建築学会近畿支部「暑中コンクリート工事における対策マニュアル 2018」[8]では，高性能 AE 減水剤を用いた配合において 20℃の室内試験で静置による練混ぜから 60 分後のスランプの低下量が 6cm 以下であれば，スランプ保持性を十分に満足できる調合と判断できるとしている．これと比較しても，目標スランプが相対的に小さい土木向けコンクリートにおいてより厳しい温度条件で，練混ぜから 60 分後のスランプの低下量を 6cm 以内とする評価基準は十分に安全側であると考えられる．

上記の(3)および(4)の設定理由は以下のとおりである．［施工編：施工標準］では，外気温 25℃を超える場合，練混ぜから打終わりまでの時間を 1.5 時間以内，許容打重ね時間間隔を 2 時間以内と設定していることから，コールドジョイントを防止するために，練混ぜから 3.5 時間後における貫入抵抗値を評価基準とするのがよいと考えられる．CL103「コンクリート構造物におけるコールドジョイント問題と対策」によれば，コールドジョイントを防止できる下層コンクリートの状態はプロクター貫入抵抗値で 0.01～1.0N/mm^2 の範囲にあるとされている[9]．また，［施工編：施工標準］では，一般に，JIS A 1147「コンクリートの凝結試験方法」に示される貫入抵抗試験装置を用いた試験による貫入抵抗値が 0.1N/mm^2 を超えると，締固めが困難となりコールドジョイントが生じる危険性が高いことが明らかにされている，と記載している．このため，この試験方法で得られたプロクター貫入抵抗値が 0.1N/mm^2 に到達するまでの時間が 3.5 時間以上となることを評価基準とするのが適当であると考え設定した．また，混和剤の使用により過度な凝結遅延が生じないことを確認する目的で，凝結の始発時間が 12 時間以内であること評価基準に加えた．

なお，この節で示す混和剤は，JIS A 6204「コンクリート用化学混和剤」の規格には必ずしも適合しないことに留意する必要がある．JIS A 6204に示される化学混和剤は，環境温度20℃において試験を行い，その品質を確認されたものであるのに対し，この節で示す混和剤は 36±2℃の環境で試験するためである．このため，この節で示す混和剤を低温時で使用すると，流動性の著しい増加による材料分離や，過度な凝結遅延に伴う強度発現の遅れ等が生じるおそれがあることに留意する必要がある．

5.7.3 運　搬

流動性を長時間保持し，凝結を遅延できる混和剤を用いるとしても，暑中期では，流動性の低下が生じるおそれがあるため，練上がりからできるだけ速やかに打込みが行える方法で運搬するとともに，運搬中に温度が上昇しにくいような対策を講じる必要があることを示した．

5.7.4 別途添加型混和剤の添加

混和剤を別途添加する際には，均一になるようにトラックアジテータのドラムを高速で回転して攪拌すること，この攪拌に伴い空気が巻き込まれ空気量が増大するおそれがあるので留意する必要があることを示した．

5.7.5 打 込 み

箇条（1）の条文には，打込み時のコンクリート温度は38℃以下とすることを示した．これは，**図 5.7.1**や**表 5.7.1**に示すように，コンクリート温度が35～38℃の範囲では時間経過に伴う流動性の低下や許容打重ね時間間隔に大きな差がないことが明らかにされているためである．

箇条（2）の条文は，練混ぜから打終わりまでの時間の限度，箇条（3）の条文は，許容打重ね時間間隔の限度を示している．これらの値は，一般の暑中コンクリートにおける限度と同じとした．専用の混和剤を用いることで，これらの時間の限度を延長できる場合もあると想定されるが，それを裏付ける実績データが十分ではないこと，コンクリートの品質を過信することなく，できるだけ速やかに打込みおよび打重ねを行うことがきわめて大切であることによるものである．

5.7.6 養　生

一般の暑中コンクリートでも同様であるが，暑中期は直射日光により打込み上面が急激に乾燥しひび割れが生じるおそれが高まることに留意する必要があることを示した．

5.7.7 品質管理

暑中期に流動性を長時間保持し凝結を遅延させるには所定の基準を満足する混和剤を用いること，不具合のない構造物を構築するには，施工計画どおりの品質のコンクリートを用いる必要があること，施工計画どおりの時間内で打込みおよび打重ねを行う必要があることを示した．また，別途添加型混和剤を用いる場合には，流動化コンクリートと同様に，添加前は生産者が品質を管理するが，添加後は施工者（購入者）が管理することになるため，生産者と施工者が，あらかじめ添加前後のスランプおよび空気量等の目標値の設定，混和剤の添加時期および方法，品質管理の項目および方法等を協議して定めておく必要があることを記載した．

5.7.8　検　　査

他の章と同様に，検査は発注者が確認する行為であることを明確にし，施工者が実施している品質管理記録等により検査する必要があることを示した．さらに別途添加型混和剤を用いる際の圧縮強度の合格判定に関する留意点についても記載した．

5.7.9　今後の課題

今回の改訂は，現段階で実績のある対策方法として，JSCE-D 504 に示される方法で試験を行い，「7.2　混和剤」に示される評価基準を満足する混和剤を用いたコンクリートとする場合に限り，打込み時のコンクリート温度の上限を38℃に緩和させた．実際には，上記の方法以外にも，あらかじめ流動性の高いコンクリートを製造する方法等も考えられる．現在，土木学会コンクリート委員会「暑中コンクリートの設計・施工指針に関する研究委員会（253 委員会)」が設置されており，数年後には暑中コンクリートに関する指針（案）が発刊される予定である．次回の改訂では，発刊予定の指針（案）や暑中環境における施工実績等を踏まえて，記載内容を見直すとともに，［施工編：目的別コンクリート］ではなく，［施工編：施工標準］に移行することについても検討する必要がある．

参考文献

1) 桜井邦昭，伊佐治優，齊藤和秀，大石卓哉：新規の特殊混和剤による暑中コンクリートの施工性改善と品質確保，コンクリート工学，Vol.60，No.7，pp.597-604，2022.7
2) 日本コンクリート工学会近畿支部：土木構造物における暑中コンクリート工事の対策検討ガイドライン，参考資料編，2018.6.
3) 伊佐治優，桜井邦昭，齊藤和秀，大石卓哉：特殊混和剤による暑中コンクリートの品質改善に関する実験的検討，コンクリート工学年次論文集，Vol.42，No.1，pp.941-946，2020.
4) 伊佐治優，桜井邦昭，齊藤和秀，大石卓哉：特殊混和剤の後添加により暑中期や酷暑期の施工性を改善できる新しいコンクリートの施工実験，コンクリート工学年次論文集，Vol.43，No.1，pp.1415-1420，2021.
5) 橋本紳一郎, 西村和朗, 西祐宜, 根本浩史：暑中コンクリートへのこわばり低減剤の適用性に関する検討，コンクリート工学年次論文集，Vol.44，No.1，pp.772-777，2022.
6) 中元奏希，細田暁，藤岡彩永佳，小泉信一：スランプ保持性を高めたコンクリートの暑中環境下における打重ね部の品質評価，コンクリート工学年次論文集，Vol.44，No.1，pp.316-321，2022.
7) 小泉信一，菅俣匠，阿合延明，細田暁，藤岡彩永佳，渡邉賢三，柳井修司，筒井達也：スランプ保持型混和剤を使用したコンクリートの経時変化, 令和 4 年度土木学会全国大会第 77 回年次学術講演会, V-394, 2022.
8) 日本建築学会近畿支部：暑中コンクリート工事における対策マニュアル 2018，2018.
9) 土木学会：コンクリート構造物におけるコールドジョイント問題と対策，CL103，2000.

5.8　膨張コンクリート

5.8.1　改訂の概要

膨張コンクリートには，収縮補償用コンクリートとケミカルプレストレス用コンクリートがある．両者に共通の事項である膨張率試験の方法や単位膨張材量は「8.3 膨張率試験と単位膨張材量」にまとめた．また，「8.6 品質管理」を設け，これまで別々に記載されていた検査は「8.7 検査」にまとめた．［施工編：施工標準］と同様の内容であった収縮補償用コンクリートの『5.3.3 練混ぜ』および『5.3.4 養生』の項は削除し，「8.4 収縮補償用コンクリート」の解説の中に留意点を記載した．また，ケミカルプレストレス用コンクリートに『5.4.4 養生』の項を設けていたが，プレキャストコンクリートの養生に関する記述のみであったことから削除した．

5.8.2 主な改訂点

「8.1 一般」の条文は，『膨張コンクリートを用いる場合は，所要の品質が得られるように，膨張コンクリートに関する十分な知識と経験を有する技術者の指導の下，材料，配合を選定し，製造，施工および品質管理の方法を定めなければならない．』から，この章の適用範囲と留意事項を示す「収縮補償用およびケミカルプレストレス用の膨張材を対象とする.」と「膨張コンクリートは，膨張を拘束できる型枠内に打ち込み，湿潤状態で養生を行うものとする.」の2つの条文に変更した．

「8.3 膨張率試験と単位膨張材量」では，これまで収縮補償用コンクリートとケミカルプレストレス用コンクリートで別々に記載されていた条文を以下のように統合して記載した．

(1) 膨張コンクリートの膨張率試験は，JIS A 6202附属書B（参考）A法によるものとする．

(2) 膨張コンクリートの膨張率は，材齢7日における一軸拘束膨張率を用いるものとする．

(3) 単位膨張材量は，試験によって定めるものとする．

収縮補償用コンクリートとケミカルプレストレス用コンクリートでは，求める膨張量が異なることから，節を分けて記載した．また，これまで『5.3.2 配合』，『5.4.3 配合』において，それぞれに必要な単位結合材量やセメント量の最小値が条文に示されていたが，これらは目標とする膨張率を得るための具体的な方法であることから，解説に目安を示すこととした．すなわち，「8.4 収縮補償用コンクリート」の条文は「収縮補償用コンクリートの膨張率は，150×10^{-6}以上，250×10^{-6}以下の範囲とする.」ことを示し，解説に膨張材の種類ごとに標準的な単位膨張材量と，収縮補償用コンクリートの単位結合材量は290kg/m^{3}以上とするのがよいことを記載した．また，「8.5 ケミカルプレストレス用コンクリート」の条文も「ケミカルプレストレス用コンクリートの膨張率は，200×10^{-6}以上，700×10^{-6}以下の範囲とする.」と必要な膨張量を示し，解説に標準的な単位膨張材量の目安は，膨張材30型を使用した場合に30～60kg/m^{3}であることを示した．ただし，単位セメント量の最小値は，改訂前は260kg/m^{3}以上が示されていたが，必要なセメント量が不足することが懸念されたため，具体的な数字は削除し，解説に「単位結合材量の少ないコンクリートにおいて，大きな膨張率を導入する目的で単位膨張材量を大きくすると，硬化コンクリートの品質が損なわれる場合があることに注意する必要がある.」と，単位結合材量（単位セメント量）が少ない場合の留意点を記載した．

品質管理は，施工者が実施する行為であることを明確にした．施工標準における品質管理以外の項目として，指定した品質の膨張材が用いられていること，所定の膨張率の膨張コンクリートが製造されていることを確認することにした．膨張率は，施工の開始前に試験により膨張率を確認し，施工の開始後は，実施工の際に行われている品質管理の実態に合わせて，計量印字記録，手投入によって膨張材を計量する場合は開封された膨張材の袋の数により，全バッチ，所定量の膨張材が用いられていることを確認することとした．なお，単位膨張材量の許容差の判定基準は，これまで±3%であったが，高炉スラグ微粉末以外の混和材と同じ±2%に改めた．

検査では，発注者は施工者が実施している品質管理記録等により検査することとした．圧縮強度は，収縮補償用コンクリートではJIS A 1132により作製した標準養生供試体の試験値を用いること，ケミカルプレストレス用コンクリートではJIS A 6202附属書C（参考）により作製した標準養生供試体の試験値を用いて行うこととした．また，ケミカルプレストレス用コンクリートの圧縮強度の判定基準は，試験頻度が少ない可能性が高く，統計学的な判定が難しいことを前提とし，1回の試験結果が圧縮強度の特性値以上とした．1回の試験結果が圧縮強度の特性値f'_{ck}以上になるには，圧縮強度の目標値f'_{cr}を式（5.8.1）で求められる値以上に設定するとよい．なお，10%の変動係数が想定される場合，目標値f'_{cr}は，特性値f'_{ck}の1.43倍になる．

$$f'_{cr}=\frac{1}{1-3V}\cdot f'_{ck} \tag{5.8.1}$$

ここに，　V　：変動係数

5.8.3　今後の課題

膨張率試験の合理化の観点からJCI-S-009-2012「円筒型枠を用いた膨張コンクリートの拘束膨張試験方法」（SGモールドを用いた方法）が提案されている．今回の改訂では，「8.3 膨張率試験と単位膨張材量」に，JCI試験方法を従来のJIS A 6202の方法と並列して記載することも検討したが，膨張材協会へのヒヤリングにより，セメントの種類や水結合材比によってはJCI試験方法で測定した膨張率は，JISの試験方法に比べて小さく測定される場合があり，さらにデータの蓄積が必要であるとの回答を得たため，掲載は見送った．今後，JCI試験方法の実績が蓄積された場合には，示方書に記載することについての検討を行うことが望ましい．

5.9　短繊維補強コンクリート

5.9.1　改訂の概要

改訂前は，3つの目的を個別の節として，『6.3 力学特性の改善を目的とした短繊維補強コンクリート』，『6.4 爆裂の抑制を目的とした短繊維補強コンクリート』および『6.5 剥落の防止を目的とした短繊維補強コンクリート』で記載していたが，爆裂の抑制と剥落の防止についての記載が非常に少ないこと，目的によって使用する短繊維の種類や混入量は異なるが，配合，練混ぜ，施工に関しては共通する内容であることから，目的別に節立てせずに統合することとした．

「9.1 一般」で短繊維補強コンクリートは使用目的に応じて3つの種類があることを明記し，その目的に応じて繊維の素材，形状（径・長さ）および混入率を定める必要があることを「9.2 短繊維」と「9.3 短繊維の混入率」で記載した．「9.4 短繊維補強コンクリートの品質」では，改訂前の『6.3 力学特性の改善を目的とした短繊維補強コンクリート』で記載されていた短繊維補強コンクリートの配合や強度に関する事項を簡潔に記載した．なお，改訂前には，引張軟化曲線の設定例や，変形特性を求めるための試験方法に関する詳細な記述があったが，引張軟化曲線の設定は設計段階で行うものであること，示方書は試験方法の手順を示すマニュアルではないことから，これらに関する記述は簡素化した．

『6.3.5 運搬』と『6.3.6 打込み』を統合して「9.6 施工」とした．また，「9.7 品質管理」を新設し，これまで個別に記載されていた検査を「9.8 検査」としてまとめて記載した．

5.9.2　主な改訂点

「9.1 一般」では，使用目的に適した短繊維を用い，コンクリート中に一様に分散させることができなければ使用目的に適した短繊維補強コンクリートは得られないことから，箇条（2）の条文は，「短繊維補強コンクリートには，使用目的に適した短繊維を用い，コンクリート中に一様に分散するように施工を行うものとする.」とした.

「9.2 短繊維」は，改訂前の『6.2.1 一般』,『6.2.2 鋼繊維』,『6.2.3 合成繊維』の3つ項をまとめた節とした．条文は，JSCE-E 101に適合する鋼繊維を用いること，JIS A 6208に適合する合成繊維を用いることの2つとし，改訂前に記載されていたそれ以外の繊維を用いる場合の留意点は解説に示した．また，合成繊維の解説では，JIS A 6208の2018年の改正に合わせて適用対象となる合成繊維の種類を追記した．また，『6.4 爆裂の抑制を目的とした短繊維補強コンクリート』,『6.5 剥落の防止を目的とした短繊維補強コンクリート』の解説に掲載されていた合成繊維の種類や選定時の留意事項を記載した．

「9.3 短繊維の混入率」の条文は「短繊維の混入率は，繊維の種類と使用目的に応じて定めるものとする.」とし，解説に力学特性の改善を目的とした短繊維補強コンクリートは，『6.3.3 配合』の箇条（2）の解説，『6.4 爆裂の抑制を目的とした短繊維補強コンクリート』および『6.5 剥落の防止を目的とした短繊維補強コンクリート』の解説に記載されていた内容を簡潔に記載した．

「9.4 短繊維補強コンクリートの品質」は，『6.3.2.2 強度』,『6.3.2.3 変形特性』および『6.3.3 配合』を統合した節である．改訂前は強度で3つ，変形特性で3つ，配合で3つの条文が設けられていたが，設計段階で考慮すべき内容や試験方法に関する内容は削除し，設計図書に示される特性値を満足するように硬化後の品質を定めること，作業に適するワーカビリティーが得られるようにフレッシュ時の品質を定めることの 2つの条文とした．

「9.5 練混ぜ」は，改訂前には 5 つの条文が示されていたが，短繊維補強コンクリートを製造する方法には，「コンクリートの製造時に強制練りバッチミキサで他の材料とともに短繊維を投入して練り混ぜる方法」と「ベースコンクリートを積載したトラックアジテータのホッパから短繊維を投入して，ドラムを高速で回転して練り混ぜる方法」があることから，それぞれを 1 つの条文にまとめ，条文の統合にあわせ，解説の表現を見直した．

「9.7 品質管理」では，施工者が実施する行為であることを明確にした．工事開始前には使用目的に応じた所定の品質を満足している短繊維補強コンクリートであることを確認し，施工時には使用目的に応じた種類の短繊維が，設計図書に示される混入率を満足するように混入していること等を確認することにした．

5.9.3 今後の課題

短繊維補強コンクリートにおいても，生産性の向上や充填不良等の不具合の回避を目的に，流動性をスランプフローで管理するコンクリートの適用事例が増えている．今回の改訂では，このような流動性の大きいコンクリートの配合設計の考え方や施工時の留意点を示すには至っていない．次回改訂では，適用実績の調査等を行い，流動性を高めたコンクリートの適用時の留意点の記載について検討する必要がある．

5.10 高強度コンクリート

5.10.1 改訂の概要

2017年版の内容を踏襲しつつ，章立てを整理し，条文や解説の表現を見直した．「10.3 材料」は，『4.3.1 セメントおよび混和材』,『4.3.2 骨材』,『4.3.3 混和剤』と個別に示されていた3つの項を1つの節にまとめた．「10.4.2 配合設計」は,『4.4.2 スランプあるいはスランプフロー』,『4.4.3 空気量』,『4.4.4 水結合材比』,『4.4.5 単位水量』,『4.4.6 単位粗骨材量』と個別に示されていた5つの項を1つの節にまとめた．改訂前の『4.5 製造』は，［施工編：施工標準］と同じ内容であるため削除した．改訂前の『4.6.1 現場内での運搬』は圧送に関する記述であるため，「10.5.1 圧送」に改め，条文および解説を整理した．また，これまで，高強度コンクリートの章には，圧縮強度が検査項目として記載されていなかったことから，「10.7 検査」において圧縮強度の検査項目を追加し，その判定基準を設けた．

5.10.2 主な改訂点

「10.1 一般」の箇条（1）の条文では，この章の対象範囲が，圧縮強度の特性値が50N/mm^{2}以上で，100N/mm^{2}以下であることを記載した．箇条（2）の条文は，高強度コンクリートは，水和熱に起因した高温の影響により，圧縮強度が低下する場合があり，これを考慮して配合設計や施工法を検討することが重要であることから，「単位結合材量が多いために生じる水和熱に起因した高温の影響による圧縮強度の低下や，粘性の増大を考慮して，配合および養生方法を選ぶものとする.」とした.

「10.3 材料」は，これまで個別に示されていたセメントおよび混和材，骨材，混和剤を 1 つの節にまとめた. 改訂前はセメントや混和剤において, JIS に適合しない材料を用いる場合についての条文が設けていたが，今回の改訂では条文としては削除し，解説において使用する際の留意点を記載した.

「10.4.2 配合設計」の条文は，「高強度コンクリートの配合は，所定のフレッシュコンクリートの品質および硬化コンクリートの品質が得られるように試し練りによって定めるものとする.」とし，これまで個別の項で示されていたスランプあるいはスランプフロー，空気量，水結合材比，単位水量および単位粗骨材量の条文は，趣旨を変更することなく，解説に移行して記載した.

改訂前の『4.6.1 現場内での運搬』は「10.5.1 圧送」に改めた．品質の変化に留意して運搬すること，十分な圧送能力を有するコンクリートポンプを選定すること，実績がない場合は圧送試験等を行い機種や輸送管の径等を定めることの3つの条文が示されていたが，これらの趣旨を変えることなく「コンクリートポンプによる圧送では, 圧送後のコンクリートの品質とコンクリートの圧送性を考慮し, コンクリートポンプの機種, 輸送管の径，吐出量等を定めるものとする.」の1つの条文に改めた．また，解説では，コンクリートポンプ以外の現場内の運搬の方法としてバケットでの運搬が記載されていたが，一般のコンクリートをバケットで運搬する際の留意点と同様の記述であるために削除した.

品質管理は，施工者が実施する行為であることを明確にした．施工標準における品質管理以外の項目として，スランプフロー（またはスランプ）を確認することとした．検査では，発注者は施工者の実施している品質管理記録等により検査することとし，圧縮強度は，圧縮強度の特性値に高温履歴による強度の低下量を割り増した値を用いることとした.

5.10.3 今後の課題

今回の改訂でも，高強度コンクリートの圧縮強度の特性値の範囲は 50～100N/mm^2 とした．これは，JIS A 5308 に示される普通コンクリートは呼び強度 45 までであり，呼び強度 50 以上は高強度コンクリートとなること，一般的な土木構造物では圧縮強度の特性値が 100N/mm^2 を超えるような事例はほとんどないことによる．示方書［設計編］では，「標準的な性能照査法では，圧縮強度の特性値が 80N/mm^2 以下のコンクリートを適用範囲とする」ことが示されている．また，圧縮強度の特性値が 50N/mm^2 より小さくても，早強ポルトランドセメントを用いたコンクリートは粘性が高くなり，打込みや締固めに配慮が必要な場合があるとの意見も委員より出された．次回の改訂では，施工編としての高強度コンクリートの適用範囲について改めて議論が必要である.

5.11　軽量骨材コンクリート

5.11.1　改訂の概要

今回の改訂では，節立てを整理した．改訂前は，『13.4 配合』の中に，一般，単位容積質量，水セメント比，スランプ，空気量および配合の表し方の 6 つの項が記載されていたが，全てをまとめて「11.4 配合」に改めた．『13.5 製造および施工』のうち，製造に関する記述は［施工編：施工標準］と同様であるため削除した．そして，施工に関する記述をまとめて「11.5 施工」に記載した．また，「11.6 品質管理」を設けた．また，これまでコンクリートの単位体積当りの質量は単位容積質量と表現していたが，単位体積質量に改めた．

5.11.2　主な改訂点

「11.1 一般」では，軽量骨材コンクリートでは，人工軽量骨材が多孔質であることに留意して，配合設計や施工を行うことが重要であることから，箇条（2）の条文は「軽量骨材コンクリートは，人工軽量骨材が多孔質であることに留意して用いるものとする.」とした.

「11.2 人工軽量骨材」は，改訂前の『13.2 軽量骨材の品質』に『13.5.3 軽量骨材の含水率の管理』を取り込んだ節である．改訂前は，人工軽量骨材の規格，耐凍害性の確認の方法，アルカリシリカ抑制対策の方法，含水率の管理の方法に関する 2 つの条文の計 5 つの条文が示されていたが，人工軽量骨材の規格，耐凍害性およびアルカリシリカ抑制対策の方法，含水率の管理の方法を示した 3 つの条文に改めた．耐凍害性およびアルカリシリカ反応の抑制対策は，改訂前は『過去の実績に基づいて確かめること』を原則としていたが，改訂後は「試験により確認すること」を基本とすることに改め，解説の中で，「過去の実績等により耐凍害性が確保できることが確認されている場合には，試験を行わなくてもよい.」とした．また，人工軽量骨材の含水率の管理値は，施工方法あるいは軽量骨材コンクリートに要求される品質に応じて設定する必要があることを明確にした.

「11.3 軽量骨材コンクリートの品質」は，改訂前は配合や現場での運搬に関する条文も記載されていたが，それらは「11.4 配合」や「11.5.1 現場内での運搬」に移行し，軽量骨材コンクリートとして重要となる単位体積質量に関する条文および解説のみとした.

「11.4 配合」は，改訂前には，一般で 1 つ，単位容積質量で 3 つ，水セメント比で 3 つ，スランプで 3 つ，空気量で 2 つ，配合の表し方で 1 つの条文がそれぞれ示されていた．改訂後は，［施工編：施工標準］と同様の内容の条文を削除し，単位体積質量が設計において設定された値を満足するように，軽量骨材および普通骨材の組合せを設定すること，圧送によってスランプが低下することを考慮して圧送前のスランプを設定すること，耐凍害性やワーカビリティー等を考慮して普通骨材を用いたコンクリートより空気量を 1%大きくすること，を示す 3 つの条文に改めた.

「11.5.1 圧送」は，改訂前の『13.5.5 現場内での運搬』ではコンクリートポンプによる圧送とバケットによる打込みの 2 つの条文が示されていたが，改訂後は圧送に関する条文のみとし，バケットによる打込みは解説に記載した．「11.5.2 打込みおよび締固め」は，改訂前に記載されていた内部振動機による締固め方法に関する条文を解説に移し，打込みに関する条文のみに改めた．また，内部振動機は棒状バイブレータに改めた.

品質管理は，施工者が実施する行為であることを明確にした．軽量骨材コンクリートの品質管理として，人工軽量骨材の品質，軽量骨材コンクリートの単位体積質量を確認することとした．検査では，発注者は，施工者の品質管理記録等により検査する必要があることを記載した.

5.11.3　今後の課題

改訂に際して，人工軽量骨材の製造会社を調査したところ，製造会社は限定されており，土木分野での施工実績はそれほど多くはないと推測される．次回の改訂では，実際に流通している人工軽量骨材の種類の調査等も行い，調査結果等に基づき，記載内容の見直しを検討することが望まれる．

5.12　プレストレストコンクリート

5.12.1　改訂の概要

プレストレストコンクリートの章は，改訂のたびに，新たな材料や技術に関する記述の追加を行ってきたこと等により，膨大な記載内容となっていた．そこで，今回の改訂では，その対象をプレストレストコンクリートにおけるコンクリート工，プレストレス工およびPCグラウト工に絞るとともに，現状の施工ではあまり用いられることのなくなった材料や方法に関する古い記述，および［施工編：施工標準］と重複する記述の削除，個々の材料の保管や設置等に関する重複した記述の統合，マニュアル的な手順に関する詳細な記述の簡素化等，大幅な見直しを行った．

改訂前の『10.2 コンクリートの品質』は，［施工編：施工標準］と重複した記述は削除するとともに，プレストレストコンクリート部材の打込みの最小スランプの目安の解説表等は［施工編：施工標準］に移行した．『10.2.3 プレストレスを与える時のコンクリートの強度』のように，プレストレスコンクリート特有の内容は，「12.2 材料」の中に「12.2.1 コンクリート」を設けて記載した．『10.3 コンクリート工』と『10.4 型枠および支保工』についても，プレストレストコンクリートに特有の事項のみの記述に整理して「12.3 型枠および支保工とコンクリートの打込み」とした．また，『10.5 プレストレス工』と『10.6 PCグラウト工』は，それぞれの節の中に，材料，施工方法，品質管理および検査が細かく項立てして記載されていたが，他の目的別コンクリートの章と同様に，「12.2 材料」，「12.4 プレストレス工」，「12.5 PCグラウト工」，「12.6 品質管理」，「12.7 検査」の節立てに改めた．

5.12.2　主な改訂点

「12.1 一般」は，この節ではプレスレストコンクリートの施工におけるコンクリート工，プレストレス工およびPCグラウト工を対象としていること，およびプレストレストコンクリートでは，設計図書に示される引張力を緊張材に導入し，所定のプレストレスをコンクリート部材に与えることが重要であることの2つの条文とした．解説には，新たにプレストレストコンクリートの分類を解説表に示した．

「12.2 材料」は，プレストレストコンクリートに用いる材料を「12.2.1 コンクリート」，「12.2.2 PC鋼材」，「12.2.3 定着具および接続具」，「12.2.4 シース，保護管および偏向具」に再編した．

「12.2.1 コンクリート」は，『10.2.3 プレストレスを与える時のコンクリートの強度』を整理した項である．改訂前は条文にプレストレスを導入する際に必要なコンクリートの圧縮強度の値が示されていたが解説に移行した．また，設計段階で考慮すべき内容に関する記述は削除した．

「12.2.2 PC鋼材」は，『10.5.2.1 PC鋼材』，『10.5.3.1 PC鋼材の加工および組立』，『10.5.5.3 緊張材の取扱い』の箇条（1），（3）および（4）を整理し，6つの条文に取りまとめた．改訂後の箇条（1）および（2）の条文は，『10.5.2.1』の箇条（1）および（2）の条文の趣旨を変更することなく表現を改めた．改訂後の箇条（3）および（4）の条文には，その品質規格が土木学会規準に制定されているプレグラウトPC鋼材および内部充てん型エポキシ樹脂被覆PC鋼より線に関する事項を新たに記載した．改訂後の箇条（5）の条文は，『10.5.2.1』の箇条（4）と『10.5.3.1』の箇条（1）の条文を統合したものであり，PC鋼材の配置や組立を行う際の留意点を示した.改訂後の箇条（6）の条文は,『10.5.2.1』の箇条（5）,『10.5.3.1』の箇条（2）,『10.5.5.3』の箇条（1）および（3）の条文を統合したものであり，PC鋼材や緊張材の保管に関する留意点を示した．解説は条文の統合に合わせて記述を整理した．また,『10.5.2.1』の箇条（4）の解説には，再加工や熱処理によるPC鋼材の強度低下率に対応する規格値に関する記述がなされていたが，再加工や熱処理による強度低下は加工の方法によって相違するおそれがあることから，強度の低下率に応じた使用方法を示方書で一様に記載することは適切ではないと判断し削除した.『10.5.5.3 緊張材の取扱い』の箇条（4）の条文の外ケーブル方式における被覆された緊張材の記述は箇条（2）の解説に,『10.5.4.3 定着具および部材端面の保護』の箇条（1）の条文のプレテンション方式の部材端面の切りそろえ，および保護に関する記述は箇条（5）の解説に移行した.

「12.2.3 定着具および接続具」は,『10.5.2.2 定着具および接続具』,『10.5.3.4 定着具および接続具の組立および配置』,『10.5.4.3 定着具および部材端面の保護』および『10.5.5.4 定着部の組立および配置』を整理して，3つの条文にまとめた.『10.5.2.2』の箇条（1）および（3）の条文は，改訂後の箇条（1）および（2）の条文とし，改訂前の箇条（2）の条文は改訂後の箇条（1）の解説に移行した.『10.5.2.2』の箇条（1）の条文は改訂後の箇条（2）の条文とし，それ以外の箇条（2）～（4）の条文は改訂後の箇条（2）の解説に記載した.『10.5.4.3』の箇条（2）の条文は改訂後の箇条（3）の解説に,『10.5.5.4』箇条（1）の条文は改訂後の箇条（2）の解説に,箇条（2）の条文は改訂後の箇条（3）の解説にそれぞれ移行した.また,『10.5.2.2』の箇条（1）の解説には，ポストテンション方式で用いられている緊張材の定着具の形式に関する詳細な記述がなされていたが，代表的な形式のみを改訂後の箇条（1）の解説に示した.

「12.2.4 シース，保護管および偏向具」は,『10.5.2.3 シース』,『10.5.2.4 付着を生じさせない場合の緊張材被覆材料』,『10.5.3.2 シースおよび緊張材の配置』,『10.5.5.1 保護管』,『10.5.5.2 偏向具』,『10.5.5.3 緊張材の取扱い』の箇条（2）の条文,『10.5.5.4 定着部の組立および配置』,『10.5.5.5 偏向部の組立および配置』および『10.5.5.6 保護管の取扱い』を整理して5つの条文にまとめた．条文の整理に伴い，改訂前の一部の条文は解説に移行した．また,『10.5.3.3 シース以外のダクトの形成』には，シース以外でダクトを形成する際の留意点が示されていたが，現状ではシース以外でダクトを形成する事例が少ないため削除した．これに伴い，ダクトと表現していた箇所はシースに変更し，改訂前に鋼製シースと表記されていた箇所は，土木学会規準の用語に合わせて金属製シースに改めた.『10.5.2.3』の箇条（1),（2）および（3）の条文は，それぞれ改訂後の箇条（1),（2）および（3）の条文とした.『10.5.2.4』,『10.5.3.2』および『10.5.5.3』の箇条（2）の条文は，改訂後の箇条（3）の解説に移行した．また，外ケーブル方式に用いる保護管に関する記述である『10.5.5.1』の箇条（1）の条文および『10.5.5.6』は改訂後の箇条（4）の条文に，偏向具に関する記述である『10.5.5.2』箇条（2）の条文および『10.5.5.5』は改訂後の箇条（5）の条文に整理して記載した.

「12.3 型枠および支保工とコンクリートの打込み」は,『10.3 コンクリート工』および『10.4 型枠および支保工』を再編した節である.『10.4』の箇条（1）および（2）の条文は，改訂後の箇条（1）および（2）の条文とした.『10.3』の箇条（1）の条文は改訂後の箇条（3）の条文とし，箇条（2）の条文は一般のコンクリートの施工と同様の内容であるため削除した.

プレストレストコンクリートの緊張材を配置する方式には内ケーブル方式と外ケーブル方式がある.また,内ケーブル方式は，緊張材に引張力を与える時期によりプレテンション方式とポストテンション方式に区分される．そこで，今回の改訂では，緊張方式ごとに「12.4.1 プレテンション方式による緊張」,「12.4.2 ポストテンション方式による緊張」および「12.4.3 外ケーブル方式による緊張」に整理して記載した.

「12.4.1 プレテンション方式による緊張」の条文を新たに設けた．プレテンション方式による緊張は，複数の緊張材を固定した固定装置を移動させて全ての緊張材に同時に引張力を与えること，一般に促進養生を行うため温度の影響を考慮する必要があることから，その旨の条文とした．また，『10.5 プレストレス工』および『10.5.1 一般』の解説に記載されていたプレテンション方式に関する記述は，この条文の解説に記載した．

「12.4.2 ポストテンション方式による緊張」は，『10.5.4.1 ジャッキ』および『10.5.4.2 緊張の管理』を整理し，趣旨を変更することなく5つの条文にまとめた．『10.5.4.1』の箇条（1）および（2）の条文は，改訂後の箇条（1）および（2）の条文とした．『10.5.4.2』の箇条（1），（2）および（3）の条文は，改訂後の箇条（4）の条文として，緊張管理における基本的な事項を示す条文に整理し，補足となる記述は解説に移行した．改訂前の箇条（4）および（6）の条文は，それぞれ改訂後の箇条（5）および（3）の条文とした．改訂前の箇条（5）の条文は特殊な場合であることから削除し，箇条（7）の条文は，改訂後の箇条（2）の解説に移行した．解説は，条文に合わせて整理した．緊張管理図の例を示す『**解説 図10.5.1**』は，摩擦係数や引止め線の見方が分かりにくいため，表現を修正して**解説 図12.4.1**とした．また，文中のジャッキは緊張装置，（緊張材の）組は（緊張材の）グループに表現を改めた．

「12.4.3 外ケーブル方式による緊張」は，『10.5.5.7 緊張の管理』および『10.5.5.8 防錆材の注入』をまとめた．『10.5.5.7』の条文は，表現を見直して改訂後の条文とした．『10.5.5.8』の箇条（1）および（2）の条文は，改訂後の解説に移行した．また，外ケーブル方式の緊張管理では，荷重計の示度と伸び量の関係をプロットした点があらかじめ計算で求めた伸び量に対して±5%の範囲内に収まっていることを管理することが多い．そのため，改訂前の『**解説 図10.5.2**　外ケーブル緊張管理例』の(b)には，伸び量を0～＋5%で管理する際の例も示されていたが削除した．

『10.6 PCグラウト工』は，『10.6.1 一般』，『10.6.2 材料』および『10.6.3 PCグラウトの施工』の項立てとしていたが，『10.6.2』および『10.6.3』は，その中でさらに細かく分けて記載していたため，項立てを「12.5.1 施工方法の選定」，「12.5.2 PCグラウトの品質および配合」，「12.5.3 PCグラウトの注入口・排気口・排出口」，「12.5.4 注入」に整理した．

「12.5.1 施工方法の選定」は，『10.6.1 一般』および『10.6.2 材料』をまとめた項である．PCグラウトを行う目的は，PC鋼材を腐食から保護すること，緊張材とコンクリートを一体化することの2つがある．そのためには，ケーブルの形状，緊張材およびシース径の組合せに応じてPCグラウトの流動性を選定したり，注入口，排出口および排気口の位置および注入速度を選定したりする等，施工方法の選定が重要となる．そこで，項のタイトルを改め，条文は「PCグラウトの施工はシース内を確実に充填できる方法により行うものとする．」とした．そして，『10.6.1』および『10.6.2』の箇条の条文は，趣旨を変更することなく整理して解説に記載した．

「12.5.2 PCグラウトの品質および配合」は，『10.6.3.3 PCグラウトの配合および品質』を整理した．『10.6.3.3』の箇条（1）の条文は「12.5.1」の箇条の条文と同様の記述であるため削除した．改訂前の箇条（2）の条文は，PCグラウトの流動性，ブリーディング率および体積変化について，それぞれ改訂後の箇条（2）および（3）の条文に改めた．改訂前の箇条（3），（5）および（6）の条文は，それぞれ改訂後の箇条（5），（4）および（1）の条文とした．改訂前の箇条（4）および（7）の条文は，それぞれ改訂後の箇条（4）および（5）の解説に移行した．また，改訂前の箇条（4）解説には，『気温の高い時には遅延形のグラウト用混和剤を用いるとよい．』旨の記述がなされていたが，現在では，遅延形のグラウト用混和剤は一般には販売されていないため削除した．

「12.5.3 PCグラウトの注入口・排気口・排出口」は，『10.6.2.2 PCグラウト注入補助材料』，『10.6.3.1 PC

グラウト注入口・排気口・排出口の配置』,『10.6.3.2 注入までの処理』および『10.6.3.6 注入口・排気口・排出口の後処理』を整理して3つの条文にまとめた.『10.6.3.1』の箇条（2）および『10.6.3.2』の箇条の条文をまとめ，改訂後の箇条（1）の条文とした.『10.6.3.1』の箇条（1),『10.6.3.1』の箇条（5）および『10.6.3.6』の箇条の条文は，改訂後の箇条（1）の解説に移行した.『10.6.3.1』の箇条（3）の条文は，改訂後の箇条（2）の条文とした.『10.6.2.2』の箇条（1）および（2）の条文は，それぞれ改訂後の箇条（3）および（2）の解説に移行した.『10.6.3.1』の箇条（4）の条文は，改訂後の箇条（3）の条文とした．解説は，条文に合わせて再編した.

「12.5.4 注入」は,『10.6.3.4 練混ぜおよび攪拌』,『10.6.3.5 注入』,『10.6.3.7 寒中グラウトの施工』および『10.6.3.8 暑中グラウトの施工』を整理し，3つの条文にまとめた.『10.6.3.5』の箇条（1）の条文は，改訂後の箇条（1）の条文とした.『10.6.3.4』,『10.6.3.5』の箇条（2）および『10.6.3.7』の箇条（2）の3つの条文は，改訂後の箇条（1）の解説に移行した.『10.6.3.5』の箇条（3）の条文は，改訂後の箇条（2）の条文とした.『10.6.3.5』の箇条（4）および（5）の条文は，改訂後の箇条（2）の解説に移行した.『10.6.3.7』および『10.6.3.8』に示される寒中および暑中時の施工に関する留意点をまとめて，改訂後の箇条（3）の条文とし，その補足説明を解説に記載した.

「12.6 品質管理」は，これまでは,『10.5.6 検査』,『10.6.4 品質管理』および『10.6.5 検査』に示されていた内容を整理するとともに，品質管理は施工者が実施する行為であることを明確にした条文に改め，施工標準における品質管理以外の項目を,「12.6.1 材料」,「12.6.2 プレストレス工」および「12.6.3 PC グラウト工」に分けて記載した.

「12.6.1 材料」は,『10.5.6.1 使用材料の受入れ検査』を整理した．条文は「施工者は，PC 鋼材，定着具，接続具およびシースが所定の品質であることを管理する.」とし，解説および解説表を見直した.「解説 表12.6.1　PC 鋼材の品質管理における検査」では，JIS G3536，JIS G 3109，JIS G 3137 以外の PC 鋼材は，標準的に用いる材料でないため削除した．一方，プレグラウト鋼材と内部充てん型エポキシ樹脂被覆 PC 鋼より線の管理項目を追加した.「**解説 表 12.6.2**　定着具および接続具の品質管理における検査」では，項目を JSCE-E 503 で得られる最大荷重と破壊形態の2つに改めた.「**解説 表 12.6.3**　プラスティック製シースの品質管理における検査」では，等圧外力抵抗性（JSCE-E 705)，曲げ特性（JSCE-E 708）およびすりへり抵抗性（JSCE-E 709）の試験方法が見直されたことから判定基準を修正した．等圧外力抵抗性は，プラスティック製シースの座屈圧力がコンクリートの打込み時の最大圧力（打込み高さ 3m に相当する 0.075MPa）より大きいことを確認すること，曲げ特性は，試験によるプラスティック製シースの曲げ剛性が部材に配置する際の支持間隔より求まる曲げ剛性以上であることを確認すること，すりへり抵抗性は，試験によるプラスティック製シースの残留肉厚が 1.5mm 以上であることを確認することにした．また，新たにセグメント用カップラーシースの漏れ（JSCE-E 711）が制定されたため項目に追加し，水の漏れがないことを確認することを判定基準とした.「**解説 表 12.6.4**　金属製シースの品質管理における検査」では，土木学会規準での用語に合わせて，鋼製シースを金属製シースに改めた.

「12.6.2 プレストレス工」は,『10.5.6.2 緊張材および定着具の配置の検査』および『10.5.6.3 プレストレスの検査』を整理した．条文は，施工者は，緊張材，シースおよび定着具が所定の位置に配置されていること，および所定のプレストレスがコンクリートに導入されていることを確認することとし，解説および解説表を見直した.「**解説 表 12.6.5**　緊張材，シースおよび定着具の配置の品質管理における検査」では，判定基準の記述を見直した.「**解説 表 12.6.6**　プレストレスの品質管理における検査」では，これまで『緊張順序，および緊張力，伸び量，抜出し量』としていた項目を「緊張力」に改めた．判定基準は，緊張作業時に荷重計および伸び量を測定して緊張管理図にプロットすることで，荷重と伸びが直線関係にあり，所定の緊張力を満足していることを確認する必要があることを明確にした．

「12.6.3 PCグラウト工」は，『10.6.5.1 PCグラウトの検査』を整理した．条文は，施工者は，所定の品質のPCグラウトであること，および注入口，排気口，排出口位置でグラウトホース内がPCグラウトで充填されていることを確認することとし，解説および解説表を見直した．「**解説 表 12.6.7** PCグラウトの品質管理における検査」では，流動性の判定基準に各粘性タイプの範囲を示した．

「12.7 検査」は，発注者は，施工者の品質管理記録等により検査する必要があることを示した．プレストレス工では，施工者が施工計画書で定めた緊張材および定着具を用いていること，それらを所定の精度で配置していることおよび所定の緊張力が導入されていることを管理していることを品質管理記録等により検査することとした．PCグラウト工では，施工者が施工計画書で定めた品質のPCグラウトを用いていること，PCグラウトがシース内に充填していることを管理していることを品質管理記録等により検査することとした．

5.12.3　今後の課題

今回の改訂では，大幅な見直しを行った．次回以降の改訂においても，その時点において，最新の材料や技術を取り込むとともに，標準的には使用されなくなった材料や技術に関する記述を削除する等，継続的な見直しを行っていくことが望まれる．

5.13　水中コンクリート

5.13.1　改訂の概要

水中コンクリートにおいても節立ての見直しを行った．これまで，『8.2 一般の水中コンクリート』，『8.3 水中不分離性コンクリート』，『8.4 場所打ち杭あるいは地下連続壁に使用する水中コンクリート』に分けて掲載していたが，今回の改訂で，場所打ち杭あるいは地下連続壁に使用する水中コンクリートは一般の水中コンクリートに統合することとし，水中不分離性混和剤の使用の有無により，「13.3 一般の水中コンクリート」と「13.4 水中不分離性コンクリート」の2つの節に改めた．また，打込みに関して，いずれの水中コンクリートにも該当する内容は，「13.2 水中への打込みの基本」としてまとめた．その上で，一般の水中コンクリートをトレミーとコンクリートポンプを用いて打ち込む際の留意点は，「13.3.2 水の流れの影響を受ける可能性がある水中への打込み」と「13.3.3 場所打ち杭または地下連続壁のコンクリートの打込み」に記載した．場所打ち杭または地下連続壁における先組み鉄筋は，「13.3.3 場所打ち杭または地下連続壁のコンクリートの打込み」の節の中に記載した．

また，「13.5 品質管理」と「13.6 検査」を新設し，水中コンクリートの品質管理と検査を記載した．

5.13.2　主な改訂点

「13.1 一般」の箇条（2）の条文は，水中への打込みによる強度低下を考慮しコンクリートの圧縮強度の目標値を高くすることと，できるだけ水中での材料分離が生じないように打込むことが水中コンクリートでは重要であることから，「水中コンクリートおよび水中不分離性コンクリートには，水の洗い出し等の作用による強度低下を見込んだ配合を用い，材料分離の生じにくい方法で打込みを行うものとする．」とした．

「13.2 水中への打込みの基本」は，改訂前の『8.2.2.1 一 般』に記載されていた打込みに関する7つの条文を，条文の趣旨を変更することなく4つの条文に再整理した．なお，『8.2.2.4 底開き箱および底開き袋による打込み』は，『8.2.2.1』の箇条（2）の条文『コンクリートは，トレミーもしくはコンクリートポンプを用いて打ち込むのを原則とする.』とは異なる趣旨の内容であることから，条文としては記載せず，解説で記載することもWG内で議論した．その結果，近年では実際に使用されている事例は少ないが，港湾工事共通仕様書[1)]等に記載があることを考慮して，箇条（2）の条文に「セメントの流出や材料分離ができるだけ生じないように，トレミー，コンクリートポンプまたは底開き箱や底開き袋を用いて打ち込むものとする.」として記述を残すこととした.

「13.3.1 配合」は，一般の水中コンクリートの『8.2.1 配合』と場所打ち杭あるいは地下連続壁に用いる水中コンクリートの『8.4.1 配合』を統合した項である．改訂前には9つの条文があったが，水の洗い出し作用等による低下を見込んで圧縮強度を設定すること，構造物の形状，寸法，配筋状態を考慮して打込みの目標スランプを設定すること，粗骨材の最大寸法は，鉄筋のあきの1/2以下，かつ25mm以下とすることの3つの条文に集約し，具体的な目標スランプの値，水中への打込みに伴う強度の低下の目安，水セメント比の最大値や単位セメント量の最小値の目安は解説に移した．なお，水中コンクリートにおいても，所定の品質が確保できれば，高炉スラグ微粉末やフライアッシュ等の混和材を活用することを妨げるものではないことから，誤解の生じないように，単位セメント量を単位結合材量に，水セメント比を水結合材比に改めた.

「13.3.2 水の流れの影響を受ける可能性がある水中への打込み」は，『8.2.2.2 トレミーによる打込み』と『8.2.2.3 コンクリートポンプによる打込み』を統合した項である．改訂前は条文が8つあったが，同様の記述の統合等により，「トレミーまたはコンクリートポンプの配管は，コンクリートが管内を自由に移動できる管径のものを用い，1本のトレミーまたは配管で打ち込む面積は，品質低下のない範囲で定めるものとする.」と「打込み中，トレミーまたは配管の先端は，既に打ち込まれたコンクリート中に挿入しておくものとする.」の2つの条文に集約した．また，『8.2.2.2』の箇条（6）の条文『特殊なトレミーを使用する場合には，その適合性と使用方法を十分に検討しなければならない.』は，特殊な事例のため条文としては削除したが，解説の記述は改訂後の箇条（2）の解説の中に要点を記載した．また，これまで，1本のトレミーで打ち込める範囲の目安は面積だけであったが，実施工では流動距離も重要なため，流動距離の目安を箇条（1）の解説に追記した.

「13.3.3 場所打ち杭または地下連続壁のコンクリートの打込み」は，改訂前の場所打ち杭または地下連続壁のコンクリートの『8.4.2 先組み鉄筋』と『8.4.3 打込み』を統合した項である。条文は一部統合したが趣旨を変更することなく，表現を見直した．また，箇条（5）の条文における余盛り高さの記述は，日本道路協会「杭基礎施工便覧」や「道路橋示方書・同解説（IV下部構造編）」において，余盛り高さが50cmでは不十分な場合もあることが記載されていることから，実工事で用いられている範囲として50～150cmに改めた.

「13.4.2 配合」は，改訂前は7つの条文が記載されていたが，趣旨を変更することなく重複する記述を統合する等，4つの条文に集約した.

「13.4.3 練混ぜ」は，改訂前はバッチミキサで練り混ぜることを前提とした条文であったが，現在は，ベースコンクリートを積載したトラックアジテータに水中不分離性混和剤を添加して水中不分離コンクリートを製造する方法も用いられていることから，解説の中で記述するのではなく，条文として新たに記述した.

「13.5 品質管理」は，施工者が実施する行為ことであることを明確にし，施工標準における品質管理以外の項目として，一般の水中コンクリートでは，スランプまたはスランプフロー，水中不分離性コンクリートでは，水中気中強度比，水中分離度，スランプフローで確認することとした.

「13.6 検査」は，発注者は，施工者の品質管理記録等により検査する必要があることを示した．圧縮強度は，一般の水中コンクリートでは，圧縮強度の特性値に水中での施工に伴う強度の低下を割り増した値を用いること，水中不分離性コンクリートでは，水中作製供試体の圧縮強度を用いることとした.

5. 13. 3　今後の課題

一般の水中コンクリートにおいて，単位粉体量の多い高強度コンクリートや高流動コンクリートを用いた場合には，水中や安定液中への打込みによる強度低下が，示方書に示される値よりも小さくなるという施工事例も報告されている[2), 3)]．次回の改訂では，施工実績等の調査を行い，必要に応じて強度低減率の見直しについて議論する必要がある．

参考文献

1)　国土交通省 港湾局：港湾工事共通仕様書，pp.I-103，2019.03
2)　小林旦典，深田敦宏，大隈充浩，柳井修司：大規模・大深度 LNG 地下タンクのコンクリートの施工，コンクリート工学，Vol.46，No.3，pp.38-45，2008.3
3)　前田敬一郎，桜井邦昭，佐々木高士，林孝弥：大規模 LNG 地下式貯槽工事における薄肉化した地中連続壁の構築，コンクリート工学年次論文集，Vol38，No.1，pp.1599-1604，2016

5. 14　吹付けコンクリート

5. 14. 1　改訂の概要

吹付けコンクリートでは，トンネル用吹付けコンクリートとのり面用吹付けコンクリートを対象としている．これまでは，両者を別々に節立てて記述していたが，共通する事項が多く，重複記述を削除する観点から,「14.2 材料」,「14.3 配合および品質」,「14.4 製造および吹付け機械」,「14.5 吹付け工」,「14.6 品質管理」,「14.7 検査」の節立てとして，両者を統合して記述するように改めた．ただし，吹付け作業は，トンネル用とのり面用で大きく異なることから,「14.5.2 トンネル用吹付けコンクリートにおける吹付け」と「14.5.3 のり面用吹付けコンクリートにおける吹付け」の項に分けて記載した．

5. 14. 2　主な改訂点

「14.1 一般」の箇条（1）の条文は，この章の対象が「山岳トンネルで掘削面の支保に使用されるトンネル用吹付けコンクリートおよびのり面の風化や浸食の防止に使用されるのり面用吹付けコンクリート」であることを示した．箇条（2）の条文は，吹付けコンクリートは「必要な強度のコンクリートを得るために材料，配合，機器および吹付け方式を選定すること」と「安全や施工環境に留意して施工すること」が重要であることから，その旨を記載した．

「14.2 材料」は，トンネル用吹付けコンクリートの『9.2.2 材料』とのり面用吹付けコンクリートの『9.3.2 材料』を統合した．吹付けコンクリートにおいても，所定の強度が得られる場合には，高炉スラグ微粉末やフライアッシュ等の混和材料の使用を妨げるものではないことから，箇条（3）の条文に「吹付けコンクリートが所定の強度を確保できる混和材料を用いるものとする.」を設けた．箇条（4）の解説における**解説 表 14. 2. 1** の急結剤の分類は，急結材の製造メーカへのヒヤリングを基に更新した．現在，アルカリ性に区分される液体急結剤は製造および使用されていないことから削除し，スラリー急結剤の区分と成分の情報を修正した．

「14.3 配合および品質」は，トンネル用吹付けコンクリートの『9.2.1 トンネル用吹付けコンクリートの品質』と『9.2.3 配合』，のり面用吹付けコンクリートの『9.3.1 のり面用吹付けコンクリートの品質』と『9.3.3 配合』の節を統合し，項のタイトルを改めた．条文は，所定の強度が得られる配合を選定すること，管理材齢は 28 日とすること，トンネル用は初期材齢の目標値を設定することの 3 つとし，改訂前に示されていた試験方法に関する条文は削除し，箇条（2）および（3）の解説に移動した．

「14.4 製造および吹付け機械」は，トンネル用吹付けコンクリートの『9.2.4 製造』とのり面用吹付けコンクリートの『9.3.4 吹付け機械』を統合し，項のタイトルを改めた．製造に関して［施工編：施工標準］と同様の記述は削除した．

「14.5.1 吹付け工の準備」は，トンネル用吹付けコンクリートの『9.2.5.1 一般』と『9.2.5.2 吹付け面の事前処理』，のり面用吹付けコンクリートの『9.3.5.1 一般』と『9.3.5.2 吹付け面の事前処理』を統合した．なお，改訂前の条文は，トンネル用とのり面用で全く同じ文章である．今回，条文の趣旨を変更することなく，一部の表現を見直した．

「14.5.2 トンネル用吹付けコンクリートにおける吹付け」は，『9.2.5.3 吹付け作業』で記載されていた7つの条文を，その趣旨を変更することなく，3つの条文に再編した．また，**解説 図14.5.2**を新たな図に差し替えた．

「14.5.3 のり面用吹付けコンクリートにおける吹付け」を新設し，のり面用吹付けコンクリートの吹付け作業について留意点を示した．CL122「吹付けコンクリート指針（案）［のり面編］」の記載内容に基づき，条文および解説を記載した．

「14.6 品質管理」は，施工者が実施する行為ことであることを明確にし，施工標準における品質管理以外の項目として，吹付けコンクリートでは，吹付け厚さが設計吹付け厚さを満足していること，吹付け時の坑内環境が，発注者の仕様書等に定められる基準値を満足していることを確認することとした．なお，粉じん濃度の判定基準は，2020年7月制定された「ずい道等建設工事における粉じん対策に関するガイドライン」（厚生労働省）に示される基準値を基に設定した．

「14.7 検査」は，発注者は，施工者の品質管理記録等により検査する必要があることを示した．吹付け厚さおよびのり面用吹付けコンクリートの出来形の試験方法，頻度，判定基準は，一部の表現を見直した．吹付けコンクリートは，一般に施工範囲に対して圧縮強度の試験頻度が少なく統計的な判断が困難であるため，圧縮強度の判定基準は，圧縮強度の検査は1回の試験結果が圧縮強度の特性値を上回ることを検査することとした．なお，試験頻度を高める場合には，統計的な判断により合格判定を行ってもよい．1回の試験結果が圧縮強度の特性値f'_{ck}以上になるには，圧縮強度の目標値f'_{cr}を式（5.14.1）で求められる値以上に設定するとよい．

$$f'_{cr}=\frac{1}{1-3V}\cdot f'_{ck} \tag{5.14.1}$$

ここに，　V　：変動係数

なお，10%の変動係数が想定される場合，目標値f'_{cr}は，特性値f'_{ck}の1.43倍になる．

5.14.3　今後の課題

改訂に際しては，補修・補強に用いられる吹付けコンクリートも対象に含んだ方がよいという意見や，のり面等吹付けコンクリートに関する記述が少なく，このままトンネル用吹付けコンクリートと同じ章の中に記述してよいのかという意見等があった．次回の改訂では，この章の対象範囲について改めて議論することが望まれる．

6. 設計図の設計条件表と特性値に基づく配合選定

6.1　改訂の概要

【2022年制定】示方書［設計編：本編］「4.8 設計図」では，設計図は，設計者の意図を施工者ならびに維持管理者に伝える唯一の手段であるとしている．設計者は，設計図に必要事項を記載しておく必要があり，特に構造物の品質を確保する上で，コンクリートの材料特性を明確にして，設計図に記載された設計条件表等を通じて施工者に情報を伝達することが重要である．設計図の設計条件表に示される可能性がある特性値には，圧縮強度の他に，ヤング係数，水分浸透速度係数，中性化速度係数，塩化物イオン拡散係数および相対動弾性係数等が挙げられるが，これらの特性値のうち，構造物の種類，構造物の重要性および構造物の環境条件等を踏まえて，構造物の性能を確保するために必要なものが設計図の設計条件表に示される．

施工者は，設計図に記載された設計条件表を確認し，圧縮強度および耐久性に関する特性値や，セメントの種類，最大水セメント比，空気量の範囲，単位水量の上限値，単位セメント量の上限値または下限値，骨材の種類，粗骨材の最大寸法，スランプの範囲等のコンクリートの配合条件や参考値を確認し，これらを考慮した上で配合選定を行うことになる．示方書［設計編］では，設計条件表に圧縮強度以外の特性値が示されても，配合条件を満足することで，耐久性に関する特性値が満足するとみなしてよい場合があるとしている．なお，参考値は，コンクリートの配合を選定する際の参考であり，コンクリートに求められる特性値を満足し，確実な施工が行えるのであれば厳守する必要はないものである．

圧縮強度以外の特性値については，これまでの示方書［施工編］では，不良率も生産者危険も定められていなかった．【2023年制定】示方書［施工編］では，圧縮強度以外の特性値の検査は，不良率を50%とし，**図6.1.1**に示されるように，生産者危険0.135%を超える場合を不合格と判定することとした．設計条件表に圧縮強度以外の特性値が示され，施工時に検査する場合は，試し練りによって得られた試験結果を基に，設計条件表に示される特性値を満足する配合であることを確認する必要がある．例えば，**図6.1.1**を参考としたとき，必ずしも，試験結果の平均値は特性値よりも小さい必要はなく，不合格と判定する基準値よりも大きくなければ，設計条件表に示される特性値を満足しているとみなしてよいことになる．

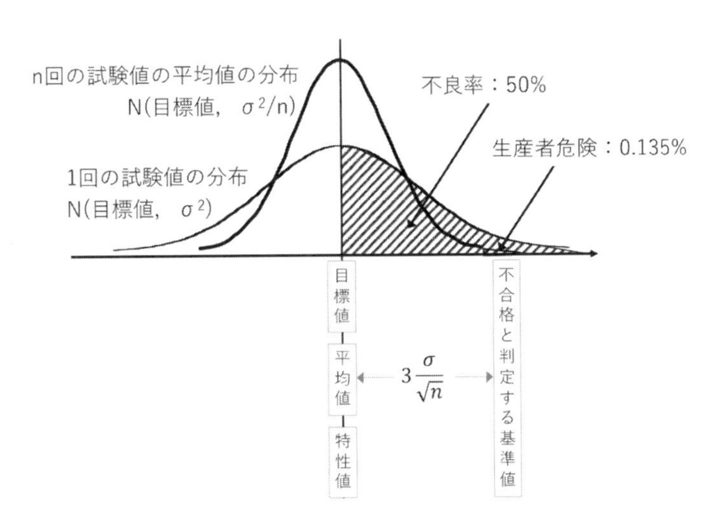

図6.1.1　圧縮強度以外の特性値の不良率と生産者危険（特性値より大きい値が望ましくない場合）

この章では，示方書［施工編：施工標準］「4.3 配合設計」「**解説 図4.3.1**　配合設計のフロー」の左側のフローに従い，設計図の設計条件表に示される特性値および配合条件に基づき配合を決定する流れを解説する．

6.2　設計図に記載された設計条件表の確認

示方書［設計編：付属資料］の2編に「設計図に記載する設計条件表の記載項目の例」が示されている．設計条件表の例を，**表 6.2.1** に示す．この例の設計条件表には，圧縮強度，収縮ひずみ，水分浸透速度係数，中性化速度係数および塩化物イオン拡散係数の特性値が示されている．圧縮強度と収縮ひずみは，注1）および注2）に示されるように，試験により特性値を確認し，水分浸透速度係数，中性化速度係数および塩化物イオン拡散係数は，注3）に示されるように，配合条件を満たせば，特性値を満足するとみなし，施工時に特性値の検査を行わなくてよいことになっている．

表 6.2.1　設計条件表の記載項目のうち，コンクリートの特性値，配合条件，参考値の一例
（［設計編：付属資料］「2編：設計図に記載する設計条件表の記載項目の例」から抜粋（一部修正））

構造物名称	□□□□□□□		
設計耐用期間	100年		
環境条件	通常の環境		
要求性能と限界状態	安全性		破　壊
			疲労破壊
	使用性		乗り心地
			外　観
偶発作用	地震動	レベル1地震動	構造物の損傷状態1
		レベル2地震動	構造物の損傷状態3
		地盤種別	普通地盤
		地域区分	東京都
活荷重	□□□□		
温度変化	±12.5℃		
部材の収縮ひずみ	200×10^{-6}		
鉄筋の種類	SD345		
鉄筋の特性値	引張降伏強度		$345\mathrm{N/mm^2}$
	引張強度		$490\mathrm{N/mm^2}$
コンクリートの特性値	圧縮強度[注1)]		$27\ \mathrm{N/mm^2}$
	収縮ひずみ[注2)]		1000×10^{-6}
	水分浸透速度係数[注3)]		$8.0\ \mathrm{mm}/\sqrt{年}$
	中性化速度係数[注3)]		$0.93\ \mathrm{mm}/\sqrt{年}$
	塩化物イオン拡散係数[注3)]		$0.48\ \mathrm{cm^2}/年$
コンクリートの配合条件	セメントの種類		普通ポルトランドセメント
	最大水セメント比		50　%
	空気量の範囲[注4)]		4.5±1.5　%
コンクリートの参考値[注5)]	単位水量の上限値		$175\ \mathrm{kg/m^3}$
	単位セメント量の上限値		$300\ \mathrm{kg/m^3}$
	骨材の種類		普通骨材
	粗骨材の最大寸法		20 mm
	スランプの範囲		12±2.5 cm

注1)　材齢28日まで20±2℃の水中で養生を行った供試体を用いて，JIS A 1108により試験する．
注2)　JIS A 1129により試験する．
注3)　コンクリートが配合条件に合致していることを確認することで特性値の検査に代える．
注4)　荷卸し時
注5)　参考値は設計時の仮定であり，施工段階の検討により変更してもよい．

配合選定時に試験により特性値を確認する場合は，試験方法を設計条件表や設計図書で確認する．この例においては，圧縮強度試験は，注1）に示されるように，材齢28日まで20±2℃の水中で養生を行った供試体を用いて，JIS A 1108により試験することになっている．また，収縮ひずみは，注2）に示されるように，JIS A 1129により試験することになっているが，乾燥開始時材齢や乾燥期間，試験中の温度や湿度の条件が示されていない．このような場合は，示方書［設計編：本編］「5.4.8　収縮」に示される特性値の定め方に従い，7

日間水中養生を行った100×100×400mmの角柱供試体を用い，温度20±2℃，相対湿度60±5%の環境条件で，6ヶ月間測定を行った収縮ひずみを特性値としてよいか，発注者に事前に確認をする必要がある．

表 6.2.1 の参考値に示される単位水量および単位セメント量の上限値は，それぞれ，175kg/m^3 および 300 kg/m^3 である．必ず満足しないといけない配合条件に示される最大水セメント比の50%を守るためには，単位水量を150kg/m^3 以下にする必要がある．また，この単位セメント量の上限値では，充塡性や圧送性を満足しない可能性もあり，この条件で，施工性を満足するスランプが 12cm のコンクリートを製造することは簡単ではないと想定される．参考値は配合選定で厳守する必要はないが，コンクリート配合の積算には参考値も用いて行われていることが多いため，この例のように，明らかに配合設計が困難と思われる場合は，発注者と参考値の確からしさを配合設計に取りかかる前に確認し，必要に応じて変更の協議をするのがよい．

配合設計の結果および試し練りの計画については，施工者は発注者と協議の上，試し練り時の試験値の確認方法，その結果の評価方法等を合意しておくのがよい．

6.3　設計図の設計条件表に圧縮強度以外の特性値が示される場合の配合選定

設計図の設計条件表に，コンクリートの特性値を満たす配合条件が示されず，試験により確認をすることを前提にコンクリートの特性値が示された場合は，コンクリートの参考値が必ず示されている．また，設計図書等にはコンクリートの特性値の算定根拠も示されている．施工者は，この参考値と特性値の算定根拠を基に特性値を満足する可能性を，配合設計の前に，発注者（必要に応じて，設計者）に確認し，施工者の経験または実績を蓄積した技術資料等により，コンクリートの特性値を満足し，かつより実現可能なコンクリート配合の仕様を提案することが重要である．

発注者に提案したコンクリートの配合を基準として試し練りを行い，コンクリートの品質を確認する．発注者は検査計画に不良率と生産者危険を示しているが，生産者危険を定めていない場合は，圧縮強度の特性値は，不良率5%であることを生産者危険10%と仮定した検査に合格し，かつ，圧縮強度以外の特性値は，不良率50%であることを生産者危険0.135%とした検査に不合格とならないコンクリート配合を，試し練りの結果を基に選定し，発注者と協議して決定するのがよい．

合格もしくは不合格の判定基準値を求めるには，試験値の分散が必要となるが，試し練りの段階で十分な数の試験値を取得することは現実的ではない．分散は，これまでの実績や技術資料に基づき，仮定した値を用いるとよい．なお，特性値が検査に合格しない可能性があると判断される場合は，使用材料の変更，要求する特性値の見直し等も含めて，その対応について発注者と協議する必要がある．

6.4　設計図の設計条件表に圧縮強度の特性値と配合条件のみが示される場合の配合選定

設計図の設計条件表に配合条件として，水セメント比（水結合材比）の最大値や単位水量の最大値等が示される場合は，各材料の計量の許容差やコンクリートを製造する工場の表面水率の管理値等を考慮に入れても最大値を満足するように配合選定を行う必要がある．なお，示方書［施工編］では，レディーミクストコンクリート工場の表面水率の管理値が分からない場合，水セメント比（水結合材比）は，設計図の設計条件表の配合条件に記載される最大水セメント比（最大水結合材比）よりも 2%小さい値を指定するとよいとした．水セメント比（水結合材比）は，配合条件により定まる値以下で，かつ，試験の回数を 3 回とした場合のコンクリートの圧縮強度の合格判定基準値f'_{c3}を満足する水セメント比（水結合材比）のうちで最小の値を設定する必要がある．1回の圧縮強度の試験値が特性値を下回る確率，すなわち，不良率が5%で，生産者危険を10%と仮定したとき，変動係数が10%の場合に3回の試験値の平均値が満足しなければならない合格判定基準値f'_{c3}は，圧縮強度の特性値f'_{ck}の約 1.11 倍となる．例えば，f'_{ck}が 24N/mm^2 の場合，f'_{c3}は 26.6N/mm^2 となる．

表 6.4.1～**表 6.4.3** は，各地域のレディーミクストコンクリートの代表的な水セメント比と呼び強度の関係をヒアリング調査したものである．配合条件に 55%の最大水セメント比が示された場合は，水セメント比はこれよりも 2%小さい 53%以下の配合を選定することになる．表中で網掛けとなっているところは，水セメント比が 53%以下のものを示している．配合条件に 55%の最大水セメント比が示された場合は，27 もしくは 30 の呼び強度が選ばれることなる．圧縮強度の特性値が 24N/mm^2 で，配合条件として 55%の最大水セメント比が指定された場合，水セメント比から選定される呼び強度の方が，圧縮強度の合格判定基準値から選ばれる呼び強度と比べて，同じか，大きくなる可能性が高い．

表 6.4.1　レディーミクストコンクリートの標準配合表における代表的な水セメント比と呼び強度（その 1）

呼び強度	鹿児島		福岡		広島		岡山		米子		鳥取	
	N	BB	N	BB	N	BB	N	BB	N	BB	N	BB
18	69.6%	68.9%	68%	68%	68.4%	68.4%	67%	67%	65.5%	67.0%	65%	64%
21	64.3%	63.8%	63%	63%	62.2%	62.2%	62%	62%	60.0%	61.5%	60%	59%
24	58.1%	58.1%	58%	58%	57.5%	57.3%	57%	57%	56.5%	57.5%	55%	54%
27	54.3%	54.6%	53%	53%	53.1%	52.9%	53%	53%	52.5%	53.5%	52%	51%
30	50.0%	49.7%	49%	49%	49.0%	49.1%	49%	49%	50.0%	51.0%	49%	48%
33	46.9%	47.0%	47%	47%	46.1%	45.8%	45%	45%	47.0%	47.5%	46%	45%

表 6.4.2　レディーミクストコンクリートの標準配合表における代表的な水セメント比と呼び強度（その 2）

呼び強度	大阪		三重		名古屋		岐阜		浜松		静岡	
	N	BB	N	BB	N	BB	N	BB	N	BB	N	BB
18	68%	66%	64.3%	63.8%	66.0%	69.0%	–	–	–	–	–	–
21	63%	61%	59.0%	58.4%	61.0%	61.5%	61.4%	59.7%	63.0%	62.0%	59.0%	57.0%
24	57%	55%	55.0%	53.9%	56.5%	55.5%	57.0%	54.3%	58.0%	57.0%	55.0%	52.0%
27	53%	51%	51.0%	50.3%	52.5%	50.5%	53.3%	49.8%	54.0%	53.0%	51.0%	48.0%
30	49%	47%	48.0%	47.0%	49.0%	46.5%	49.8%	45.9%	50.0%	49.0%	47.5%	44.5%
33	–	–	45.0%	44.1%	–	–	47.0%	42.8%	47.0%	46.0%	44.5%	42.1%

表 6.4.3　レディーミクストコンクリートの標準配合表における代表的な水セメント比と呼び強度（その 3）

呼び強度	東京		福島		仙台		秋田		岩手		八戸	
	N	BB	N	BB	N	BB	N	BB	N	BB	N	BB
18	68.2%	68.2%	–	–	62.6%	60.0%	72.0%	71.0%	68.2%	63.4%	63.3%	62.2%
21	62.4%	62.4%	60.7%	57.3%	57.9%	55.5%	66.5%	65.5%	63.9%	60.0%	58.5%	56.9%
24	57.4%	57.4%	55.9%	53.2%	53.6%	51.1%	61.5%	60.5%	60.2%	56.9%	54.4%	52.4%
27	53.3%	53.3%	52.7%	49.8%	50.0%	47.7%	57.0%	56.0%	55.9%	53.3%	49.8%	47.4%
30	49.6%	49.6%	49.1%	46.7%	46.8%	44.8%	52.0%	51.0%	53.0%	50.9%	46.8%	44.2%
33	46.1%	46.1%	46.3%	44.0%	44.2%	42.0%	49.0%	48.0%	49.6%	47.9%	44.1%	41.5%

7．流動性に応じたコンクリートの選択

7.1　スランプで管理するコンクリートの配合選定

流動性をスランプで管理するコンクリートの配合設計において，施工者が定めるフレッシュコンクリートの品質は，**図 7.1.1** の右側のフロー（施工方法の確認の枠内）に従い選定することになる．この図は，［施工編：施工標準］「4 章　コンクリートの配合」の**解説　図 4.3.1** に示されているものである．施工者は，配合設計に先立ち，施工方法を確認し，コンクリートに求める強度発現性を定める必要がある．施工に適したコンクリートの充填性と圧送性を設定し，それにより，粗骨材の最大寸法，打込みの最小スランプ，材料分離抵抗性に必要な単位粉体量が定まる．また，コンクリートに求める強度発現性より，結合材の種類等の使用材料が選定されることになる．この一連の手順は，レディーミクストコンクリートを選定する場合においても同様である．

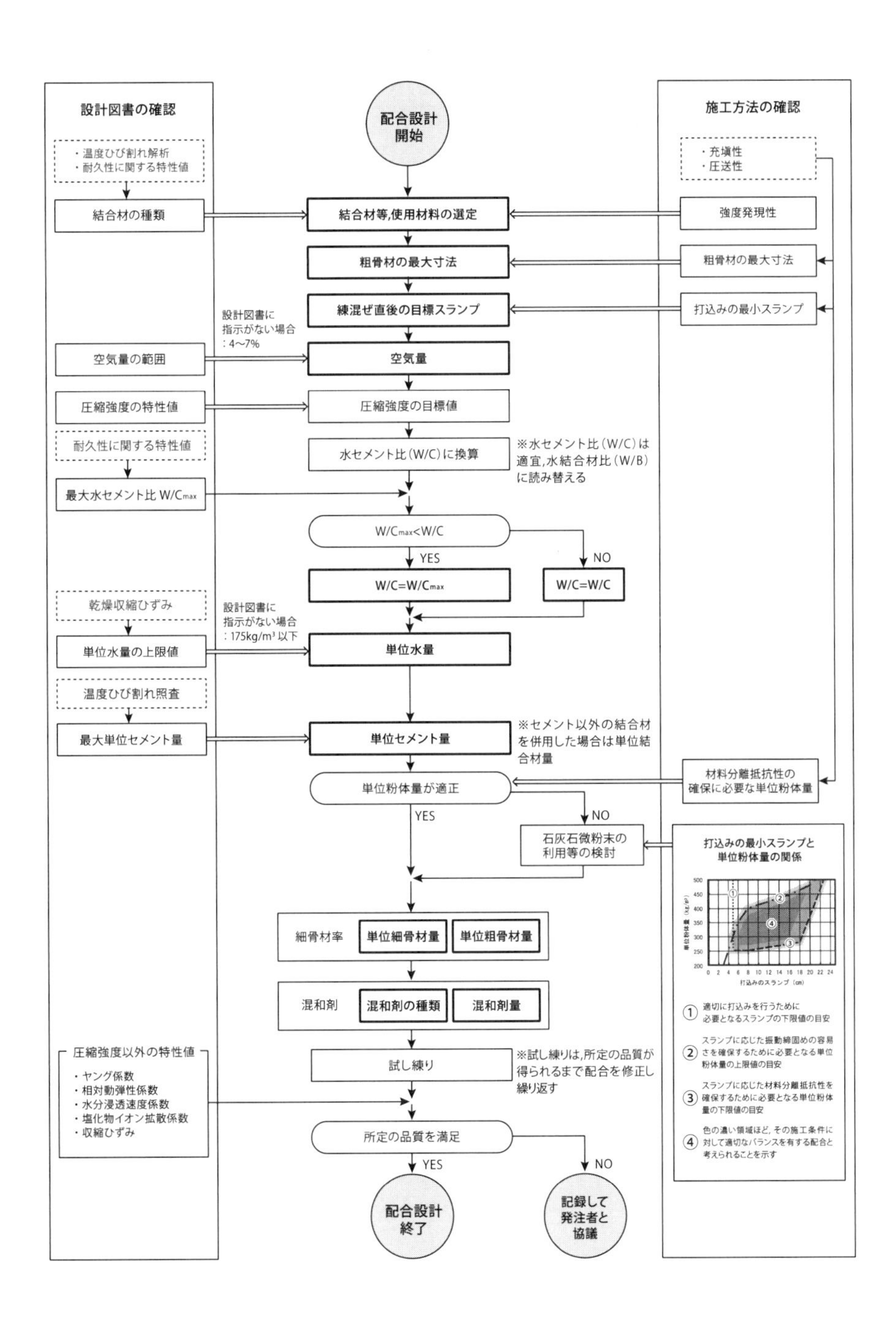

図 7.1.1　配合設計のフロー

打込みの最小スランプと粗骨材の最大寸法は，供給可能なコンクリート数量，打込みや締固め等の作業に従事する作業員数，圧送距離等の施工条件に応じて，1回で施工する部材（リフト割）を定め，締固め作業高さや打込み間隔を決定するとともに，設計図書に示される配筋条件も踏まえて選定することになる．[施工編：施工標準]「4章　コンクリートの配合」には，スラブ部材，柱部材，はり部材，壁部材，プレストレストコンクリート部材ごとに，配筋条件（鋼材の最小あきや鋼材量）と締固め作業高さに応じて，打込みの最小スランプを選定する表が示されている．**表 7.1.1** は，その中の柱部材を示したものである．例えば，配筋条件が，かぶり近傍の有効換算鋼材量700kg/m³未満，かぶりあるいは鋼材の最小あき50mm未満，締固め作業高さが3m以上5m未満の場合，打込みの最小スランプは9cmとなる．粗骨材の最大寸法は，[施工編：施工標準]「4.3.2 粗骨材の最大寸法」の**表 4.3.1** に従い選択することになるが，上記の配筋条件であれば粗骨材の最大寸法には20 mmまたは25mmを選ぶことになる．

表 7.1.1　柱部材における打込みの最小スランプの標準（cm）

かぶり近傍の有効換算鋼材量[1]	かぶりあるいは鋼材の最小あき	締固め作業高さ		
		3m未満	3m以上5m未満	5m以上
700kg/m³未満	50mm以上	5	7	12
	50mm未満	7	9	15
700kg/m³以上	50mm以上	7	9	15
	50mm未満	9	12	15

1) かぶり近傍の有効換算鋼材量とは，下図に示す領域内の単位容積あたりの鋼材量をいう．

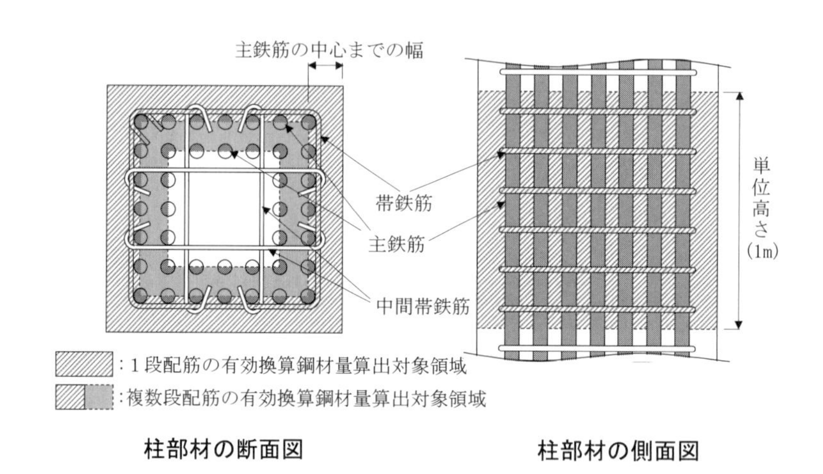

柱部材の断面図　　**柱部材の側面図**

荷卸しのスランプは，**表 7.1.2** に示されるコンクリートを場内運搬する際に生じるスランプの低下量等を見込んで，打込みの最小スランプを満足するように定める必要がある．**表 7.1.2** は，[施工編：施工標準]「4.3.3 スランプ」の**表 4.3.7** である．日平均気温が25℃未満，圧送距離（水平換算距離）が70mで100A（4B）の配管を接続する場合，スランプの低下量は，0.5～1.0cmを見込むことになる．施工条件より定めるスランプの低下量を0.5cmとすれば，荷卸しのスランプの最小値は，打込みの最小スランプ9cmに0.5cmを加えた9.5cmとなる．したがって，施工者は，この9.5cmに許容差2.5cmを加えた12.0cmに最も近いスランプのコンクリートを標準配合にある種類の中から指定（この例の場合は，そのまま12cmを指定）して購入することになる．

なお，レディーミクストコンクリート工場では，荷卸しにおけるスランプの検査で合格になるように，例えば，スランプの低下量を運搬時間 30 分以内で 1cm を見込んでいるとすると，スランプの規格値にスランプの低下量 1cm を単純に加えた品質管理を行うと，**図 7.1.2** に示されるように，練上がり後 30 分未満の運搬ではスランプの規格値を満足しない不適合なコンクリートを出荷する可能性がある．そのため，目標とするスランプが 12cm のとき，レディーミクストコンクリート工場は，**図 7.1.3** に示されるように，練上がりのスランプの上限を 14.5cm で管理する必要がある．したがって，現場までの運搬に伴うスランプの低下量が 1cm である場合は，荷卸しにおけるスランプの範囲は，12.0cm±2.5cm ではなく，11.5cm±2.0cm で管理することとなる．

表 7.1.2　施工条件に応じたスランプの低下の標準

圧送条件		スランプの低下量	
圧送距離 (水平換算距離)	輸送管の接続条件	打込みの最小スランプが 12cm 未満の場合	打込みの最小スランプが 12cm 以上の場合
50m 未満（バケット等による運搬を含む）		—	—
50m 以上 150m 未満	—	—	—
	テーパ管を使用し 100A（4B）以下の配管を接続	0.5～1.0cm	0.5～1.0cm
150m 以上 300m 未満	—	1.0～1.5cm	1.0cm
	テーパ管を使用し 100A（4B）以下の配管を接続	1.5～2.0cm	1.5cm
その他特殊条件下		既往の実績や試験圧送による	

注）日平均気温が 25℃を超える場合は，上記の値に 1.0cm を加える．

　連続した上方，あるいは下方の圧送距離が 20m 以上の場合は，上記の値に 1.0cm を加える．

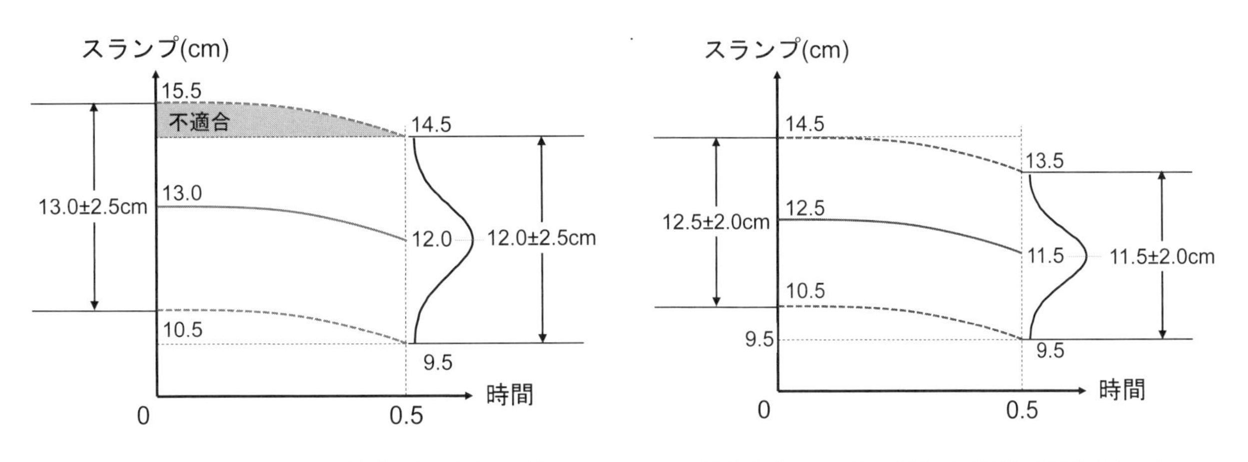

図 7.1.2　スランプ低下の影響（不適合あり）　　**図 7.1.3　スランプ低下の影響（不適合なし）**

レディーミクストコンクリートを用いる場合は，工場に，コンクリートの種類，呼び強度，スランプ，粗骨材の最大寸法および設計図書に示されるセメント種類を指定し，コンクリートの配合計画書を入手する．配合計画書に記載されている単位セメント量（単位粉体量）が，**図 7.1.4** および**図 7.1.5** に示される打込みのスランプおよび荷卸しのスランプに要求される量を満足することを確認する．なお，**図 7.1.4** および**図 7.1.5** は，それぞれ，［施工編：施工標準］「4.3.11 単位粉体量」の**解説 図 4.3.9** および**解説 図 4.3.10** である．単位粉体量がこの範囲を満足しない場合は，工場に，JIS A 5308に提示されているJISに適合した混和材の種類および使用量を指定し，JIS認証品外のコンクリートを製造することになる．なお，JISに規定のない混和材を使用する場合は，コンクリートの品質に有害な影響を及ぼさないことが確認されたものから購入者が生産者と協議して指定した混和材を，発注者の承諾を得て用いる必要がある．

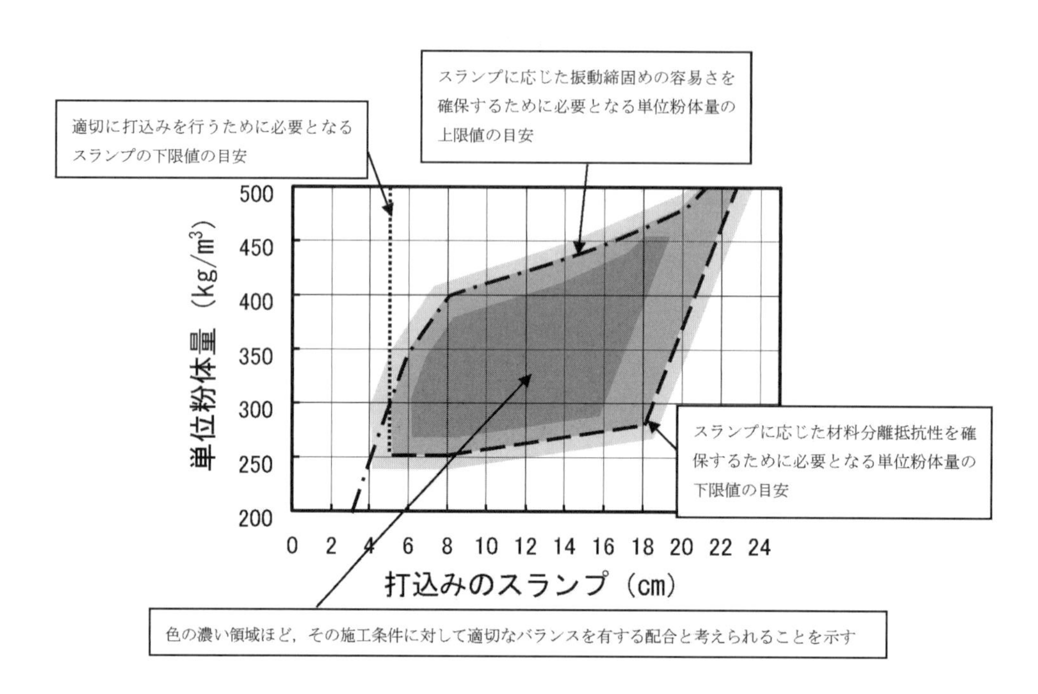

図 7.1.4　打込みのスランプと単位粉体量の関係の一例

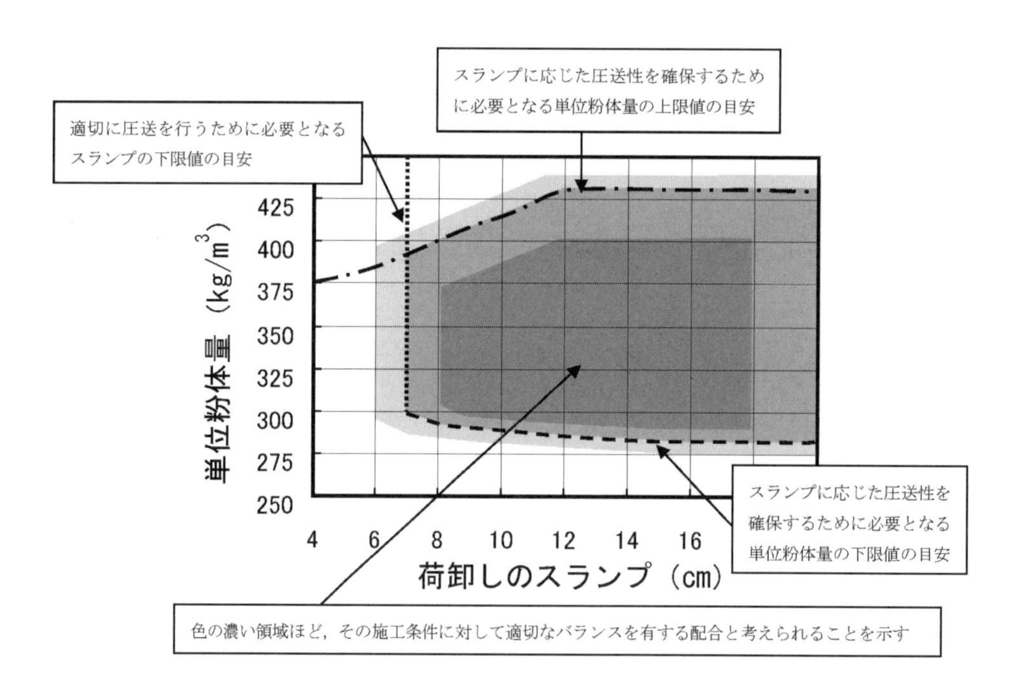

図 7.1.5　圧送性を確保するための荷卸しのスランプと単位粉体量の関係の一例

7.2　設計図に記載された設計条件表の確認

［設計編：付属資料］4編の「1章 構造物種別とコンクリートの品質の参考例」には，**表 7.2.1** に示され

る構造物の種類ごとにスランプの参考例と，**表 7.2.1** に示されるスランプを大きくする場合の構造条件の目安として，**表 7.2.2** が示されている．**表 7.2.1** および**表 7.2.2** は，それぞれ，［設計編：付属資料］4 編の「1 章 構造物種別とコンクリートの品質の参考例」の**表 1.1** と**表 1.2** である．設計者はこれらを参考に，スランプ，空気量，最大水セメント比等を，配合条件または参考値として，**表 7.2.3** に示される設計条件表に記載することになる．

例えば，単位水量の上限値が配合条件に示される場合，発注者（設計者）は単位水量の上限値が守られていることを確認することで，特性値を満足しているとみなすことになる．このため，施工者は，単位水量の上限値を必ず守らないといけないことになる．一方，単位水量の上限値が参考値として設計条件表に示される場合は，コンクリートの配合を選定する際の参考にすればよく，コンクリートに求められる特性値を満足し，確実な施工が行えるのであれば厳守する必要はない．しかし，積算は，参考値も用いて行われていることが多い．このため，設計条件表に示された参考値どおりでは，配合選定が困難と思われる場合，施工者は，配合設計に取りかかる前に，発注者と参考値の確からしさを確認し，変更を協議する必要がある．

設計段階では，過去の施工事例等がある場合を除き，配筋条件や締固め作業高さなどの施工条件を考慮して荷卸しのスランプが，参考値として示されることは少ない．このため，施工者は，設計条件表を受け取ったら，その条件で施工が可能なコンクリートを選定できるかを確認する必要がある．**表 7.2.3** に示される設計条件表を例にとれば，単位水量および単位セメント量の上限値は，それぞれ，175kg/m^3 および 300 kg/m^3 である．必ず満足しないといけない配合条件に示される最大水セメント比の 50%を守るためには，単位水量を 150kg/m^3 以下にする必要がある．この単位セメント量および単位水量の上限値で，かつ，スランプを 12cm として，確実な施工の行える充塡性や圧送性をもつコンクリートが得られるかを判断する必要がある．配合設計やレディーミクストコンクリートの配合選定が困難と思われる場合は，発注者と参考値の確からしさを確認し，変更を協議する必要がある．

表 7.2.1　構造物種別とコンクリート品質
（［設計編：付属資料］4 編の「1 章 構造物種別とコンクリートの品質の参考例」から抜粋）

構造物	部材	粗骨材の最大寸法 (mm)	スランプ[1] (cm)	空気量の範囲		耐久性から定まる水セメント比等				単位水量の上限値 (kg/m^3)	備考
				温暖地 (%)	寒冷地 (%)	セメント種別	最大水セメント比 (%)	セメント種別	最大水セメント比 (%)		
RC 桁		20	12	4.5±1.5	5.5±1.5	普通	50	高炉	50	175	
PC 桁		20	12	4.5±1.5	5.5±1.5	普通	50	−	−	175	早強セメント使用
合成桁（床版）		20	12	4.5±1.5	5.5±1.5	普通	50	高炉	50	175	
非合成桁（床版）		20	12	4.5±1.5	5.5±1.5	普通	50	高炉	50	175	
橋脚・橋台	く体	20	12	4.5±1.5	5.5±1.5	普通	55	高炉	55	175	
	桁受部	20	12	4.5±1.5	5.5±1.5	普通	55	高炉	55	175	
	フーチング	40	8	4.5±1.5	4.5±1.5	普通	55	高炉	55	165	
ラーメン高架橋	スラブ，上層梁，柱，中層梁	20	12	4.5±1.5	5.5±1.5	普通	50	高炉	50	175	
	地中梁	20	12	4.5±1.5	4.5±1.5	普通	50	高炉	50	175	
	フーチング	40	8	4.5±1.5	4.5±1.5	普通	50	高炉	50	165	
ボックスカルバート		20	12	4.5±1.5	4.5±1.5	普通	50	高炉	50	175	
開削トンネル		20	12	4.5±1.5	4.5±1.5	普通	50	高炉	50	175	
ケーソン基礎		20	12	4.5±1.5	4.5±1.5	普通	50	高炉	50	175	
深礎		40	12	4.5±1.5	4.5±1.5	普通	50	高炉	50	165	
場所打ち杭		20	18	4.5±1.5	4.5±1.5	普通	50	高炉	50	−	
地下連続壁		20	18	4.5±1.5	4.5±1.5	普通	50	高炉	50	−	

1) 荷下ろし時のスランプで，試験値の範囲：±2.5 cm を想定

表 7.2.2　スランプを大きくするのがよい場合の構造条件の目安
（[設計編：付属資料] 4編の「1章 構造物種別とコンクリートの品質の参考例」から抜粋）

構造物	部　材	スランプを大きくするのがよい場合の構造条件の目安
RC桁	−	桁高が0.5 m以上1.5 m未満で，鋼材の最小あきが80 mm未満の場合もしくは桁高が1.5m 以上で，鋼材の最小あきが100 mm未満の場合
PC桁	−	内ケーブルを主体としたPC 上部工の主桁 1)で，平均鉄筋量 2)が140 kg/m^{3}以上170 kg/m^{3}未満（RC換算 3)300〜350 kg/m^{3}程度）の場合
橋脚・橋台	く体	中実のく体で，かぶり近傍の有効換算鋼材量 4)が700 kg/m^{3}以上，かぶりあるいは鋼材の最小あきが50 mm未満の場合 中空のく体で，鋼材量が200 kg/m^{3}以上350 kg/m^{3}未満の場合
	桁受部	桁受部の高さが0.5 m以上1.5 m未満で，鋼材の最小あきが80 mm未満の場合もしくは桁受部の高さが1.5 m以上で，鋼材の最小あきが100 mm未満の場合
ラーメン高架橋	スラブ，上層梁，柱，中層梁	上層梁，もしくは中層梁で，鋼材の最小あきが80 mm未満の場合
	地中梁	梁高が0.5 m以上1.5 m未満で，鋼材の最小あきが80 mm未満の場合もしくは梁高が1.5 m以上で，鋼材の最小あきが100 mm未満の場合
ボックスカルバート	壁部	鋼材量が200 kg/m^{3}以上350 kg/m^{3}未満の場合
開削トンネル	壁部	鋼材量が200 kg/m^{3}以上350 kg/m^{3}未満の場合
地下連続壁	−	鋼材量が200 kg/m^{3}以上350 kg/m^{3}未満の場合

1) 主桁には中空床版橋上部工を含む．また，PRC橋はPC鋼材が減少し，鉄筋量が増加するため，別途検討する必要がある．
2) 平均鉄筋量は1回に連続してコンクリートを打ち込む区間の鉄筋量をコンクリート体積で割った値である（鉄筋量の計算にはPC鋼材・シース・定着具を含まない）．
3) RC換算鉄筋量はシースの全断面を鉄筋断面として換算した場合の参考値である．
4) かぶり近傍の有効換算鋼材量とは，かぶりの領域内の単位容積あたりの鋼材量をいう．詳細は2017年制定コンクリート標準示方書[施工編：施工標準]の表4.5.3の添付図を参照のこと．

設計者は，設計変更や施工承諾によるコンクリートの配合の変更が生じないよう，［設計編：付属資料］4編の「1 章 構造物種別とコンクリートの品質の参考例」だけでなく，CL145「施工性能にもとづくコンクリートの配合設計・施工指針[2016年版]」等も参考にし，現実的なスランプ，単位水量および単位セメント量の上限値を設計条件表に示し，施工者に伝える必要がある．**表 7.2.1** には，スランプフローで管理されるコンクリートは例として示されていない．打込み作業の生産性向上や品質確保のため，自己充填性を有する高流動コンクリートや締固めを必要とする高流動コンクリートを選択する場合もあるが，設計者がスランプフローで管理するコンクリートを設計条件表に示すことは稀である．しかし，**表 7.2.2** に示される構造条件に該当する場合は，充填不良などが生じるリスクが高まることから，締固めを必要とする高流動コンクリートや自己充填性を有する高流動コンクリートの適用を検討するのが望ましい場合がある．配筋条件が厳しく，設計段階では具体的なスランプの参考値を示すことができない場合は，詳細な施工条件が把握できた段階で，発注者と施工者が，流動性をスランプフローで評価するコンクリートの適用も含めて協議する必要があることを，設計者は設計条件表の備考欄などに記載しておくのがよい．

表 7.2.3　設計条件表の記載項目のうち，コンクリートの特性値，配合条件，参考値の一例
（［設計編：付属資料］「2 編：設計図に記載する設計条件表の記載項目の例」から抜粋（一部修正））

構造物名称	□□□□□□□		
設計耐用期間	100 年		
環境条件	通常の環境		
要求性能と限界状態	安全性		破　壊
			疲労破壊
	使用性		乗り心地
			外　観
偶発作用	地震動	レベル 1 地震動	構造物の損傷状態 1
		レベル 2 地震動	構造物の損傷状態 3
		地盤種別	普通地盤
		地域区分	東 京 都
活 荷 重	□□□□		
温度変化	±12.5°C		
部材の収縮ひずみ	$200／10^{-6}$		
鉄筋の種類	SD345		
鉄筋の特性値	引張降伏強度		$345N/mm^2$
	引張強度		$490N/mm^2$
コンクリートの特性値	圧縮強度[注 1)]		$27\ N/mm^2$
	乾燥収縮ひずみ[注 2)]		1000×10^{-6}
	水分浸透速度係数[注 3)]		$8.0\ mm/\sqrt{年}$
	中性化速度係数[注 3)]		$0.93\ mm/\sqrt{年}$
	塩化物イオン拡散係数[注 3)]		$0.48\ cm^2/$ 年
コンクリートの配合条件	セメントの種類		普通ポルトランドセメント
	最大水セメント比		50 %
	空気量の範囲[注 4)]		4.5±1.5 %
コンクリートの参考値[注 5)]	単位水量の上限値		$175\ kg/m^3$
	単位セメント量の上限値		$300\ kg/m^3$
	骨材の種類		普通骨材
	粗骨材の最大寸法		20 mm
	スランプの範囲		12±2.5 cm

注 1)　材齢 28 日まで 20±2℃の水中で養生を行った供試体を用いて，JIS A 1108 により試験する．
注 2)　JIS A 1129 により試験する．
注 3)　コンクリートが配合条件に合致していることを確認することで特性値の検査に代える．
注 4)　荷卸し時
注 5)　参考値は設計時の仮定であり，施工段階の検討により変更してもよい．

7.3　流動性をスランプフローで管理するコンクリート

［施工編］では，［施工編：目的別コンクリート］「3 章　締固めを必要とする高流動コンクリート」を新設した．これにより，［施工編：施工標準］「4 章　コンクリートの配合」の流動性をスランプで管理する一般のコンクリート，「11 章　高流動コンクリートを用いたコンクリート工」の自己充塡性を有するコンクリートを含めて，これらの中から，任意の流動性のコンクリートが選択できることになった．しかし，流動性の高いコンクリートは，一般のコンクリートに比べて材料単価が高いことから，一般のコンクリートでは所定の品質が得られないと判断される場合以外には適用しにくい状況にある．流動性をスランプフローで管理する自己充塡性を有する高流動コンクリートや締固めを必要とする高流動コンクリートを適用する目的には，大別して高密度な配筋を有する部材や締固めを行うことができない部材における充塡性の確保と，締固め作業の簡素化あるいは省略による作業員数の低減や作業環境の改善などによる生産性の向上が期待できる．**図 7.3.1** において，一般のコンクリートが対応不可の構造条件が前者に該当し，構造条件がそれほど厳しくなく一般のコンクリートでも施工できる場合に適用するのが後者に該当する．スランプフローで管理するコンクリートの普及を図るには，生産性を向上することによる効果を定量的に示し，それを労務費等に換算する仕組み

づくりに取り組むことが必要と考えられる.

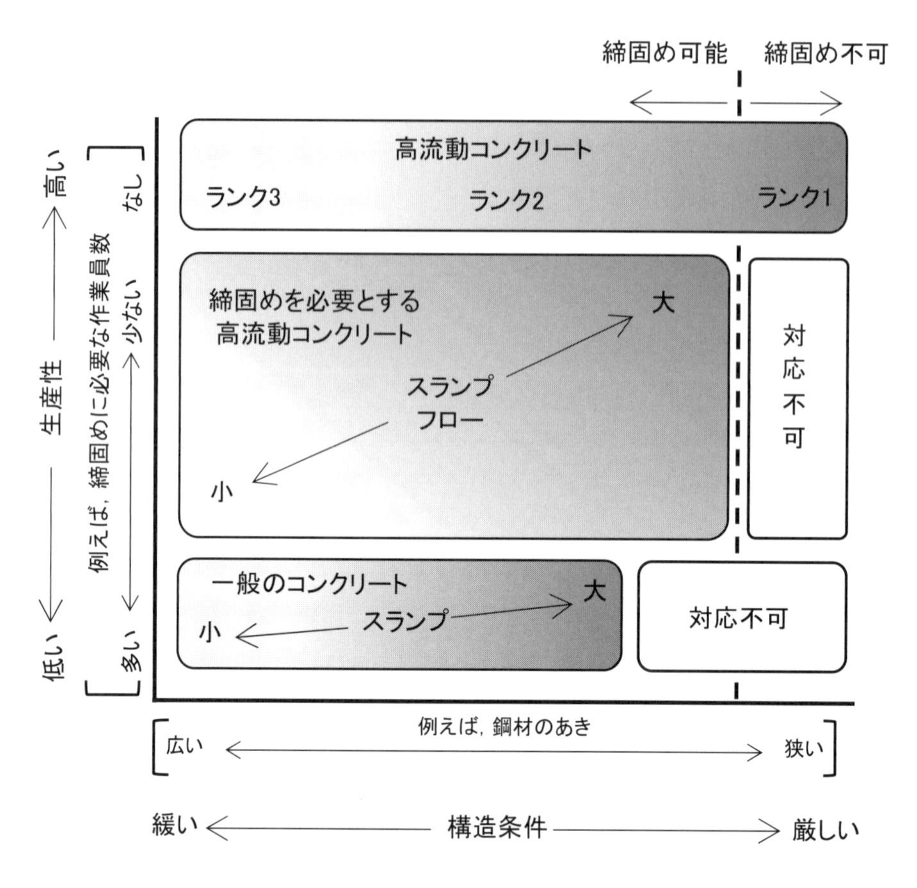

図 7.3.1　各コンクリートの位置関係の概念図

10m 四方で厚さ 1.0m のスラブ部材（施工数量 100m³）を施工する場合を例にすると，一般のコンクリートの打込み間隔の目安は 2～4m であり，締固めを必要とする高流動コンクリートの打込みに伴う流動距離の目安は 5m 以下，高流動コンクリートの流動距離の目安は平面的に広い場合で 8m 以下である．10m 四方のスラブ部材を施工する場合，単純計算ではあるが，一般のコンクリートでは，打込み口が 7～25 箇所程度必要となる一方，締固めを必要とする高流動コンクリートでは 4 箇所，高流動コンクリートでは 2 箇所程度で済むことになる．フレキシブルホースの筒先が鉄筋の間隙に挿入できない構造条件の場合は，上面の鉄筋を一時的にずらして打込み口を確保する等の作業が必要となるが，打込み口が多いほど，この作業に多大な労力が必要となる．

一般のコンクリートの一箇所当りの締固め時間の目安は 5～15 秒，締固め間隔の目安は 40～50cm であるのに対し，締固めを必要とする高流動コンクリートの目安は 5 秒程度，50～100cm 間隔でよく，高流動コンクリートは締固め作業自体が省略できる．10m 四方のスラブ部材を施工する場合，一般のコンクリートでは約 510 箇所で締固めを行う必要があり，一箇所当りの締固め時間を 10 秒とすると締固め時間の合計は 5,100 秒（約 85 分）となる．締固めを必要とする高流動コンクリートを用いた場合は，締固め間隔を 75cm とすれば 226 箇所，締固め時間の合計は 1,130 秒（約 19 分）となる．これらは一層当り(40～50cm)の値であり，部材厚さが大きく複数の層に分けて打込みを行う場合には，両者の差はさらに広がることになる．

平成 25 年度国土交通省土木工事標準積算基準書 [1]によれば，スランプ 8～12cm のコンクリートを用いて，設計日打設数量が 10m³ 以上 300m³ 未満の場合でコンクリートポンプを用いて施工する際の打設歩掛は，コンクリート数量 10m³ あたり，世話役 0.14 人，特殊作業員 0.40 人，普通作業員 0.54 人である．施工数量が 100m³ であれば，合計で約 11 人の作業員が必要となる．公共工事設計労務単価[2]における東京都の労務単価は，世話役 26,500 円/日，特殊作業員 25,700 円/日，普通作業員 22,300 円/日であり，労務費の合計は約 260 千円となる．締固めを必要とする高流動コンクリートは，一般のコンクリートに比べ，打込み箇所と締固め箇所が半減し，締固め時間が 1/4 程度に低減できることから，仮に施工に要する作業員数（労務費）も半減できるとすると，労務費は約 130 千円低減できることになる．この場合，締固めを必要とする高流動コンクリートと一般のコンクリートの 1m³ 当りの単価差が約 1.3 千円未満であれば，材料費と労務費を合わせた直接工事費は，締固めを必要とする高流動コンクリートの方が安価となる．締固めを必要とする高流動コンクリートにおける打設歩掛を明確にすることで，労務費は更に低減できる可能性もある．また，締固めに必要な機器も削減できるため，これらの損料の低減も可能になる．なお，コンクリート施工では，準備や後片付けの作業等もあることから，これらの作業も踏まえて作業員数を設定する必要がある．

流動性の高いコンクリートは，一般のコンクリートのように，打込みに最低限度必要な流動性のコンクリートではないことから，圧送時の閉塞や充塡不良等の初期欠陥が生じるリスクは著しく小さくなる等，定量的には評価できない利点もある．また，昨今では作業員不足により，コンクリート施工を行う場合に必要な作業員数を確保できない場合も生じている．施工者と発注者は，ともに施工条件を精査し，不具合を生じることなくコンクリート構造物を効率よく構築する観点から，コンクリートの流動性を選択することが重要である．

参考文献

1)　一般財団法人建設物価調査会：平成 25 年度国土交通省土木工事標準積算基準書（共通編），p.Ⅱ-4-①-3, 2013

2)　農林水産省・国土交通省：令和 4 年 3 月から適用する公共工事設計労務単価表，pp.4-6，2022

8．現場プラントで製造するコンクリートの圧縮強度の目標値，品質管理および検査

8.1　改訂の概要

【2023 年制定】示方書［施工編：施工標準］および［施工編：検査標準］において，コンクリートの圧縮強度の目標値の定め方，繰返しの製造が始まった後の圧縮強度の管理方法，検査における合格判定基準値の定め方について，一貫した考え方を示した．また，品質管理における検査での製造ロットと，発注者の行う検査における施工ロットの違いについても示している．

示方書［設計編］および［施工編］で用いられる圧縮強度を整理すると，**図 8.1.1** となる．なお，不良率は 5%，生産者危険は 10%，検査に不合格となる確率は 0.135%としている．一般に，圧縮強度の特性値は，設計基準強度から決められるが，施工者が新しく開発したコンクリートが用いられる場合は，圧縮強度の特性値から設計基準強度が決められる場合もある．特性値とは，試験を行う者による差が生じにくい試験方法によって得られる値である．これに対して，設計基準強度は，構造体のコンクリートを想定した強度である．示方書では，［施工編：施工標準］に従った標準的な施工を行うことを前提として，設計基準強度と圧縮強度の特性値は一致するとみなしているが，養生方法等が標準的な方法と異なる場合には，必ずしも設計基準強度と圧縮強度の特性値は一致しない．

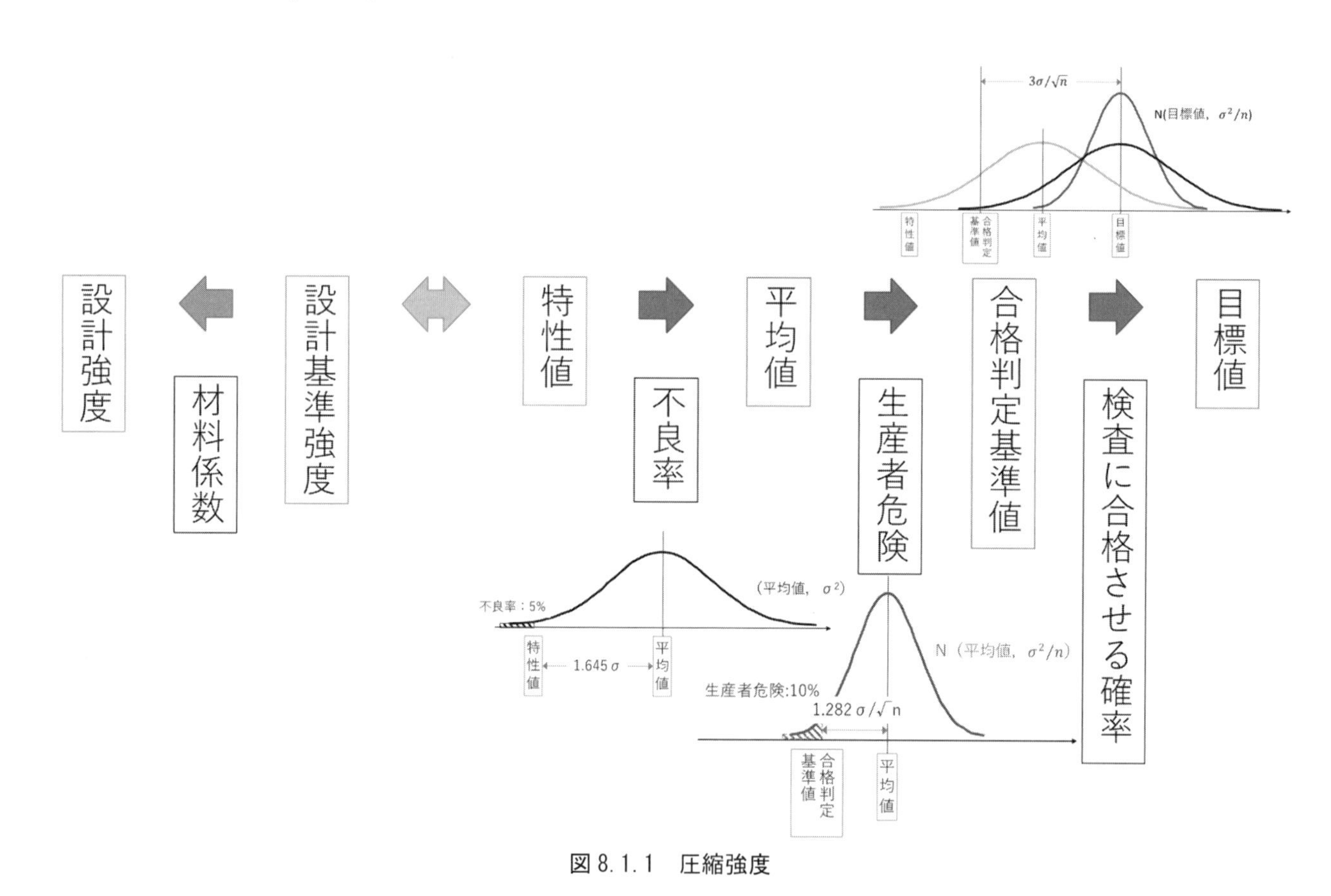

図 8.1.1　圧縮強度

8.2　圧縮強度の目標値

一般に，設計者が圧縮強度の特性値を設計図書に記載する際，圧縮強度の不良率は，**図 8.2.1** に示すように，5%が想定されている．なお，ISO 22965-1 においても，不良率は 5%である．示方書［施工編］においては，昭和 31 年以降，圧縮強度の試験値が想定する母集団から得られたものであることを検査するために，統計的手法を用いてきた．特に，昭和 42 年以降，圧縮強度の検査には，計量抜取検査が用いられてきた．圧縮強度の母分散が既知の場合の合格判定基準値の求め方を**図 8.2.2** に示す．

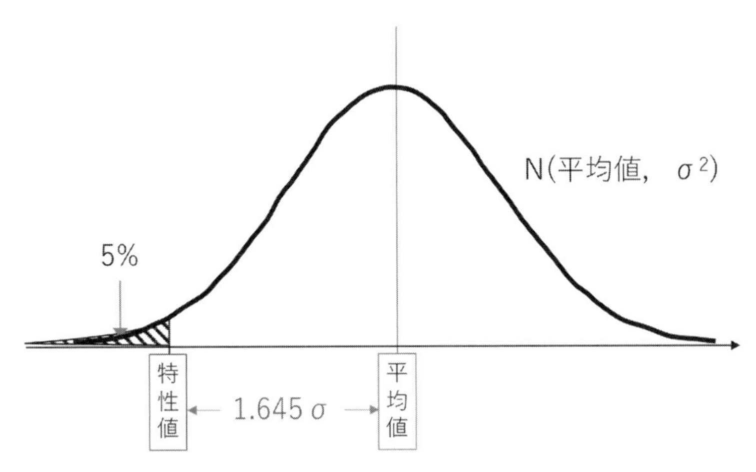

図 8.2.1　圧縮強度の不良率が 5%の場合の特性値と平均値の関係

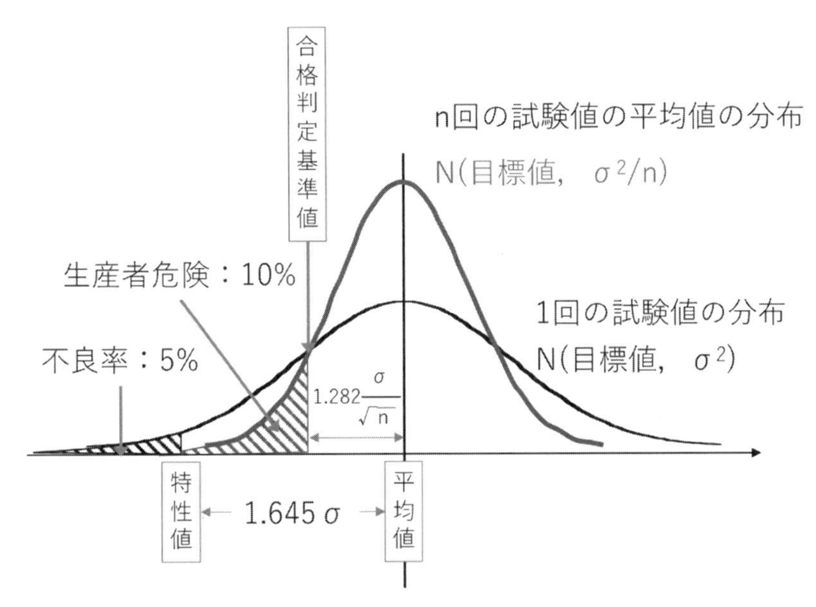

図 8.2.2　計量抜取検査における合格判定基準値（母分散が既知の場合）

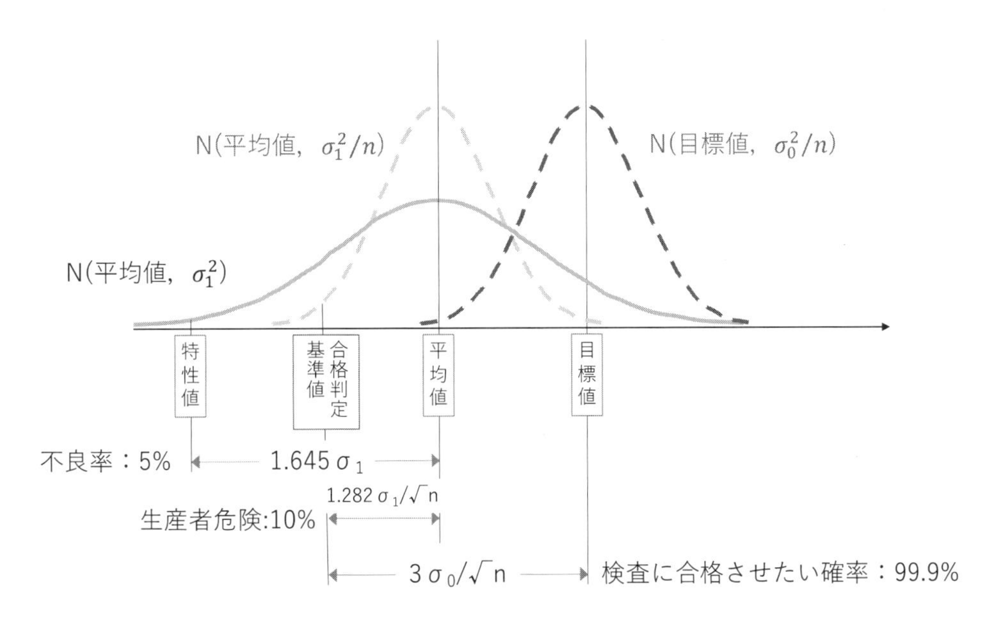

図 8.2.3　圧縮強度の目標値

図 8.2.3 において，N（平均値，$\sigma_1{}^2/n$）の破線の分布は，N（平均値，$\sigma_1{}^2$）のグレーの実線の分布からランダムに採取したn回の試験を１ロットとした試験値の平均値$\bar{x}$の分布である．検査に破線の分布 N（平均値，$\sigma_1{}^2/n$）を用い，生産者危険を10%とした場合は分布の平均値よりも$1.282\sigma_1/\sqrt{n}$小さい値を合格判定基準値とし，n個の試験値の平均値が，合格判定基準値以上であれば合格とし，合格判定基準値より小さければ合格としない判定方法が統計的手法に基づく方法である．

コンクリートの製造においては，99.9%の確率で検査に合格するように圧縮強度の目標値を設定する必要がある．すなわち，圧縮強度の目標値f'_{cr}は，図 8.2.3 に示されるように，合格判定基準値f'_{cn}よりも$3\sigma_0/\sqrt{n}$大きい必要がある．よって，圧縮強度の目標値f'_{cr}は，式（8.2.1）で表される．

$$f'_{cr} = \frac{1}{1 - 3\,V_0/\sqrt{n}} \cdot f'_{cn} \tag{8.2.1}$$

ここに，　f'_{cr}：圧縮強度の目標値（N/mm²）
f'_{cn}：試験回数が n 回の場合の合格判定基準値（N/mm²）
V_0：変動係数（$= \sigma_0/f'_{cr}$）
n：試験回数

また，不良率を 5%，生産者危険を 10%とした場合，合格判定基準値f'_{cn}は，式（8.2.2）で表される．

$$f'_{cn} = \frac{1 - 1.282\,V_1/\sqrt{n}}{1 - 1.645V_1} \cdot f'_{ck} \tag{8.2.2}$$

ここに，　f'_{ck}：圧縮強度の特性値（N/mm²）
V_1：変動係数（$= \sigma_1/f'_{cn}$）

したがって，コンクリートの圧縮強度の目標値f'_{cr}は，式（8.2.3）で表される．

$$f'_{cr} = \frac{1}{1 - 3\,V_0/\sqrt{n}} \cdot \frac{1 - 1.282\,V_1/\sqrt{n}}{1 - 1.645V_1} \cdot f'_{ck} \tag{8.2.3}$$

さらに，変動係数V_0およびV_1は，ほぼ等しく，Vとすれば，式（8.2.3）は，式（8.2.4）となる．示方書［施工編］では，割増し係数を圧縮強度の特性値に乗じる係数と定義している．したがって，式（8.2.4）の右辺における圧縮強度の特性値f'_{ck}の係数が割増し係数となる．

$$f'_{cr} = \frac{1}{1 - 3\,V/\sqrt{n}} \cdot \frac{1 - 1.282\,V/\sqrt{n}}{1 - 1.645V} \cdot f'_{ck} \tag{8.2.4}$$

ここに，　V：変動係数（$= \sigma/f'_{cr}$）

割増し係数は，変動係数Vと試験回数nによって定まり，変動係数Vが小さいほど，また，試験回数nが多いほど，小さい値となる．圧縮強度の変動係数Vの大きさは，コンクリートの製造における品質管理，すなわち，工程管理，工程検査および品質改善を行う者の力量によって異なるが，7%から 10%が一般的である．また，試験の回数は，5 回以上が望ましく，少なくとも 3 回は実施しないと，信頼性のある検査は実施できない．したがって，配合設計の段階では，変動係数Vを 10%，試験回数nを 3 回として，式（8.2.4）から割増し係数を求めてよいとした．このとき，割増し係数は，1.34 となる．

設計図書に水セメント比の最大値が配合条件として示された場合は，材料の計量において許容差内の計量誤差が生じても，最大水セメント比 W/C を満足するように，水セメント比$(W/C)_R$を設定する必要がある．式（8.2.4）により求まる圧縮強度の目標値f'_{cr}を満足する水セメント比と，設計図の設計条件表等から設定した水セメント比$(W/C)_R$を比較し，水セメント比が小さい方の配合で得られる圧縮強度を目標値に定めるとよい．

8.3　品質管理

圧縮強度の試験値を用いて，X管理図を用いてコンクリートの製造における工程管理を行う例を，**図 8.3.1** に示す．便宜上，UCL および LCL は，試験値の平均値から$\pm 3\sigma$離れているとし，試験値の平均値は，強度の目標値f'_{cr}に一致するとする．

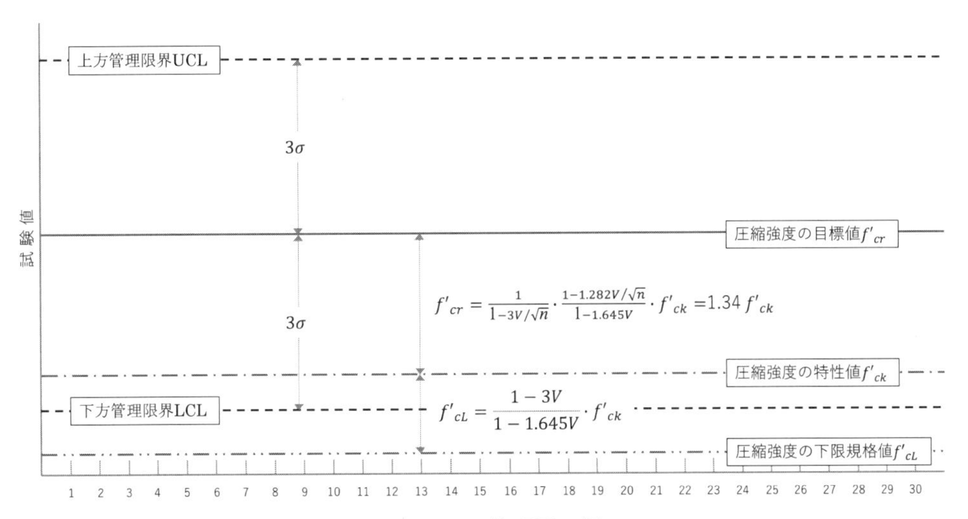

図 8.3.1　X管理図の例

図 8.3.2 は，繰返しの製造を始める段階では変動係数を 10%として，管理限界線等を定め，品質改善が進み，変動係数が，9%，7%と小さくなるにつれ，管理限界線が変化する様子を示したものである．平均値と下限規格値との差を標準偏差の 3 倍で除した工程能力指数が 1.33～1.67 となるように工程管理を行えているときは安定して製造が行われていると一般に判断される．品質のばらつきが小さくなっても，圧縮強度の目標値の設定を変えないとした場合，工程能力指数は，変動係数が 10%のときで 1.25，変動係数が 7%のときで 1.59 となる．また，変動係数が 7%まで小さくなったときは，構造物の施工が完成するまで変わることのない一点鎖線で示される特性値f'_{ck}よりも，下方管理限界の方が大きくなる．

X管理図により，工程管理を行うためには，原因が突き止められる変動を順次取り除き，系統誤差はなく，偶然誤差によってのみ変動が生じる統計的管理状態にする必要がある．異常値の抽出には，R_s 管理図が有効である．R_s 管理図によって何らかの兆候が認められた場合に，直ちに対応がとれるよう，**図 8.3.3** に示すような圧縮強度が変化する要因を取りまとめた特性要因図を用意しておくとよい．

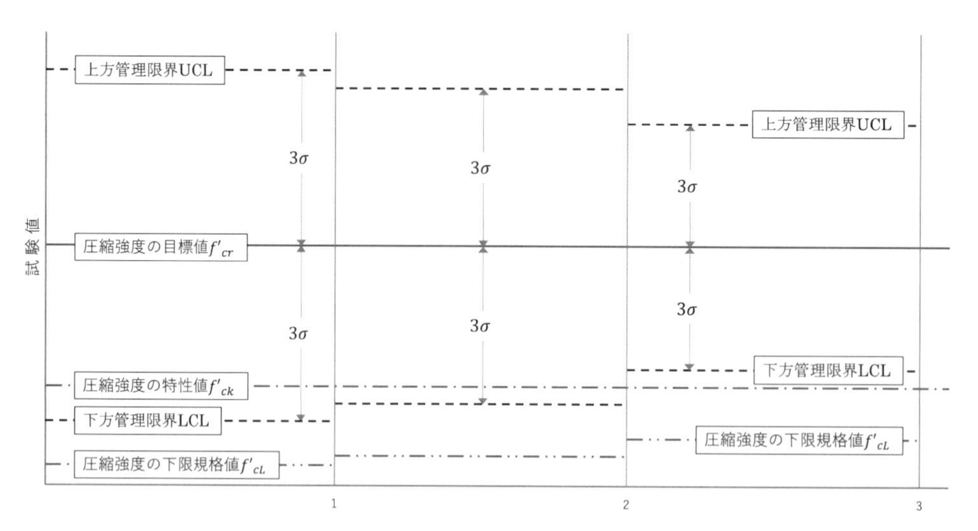

図 8.3.2　X管理図の例

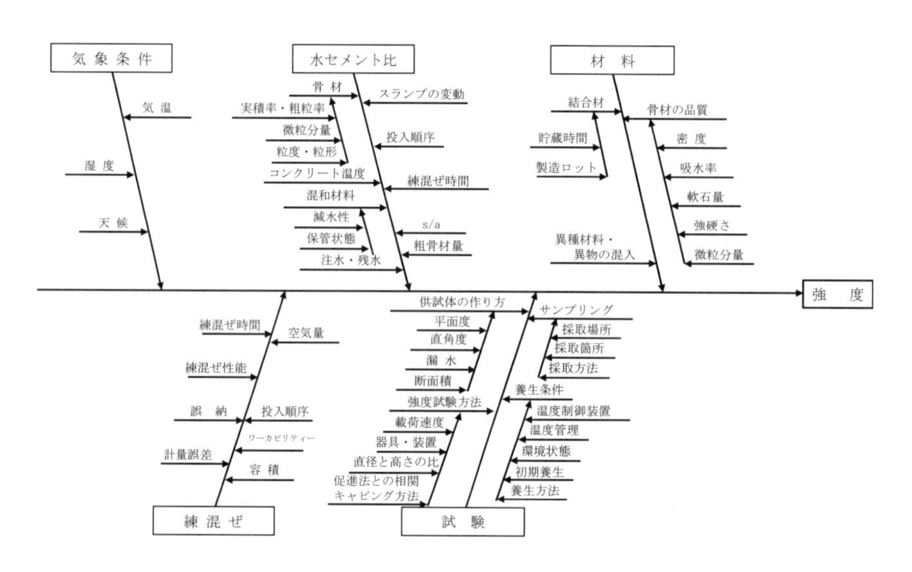

図 8.3.3　圧縮強度の特性要因図の例

8.4 検　　査

施工ロットを3つに分け，それぞれ，3回，6回および5回の試験を実施し，**表 8.4.1** に示される試験結果が得られたとする．設計図書に示される圧縮強度の特性値f'_{ck}は，24N/mm^{2}とする．

表 8.4.1　圧縮強度の試験結果の例

施工ロット	1			2						3				
試験 No.	1	2	3	1	2	3	4	5	6	1	2	3	4	5
試験値	24.5	24.3	29.1	34.7	24.3	27.8	28.1	29.2	35.0	29.5	27.0	31.0	28.2	31.8

表 8.4.2　検査結果の例

施工ロット	試験数 n	平均値 $\bar{X}$	合格判定係数 k	s_n	$\bar{X}$の合格判定基準値 f'_{cn}	$F_{29}^{n-1}(0.9)$	${s_n}^2/{s_{30}}^2$	$F_{29}^{n-1}(0.1)$
1	3	26.0	0.76	2.72	26.1	0.106	0.880	2.495
2	6	29.9	0.99	4.21	28.2	0.315	2.108	2.057
3	5	29.5	0.93	1.97	25.8	0.262	0.461	2.149

平均値$\bar{x}$および標本不偏分散の平方根s_nを**表 8.4.2** に示す．合格判定係数kおよび標本不偏分散の平方根s_nは，式 (8.5.6) および式 (8.5.2) より，合格判定基準値f'_{cn}は，式 (8.5.9) より求めている．表中には，${s_n}^2/{s_{30}}^2$を示している．直近の検査ロットにおける標本不偏分散の平方根s_{30}は 2.90（N/mm^2）としている．

表 8.4.3　検査結果のまとめ

施工ロット	平均値			分　散			
	$\bar{X}$	f'_{cn}	結　果	$F_{29}^{n-1}(0.9)$	${s_n}^2/{s_{30}}^2$	$F_{29}^{n-1}(0.1)$	結　果
1	26.0	26.1	合格でない	0.106	0.880	2.495	合　格
2	29.9	28.2	合　格	0.315	2.108	2.057	合格でない
3	29.5	25.8	合　格	0.262	0.461	2.149	合　格

施工ロットごとに，検査の結果をまとめると，**表 8.4.3** となる．試験値の平均値が合格判定基準値以上であり，${s_n}^2/{s_{30}}^2$が$F_{29}^{n-1}(0.9)$と$F_{29}^{n-1}(0.1)$の間にある場合を合格と判定する．平均値と分散の両方が合格となるのは施工ロット 3 のみである．施工ロット 1 は，平均値が合格判定基準値を満足していないが，その差はわずかであり，長期材齢の圧縮強度の増加を推定した結果が設計で想定した荷重が作用する材齢までに所定の圧縮強度に達することを確認できれば，構造物が所要の性能を有していると判断することができる．施工ロット 2 は，標本不偏分散が小さいために分散の検査に合格となっていないが，分散の上限値との差はわずかで，平均値も合格判定基準値を有為な差をもって満足しており，1 回の試験値が特性値を下回る確率は，5%以下と判断し，圧縮強度の検査は合格と判定してよい．

8.5　合格判定基準値

現場プラントで製造されるコンクリートのように母集団の分散が未知の場合の合格判定基準値は，**図 8.5.1** に示される考え方に基づいている．なお，特性値を下回る確率をp_0%，生産者危険をα%とする．母分散σが未知のため，標本不偏分散${s_n}^2$は，N（${s_n}^2$，${s_n}^2/2(n-1)$）で分布するものとする．

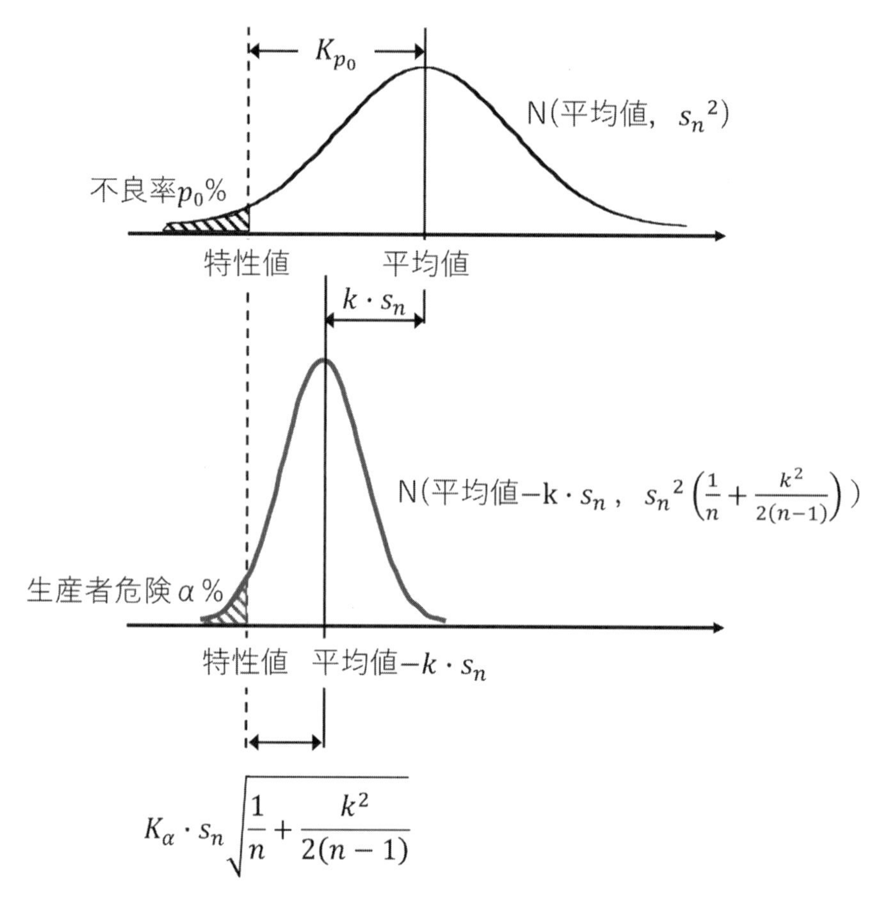

図 8.5.1　母集団の分散が未知の場合の合格判定基準値の考え方

試験値から$k \cdot s_n$を引いた値の n 個の平均値の分布は，N（平均値$-k \cdot s_n$，$s_n{}^2(1/n+k^2/2(n-1))$）となる．したがって，n個の試験値の平均値が，式（8.5.1）を満足すれば，検査に合格となる．なお，標本不偏分散の平方根s_nは，式（8.5.2）で表される．

$$n\text{回の試験の平均値}-k \cdot s_n > \text{圧縮強度の特性値} \tag{8.5.1}$$

$$s_n=\sqrt{\frac{\sum_{i=1}^{n} x_i^2}{n-1}-\frac{n \cdot \bar{x}^2}{n-1}} \tag{8.5.2}$$

ここに，　$\bar{x}_n$　：　n 回の試験値の平均値（N/mm^2）

　　　　　x_i　：　試験回数 i 番目の圧縮強度の試験値（N/mm^2）

　　　　　n　：　試験回数

圧縮強度の特性値は，**図 8.5.1** より，式（8.5.3）で表される．

$$\text{圧縮強度の特性値}=\text{平均値}-k \cdot s_n-K_\alpha \cdot s_n\sqrt{1/n+k^2/2(n-1)} \tag{8.5.3}$$

K_{p_0}を式（8.5.4）とし，式（8.5.3）に代入すると，式（8.5.5）が得られる．

$$K_{p_0} = \frac{\text{平均値} - \text{特性値}}{s_n} \tag{8.5.4}$$

$$K_{p_0} = k + K_\alpha\sqrt{1/n + k^2/2(n-1)} \tag{8.5.5}$$

式（8.5.5）をkについて解くと，式（8.5.6）が得られる．

$$k = \frac{K_{p_0} - K_\alpha\sqrt{a/n + b}}{a} \tag{8.5.6}$$

$$a = 1 - \frac{{K_\alpha}^2}{2(n-1)} \tag{8.5.7}$$

$$b = \frac{{K_{p_0}}^2}{2(n-1)} \tag{8.5.8}$$

不良率p_0が 5%のとき，K_{p_0}は 1.645 で，生産者危険αが 10%のとき，K_αは 1.282 である．

合格判定基準値f'_{cn}を圧縮強度の特性値f'_{ck}，合格判定係数kおよび標本不偏分散の平方根s_nで表すと，式（8.5.9）になる．

$$f'_{cn} = f'_{ck} + k \cdot s_n \tag{8.5.9}$$

試験回数nが 5 回のとき，aおよびbは，それぞれ，0.795 および 0.338 で，kは，0.93 となる．

9．レディーミクストコンクリートの配合選定および強度の検査

9.1　これまでの示方書におけるレディーミクストコンクリートの検査

9.1.1　【2017年制定】示方書［施工編］

【2017年制定】示方書［施工編：検査標準］『5章 レディーミクストコンクリートの検査』の解説には，『圧縮強度の試験値からコンクリートの品質を判定する場合には，設計基準強度を下回る試験値の確率が5%以下であることを適当な生産者危険率で推定することを標準とした』と記述されている．その一方で，下記の枠囲いの記載もある．

> なお，国や地方公共団体が管理する土木工事共通仕様書等では，JIS A 5308「レディーミクストコンクリート」に示される検査規定と同様の以下の検査基準が示されている場合が多い．
>
> 1回の試験結果は，指定した呼び強度の強度値の85%以上
>
> 3回の試験結果の平均値は，指定した呼び強度の強度値以上
>
> ［施工編：施工標準］の6.3（**解説 図6.3.1**）に示すように，この判定基準を満たすことで，設計基準強度を下回る試験値の確率が5%以下であると判断することができる．

これまで示方書［施工編］では，圧縮強度の検査は計量抜取検査を採用しており，この考え方を正しく，改訂後の示方書［施工編］にも継承する必要がある．【2023年制定】示方書［施工編］の改訂においては，「JIS A 5308の強度の判定基準を満たすことで，設計基準強度を下回る試験値の確率が5%以下であると判断することができる」の記載は不正確であるため解説から削除した．その根拠について以下に詳述する．

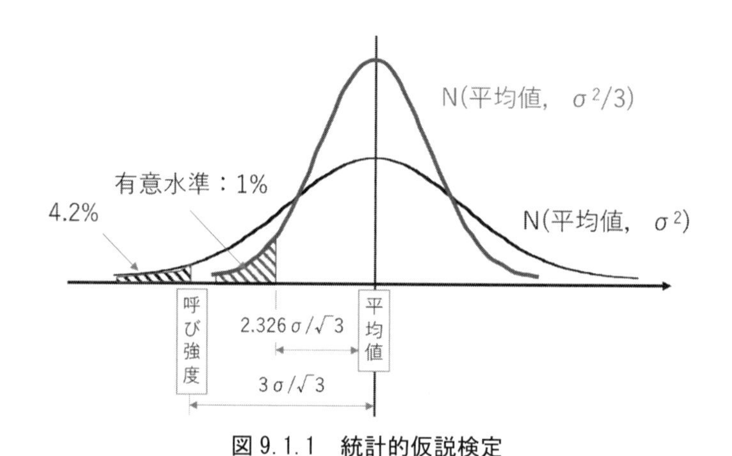

図9.1.1　統計的仮説検定

計量抜取検査の基礎となる統計的仮説検定の例を，**図9.1.1**に示す．N（平均値，σ^2）の分布は，分布の平均値と呼び強度が1.732σ（$3\sigma/\sqrt{3}$）離れ，呼び強度の強度値を下回る確率が4.2%の分布とする．また，N（平均値，σ^2）の分布より採取される試料を用いた3回の試験値の平均値の分布をN（平均値，$\sigma^2/3$）とする．このとき，3回の試験値の平均値が母集団の平均値よりも$2.326\sigma/\sqrt{3}$以上小さい値となる可能性は1%以下（検査を100回実施して1回程度）である．すなわち，このような小さい値は，99%の確率で，N（平均値，σ^2）の分布から得られたものではない検定結果になる．

【2017年制定】示方書［施工編：検査標準］では，呼び強度の強度値に設計基準強度を指定すれば，設計基準強度を下回る試験値の確率が5%以下であると書かれているが，3回の試験値の平均値が呼び強度の強度値と同じ場合，3回の試験値の平均値は，母集団の平均値よりも$3\sigma/\sqrt{3}$小さいために，99.9%の確率で，N（平

均値，σ^2）の分布から得られたものではないことになる．すなわち，3 回の試験値の平均値が呼び強度の強度値と同じ場合は，JIS A 5308 の強度の規定を満たしても，1 回の試験値が設計基準強度を下回る確率が 4.2% 以下となる分布の母集団から得られた試験値であると判断することはできない．したがって，【2023 年制定】示方書［施工編：検査標準］では，「JIS A 5308 の強度の判定基準を満たすことで，設計基準強度を下回る試験値の確率が 5%以下であると判断することができる」の記載を解説から削除した．なお，JIS A 5308 の強度の規定は，1 回の試験値が呼び強度の強度値の 85%（下限規格値に相当）以上であることを保証するもので，1 回の試験値が，呼び強度の強度値を下回る確率が 4.2%以下であることを保証するものではない．

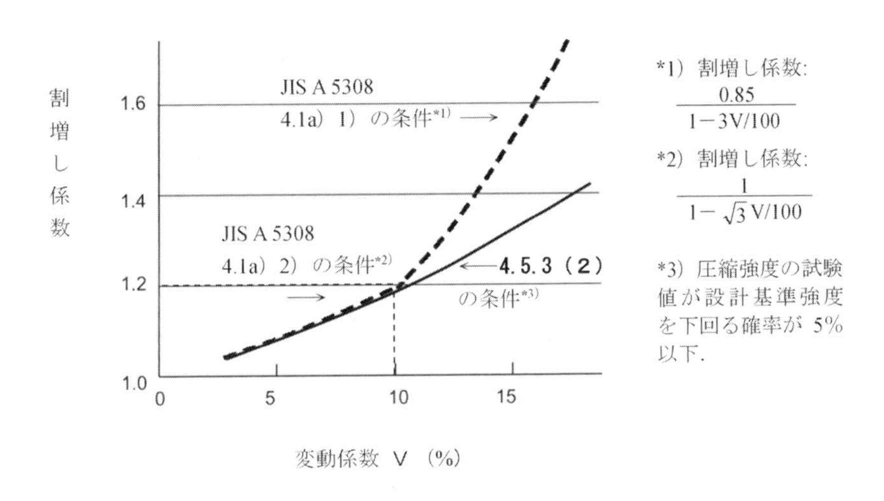

図 9.1.2　割増し係数の比較（【2017 年制定】示方書［施工編：施工標準］（解説 図 6.3.1　割増し係数の比較）より）

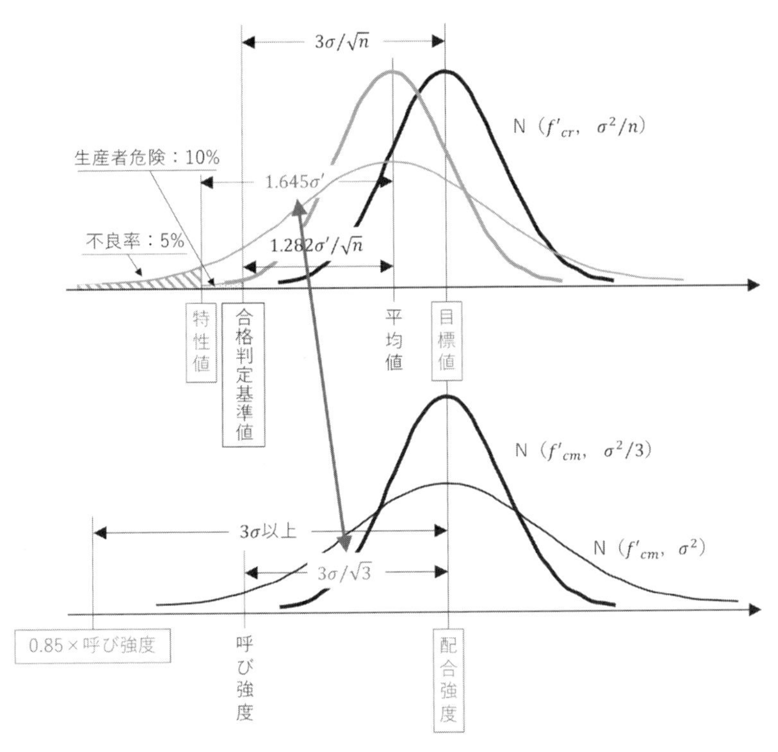

図 9.1.3　示方書［施工編：施工標準］における圧縮強度の目標値（上図）と JIS A 5308「レディーミクストコンクリート」における配合強度（下図）の関係

呼び強度の強度値に設計基準強度を指定してレディーミクストコンクリートを購入すれば1回の試験値が設計基準強度を下回る確率が5%以下になるとする根拠に用いられた図が，**図9.1.2**である．**図9.1.2**は，圧縮強度の変動係数と割増し係数の関係を示したものとされている．しかし，示方書［施工編］の用語の定義に従えば，割増し係数とは，1回の試験値が圧縮強度の特性値を下回る確率が5%以下となることが保証できるように，圧縮強度のばらつきを考慮し，圧縮強度の特性値に乗じる係数ということになる．**図9.1.2**に示されるJIS A 5308の条件に基づく割増し係数は，**図9.1.3**の下の図に示されるように，3回の試験値の平均値が満足しないといけない呼び強度の強度値に対する配合強度の比である．また，**図9.1.2**に示される「4.5.3（2）の条件」とされるものも，**図9.1.3**の上の図に示されるように，特性値に対する平均値の比であり，**図9.1.2**では，どちらも示方書［施工編］に定義される割増し係数ではないものが比較されている．

示方書［施工編］の用語の定義に従い，JIS A 5308の条件に基づく割増し係数を示すのであれば，1回の試験値が満足しないといけない下限規格値（呼び強度の強度値の85%）に乗じる係数でなければならない．JIS A 5308の条件に基づく割増し係数は，式（9.1.1）および式（9.1.2）となる．

$$\text{割増し係数} = \frac{0.85}{1-3V}\cdot\frac{1}{0.85} \qquad (V\text{が}9.81\%\text{を超える場合}) \qquad (9.1.1)$$

$$\text{割増し係数} = \frac{1}{1-3V/\sqrt{3}}\cdot\frac{1}{0.85} \qquad (V\text{が}9.81\%\text{以下の場合}) \qquad (9.1.2)$$

一方，**図9.1.3**の上の図に基づき，不良率を5%，生産者危険を10%とした場合，圧縮強度の特性値に対する目標値の比を示せば，式（9.1.3）となる．

$$\text{割増し係数} = \frac{1}{1-3V/\sqrt{n}}\cdot\frac{1-1.282V/\sqrt{n}}{1-1.645V} \qquad (9.1.3)$$

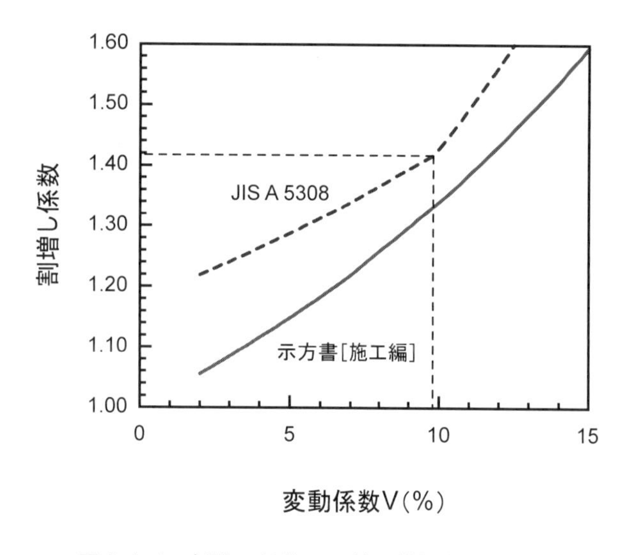

図9.1.4　割増し係数の比較（特性値に対して）

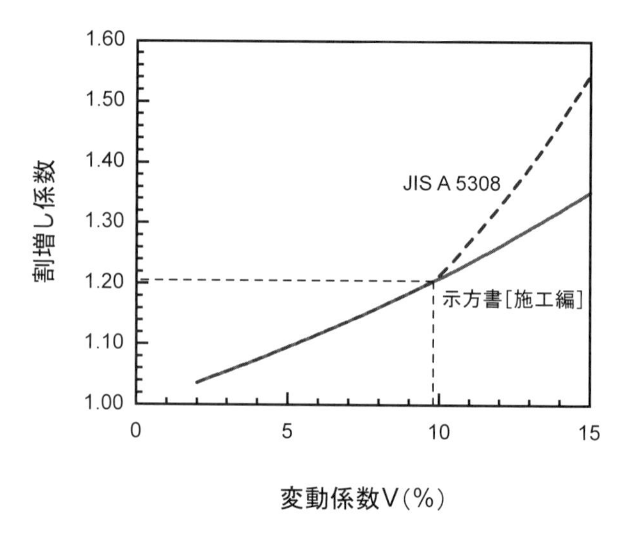

図9.1.5　割増し係数の比較（呼び強度に対して）

示方書［施工編］の定義に基づき，JIS A 5308における呼び強度の強度値の85%に対する割増し係数と，

［施工編：施工標準］における特性値に対する割増し係数を比較すると，**図 9.1.4** となる．また，割増し係数を，仮に，呼び強度の強度値に乗じる係数であるとすれば，［施工標準］の方も合格判定基準値に乗じる係数にしなければならない．このとき，JIS A 5308 と［施工標準］の割増し係数は，**図 9.1.5** に示されるように，変動係数が 9.81%以下では同じ値となる．呼び強度の強度値に合格判定基準値を指定した場合，変動係数が 9.81%以下では，レディーミクストコンクリートの配合強度と［施工編：施工標準］「4.3.6 圧縮強度の目標値」に示される圧縮強度の目標値は一致し，変動係数が 9.81%より大きい場合は，レディーミクストコンクリートの配合強度の方が，圧縮強度の目標値よりも大きくなる．しかし，呼び強度の強度値に圧縮強度の特性値を指定した場合は，レディーミクストコンクリートの配合強度は，変動係数によらず，圧縮強度の目標値よりも理論上 1 割程度小さくなる．

9.1.2　昭和 49 年度版コンクリート標準示方書【昭和 55 年版】

コンクリートの圧縮強度の変動に対し，初めて統計的手法が適用されたのは【昭和 31 年制定】示方書からとされている[1]．それまでは，強度の合格判定基準は事業者および学会によってまちまちで，試験値が設計基準強度（圧縮強度の特性値）を上回れば合格，下回れば不合格というものが多かったと言われている．

昭和 42 年から昭和 55 年までの示方書においては，圧縮強度の変動係数が 18%以下の場合は，試験値が設計基準強度を下回る確率，すなわち，不良率は 25%以下で，変動係数が 18%よりも大きい場合は，試験値が設計基準強度の 0.8 倍を下回る確率が 5%以下とされていた．これに対し，JIS A 5308「レディーミクストコンクリート」の圧縮強度の規定は，昭和 53 年に，現在と同じ下記の規定に変更された．

1)　1 回の試験結果は，購入者が指定した呼び強度の強度値の 85%以上でなければならない．

2)　3 回の試験結果の平均値は，購入者が指定した呼び強度の強度値以上でなければならない．

【昭和 55 年版】示方書では，レディーミクストコンクリートは，呼び強度の強度値に設計基準強度を指定して購入してよいことが記載されている．その理由は，CL46「無筋および鉄筋コンクリート標準示方書（昭和 55 年版）改訂資料」の「A.呼び強度」と「B. JIS A 5308 による検査結果と RC 示方書による検査結果との関係」に示されている[2]．以下，記号および用語は，当時のものを併用している．

「A.呼び強度」に示される，呼び強度の強度値に設計基準強度を指定して購入してよいとする理由は，以下のとおりである．JIS A 5308 の規定に従えば，配合強度m_1とm_2は，変動係数Vと呼び強度の強度値S_Lを用いて，式（9.1.4）および式（9.1.5）で表される．

$$m_1 = \frac{0.85}{1 - 3V} S_L \qquad (V\text{が 9.81\%を超える場合}) \qquad (9.1.4)$$

$$m_2 = \frac{1}{1 - 3V/\sqrt{3}} S_L \qquad (V\text{が 9.81\%以下の場合}) \qquad (9.1.5)$$

【昭和 55 年版】示方書に従い，配合強度σ_{r1}およびσ_{r2}を示すと，式（9.1.6）および式（9.1.7）となる．

$$\sigma_{r1} = \frac{0.8\sigma_{ck}}{1 - 1.645V} \qquad (V\text{が 18\%を超える場合}) \qquad (9.1.6)$$

$$\sigma_{r2} = \frac{\sigma_{ck}}{1 - 0.674V} \qquad \text{（Vが 18%以下の場合）} \tag{9.1.7}$$

ここで，σ_{r2}とm_1またはm_2が等しいとして，設計基準強度σ_{ck}と呼び強度の強度値S_Lとの比λを取ると，式（9.1.8）および式（9.1.9）が得られ，これらを図示すると，**図 9.1.6** になる．

$$\lambda = \frac{S_L}{\sigma_{ck}} = \frac{1 - 3V}{0.85(1 - 0.674V)} \qquad \text{（Vが 9.81%を超え，18%以下の場合）} \tag{9.1.8}$$

$$\lambda = \frac{S_L}{\sigma_{ck}} = \frac{1 - 3V/\sqrt{3}}{1 - 0.674V} \qquad \text{（Vが 9.81%以下の場合）} \tag{9.1.9}$$

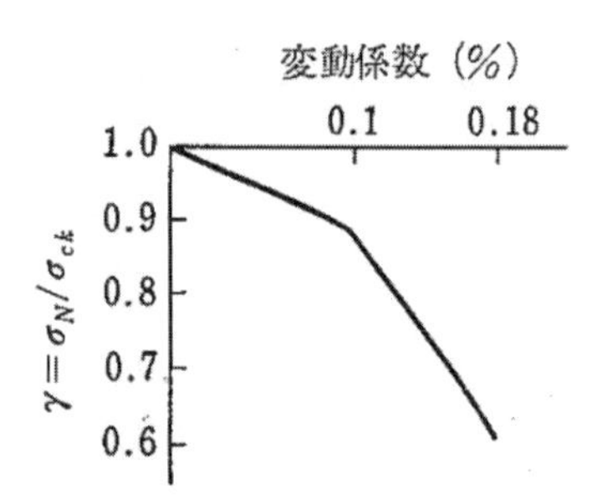

注）横軸：変動係数V，縦軸：$\lambda = S_L/\sigma_{ck}$

図 9.1.6　λと V の関係（CL46「無筋および鉄筋コンクリート標準示方書（昭和 55 年版）改訂資料」より）

σ_{r2}とm_1またはm_2が等しいとしたとき，呼び強度の強度値S_Lより，設計基準強度σ_{ck}の方が大きくなる．すなわち，設計基準強度σ_{ck}を呼び強度の強度値S_Lに指定すれば，設計基準強度に対する配合強度σ_{r2}よりも大きな配合強度（m_1またはm_2）のレディーミクストコンクリートを購入できることになるため，示方書の合格判定条件も自動的に満足することになると，説明されている．

不良率が 5%の場合において，「A.呼び強度」の考え方に基づき，設計基準強度に対する配合強度σ_rを求めると，式（9.1.10）となる．σ_rとm_1またはm_2が等しいとして，呼び強度の強度値S_Lと設計基準強度σ_{ck}との比λを取ると，式（9.1.11）および式（9.1.12）となり，これらを図示すると，**図 9.1.7** となる．

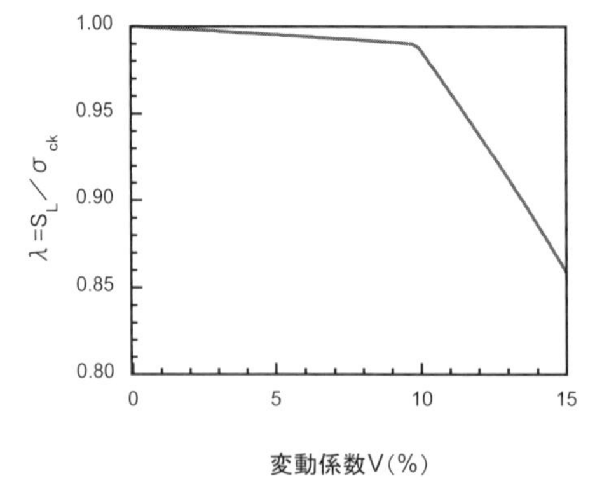

図 9.1.7　λと V の関係（不良率が 5%の場合）

$$\sigma_r = \frac{1}{1 - 1.645V}\sigma_{ck} \qquad (9.1.10)$$

$$\lambda = \frac{S_L}{\sigma_{ck}} = \frac{1 - 3V}{0.85(1 - 1.645V)} \qquad (V\text{が }9.81\%\text{を超える場合}) \qquad (9.1.11)$$

$$\lambda = \frac{1 - 3V/\sqrt{3}}{1 - 1.645V} \qquad (V\text{が }9.81\%\text{以下の場合}) \qquad (9.1.12)$$

不良率が 5%の場合も，呼び強度の強度値S_Lより，設計基準強度σ_{ck}の方が大きくなる．設計基準強度σ_{ck}を呼び強度の強度値S_Lに指定すれば，必要とされるσ_{r2}よりも大きな配合強度（m_1またはm_2）のレディーミクストコンクリートを購入することができることになる．これにより，設計基準強度を呼び強度の強度値に指定することが実務上のみなし規定となり，【2017 年制定】示方書［施工編］まで引き継がれることになった．

「A.呼び強度」の考え方に基づく，不良率が 5%の場合の配合強度の求め方を**図 9.1.8** に示す．不良率が 5%であるから，平均値と圧縮強度の特性値との差は，標準偏差σを用いて1.645σとなる．配合強度は，圧縮強度の特性値に，1.645σを加えた値となる．例えば，圧縮強度の特性値が 30.0N/mm^2 であって，変動係数が 10%であれば，配合強度は 36.0N/mm^2 程度となる．36.0N/mm^2 を目標にコンクリートを製造すると，圧縮強度の特性値を下回る確率は 5%以下になるため，36.0N/mm^2 を目標にコンクリートを製造していれば，30.0N/mm^2 の試験値が出たとしても，それは，**図 9.1.8** に示される N（平均値，σ^2）を母集団とする分布から得られたものであるとして差し支えないとするのが，「A.呼び強度」の考え方である．

しかし，**図 9.1.9** を見れば，30.0N/mm^2 の試験値は，黒の実線の N（平均値，σ^2）の分布ではなく，グレーの実線の分布である可能性を否定できない．検査とは，30.0N/mm^2 の試験値が，黒の実線の N（平均値，σ^2）の分布のものであるとして差し支えないことを証明することである．計量抜取検査では，合格と判定したい分布（**図 9.1.9** における黒の実線の分布）と，購入者にとって不都合な分布（**図 9.1.9** におけるグレーの実線の分布）の 2 つの分布を用いて検査することになっている．

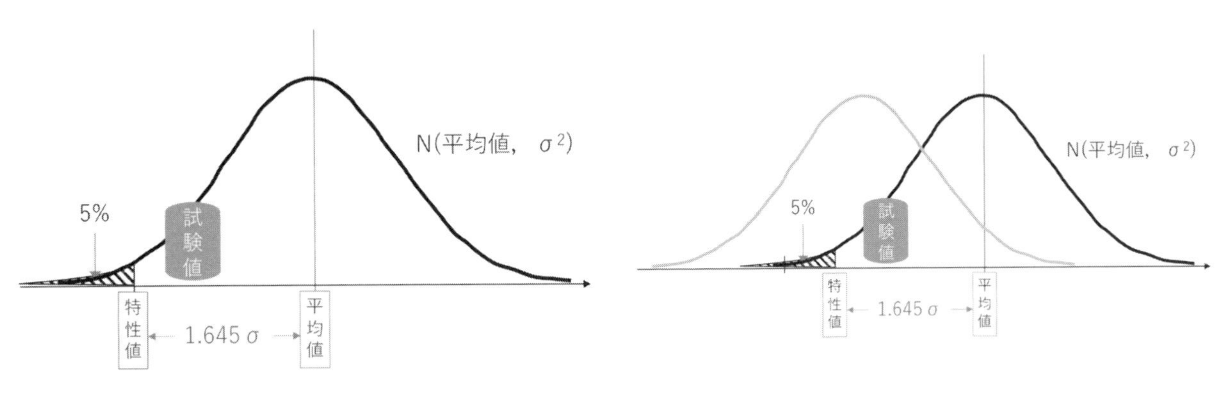

図 9.1.8　平均値と特性値　　**図 9.1.9　検　査**

図 9.1.10 において，黒の破線の分布は，黒の実線の分布からランダムに採取したn回 1 組の試験値の平均値の分布で，グレーの破線の分布は，グレーの実線の分布からランダムに採取したn回 1 組の試験値の平均値の分布である．グレーの破線の分布が合格判定基準値を超える部分を消費者危険といい，黒の破線の分布が

合格判定基準値を下回る部分を生産者危険という．一般に，検査に合格させたいロットのコンクリートが検査に合格する確率は 95%以上で，検査で不合格としたいロットのコンクリートが検査に合格する確率は 10%以下となるように，生産者危険には 5%が，消費者危険には 10%が用いられる．n回 1 組の試験値の平均値が合格判定基準値よりも大きいときは，得られた試験値が合格させたい黒の実線で表されるロット（母集団）から得られた分布に高い確率で一致していることを表している．これに対して，n回 1 組の試験値の平均値が合格判定基準値より小さいときは，得られた試験値が不合格にしたいグレーの実線で表されるロット（母集団）から得られた分布に高い確率で一致していることを表している．消費者危険と生産者危険を設定して検査を行うやり方では，必要な試験回数が多くなるため，示方書［施工編］におけるコンクリートの圧縮強度の検査では，購入者にとって不都合な分布は考えず，生産者危険のみで合格判定基準値を定める考え方を採用し，【平成 8 年制定】示方書［施工編］までは生産者危険として 10%が示されていた．

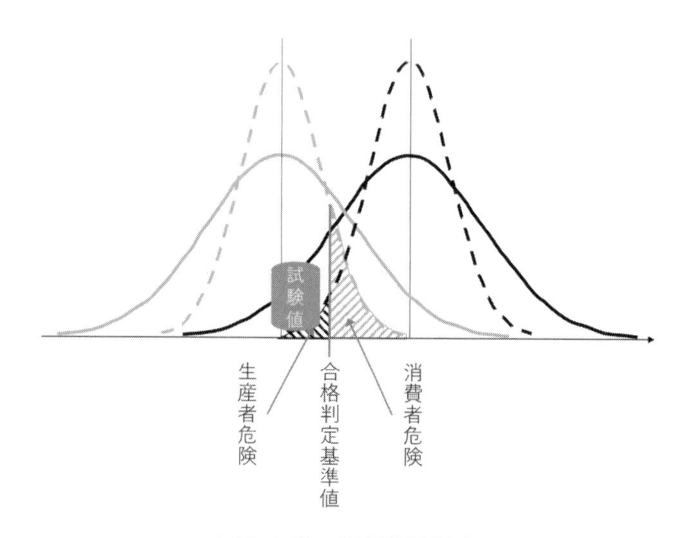

図 9.1.10　計量抜取検査

図 9.1.11 に示されるように，不良率を 5%，生産者危険を 10%とした場合，圧縮強度の目標値f'_{cr}が合格判定基準値を下回る確率が 0.135%となるように定めると，圧縮強度の目標値f'_{cr}は式（9.1.13），合格判定基準値f'_{cn}は式（9.1.14）で与えられる．

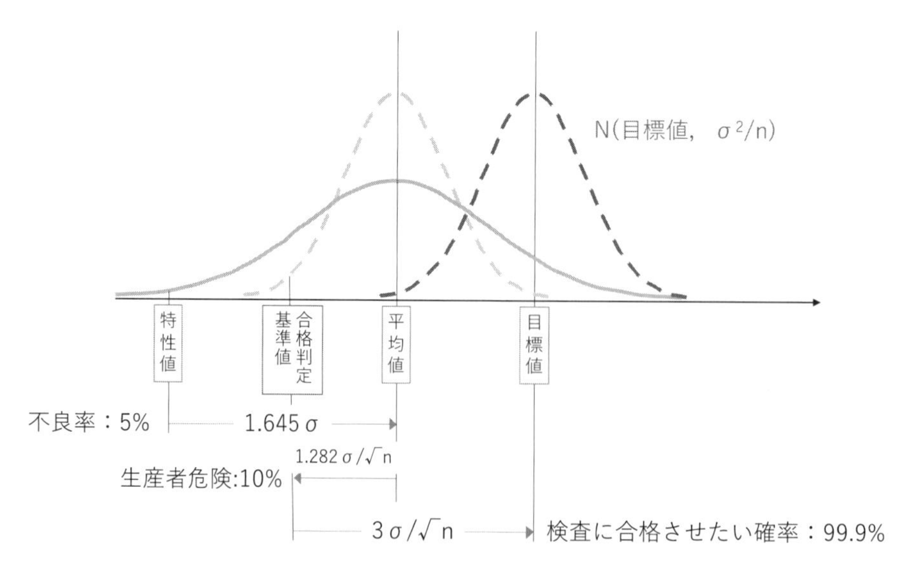

図 9.1.11　圧縮強度の目標値

$$f'_{cr} = \frac{1}{1 - 3\,V/\sqrt{n}} \cdot f'_{cn} \tag{9.1.13}$$

$$f'_{cn} = \frac{1 - 1.282\,V/\sqrt{n}}{1 - 1.645V} \cdot f'_{ck} \tag{9.1.14}$$

ここに，　f'_{cn} ：試験回数が n 回の場合の合格判定基準値（N/mm²）

f'_{ck} ：圧縮強度の特性値（N/mm²）

V ：コンクリートの圧縮強度の変動係数

n ：試験回数

レディーミクストコンクリートの配合強度m_2と，示方書におけるコンクリートの圧縮強度の目標値f'_{cr}が同じとして，呼び強度の強度値S_Lと圧縮強度の特性値f'_{ck}の比λを比較するのであれば，変動係数Vが 9.81%以下の場合は，不良率を 5%，生産者危険を 10%として，式（9.1.15）を用いて比較を行う必要がある．

$$\lambda = \frac{S_L}{f'_{ck}} = \frac{1 - 3\,V/\sqrt{3}}{1 - 3\,V/\sqrt{n}} \cdot \frac{1 - 1.282\,V/\sqrt{n}}{1 - 1.645V} \tag{9.1.15}$$

式（9.1.15）に基づけば，試験回数nが 3 回で変動係数Vが 9.81%のとき，λは 1.11 となる．レディーミクストコンクリートの配合強度m_2と，示方書におけるコンクリートの圧縮強度の目標値f'_{cr}が同じ場合，呼び強度の強度値S_Lは，圧縮強度の特性値f'_{ck}の 1.11 倍になる．【昭和 55 年版】示方書の改訂時のように，不良率が 25%の場合は，設計基準強度を呼び強度の強度値に指定してすることに対して実務的な問題は生じないが，不良率が 5%の場合には，「A.呼び強度」の考え方に従うと，圧縮強度が 1 割程度小さいレディーミクストコンクリートを合格と判定することになる．

「A.呼び強度」の考え方は，**図 9.1.2** に示した考え方と同じである．レディーミクストコンクリートの呼び強度の強度値に対して示方書における合格判定基準値が比較されなければならないところが，圧縮強度の特性値と比較され，また，レディーミクストコンクリートの配合強度に対して示方書における圧縮強度の目標値が比較されなければならないところが，分布の平均値と比較されている．

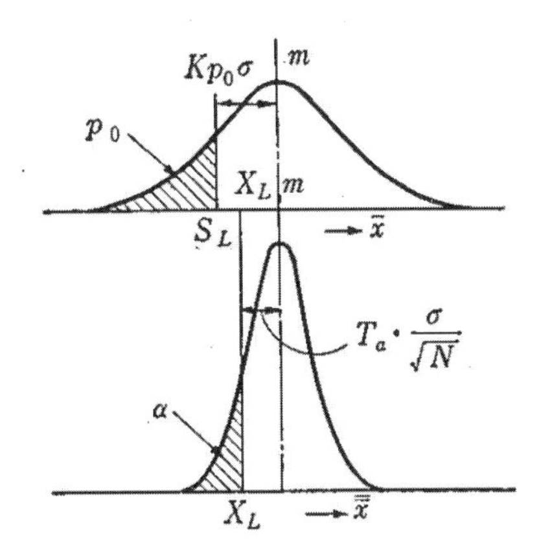

図 9.1.12　RC 示方書の合格条件（CL46「無筋および鉄筋コンクリート標準示方書（昭和 55 年版）改訂資料」より）

「B. JIS A 5308による検査結果とRC示方書による検査結果との関係」に示される理由は，次のとおりである．**図9. 1. 12**の上の図は試験値の分布で，下図は上図の分布から採取したn回1組の試験値の平均値$\bar{x}$の分布である．図中のmは，呼び強度の強度値をS_L，合格ロットの不良率をp_0としたときの母集団の平均値であり，式（9.1.16）で表される．生産者危険をαとした合格判定基準値X_Lは，式（9.1.17）で表される．記号および用語は，【昭和55年版】示方書の改訂資料[2)]と同じとしている．

$$m = S_L + K_{p_0} \cdot \sigma \tag{9.1.16}$$

$$X_L = m - T_\alpha \frac{\sigma}{\sqrt{n}} \tag{9.1.17}$$

ここに，　X_L　：　合格判定基準値（N/mm²）

S_L　：　呼び強度の強度値（N/mm²）

σ　：　標準偏差（N/mm²）

n　：　試験回数

K_{p_0}　：　不良率p_0に対する正規偏差（不良率25%のとき0.674，不良率5%のとき1.645）

T_α　：　生産者危険αに対する正規偏差（生産者危険10%のとき1.282）

式（9.1.17）のmに，式（9.1.16）を代入すると，式（9.1.18）が得られる．

$$X_L = S_L + \left(K_{p_0} - \frac{T_\alpha}{\sqrt{n}}\right)\sigma = S_L + k \cdot \sigma \tag{9.1.18}$$

【昭和55年版】示方書までは，変動係数が18%以下の場合，不良率p_0は25%である．したがって，K_{p_0}は0.674で，生産者危険αを10%にすると，T_αは1.282となる．試験の回数nを3とすれば，式（9.1.18）のkの値は，-0.066となり，合格判定基準X_Lの方が呼び強度の強度値S_Lよりも小さくなる．したがって，合格判定基準値は，呼び強度の強度値よりも小さいため，3回の試験値の平均値が呼び強度の強度値よりも大きければ，合格判定基準値も満足することになり，設計基準強度を呼び強度の強度値に指定してレディーミクストコンクリートを購入しても事実上問題がないとされた．

これを，不良率が5%となった昭和61年以降の示方書に当てはめると，K_{p_0}が1.645となる．生産者危険αは10%と変わらないため，T_αには1.282を用いて$k \cdot \sigma$を求めると0.905σとなり，合格判定基準X_Lの方が呼び強度の強度値S_Lよりも大きくなる．したがって，呼び強度の強度値に設計基準強度を指定してレディーミクストコンクリートを購入すれば，合格判定基準値は呼び強度の強度値よりも大きくなるので，3回の試験値の平均値が呼び強度の強度値よりも大きくても，［施工編］の合格条件を満足するとは限らないことになる．

図9. 1. 12の記号を用いて，2023年示方書［施工編］の合格判定基準値を示すと式（9.1.19）となる．

$$X_L = \frac{1 - T_\alpha \cdot V/\sqrt{n}}{1 - K_{p_0} \cdot V} S_L \tag{9.1.19}$$

ここに，　V　:　変動係数

試験回数nが 3 回で，変動係数Vが 10%であれば，不良率p_0が 25%のとき，圧縮強度の合格判定基準値X_Lは，呼び強度の強度値S_Lの 0.993 倍である．これに対して，不良率p_0が 5%のときは，圧縮強度の合格判定基準値X_Lは，呼び強度の強度値S_Lの 1.108 倍である．式（9.1.19）から導かれる結果も，不良率p_0が 25%の場合は，合格判定基準値X_Lが呼び強度の強度値S_Lよりも小さく，不良率p_0が 5%の場合は，合格判定基準値X_Lが呼び強度の強度値S_Lよりも大きくなる．

CL46「無筋および鉄筋コンクリート標準示方書（昭和 55 年版）改訂資料」の「B. JIS A 5308 による検査結果と RC 示方書による検査結果との関係」の考え方と，【2023 年制定】示方書［施工編］における合格判定の考え方は同じである．不良率が 5%であることを生産者危険 10%として検査する場合，購入するレディーミクストコンクリートが検査に合格するには，理論的には，呼び強度の強度値S_Lに圧縮強度の特性値f'_{ck}の約 1.11 倍の合格判定基準値を指定する必要があることになる．言い換えれば，呼び強度の強度値に圧縮強度の特性値を指定してレディーミクストコンクリートを購入することは，23%以上の不良率を容認することになる．

9.2　【2023 年制定】示方書におけるレディーミクストコンクリートの検査

9.2.1　圧縮強度の特性値とレディーミクストコンクリートの呼び強度との関係

コンクリート標準示方書における圧縮強度の検査では，【昭和 42 年版】示方書以来，計量抜取検査が用いられている．計量抜取検査とは，あるロットから抜き取ったサンプルの試験値の平均値と標準偏差から合格または不合格を判定する検査で，最も基本的な抜取検査の手法の一つである．あるロットから抜き取られた試験値が特性値を下回る確率が不良率である．【昭和 55 年版】示方書までの圧縮強度の不良率は 25%で，限界状態設計法が採用された【昭和 61 年制定】示方書以降の圧縮強度の不良率は 5%である．

レディーミクストコンクリートの呼び強度の強度値には，【昭和 55 年版】示方書以来，圧縮強度の特性値（設計基準強度）を指定するとされてきた．JIS A 5308「レディーミクストコンクリート」は昭和 53 年に改正された．不良率が 25%のとき，呼び強度の強度値に圧縮強度の特性値を指定したレディーミクストコンクリートは，示方書［施工編］が求めるコンクリートの圧縮強度の検査にも合格するものであった．しかし，不良率が 5%となった【昭和 61 年制定】示方書以降は，呼び強度の強度値に圧縮強度の特性値を指定したレディーミクストコンクリートは，示方書［施工編］が求めるコンクリートの圧縮強度の検査に必ず合格するとは言えず，呼び強度の強度値には圧縮強度の合格判定基準値を指定する必要があった．

計量抜取検査は，ロットの不良率を保証するために行われるものである．試験回数がn回で，標準偏差をσとしたとき，計量抜取検査で用いられるn回の試験値の平均値の分布は，N（平均値，σ^2/n）となる．この分布において，検査で合格と判定してよい基準を合格判定基準値といい，検査に合格する分布から得られるサンプルであっても合格判定基準値を下回る確率を生産者危険という．合格判定基準値と特性値の差を$k \cdot \sigma$としたとき，kは合格判定係数と呼ばれる．

不良率に 25%が採用されていた【昭和 55 年版】示方書［施工編］と，不良率に 5%が採用された【昭和 61 年制定】以降の示方書［施工編］における，圧縮強度の特性値と合格判定基準値の関係を**図 9.2.1** と**図 9.2.2** に示す．なお，試験回数nは 3 回，生産者危険は【平成 8 年制定】示方書［施工編］までの解説に示されている 10%としている．【昭和 55 年版】示方書までは，圧縮強度の特性値は分布の平均値よりも0.674σ小さく，合格判定基準値は分布の平均値よりも0.740σ（$\fallingdotseq 1.282\sigma/\sqrt{3}$）小さいため，合格判定基準値よりも圧縮強度の特性値の方が大きいことになる．合格判定係数kの値は，-0.066（=0.674-0.740）とマイナスであり，かつ小さい．一方，【昭和61年制定】示方書［施工編］からは，圧縮強度の特性値は分布の平均値よりも1.645σ小さく，合格判定基準値は分布の平均値よりも0.740σ（$\fallingdotseq 1.282\sigma/\sqrt{3}$）小さいため，圧縮強度の特性値よりも合格判定基準値の方が大きくなる．合格判定係数kの値は，0.905（=1.645-0.740）とプラスとなっている．

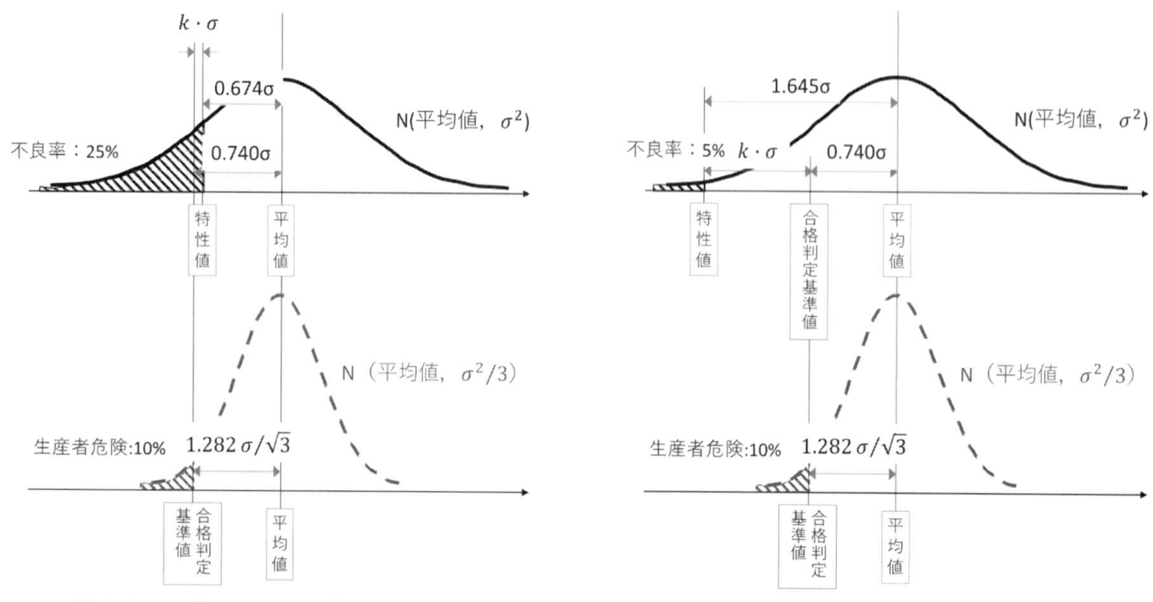

図 9.2.1　【昭和55年版】示方書まで

図 9.2.2　【昭和61年制定】示方書以降

施工に用いるコンクリートの圧縮強度の目標値は，合格判定基準値を下回らないように定める必要がある．3回の試験の平均値を用いて検査を行う場合，圧縮強度の目標値は，**図 9.2.3**に示されるように，合格判定基準値よりも$3\sigma/\sqrt{3}$大きい値が求められる．不良率に25%を用いていた【昭和55年版】示方書までは，合格判定基準値よりも圧縮強度の特性値の方が大きいために，呼び強度の強度値に圧縮強度の特性値を指定してレディーミクストコンクリートを購入すれば，圧縮強度の目標値よりも，レディーミクストコンクリートの配合強度の方が高くなっていた．

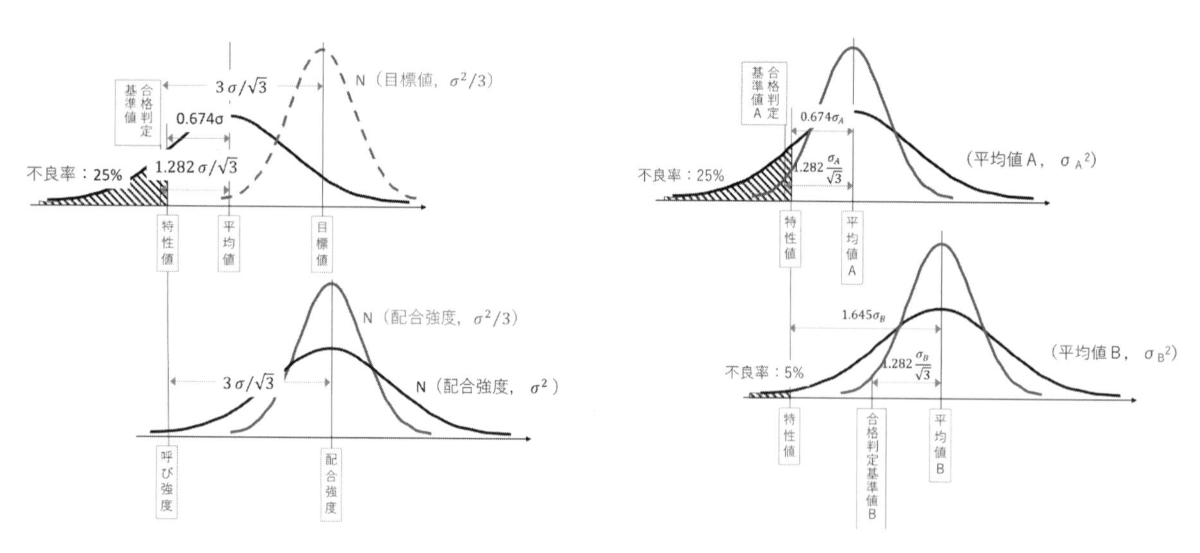

図 9.2.3　不良率が25%の場合の特性値とレディーミクストコンクリートの呼び強度との関係

図 9.2.4　不良率が25%の場合と不良率が5%の場合の平均値と合格判定基準値

図 9.2.4 に示されるように，【昭和 61 年制定】示方書［施工編］の改訂で，不良率が 25%から 5%に変更されたことにより，それぞれの分布の平均値も合格判定基準値も，おおよそ標準偏差σ（$= \sigma_A \fallingdotseq \sigma_B$として）分，大きくなる．不良率が 25%のときに，呼び強度の強度値に圧縮強度の特性値を指定してレディーミクストコンクリートを購入できていたとしても，不良率が 5%になれば，圧縮強度の特性値に標準偏差σを加えた値を，呼び強度の強度値に指定してレディーミクストコンクリートを購入しなければならないことになる．

不良率を 5%にした【昭和 61 年制定】示方書［施工編］以降においても，呼び強度の強度値（呼び強度 B）に圧縮強度の合格判定基準値を指定してレディーミクストコンクリートを購入すれば，図 9.2.5 に示されるように，試験回数を 3 回，生産者危険を 10%とした計量抜取検査で合格となるコンクリートに求める圧縮強度の目標値 B と，レディーミクストコンクリートの配合強度 B は等しくなる．しかし，圧縮強度の特性値を呼び強度の強度値（呼び強度 A）に指定してレディーミクストコンクリートを購入すると，レディーミクストコンクリートの配合強度 A は，圧縮強度の目標値 B よりも0.905σ小さくなる．レディーミクストコンクリートが JIS A 5308 の規定どおりに生産されているとすれば，呼び強度の強度値に圧縮強度の特性値を指定して購入した場合，計量抜取検査で合格とならない確率は理論的には 7.4%となる．すなわち，呼び強度の強度値に圧縮強度の特性値を指定して購入する場合には，検査に合格しないことがある．

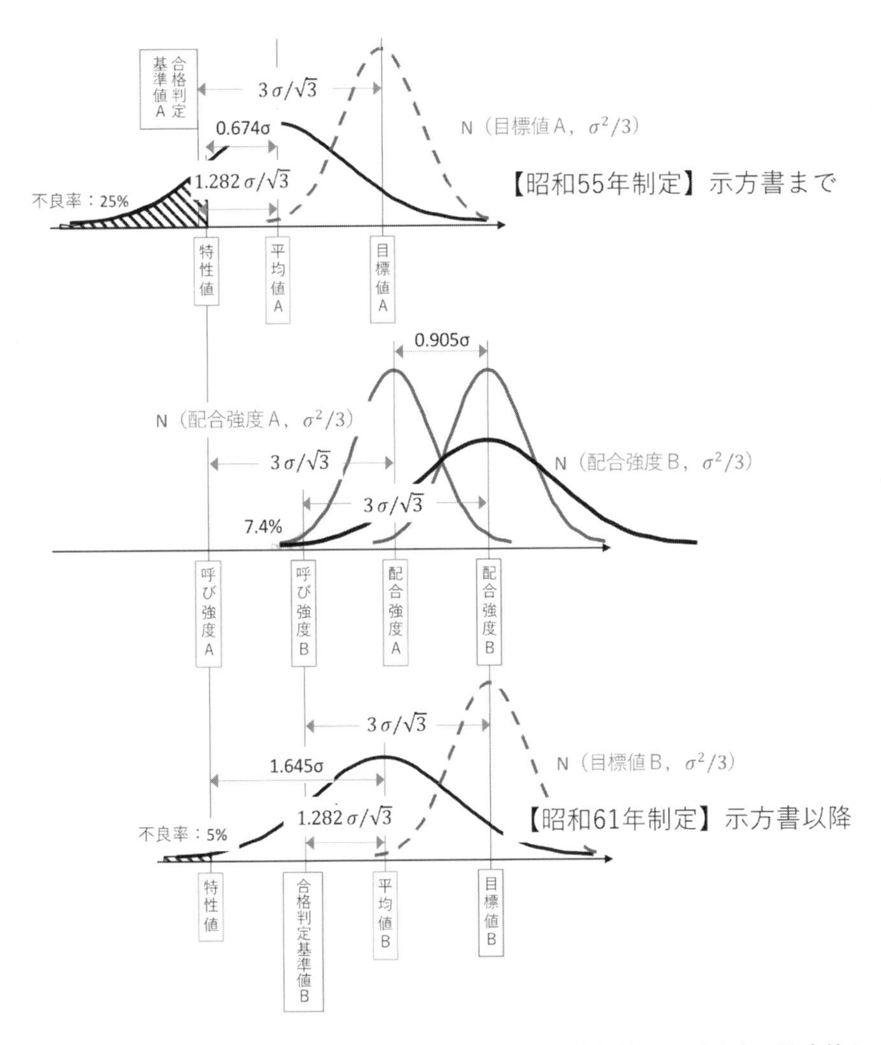

図 9.2.5　不良率が 25%の場合と不良率が 5%の場合における特性値と呼び強度の強度値との比較

これは，呼び強度の強度値に圧縮強度の特性値を指定して購入する場合には，採取した試料の試験値が，特性値を下回る確率が 5%以下になる分布から採取されたものであることを証明する検査に合格しないリスクを，発注者および施工者は負う必要があることを示している．

9.2.2　不良率と生産者危険

圧縮強度を例に不良率と生産者危険を説明すると，不良率とは，N（平均値，σ^2）の分布から採取された標本を1回試験して，その値が特性値を下回る確率である．また，生産者危険とは，N（平均値，σ^2）の分布から採取された標本をn回試験して，その平均値が合格判定基準値を下回る確率である．圧縮強度の特性値の不良率は，この改訂資料の「**表 1.1.2** 示方書における圧縮強度の合格判定基準の推移」に示されるように，構造物の設計法によって定められてきた経緯がある．許容応力度設計法が用いられていた【昭和55年版】示方書［施工編］までは，不良率は25%（変動係数が18%以下の場合）とされ，限界状態設計法に移行した【昭和61年制定】示方書からは，不良率は5%となっている．

計量抜取検査は，抽出した標本の平均および標本不偏分散を求め，ロットの合格を判定する検査方法である．抜取検査であるため，ロットの合格判定を完全には行うことはできず，判定結果には誤りが必ず生じる．計量抜取検査では，受け入れたい品質のロットが不合格と判定される確率（生産者危険）と，受け入れたくない品質のロットが合格と判定される確率（消費者危険）の両方を設定し，ある程度の生産者危険と消費者危険を容認している．合格判定基準値は，検査に合格させたいロットのコンクリートが検査に合格する確率は95%以上で，検査で不合格としたいロットのコンクリートが検査に合格する確率は10%以下となるように，生産者危険を5%，消費者危険を10%として，試験回数nを求めて定めるのが一般的である．なお，JIS Z 9003「計量規準型一回抜取検査（標準偏差既知でロットの平均値を保証する場合および標準偏差既知でロットの不良率を保証する場合）」も，生産者危険は5%を，消費者危険は10%を基準としている．

示方書［施工編］では，生産者危険のみを定め，消費者危険は定めずに検査を行うこととされてきた．これは，生産者危険と消費者危険の両方を定めることで決まる試験回数が多くなり，検査に要する労力とコストの負担が大きいことが理由とされている[3)]．なお，生産者危険は，【平成8年制定】示方書［施工編］までは，解説に10%と明記されてきたが，【平成11年（1999年）版】以降，合格判定基準値を求める式が削除され，適当な生産者危険とのみ記載されるようになった．

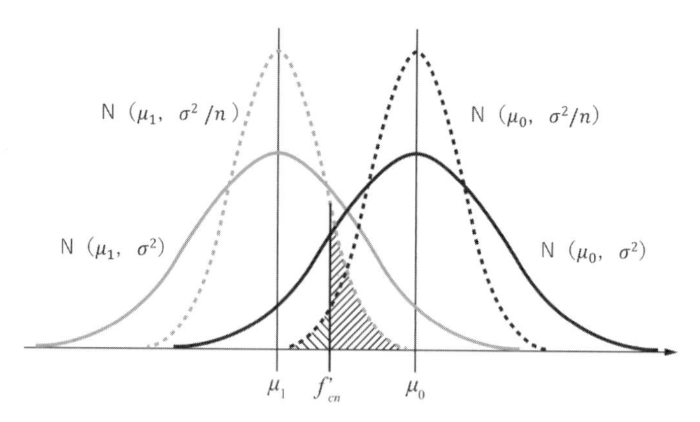

図 9.2.6　計量抜取検査における試験回数と合格判定基準値

図 9.2.6 に示されるように，合格させたいロットである黒の実線の圧縮強度の分布をN（μ_0，σ^2）とし，不合格としたいロットであるグレーの実線の圧縮強度の分布を N（μ_1，σ^2）とする．二つの分布における分散σ^2は同じとし，JIS Z 9003 の箇条 6.2 で基準とされる生産者危険 5%および消費者危険 10%を用いれば，合格

判定基準値f'_{cn}は，平均値μ_0およびμ_1を用いて，式（9.2.1）または式（9.2.2）で表される．

$$f'_{cn}<\mu_0-1.645\frac{\sigma}{\sqrt{n}} \tag{9.2.1}$$

$$f'_{cn}>\mu_1+1.282\frac{\sigma}{\sqrt{n}} \tag{9.2.2}$$

式（9.2.1）および式（9.2.2）より式（9.2.3）が導かれ，試験回数は，式（9.2.4）となる．

$$\mu_0-\mu_1>(1.645+1.282)\frac{\sigma}{\sqrt{n}} \tag{9.2.3}$$

$$n>\left(\frac{2.927}{\mu_0-\mu_1}\right)^2\sigma^2 \tag{9.2.4}$$

レディーミクストコンクリートの標準配合は，3N/mm^2 刻みに呼び強度の強度値が決められているので，$(\mu_0-\mu_1)$は，おおよそ 3N/mm^2 となる．圧縮強度の標準偏差σを 3N/mm^2 とすれば，消費者危険を定めて合格判定を行う場合は，コンクリートの打込み量に関係なく，試験回数は 9（≧2.927^2）回は必要になる．これは，検査のコストの面から現実的ではない．消費者危険を考慮しなければ試験回数に自由度が生まれるが，試験回数が減ると，合格判定基準値が下がる．試験回数を減らしても，合格判定基準値は消費者危険を考慮した場合と同程度のものが必要である．そこで，昭和 42 年以降の示方書では，消費者危険を考慮しない代わりに，5%の生産者危険を 10%としてきたものと思われる．

不良率 5%のときの生産者危険αと，圧縮強度の特性値f'_{ck}，合格判定基準値f'_{cn}および試験回数nの関係を式（9.2.5）に示す．なお，生産者危険αが 5%および 10%のとき，K_αは 1.645 および 1.282 である．

$$f'_{cn}=\frac{1-K_\alpha V/\sqrt{n}}{1-1.645V}\cdot f'_{ck} \tag{9.2.5}$$

ここに，　f'_{ck} ：圧縮強度の特性値（N/mm^2）

f'_{cn} ：合格判定基準値（N/mm^2）

K_α ：生産者危険がαのときの標準正規分布の上側確率 p%の点

V ：変動係数

式（9.2.5）より，変動係数Vが 10%の場合を図示すると，**図 9.2.7** となる．生産者危険に 0.135%を設定することは，有意水準 0.135%で t 検定を行ったとき，99.9%の確率で異なる母集団から得られた試料と判定されるものを検査に合格にさせることを意味するが，この図では比較のために，生産者危険が 0.135%の場合も一点鎖線で示している．生産者危険が 5%および 10%の場合，合格判定基準値f'_{cn}は試験回数nによらず大きな差はない．試験回数nが 3 回のとき，生産者危険が 5%と 10%における合格判定基準値f'_{c3}は，それぞれ，

$1.08f'_{ck}$および$1.11f'_{ck}$で，生産者危険が0.135%の場合は，合格判定基準値f'_{c3}と特性値f'_{ck}は，ほぼ等しくなる．すなわち，呼び強度の強度値に圧縮強度の特性値f'_{ck}を指定してレディーミクストコンクリートを購入しても，示方書［施工編］に示される計量抜取検査に合格するといえる．ただし，消費者危険を10%に設定した場合，生産者危険を0.135%とするのであれば，試験回数nは19（≧$(3+1.282)^2$）回以上は必要であり，消費者危険を設定せずに生産者危険のみで検査を行うのであれば，さらに多くの試験回数が必要となる．

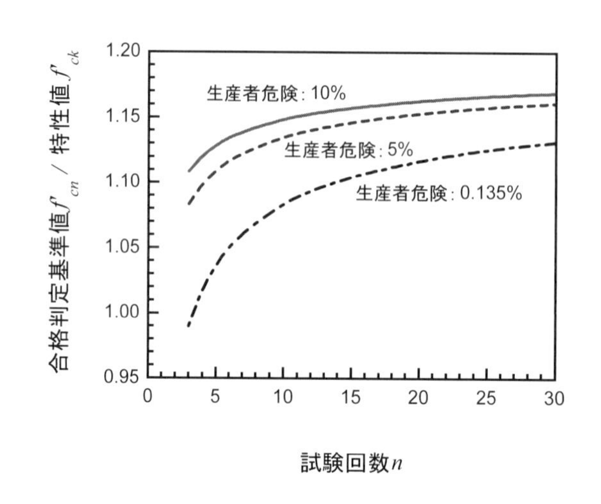

図9.2.7　試験回数，生産者危険と合格判定基準値の関係

消費者危険を考慮せず，生産者危険のみで合格判定基準値と試験回数を定める例として，圧縮強度の特性値f'_{ck}に24N/mm²が求められる場合を考える．変動係数Vを10%としたとき，24N/mm²の特性値を下回る確率が5%となる分布の平均値は，28.7N/mm²（=24/(1-1.645×0.1)）となる．検査に合格させたくない分布の圧縮強度の特性値を21N/mm²とすれば，その分布の平均値は，25.1N/mm²（=21/(1-1.645×0.1)）である．標準偏差を3N/mm²とし，生産者危険を5%，消費者危険を10%とすると，計量抜取検査に必要な試験の回数nは，式（9.2.4）より6回となる．また，合格判定基準値f'_{cn}は，式（9.2.1）より，26.7N/mm²となる．これに対して，消費者危険を考えずに生産者危険を10%として，合格判定基準値f'_{cn}を求めると，式（9.2.5）より，試験回数nが3回で26.6N/mm²，4回で26.9N/mm²，5回で27.1N/mm²，6回で27.2N/mm²となる．生産者危険を10%としても，試験回数nが3回で，消費者危険を10%，生産者危険を5%とした場合の合格判定基準値f'_{cn}とほぼ同じ値である．したがって，消費者危険を考えずに生産者危険を10%とした場合は，試験の回数nは5回以上が望ましく，少なくとも3回は必要となる．

計量抜取検査では，本来，合格であったかもしれない試験結果を合格ではないと判定する場合もあるため，この検査に合格しない場合にただちに不合格と判定するのではなく，他の検査で合格になれば，合格と判定してよいとする検査体系にする必要がある．そのため，【2023年制定】示方書［施工編：検査標準］では，合否判定基準値の表記をあらため，合格判定基準値（または不合格判定基準値）とした．

9.2.3　分散の検定

【2023年制定】示方書［施工編：検査標準］では，圧縮強度の分散の検定には，母集団の分散が既知と見なせる場合はχ^2検定を，母集団の分散が未知の場合はF検定を用いることにしている．**図9.2.8**に示されるように，例えば，配合計算書には変動係数が7%と記載されていて，実際は変動係数が10%のものが入荷されると，低い合格判定基準値で検査を行うことになる．

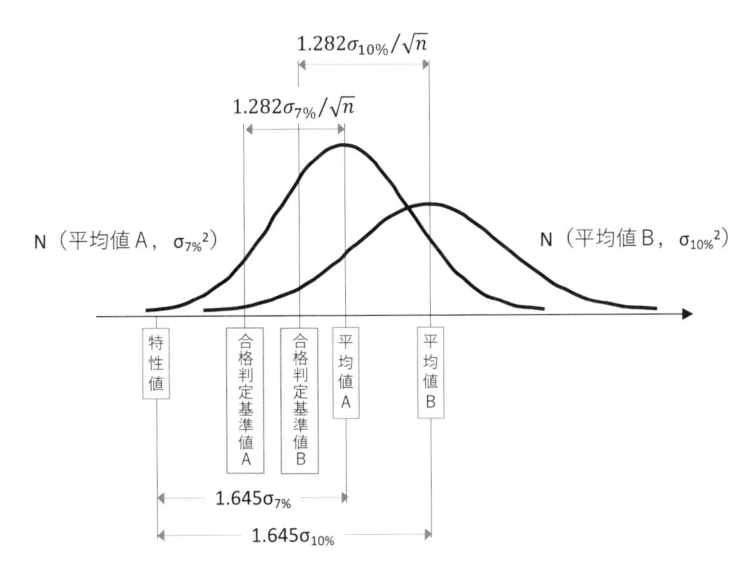

図 9.2.8　変動係数と合格判定基準値の関係

そのため，圧縮強度のばらつきが想定の範囲内であることの確認が必要になる．試験の回数によっても合格判定基準値は異なるが，生産者危険を 10%，変動係数を 10%とした場合の合格判定基準値は特性値の 1.11 倍から 1.15 倍である．これに対して，変動係数を 7%とした場合の合格判定基準値は特性値の 1.07 倍から 1.10 倍である．変動係数が 10%と 7%の場合で，分散は約 2.2 倍異なる．**図 9.2.9** は，配合計算書には変動係数が 7%と記されながら，試験の結果で変動係数が 10%に相当するばらつきが生じる場合を有意水準 5%と 10%で χ^2検定を行ったものである．有意水準 10%では，4 回の試験回数でばらつきの違いを検知できるが，有意水準 5%では 7 回以上の試験回数が必要となる．実際の工事で施工の 1 ロットにおける試験回数を多くすることは現実的ではないため，【2023 年制定】示方書［施工編：検査標準］の解説には，分散の検査に【平成 8 年制定】示方書［施工編］と同じ両側 20%（片側 10%）を有意水準とした検査方法を記述している．

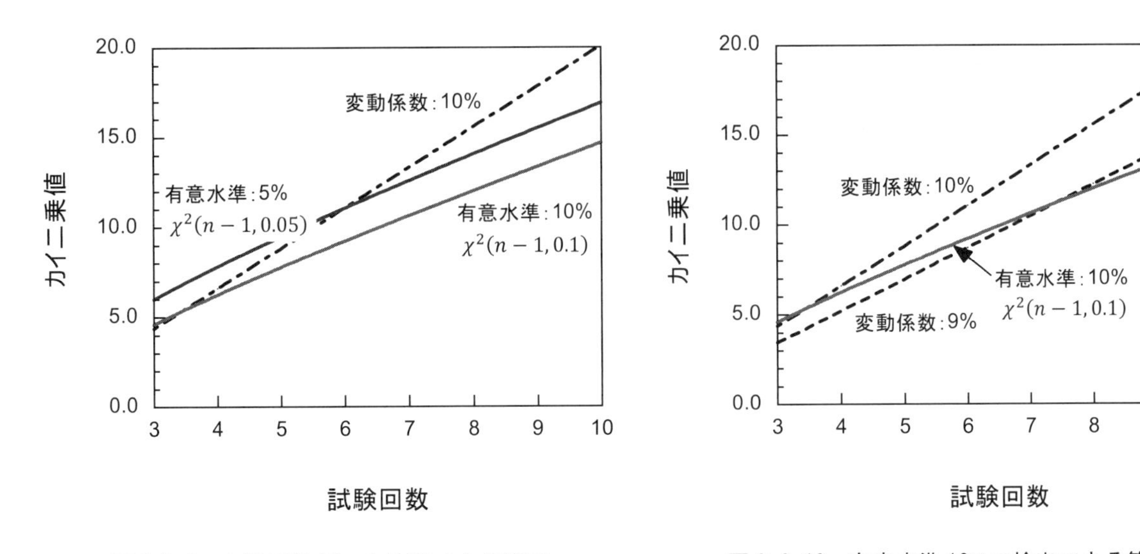

図 9.2.9　変動係数 10%を検出できる範囲　　図 9.2.10　有意水準 10%で検出できる範囲

図 9.2.10 は，配合計算書には変動係数が 7%と記されながら，実際には変動係数で 9%または 10%に相当するばらつきが生じる場合を有意水準 10%で検定したものである．有意水準 10%では，変動係数で 9%のば

らつきが生じる場合は，試験回数8回を超えるまでばらつきの違いを検知することはできない．

9.3　検査における試験回数と合格判定基準値

N（平均値，σ^2）の分布から採取された試料であることを，n回の試験値の平均値で判定するとき，その合格判定基準値は，**図 9.3.1** に示されるように，試験の回数nとともに大きくなる．しかし，その合格判定基準値に合格するように定める目標値は，試験の回数nとともに小さくなる．

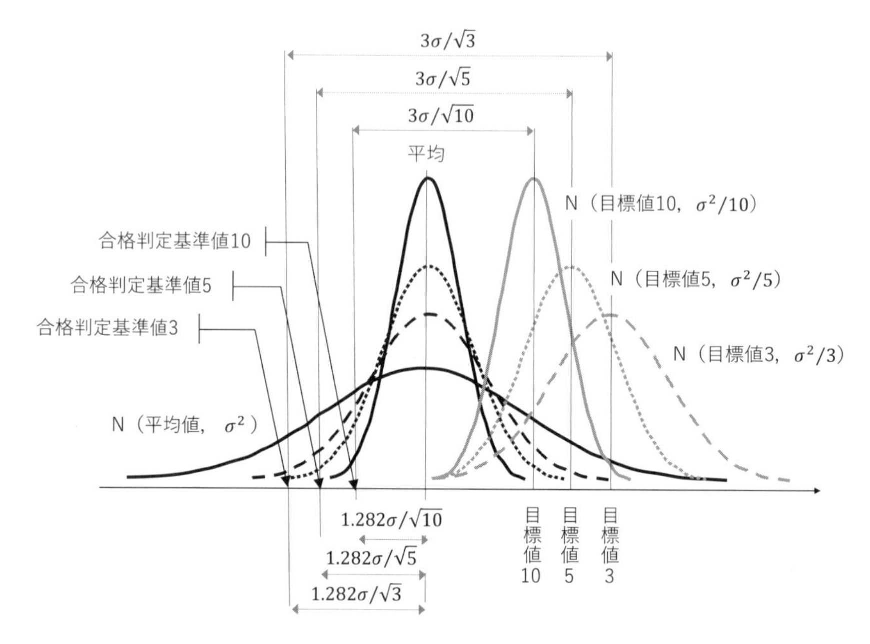

図 9.3.1　合格判定基準値および目標値と試験回数の関係

図 9.3.1 に示される合格判定基準値および目標値と試験回数の関係において，試験回数をnとして一般化すると**図 9.3.2** となる．不良率が5%，生産者危険が10%の場合，**図 9.3.2** に示される目標値f'_{cr}と合格判定基準値f'_{cn}の関係を，変動係数Vを用いて表すと，式（9.3.1）となる．

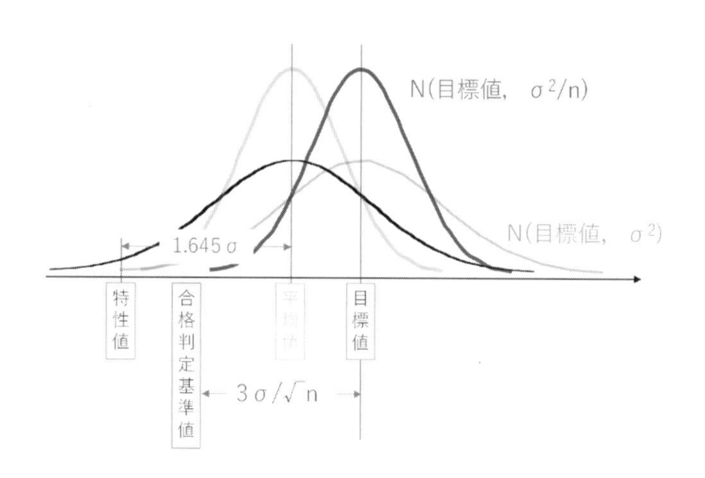

図 9.3.2　合格判定基準値と目標値

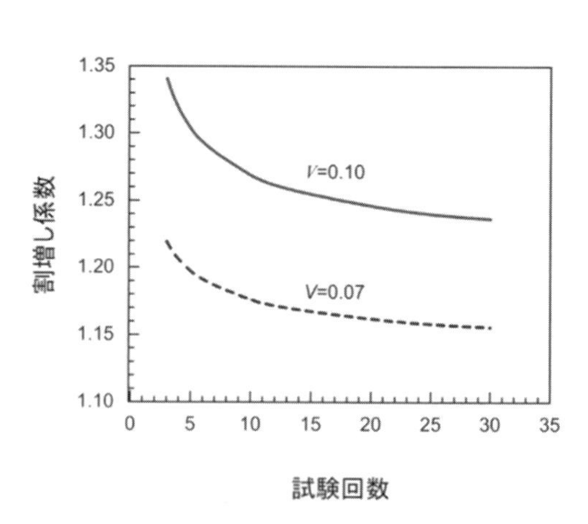

図 9.3.3　変動係数と割増し係数

$$f'_{cr}=\frac{1}{1-3V/\sqrt{n}}\cdot f'_{cn}=\frac{1}{1-3V/\sqrt{n}}\cdot\frac{1-1.282V/\sqrt{n}}{1-1.645V}\cdot f'_{ck} \qquad (9.3.1)$$

割増し係数を，示方書［施工編］の定義に従い圧縮強度の特性値に対する目標値の比で示すと，式（9.3.2）となる．変動係数Vが 7%と，10%の場合における割増し係数と試験回数nの関係を示すと，**図 9.3.3** になる．

$$割増し係数 = \frac{1}{1 - 3 \cdot V/\sqrt{n}} \cdot \frac{1 - 1.282\,V/\sqrt{n}}{1 - 1.645V} \tag{9.3.2}$$

試験回数nが多くなることで合格判定基準値f'_{cn}は大きくなるが，圧縮強度の目標値f'_{cr}は小さくなる．したがって，試験回数nに応じて，合格判定基準値f'_{cn}を呼び強度の強度値に指定してレディーミクストコンクリートを購入する必要はなく，試験回数が 3 回の合格判定基準値f'_{c3}を呼び強度の強度値に指定してレディーミクストコンクリートを購入すれば，試験回数nが多くなるほど検査に合格する確率は高くなる．

9.4　呼び強度の強度値と合格判定基準値の関係

図 9.4.1 は，レディーミクストコンクリートの圧縮強度と，示方書［施工編：検査標準］で要求する圧縮強度との関係を示したものである．JIS 認証品のレディーミクストコンクリートの購入の方法には，圧縮強度の特性値を下限規格値（呼び強度の強度値の 85%）に指定する方法，合格判定基準値を呼び強度の強度値に指定する方法，および圧縮強度の特性値を呼び強度の強度値に指定する方法の 3 つが考えられる．

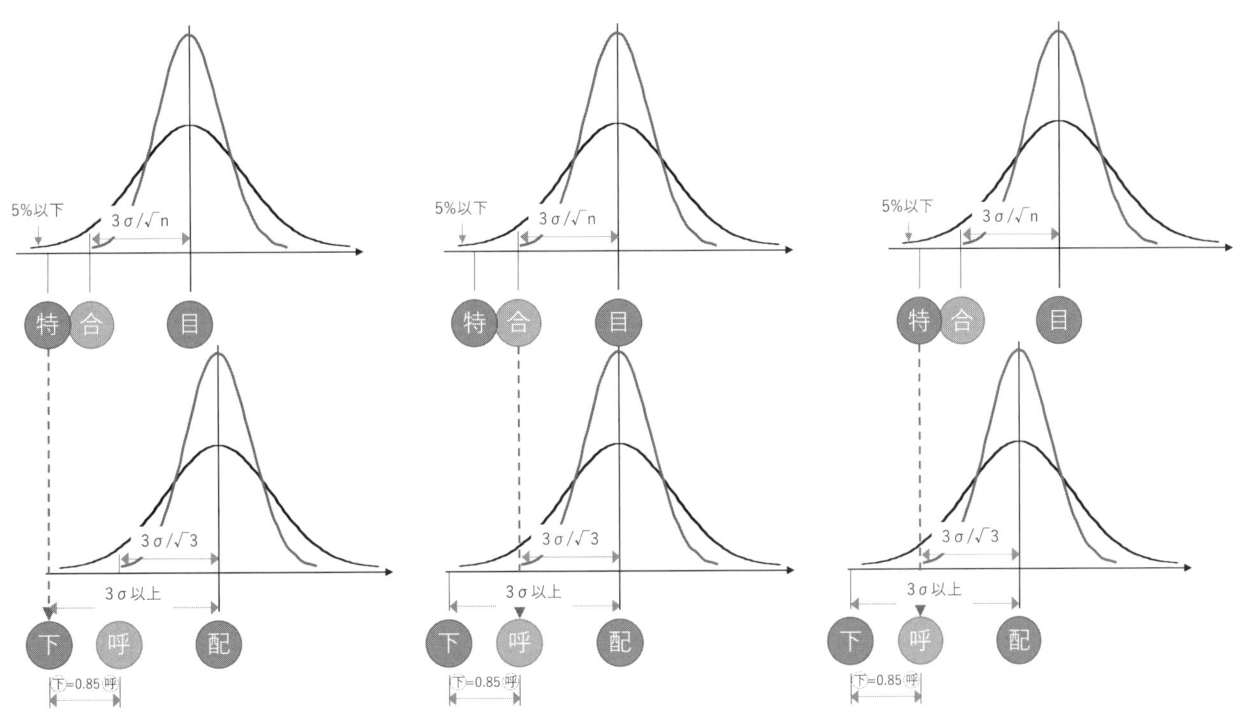

注：特：圧縮強度の特性値，合：合格判定基準値，目：圧縮強度の目標値，下：下限規格値（呼び強度の強度値の 85%），
呼：呼び強度の強度値，配：配合強度

図 9.4.1　レディーミクストコンクリートの圧縮強度と［施工編：検査標準］で要求する圧縮強度の関係

圧縮強度の特性値を下限規格値に指定すれば，レディーミクストコンクリートの呼び強度の強度値は，示方書［施工編：検査標準］の合格判定基準値よりも大きく，レディーミクストコンクリートの配合強度も，

示方書［施工編：施工標準］に示される圧縮強度の目標値よりも大きくなる．この場合，レディーミクストコンクリートの圧縮強度は，示方書［施工編：検査標準］で要求する圧縮強度を満足すると考えてよい．

合格判定基準値を呼び強度の強度値に指定すれば，レディーミクストコンクリートの配合強度は，示方書［施工編：施工標準］に示される圧縮強度の目標値以上となる．この場合も，購入するレディーミクストコンクリートの圧縮強度は，示方書［施工編：検査標準］で要求する圧縮強度を満足すると考えてよい．

しかし，圧縮強度の特性値を呼び強度の強度値に指定すれば，合格判定基準値がレディーミクストコンクリートの呼び強度の強度値よりも大きく，レディーミクストコンクリートの配合強度は，示方書［施工編：施工標準］に示される圧縮強度の目標値よりも小さくなる．したがって，レディーミクストコンクリートの生産者が，圧縮強度に対して余裕のある生産を行っていない限り，示方書［施工編：検査標準］に示される検査に合格とならない可能性がある．

発注者（事業者）は，統計学の知識に基づいて，**図 9.4.1** に示される関係を理解した上でレディーミクストコンクリートを選定し，積算に反映させることが望まれる．呼び強度の強度値に圧縮強度の特性値が指定される積算が行われている場合は，施工者は，呼び強度の強度値に圧縮強度の特性値を指定してレディーミクストコンクリートを購入することになる．この場合，施工者は，発注者の検査基準が JIS A 5308 の検査方法と同じであることを確認することが重要であり，施工者および生産者も，コンクリートの圧縮強度に関しては，JIS A 5308「レディーミクストコンクリート」の規定を満足することに対して責任を負うことになる．

9.5　レディーミクストコンクリートの圧縮強度

令和 3 年度に実施された全国統一品質管理監査で実施された圧縮強度の結果を示した**図 9.5.1** によると，2 524 工場で監査を行った結果，呼び強度の強度値を下回る試験値が出た工場は 6 工場で，呼び強度の強度値を下回るコンクリートはほとんど出荷されていない．**図 9.5.1** のグレーの分布は，変動係数を 10%として，JIS A 5308 の規定どおりにレディーミクストコンクリートが生産されていることを仮定したものである．それに対して，令和 3 年度の監査結果の分布を示したものが黒の分布である．圧縮強度の 1 回の試験値は，呼び強度の強度値に対して平均で 1.34 倍であり，余裕を持った生産が行われていることが分かる．

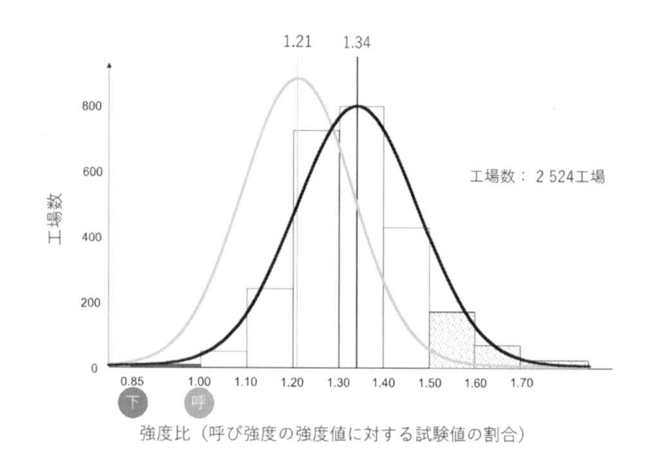

図 9.5.1　レディーミクストコンクリートの圧縮強度
（令和 3 年度全国統一品質管理監査結果の概要より）

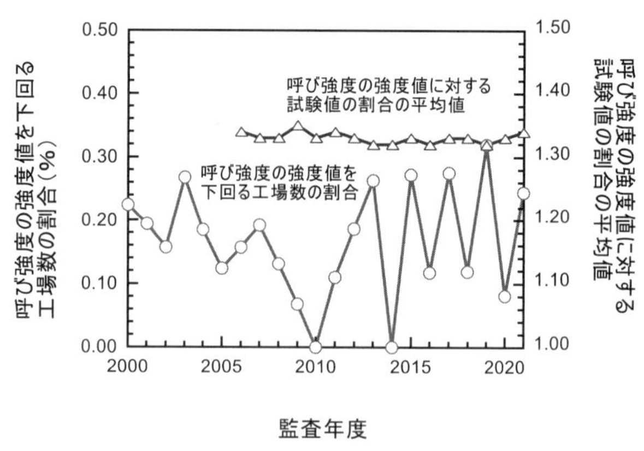

図 9.5.2　レディーミクストコンクリートの圧縮強度
（全国統一品質管理監査結果の概要より）

図 9.5.2 は，2000 年以降の全国統一品質管理監査で実施された圧縮強度試験の結果である．呼び強度の強度値を下回る工場の割合は，多くても 0.3%程度で，各工場の圧縮強度の呼び強度の強度値に対する 1 回の試

験値の比の平均値も 1.3 を下回っていない．

設計に用いられる材料係数は，圧縮強度の 1 回の試験値が，特性値を下回る確率が 5%以下であることを前提に定められている．レディーミクストコンクリートの検査では，圧縮強度の大きさだけでなく，その分布を確認することが必要となる．【2023 年制定】示方書［施工編：施工標準］および［施工編：検査標準］では，品質管理体制の整った工場で生産される JIS 認証品のレディーミクストコンクリートであれば母集団の分散は既知と見なすことができるとし，配合の選定および検査に関する記述を，統計学的に正しいやり方で行うように見直した．

9.6　配合計画書の確認

配合選定および検査で必要となる変動係数V，または配合強度f'_{cm}および分散σ^2は，配合計画書の配合計算書から求められる．変動係数Vが示される配合計算書の例を**図 9.6.1** に示す．

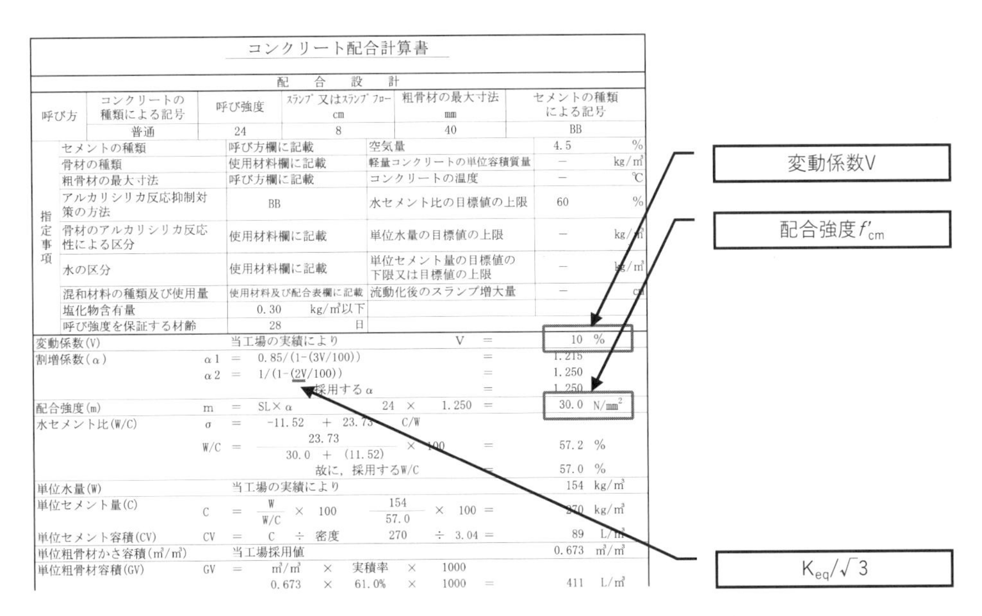
コンクリート配合計算書

配　合　設　計

呼び方	コンクリートの種類による記号	呼び強度	ｽﾗﾝﾌﾟ又はｽﾗﾝﾌﾟﾌﾛｰ cm	粗骨材の最大寸法 mm	セメントの種類による記号
	普通	24	8	40	BB

指定事項				
セメントの種類	呼び方欄に記載	空気量	4.5	%
骨材の種類	使用材料欄に記載	軽量コンクリートの単位容積質量	－	kg/m³
粗骨材の最大寸法	呼び方欄に記載	コンクリートの温度	－	℃
アルカリシリカ反応抑制対策の方法	BB	水セメント比の目標値の上限	60	%
骨材のアルカリシリカ反応性による区分	使用材料欄に記載	単位水量の目標値の上限	－	kg/m³
水の区分	使用材料欄に記載	単位セメント量の目標値の下限又は目標値の上限	－	kg/m³
混和材料の種類及び使用量	使用材料及び配合表欄に記載	流動化後のスランプ増大量	－	cm
塩化物含有量	0.30　kg/m³以下			
呼び強度を保証する材齢	28　日			

項目	記号	計算	値
変動係数(V)		当工場の実績により　V =	10 %
割増係数(α)	α1	= 0.85/(1-(3V/100)) =	1.215
	α2	= 1/(1-(2V/100)) =	1.250
		採用するα =	1.250
配合強度(m)	m	= SL×α　24 × 1.250 =	30.0 N/mm²
水セメント比(W/C)	σ	= -11.52 + 23.73 C/W	
	W/C	= 23.73 / (30.0 + (11.52)) × 100 =	57.2 %
		故に，採用するW/C =	57.0 %
単位水量(W)		当工場の実績により	154 kg/m³
単位セメント量(C)	C	= W / (W/C) × 100　154 / 57.0 × 100 =	270 kg/m³
単位セメント容積(CV)	CV	= C ÷ 密度　270 ÷ 3.04 =	89 L/m³
単位粗骨材かさ容積(m³/m³)		当工場採用値	0.673 m³/m³
単位粗骨材容積(GV)	GV	= m³/m³ × 実積率 × 1000	
		0.673 × 61.0% × 1000 =	411 L/m³

図 9.6.1　配合計算書の例（変動係数Vが示される場合）

分散σ^2は，変動係数Vに配合強度をかけた値を二乗して求められる．この例では，変動係数Vは 10%で，配合強度f'_{cm}（**図 9.6.1** ではm）は 30.0N/mm² であるので，分散σ^2は，式（9.6.1）のとおり，9.0（N/mm²）² となる．また，$K_{eq}/\sqrt{3}$は，割増し係数を求める式中の変動係数Vに掛かる係数で，この例では，2 である．

$$\sigma^2 = (f'_{cm} \times V)^2 = (30.0 \times 0.1)^2 = 9.0 \qquad (9.6.1)$$

図 9.6.2 に標準偏差σが示される配合計算書の例を示す．分散σ^2は，3.38N/mm² の二乗で，11.4（N/mm²）² となる．変動係数Vは，標準偏差σを配合強度（**図 9.6.2** で配合強度（m）と示される値）で除して求める．すなわち，3.38N/mm²/33.8N/mm²=10%となる，また，$K_{eq}/\sqrt{3}$は，配合強度（$m2$）を求める式中の標準偏差σに掛かる係数で，この例では，2.0 である．

なお，配合計画書の配合強度f'_{cm}が，圧縮強度の目標値f'_{cr}よりも高いことを確認することが重要である．

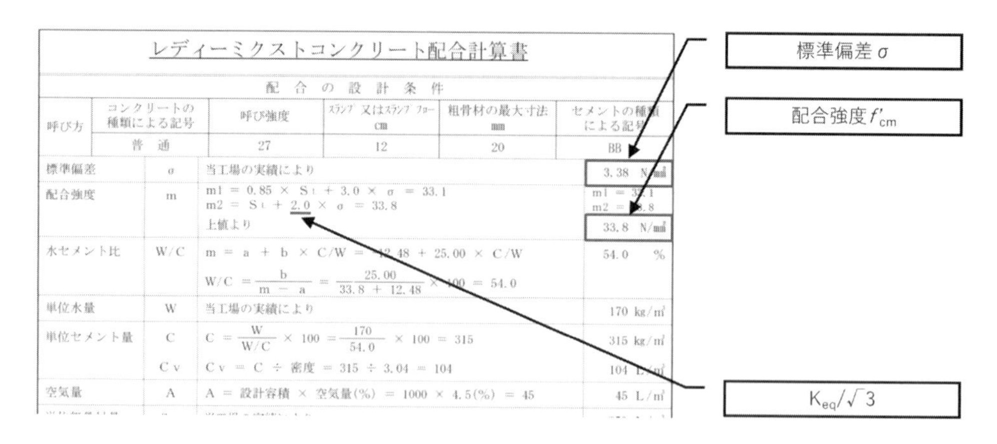

レディーミクストコンクリート配合計算書

配合の設計条件

呼び方	コンクリートの種類による記号	呼び強度	スランプ又はスランプフロー cm	粗骨材の最大寸法 mm	セメントの種類による記号
	普通	27	12	20	BB

項目	記号	計算	値
標準偏差	σ	当工場の実績により	3.38 N/mm²
配合強度	m	m1 = 0.85 × St + 3.0 × σ = 33.1 m2 = St + 2.0 × σ = 33.8 上値より	m1 = 3[illegible].1 m2 = [illegible].8 33.8 N/mm²
水セメント比	W/C	m = a + b × C/W = -12.48 + 25.00 × C/W W/C = b/(m − a) = 25.00/(33.8 + 12.48) × 100 = 54.0	54.0 %
単位水量	W	当工場の実績により	170 kg/m³
単位セメント量	C	C = W/(W/C) × 100 = 170/54.0 × 100 = 315	315 kg/m³
	Cv	Cv = C ÷ 密度 = 315 ÷ 3.04 = 104	104 L/m³
空気量	A	A = 設計容積 × 空気量(%) = 1000 × 4.5(%) = 45	45 L/m³

図 9.6.2　配合計算書の例（標準偏差σが示される場合）

9.7　配合選定の例

レディーミクストコンクリートの呼び強度を，設計図書に示される圧縮強度の特性値f'_{ck}と，水セメント比W/Cの最大値より選定する例を示す．一つ目として，設計図書で圧縮強度の特性値f'_{ck}に24N/mm²が，水セメント比W/Cの最大値に50%が示された場合を考える．標準配合表には**表 9.7.1** が与えられているとする．設計図書に示された最大水セメント比は50%であるが，計量時の誤差を考慮して水セメント比を指定する場合は，最大水セメント比よりも2%小さい48%以下の水セメント比の配合を選ぶのがよく，**表 9.7.1** から，呼び強度が30の配合が選定される．不良率を5%，生産者危険を10%とし，試験回数nが3回の場合，圧縮強度の合格判定基準値f'_{c3}は，特性値f'_{ck}を用いて式（9.7.1）で与えられる．

表 9.7.1　標準配合表の例

呼び強度	スランプ	水セメント比	細骨材率	単位水量	絶対容積 (ℓ/m³)				単位質量 (kg/m³)			
(N/mm²)	(cm)	(%)	(%)	kg/m³	セメント	細骨材	粗骨材	AE	セメント	細骨材	粗骨材	混和剤
18	8	65	48.0	171	83	336	365	45	263	877	986	2.63
	10		48.0	174	85	334	362	45	268	872	977	2.68
	12		48.0	177	86	332	360	45	272	867	972	2.72
	15		48.5	183	89	331	352	45	282	864	950	2.82
	18		49.5	193	94	331	337	45	297	864	910	2.97
21	8	59	46.8	171	92	324	368	45	290	846	994	2.90
	10		46.8	174	93	322	366	45	295	840	988	2.95
	12		46.8	177	95	320	363	45	300	835	980	3.00
	15		47.3	183	98	319	355	45	310	833	959	3.10
24	8	54	45.8	171	100	313	371	45	317	817	1002	3.17
	10		45.8	174	102	311	368	45	322	812	994	3.22
	12		45.8	177	104	309	365	45	328	806	986	3.28
	15		46.3	183	107	308	357	45	339	804	964	3.39
27	8	51	45.2	172	107	306	370	45	337	799	999	3.37
	10		45.2	175	109	303	368	45	343	791	994	3.43
	12		45.2	178	110	301	366	45	349	786	988	3.49
	15		45.7	184	114	300	357	45	361	783	964	3.61
30	8	48	44.6	172	113	299	371	45	358	780	1002	3.58
	10		44.6	175	115	297	368	45	365	775	994	3.65
	12		44.6	178	117	294	366	45	371	767	988	3.71
	15		45.1	184	121	293	357	45	383	765	964	3.83

$$f'_{c3}=\frac{1-1.282\,V/\sqrt{3}}{1-1.645V}\cdot f'_{ck} \qquad (9.7.1)$$

ここに，　V　：配合計算書に示される変動係数

配合計算書に示される変動係数が10%とすれば，圧縮強度の特性値f'_{ck}が24N/mm²であるから，合格判定基準値f'_{c3}は26.6N/mm²となる．したがって，圧縮強度の特性値から配合を選定すると，呼び強度が27の配合を選定することになる．一方，最大水セメント比から選定される呼び強度が30であるから，指定する呼び強度は30になる．この場合，検査で圧縮強度の試験値の平均値が合格とならない確率はきわめて小さい．

次の例として，設計図書で圧縮強度の特性値f'_{ck}に24N/mm²が，水セメント比W/Cの最大値に60%が示された場合を考える．計量時の誤差を考慮して水セメント比を指定する場合は，最大水セメント比よりも2%小さい58%以下の水セメント比の配合を選ぶことになり，**表9.7.1**から，呼び強度が24以上の配合が選定される．配合計算書に示される$K_{eq}/\sqrt{3}$は2.0であり，変動係数Vは10%としている．施工のロットは3ロットに分け，それぞれのロットの試験回数nは3回，6回および5回とする．ここで，呼び強度に24または27を指定する場合に，示方書［施工編：検査標準］に示された圧縮強度の検査に合格しない確率を，不良率が5%，生産者危険が10%とした式（9.7.2）を用いて算定すると，**表9.7.2**となる．

$$K_p = \frac{1}{V/\sqrt{n}} \cdot \left\{1 - \left(1 - K_{eq} \cdot V/\sqrt{3}\right) \cdot \frac{1 - 1.282\,V/\sqrt{n}}{1 - 1.645V} \cdot \frac{f'_{ck}}{f'_{ca}}\right\} \tag{9.7.2}$$

ここに，　f'_{ca}　：　呼び強度の強度値（N/mm²）

表9.7.2　検査に合格しない確率

施工ロット	1	2	3
試験回数n	3	6	5
呼び強度24	2.480% （1.963）	1.166% （2.268）	1.472% （2.178）
呼び強度27	0.012% （3.670）	0.000% （4.738）	0.000% （4.420）

() 内の標準正規分布の上側確率p%の点より求めた確率，() 内の数字は，式（9.7.2）により計算したK_p

呼び強度に24を指定すれば，圧縮強度の平均値が検査に合格しない確率が数パーセントあり，呼び強度に27を指定すれば，どの施工ロットにおいても，圧縮強度の平均値が検査に合格しない確率は，ほぼ0%である．呼び強度が24のレディーミクストコンクリートを購入しても圧縮強度の検査に合格する可能性はある．しかし，それは本来購入すべきレディーミクストコンクリートよりも低い強度のコンクリートが合格になっているのであって，検査としての意味をなしていない．検査は，レディーミクストコンクリートの配合計画書で，圧縮強度の目標値よりも高い配合強度であることを確認したレディーミクストコンクリートに対して，実施される必要がある．**表9.7.2**の例では，試験回数nが3回の場合を挙げているが，試験回数が少ないと検査に対する信頼性が損なわれるため，試験回数nは5回以上が望ましい．

9.8　検査の例

設計図書で圧縮強度の特性値f'_{ck}に24N/mm²が示された場合に，呼び強度が24と27のレディーミクストコンクリートを購入した場合の検査結果の例を示す．施工ロットを3つに分け，3回，6回および5回の試験を実施し，**表9.8.1**に示される試験結果が得られたとする．この例では，JIS A 5308の規定に対して余裕のある生産が行われているため，呼び強度が24のコンクリートも24N/mm²を下回る試験値はない．

表 9.8.1　圧縮強度の試験結果の例

施工ロット		1			2						3				
試験番号		1	2	3	1	2	3	4	5	6	1	2	3	4	5
試験値 (N/mm²)	呼び強度 24	24.5	24.3	29.1	34.7	24.3	27.8	28.1	29.2	35.0	29.5	27.0	31.0	28.2	31.8
	呼び強度 27	33.6	34.3	34.3	32.4	31.8	32.2	36.6	33.7	31.5	30.3	33.3	31.1	36.2	37.2

表 9.8.1に示される圧縮強度の試験値より検査を行った結果を**表 9.8.2**に示す．なお，合格判定基準値は，不良率を5%，生産者危険を10%として，式（9.2.5）で求めている．また，表中の$s_n{}^2$は，施工ロットごとの標本不偏分散である．なお，いずれの呼び強度においても，配合計算書に示される変動係数Vは10%で，配合強度は，それぞれ，30.0N/mm²および33.0N/mm²とする．すなわち，呼び強度が24の分散σ^2は，9.0（N/mm²）²で，呼び強度が27の分散σ^2は，10.9（N/mm²）²となる．

表 9.8.2　検査結果の例

施工ロット		試験数n	平均値$\bar{X}$ N/mm²	$\bar{X}$の合格判定基準値 N/mm²	$(n-1)\cdot s_n{}^2$ (N/mm²)²	$\chi^2(n-1, 0.9)$	$\frac{(n-1)\cdot s_n{}^2}{\sigma^2}$	$\chi^2(n-1, 0.1)$
呼び強度 24	1	3	26.0	26.6	14.747	0.211	1.639	4.605
	2	6	29.9	27.2	88.535	1.610	9.837	9.236
	3	5	29.5	27.1	15.480	1.064	1.720	7.779
呼び強度 27	1	3	34.1	26.6	0.327	0.211	0.030	4.605
	2	6	33.0	27.2	18.133	1.610	1.664	9.236
	3	5	33.6	27.1	36.948	1.064	3.390	7.779

呼び強度に24を指定した場合は，施工ロット1において，圧縮強度の平均値が合格判定基準値を満たしていない．施工ロット2においては，標本不偏分散が$\chi^2(n-1, 0.1)$よりも大きく，合格判定基準値を満足していない．［施工編：検査標準］「7.2 構造物中のコンクリート」に従えば，施工ロット1のように，試験値の平均値が合格判定基準値をわずかに下回る場合は，JIS A 1155「コンクリートの反発度の測定方法」等の測定方法により，構造物のコンクリートで圧縮強度の発現を推定し，設計で想定した荷重が作用する材齢において所定の圧縮強度を満足することが確認できれば，構造物中のコンクリートの圧縮強度の検査を省略できる可能性がある．一方，施工ロット2のように，試験番号2の圧縮強度だけが小さい場合は，その原因を究明できれば，構造物中のコンクリートの圧縮強度の検査の範囲を限定できる可能性もあるが，それを究明することは容易ではない．呼び強度の強度値に合格判定基準値を指定せず，圧縮強度の特性値を指定する場合は，このようなリスクを負う可能性があることを，発注者および施工者は理解しておく必要がある．

呼び強度に27を指定した場合は，施工ロット1において，$\chi^2(n-1, 0.9)$よりも小さく，標本不偏分散は，χ^2検定で合格と判定されない結果となっている．しかし，試験値の平均値は，合格判定基準値よりも十分に大きく，標本不偏分散は小さいため，試験に用いられたコンクリートの圧縮強度から推定される分布は，圧縮強度の特性値を下回る確率が 5%以下と判断でき，検査は合格と判断してよい．

表 9.8.3 に圧縮強度の合格および不合格の判定の目安を示す．圧縮強度の検査は，試験値が抽出された母集団の分布が求めるものであることを判定するために実施されるものである．試験値の抽出された母集団から，試料を採り試験を行ったとき，1 回の試験値が特性値を下回る確率が 5%以下であることを，試験値の平均値と標本不偏分散の両方により判断する必要がある．

表 9.8.3　圧縮強度の合格判定の目安

		分散の検査		
		小さくて合格でない	合　格	大きくて合格でない
平均値の検査	合　格	合　格	合　格	合格でない
	合格でない	不合格	合格でない	不合格

合格でない：この検査では合格とは判定できないが，他の検査を行うことで合格になる可能性がある場合

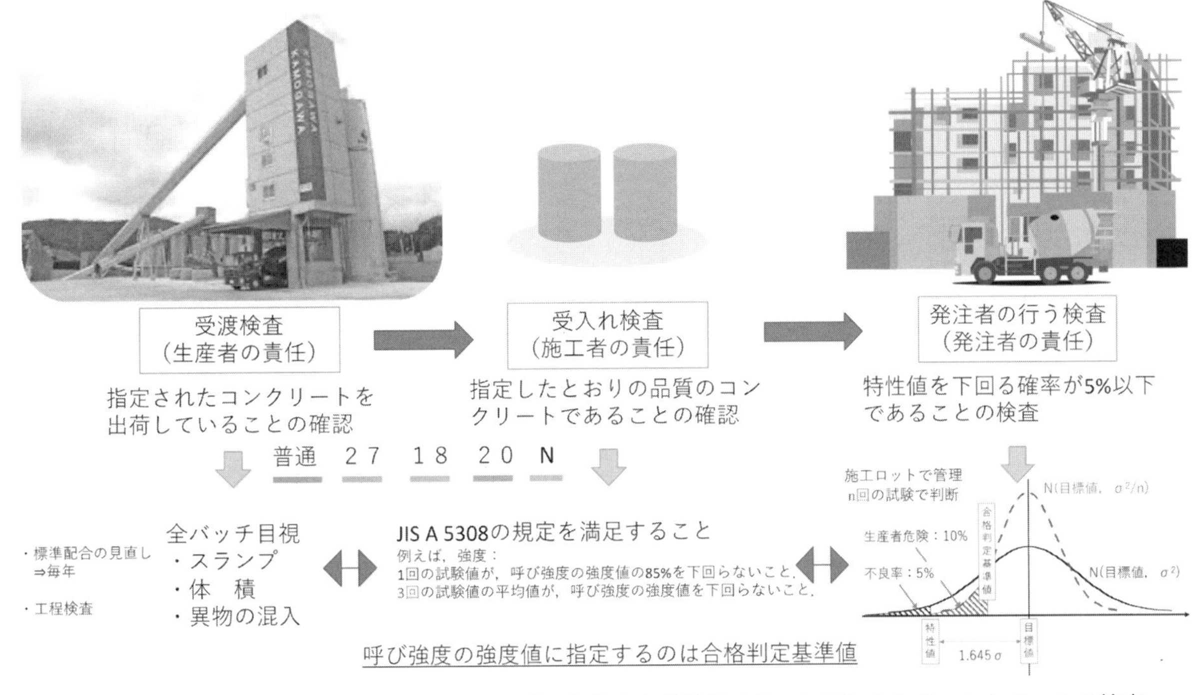

図 9.8.1　レディーミクストコンクリートの受入れ検査と構造物の施工に用いられるコンクリートの検査

図 9.8.1 に，レディーミクストコンクリートの受入れ検査と構造物に用いられるコンクリートの検査の関係を示す．1 回の試験値に対して，JIS A 5308 で保証する圧縮強度は，呼び強度の強度値の 85%を下回らないことである．購入者（施工者）は，呼び強度の強度値に圧縮強度の特性値を指定してレディーミクストコンクリートを購入したとき，1 回の試験値が特性値を下回る確率が 5%以下であることや，呼び強度の強度値を下回らないことを要求することはできない．購入者（施工者）の行うレディーミクストコンクリートの受入れ検査は，購入者の責任で JIS A 5308 の規定に従って実施する必要がある．この示方書［施工編］に従えば，発注者は，レディーミクストコンクリートの受入れ検査とは別に，発注者の責任で 1 回の試験値が特性値を下回る確率が 5%以下であることを検査する必要がある．購入者（施工者）は，発注者の行う検査に合格する

ように，合格判定基準値を満足するレディーミクストコンクリートの呼び強度の強度値を指定する必要がある．

【2023年制定】示方書［施工編：検査標準］「4.2 圧縮強度」の「4.2.2 レディーミクストコンクリート」では，「圧縮強度の検査は，発注者の設計基準および検査基準に適合する判定基準で行うものとする」とし，その解説には，国や地方公共団体が用いる土木工事共通仕様書等では，生産者危険を考慮せず，呼び強度の強度値に設計基準強度（特性値）を指定して，JIS A 5308の「5.品質」の規定に適合することを検査することが示されている場合が多いことを記載している．発注者により，呼び強度の強度値に圧縮強度の特性値を指定してレディーミクストコンクリートを購入する積算が行われ，呼び強度の強度値に圧縮強度の特性値を指定することを前提とした検査が計画される場合は，施工者は，呼び強度の強度値に圧縮強度の特性値を指定してレディーミクストコンクリートを購入すればよいことになる．

参考文献

1) 村田二郎：コンクリートと施工方法―その移り変わり―（その9）土木におけるコンクリート品質の移り変わり，コンクリート工学，Vol.19，No. 2，pp. 53～59，1981

2) 土木学会：無筋および鉄筋コンクリート標準示方書（昭和55年版）改訂資料，コンクリート・ライブラリー46号，昭和55年4月

3) 町田篤彦：コンクリートの品質管理及び品質検査と統計の関係–コンクリートのための易しい統計のはなし／（その10），コンクリート技術基礎教室，コンクリート工学，Vol.15，No.10，pp.76～82，1977

10．プレキャストコンクリートの補足説明

10.1　改訂の概要

【2022年制定】示方書［設計編：本編］では，蒸気養生は硬化後のコンクリートの物性を大きく変化させることがあるため，耐久性に関するコンクリートの特性値と水セメント比との予測式を適用することができないとしている．施工編部会プレキャストコンクリートWGにおいても蒸気養生を施したコンクリートの硬化後の物性について調査を行ったが，プレキャストコンクリートの製造（製作）や耐久性についての情報が少ないため，【2023年制定】示方書［施工編］では，場所打ちコンクリートによる施工方法や，工場製品の一般的な生産方法を参考に，プレキャストコンクリートの製造（製作）やプレキャストコンクリート製品の選定における留意点を示すに留まった．特に，耐久性に関するコンクリートの特性値と，配合や製造（製作）方法等との関係に関する情報が十分でなく，【2023年制定】示方書［設計編：標準］のように，耐久性に関するコンクリートの特性値と水セメント比との関係を示すことができなかった．このため，プレキャストコンクリート製品の生産者が行う品質管理として，工程検査における耐久性に関する物性値の確認方法と，物性値の判定が可能な水分浸透速度係数の特性値の目安については，［施工編：施工標準］「6.4 プレキャストコンクリート製品」に記載した．また，JIS認証品以外の製品の品質保証に関する体系の調査が十分ではなく，民間審査制度や団体規格等の製品を［施工編：施工標準］に取り入れることができなかった．

表10.1.1に，【2023年制定】示方書［施工編］におけるプレキャストコンクリートの分類を示す．プレキャストコンクリートには，常設の工場で生産者が，製造や品質管理等の方法を定め，工場が保有する社内規格等に準じて製造されるプレキャストコンクリート製品と，個別の工事の設計図書に示される性能や仕様に基づいて，施工者がその性能や品質を保証して製作するプレキャストコンクリートに大別される．規格化されたプレキャストコンクリートには，JIS A 5371，JIS A 5372およびJIS A 5373に規定されるJIS認証品以外にも，団体規格品や自社開発品の中で，第三者機関による審査証明を有するものがあり，これらの製品は，型式検査によって性能や特性が確認され，さらに，その製造仕様が生産者の社内規格で標準化されている．JIS認証品以外の製品（以下，JIS外品と略す）は，JIS認証品に比べて品質や性能が劣るものではないが，型式検査，最終検査および受渡検査の方法等，品質の保証に関して調査が十分でなかったため，［施工編：施工標準］では，JISに適合することを第三者機関によって認証され，製品の呼び方および表示の方法が公に定まっているJIS認証品のみを扱うこととした．［施工編：目的別コンクリート］では，JIS外品に加えて，施工者がプレキャストコンクリート工場に製作を委託する場合および施工者自らが作業ヤードを整備して製作する場合等，プレキャストコンクリートの製作に施工者が携わるものを扱うことにした．

表10.1.1　示方書［施工編］におけるプレキャストコンクリートの分類

<table>
<tr><th rowspan="2">示方書での掲載場所</th><th rowspan="2" colspan="2">分　類</th><th rowspan="2">第三者機関等による確認</th><th colspan="2">施工者の関与</th></tr>
<tr><th>設計図書との整合性</th><th>現場受入れ時の確認</th></tr>
<tr><td>施工標準</td><td colspan="2">JIS認証品（I類，II類）</td><td>JISマーク表示を与えられる第三者機関が認証する</td><td>JIS認証品の選定</td><td>JISマーク表示の確認</td></tr>
<tr><td rowspan="4">目的別コンクリート</td><td rowspan="2">JIS外品</td><td>審査証明を有する製品
（団体規格品／自社開発品）</td><td>開発者が設定した性能を第三者機関または発注者が審査する</td><td>審査証明書の確認</td><td>生産者と施工者の協議</td></tr>
<tr><td>審査証明を有しない製品
（団体規格品／自社開発品）</td><td>なし</td><td>型式検査および最終検査の確認</td><td>生産者と施工者の協議</td></tr>
<tr><td colspan="2">工場に委託して製作するプレキャストコンクリート</td><td>なし</td><td>施工計画で製作仕様を決定</td><td>生産者と施工者の協議</td></tr>
<tr><td colspan="2">作業ヤードで，施工者が製作するプレキャストコンクリート</td><td>なし</td><td>施工計画で製作仕様を決定</td><td>品質管理計画書による</td></tr>
</table>

JIS 外品のうち，審査証明を有する製品で，製造や品質管理等の方法が定められ，工場が保有する社内規格等に準じて製作される JIS 認証品と同等と評価できる場合には，JIS 認証品と同じように扱ってもよい可能性があるものの，審査証明を有しない製品は，施工者がその品質や性能を確認し保証することになる．

10. 2　プレキャストコンクリートの規格化の有無と施工

場所打ちコンクリートのみで構築した構造物は，載荷試験により耐力を検査することが難しいため，設計図書どおりの構造物が構築されることを工事の施工段階ごとに実施されるプロセス検査で確認することが一般的である．これに対して，プレキャストコンクリートは，製造ロットごとに耐力試験等を行うことにより，安全性や使用性等を直接確認することも可能で，製品の規格化が容易である．規格化されることで，設計の合理化，工期の短縮および品質管理や検査の軽減等につながり生産性向上に寄与するが，現状では，規格化されたプレキャストコンクリートばかりではない．

図 10. 2. 1 に規格化されていないプレキャストコンクリートの設計，製造および施工の関係とそれぞれのフローを示す．設計段階で，プレキャストコンクリートを採用する際の検討フローは，場所打ちコンクリートのみで構造物を構築する際の検討フローと大きな差はない．しかし，規格化されていないプレキャストコンクリートは，施工段階でプレキャストコンクリートの繰返しの製造が始まる前に，型式検査によりプレキャストコンクリートの性能を確認してから製造仕様を決定する必要があるため，場所打ちコンクリートの場合よりも，工事全体の工期が延びることが懸念される．特に，蒸気養生を行いプレキャストコンクリートを製造する場合，コンクリートの耐久性に関する物性値が，設計で求められる特性値を満足することを確認する必要がある．しかし，塩化物イオン拡散係数等の物性値を得る試験は長期間を要するため，繰返しの製造が始まった後の工程管理の試験項目には適さない．このため，型式検査の結果に基づいて，発注者，施工者，生産者が協議して，材料，コンクリート配合，蒸気養生の方法等の製造仕様を定めるとともに，繰返しの製造が始まった後の工程管理における実行可能な検査の項目，頻度，合格判定基準等を定めておくことが重要となる．

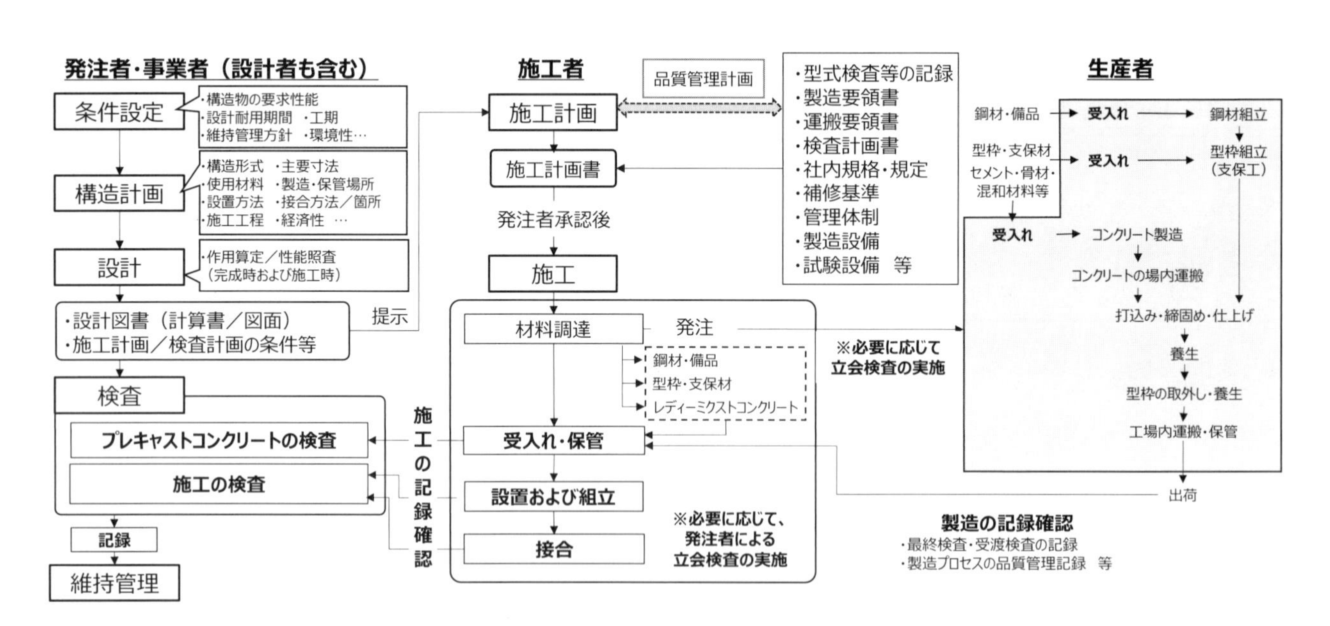

図 10. 2. 1　規格化されていないプレキャストコンクリートを用いた構造物の施工の流れ

これに対して，プレキャストコンクリートが規格化されれば，**図 10. 2. 2** に示すように，構造物の設計者は，構造計画の段階でプレキャストコンクリートの形状や性能が示された製品カタログや試験成績表を確認して，施工の単純化，機械化による現場作業の省人化等のメリットを，場所打ちコンクリートと比較しやすくなる．さらに，構造物の形状，境界条件，作用の状態および考慮する各限界状態に応じ，規格化されたプレキャストコンクリート製品をモデル化し，設計応答値を求め，製品カタログや試験成績表等に示される性能の保証値を設計限界値とし，両者を比較して性能照査を実施することで，設計の合理化を図ることができる．施工者も同様に，プレキャストコンクリートの設計図に示される性能を製品カタログや試験成績表等で確認することができるため，プロトタイプのプレキャストコンクリートを製作して，試験により性能を確認する必要がなくなり，各仕様の決定の省力化につながる．

多くの構造物は一品生産であるが，それに用いる部材は規格化が可能である．品質の保証方法等の課題はあるが，汎用性のあるプレキャストコンクリートの規格化が望まれる．

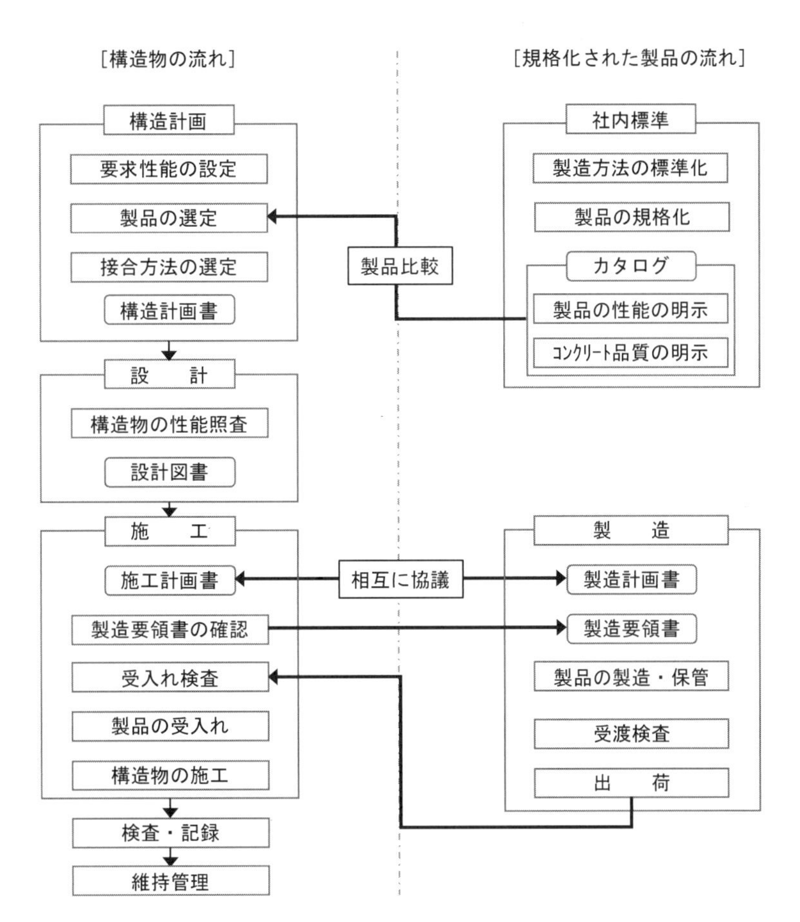

図 10.2.2　規格化されたプレキャストコンクリートを用いた構造物の施工の流れ

10.3　プレキャストコンクリートの耐久性

10.3.1　耐久性に関する特性値

コンクリートの耐久性に関する物性には，水分浸透速度係数，中性化速度係数，塩化物イオン拡散係数および凍結融解試験における相対動弾性係数等が挙げられ，プレキャストコンクリート製品の耐久性に関する物性として，水分浸透速度係数の目標とする特性値を示方書［施工編：施工標準］「6.4 プレキャストコンクリート製品」に示した．しかし，中性化速度係数および塩化物イオンの見掛けの拡散係数は，目標とする特性値を示すことができなかった．中性化速度係数の目標値を示すことができなかった理由は，中性化速度係数を求めるための試験方法がないためである．

塩化物イオンの見掛けの拡散係数の目標とする特性値を示すことができなかった理由を，以下に解説する．

［設計編：標準］2 編の「3.1.4.2 コンクリートの塩化物イオン拡散係数の設定」には，室内実験および実構造物調査によって拡散係数を求める方法として，JSCE-G 571「電気泳動法によるコンクリート中の塩化物イオンの実効拡散係数試験方法」，JSCE-G 572「浸せきによるコンクリート中の塩化物イオンの見掛けの拡散係数試験方法」，JSCE-G 573「実構造物におけるコンクリート中の全塩化物イオン分布の測定方法」および JSCE-G 574「EPMA 法によるコンクリート中への元素の面分析方法」が記述されている．

JSCE-G 571 の方法から求まる拡散係数は実効拡散係数であり，設計に用いられる見掛けの拡散係数ではないため，実効拡散係数を見掛けの拡散係数に変換するための係数 k_1・k_2 が必要となる．この k_1・k_2 の設定には，見掛けの拡散係数に関する実験あるいは既往のデータが必要となる．このため，プレキャストコンクリート製品の耐久性に関する調査実績等が少ない現状においては，JSCE-G 571，さらには実構造物から試料を採取する JSCE-G 573 の適用は難しい．

JSCE-G 572 は，飽水状態かつ高濃度の 10%NaCl 水溶液に浸せきさせたコンクリートに対して試験を行うもので，試験に日数はかかるが，見掛けの拡散係数を求めることが可能である．降雨等による水掛かりはあるものの，海水等が直接作用せず，海岸から 0.1km および汀線に位置し，乾燥によりコンクリート内部の含水状態が低下する環境で，大気中に暴露したコンクリートの見掛けの拡散係数は，JSCE-G 572 により得られた拡散係数よりも相当に小さく，JSCE-G 572 により得られる拡散係数の 0.2 倍とすることが提案されている[1)]．自然海水浸せきにより得られた見掛けの拡散係数も同様に，JSCE-G 572 による見掛けの拡散係数よりも小さく，前者の後者に対する比で約 0.5 であったことが報告されている[2)]．梁スラブ構造の桟橋上部構造の下部空間を利用した自然暴露実験では，海上大気中（床版下）に暴露した供試体より得られた見掛けの拡散係数は，【2017 年制定】示方書［設計編］に示される水セメント比と見掛けの拡散係数の関係式から計算される値よりも明らかに小さいことが報告されている[3)]．コンクリートの相対含水率が低い乾燥した試験体の塩化物イオンの見掛けの拡散係数が，浸せき試験によって求められた塩化物イオンの見掛けの拡散係数よりも小さくなることは，移流拡散方程式から算出した塩化物イオンの実効拡散係数[4)]や電気抵抗率から求めた塩化物イオンの拡散係数[5)]から得た拡散係数比と相対含水率の関係等でも示されている．

一方，【2022 年制定】示方書［設計編：標準］2 編の「3.1.4.2 コンクリートの塩化物イオン拡散係数の設定」の解説には，コンクリートの塩化物イオン拡散係数の特性値 D_k は，JSCE-G 572 を用いて浸せき法により求めた見掛けの拡散係数を用いる場合は，1.2 倍にすることになっており，相対含水率が低い場合の見掛けの拡散係数の方が，浸せき試験によって求められる塩化物イオンの見掛けの拡散係数よりも大きくなるとされている．

コンクリートに要求する塩化物イオンの見掛けの拡散係数の目標値を設定するために，乾燥状態にある大気中のコンクリートの見掛けの拡散係数と，浸せき法により求まる見掛けの拡散係数の関係を示す必要があったが，プレキャストコンクリートについてこの関係を明確にすることができなかった．

【2022 年制定】示方書［設計編：標準］2 編に従えば，コンクリートの塩化物イオンに対する拡散係数の特性値D_kは，式（10.3.1）より求められる．ひび割れの影響がない条件（$\lambda \cdot \left(\frac{w}{l}\right) \cdot D_0=0$）として，設計耐用期間 50 年および 100 年において，プレキャストコンクリート製品の最小かぶりに対して塩化物イオン拡散係数の特性値D_kを求めると**表 10.3.1** となる．計算条件は，構造物係数 γ_i を 1.1，普通ポルトランドセメントを用い，鋼材腐食発生限界濃度 C_{lim} を 2.50kg/m^3（W/C=0.3 を想定した値），初期塩化物イオン濃度 C_i を 0.30kg/m^3，鋼材位置における塩化物イオン濃度の設計応答値 C_d の不確実性を考慮した安全係数 γ_{cl} を 1.3，コンクリートの材料係数 γ_c を 1.3 としている．なお，示方書［設計編：標準］2 編に示される式（解 3.1.10）を用いて，普

通ポルトランドセメントを用いた水セメント比 0.3 の塩化物イオン拡散係数の特性値D_kを求めると，0.101cm^2/年となる．

$$D_k \leqq \frac{1}{\gamma_c} \cdot \left[\frac{1}{t} \cdot \left\{ \frac{0.1 \cdot (c - \Delta c_e)}{2 \cdot erf^{-1}\left(1 - \left(\frac{C_{lim}}{\gamma_i \cdot \gamma_{cl} \cdot C_0} - C_i\right)\right)} \right\}^2 - \lambda \cdot \left(\frac{w}{l}\right) \cdot D_0 \right] \qquad (10.3.1)$$

表 10. 3. 1　塩化物イオンの拡散係数の特性値D_k（cm^2/年）

C_0※	設計耐用期間	コンクリートの最小かぶり						
		20mm	25mm	30mm	35mm	40mm	45mm	50mm
2.5kg/m^3	50 年	0.116	0.182	0.262	0.356	0.465	0.589	0.727
	100 年	0.058	0.091	0.131	0.178	0.233	0.294	0.363
4.5kg/m^3	50 年	0.033	0.052	0.075	0.102	0.134	0.169	0.209
	100 年	0.017	0.026	0.038	0.051	0.067	0.085	0.104
9.0kg/m^3	50 年	0.016	0.025	0.037	0.050	0.065	0.082	0.101
	100 年	0.008	0.013	0.018	0.025	0.032	0.041	0.051
13.0kg/m^3	50 年	0.013	0.020	0.028	0.038	0.050	0.063	0.078
	100 年	0.006	0.010	0.014	0.019	0.025	0.032	0.039

※C_0：コンクリートの表面における塩化物イオン濃度（kg/m^3），C_0＝2.5kg/m^{3}のとき，海岸からの距離 0.1km（飛来塩分が少ない地域），C_0=4.5kg/m^{3}のとき，海岸からの距離 0.1km（飛来塩分が多い地域）または汀線付近（飛来塩分が少ない地域），C_0＝9.0kg/m^{3}のとき，汀線付近（飛来塩分が多い地域），C_0＝13.0kg/m^{3}のとき，飛沫帯

【2022 年制定】示方書［設計編：標準］2 編の「3.1.4.2 コンクリートの塩化物イオン拡散係数の設定」の解説には，コンクリートの塩化物イオン拡散係数の特性値 D_k は，JSCE-G 572 等の浸せき法により求める見掛けの拡散係数D_{ap}を用いて式（10.3.2）により求めるとされている．示方書［設計編］と示方書［施工編］の用語の定義からすれば，拡散係数D_{ap}が本来は特性値である．JSCE-G 572 による試験の浸せき期間が 1 年の場合，**表 10. 3. 1** に示した塩化物イオンの拡散係数の特性値 D_k から，JSCE-G 572 等の浸せき法により求める見掛けの拡散係数D_{ap}を求めると，**表 10. 3. 2** となる．なお，特性値の設定に関する安全係数γ_kを 2.1，材料物性の予測値の精度を考慮する安全係数γ_pを 1.2，設計耐用年数依存パラメータ k_D を 0.52 とした．

$$D_k = \gamma_k \cdot \gamma_p \cdot D_{ap} \cdot \left(\frac{t}{t_{ap}}\right)^{-k_D} \qquad (10.3.2)$$

ここに，　t_{ap}　：　見掛けの拡散係数D_{ap}の算出に用いた浸せき期間（年）

飛来塩分が多い地域では，50 年の設計耐用期間を考えた場合でも，海岸からの距離が 0.1km（C_0=4.5kg/m^3）では，最小かぶりが 20mm 程度のプレキャストコンクリートにおいては，JSCE-G 572 で求められる見掛けの

拡散係数には，0.10cm^2/年よりも小さい値を目標にする必要がある．汀線付近（C_0=9.0kg/m^3）および飛沫帯（C_0=13.0kg/m^3）では，最小かぶりが30mmであっても，見掛けの拡散係数には，0.10cm^2/年程度を目標にする必要がある．100年の設計耐用期間を考えた場合には，海岸からの距離0.1kmの条件（C_0=4.5kg/m^3）であっても，最小かぶりが20mmでは，見掛けの拡散係数は0.07cm^2/年程度が必要となり，0.10cm^2/年では，鋼材位置における塩化物イオン量が鋼材腐食発生限界濃度を超えることになる．一方，飛来塩分が少ない地域では，100年の設計耐用期間を考えた場合でも，海岸からの距離0.1kmの条件（C_0=2.5kg/m^3）では，求められる拡散係数は0.253cm^2/年であり，コンクリート中の塩化物イオンの侵入に対する抵抗性で鋼材の腐食を防げる照査結果が得られる可能性がある．

表 10. 3. 2　塩化物イオンの見掛けの拡散係数D_{ap}（cm^2/年）（浸せき期間1年の場合）

C_0	設計耐用期間	コンクリートの最小かぶり						
		20mm	25mm	30mm	35mm	40mm	45mm	50mm
2.5kg/m^3	50年	0.353	0.551	0.794	1.081	1.412	1.786	2.206
	100年	0.253	0.395	0.569	0.775	1.012	1.281	1.581
4.5kg/m^3	50年	0.101	0.158	0.228	0.310	0.406	0.513	0.634
	100年	0.073	0.114	0.164	0.223	0.291	0.368	0.454
9.0kg/m^3	50年	0.049	0.077	0.111	0.151	0.197	0.249	0.308
	100年	0.035	0.055	0.079	0.108	0.141	0.179	0.221
13.0kg/m^3	50年	0.038	0.059	0.085	0.116	0.152	0.192	0.237
	100年	0.027	0.043	0.061	0.083	0.109	0.138	0.170

図 10. 3. 1は，細骨材の全てに高炉スラグ細骨材（BFS）を，結合材の一部に高炉スラグ微粉末を用い，水結合材比を30%または35%としたコンクリートの供試体をプレキャストコンクリート工場で作製し，JSCE-G 572で求めた見掛けの拡散係数である[6]．試験室のミキサで練り混ぜて作製された供試体の材齢28日における圧縮強度の平均値は，最も小さい工場で59.7N/mm^2，最も大きい工場で82.3N/mm^{2}である．また，実機のミキサで練り混ぜて作製された供試体の材齢 28 日における圧縮強度の平均値は，最も小さい工場で54.5N/mm^2，最も大きい工場で66.9N/mm^{2}である．このような条件で得られた見掛けの拡散係数であっても，プレキャストコンクリート製品の塩化物イオンの見掛けの拡散係数は 0.10cm^2/年よりも小さい値を実現することは難しい結果となっている．

見掛けの拡散係数が 0.10cm^2/年程度になると，供試体を切断して，深さ方法の各位置における塩化物イオン量を測る方法では精度の良い見掛けの拡散係数を得ることは難しい．試験費用が高価で，試験機関も限られるJSCE-G 574「EPMA法によるコンクリート中への元素の面分析方法」を品質管理に用いることは現実的とは考えられない．このような理由により，示方書［施工編］では，見掛けの拡散係数の特性値の目安を示すことができなかった．

プレキャストコンクリート製品は，運搬や設置および組立等の作業の効率化等の観点から，より軽量となるように設計されることが多い．また，品質管理体制や製造設備等が整った工場では，かぶりの施工誤差を小さく管理できるため，かぶりを小さくして，部材断面を小さくしたプレキャストコンクリート製品の製造が可能になる．しかし，塩化物イオンの見掛けの拡散係数を用いた照査を行うと，照査に合格する製品は限定的となる．プレキャストコンクリート WG では，著しい腐食性環境で用いる場合，例えば C_0=4.5kg/m^3 以上の環境に用いるプレキャストコンクリート製品（かぶり 50mm 以下）には，あらかじめエポキシ樹脂塗装鉄筋等の耐食性鋼材の使用を前提とした方がよいとする意見と，製品の生産者にそれを要求するのは難しいとの意見に分かれた．このため，示方書［施工編］において，塩害環境に適用するプレキャストコンクリート製品のあり方について具体的な方向性を示すことができなかった．これは設計にも関係することであり，次回の改訂に向けて設計編部会と協議していくとともに，プレキャストコンクリート製品を生産する工場に呼びかけ，実績データの提示を求めることが重要と思われる．

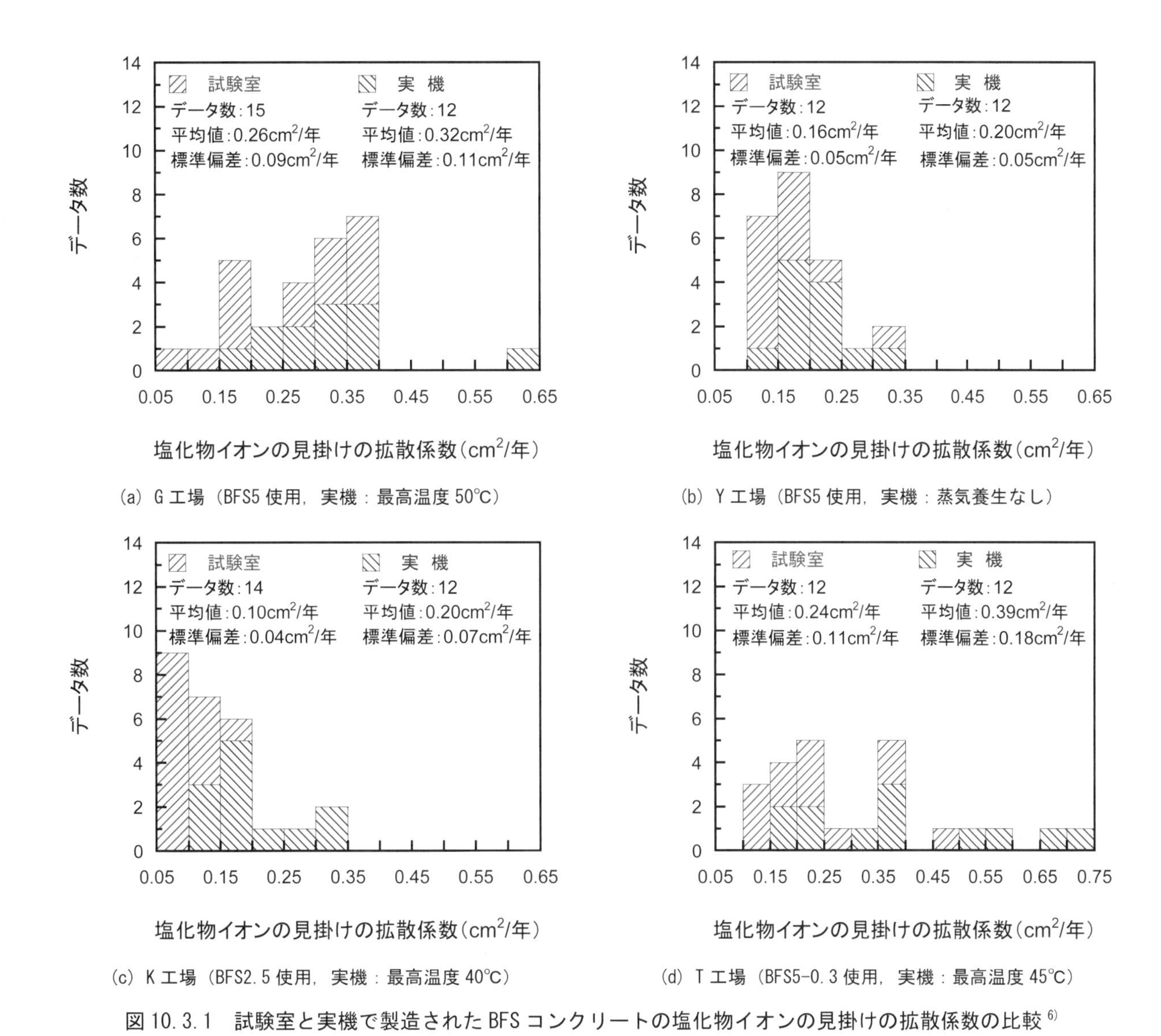

図 10.3.1 試験室と実機で製造された BFS コンクリートの塩化物イオンの見掛けの拡散係数の比較 [6)]

10.3.2 養　生

工場で製造されるプレキャストコンクリート製品は，製造サイクルや工期の短縮を目的に，一般に，蒸気養生が行われる．一方，【2022 年制定】示方書［施工編：施工標準］「9.6 養生」では，コンクリートの品質を向上させる目的で行われる養生を対象としており，早期の強度発現を目的とした蒸気養生は対象としていない．

蒸気養生は，前養生，温度上昇，恒温養生，徐冷の工程が行われる．前置き養生の時間が短かったり，急激に温度上昇させた場合には，コンクリートが膨張し，微細なひび割れを生じさせるおそれがある [7)]．徐冷の降温過程においては，雰囲気温度がコンクリート温度よりも低くなり，コンクリートの表層と内部の温度差により蒸気圧勾配が生じるため，コンクリート表層の水分が逸散し乾燥が進行する．養生段階で乾燥が進むと，コンクリートの細孔構造が粗となるため，劣化に対する抵抗性や物質の透過に対する抵抗性が低下する．蒸気養生の降温過程で散水を行えば，蒸気養生中のコンクリートの乾燥を抑制し，コンクリート表層部の細孔構造が密になることが報告されている[8]が，その効果を定量的に評価できるまでには至っていない[9]．

蒸気養生を行い，十分な圧縮強度が得られたコンクリートであっても，その内部には未水和のセメント粒子がまだ多く残っている．これらは，物質の透過に対する抵抗性やコンクリートの劣化に対する抵抗性を損なう原因となる．未水和のセメント粒子を少なくするためには，蒸気養生により強度が発現した後も，十分な湿潤養生を実施することが重要である．

写真 10.3.1 は，蒸気養生を行った後，湿潤養生を行わない供試体を用いて，JSCE K 572「けい酸塩系表面含浸材の試験方法（案）」に従いスケーリング試験を実施した結果を示したものである[10]．試験体の寸法は100×100×100mm で，濃度 3%の塩化ナトリウム水溶液を試験液としている．試験体の水セメント比は 34.3%で，材齢 28 日における圧縮強度は 65.6N/mm^2 である．写真は，56 サイクルの凍結融解作用を与えた後のものである．スケーリング試験では，コンクリート供試体の下面 1cm のみが塩水に浸漬した状態で凍結融解作用を与える程度にも係わらず，蒸気養生を行った後に気中養生のみ行った場合には，高い強度が得られていても，コンクリート表面のみならず供試体全体が崩壊している．コンクリートの凍結融解抵抗性やスケーリング等は，圧縮強度や水結合材比，使用材料だけでは決まらず，製造方法に依るところが大きい．

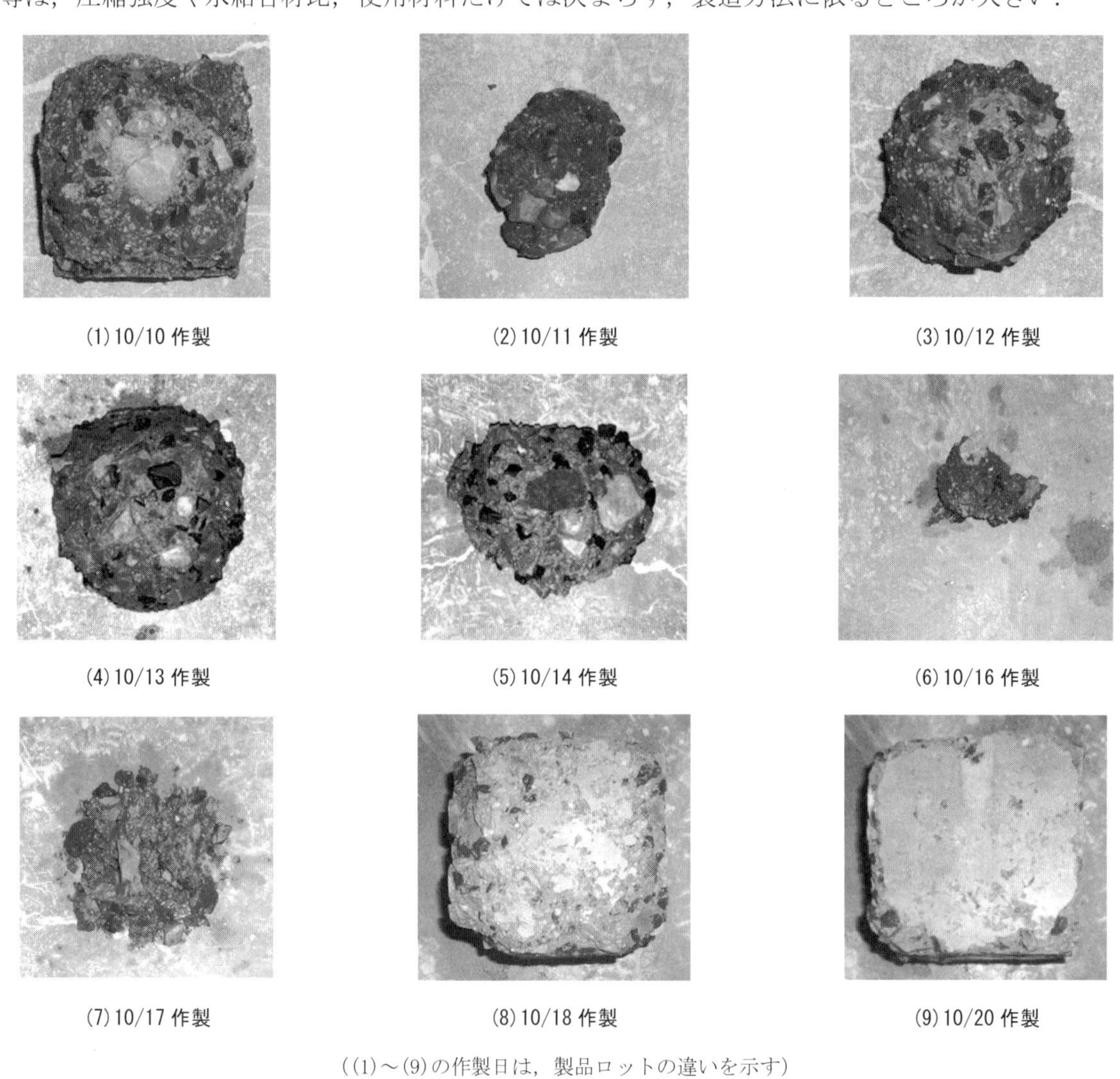

(1) 10/10 作製　(2) 10/11 作製　(3) 10/12 作製
(4) 10/13 作製　(5) 10/14 作製　(6) 10/16 作製
(7) 10/17 作製　(8) 10/18 作製　(9) 10/20 作製

（(1)～(9)の作製日は，製品ロットの違いを示す）

写真 10.3.1　蒸気養生を行ったコンクリートのスケーリング試験の例 [10]

プレキャストコンクリートの製造方法，特に，蒸気養生の方法は，工場または製品ごとに異なり，標準的なものが示されていない．また，蒸気養生を施したプレキャストコンクリート製品の耐久性に関するデータが蓄積されておらず，場所打ちコンクリートのように，セメントの種類や水セメント比等の配合仕様で耐久性を評価することが難しい．そのため，プレキャストコンクリート製品の耐久性に関しては，標準とする配合等により，仕様規定で示方書［施工編］に示すことはできず，設計から求められる特性値を試験により確認する方法を示すに留めた．蒸気養生の降温過程における散水は，排水機能を備えた蒸気養生槽内であれば，**写真 10.3.2** に示されるように，大掛かりな設備投資をしなくても簡易な散水装置を設置する程度で実施することが可能である．蒸気養生を施したプレキャストコンクリート製品の品質は，養生方法の影響を大きく受けるため，今後，プレキャストコンクリート製品の生産者が，製造の品質改善を目的に蒸気養生方法の見直しを進めるとともに，耐久性に関するデータを蓄積していくことが望まれる．

写真 10.3.2　蒸気養生の降温過程における散水の例（擁壁製造時）

10.3.3　点溶接に対する配慮

場所打ちコンクリートが用いられる鉄筋等の補強材の組立は，直径 0.8mm 以上の焼きなまし鉄線や，鋼製あるいは樹脂製のクリップを用いて緊結される．また，PC 鋼材は，炭素量が多く溶接に適しておらず，大きな引張力を受け持つことから，アークストライクを避けるためにスターラップや用心鉄筋等を溶接しないことが原則である．しかし，大型のプレキャストコンクリート製品や量産されるプレキャストコンクリート製品の場合は，点溶接によって鉄筋が組み立てられることが多い．

点溶接が，鉄筋の引張強度に与える影響は小さく，母材に対して 9 割以上の強度は確保され，鉄筋の規格値も十分に満足すると言われている．ただし，点溶接した鉄筋の伸びは小さく，JIS の規格値も下回る懸念が指摘されており [11]，塑性ヒンジが形成されやすくなるため，伸び能力が要求される部位では点溶接を避けることが望ましいとされている．鉄筋の疲労強度に溶接が与える影響は，熱の影響によるもので，アーク溶接よりも点溶接の方が短時間で溶接が終わるために影響を受けにくいとされている．また，D38 以上の太径の鉄筋は点溶接の影響を受けにくく，母材の 9 割の疲労強度が確保されるとされているが，径の細い鉄筋では，示方書［設計編］に示されるように，点溶接を行うと母材の 5 割程度に疲労強度が低下する可能性がある [12]．鉄筋加工ヤードで組み立てられた鉄筋は，運搬，貯蔵および型枠設置時に変形が生じず，堅固なものである必要がある．点溶接によって鉄筋を組み立てる場合は，D13 のような細径の鉄筋では，曲率が大きく溶接面積を得られにくいため，点溶接箇所は，目標とするせん断強さを得られにくく，また，そのばらつきも大きくなる傾向がある．

鉄筋の組立作業の効率化において点溶接は有効な方法ではあるものの，点溶接が鉄筋の品質低下に及ぼす影響について十分に情報が得られているとは言い難い．このため，示方書［施工編］では，点溶接を適用することの可否を明確に示すことができなかった．プレキャストコンクリートの信頼性を向上させるためには，点溶接を適用する基準類に対する検討をコンクリート委員会で行うことが望まれる．

10.3.4　一 体 性

プレキャストコンクリートが構造物として組み立てられた際に所要の性能を発揮するためには，構造物としての一体性が求められる．例えば，プレキャストコンクリートと場所打ちコンクリートを一体化する場合，場所打ちコンクリートのヤング係数は，プレキャストコンクリートと同程度にする必要がある．特に，プレキャストコンクリート床版等，繰返しの荷重の作用を受けるプレキャストコンクリートにおいては，プレキャストコンクリートとそれらの接合部の場所打ちコンクリートのヤング係数が大きく異なると，輪荷重によって生じる応答が接合部で不連続になる可能性がある．プレキャストコンクリート部と接合部における不連続な応答は，構造物が設計と異なる応答を示し，接合部で想定しないひび割れや破壊を生じさせるおそれがある．また，コンクリートの強度が高強度なレベルにおいては，モルタル部よりも先に粗骨材から破壊する場合もあり，結合材水比と圧縮強度の関係は，モルタル部が先行して破壊する場合と異なり，結合材水比に対する圧縮強度の増加は小さくなる．これは，結合材水比とヤング係数の関係においても同様で，高強度域においては，結合材水比が同じでも，粗骨材が異なればヤング係数も異なる．プレキャストコンクリートを用いた施工の信頼性を高めるためには，プレキャストコンクリートの仕様を考慮して，接合部に用いられる場所打ちコンクリートの仕様が，設計図の設計条件表等により施工側に示される必要がある．

プレキャストコンクリートどうしを場所打ちコンクリートで接合する場合，場所打ちコンクリートは，プレキャストコンクリートの拘束を受けるため，温度変化や乾燥による収縮ひずみに応じて場所打ちコンクリートに発生する応力が大きくなり，ひび割れが発生する可能性がある．ハーフプレキャストコンクリートを用いた施工においても，プレキャストコンクリートと場所打ちコンクリートの界面では，剥離や目開きが生じ，水みちとなることがある．それを防ぐために，場所打ちコンクリートに膨張コンクリートが用いられたり，止水ゴム等による止水処理が併用されたりすることが多い．界面からの水の浸入は，接合部を横断する鋼材の腐食やコンクリートの劣化を誘発する．接合部の止水は，構造物の設計耐用期間に直接影響するため，その方法等について示方書［施工編］の内容の充実が必要である．防水材の施工は，下地処理（素地調整），清掃，プライマーの施工からなる．広い面積に防水工事が行われる床版のような場合には，太陽の日射による熱で温められたコンクリートから水分が蒸発し，防水層を持ち上げるブリスタリング現象を起こす．このため，プライマーの施工において，コンクリートの表面の水分量が多い場合，防水工事の施工者は，ブリスタリング現象を生じさせず，また，防水材との付着を高める目的で，強い熱風でコンクリート表面を乾かすことがある．コンクリート工事の施工者は，防水工事の施工者とともに，防水工事によってコンクリートの品質が低下せず，かつ，確実な止水の施工が実施されるように，コンクリートの表面の状態を管理する必要がある．そのためには，管理するコンクリートの表面の乾燥状態等の標準を，示方書［施工編］に示す必要がある．

埋設型枠は，一般に耐久性を満足するかぶりとして考慮されることはない．ハーフプレキャストコンクリートについては，第三者の審査証明により，有効なかぶりとしてよいことが認められた製品もあるが，発注者によっては，それを認めないこともある．ハーフプレキャストコンクリートを有効なかぶりとみなしてよいかについては，十分に合意形成が取られていないのが現状である．埋設型枠およびハーフプレキャストコンクリートを有効なかぶりとして認めるためには，それに必要な基準類の検討がコンクリート委員会で行われ，示方書［施工編］に示す必要がある．

10.4　今後の課題

施工編部会での審議を通じて解決できなかった，プレキャストコンクリートに関する今後の検討課題をまとめると，以下のように整理される．次回改訂において整備されることを期待したい．

- ・第三者機関によるプレキャストコンクリート製品の審査制度の目的と認証制度の整理
- ・塩害環境下におけるプレキャストコンクリート製品のあり方について（エポキシ樹脂塗装鉄筋等の耐食性鋼材の使用を前提とした製品とするか否か等）
- ・乾燥状態にある大気中のコンクリートの塩化物イオンの見掛けの拡散係数と，浸せき法により求まる塩化物イオンの見掛けの拡散係数の関係について
- ・蒸気養生の方法と耐久性に関するコンクリート物性との関連について
- ・点溶接を適用するための基準類の整備について
- ・埋設型枠およびハーフプレキャストコンクリートが，有効なかぶりとして認める場合に必要となる基準類の整備について

プレキャストコンクリートには，設計図書に基づき施工者が製作仕様に関与する一品受注型生産のものと，見込み生産が行われる標準品がある．

一品受注型生産のプレキャストコンクリートは，設計図書に定められた性能を満足するように個々に製作仕様が決定され，発注者も承認した上で製作されるため，発注者は，製作されたプレキャストコンクリートの性能や品質について十分に理解した上で受け入れることができる．

これに対して，見込み生産が行われる標準品のうちJIS認証品は，JIS A 5371，JIS A 5372およびJIS A 5373に規定される構造別製品群規格の推奨仕様または受渡当事者間の協議によって定めた製作仕様が守られて生産されていることを，JISマークの表示によって確認することはできる．しかし，工場ごとに定めている社内規格，所有する製造および試験設備，製造に用いられる材料やコンクリートの配合，成形方法，品質管理の体制や管理基準等は，同じ種類で同じ形状寸法の JIS 認証品であっても様々であり，また製品の性能や品質に関する規定の範囲，要求事項，さらには製品の性能や品質の定め方等も様々であるため，購入者は，生産者の実施した型式検査等の結果に基づいて，購入者の求める性能や品質を有する製品であることを確認した上で，製品を選定する必要がある．また，標準品のプレキャストコンクリート製品には用途が定められており，定められた用途以外に用いる場合には，JIS認証品であってもそれぞれの用途に応じた基準に適合することを確認する必要がある．例えば，下水道または排水路として用いられるＩ類のボックスカルバートを，道路法（昭和27年法律第180号）第29条及び第30条を適用して道路土工構造物に用いる場合には，日本道路協会「道路土工構造物技術基準」に適合することを，工事の発注者は確認する必要がある．しかし，標準品のプレキャストコンクリート製品がこのような基準類に適合していることを，施工者や発注者が確認することは容易でない．施工の生産性向上を図るためには，プレキャストコンクリートの活用が不可欠である．また，標準品のプレキャストコンクリート製品の普及を図るためには，購入者である発注者および施工者が，規格化されたプレキャストコンクリート製品が対象となる基準に適合することを迅速に判断できる仕組み，例えば第三者による認証制度が必要である．

道路土工構造物に関しては，道路プレキャストコンクリート製品技術協会によるRPCA審査事業がある．この審査制度は，第三者による委員会を設置して，道路土工構造物に用いられるプレキャストコンクリート製品が国等の発注者の考え方や道路土工構造物に求められる基準に適合していることを，道路PCa製品審査および道路PCa工場認証審査等により認証するものである．この制度の活用により，製品選定を容易にし，契約手続の簡素化，製品調達における官民のあり方，責任の所在の明確化，今後の発注態勢の変化等に対応する効果が期待されている．また，埋設型枠として用いるプレキャストコンクリート製品やプレキャストコンクリート部材を用いた耐震補強工法等，生産者が開発した技術に対して，生産者の提案する技術の内容が，使用実績または性能確認試験等の定量的な結果により明確に確認できるものであることを審査する制度として，土木研究センターの建設技術審査証明制度がある．

汎用性に優れる標準品のプレキャストコンクリート製品の活用を促すためには，発注者および施工者に代わり，第三者が製品の品質や性能を確認する認証制度を，民間の制度も含めて活用する必要がある．しかし，今回の改訂では，既に運用されている審査制度の目的や認証制度について十分な調査が行えなかったため，本来は施工標準で取り扱うべき審査証明を有するJIS外品が，［施工編：目的別コンクリート］「2章 施工者が製作仕様に関与するプレキャストコンクリート」に含められている．規格化されたプレキャストコンクリート製品は，設計図書に基づき施工者が製作仕様に関与する一品受注型生産の行われるプレキャストコンクリートとは区別し，生産者の提示する品質や性能を有するプレキャストコンクリート製品であることを容易に判断できる仕組みを構築する必要がある．

参考文献

1) 皆川浩，中村英佑，藤井隆史，綾野克紀：大気中環境下における塩化物イオンの見掛けの拡散係数の設定に関する一考察，コンクリート工学年次論文集，Vol.41，No.1，pp.767-772，2019.7

2) 審良善和，山路徹，岩波光保，横田弘：高炉セメントB種を用いた港湾コンクリートの塩化物イオン拡散係数および表面塩化物イオン濃度について，コンクリート工学年次論文集，Vol.31，No.1，pp.1033-103，2009.7

3) 網野貴彦，岩波光保，忽那惇，大塚邦朗：海洋コンクリートの塩化物イオン拡散予測パラメータに関する考察，コンクリート工学年次論文集，Vol.39，No.1，pp.685-690，2017.7

4) 佐伯竜彦，二木央：不飽和モルタル中の塩化物イオンの移動，コンクリート工学年次論文報告集，Vol.18，No.1，pp.963-968，1996.7

5) 杉本記哉：電気抵抗率から推計した塩化物イオン拡散係数に及ぼす空隙構造と含水状態の影響，東北大学修士学位論文，p.216，2016

6) 土木学会：高炉スラグ細骨材を用いたプレキャストコンクリート製品の設計・製造・施工指針（案），CL155，2019.3

7) 櫻庭浩樹，古賀裕久，井上幸一：蒸気養生を受けるプレキャストコンクリートの温度管理に関する検討，コンクリート工学，Vol.60，No.11，pp.993-1000，2022.11

8) 鳥海秋，原洋介，宇治公隆，上野敦：蒸気養生を施したコンクリート製品の乾燥と細孔構造，コンクリート工学，Vol.58，No.11，pp.878-883，2020.11

9) 大和功一郎，増渕敏行，安田弘喜，阿部道彦：ＰＣａコンクリートの促進中性化に関する研究，コンクリート工学年次論文集，Vol.31，No.1，pp.943-948，2009.7

10) 土木学会：高炉スラグ細骨材を用いたコンクリートに関する研究小委員会（354委員会）成果報告書，コ

ンクリート技術シリーズ，No.117，p.91，2018.7

11) 義岡里美，山本康雄，宇治公隆，宮川豊章：鉄筋組カゴの製作に用いる点溶接が鉄筋に及ぼす影響について，土木学会第 73 回土木学会年次学術講演会講演概要集，V-120，pp.927-928，2018.9

12) 森濱和正，河野広隆，加藤俊二：鉄筋の諸特性に及ぼすスポット溶接の影響，コンクリート工学年次論文報告集，Vol.17，No.2，pp.11-16，1995

CL164

ダムコンクリート編

[ダムコンクリート編]

目　　次

1. 改訂方針

1.1 ダムコンクリート編の構成

［ダムコンクリート編］は，2002年版示方書への改訂時において他編とともに性能照査型に変更し，それ以前からの仕様規定中心の内容を引継いだ実施標準の規定とは別に性能照査型の規定を新たに設けて，［第一部 性能規定］と［第二部 実施標準］との2部構成とした．このうち前者は，実績のある方法にとどまらない新技術の導入等にも対応できるよう，将来をも見据えた考え方を性能照査の思想に従い示す規定，後者は，従来からの仕様規定を踏襲する形で，実績のある方法に適用できる実務的な規定とし，両者はある意味独立したものとなっていた．しかし，2007年版への改訂において，2002年版示方書の［第一部 性能規定］を引継いだ［第一部 性能照査］と同じく［第二部 実施標準］を引継いだ［第二部 標準］の関係は，前者が後者をカバーする，すなわち，標準に従って設計・施工を行うことで性能照査を満足するとする他編とも共通する考え方に修正した．2013年版示方書［ダムコンクリート編］は，［本編］と［標準］の2部構成とした．このうち［本編］は，2007年版の［第一部 性能照査］に代わるものであるが，性能照査に活用できる基準としての性格は残しつつ，同時に，コンクリートダムの設計から，施工，維持管理に至るまでの大きな流れの中で，ダムコンクリートを扱う上での基本的考え方を示す役割を担うものと位置付け，名称も［本編］と改めた．設計から施工，維持管理までを網羅する［標準］は，2007年版の［第二部 標準］を引継いだ．

今回改訂した2023年版示方書［ダムコンクリート編］は，2013年版を引継ぎ，［本編］と［標準］の2部構成となっており，［本編］と［標準］の章構成も2013年版から変更は行っていない．参考として，2023年版［本編］と［標準］の関係を他編との関係と併せて**図 1.1.1**に示す．

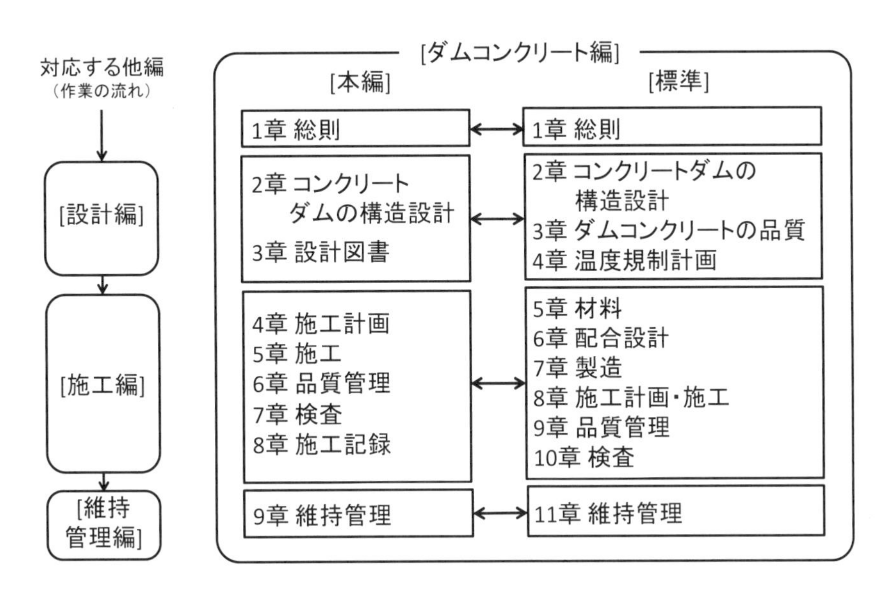

図 1.1.1 2023年版［本編］と［標準］の関係

1.2 本編の改訂方針

今回の改訂においては，2013年版の［本編］と［標準］の相互の関連性に関する考え方は変えずに，示方書のブラッシュアップを進めることとした．［本編］については，その構成や規定の内容は基本的に2013年版の［本編］を踏襲したものとし，大きな変更は行っていない．

［本編］における主な改訂内容の一つとしては，コンクリートダムの建設事業は，発注者，設計者，施工

者が一体となって進められていることから，設計・施工の両方に係る施工計画に関連する内容については，発注者，設計者，施工者の三者での対応を想定した記述としたところである．

［本編］各章の要点および 2013 年版［本編］からの変更点については，**2. 本編の改訂概要**を参照されたい．

1.3 標準の改訂方針

［標準］については，既に現場における実施標準として十分に浸透し，活用されている．このため，その構成や規定の内容は基本的に 2013 年版の［標準］を踏襲したものとし，大きな変更は行っていない．ただし，前回改訂において審議が十分できず，未反映であった事項や，改訂後に寄せられた意見，また最近の動向を踏まえ，特に必要と考えられる事項について，一部記述の追加や見直しを行った．

［標準］における主な改訂内容は以下のとおりである．

(ⅰ) 温度規制計画について，温度ひび割れの予測手法，検討時期や検討部位について見直しを行った．

(ⅱ) 既設ダムを運用しながら有効活用するダム再生の今後の重要性を考慮し，ダム再生における計画上，設計上，施工上，留意すべき事項を新たに明記した．

(ⅲ) ダムコンクリートに要求される品質（多くは硬化後の品質）を，フレッシュコンクリート段階で適切に判定できれば，品質管理の試験方法と頻度について合理的に見直すことが可能であることを明記した．

(ⅳ) ダム建設工事において，ダムコンクリートの安定した品質確保が可能で，生産性向上に大いに寄与するプレキャスト部材の積極的適用と，その際の留意点，技術的配慮事項について記載した．

今回の改訂にあたって特に検討を加えたり，記述の追加・見直しを行った個々の事項については，**3. 標準の改訂概要**を参照されたい．

2. 本編の改訂概要

2.1「1 章　総則」について

1 章においては，この示方書［ダムコンクリート編］の目的および適用範囲を明らかにした上で，使用する用語の定義を行っている．

このうち，「本編」および「標準」の位置づけについては改めて検討・審議し，適した表現に修正した．

また，コンクリートダムの建設事業は，発注者，設計者，施工者が一体となって進められているため，設計・施工の両方に係る施工計画に関連する章については，発注者，設計者，施工者の三者での対応を想定した記述とした．

2.2「2 章　コンクリートダムの構造設計」について

2 章においては，コンクリートダムの構造計画および構造設計の基本的な考え方を示している．

その上で，今回の改訂では，既設ダムを運用しながら有効活用するダム再生の今後の重要性を考慮し，新たにダム再生に関する構造計画および構造設計の留意点等を記述した．この点の詳細については，**【参考資料 9】**を参照されたい．

温度規制計画に関して，その対象として重要となる有害な温度ひび割れを明確にするため，ダムコンクリートに発生する温度ひび割れのうち，ダムの安定性，止水性または耐久性を低下させるものを有害な温度ひび割れと明確に定義した．

2.3「3章 設計図書」について

3 章においては，設計者から施工者に引き継ぐべき情報を明らかにしておく重要性を考慮し，設計図書に明示すべき内容について記載している．

その上で，今回の改訂では，設計図書に記載する情報として，設計段階で想定した打設計画に関する情報（リフトスケジュール，温度規制対策等），使用材料に関する情報を追記しており，設計者から施工者ならびに維持管理者に引き継ぐべき情報の内容を拡充した．

一方で，設計時に詳細な施工計画を精度よく立案することの難しさを考慮し，施工時における実際の条件が設計時の想定と異なる場合には，設計の考え方と実際の施工条件を十分考慮した上で，設計図書の内容を適切に見直すのがよいことを新たに記述した．

2.4「4章 施工計画」について

4 章においては，コンクリートダムの施工計画における検討項目，打設工法の選定を含む施工方法の設定，ダムコンクリートの施工性の設定，材料，製造方法の選定，配合設計の基本的な考え方を示すとともに，設定または選定した材料，配合および施工方法で実際に設計段階において想定した要求される性能を有するコンクリートダムが構築できることを確認するまでの基本的な流れを示している．

今回の改訂では，近年施工実績が増えているダム再生について，既設ダムの立地，目的，運用条件，構造等から新設ダム以上に多くの制約条件を考慮する必要があることが多く，施工計画どおりに施工を実施できるかがダム再生の方式の選定に重要な要素となることもあるため，設計段階から施工計画の実現性も含めて検討する必要があることを新たに記述した．

また，施工計画における検討項目において，品質確保，生産性向上等の面で利点が期待できるプレキャスト部材の適用について，施工計画段階，場合によっては設計段階から検討しておくことの重要性を新たに記述した．

そのほか，ダムコンクリートの施工性の設定について，ダム編で使用していた「施工性能」という表現を他編との整合性を考慮し，「施工性」に改めた．

温度規制計画の確認において，今回の改訂では，設定した施工方法により，設計段階の温度規制計画で想定した有害な温度ひび割れを防止する効果が得られることを，「精査によって」確認しなければならないとした．これは，実際の打設条件が設計時の温度応力解析で想定した条件と異なる場合には，実際の条件を元に再度温度応力解析を行う重要性を示したものである．また，2013 年版では温度応力解析による確認の結果，温度規制の効果が得られないと判定された場合は，効果が得られるように施工計画を見直さなければならないとしているが，今回の改訂では，施工計画の見直しでの有害なひび割れ防止が困難である場合を考慮し，その場合は使用材料や細部構造も含めて見直す必要があることを付記した．

さらに，施工計画の確認と変更において，施工計画の見直しだけでは，コンクリートダムに要求される性能の確保が困難と判断される場合は，構造計画や構造設計を含めて見直しを行う必要があることを新たに記述した．

2.5「5章 施工」について

5 章については特段見直しを行うべき事項がないと判断し，同様の記述内容とした．

2.6「6章 品質管理」について

6章においては，品質管理についての基本的な考え方を示している．

硬化コンクリートの品質の確認について，ダムコンクリートの打込み時に確認することができないため，フレッシュコンクリートの段階で間接的な判定指標を設定した上で品質を確認し，最終的には硬化コンクリートの段階で直接的な手段により品質の確認を行うという2段階の品質管理を行うことを基本としているが，今回の改訂では，その間接的な判定指標を設定可能な理由について新しく追記し，製造時のこれらの管理値をダムコンクリートに要求される品質の間接的な判定指標として設定することが可能であることを記述した．

また，品質管理の試験方法と頻度は，施工中のダムコンクリートの品質の変動状況を踏まえ，品質変動の傾向に応じた合理的なものとなるよう必要に応じて見直していくことも重要であるとの記述を加えた．

2.7「7章 検査」について

7章では，施工されたコンクリートダムの検査について，基本的な考え方を示している．

今回の改訂では，検査記録に関して，維持管理に加え，将来のダム再生においても有益な情報となるものとして保管すべきことを付記した．

2.8「8章 施工記録」について

8章は，コンクリートダムの竣工後，施工から維持管理へ受け渡す際の資料として「施工記録」が重要であることを示している．

今回の改訂では，施工記録の内容について精査し，施工記録に工事完成図書を含めることを付記した．

2.9「9章 維持管理」について

9章では，コンクリートダムにおける維持管理の基本的な考え方を示している．

今回の改訂では，長期間経過したダムでは各種変状が報告されることがあることから，数年程度の所定の期間ごとに行う定期の点検では，予防保全の観点から経年的な劣化進行の有無を把握できるよう，従前との比較が可能な客観的データの形で記録を残しておくことが重要であることの記述を加えた．

また，供用開始後ある程度長い期間を経過したダムでは，建設時や試験湛水時の記録，これまでに行った定期の点検の記録，試験データ，補修履歴等の情報のほか，ダムコンクリートに変状が認められる場合はその原因や現状および将来の影響について，各種の調査，試験，分析等によって評価する総合的な点検を行い，その結果を今後の維持管理計画に反映させるのがよいとし，維持管理における点検項目を具体的に明記した．

3. 標準の改訂概要

3.1「1章 総則」について

1章では，この［ダムコンクリート編：標準］の適用範囲や用語の定義について規定している．

今回の改訂においては，ダム再生に用いるダムコンクリートについて，基本的に［ダムコンクリート編：標準］に従う必要があることを明記した．

また，設計基準強度および配合強度の定義について，個々の解説を適した表現に変更した．

3.2「2章 コンクリートダムの構造設計」について

2章では，コンクリートダムの構造設計の基本的な考えを示している．

今回の改訂では，重力式コンクリートダムにおいては，ダム堤体内に生じる圧縮応力に基づいてダムコンクリートの設計基準強度を定めることになるが，この点で，一般的にコンクリートの設計基準強度を基にして構造設計が行われる他の多くのコンクリート構造物の場合とは異なっていることを付記した．

また，ダム再生による重力式コンクリートダムのかさ上げの構造設計において，基本断面形状の決定にあたり，かさ上げに伴う荷重条件の変化を考慮する方法について示した．さらに，かさ上げダムの設計を行う上では，既設ダムの堤体の状態を精度よく把握した上で力学特性を定める必要があることを記述した．

3.3「3章 ダムコンクリートの品質」について

3章では，ダムコンクリートに要求される品質について示している．

空気量の標準について，運搬・締固めを終了したときの空気量を規定していることに関して，実際の品質管理においては，運搬，締固めによる空気量ロスや材料，そのほか現場条件を勘案してフレッシュコンクリートの空気量の標準値を設定し管理する必要があることを付記した．

また，解説中の設計基準強度と配合強度に関する表現を適正に修正した．

3.4「4章 温度規制計画」について

4章では，有害な温度ひび割れの発生を防止するために必要な温度規制計画について示している．

今回の改訂では，［本編］で定義した有害なひび割れについて例示した．

温度規制計画については設計時に策定し，施工時に精査によって確認すること明記した．

温度ひび割れ予測に使用する物性値について，熱特性に加えて力学特性（弾性係数，引張強度）を追記し，クリープに伴う応力緩和，自己収縮ひずみに関しての解説を新しく追記した．自己収縮ひずみに関する詳細については，**【参考資料3】**を参照されたい．

予測手法については，完成後だけでなく施工中のひび割れも予測することが重要であることから，施工中も含めて各部位に発生し得る温度応力の算定が可能で，温度ひび割れの予測手法として近年の使用実績からも一般的となっている有限要素法を用いた温度応力解析を標準とし，拘束度マトリックス法を条文から削除することとした．また，ダム完成後のひび割れに加えて，施工中のひび割れも予測することを追記した．なお，従来，国内でコンクリートダムのひび割れ予測に使用されてきた拘束度マトリックス法を含む簡便法については**【参考資料5】**を参照されたい．

ひび割れ指数の限界値については，各部位に発生し得るひび割れがダムの機能に及ぼす影響の程度を考慮して設定する必要があることを追記した．一方，これまでに施工されたダムにおいて，ひび割れ指数による評価の実績は，まだ十分に蓄積されていないことから，ひび割れ指数の限界値の標準値を示すまでには至らなかったが，**【参考資料1】**および**【参考資料2】**は，実際のダムにおける解析事例を示しているので参照されたい．

また，ダム再生のための重力式コンクリートダムのかさ上げにおいて，温度ひび割れが発生しやすいケースについて留意点を記載した．

なお，コンクリートダムにおけるひび割れ発生の事例について**【参考資料4】**に示しているので参照されたい．

3.5「5章 材料」について

5 章において，細骨材の耐久性について，モンモリロナイトとローモンタイトの管理基準の設定例について，参考として解説中に記述を加えた．

また，ダムコンクリートの塩化物含有量については，ダムコンクリートの塩化物イオン（Cl^-）量の総和で 0.3kg/m³ を限度の標準として管理するのがよいことの記述を加えた．

骨材に含まれる有害物の含有量について，細骨材については有害物含有量の限度の標準値を上回った場合でも要件を満たせば使用できるという記述があったが，今回の改訂では，粗骨材に含まれる有害物の含有量について，有害物含有量の限度の標準である［標準］**表 5.5.3** に示す値を上回った場合でも，試験によりダムコンクリートの品質に影響を与えないことを確認すれば用いることができることの記述を加えた．

3.6「6章 配合設計」について

6 章においては，内容については特段見直しを行うべき事項がないと判断し，表現の修正のみを行った．

3.7「7章 製造」について

7 章についても，内容については特段見直しを行うべき事項がないと判断し，表現の修正のみを行った．

3.8「8章 施工計画・施工」について

8 章では，グリーンカットと清掃の時期，方法について加筆修正を行った．

今回の改訂では，近年 RCD 用コンクリートを独立して先行打設する RCD 工法の実績が増えていることを考慮し，その工法における，後行打設となる外部コンクリートとの境界部や降雨による打止め箇所の打ち継ぎでの締固めについて追記した．

養生に関しては，養生方法と期間を定める際に考慮すべき条件を追記し，記載内容の充実を図った．

さらに，今回の改訂でプレキャスト部材の項目を新設し，プレキャスト部材の積極的適用と，その際の留意点，技術的配慮事項等について新しく記載した．この点の詳細については，**【参考資料 8】**を参照されたい．

3.9「9章 品質管理」について

9 章においては，品質管理の試験の方法および頻度について，品質管理の合理化の観点から施工中のダムコンクリートの品質変動の傾向を反映し，継続的に見直すよう付記した．

これに関して，硬化コンクリートの品質管理においては，「施工の初期段階や，材料や施工条件等が変わる場合には，コンクリートの品質を早期に判定するために，材齢 91 日のほかに材齢 7 日または 28 日の試験値を確認することが望ましい．なお，この場合，材齢 91 日における圧縮強度と早期材齢（7 日または 28 日）における圧縮強度，フレッシュ性状との関係を求めた上で，それらの関係を基に，早期材齢における圧縮強度やフレッシュ性状から材齢 91 日における圧縮強度が十分に安定化するものと推定できるようになるまでは，あらかじめ決めた頻度で各試験を実施するのが望ましい．その後は，フレッシュ性状が適切に管理されている状態では，早期材齢の圧縮強度試験の頻度を合理的に見直してもよい．」とし，要件を満たせば品質管理を合理化することができることの記述を加えた．

また，レベル 2 地震動に対するダムの耐震性の評価や将来の維持管理におけるダムコンクリートの健全性の評価のため，ダムコンクリートの引張強度や長期材齢強度（1 年材齢等）についても確認しておくことが望ましいことの記述を加えた．

さらに，RCD 用コンクリートの締固め管理に関しては，その合理化方法として近年の実績から有効性が確認されている転圧回数による品質管理方法について追記している．

【参考資料 7】にダムコンクリートの品質管理の合理化に関する根拠等を示しているので参照されたい．

3.10「10 章 検査」について

10 章では，品質管理や施工管理の方法として ICT を活用した新技術を導入した場合，あらかじめ検査項目や検査方法について定めておく必要があることを付記した．

3.11「11 章 維持管理」について

11 章において，内容については特段見直しを行うべき事項がないと判断し，定義の変更による語句や表現の修正のみを行った．

【参考資料1】　温度ひび割れ解析の実施状況

1. 調査の概要

国内において2002年以降に解析検討したダム堤体および洪水吐き等の関連構造物を対象に，堤体に生じるひび割れの予測・評価等を目的とした解析の実施方法に関する事例調査をアンケート調査により行った．調査内容はダム諸元等の基本事項のほか，ひび割れ発生の予測に用いた物性値の設定方法，解析方法，その結果の評価方法等である．

2. 調査結果

収集された事例は41事例であり，以下の取り扱いとして集計した．

- 複数年継続検討しているダムは検討最終年度で集計した．
- 設計時と施工時に検討しているダムは，2事例として集計した．
- ダム堤体（新設，かさ上げ）は，別事例として集計した．
- 関連構造物は，重力式コンクリートダム堤体の端部処理工として設けられる造成アバット，洪水吐き（フィルダム含む）およびその減勢工，フィルダム洪水吐き等の事例である．
- 複数の対象や解析手法の検討を行なっているダムは複数回答として集計した．

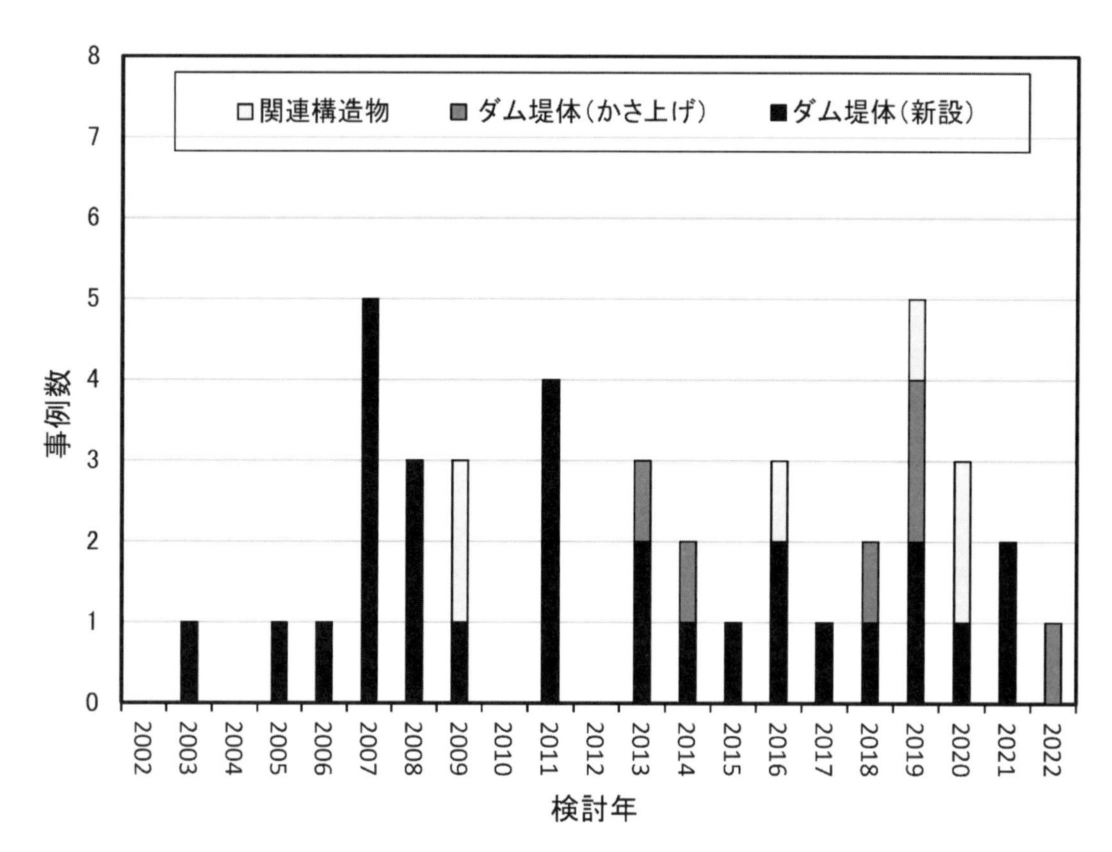

図2.1　事例収集ダムの概要（検討年と対象）

(1) 検討対象・検討時期

収集事例の対象,検討時期を**図 2. 1**,**図 2. 2** に示す.

・ダム本体の事例が 29 例，かさ上げダムの事例が 6 例，関連構造物の事例が 6 例である.

・検討時期は，設計時 13 例，施工時 28 例である.

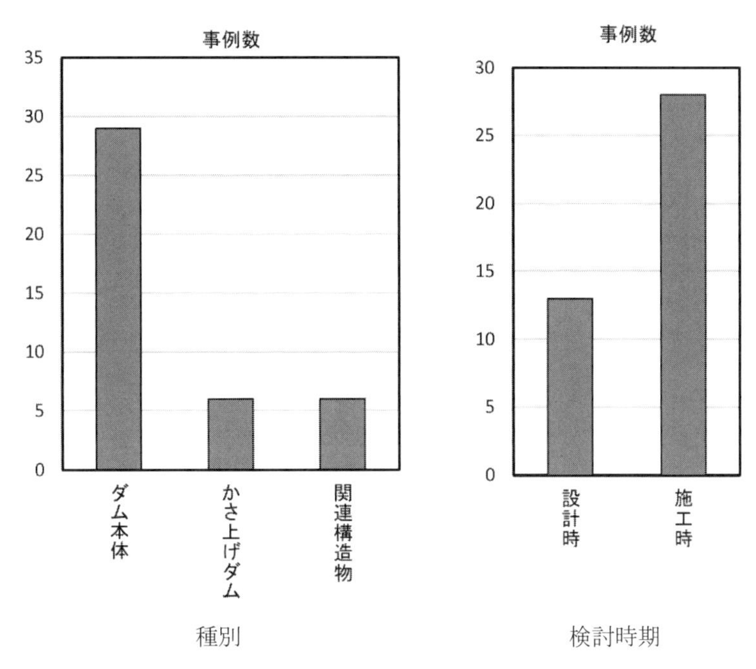

図 2. 2　事例収集ダムの概要(種別，検討時期)

(2) コンクリートの骨材最大寸法とセメント種類

収集事例の解析部位のコンクリート配合は，**図 2. 3** に示すとおりとなっている.

・検討事例のコンクリートは，骨材最大寸法は 80mm が多く，セメントは中庸熱フライアッシュが大半である．そのほかは高炉 B 種であり，洪水吐きにレディミクストコンクリートを使用した事例も含まれている.

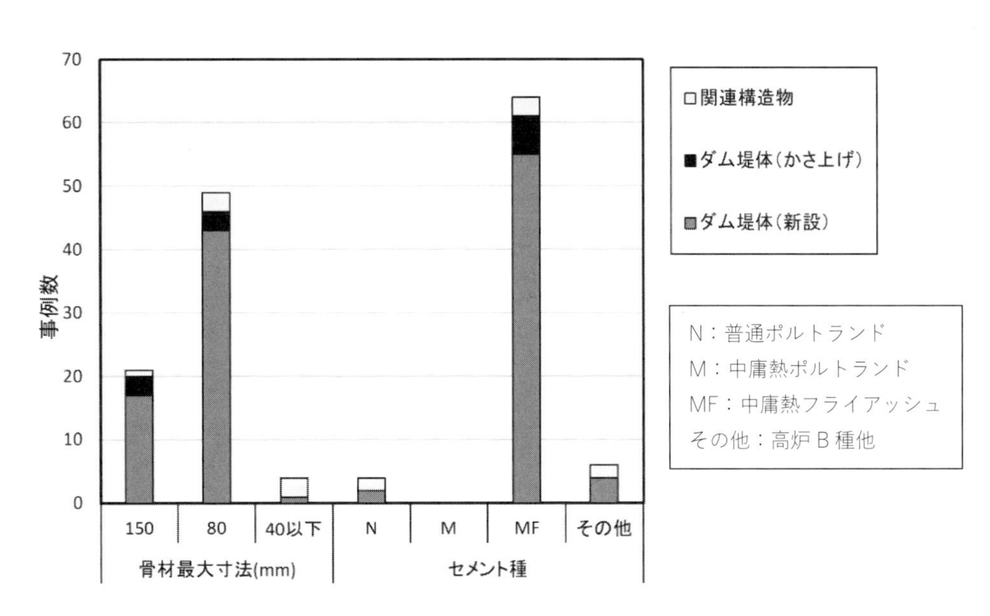

図 2. 3　調査事例のコンクリートの骨材最大寸法とセメント種類

(3) 解析物性値設定時の試験値の有無

収集事例の解析物性値設定時の試験値の有無は，**図 2.4** に示すとおりとなっている．

・堤体の物性値は，圧縮強度，断熱温度上昇，密度は試験を実施している事例が多い．また，引張強度（割裂引張試験），弾性係数，熱電動率，熱拡散率，熱膨張係数の試験があった事例は約半数であり，自己収縮ひずみの試験のある事例はない．なお，圧縮強度試験が実施されていないダムは，解析時が配合決定前であり試験が行われていなかった事例である．

・基礎岩盤の物性値は，弾性係数については試験値に基づいて設定している事例が多い．

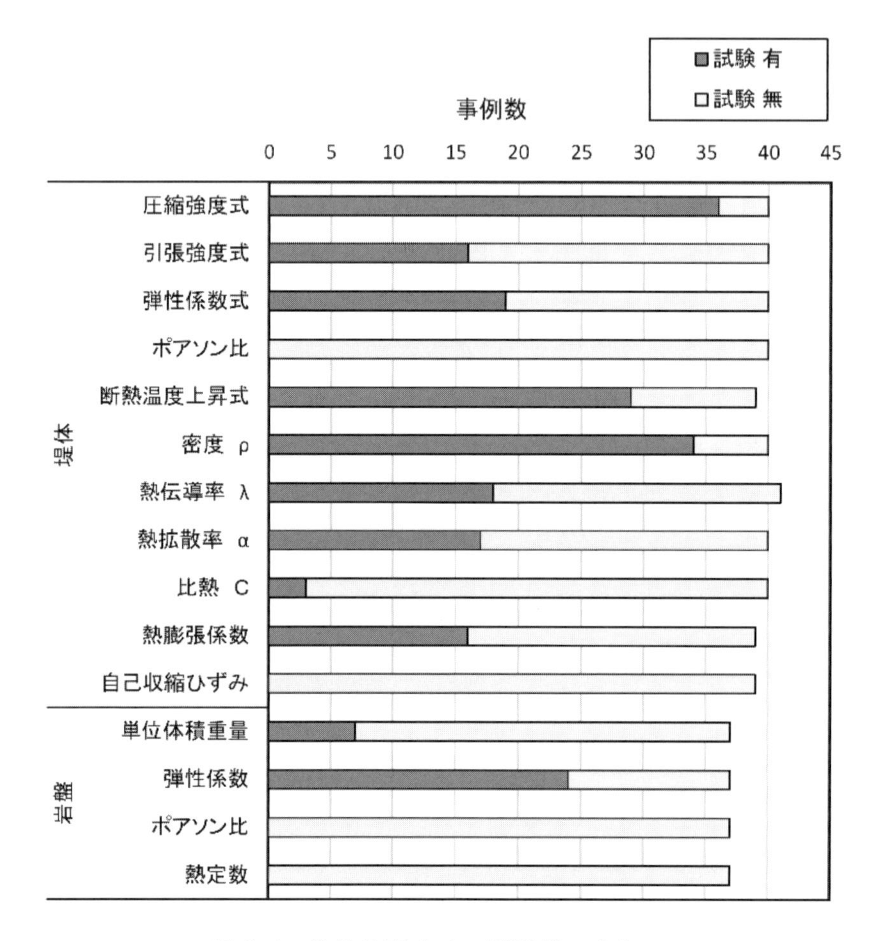

図 2.4　物性値設定時の試験値の有無

(4) 解析物性値設定時の参考資料

収集事例の解析物性値設定時の参考資料は，**図 2.5** に示すとおりとなっている．

・圧縮強度，引張強度，弾性係数，断熱温度上昇特性の試験がある事例では，試験値から回帰式を設定しているダムが多く，試験を実施していないダムでは「コンクリート標準示方書[設計編]」や「マスコンクリートのひび割れ制御指針」に示される回帰式を参考に設定している．

・熱特性の試験値のない事例では，「コンクリート標準示方書[設計編]」や「マスコンクリートのひび割れ制御指針」に示される一般値を使用している．

・自己収縮を考慮しているのはかさ上げダムの 2 事例で解析精度向上を目的としている．

・岩盤の物性値は，弾性係数については試験値に基づいて設定している事例が多い．

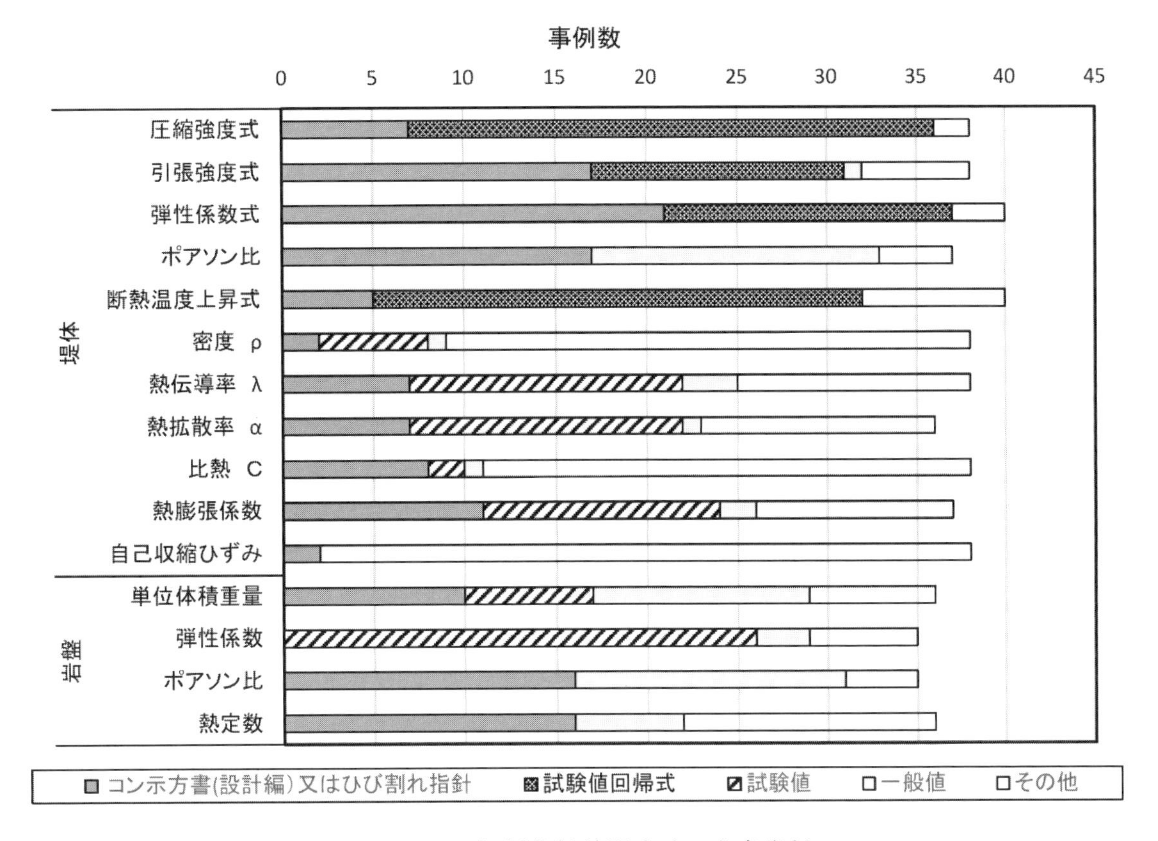

図 2.5 解析物性値設定時の参考資料

(5) 解析手法

収集事例の解析手法は，図 2.6 に示すとおりとなっている．

・ダム堤体（新設，かさ上げ）の解析方法は，二次元また三次元 FEM で検討している事例が多い．

・ダム堤体を拘束度マトリックス法のみで検討している事例は 4 事例と少ない．

・ダム堤体以外の構造物は複雑な形状を有しているため三次元 FEM で実施している．

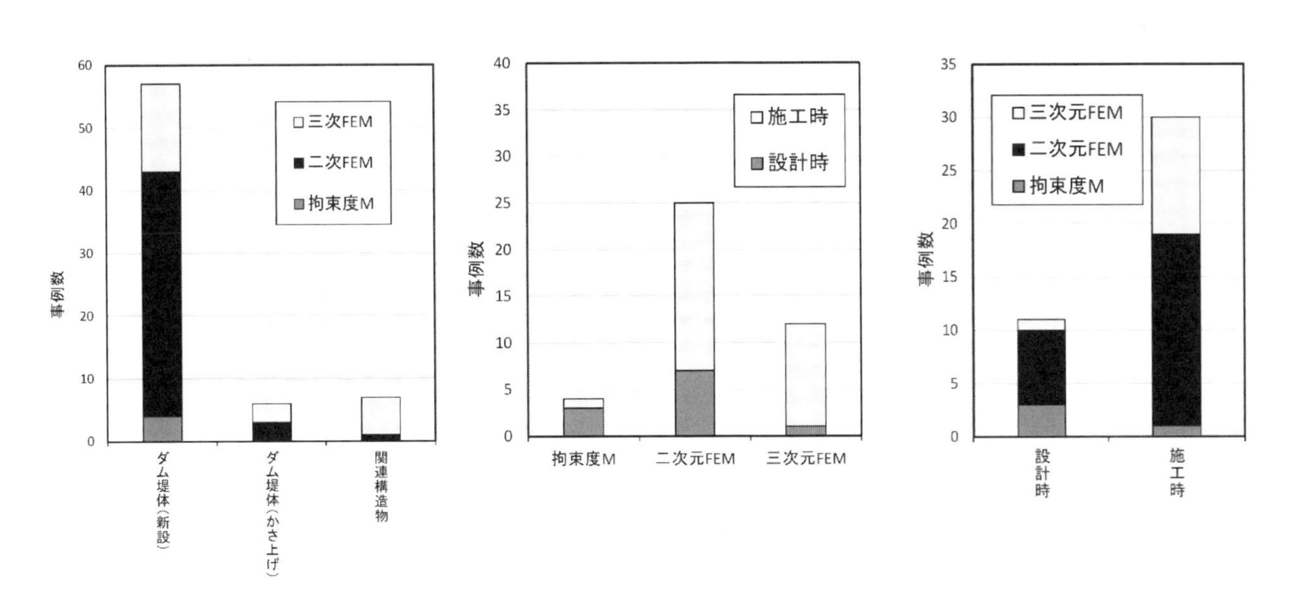

図 2.6 解析方法

(6)解析結果の評価指標と限界値

収集事例の解析結果の評価指標と限界値は，**図 2.7** に示すとおりとなっている．

・解析結果は，ひび割れ指数又は拘束ひずみで評価されている．事例数には双方で検討している事例を含んでおり，自己収縮を考慮しているのは，かさ上げダムの 2 事例である．

・ひび割れ指数は，コンクリート標準示方書［設計編］に示されている安全係数を参照しているが，ひび割れを許容する場合の値（1.0），できるだけ制限したい場合の値（1.40～1.45），防止したい場合の値（1.75 以上）に対し，1.0～1.45 の範囲に設定されており，防止に相当する値を採用している事例はない．また，1.0 としている事例が多い．

・拘束ひずみの限界値は 70μ～140μ としている事例があるが，100μ としている事例が大半である．

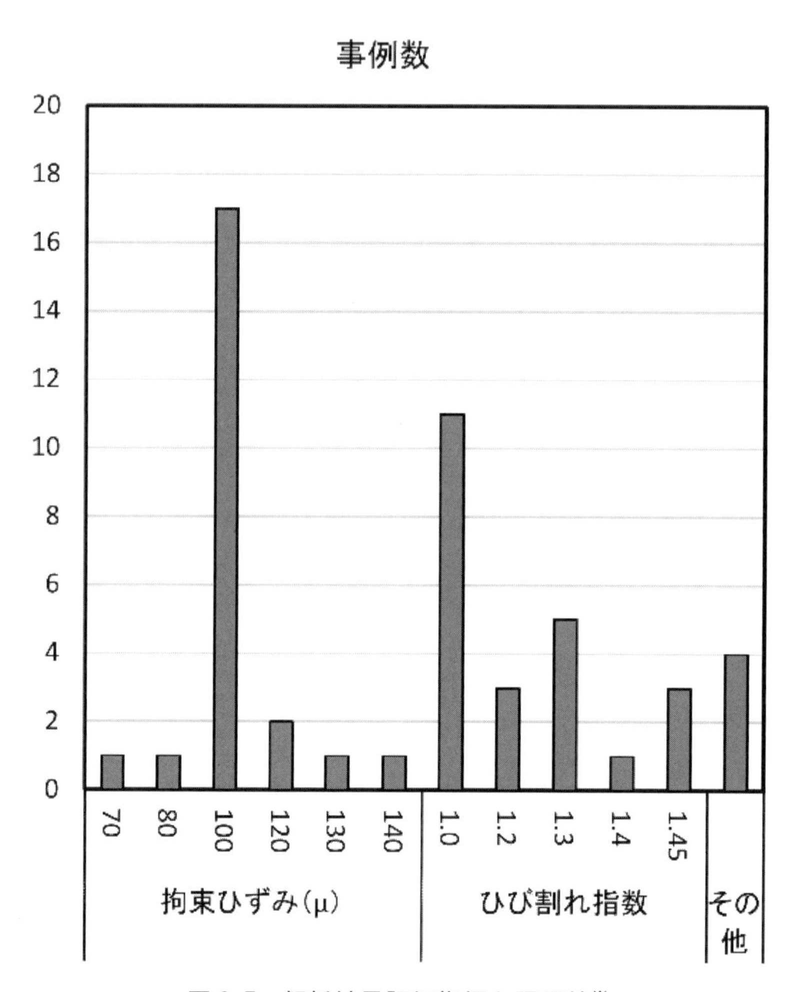

図 2.7　解析結果評価指標と限界値※

※：限界値には一部目安値が含まれる

【参考資料 2】温度ひび割れ解析と対策事例

1. 概要

【参考資料 1】で収集整理を実施した最近施工されたダムの温度ひび割れ解析事例について，新設ダム，かさ上げダムの特徴ある解析事例に着目して整理を実施した．整理結果は「解析事例整理表」に取りまとめ，解析条件の設定や施工時に工夫を行った事例は，表の特筆事項に追記した．

整理表の特筆事項に追記した事例については，今後温度ひび割れ解析を実施する場合の参考事例として **3. 個別対応事例の整理**に説明を追記した．

2. 解析事例の整理

最近実施した温度ひび割れ解析は FEM を適用したダムがほとんどであり，三次元解析を実施したダムもある．一部施工前に拘束度マトリックス法で解析を実施した事例もあるが，施工時は FEM により再度解析を実施して，施工時の対応を決定している．

解析では，解析条件である物性値の設定にあたり，現地の計測値等を適用して，現地状況を反映させるように工夫した事例も多くあり，物性値の設定において試験方法の工夫を行ったダムもある．また，解析結果を基に施工時に工夫を行ったダムの事例もあり，表の特筆事項に追記した．

表 2.1　新設ダムにおける解析事例整理表

ダム名	検討時期	解析部位	解析方法	限界値※	特筆事項
Aダム	設計時 施工中	最大断面	二次元 FEM	ひずみ 100 μ	・年別確率外気温により外気温を設定 ・ヒートバランス計算により打設温度を設定
		上下流面	三次元 FEM	ひずみ 100 μ	
		越冬部	三次元 FEM	ひび割れ指数 1.2	
Bダム	施工前	最大断面	拘束度マトリックス	ひずみ 100 μ	・ヒートバランス計算により打設温度を設定
		マット部			
	施工中	最大断面	二次元 FEM	ひび割れ指数 （設定なし）	・実績骨材温度を適用したヒートバランス計算により打設温度の見直しを実施 ・クーリングを実施
Cダム	発注前	最大断面	拘束度マトリックス	ひずみ 100 μ	
		袖部断面			
	施工中	最大断面	二次元 FEM	ひび割れ指数 1.0	・埋設計器の温度計測結果を適用した逆解析で断熱温度上昇式の見直しを実施 ・クーリング，ヒーティングを実施
		越冬部			
Dダム	施工中	最大断面	二次元 FEM	ひずみ 100 μ	・実績を基に年毎に輻射熱の日射量に対する割合を変えて外気温の見直しを実施
Eダム	施工中	最大断面	二次元 FEM	ひび割れ指数 1.45	
		上下流面			
		越冬部			
	施工中～竣工時	最大断面	二次元 FEM	ひび割れ指数 （設定なし）	・解析結果をひび割れ発生箇所の要因分析に適用
		越冬部			
Fダム	発注前	最大断面	二次元 FEM	ひずみ 100 μ	
	施工中	最大断面	三次元 FEM	ひび割れ指数 1.0	・埋設計器の計測値により熱膨張係数の見直しを実施
		上下流面			
		越冬部			
		堤内空洞部			
Gダム	施工中	袖部断面	二次元 FEM	ひずみ 100 μ ひび割れ指数 1.0	・堤体から導流壁のモデルで解析を実施 ・プレクーリングを実施
Hダム	発注前	最大断面	二次元 FEM	ひずみとひび割れ指数を総合判断	
		袖部断面			
	施工後	最大断面	二次元 FEM	ひずみ 100 μ ひび割れ指数 1.45	・埋設計器の温度計測結果を適用した逆解析で断熱温度上昇式の見直しを実施 ・プレクーリングを実施
		上下流面			
Iダム	発注前	最大断面	二次元 FEM	ひずみ 100 μ	・解析結果を基に越冬対策範囲と規模を検討
	施工後			ひずみ 100 μ ひび割れ指数 1.5	・ヒートバランス計算により打設温度を設定 ・プレクーリングを実施
Jダム	施工中	最大断面	拘束度マトリックス 二次元 FEM	ひずみ 100 μ ひび割れ指数 1.0	・ヒートバランス計算により打設温度を設定
Kダム	施工中	最大断面	三次元 FEM	ひび割れ指数 （限界値は不明）	・堤内空洞部の温度ひび割れ対策にプレキャスト材を適用 ・プレクーリングを実施
		堤内空洞部			

※：限界値には一部目安値が含まれる

表 2.2　かさ上げダム（既設堤体下流に新設したダムは除く）における解析事例整理表

ダム名	検討時期	解析部位	解析方法	限界値※	特筆事項
Lダム	発注前	かさ上げによる堤体下流腹付部を含む最大断面	二次元 FEM	新規ダム外部コンクリートひずみ 120 μ 新旧接合部ひずみ 100 μ	・施工前の解析で温度ひび割れ対策を検討 ・ヒートバランス計算により打設温度を設定 ・ひずみ能力の把握にあたり，緩速載荷割裂引張試験を実施 ・埋設計器の温度計測結果を適用した逆解析で断熱温度上昇式の見直しを実施 ・クーリング，ヒーティングを実施
	施工前				
	施工中				
	施工中～打設完了後 10 年	最大断面	二次元 FEM 三次元 FEM		
		越冬部	二次元 FEM	ひずみ 120 μ ひび割れ指数 1.0	
	打設後 1 年	堤内空洞部	二次元 FEM	ひび割れ指数 1.0	
Mダム	施工前	かさ上げによる堤体下流腹付部を含む最大断面	二次元 FEM	ひび割れ指数 1.2	・腹付け規模が小さいかさ上げ時の解析を実施 ・クーリングを実施
	施工後		二次元 FEM 三次元 FEM	ひび割れ指数 1.28	
Nダム	施工前	最大断面	三次元 FEM	ひずみ 100 μ ひび割れ指数 1.3	・ダム軸下流側に再開発ダムを施工 ・クーリングを考慮
		袖部断面			
		堤内空洞部			
		先行ブロック			
		かさ上げ部			

※：限界値には一部目安値が含まれる

3. 個別対応事例の整理

温度ひび割れ解析の事例について調査した結果，解析結果を受けての対応として①計測データを用いた物性値の見直しや②コンクリート試験方法の見直しを行い，実際の現場条件をより反映できる条件として解析を再度実施している例もあること，そして実際に③施工において温度ひび割れの抑制対策を実施している例があることがわかった.

参考として，各対応について整理を実施する.

① 現地状況を解析に反映できるように計測データ等を用いて物性値の見直しを実施

①-1 堤体に埋設した温度計の計測データを基に逆解析で断熱温度上昇特性値を設定
(事例：C ダム，H ダム，L ダム)

①-2 堤体に埋設した無応力計の計測データを基に熱膨張係数を設定
(事例：F ダム)

①-3 コンクリートの配合，各材料の温度特性等を考慮したヒートバランス計算で打設温度を設定
(事例：A ダム，B ダム，I ダム，J ダム，L ダム)

①-4 温度規制計画と実際の外気温との乖離の把握と温度ひび割れ解析による検証を実施[1)]

② コンクリート試験方法を見直し物性値の見直しを実施

②-1 緩速載荷を適用した割裂引張強度試験によりコンクリートのひずみ能力を把握
(事例：L ダム)

③ 施工において温度ひび割れの抑制対策を実施

③-1 かさ上げダムの新旧堤体接合部について温度ひび割れの抑制対策を実施
(事例：L ダム，M ダム)

③-2 空洞部の打設において温度ひび割れの抑制対策を実施

③-2-1 外気遮断および給熱養生を実施[2)]

③-2-2 温度ひび割れの発生が懸念される箇所にプレキャスト部材を使用
(事例：K ダム)

③-3 横継目の追加配置により温度ひび割れの抑制対策を実施[3)]

各事例について整理して，次頁以降に添付する.

① 現地状況を解析に反映できるように計測データ等を用いて物性値の見直しを実施

①-1 堆体に埋設した温度計の計測データを基に逆解析で断熱温度上昇特性値を設定

（事例：C ダム，H ダム，L ダム）

堤体は，施工中および施工後の堤体温度の計測を目的として，温度計を埋設している．施工中は，温度ひび割れの抑制を目的に，施工の進捗にあわせて温度ひび割れ解析を実施している事例が多い．この時，以下に示す断熱温度上昇特性値の定数について，温度解析結果が埋設した温度計の計測データに近づくように繰り返し逆解析を実施して，現場状況が解析に反映できるように検討を実施した事例である．

$$Q=Q_{\infty}\left(1-e^{-\alpha t^{\beta}}\right)$$

Q_{∞}：最終上昇温度
$\alpha\ \beta$：実験定数

対応例として，新設ダム（H ダム）とかさ上げダム（L ダム）の埋設計器の配置を**図 3.1** に，L ダムの解析値と実測値の対比を**図 3.2** に示す．

対応事例

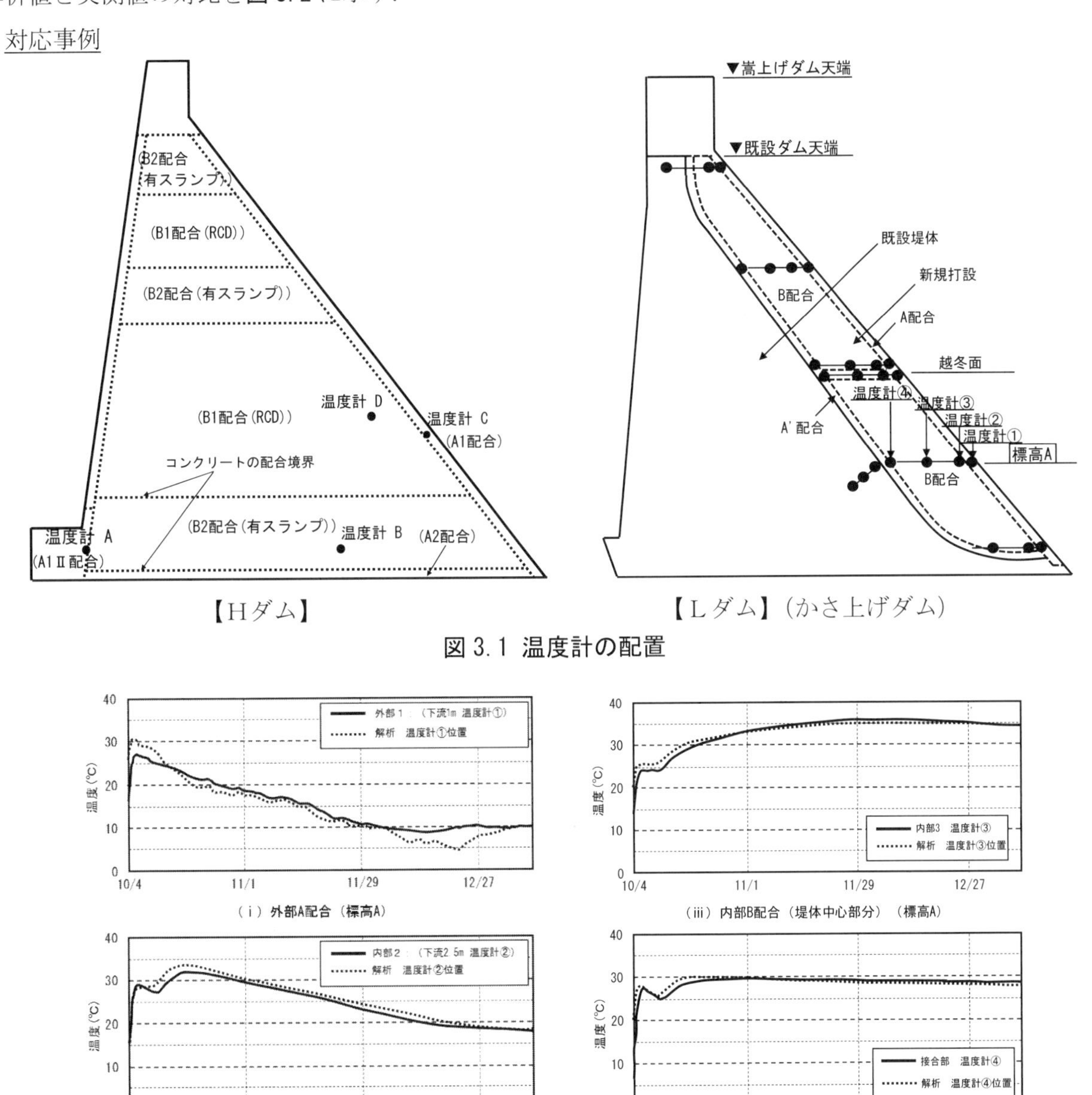

図 3.1 温度計の配置

図 3.2 逆解析による検討結果（L ダム）

①-2　堤体に埋設した無応力計の計測データを基に熱膨張係数を設定
（事例：Fダム）

対応事例

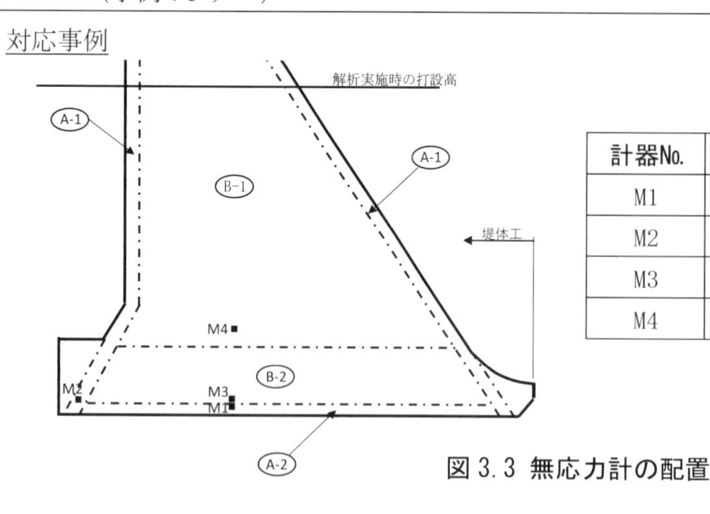

計器No.	配合区分	区分名称
M1	A-2	岩着コンクリート
M2	A-1	外部コンクリート
M3	B-2	内部コンクリート(ELCM)
M4	B-1	内部コンクリート(RCD)

図 3.3 無応力計の配置

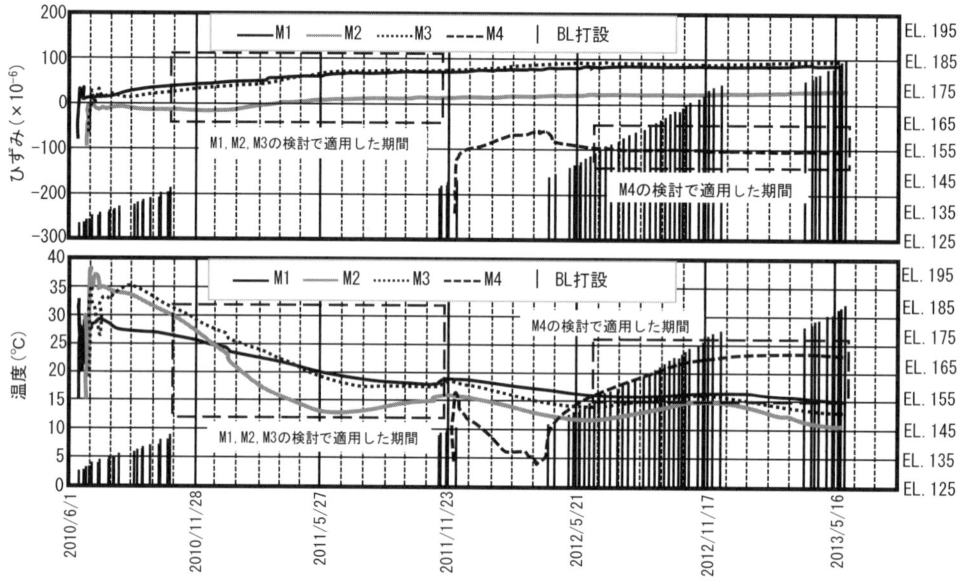

図 3.4 無応力計の計測データ

計測結果を基に縦軸に（無応力ひずみ＋Δt×b），横軸に温度をとりグラフ化する．
この時，プロットされる点の近似式の傾きがコンクリートの熱膨張係数となる．
上記のとおり埋設計器の計測値を基に熱膨張係数を見直して，温度ひび割れ解析に適用した．

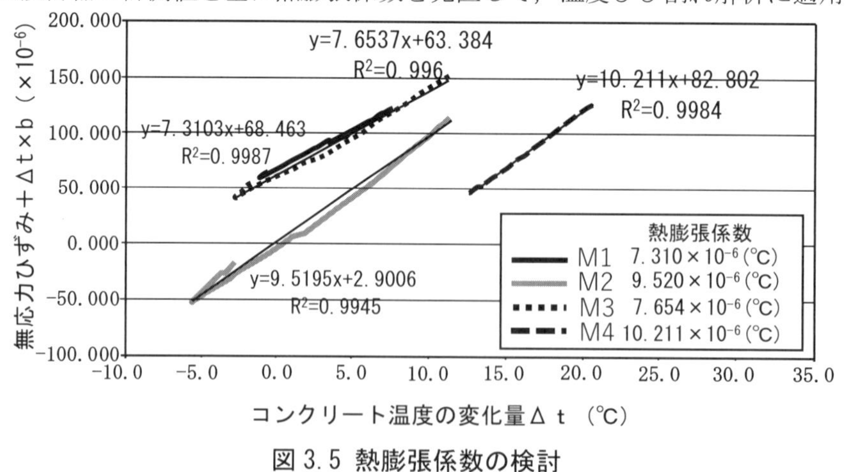

図 3.5 熱膨張係数の検討

①-3　コンクリートの配合，各材料の温度特性等を考慮したヒートバランス計算で打設温度を設定
（事例：Aダム，Bダム，Iダム，Jダム，Lダム）

施工中の温度ひび割れ解析を実施するにあたり，使用するコンクリートの配合と各材料の熱特性，温度等を反映させたヒートバランス計算により打設温度を設定している．

以下は，かさ上げダムであるLダムの事例である．

対応事例

表 3.1 ヒートバランス計算による打設温度の検討例（Lダム）

材料	温度T (℃)	比熱C (kJ/kg℃)	単位量W(kg/m³)				摘要
			外部A	接合部A'	内部B	着岩C	
粗骨材g	Tg	0.71	1528	1524	1511	1524	表面水率Gr=1.3%
細骨材s	Ts	0.71	460	462	537	511	表面水率Sr=3%
結合材c	Tc	0.92	230	230	160	180	
水w	Tw	4.19	96	109	108	106	
メカニカルヒートQ_M		3,603kJ/m³(860kcal/m³)					2軸強制ミキサ 3.0m³×1基　147kW(損料表) 120.0m³/h，入熱量100%

以下の計算で打設温度を算出

$T=Q/CW\ (5℃<T)$

$C=(CgWg+CsWs+CcWc+CwWw)/W,\quad W=Wg+Ws+Wc+Ww$

$Q=CgWgTg+CsWsTs+CcWcTc+Cw(Ww-SrWs-GrWg)Tw+Cw(SrWsTs+GrWgTg)+Q_M$

T:温度，C:比熱，W:単位量，Q:熱量　添字はg:粗骨材，s:細骨材，c:結合材，W:水

上記ヒートバランス計算により検討した打設温度について，実測値との乖離に対し，実績の骨材温度を適用したヒートバランス計算により打設温度の見直しを実施した事例である．

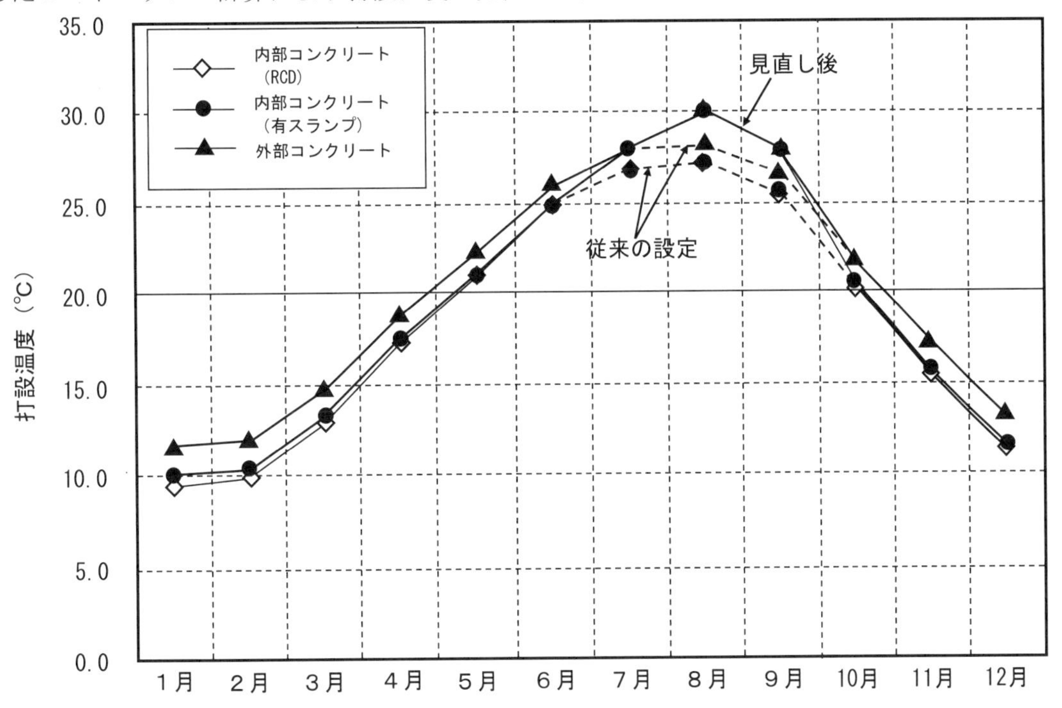

図 3.6 実績骨材温度を適用して打設温度の見直しを実施した事例（Bダム）

①-4　温度規制計画と実際の外気温との乖離の把握と温度ひび割れ解析による検証を実施

対応事例[1)]

プレクーリング，プレヒーティング，養生対策を反映させた温度ひび割れ解析結果を基に温度規制計画を策定して施工を行ったが，ひび割れが発生した．

施工時に計測した実際の外気温（平均）は，解析時の平均気温に比べて夏期は+2.7℃，冬期は-2.3℃と乖離があった．

この実績の外気温を用いた温度ひび割れ解析結果を**図 3.7** と**図 3.8** の右に示すが，コンクリート温度が当初解析より高く，ひび割れ指数も 1.0 以下の範囲が拡大したことを確認し，ひび割れ発生の原因を特定した．

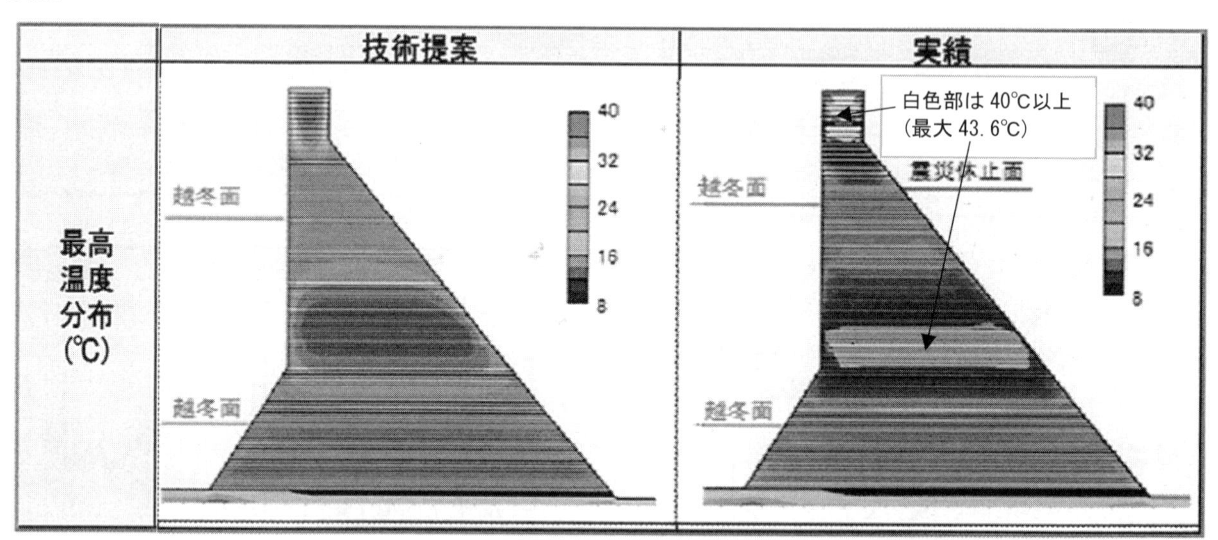

コンクリート最高温度：技術提案時 40℃　実績（事後解析） 43.6℃

図 3.7 温度解析結果

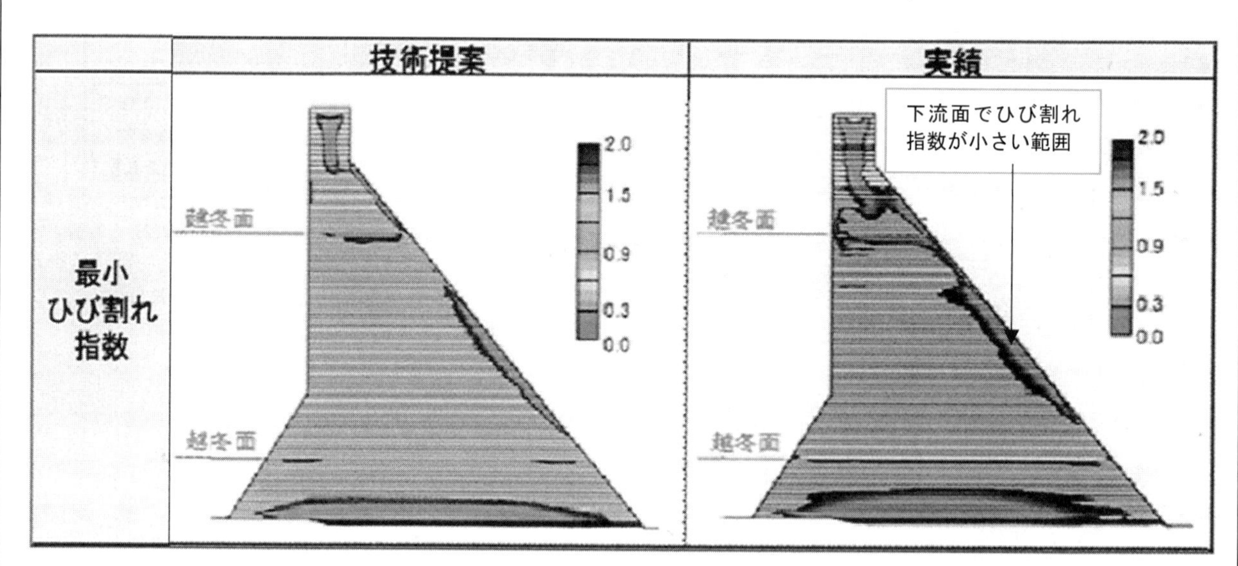

下流面でひび割れ指数の小さい範囲（1.0 程度）が拡大

図 3.8 ひび割れ指数の分布

②コンクリート試験方法を見直し物性値の見直しを実施

②-1　緩速載荷を適用した割裂引張強度試験によりコンクリートのひずみ能力を把握
（事例：Lダム）

コンクリートのひずみ能力は，「JIS A 1113 コンクリートの割裂引張強度試験方法」に準じた試験で求めることが一般的である．ただし，割裂引張強度試験は，荷重が偏心しやすく，ひずみも偏った値になりやすい．

本検討は，温度応力による荷重を想定した緩速載荷を実施するものとして，試験初期にトライアル試験で安定した載荷ができる速度を把握して，コンクリート割裂引張強度試験に適用した．

対応事例

Lダムにおける対応事例を以下に示す．

ひずみゲージは以下のように供試体の両端部に設置し，載荷時の応力～ひずみ関係を把握した．載荷速度は，既設堤体の採取コアについて 6.9N/min（通常の割裂引張強度試験の載荷速度の 1/10,000 程度），新規コンクリートの供試体は 30N/min（通常の割裂引張強度試験載荷速度の 1/3,000 程度）とした．

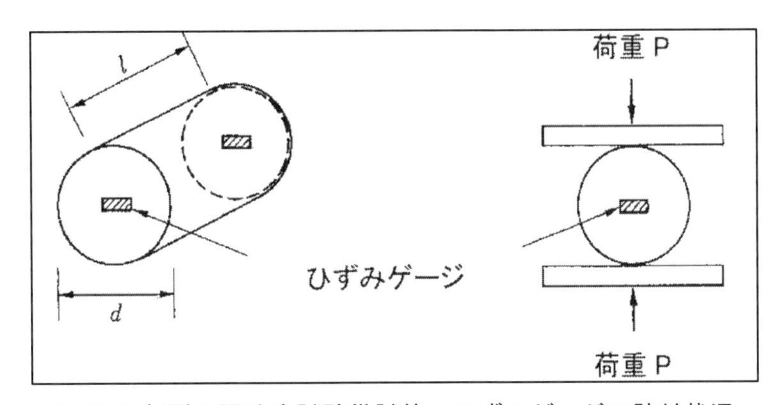

図 3. 9 割裂引張強度試験供試体のひずみゲージの貼付状況

試験により得られた応力～ひずみ関係から抜粋して図 3. 10 に示す．

破断荷重の約 90%時のひずみは，120μ～135μ であったことから，堤体コンクリートのひび能力（許容引張ひずみ）は 120μ に設定した．

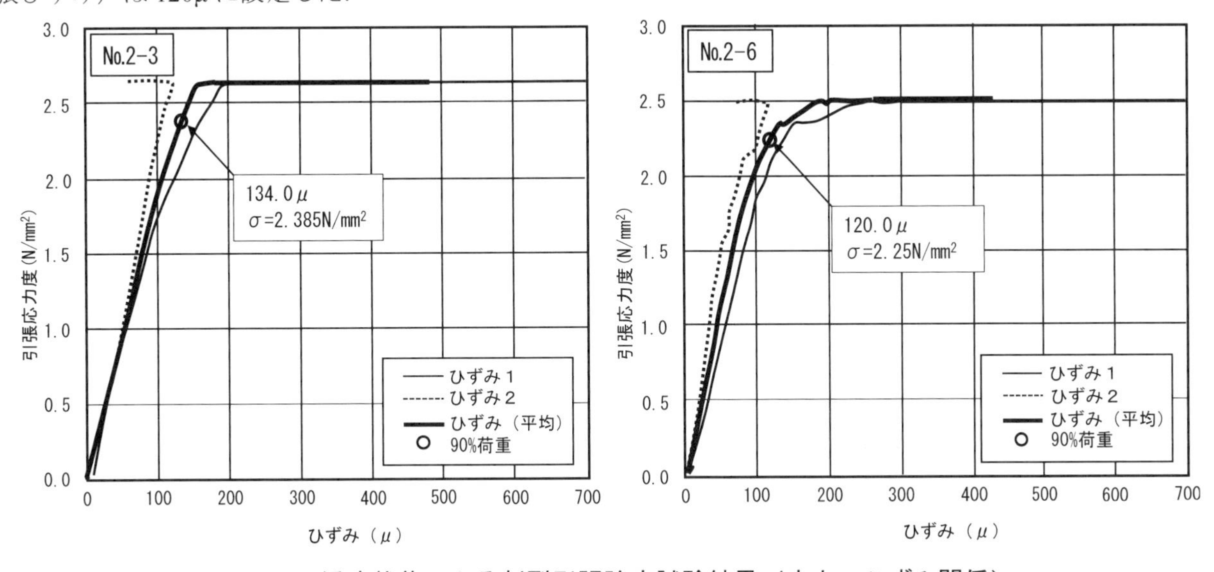

図 3. 10　緩速載荷による割裂引張強度試験結果（応力～ひずみ関係）

③　施工において温度ひび割れの抑制対策を実施

③-1　かさ上げダムの新旧堤体接合部について温度ひび割れの抑制対策を実施
（事例：Lダム，Mダム）

対応事例

かさ上げダムの新旧堤体接合部は，温度差により温度ひび割れが発生しやすい.

Lダムにおける対応事例を以下に示す.

かさ上げによる新堤体のコンクリート打設にあたり，越冬面の養生（例：真空断熱材）を行うとともに，越冬面付近の新旧コンクリートの温度差を低減し，新旧接合部や新堤体下流面の引張ひずみの発生を抑制するように，練混ぜ水の冷却，粗骨材の冷却によるコンクリート打設温度の低減，旧堤体コンクリートの給熱等の対応を実施している．これら対応を考慮して温度ひび割れ解析を実施したところ，温度ひずみは限界値（新旧堤体接合部100μ，新規堤体120μ)以下であることを確認した.

夏　期

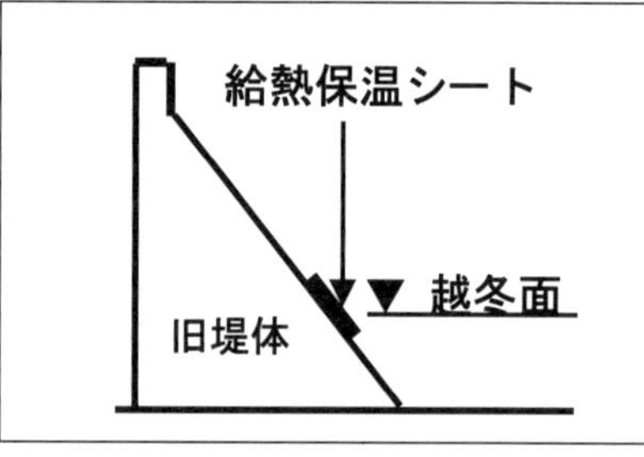

・貯水池水深 15m位置の水の利用，冷却設備による練混ぜ水の冷却, 冷風設備による粗骨材の冷却により打設温度を5℃低下させる

・夏期は，給熱保温シートにより旧堤体を温めておく

秋　期

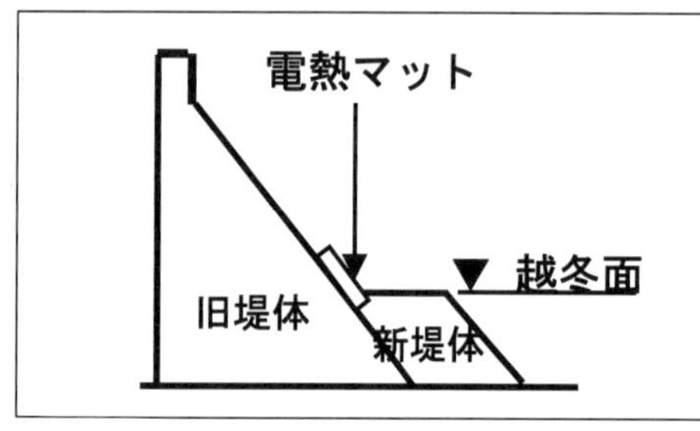

・秋期は，電熱マットにより旧堤体表面を15℃以上に保温する

越冬期

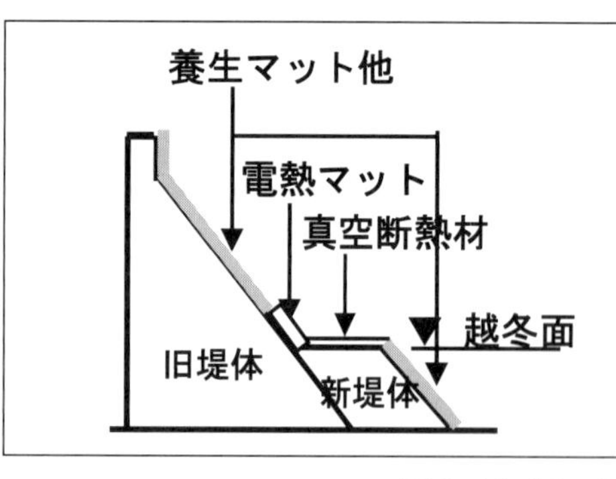

・越冬期は，発熱マットにより旧堤体表面を15℃以上に保温する

・越冬面を保温養生する断熱材は，真空断熱材（厚さ1.8cm）を用いた

図3.11 新旧堤体接合部の温度ひび割れ対策

③-2　空洞部の打設において温度ひび割れの抑制対策を実施

③-2-1　外気遮断および給熱養生を実施

対応事例[2)]

常用洪水吐き空洞部について，夏期打設後，冬期休止中の外気温低下に伴う温度ひび割れの発生が懸念されたため，温度ひび割れ解析により養生方法を検討している．空洞部の養生方法として当初断熱マット養生を選定したが，中央付近で 100μ を超えるとともに，養生マットによる効果は 20μ 程度と小さいことから，空洞部は上下流に断熱扉を設けて内部が 15℃になるように給熱養生を実施して改善を図った．しかし，解析では断熱マット養生で 90μ 程度の温度ひずみと予想した下流側壁部に温度クラックが発生した．この位置は，実際は下流面と側壁部の二面が外気と接し，コンクリート表面が冷えやすい構造であったことがひび割れの原因と考えられた．

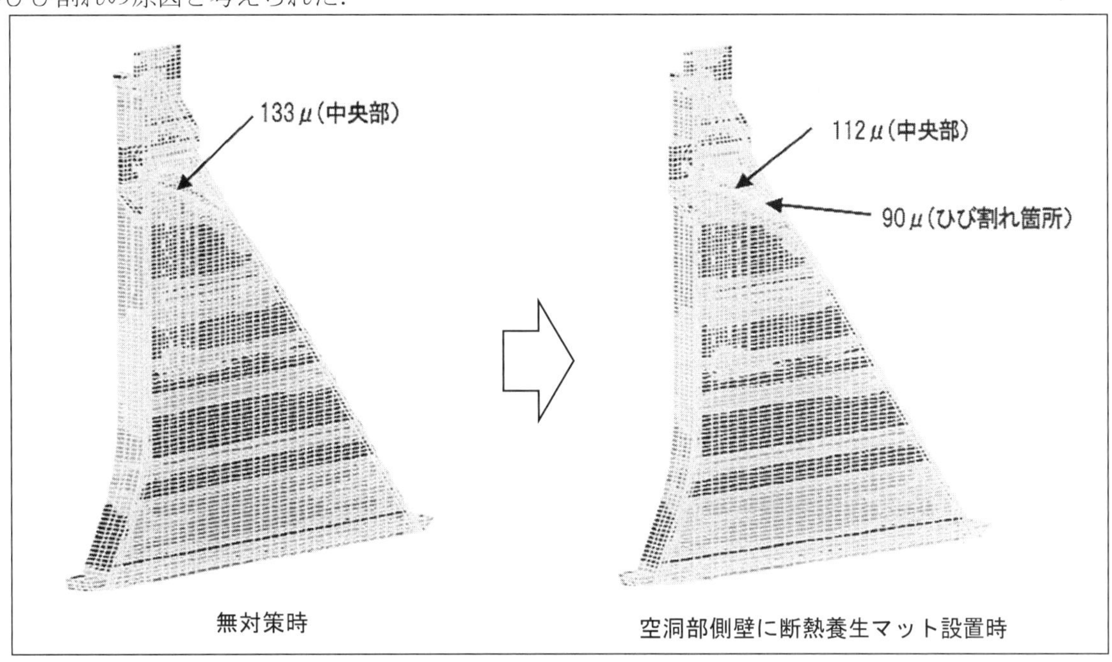

図 3.12 温度ひび割れ解析結果の比較

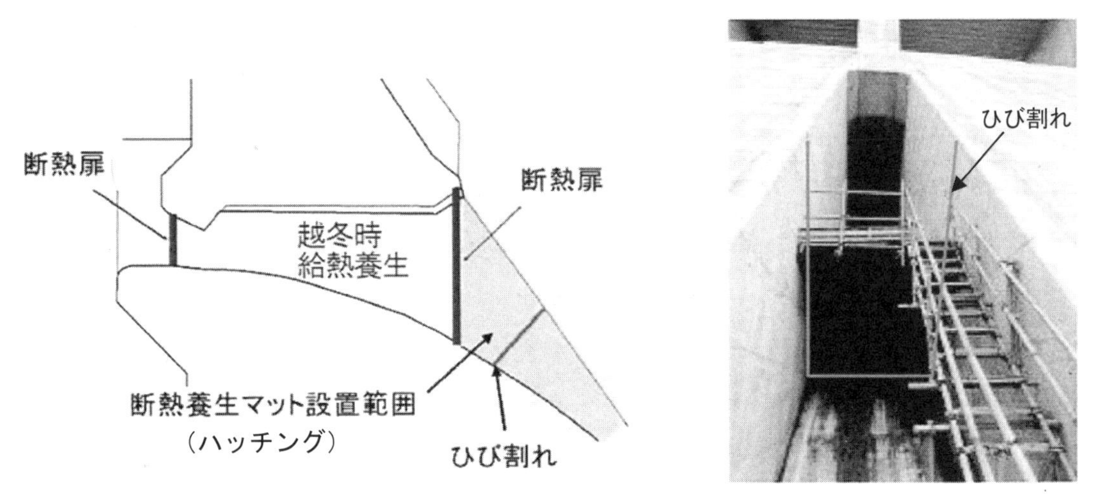

図 3.13 空洞部周辺の対応とひび割れ発生状況

③-2-2　温度ひび割れの発生が懸念される箇所にプレキャスト部材を使用
（事例：Kダム）

対応事例

Kダムでは，洪水吐き空洞部におけるコンクリートの温度ひび割れに対する照査を実施した結果，無対策ではひび割れ指数は0.47であり，ひび割れが発生する確率が非常に高い結果であった．

温度ひび割れを抑制する対策工として，「開口部は扉で密閉」，「空洞部内の蒸気養生」により養生の改善を図ったうえで照査したところ，ひび割れ指数が0.90となったが，温度ひび割れ発生の懸念は解消されなかった．

このため，更なる抑制対策として，構造用コンクリート部のプレキャスト化を検討したところ，ひび割れ指数は2.0となり，ひび割れを防止したい場合の対策レベルまで改善が図れたため，Kダムでは，プレキャスト部材を適用した．

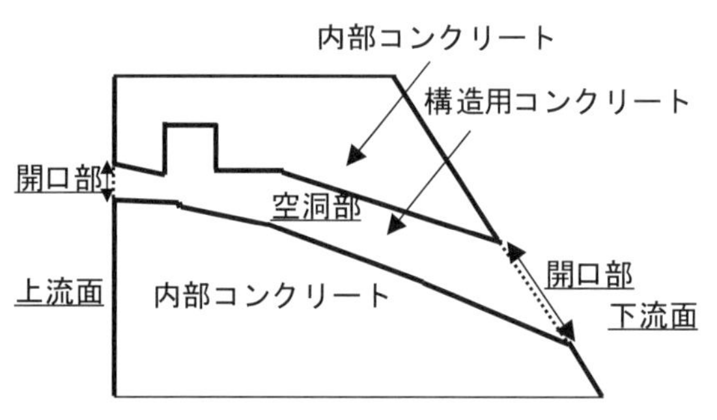

図3.14　Kダム空洞部周辺の状況について

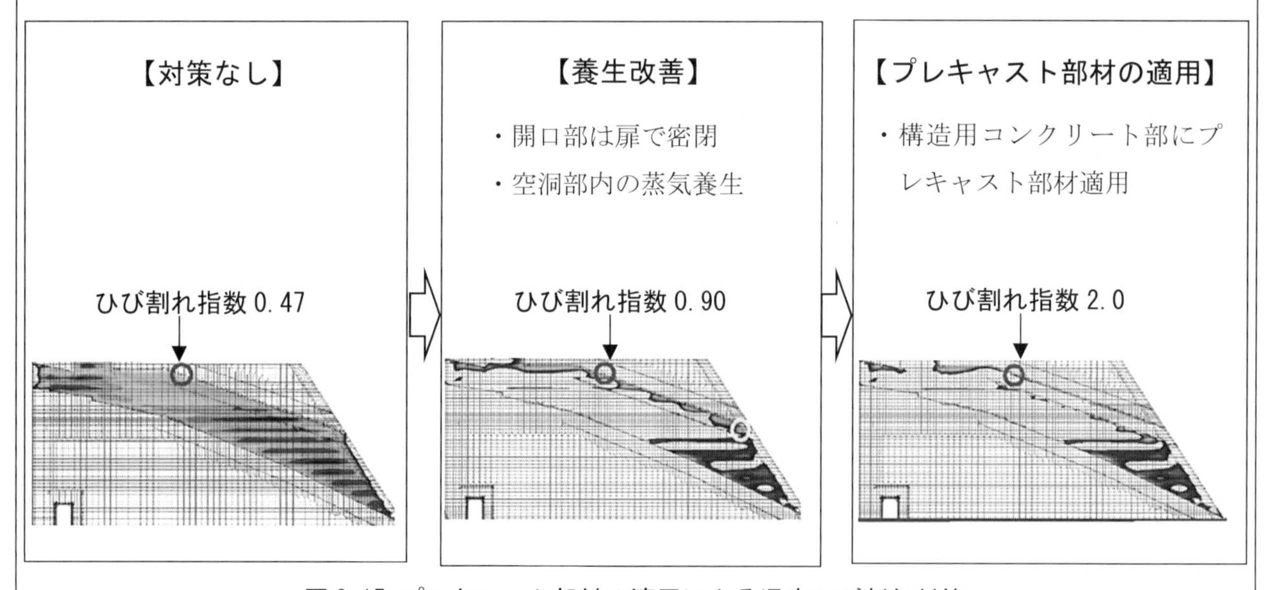

図3.15　プレキャスト部材の適用による温度ひび割れ対策

③-3　横継目の追加配置により温度ひび割れの抑制対策を実施

対応事例[3)]

かさ上げダムのコンクリート打設において，設計段階から懸念されていた温度ひび割れの発生に対して，①夏期を避けて冬期にコンクリートを打設，②パイプクーリングの実施を行ったが，1 年目の打設でひび割れが発生した．

このひび割れ対策として，横継目（収縮目地）間隔を当初の 15m から 7.5m，5m と縮小して温度ひび割れ解析を実施している．

結果は**表 3.2** のとおりであり，継目を増やし，継目間隔を短くすることでひび割れ指数の改善効果が得られている．ただし，継目間隔を 5m にしてもひび割れ指数が 1.0 を下回る箇所があり，ひび割れの発生を確実に抑制することは難しいと判断され，打設後の養生を入念に行うことで施工を完了させた．

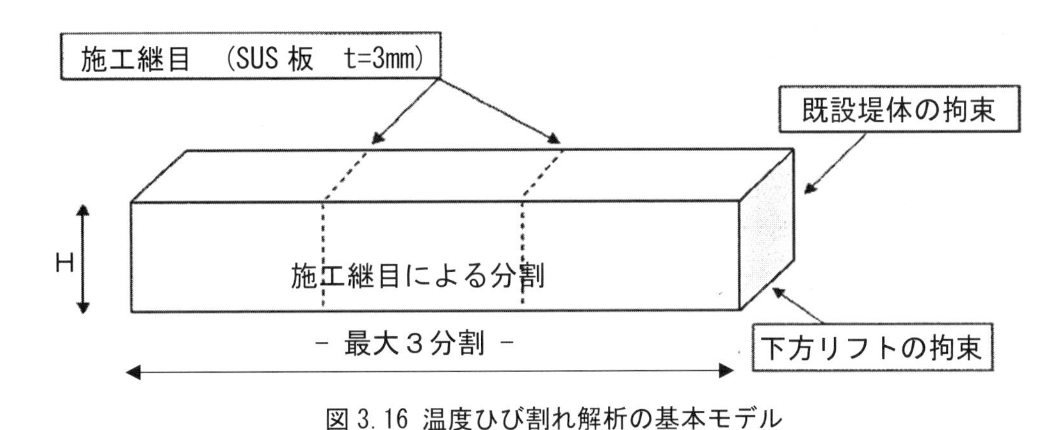

図 3.16 温度ひび割れ解析の基本モデル

表 3.2 目地間隔の変化と温度ひび割れ解析結果

温度ひび割れ解析ケース	収縮目地間隔	最小ひび割れ指数
継目増設無（当初設計１年目施工）	15.0m	0.61～1.09
継目２倍増設	7.5m	0.71～1.27
継目３倍増設（２年目以降施工）	5.0m	0.74～1.34

参考文献

1) 日本ダム協会：コンクリートダムの温度ひび割れの現状と対応，P.91，2021 年 7 月
2) 日本ダム協会：コンクリートダムの温度ひび割れの現状と対応，P.81，2021 年 7 月
3) 日本ダム協会：コンクリートダムの温度ひび割れの現状と対応，P.93，2021 年 7 月

【参考資料3】　ダムコンクリートの自己収縮ひずみ

1.　はじめに

近年，一般のマスコンリート構造物の温度ひび割れの予測においては，セメントの水和発熱に起因する温度ひずみだけでなく自己収縮ひずみも考慮した温度応力解析を行うことが一般的となってきた[1),2)]．一方，ダムコンクリートにおいては，自己収縮ひずみの測定事例は古くから報告されてきたが[3),4)]，温度ひび割れ予測において自己収縮の影響が考慮されることはほとんどなかった．今回実施したダムコンクリートの温度応力解析の事例調査においても，自己収縮の影響を考慮した事例は見られなかった．しかし，最近の研究では，ダムコンクリートにおいても，結合材の種類や配合によっては自己収縮ひずみが大きくなることが示されており，温度ひび割れの発生原因として自己収縮ひずみを考慮する必要があることが指摘されている[5),6)]．

このような背景から，今回の改訂では，温度応力解析において自己収縮ひずみの影響を考慮する場合は，実際に使用するダムコンクリートの自己収縮ひずみを適切に定める必要があるとした．ここでは，自己収縮の影響を考慮する場合の参考資料として，ダムコンクリートではどの程度の自己収縮ひずみが生じ得るのかについて測定事例により紹介する．また，ダムコンクリートの自己収縮が温度ひび割れ発生にどの程度の影響を及ぼすかについて検討した既往の研究事例を紹介する．

2.　自己収縮ひずみの測定事例

ダムコンクリートの自己収縮の測定は，一般のコンクリートの場合と同様に，コンクリート供試体をシールすることにより乾燥を防いだ条件で用いて長さ変化を測定することより行われている．例えば40mmふるいでウェットスクリーニングしたコンクリートを用いて角柱供試体（150×150×530mm）や円柱供試体（φ150×450mm）により測定された事例がある（**表2.1**）．この場合は，ウェットスクリーニングにより骨材量が変化することを考慮してフルサイズ骨材のダムコンクリートの自己収縮ひずみを求める必要がある．また，**表2.2**に示す配合の粗骨材の最大寸法が150mmのダムコンクリートの自己収縮ひずみを，φ500×1000mmの円柱供試体により測定した事例も報告されている．なお，一般のコンクリートの自己収縮ひずみ測定方法[7)]と同様に，供試体の寸法は粗骨材の最大寸法の3倍以上に設定されている．**図2.1**は，中庸熱ポルトランドセメント（M），中庸熱フライアッシュセメント（MF，フライアッシュ分量30%），ダム用の高炉セメント（BB，高炉スラグ分量55%），低発熱・収縮抑制型高炉セメント（LBB）にフライアッシュを15%置換したもの（LBB+F）を用いたダムコンクリートの測定結果を示している[5)]．ダムコンクリートの自己収縮ひずみは，一般のコンクリートと同様に，結合材の種類や配合による影響を受けることが分かる．すなわち，内部コンクリートと比較して水結合材比の低い外部コンクリートの方が自己収縮ひずみは大きい傾向がある．また，結合材の種類の影響も大きく，高炉セメントを用いた場合にダムコンクリートの自己収縮ひずみが大きくなっている．

表 2.1　40mm ふるいでウェットスクリーニングしたダムコンクリートの自己収縮ひずみ [5)]

ダム名	セメント		配合区分	粗骨材の最大寸法(mm)	水結合材比 W/B(%)	単位結合材量 B(kg/m^3)	自己収縮によるひずみ(×10^{-6})		
	種類[注2)]	メーカー					材齢3日	材齢7日	材齢28日
KN	BB55	A社製	外部	150	51.4	210	-43	-70	-126
KY	BB55	B社製	外部	150	54.8	210	-9	-25	-93
			内部	150	70.6	160	-13	-13	-15
KK	BB55	C社製	外部	150	45.3	190	-24	-51	-100
			内部	150	65.4	130	-13	-15	-29
	M	C社製	外部	150	45.3	190	-17	-29	-53
			内部	150	65.4	130	-3	-6	-26
OT	MF30	D社製	外部	150	46.6	210	-4	-14	-47
			内部	150	72.1	140	-7	-12	-19
KM[注3)]	MF30	E社製	外部	80	48.1	210	-10	-12	-25
			内部	80	70.7	150	-2	-3	-6

注1)養生温度は20℃.
注2)BB55：ダム用の高炉セメントB種で，高炉スラグの分量は55%，M：中庸熱ポルトランドセメント，
MF30：中庸熱フライアッシュセメントで，フライアッシュの分量は30%.
注3)供試体は，φ150×530mmで実施.

表 2.2　ダムコンクリートの配合 [5), 6)]

セメント種類	配合区分	水結合材比 W/(C+F) (%)	細骨材率 s/a (%)	単位量(kg/m^3) 水 W	セメント C	フライアッシュ F	細骨材 S	粗骨材 G 150mm～80mm	80mm～40mm	40mm～20mm	20mm～5mm	混和剤 Ad-1	Ad-2
BB	内部	66.9	24	87	130	—	534	436	521	350	421	0.324	0.016
	外部	47.6	23	90	189	—	498	430	514	345	415	0.473	0.076
M	内部	64.6	24	84	130	—	538	438	524	352	424	0.325	0.016
	外部	46.3	23	88	190	—	502	433	517	347	418	0.474	0.076
MF	内部	63.8	24	83	91	39	535	436	522	350	422	0.326	0.052
	外部	46.3	23	88	133	57	497	429	512	344	415	0.474	0.284
LBB+F	内部	58.8	24	77	111	20	538	439	525	352	424	0.328	0.052
	外部	42.4	23	81	162	29	500	432	516	346	417	0.477	0.210

注) F：フライアッシュII種，Ad-1：AE減水剤（リグニン系遅延型），Ad-2：AE助剤（空気連行剤）

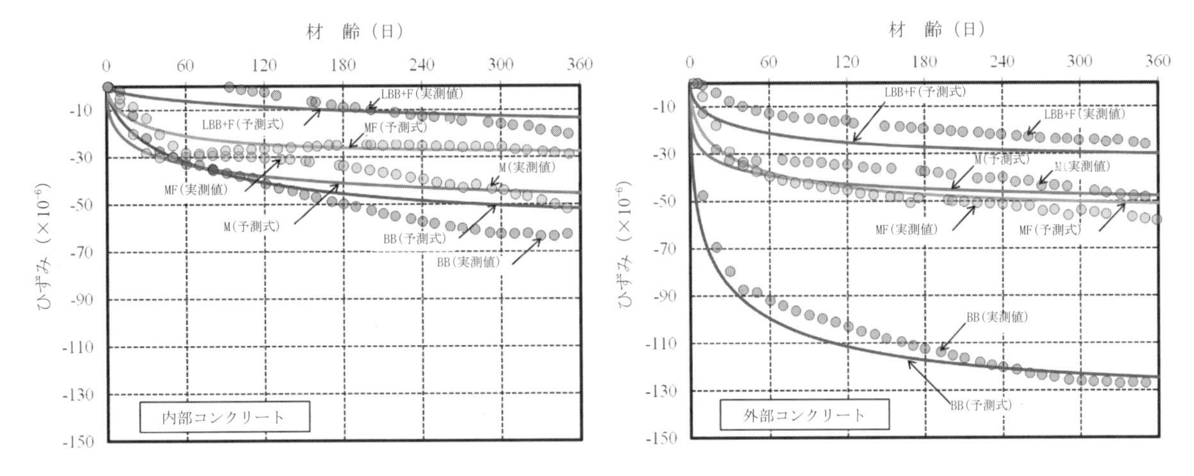

図 2.1　各種結合材を用いたダムコンクリートの自己収縮ひずみ（粗骨材の最大寸法：150mm）[6)]

3. 温度応力に及ぼす自己収縮ひずみの影響

ダムコンクリートの温度応力や温度ひび割れの発生に自己収縮ひずみがどの程度の影響を及ぼすかについては，検討事例はきわめて少ない状況にある．ここでは，**表 2.2** に示す配合のダムコンクリートの自己収縮ひずみの試験結果（**図 2.1**）に基づいて，施工時における温度応力発生状況に及ぼす自己収縮の影響につい

て，有限要素法を用いた三次元温度応力解析により検討された研究事例 [5),6)]を紹介する．一般的な重力式コンクリートダム（堤高 60m，全 80 リフト）の施工条件や環境条件を反映させた解析結果について以下に記述する．

図 3.1 に示すように，堤体中央部におけるダム軸直交方向の応力および上下流面近傍のダム軸方向の応力に着目し，最小ひび割れ指数に及ぼす自己収縮ひずみの影響について FEM 温度応力解析により検討されている．その結果は**表 3.1** に示すとおりであり，自己収縮ひずみの影響の程度は結合材の種類によって異なり，一般的なダム用の高炉セメントを用いた場合では自己収縮を考慮して解析を行うことによってひび割れ指数が 0.25 程度小さくなっている．これらの検討事例により，ダムコンクリートの自己収縮ひずみは，使用する材料や配合によっては温度ひび割れの発生要因となり得ることが示されている．

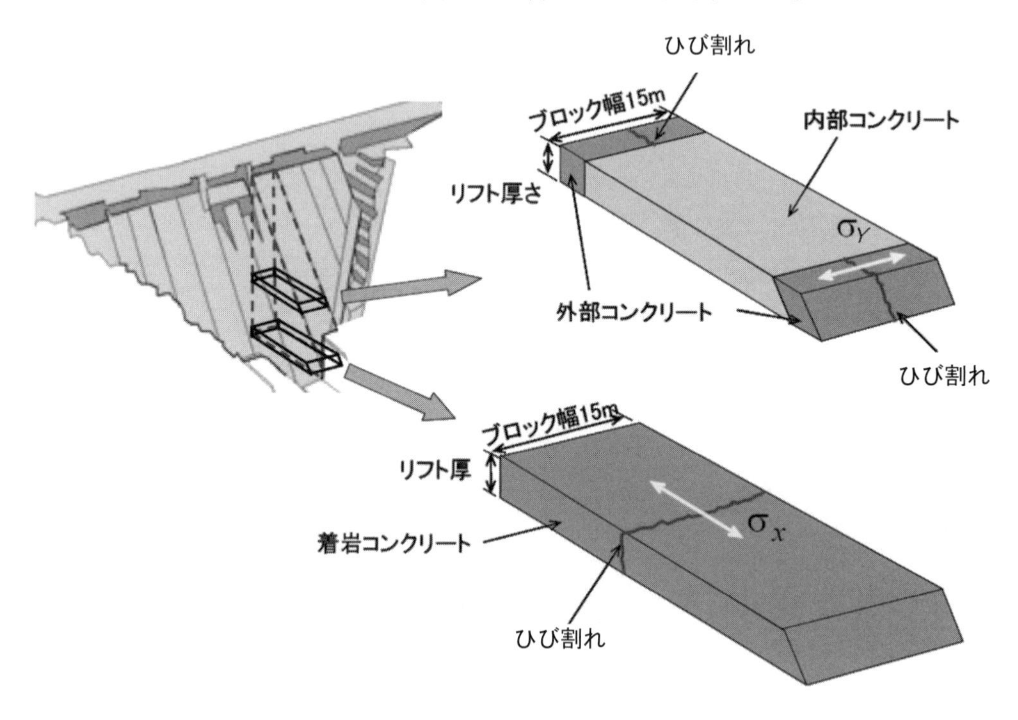

図 3.1 拘束応力に起因するひび割れ [6)]

表 3.1　最小ひび割れ指数に及ぼす自己収縮の影響 [6)]
（上：堤体中央，第 3 リフト，下：上下流面，第 58 リフト）

セメントの種類	ひび割れ指数	
	自己収縮なし	自己収縮考慮
BB	1.15	0.90
M	1.36	1.37
MF	1.45	1.25
LBB+F	1.44	1.39

セメントの種類	ひび割れ指数：上流面		ひび割れ指数：下流面	
	自己収縮なし	自己収縮考慮	自己収縮なし	自己収縮考慮
BB	1.35	1.12	1.33	1.06
M	1.37	1.34	1.37	1.32
MF	1.58	1.46	1.63	1.43
LBB+F	1.14	1.13	1.21	1.19

4. まとめ

ダムコンクリートの自己収縮に関しては，実験データが少なく，ひび割れ予測における評価方法についてもまだ十分な知見が得られてない．そのため，コンクリートダムの温度規制において，自己収縮ひずみの影響が定量的に評価されることはきわめて少ないのが現状である．今後の研究や実施工における検討事例の蓄積によって，ダムコンクリートのひび割れ予測における自己収縮ひずみの適切な評価が可能になることが期待される．

参考文献

1) 日本コンクリート工学会，マスコンクリートのひび割れ制御指針，2008.
2) 土木学会，コンクリート標準示方書［設計編］，2023.
3) Davis, H. E, Autogenous volume change of concrete, Proc. ASTM, 40, pp.1103-1110, 1940.
4) ACI Committee 207, Guide to Mass Concrete, ACI 207.1R-05, American Concrete Institute, 2006.
5) 佐藤英明，宮澤伸吾，ダムコンクリートにおける自己収縮ひずみの評価方法に関する研究，土木学会論文集 E2，Vol.72，No.2，pp.97-108，土木学会，2016.
6) 佐藤英明, 宮澤伸吾, コンクリートダム施工時の温度応力に及ぼす自己収縮ひずみの影響に関する研究, 土木学会論文集 E2，Vol.76，No.2，pp.130-143，土木学会，2020.
7) 日本コンクリート工学会，自己収縮研究委員会報告書，セメントペースト，モルタルおよびコンクリートの自己収縮および自己膨張試験方法（案），1996.

【参考資料 4】　コンクリートダムの温度ひび割れの現状と対応事例

日本ダム協会では，2003 年以降に竣工した国内 112 のコンクリートダムを対象に各ダムの施工業者から，アンケート形式による温度ひび割れに関する実態調査を実施し，回答が得られた 81 ダムの情報をとりまとめた書籍「コンクリートダムの温度ひび割れの現状と対応」を 2021 年 7 月に発刊している．この本は，これまで詳細に記されることがなかったダム施工中に生じた温度ひび割れの発生状況や原因分析，対応方法等の情報，知見，事例が整理されており，本改訂作業においても有用な資料として活用した．以下にその事例や知見の整理結果を紹介する．

1. コンクリートダムにおけるひび割れ発生の実態

日本ダム協会で調査されたコンクリートダムのひび割れ発生状況を**図 1.1** に示す．全体の 86%となる 70 ダムでいずれかの部位にひび割れが発生している[1]．

また，堤高別のひび割れ発生状況を**図 1.2** に示す．堤高 40m以上のダムの約 90%程度で，いずれかの部位にひび割れが発生している状況である．また堤高 100m以上の大規模ダムでは，全てのダムにおいてひび割れ発生が認められている[2]．なお，上記調査では，ひび割れが有害であるかの分類はしていないので，有害でないものも含むひび割れ件数となっている．

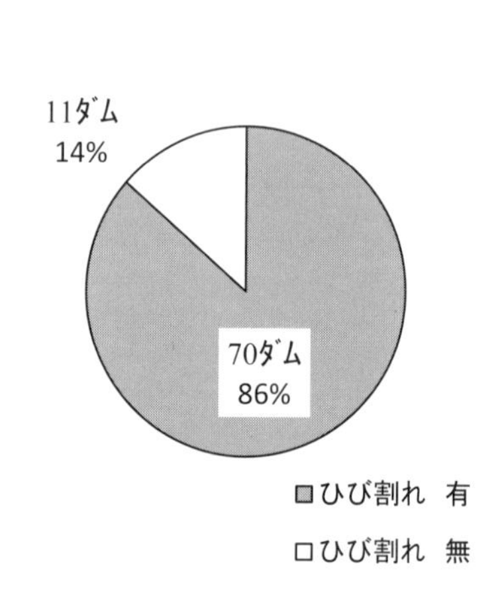

図 1.1　調査ダムのひび割れ発生状況 [1]

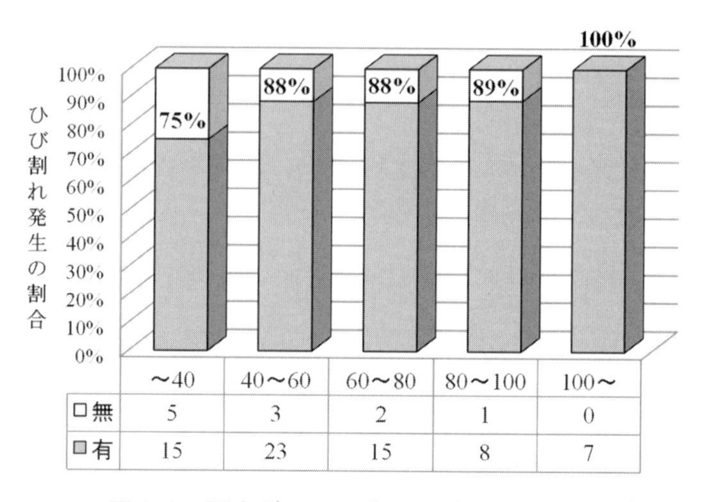

図 1.2　調査ダムの堤高別ひび割れ発生状況 [2]

2. ひび割れ発生部位と頻度の実態

コンクリートダムでひび割れが発生した部位について，上下流面や監査廊等の 14 部位に分類して調査された結果を**図 2.1** に示す．なお，件数には，同一ダムで複数部位に発生している場合は，全ての件数をカウントした結果となっている．

上流面（44%），下流面（59%），監査廊（53%）では，ほぼ半数のダムでひび割れが発生している．また，導流壁（31%），減勢工（27%）等の壁構造物おいても，30%前後のダムでひび割れが発生している．堤内バイパスやクロスギャラリー等の内部空間についても 20%～25%のダムでひび割れが発生しており，監査廊とともにひび割れが発生しやすい部位となっている[3]．

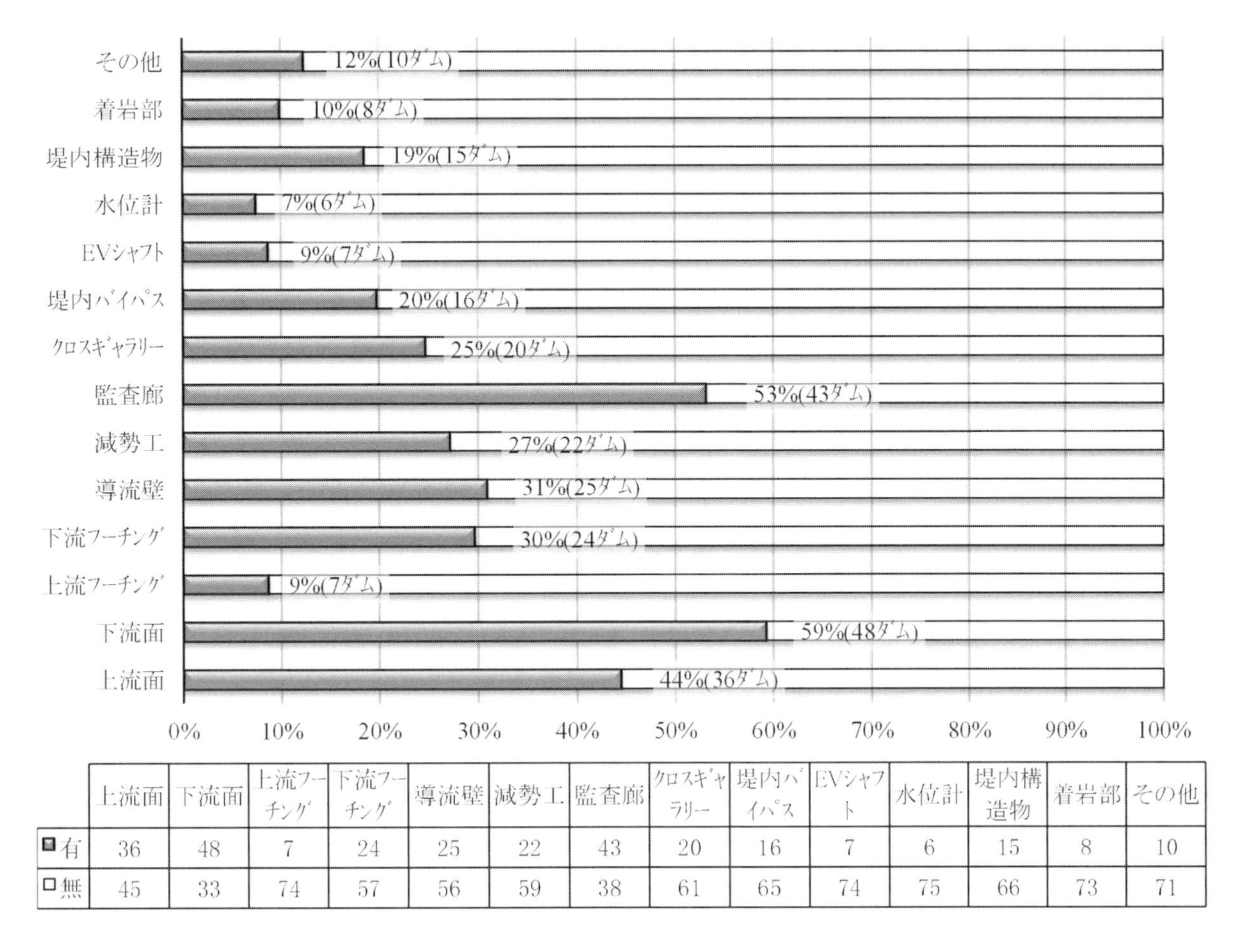

	上流面	下流面	上流フーチング	下流フーチング	導流壁	減勢工	監査廊	クロスギャラリー	堤内バイパス	EVシャフト	水位計	堤内構造物	着岩部	その他
■有	36	48	7	24	25	22	43	20	16	7	6	15	8	10
□無	45	33	74	57	56	59	38	61	65	74	75	66	73	71

図 2.1　調査ダムの部位別ひび割れ発生状況[3)]

3. 上下流面のひび割れ補修基準の実態

ひび割れ補修基準項目として最も用いられているひび割れ幅で分類した各ダムにおける上流面および下流面のひび割れ補修状況を**図 3.1** および**図 3.2** に示す.

上下流面ともひび割れ幅 0.20mm 以上を補修基準としているダムが 65%近くを占めている. また, 上流面では, 水密性を確保するために全てのひび割れを補修対象としているダムが 21%あり, ひびわれ補修基準については, 各ダムの要求性能, 環境等を考慮して違いが生じているようである[4)].

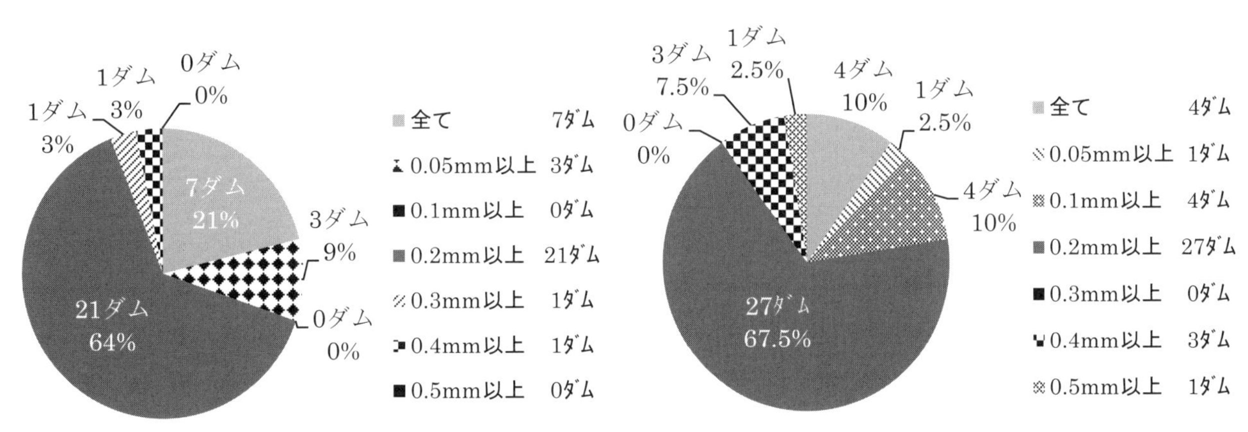

図 3.1　上流面のひび割れ補修基準[4)]　　図 3.2　下流面のひび割れ補修基準[4)]

4. 各段階における温度ひび割れへの対応一覧表

ひび割れに対する基本的な対応は，発注者，設計者，施工者が協議しながら進められなければならない．そのためには，三者の役割や分担範囲が互いに明確になっており，それがよく理解され，有機的な連携を確保するためのマネジメントが重要となる．各段階におけるコンクリートダムの温度ひび割れに対する実施項目と発注者，設計者，施工者の担当区分，参照資料等を整理したひび割れ対応項目一覧を**表 4.1** に示す[5]．

表 4.1　コンクリートダムのひび割れ対応項目一覧表[5]

段階		項目	担当 発注者	担当 設計者	担当 施工者	仕様・基準 [ダム編]：コンクリート標準示方書[ダムコンクリート編]，「共通」：土木工事共通仕様書，「特記」：特記仕様書「指針」：コンクリートのひび割れ調査，補修・補強指針	参照資料	記録	備考
設計		温度規制計画（設計）	○	◎		[ダム編]本編第2章2.5，第4章4.9，標準第4章	施工計画（設計）	温度規制計画（設計）を施工計画（設計）等に記載	適切な解析手法に基づいて温度規制計画を立案
施工	施工計画	温度規制計画（施工計画） ・温度規制計画（設計）を照査し施工条件に適合した温度規制計画（施工）を立案 ・外気温，コンクリート温度等の観測記録計画を立案	○		◎	[ダム編]本編第2章2.5，第4章4.9，標準第4章	設計図書，温度規制計画（設計）	温度規制計画（施工）を施工計画（施工）に記載 観測記録計画	適切な解析手法に基づいて温度規制計画を立案
施工	施工	施工（コンクリート製造，運搬，打設，養生，品質管理） ・温度制御の実施 ・観測管理（モニタリング）の実施	○		◎	[ダム編]本編第5章，標準第7章，第8章，第9章，「共通」第9編第1章第4節～第9節 温度制御：「共通」第1編第11節 観測管理：「共通」第9編第7節	施工計画（施工），温度規制計画（施工），観測記録計画	施工記録（材料，配合，打設・養生方法，工程，基礎地盤，型枠，打設時の環境条件等），温度制御記録を含む観測記録	
施工	ひび割れ発生・発見の後	調査	○	○	◎	①「特記」（規定がある場合），②（参考）「指針」第2章，③（参考）「ひび割れ発生状況調査要領」国土交通省事務連絡，平成13年4月4日	設計図書，温度規制計画（施工），施工記録（材料，配合，打設・養生方法，工程，基礎地盤，型枠，打設時の環境条件等），観測記録（外気温，コンクリート温度，ひずみ計・応力計記録等）	調査結果（①調査結果報告書（規定されている場合），②資料調査には記入用紙例有，③ひび割れ調査票）	標準調査（資料調査，外観調査）で原因が推定できない場合は詳細調査を実施する
施工	ひび割れ発生・発見の後	原因の推定	○	○	◎	（参考）「指針」第3章	調査結果	ひび割れ原因（「指針」の場合はひび割れ原因の種類）	事後解析による検証を実施する場合もある
施工	ひび割れ発生・発見の後	評価（ひび割れが要求性能にあたる影響の程度）	○	○	◎	（参考）「指針」第4章	設計図書，調査結果，ひび割れ原因	評価の結果	
施工	ひび割れ発生・発見の後	補修の要否判定	◎	○	○	（参考）「指針」第5章	設計図書，調査結果，ひび割れ原因，評価	補修の要否	
施工	ひび割れ発生・発見の後	補修計画	○		◎	（参考）「指針」第6章	設計図書，調査結果，ひび割れ原因，評価	補修計画書	
施工	ひび割れ発生・発見の後	補修実施	○		◎	（参考）「指針」第6章	補修計画書	補修施工記録	
施工	引渡し（施工者から発注者へ）		○		◎	①「特記」（規定がある場合），②（参考）「ひび割れ発生状況調査要領」国土交通省事務連絡，平成13年4月4日	ひび割れへの対応で作成した全ての資料	ひび割れへの対応で作成した全ての資料	設計段階，施工段階のデータを垂直展開する

参考文献

1）日本ダム協会：コンクリートダムの温度ひび割れの現状と対応，p.10，2021年7月
2）日本ダム協会：コンクリートダムの温度ひび割れの現状と対応，p.13，2021年7月

3) 日本ダム協会：コンクリートダムの温度ひび割れの現状と対応，pp.11～12，2021年7月
4) 日本ダム協会：コンクリートダムの温度ひび割れの現状と対応，p.48，2021年7月
5) 日本ダム協会：コンクリートダムの温度ひび割れの現状と対応，pp.115-119，2021年7月

【参考資料5】 ダムコンクリートにおけるひび割れ予測の簡便法の海外状況と国内経緯

ダムコンクリートにおいて，拘束度の経験図に基づいて形状や温度差から発生する応力またはひずみを簡単に求める方法（以降，拘束度を用いる簡便法）は，簡便に事前のひび割れ評価ができることから，米国をはじめ海外において，ひび割れ予測の照査手法として多く使われている．

一方，国内において，拘束度を用いる簡便法は，1970年代に米国のものが取り入れられたが，1990年代以降，拘束度マトリックス法として展開されたこともあり，現在ほとんど使用されていない状況にある．しかし，海外において基本的な照査手法としての位置を占めるこの簡便法を取り上げることは，実務的な便利さ以外に，エンジニアの温度ひび割れへの直感力を高めるために重要であると思われる．

なお，国内の一般コンクリートにおいては，［設計編2022年版：本編］**12章 初期ひび割れに対する照査 12.2.2 ひび割れ発生に対する照査**の条文において，「(3) ひび割れ指数は，温度応力解析，または適用範囲が明確で十分に信頼できる簡易評価法のいずれかにより求めるものとする．」とあり，実務的な簡易な方法が紹介されている．当資料で紹介する簡便法は別手法ではあるが，温度応力を簡単に確認できる簡便法が必要であるという点では共通している．

1. 海外における拘束度を用いた簡便法の経緯と内容

(1) 海外における経緯

拘束度を用いた簡便法は，元々，米国の多くのダムにおけるひび割れ評価に関する長年の経験から発展したものであり，Carlsonによって最初に報告され（1937年），後に米国開拓局によって1965年に公開されたテストデータに由来している[1)]．拘束度とはコンクリートの体積変化に対する拘束の程度を表す係数であり，着岩面を1とした場合の打設面における比である．拘束度によって，広いコンクリート面の中央に発生するおおよその温度応力を経験図法による拘束度を用いて簡便に推定することができる．

当手法は，岩盤や既打設コンクリートによる拘束に起因する堤体中央部のひび割れ発生を許容ひずみとの比較から経験的に予測する簡易手法であり，国内・海外において，ひび割れリスクを簡潔ながら直感的に評価する方法論として重要である．

この簡便法は，有限要素法による温度応力解析が主流となった現在においても，事前に温度ひび割れのリスクを確認する場合や有限要素法による解析結果を確認する場合において海外で用いられている．

(2) 米国の事例

コンクリートと打設対象の物質との接触面に沿って存在する連続的な拘束のことを外部拘束と言い，拘束の程度は，主にコンクリートと拘束物質の相対的な寸法，強度，および弾性係数に依存する．

マスコンクリートにおける拘束度を用いた簡便法に関しては，和訳文献2)においてACI（米国コンクリート学会）文献1)と共通のものが記載されており，コンクリートリフトのレア長Lと打上がり高Hの比を変化させたときの拘束度と着岩面からの相対高さの関係を**図1.1**に示す．当図は，1930年代～1960年の米国ダムのひび割れ評価の実績から開発されたものであり，拘束度の図の基になったデータは，打設途中リフトを対象とした計測値であるが，基本的にこの50年変わっていない．

図1.1から分かるように拘束度K_Rと着岩面からの相対高さの関係は，L/H比によって異なるが，コンクリートはL/H比に拘らず岩盤との境界面で100%の完全拘束(K_R=1.0）を受けるが，L/H比が小さいほど，また

は着岩面から離れるほど拘束度 K_R が減少する．岩盤面からの打設が進んだリフトの中央部の拘束度を求める場合，対象リフトの着岩面からの高さと上下流方向のリフト長から L/H 比が分かれば，基礎岩盤とコンクリートの弾性係数の比から拘束度 K_R を求めることができる．

打設面中央部に発生する引張応力 f_t は図 1.1 右の式①で求められる．クリープによる応力低減への影響は大きいが，クリープを考慮しない場合はクリープ係数 ϕ をゼロとしてよい[2]．

基礎の拘束度 K_f は，コンクリートと基礎の最大有効拘束面積である A_g と A_f を使用して，式②で計算できる．面積係数の概念（基礎上のマスコンクリート面積の約 4 割が岩盤と隙間なく付着しているという想定）から，最大有効拘束面積 A_f は $2.5A_g$ と仮定され，これに基づき文献 1)では基礎とコンクリートの弾性係数の比別の K_f の値が表で与えられている．なお，通常はクリープによるある程度のリラクセーション（応力緩和）が必ずある．クリープ係数が分かれば，最終的な引張応力 f_t は拘束度 K_R を用いて計算できる．

温度応力の算定フローは「打設形状の L/H 比から該当曲線を選ぶ→基礎上の相対高さを与える→打設面高さでの拘束度 K_R が求まる→これと温度降下量・諸値を式①に入れて温度応力を算定する」と簡単である．

一方，内部拘束は，コンクリート躯体内の体積変化の差に依存する．このため，文献 1)には内部拘束についても L/H 比から内部応力を求める図が与えられているが，内部拘束の影響は，基本的に外部拘束に対して付加的なものであり，大きな外部拘束が存在する場合にはその影響が支配的となる．

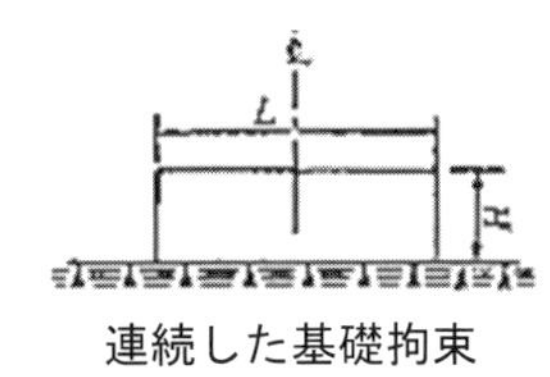

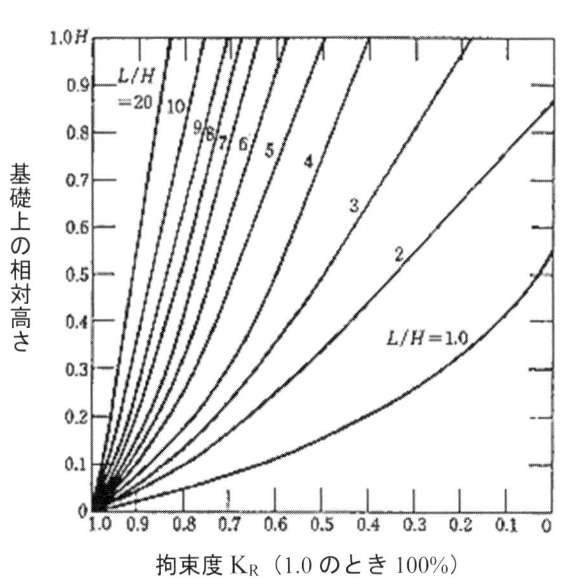

<u>引張応力f_t を拘束度K_Rから求める式</u>

$f_t = K_R K_f \{Ec/(1+\phi)\} \alpha \triangle T$・・・式①

f_t：引張応力

K_R：コンクリート躯体の拘束度

K_f：基礎の拘束度

Δc：無拘束時のコンクリート単位収縮量

ϕ：クリープ係数，α：線膨張率

$\triangle T$：温度降下量（内部と外部気温との差）

<u>基礎の拘束度K_fを求める式</u>

$K_f = 1/(1+ A_g E_c / A_f E_F)$・・・式②

A_g：コンクリート躯体の最大有効拘束面積

A_f：基礎の最大有効拘束面積

A_fは$2.5A_g$と仮定

E_C：コンクリートの弾性係数

E_F：基礎の弾性係数

図 1.1 中央断面における引張拘束の度合い[2]と引張応力および基礎の拘束度を求める式[2]

2. 国内経緯[6]

ダムコンクリートの拘束度に関する国内での温度ひび割れ予測への適用については，国内におけるダムの計画・設計・施工等に関する技術図書「多目的ダムの建設」に記載され，当文献の改定の度に改められたが，これらに記載の国内経緯を辿ることによって拘束度を用いた方法の概略を知ることができる．

(1) 1969年初版「多目的ダムの建設」，コンクリートの温度規制[3)]

米国における拘束度を用いた簡便法は，当時建設省土木研究所の柳田力らによって当文献において紹介され，1960年代後半から1980年代においては，施工されたコンクリートダムにおける温度ひび割れが発生する可能性を事前に知る方法として広く用いられた．

拘束度Rを用いた温度応力σの算定式を式③に示すが，前述の式①を分かりやすくしたものであり，当値が引張強度を超えた時にひび割れは発生する．

$\sigma = R \times Ec' \times \alpha \angle T$　　・・・・式③

（α：線膨張率，⊿T：温度降下量（内部温度と外気温との差），Ec'：見掛けのコンクリート弾性係数）

なお，E_C'は岩盤の弾性係数E_Rの影響を受けるため，基礎に多少の亀裂がある場合等はコンクリートの引張応力も緩和される．柳田らは前述の面積係数の概念から最大有効拘束面積比を0.4と定値化してEc'を定義し，式②を式④のように簡略化した．

$Ec' = (1/(1+0.4Ec/E_R))Ec$　　・・・・式④

（E_C：コンクリート弾性係数，E_R：基礎岩盤の弾性係数）

式③の拘束度RとL/Hに応じて求めるための打上り高さとの関係を**図2.1**に示すが，基本的には**図1.1**と同様の関係を示している．拘束度Rは，コンクリートの弾性係数E_Cを固定した場合，L/H比によって定まる．当図から求められる拘束度Rは，打設面中央部のものであるので，式③では打設面中央軸に発生する引張応力σが標高毎（リフト毎）に求められる．

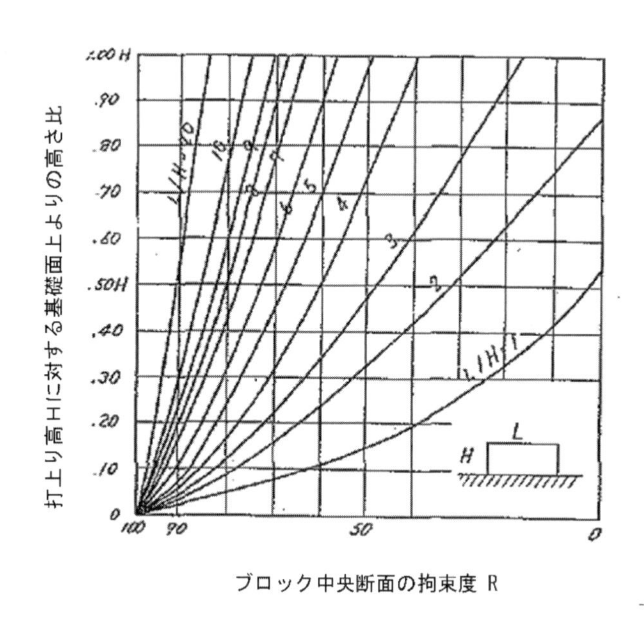

図2.1　コンクリートブロックの縦横比別の中央部の拘束度と基礎面上よりの高さの関係[3)]

図2.2　コンクリートブロックの縦横比別のE_C/E_Rと着岩面中央部の拘束度との関係[4)]

(2) 1987年版多目的ダムの建設　第22章コンクリートの温度規制[4)]

1980年代のRCD工法等の面状工法の進展とともに内部応力の影響をより正確に確認するための方法が必要となった．そこで，建設省土木研究所によって，拘束度を用いる経験的手法であっても打設面中央部の温度応力をより正確に予測するための方法が開発された．**図2.2**は，コンクリートの温度降下量が全ての点で一様として，コンクリートと岩盤の弾性係数比 Ec/E_Rを変数に組み込んだ上で，L/H比から基礎岩盤による外部拘束度の大きさRを着岩面に対して求めたもので，基本的に**図2.1**を組み替えた図である．

なお，**図 1.1** と**図 2.1** は，打設面までの拘束度を求めるものであり内部拘束の影響も含む実績値を基にしていたが，**図 2.2** は弾性係数比と外部拘束のみによる拘束度の関係を読み取れる形にしたものと言える．ただし，着岩面に対する拘束度として限定したために，コンクリート躯体打設面までの途中標高における温度応力を求めるためには，基礎からの打設リフトごとの計算を繰り返すことが必要となった．

(3) 2005 年版「多目的ダムの建設」第 24 章ダムコンクリートの温度規制 5)

前述の**図2.2**が基礎岩盤による外部拘束に特化したものであることに対して，各リフト相互の内部拘束の影響も含めた温度応力を求めるために，拘束度マトリックス法が1990年頃に開発され，面状工法の打設開始時期や打設休止の影響を確認するために活用された．

図2.3に拘束度マトリックスの概念および12層のモデルについて作成した拘束度マトリックスの例を示す．すなわち，ダム堤体を数リフトごとの層状構造と考え，各層に単位温度変化量を与えた時の基礎岩盤による外部拘束および内部拘束による拘束度を求めてマトリックスとして表示する．この拘束度マトリックスに各層の打設時期を考慮した温度履歴計算により求めた温度降下量を乗じれば，それぞれの層の温度応力や拘束ひずみを求めることができる．

拘束度マトリックス法による最適打設開始時期の検討例を**図2.4**に示す．打設時期を横軸にとると，ある層に生じる拘束ひずみはその層の打設時期が夏季の時に最大となるサインカーブ状の曲線となる．各層の打設時期の差を考慮して，打設開始時期（最下層の打設時期）を横軸にとって重ね合わせると，**図2.4**のような曲線群が得られる．その結果，打設開始時期を11月頃とするのが最適で，その場合の拘束ひずみの最大値は約40μとなることが分かる．

ただし，拘束度マトリックス法がコンクリートダムのひび割れ予測手法として定着するにつれて，**図 2.2** の拘束図を使わずに要素単位の解析を組み込んで着岩面および堤体内部の拘束ひずみを計算する方法が用いられるようになった．その時点で，拘束度マトリックス法は経験値に基づく簡易法ではなく，通常の有限要素法による温度応力解析よりも複雑な手法となった．拘束度マトリックス法は，気温等の環境変化を柔軟に反映できる点では優れる反面，解析対象が堤体中央部に限られるため，各部位におけるひび割れ予測には向かない．また，最終安定温度でのひび割れ予測を対象としており，施工中に発生し得るひび割れの予測は対象としていない．このため，現在の温度ひび割れ予測では有限要素法による温度応力解析が広く用いられており，拘束度マトリックス法は予備的な使用にとどまっている．

以上のことから，今回の示方書［ダムコンクリート編］の改訂では，施工中および完成後に発生し得る各部位の温度ひび割れ予測が可能な有限要素法による温度応力解析を標準とすることとしている．

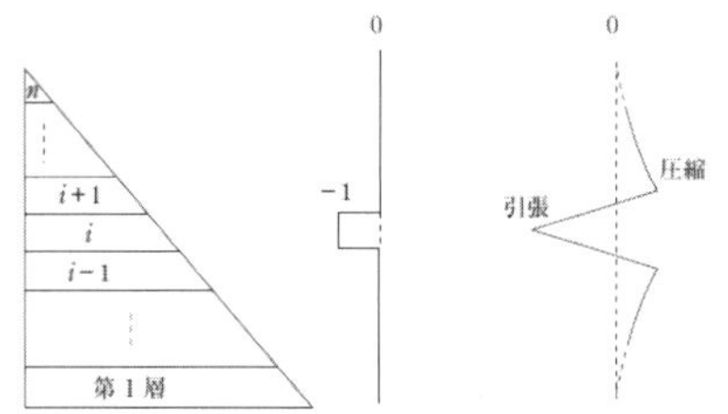

①単位温度変化　②発生する温度応力(ひずみ)

たとえば j 層に①のような単位温度変化(−1℃)を与えると，

それにより各層には②のような温度応力(ひずみ)が生じる。

図24-33　拘束度マトリックスの概念 25)

表24-7　拘束度マトリックスの例 26)

		温度変化を与える層番号											
		①	②	③	④	⑤	⑥	⑦	⑧	⑨	⑩	⑪	⑫
応力を求める層番号	①	616	−255	−119	−46	5	18	11	4	0	0	0	0
	②	−229	698	−149	−116	−43	−4	5	3	0	0	0	0
	③	−126	−185	780	−199	−119	−43	−4	4	3	0	0	0
	④	−50	−110	−126	695	−210	−109	−29	0	3	0	0	0
	⑤	−6	−45	−83	−195	676	−218	−103	−4	0	3	0	0
	⑥	11	−11	−35	−105	−204	651	−225	−81	−3	3	0	0
	⑦	10	4	−8	−34	−91	−213	626	−233	−64	−3	0	0
	⑧	6	6	1	−4	−25	−83	−220	590	−235	−45	−1	0
	⑨	1	3	3	4	1	−13	−63	−228	554	−239	−25	3
	⑩	0	1	1	3	4	4	−5	−50	−231	519	−238	−6
	⑪	0	0	0	0	1	1	3	0	−40	−234	509	−238
	⑫	0	0	0	0	0	0	1	3	1	−33	−469	498

($\times 10^{-3}$)

図2.3　拘束度マトリックスの概念5)

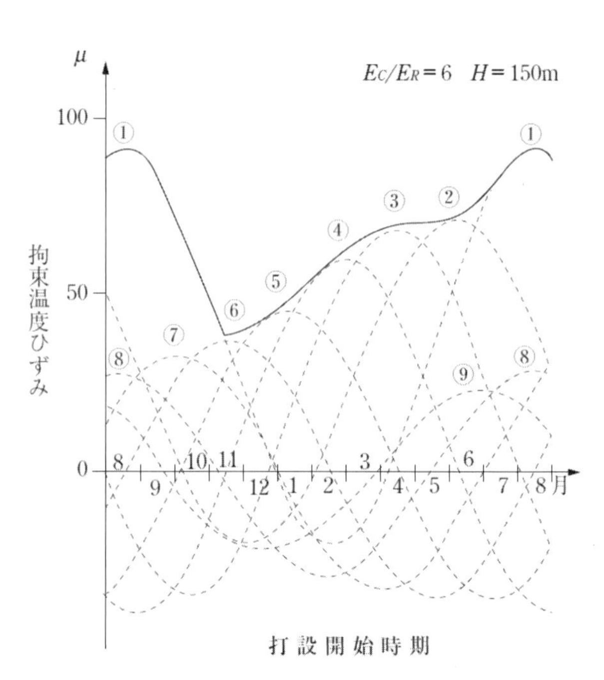

図2.4　拘束温度ひずみと打設開始時期の関係5)

参考文献

1)　ACI 207.2R-07：Report on Thermal and Volume Change Effects on Cracking of Mass Concrete，米国コンクリート学会，2007年

2)　田澤榮一，佐伯昇ほか：コンクリート工学—微視構造と材料特性，技報堂出版，pp.104-105，1998年

3)　柳田力：多目的ダムの建設 1969年版・コンクリートの温度規制，II-pp.135-136，全国建設研修センター，1969年

4)　水野光章・永山功ほか：多目的ダムの建設 1987年版・第22章コンクリートの温度規制，pp.230-231，ダム技術センター，1987年

5)　永山功・自閑茂治ほか：多目的ダムの建設 2005年版・第24章ダムコンクリートの温度規制 pp.50-61，ダム技術センター，2005年

6)　川崎秀明：ダムに関する技術の系譜　第9回　—温度ひび割れの分析手法—，ダム技術 2022年12月号，No.435，pp.4-17，ダム技術センター，2022年

【参考資料 6】 有害な温度ひび割れについて

［ダムコンクリート編：本編］2.5 **温度規制計画**に記載する温度規制計画の対象とすべき有害な温度ひび割れの例を**図 1**に示す．このうち，ダムの安定性を低下させるひび割れとして特に注意すべきものとしては，堤体内部のダム軸方向に発生し，堤体を上流側と下流側に分断するようなひび割れ（同図 a），堤体の水平打継目の開きを生じさせるひび割れ（同図 b）等がある．堤体を上流側と下流側に分断するひび割れは，構造設計の前提としている堤体の一体性を損なうおそれがある．堤体の水平打継目の開きを生じさせるひび割れは，堤体の一体性を損なうとともに，横継目部の止水板を回り込む打継面内への水の浸透など堤体の止水性の低下により生じる揚圧力の作用，さらにはこれに凍結融解作用が加わった場合の耐久性の低下によっても堤体の安定性を低下させるおそれがある．このほか，例えば重力式コンクリートダムで堤趾部（堤体下流端部）など応力が集中する箇所で堤体を分断するようなひび割れ（同図 c）が生じると，構造設計上確保している堤体の滑動や転倒に対する安定性を低下させるおそれがある．

なお，外気温の急激な低下等に起因して堤体の表面に生じる温度ひび割れは，ただちに堤体の安定性や止水性を損なうものとはならないと考えられるが，将来的にひび割れ箇所からの水の浸透や凍結融解作用によって耐久性を低下させる可能性がある．このため，温度ひび割れの予測に際しては，このようなひび割れも含めて発生の可能性や影響を検討し，必要に応じて対策を検討することとなる．

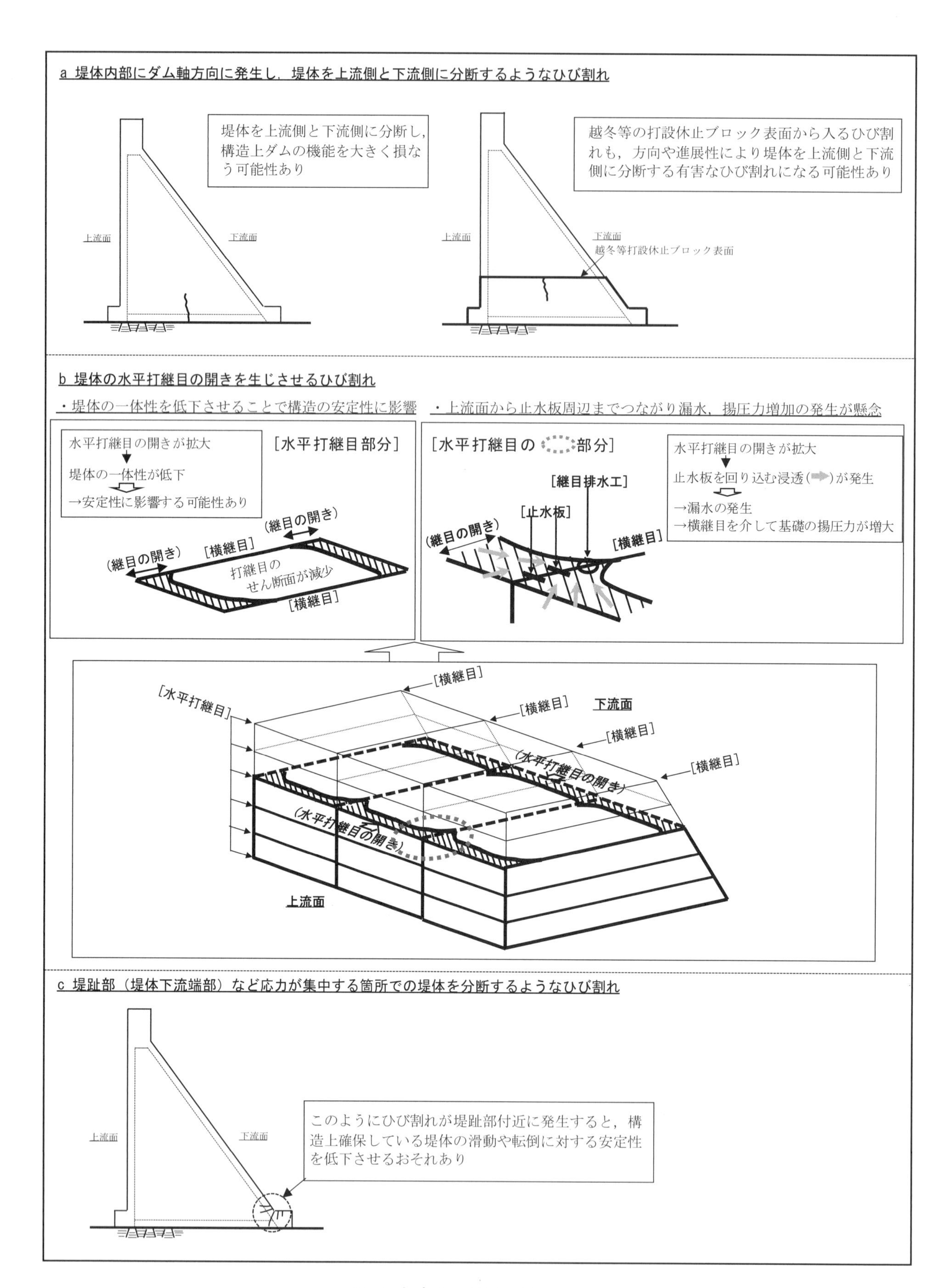

図 1 有害な温度ひび割れの例

【参考資料7】ダムコンクリート品質管理の合理化

1. 品質管理の合理化の概要

1.1 今回の改訂の要点

ダムコンクリートに要求される品質の多くは硬化コンクリートに対するものであり，単位容積質量等ごく限られた品質を除いて，ダムコンクリートの打ち込み時に確認することができない．このため，施工者は，ダムコンクリートの製造およびコンクリートダムの施工にあたっては，ダムコンクリートを打ち込む前のフレッシュコンクリートの段階において，ダムコンクリートに要求される品質が間接的に判定できる指標を設定した上で，打ち込み時に当該指標をもって品質の確認を行い，その後，コンクリートが配合設計に当たって定めた材齢（標準は91日）に達した段階で，再度，圧縮強度試験等直接的な方法で，最終的に品質の確認を行うという2段階の品質管理を行う必要がある．

ダムコンクリートは，現場での製造が基本であるため，製造から打ち込み場所への運搬時間が一般のコンクリートに比べて短い点では，打ち込みまでの品質変動の要因が少ない．このため，通常は製造時の材料の品質，配合，フレッシュ性状を適切に管理することにより所要の品質を担保できると考えられる．すなわち，製造時のこれらの管理値をダムコンクリートに要求される品質の間接的な判定指標として設定することが可能であると考えられる．

なお，品質管理の試験方法と頻度は，施工中のダムコンクリートの品質の変動状況を踏まえ，品質変動の傾向に応じた合理的なものとなるように，例えば，品質が安定状態に入ったことが確認できれば試験頻度を減らす等，必要に応じて見直していくことも重要である．

1.2 ダムコンクリート製造時のフレッシュ性状の管理値による要求品質の間接的判定

近年，ダムコンクリートの製造において，材料の品質は以下の状態にあることを前提としている．

・セメント，混和材，混和剤等は工場製造品であるため，常に，品質は安定状態にある
・骨材も現場プラントで製造・管理されており，通常の場合，粒度分布や表面水率等品質は安定状態にある
・コンクリート製造においても，現在は，細骨材の表面水率は各バッチ毎に厳密に計量管理されていることから，各バッチ毎の単位水量も厳密に管理されている

以上のことから，通常の場合，コンクリート製造時のフレッシュ性状は安定状態にあり，その代表値である混練性状（コンシステンシー）の傾向を把握・管理することにより，圧縮強度をはじめダムコンクリートに要求される品質はある程度担保できる．

実際のダムコンクリートの製造において，コンクリートの単位水量を各バッチ毎に厳密に計量管理した実績，および製造時のフレッシュ性状（混練性状）の管理によりダムコンクリートの品質管理を行った実績を2.および3.にそれぞれ示す．

1.3 品質が安定状態に入った場合の品質管理の頻度低減

ダムコンクリートの圧縮強度はX-Rs-Rm管理図で管理し，施工初期段階でバラつきの収束を図ることを大前提としている．ゆえに，ひとたび品質が安定状態に入れば，それ以降は，前述のとおり圧縮強度のバラつきはきわめて小さくなるため，試験頻度を減らしても品質管理結果に及ぼす影響はほとんどないものと考えられる．

実際のダム工事において，コンクリート圧縮強度試験の頻度を減らした場合の品質管理結果に及ぼす影響について検証した結果，およびダムコンクリートの品質が安定状態に入ったことを確認した上で試験頻度を減らした実施例について 6. および 7. にそれぞれ示す．

2. ダムコンクリート製造時における単位水量の連続管理

ダムコンクリート製造時における骨材の表面水の変動は，コンシステンシーや圧縮強度の変動に大きく影響を及ぼすため，表面水量をできるだけ小さくかつ一定となるような材料管理を行うとともに，表面水量の変動に合わせて練り混ぜ水の計量値を 1 バッチ毎に補正することが望ましい．単位水量が少ない硬練りの RCD コンクリートの製造では，バッチャープラント内の細骨材貯蔵ビン等に水分計を設置し，細骨材の表面水量を毎バッチ連続測定することにより，練り混ぜ水の計量値を補正する方法が広く用いられてきた．水分計の種類を**表 2.1** に示す．近年は，RCD コンクリートの有無やダムの規模の大小によらず，細骨材表面水の連続管理を採用する例が増えており，従来の JIS 法試験による表面水のサンプリング管理から全量連続管理に転換することにより，コンクリート製造段階での品質管理を強化する傾向がある．

プラントでの表面水連続管理を実施したＧダムにおける練混ぜ水実計量値（投入水量）および実単位水量と材齢 91 日圧縮強度の関係を**図 2.1** および**図 2.2** に示す．B1 配合（RCD コンクリート）を例としてみると，細骨材表面水量の変動分を補正した練混ぜ水実計量値の変動幅は 34kg/m^3（29～63 kg/m^3）であり，細骨材表面水量のばらつきが認められるが，練混ぜする実単位水量の変動幅は 4kg/m^3（102～106 kg/m^3）に抑さえられており，細骨材表面水の連続管理の効果が認められている．この結果，いずれの配合も材齢 91 日圧縮強度は変動係数 10%以内の良好な品質管理がなされている．

表 2.1　水分計の種類 [1)]

方　式	測　定　原　理	測定方法，採取場所
重量計量方式	JIS A 1111 細骨材の表面水率試験方法の重量法に準じて水分量を計測する	バッチャープラント内細骨材貯蔵ビンより計量槽に流れ落ちる砂を直接採取
静電容量方式	砂の中に電極を差し込み，静電容量を求め，水分率に換算する	細骨材貯蔵ビンに電極を差し込む
マイクロ波方式	マイクロ波が水分に吸収されやすい性質を利用し，減衰した変位電圧値を水分率に換算する	細骨材貯蔵ビン底部付近　或いは 細骨材貯蔵ビンホッパシュート部
電磁波方式	湿潤状態の細骨材に電磁波を照射することで変化する変位電流から含水率を測定する	細骨材貯蔵ビン底部付近
赤外線方式	光の中のある波長の一部が水に吸収されるのでその減衰量から水分量を測定する	貯蔵ビンへ搬送するベルトコンベヤ上の砂に赤外線を照射し測定
ＲＩ方式	ＲＩ線源より照射する速中性子は水素原子核と衝突するとエネルギーを失い熱中性子となる．残留速中性子または熱中性子をカウントして水分量を計測する	細骨材貯蔵ビンホッパシュート部

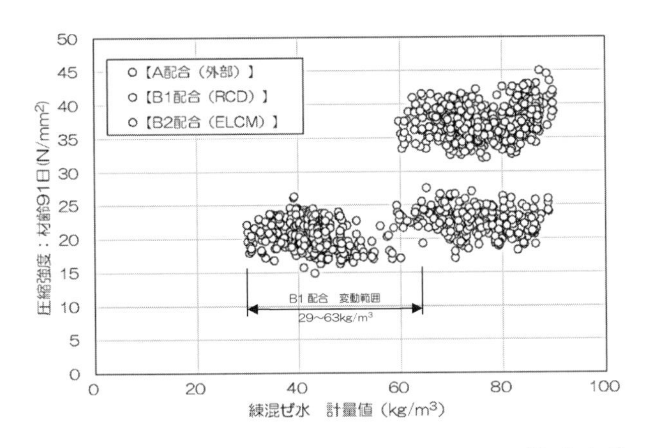

図 2.1　練混ぜ水計量値と材齢 91 日圧縮強度[1)]

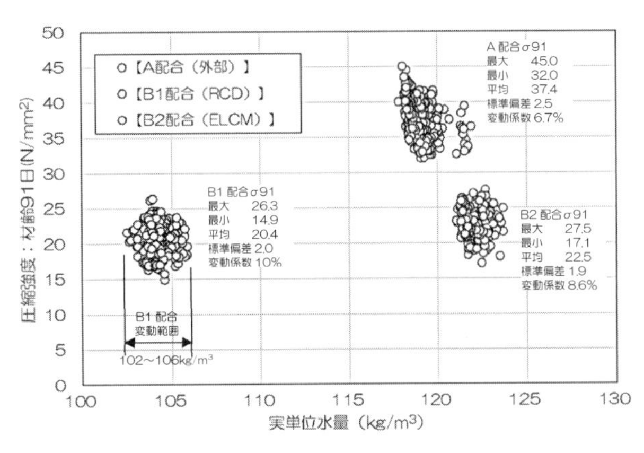

図 2.2　実単位水量と材齢 91 日圧縮強度[1)]

3. ダムコンクリート製造時のミキサ負荷電力によるフレッシュ性状管理

フレッシュコンクリートの品質管理は，一般に，スランプ試験と空気量測定を，1～2 時間毎にコンクリートをサンプリング採取して，試験室で実施することを基本としている．しかし，近年のいくつかの現場では，コンクリート製造時のミキサ負荷電力（kW）に着目し，練上がり時の負荷電力値とスランプ値の相関からフレッシュ性状を毎バッチ連続的にモニタリングし，全量管理を行っている例がある．ミキサの負荷電力とは，コンクリートミキサを駆動させるモーターの負荷電力を意味し，理論的にはスランプが大きい（軟らかい）コンクリートの方が負荷電力は小さくなる．**図 3.1** は，プラント操作室における練混ぜ時の負荷電力モニター画面例を示したものである．縦軸がミキサ負荷電力，横軸が各バッチの練混ぜ経過時間を示している．材料投入直後は負荷電力が上昇するが，その後緩やかに下降し，練上がり時にはほぼ一定値となる曲線となる．この練上がり時の負荷電力によりフレッシュ性状を評価する．

図 3.2 は，Y ダムにおけるミキサ負荷電力を用いたフレッシュ性状管理例である．左縦軸が各配合におけるミキサ負荷電力，右縦軸が細骨材の表面水率（連続管理），横軸が打設開始からの経過時間を示す．また外部配合における上下管理限界線を破線で示すが，この限界線は各配合で固有のものとなる．なお管理限界線は，前日までの累積データから当該配合のスランプ許容変動幅に応じた管理限界値を設定したものである．細骨材の表面水率等性状が安定状態にある場合は，負荷電力値は概ねこの限界線内に収まる．

細骨材の表面水率は短時間で変化する場合があるが，そうした場合でも，従来の抽出検査では捉えられなかったフレッシュコンクリート性状（混練性状等）の急激な変化を，連続して全量管理することによりタイムリーに捉えることが可能となり，迅速かつ的確な対応が図れる．

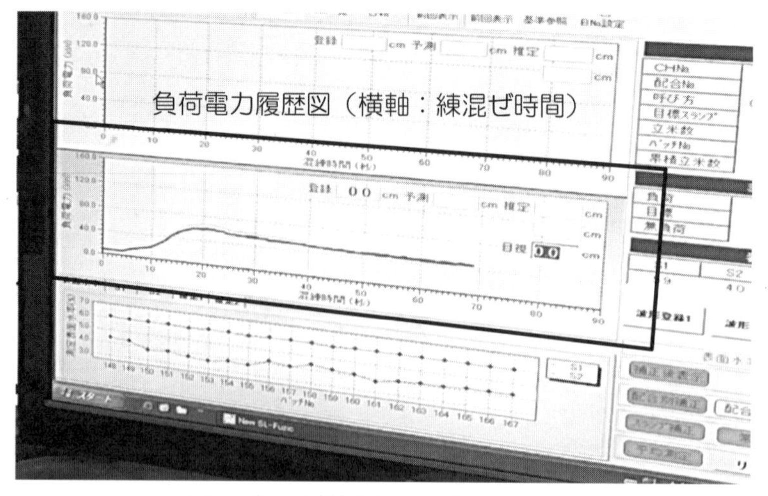

図 3.1　負荷電力モニター画面例

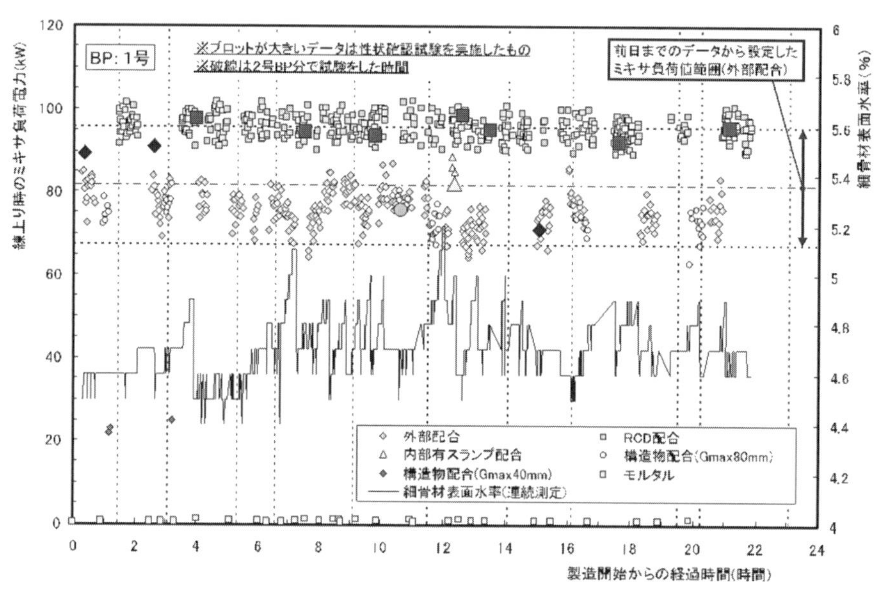

図 3.2　ミキサ負荷電力を用いたフレッシュ性状管理例 [2)]

4. ダムコンクリート圧縮強度の変動と安定期の判定

ダムコンクリートは，施工の初期段階では一般に品質変動が大きくなるため，圧縮強度の試験頻度を増やして適切な管理限界値を早期に設定し強度を管理することが肝要である．通常，ダムコンクリートの圧縮強度管理には，X-Rs-Rm 管理図が用いられる．**図 4.1** は，Ｆダム施工初期における圧縮強度（RCD コンクリート，材齢 91 日）のX-Rs-Rm 管理図の一例である．各項目の管理限界線幅を見ると 30～40 ロットでほぼ収束し，安定期に入っていると判断できる．

図 4.2 は，Ａダム～Ｅダムにおける打設時期（前期・中期・後期）によるコンクリート圧縮強度（RCD コンクリート，材齢 91 日），標準偏差，変動係数の推移を整理した結果である．ダムコンクリートの場合，一般に，変動係数が 10%以下であれば品質は安定していると言われているが，各ダムの骨材等の材料条件の違いもあり，10%を安定期と判断する目安とは一概に言えない．例えばＢダム以外のダムでは中期，後期は，前期に比べて明らかに変動係数が小さくなっており，安定期に入っていると言える．一方で，Ｄダムのように全期にわたって変動係数が 8%程度と小さく，前期から安定期に入っていると言える場合もある．

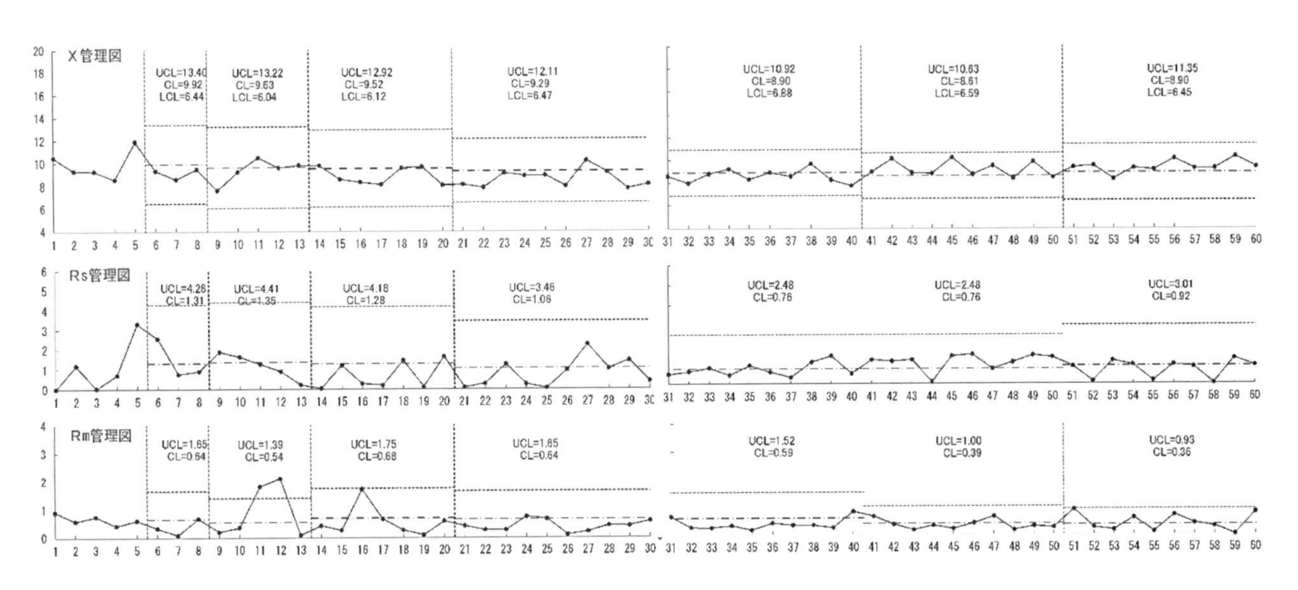

図 4.1 施工初期における材齢 91 日圧縮強度のX－Rm－Rs管理図

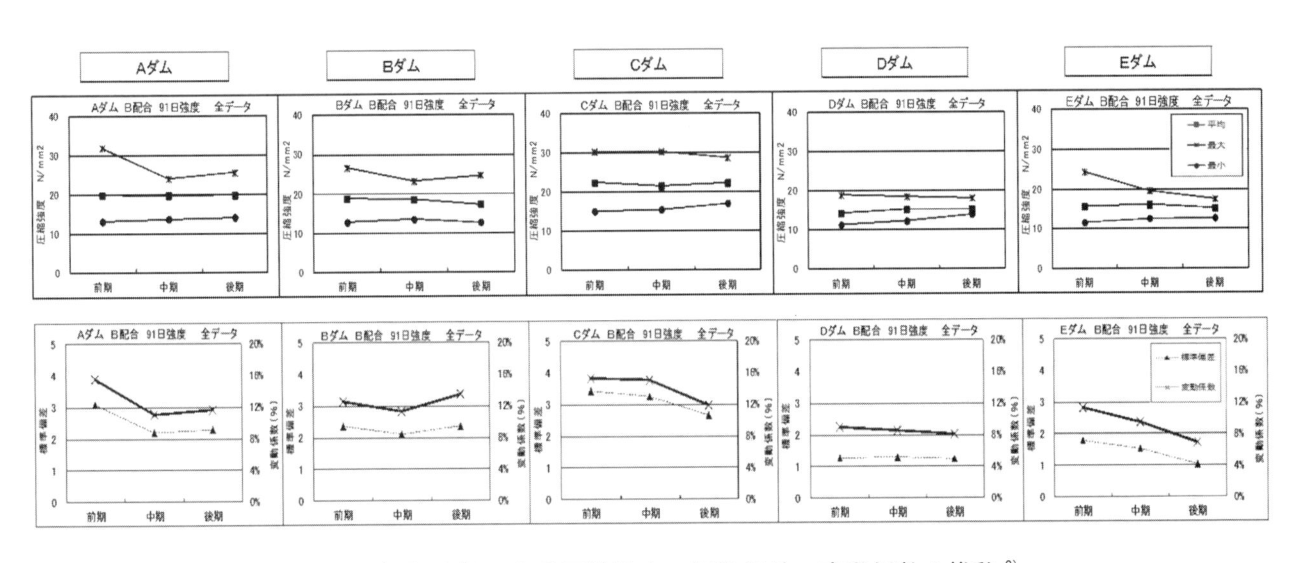

図 4.2 打設時期による圧縮強度，標準偏差，変動係数の推移[3)]

5. ダムコンクリート圧縮強度の早期材齢強度との相関例

ダムコンクリートの圧縮強度の管理材齢は 91 日であるが，施工の初期段階や材料や施工条件等が変わる場合には，コンクリートの品質を早期に判定するために，材齢 91 日のほかに早期材齢（材齢 7 日または 28 日）の圧縮強度を確認することが望ましい．この場合，あらかじめ材齢 91 日における圧縮強度と早期材齢における圧縮強度との関係を求めておくことで，早期材齢における圧縮強度で材齢 91 日の圧縮強度の安定化をある程度推定評価できることを確認しておく必要がある．

Ｆダムにおける外部コンクリート（A配合）およびRCDコンクリート（B配合）の，材齢 7 日圧縮強度と材齢 91 日圧縮強度および材齢 28 日圧縮強度と材齢 91 日圧縮強度の相関図を，それぞれ**図 5.1** および**図 5.2** に示す．両配合ともに，91 日材齢と早期材齢の圧縮強度の相関を表す決定係数R^2が 0.5 以上（相関係数 r は 0.7 以上）であり，ある程度高い相関があるので，どちらで圧縮強度の推定評価をしてもよいと言える．

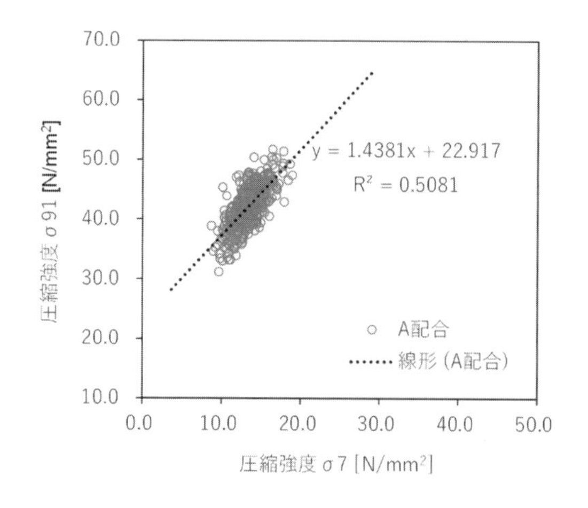

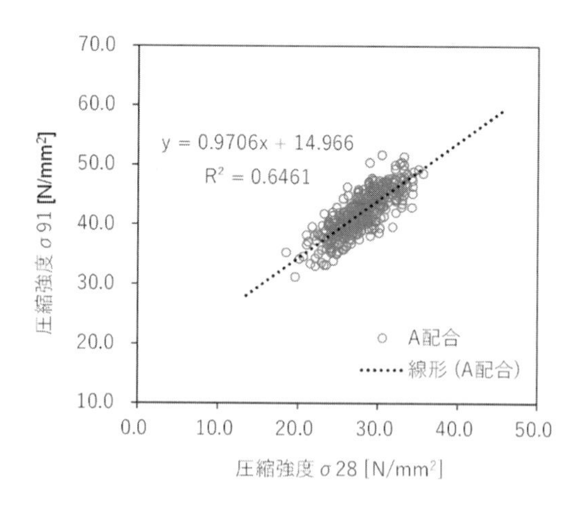

図 5.1 早期材齢圧縮強度と材齢91圧縮強度の相関（Ａ配合） [4)]

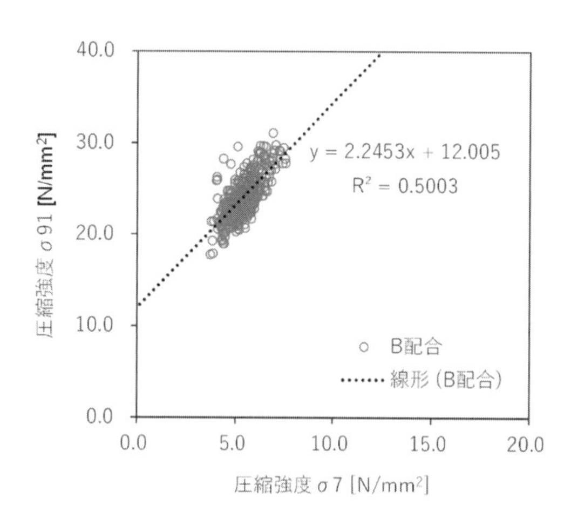

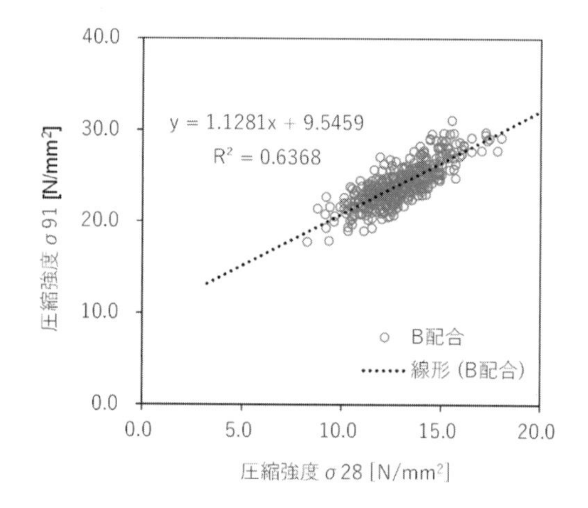

図 5.2 早期材齢圧縮強度と材齢91圧縮強度の相関（Ｂ配合） [4)]

6. ダムコンクリート圧縮強度試験の頻度を減らした場合の品質管理結果に及ぼす影響ついての検証

前述のとおり，あらかじめ材齢91日における圧縮強度と早期材齢における圧縮強度との関係はもとより，材齢91日圧縮強度とフレッシュ性状との関係を求めた上で，それらの関係を基に，早期材齢における圧縮強度やフレッシュ性状から材齢91日における圧縮強度が十分に安定化するものと推定される場合，フレッシュ性状が十分に管理されている状態であれば，早期材齢の圧縮強度試験の頻度を減らしても品質管理の結果に及ぼす影響はきわめて少ないと考えられる．フレッシュ性状が十分に管理されている状態か否かについては，例えば，ミキサ負荷電力値（3. 参照）等による連続的な監視によって評価が可能である．

圧縮強度試験の頻度を低減した場合の品質管理結果への影響について，Gダムにおける検証結果を**表 6.1**に示す．外部コンクリート（A配合），内部RCDコンクリート（B1配合），内部ELCMコンクリート（B2配合）の各種類のコンクリートについて，全圧縮強度試験結果を母集団とするデータと，1週間毎（7日に1回とした場合）の試験結果を母集団とするデータ（絞り込み）を比較検証した．結論としては，両母集団間の管理結果の差異は，91日材齢では変動係数で最大0.3%，圧縮強度平均値で最大0.32N/㎟，標準偏差で最大0.08N/㎟程度であった．ダム工学会施工研究部会にて，2010年度以降に完成した複数の重力式コンクリートダムについて同様の検証を行った結果，いずれのダムにおいても，圧縮強度試験の頻度を減らしても品質管理結果は大きく変わらないとの結論が得られたことが報告されている．このことから，通常のダム建設工事では，ダムコンクリートの圧縮強度試験について，品質が安定している状態においては，現行基準に比べて頻度を減らした管理を実施しても，品質管理結果（強度平均値やバラつき）は大きく変わらないと考えられる．

表 6.1　配合別　全圧縮強度試験結果と 1 週間毎の圧縮強度試験結果 [4)]

配合種類	項目	圧縮強度　全データ			圧縮強度　1 回/週データ			統計値比較(差異)		
		材齢 7 日	材齢 28 日	材齢 91 日	材齢 7 日	材齢 28 日	材齢 91 日	材齢 7 日	材齢 28 日	材齢 91 日
A 配合 (外部配合)	データ数	436	436	436	87	87	87	−	−	−
	平均値（N/mm²）	6.73	20.99	37.40	6.53	20.78	37.11	0.20	0.21	0.29
	標準偏差（N/mm²）	1.02	2.38	2.52	0.92	2.38	2.60	0.10	0.00	0.07
	変動係数（%）	**15.1**	**11.4**	**6.7**	**14.0**	**11.5**	**7.0**	**1.1**	**0.1**	**0.3**
B1 配合 (RCD 配合)	データ数	389	389	389	81	81	81	−	−	−
	平均値（N/mm²）	5.99	11.45	20.35	6.07	11.57	20.68	0.09	0.12	0.32
	標準偏差（N/mm²）	0.82	1.46	2.05	0.92	1.52	2.13	0.10	0.06	0.08
	変動係数（%）	**13.7**	**12.8**	**10.1**	**15.2**	**13.2**	**10.3**	**1.5**	**0.4**	**0.2**
B2 配合 (ELCM 配合)	データ数	256	256	256	74	74	74	−	−	−
	平均値（N/mm²）	3.09	10.22	22.53	3.11	10.18	22.44	0.02	0.05	0.08
	標準偏差（N/mm²）	0.49	1.34	1.95	0.50	1.44	1.98	0.01	0.09	0.03
	変動係数（%）	**15.9**	**13.1**	**8.7**	**16.1**	**14.1**	**8.8**	**0.2**	**1.0**	**0.2**

7. ダムコンクリートの品質が安定状態に入ったことを確認した上で試験頻度を減らした実施例

最近，いくつかのダム建設工事において，実際に，施工開始後ある程度の期間を経て，ダムコンクリートの品質が安定状態に入ったことを確認した上で，圧縮強度試験の頻度を減らして品質管理を行っている．A ダム特記仕様書におけるダムコンクリートの品質管理基準の一部（抜粋）を**表 7.1** に示す．

表 7.1　品質管理基準一覧表（抜粋）

試験項目	試験方法	規格値	試験基準
コンクリートの圧縮強度試験	JIS A 1108	(a)　圧縮強度の試験値が，設計基準強度の 80%を 1/20 以上の確率で下回らない． (b)　圧縮強度の試験値が，設計基準強度を 1/4 以上の確率で下回らない．	打込初期：1 日の打設において配合毎に実施．150 m³を超える毎に 1 回． 品質安定確認後：1 日の打設において配合毎に実施．500 m³を超える毎に 1 回．

8. ダムコンクリート品質管理試験の合理化案

コンクリート圧縮強度試験は，要求性能を直接的に確認できる方法であるが，所定の硬化時間を要するため事後的管理となる．一方，ダムコンクリートは，所定の品質の材料を使用し，所定の配合となるよう計量と練り混ぜを実施すれば，所要の強度をある程度保証することができる．すなわち，コンクリート製造やフレッシュ性状の品質管理を強化することで，圧縮強度試験を補完することが可能である．

近年は，ICT 施工管理技術の開発・導入が進み，コンクリート製造段階での骨材粒度や表面水による配合補正，コンシステンシーの連続的なモニタリング，打設段階での転圧締固め状況の面的管理等，品質管理手法が従来の点管理から面管理・全量管理に変わりつつある．ダム工学会施工研究部会にて提案されているダムコンクリートの品質管理試験の合理化（案）を**図 8.1** に示す．

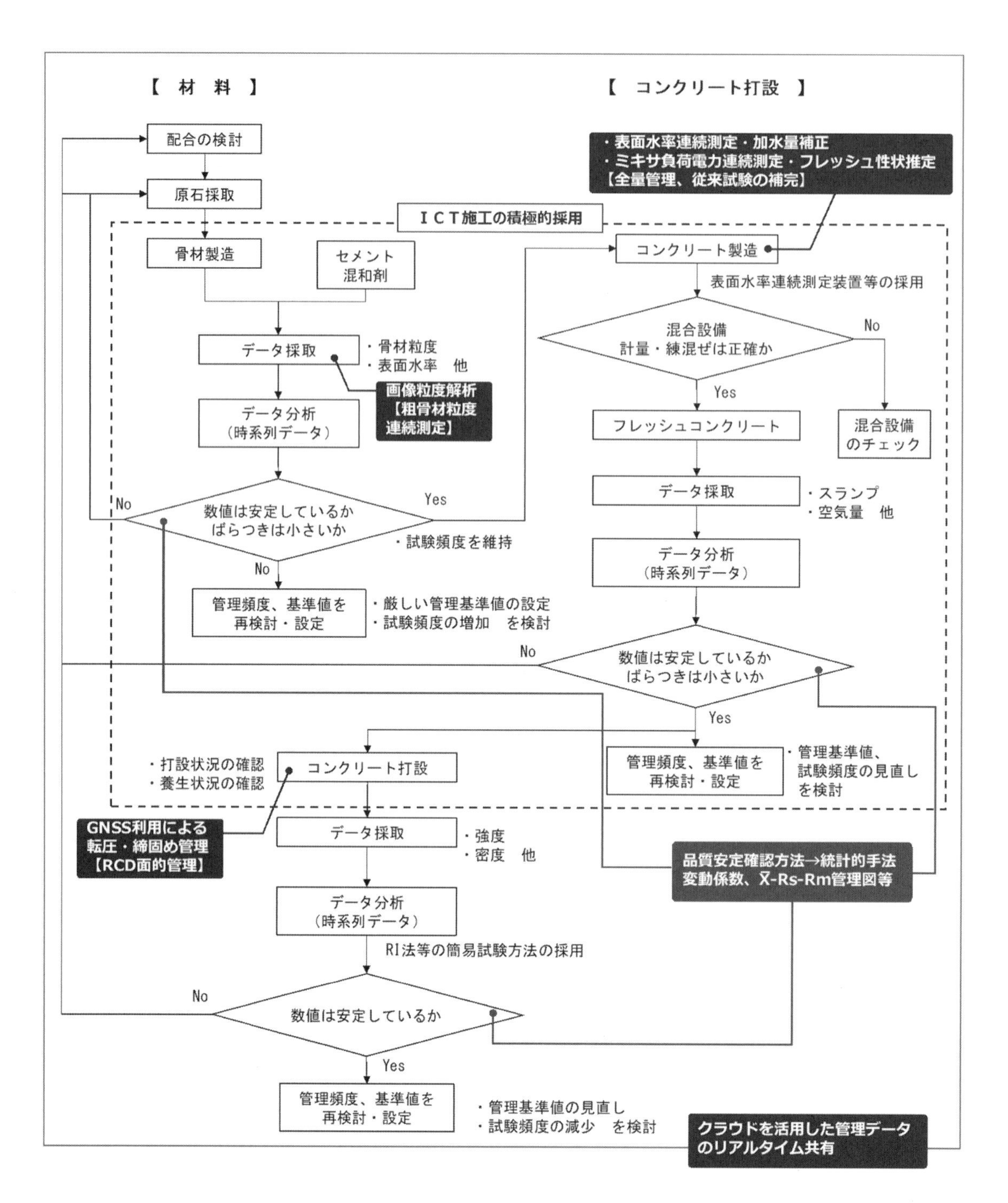

図 8.1 ダムコンクリートの品質管理試験の合理化（案）[4)]

参考文献

1）日本ダム協会：コンクリートダムの施工，pp.103，2008年

2）安田和弘，大内斉，岡山誠，松本孝矢：ミキサ負荷電力量によるダムコンクリートフレッシュ性状の全量管理に関する検討，土木学会第70回年次学術講演会，VI-32，土木学会，2015年

3）ダム工学会施工研究部会：ダム施工の品質管理合理化の提案，ダム工学，Vol.23，No.2，pp.121～163，ダム工学会，2013年

4）ダム工学会施工研究部会：ダムコンクリートの圧縮強度試験の合理化，ダム工学，Vol.33，No.2，2023年

【参考資料 8】 プレキャスト部材の適用

1. ダム工事におけるプレキャスト部材適用の現状

各種土木工事において，生産性向上，安全性向上の観点から，プレキャスト部材の適用は積極的に推進されているところであるが，その規模から現場打ちが基本のダム工事でもその適用は進みつつある．ダム工事におけるプレキャスト部材の適用範囲は，これまで，監査廊やエレベーターシャフト等限定的であったが，最近では，流水型ダムの常用洪水吐（上下流貫通水路）や本体・減勢工の導流壁等これまで異常出水等により剥落の危険性があることから適用を回避してきた箇所・部位についても，種々の対策を講じることによって適用実績が増えてきている．最近の代表的な適用実績について，3. に事例集として取り纏めている．

2. プレキャスト部材適用に当たっての基本方針

2.1 基本方針

ダム工事においては，プレキャスト部材の適用により，施工期間の短縮や省人化・省力化等生産性向上や施工の安全性向上が期待できる部位については，部材の積極的適用を検討することが望ましい．プレキャスト部材の適用は，ダム本体コンクリートの安定した品質確保の面でも大きな効果を発揮する．適用に当たっては，基本的には［施工編：目的別コンクリート］**2 章 施工者が製作仕様に関与するプレキャストコンクリート**に準拠するが，以下に記すダム特有の適用効果や留意事項等も十分に考慮し，適用個所，適用方法，仕様等を決定する必要がある．

2.2 適用効果

① 安定した品質確保

プレキャスト部材の適用は，以下に示すとおり，堤体コンクリートの安定した品質を確保する上できわめて効果は大きい．

・プレキャスト部材は工場で製造・管理された均質性に優れた部材であり，設置も容易なことから，適用箇所は型枠を設置する現場打ちに比べて気象条件の影響を受けにくくなり，周辺のダムコンクリートのより安定した品質確保が可能となる．

・堤内通廊（上下流横断），堤内水路，取水設備機械室等堤内空洞構造物をプレキャスト化することによって，型枠・支保工や管体設置に伴うリストスケジュール上の休止日数（長期放置期間）が短縮できる．この結果，隣接ブロックとのリフト段差もつきにくくなり，リフト側面（横継目）が長期間外気にさらされる可能性も回避できる．これらのことから，温度応力の緩和，温度ひび割れの発生抑制が期待できる．

・設置直後から既に硬化コンクリートとしての品質（強度，水密性，耐久性）を有していることから，脱枠不要で，適用箇所周辺の早期供用開始が可能となる．

② 施工期間の短縮

施工期間が大幅に短縮できることから，全体工程の短縮，働き方改革に対応した休止日数の確保，ひいては施工の平準化，リフトスケジュールの平準化が達成できる．

③ 施工の省人化・省力化

現場における作業の簡略化が可能となる（設置，組立のみで撤去不要）．また，CIM を活用した ICT 施工・機械化を進めることによって，大幅な省力化，省人化，技能労働者不足解消が図れる．

④ 施工の安全性向上

上下流張出し部，天端構造物や監査廊（左右岸堤敷傾斜部）等は高所作業を伴い，型枠支保工，特殊足場が必要となる部位が多い．プレキャスト化によって，これらの作業を軽減，代替することが可能となる．この結果，作業の安全性は格段に向上し，特殊技能労働者不足の解消も図れる．

2.3 経済性の検討

経済性の比較検討に当たっては，プレキャスト部材費や施工費のみに着目するだけでなく，工期短縮に伴う仮設費や全体工事費の縮減，供用開始前倒しに伴うメリット，更には維持管理等ライフサイクルコストまで含めたトータルコスト的な観点から検証することが重要である．

2.4 プレキャスト適用の判断

プレキャスト部材の適用の採否に当たっては，プレキャスト化そのものの経済性比較はもとより，工程，品質，安全性，人的資源，社会環境，供用後の維持管理，さらにはそれらに伴う総コスト等を総合的に勘案して決定することが望ましい．

2.5 適用に当たっての留意事項

ダム工事にプレキャスト部材を適用する場合，ダム本体に要求される構造性能の担保が前提となる．適用部位によって適用目的や要求される品質（一体性，平滑性，耐久性等）は異なることから，それらを十分に把握した上で，品質を確保するための対策を講ずる必要がある．その様な観点からも，プレキャスト部材の活用・導入は，設計段階から検討しておくことが重要である．

プレキャスト部材の設計に当たっては，［設計編：標準］**9編　プレキャストコンクリート**に準拠するのがよい．特に，プレキャスト部材を構造部材，製品部材（**表 2.1 注釈**参照）として適用する場合，それを使用した構造物，構造体として所要の性能を確保できるように設計しておく必要がある．

最近のダム工事におけるプレキャスト部材の適用実績について，適用部位別に目的，効果，要求される品質，技術的留意事項（特にダムコンクリートの品質確保の観点から）等を整理した結果を**表 2.1** に示す．

表.2.1　最近のダム工事におけるプレキャスト部材の適用実績

適用部位		適用目的	主な適用効果	要求品質	技術的留意事項	適用実績
堤内構造物（空洞部等）	監査廊（フルプレキャスト）	構造部材	・施工迅速化 ・品質向上	・ダム本体との一体性	・開口部の養生補強 ・接合部，曲がり部，階段部等のプレキャスト化	川上ダム* 津軽ダム* 八ッ場ダム 五ケ山ダム
	エレベータシャフト	構造部材	・施工迅速化 ・品質向上	・ダム本体との一体性	・開口部の養生補強 ・継目部の止水性確保	川上ダム 八ッ場ダム 五ケ山ダム
	堤体空洞部天井	構造部材	・施工迅速化 ・施工の安全確保	・耐荷性	・オーバーハング架設 ・開口部の養生補強	川上ダム 玉来ダム 八ッ場ダム
堤体外枠	堤体上流面・下流面	表面部材	・施工迅速化 ・品質向上 （表面保護）	・ダム本体との一体性 ・平滑性，耐久性	・アンカー等によるダム本体への定着 ・据え付け精度確保 ・表面平坦性確保（継目含む）	川上ダム サンルダム 八ッ場ダム
水路構造物	導流壁（ダム本体，減勢工）	構造部材	・施工迅速化 ・品質向上 （表面保護）	・ダム本体，躯体との一体性 ・平滑性，耐久性 ・耐荷性	・アンカー等によるダム本体，躯体への定着 ・据え付け精度確保 ・表面平坦性確保（継目含む）	長安口ダム（ダム再生工事）* 安威川ダム* 玉来ダム
	堤内水路用型枠	表面部材	・施工迅速化 ・品質向上	・ダム本体との一体性 ・耐久性	・アンカー等によるダム本体への定着 ・高強度高耐久性部材の適用 ・開口部の養生補強	サンルダム
	堤内水路用床版	構造部材	・施工迅速化 ・品質向上	・ダム本体との一体性 ・耐荷性	・アンカー等によるダム本体への定着 ・高強度高耐久性部材の適用	浅川ダム*
張出し部	張出し構造（天端，取水塔，洪水吐呑口等）	構造部材	・施工迅速化 ・施工の安全確保	・耐荷性	・オーバーハング架設	川上ダム* 津軽ダム* 伊良原ダム 八ッ場ダム 五ケ山ダム 玉来ダム
堤頂構造物	天端橋梁ピア（側面）	表面部材	・施工迅速化 ・施工の安全確保	・ダム本体との一体性 ・平滑性，耐久性	・アンカー等によるダム本体への定着 ・高強度高耐久性部材の適用	笠堀ダム（ダム再生工事）* 玉来ダム 伊良原ダム
	カーテンウォール部	構造部材	・施工迅速化 ・施工の安全確保	・ダム本体との一体性 ・耐荷性	・アンカー等によるダム本体への定着 ・オーバーハング架設	笠堀ダム（ダム再生工事）*
	天端橋梁等床版	製品部材	・施工迅速化 ・施工の安全確保	・耐荷性	・高所作業	玉来ダム
	天端高欄	製品部材	・施工迅速化 ・施工の安全確保	・耐荷性	・高所作業	川上ダム 玉来ダム 八ッ場ダム 五ケ山ダム

＊印は詳細を3. **プレキャスト部材適用事例集**に掲載

（適用目的）
表面部材：背面コンクリート硬化後にほとんど荷重負担しないもの（型枠部材）
構造部材：背面コンクリート硬化後に荷重負担するもの（構造断面の一部として取り扱う）
製品部材：背面側をコンクリート打設しないが製品設置後に荷重負担するもの（構造断面として取り扱う）

3. プレキャスト部材適用事例集

施工事例 1

工事名	川上ダム本体建設工事	事業者	独立行政法人　水資源機構
工　種	監査廊工		

（工事概要）

工期：2017 年 9 月～2023 年 3 月

諸元：堤高：84m

　　　堤頂長：334m

　　　堤体積：45.5 万 m^3

川上ダムは，洪水調節，流水の正常な機能維持，および水道用水の供給を目的として三重県伊賀市に建設された多目的ダムである．川上ダムは工程の余裕が少ない事業計画で発注されており，ダム本体打設期間が約 1 年半という高速施工を求められた．そのため，特に型枠工の労務負担が大きくなる監査廊全体をプレキャスト化することで施工標準化と平準化に対応した．

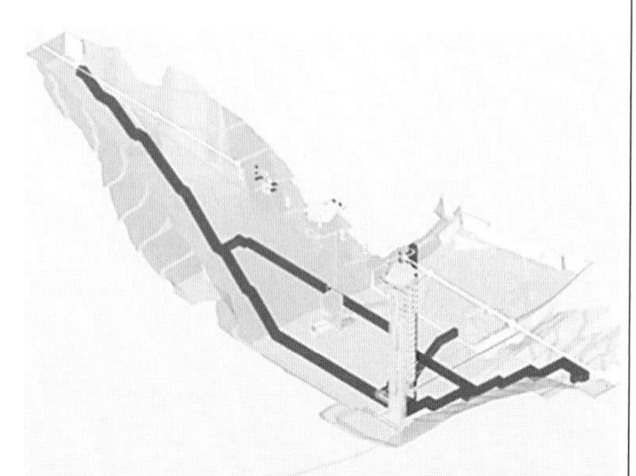

図 3.1.1　監査廊プレキャスト適用箇所

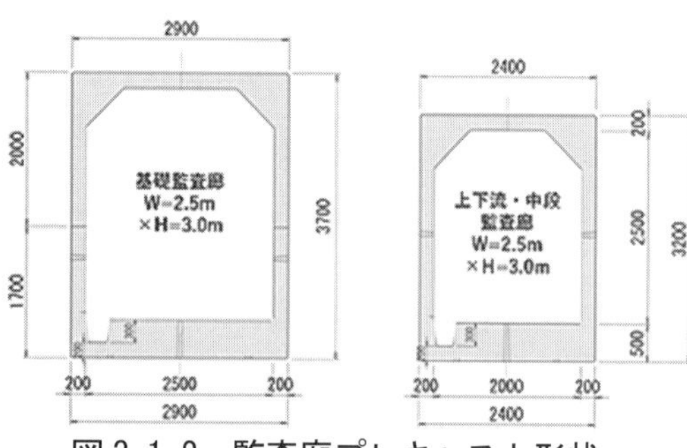

図 3.1.2　監査廊プレキャスト形状

図 3.1.3　据付状況と CIM による事前検討

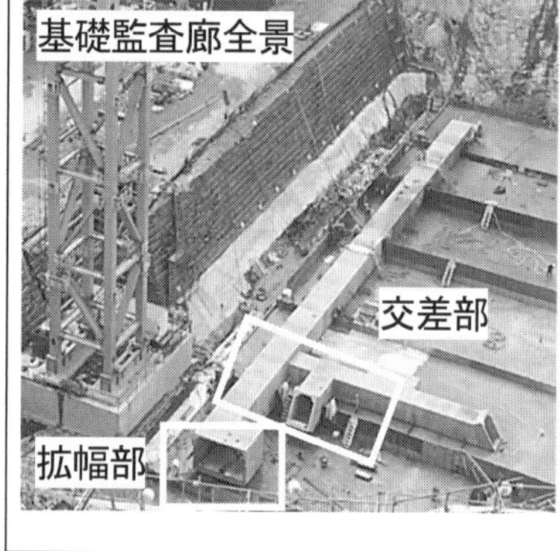

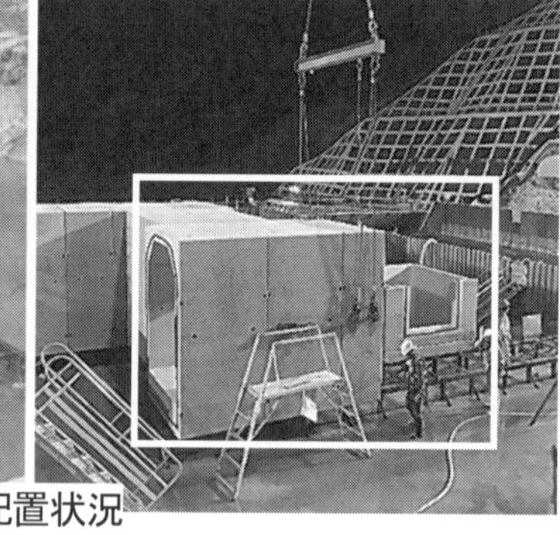

写真 3.1.1　拡幅部・交差部プレキャスト配置状況

技術的留意事項

・基礎監査廊，上下流・中段監査廊の 2 断面に加え，拡幅部・交差部等の異形断面が存在

・プレキャスト形状変更に伴う配筋見直し

・基礎排水孔ガイド等の埋設物先行設置，基礎処理施工時に鉄筋切断の無いよう配筋の調整

・監査廊内部の保温，保湿養生

・大量の部材を，打設に支障を来さないよう搬入~据付までスケジュール管理(工程短縮実現)

	課題		対策
具体的な課題と対策	施工条件	・高速施工に対応するため，労務負担が大きく工程遅延のリスクのある監査廊構築方法を改善する必要がある．	・CIMを活用して標準部以外も含めて監査廊をフルプレキャスト化（**図3.1.1，写真3.1.1**）し，工程を大幅に短縮した．
	設計 （構造上の安定性確保）	・交差部・拡幅部もプレキャスト化しやすい断面形状の選定が必要である．	・他ダムの設計事例を参考に，断面形状を馬蹄形から角形に変更した（**図3.1.2**）．形状変更により内部応力係数を見直し，必要鉄筋量に不足がないか再計算で確認した．
		・運搬制約を考慮した部材の分割・連結方法の検討が必要である．	・発生応力分布を考慮した部材分割位置の検討と，ハイテンションボルト接合により引っ張り応力負担する手法を検討し採用した（**図3.1.4**）．
	設計および施工 （構造上の安定性確保および施工上の品質確保）	・監査廊配置ブロックは施工ステップが多くなり，打ち重ね間隔が空くため，温度応力上弱点となる傾向がある．	・プレキャスト化による工程短縮効果により，打ち重ね間隔を改善することで品質を確保した（温度応力上の弱点排除）．
		・基礎排水孔，基礎処理施工時に鉄筋切断のおそれがある．	・基礎排水孔ガイドを先行設置したプレキャスト部材の作成． ・基礎処理施工位置を考慮した，配筋の調整．
	施工 （施工上の安全性・効率性・品質確保）	・監査廊プレキャストと本体コンクリートの一体化が必要．	・プレキャスト部材の適正な目粗し． ・打設時のプレキャスト部材の湿潤状態の確保． ・プレキャスト表面部へのモルタル塗布による一体化促進と周辺部コンクリートへの構造物周り配合の適用． ・プレキャスト下部に施工する高流動コンクリートのノンブリーディング配合設定．空気抜き孔配置．
		・監査廊内の保温・湿潤養生を確実に実施し，温度ひび割れを抑制する必要がある．	・フルプレキャスト化と端部養生蓋を設置することで密閉状態が可能となる．その上で，温水+投込みヒーターを配置し，15℃以上の温度と高湿度状態を確保した（**図3.1.5**）．

	課題		対策
具体的な課題と対策	施工 (施工上の安全性・効率性・品質確保)	・コンクリート打設に支障を来さないよう搬入～据付までスケジュール管理を行う(工程短縮を実現するための対策).	・監査廊のフルプレキャスト化を基本方針に定め，事前検討に CIM を活用する事で，施工方法の見える化により，詳細な作業調整が容易となる．部材の製作から設置までの施工データを CIM に付与する事で維持管理データを保存. ・余裕のある仮置き場計画により，プレキャスト地組ヤードを確保した．分割した部材を地組しタワークレーンで一括投入することで設置作業時間を削減した.

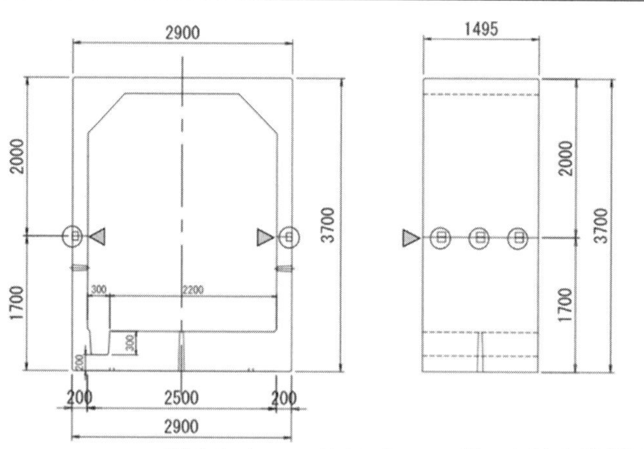

図 3.1.4　ハイテンションボルト接合位置図

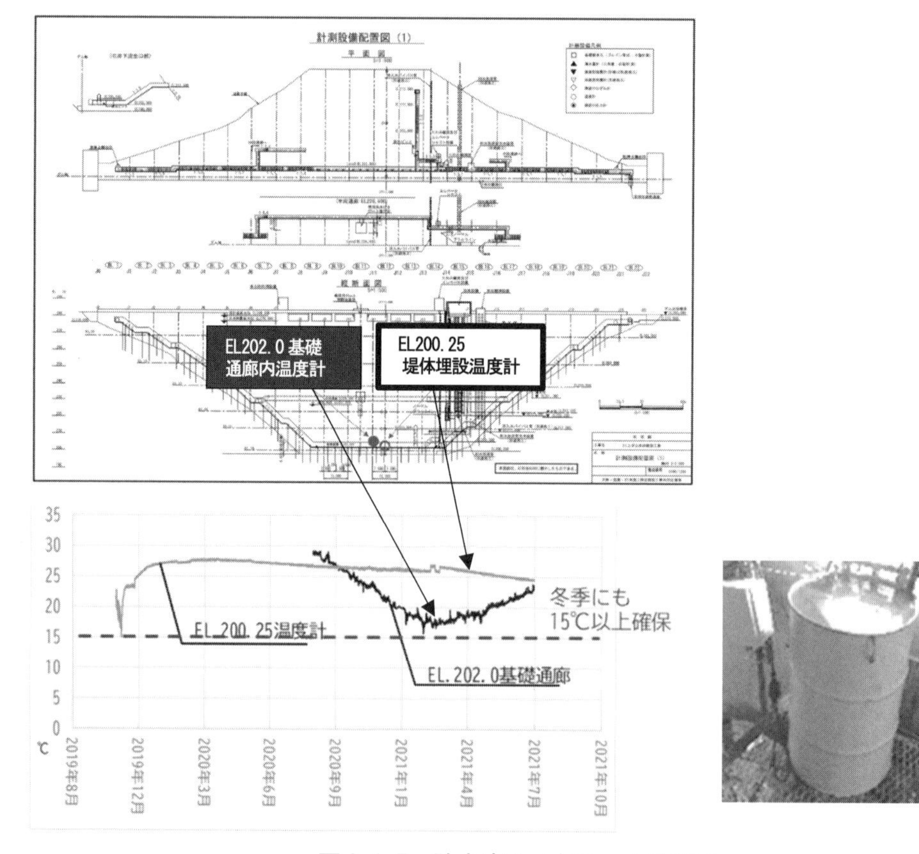

図 3.1.5　監査廊内の保温・湿潤養生

施工事例 2

工事名	津軽ダム本体建設工事	事業者	国土交通省　東北地方整備局
工　種	ダム堤体監査廊工		

（工事概要）

工期：2008 年 10 月～2017 年 3 月

諸元：堤高：97.2m

堤頂長：342m

堤体積：75.9 万 m^3

津軽ダムは，直上流 60m に位置する目屋ダム（1960 年完成）の再生事業である．洪水調節，流水の正常な機能維持，発電，工業用水の供給，灌漑用水の補給および水道用水の供給を目的として青森県中津軽郡西目屋村に建設された多目的ダムである．

ダム堤体内の監査廊においては工程短縮を目的とした合理化施工の一環として交差部も含めほぼ全線に渡りプレキャストによる施工を行った（**写真 3.2.1～写真 3.2.4**）．

写真 3.2.1　水平部（上段）打設状況

写真 3.2.2　水平部施工状況

写真 3.2.3　交差部施工状況

写真 3.2.4　階段部施工状況

技術的留意事項	・水平部，階段部，交差部等の各断面形状に対応したプレキャスト形状の設定 ・カーテングラウトや基礎排水孔，継目排水管と配筋の干渉 ・プレキャスト下部の充填確認 ・監査廊内部のひび割れ抑制対策

	課題		対策
具体的な課題と対策	施工条件	・ダム監査廊には水平部（**写真**3.2.1），交差部（**写真** 3.2.3），階段部（**写真**3.2.4）等の多数の断面が存在する.	・各断面に標準プレキャスト形状を設定し，部材の割付けを実施. 交差部は重量を考慮し，3分割とした.
	設計および施工（構造上の安定性確保および施工上の品質確保）	・カーテングラウト，基礎排水孔および継目排水管施工時に鉄筋が干渉し切断する.	・各割付け計画およびサイズに合わせてプレキャストに貫通孔を設置し，孔のサイズにより補強筋を配置した.
	施工（施工上の安全性・効率性・品質確保）	・プレキャストと堤体コンクリートとの一体化.	・工場製作時にプレキャスト部材表面（裏込め側）を目荒らしした. ・プレキャスト表面を湿潤させ，モルタルを手で塗り込んだ上でコンクリートを打設した.
		・プレキャスト下部の充填確認.	・プレキャスト下部は高流動コンクリートで打設した. プレキャストには空気孔を設け，孔からのコンクリート排出により充填確認を行った. ・水平通廊の打設では，横継目に加えて仕切り板を設けることにより，1打設区間を短くして充填性を確保した.
		・監査廊内部のひび割れ抑制対策.	・端部の養生扉に加えて入口付近に木製扉を設置して二重扉とし，外気流入を防止した. ・パイプヒーターによる保温および温度計測による内部温度管理を実施.

施工事例 3

工事名	長安口ダム施設改造事業	事業者	国土交通省　四国地方整備局
工　種	減勢工導流壁（ダム再生工事）		

（工事概要）

工期：2012 年 9 月～2020 年 3 月

諸元：堤高：85.5m

堤頂長：200.7m

堤体積：28.3 万 m^3

※既設ダムの諸元

長安口ダムは，洪水調節機能の向上を図るために，供用中の既存のダムを大規模に切削して洪水吐 2 門を新設し，ダム下流に新たに減勢工を増設するダム再生工事である．

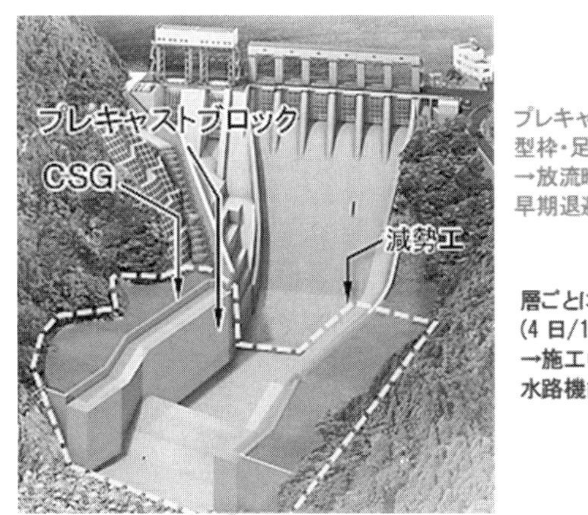

図 3.3.1　減勢工プレキャストブロック適用箇所

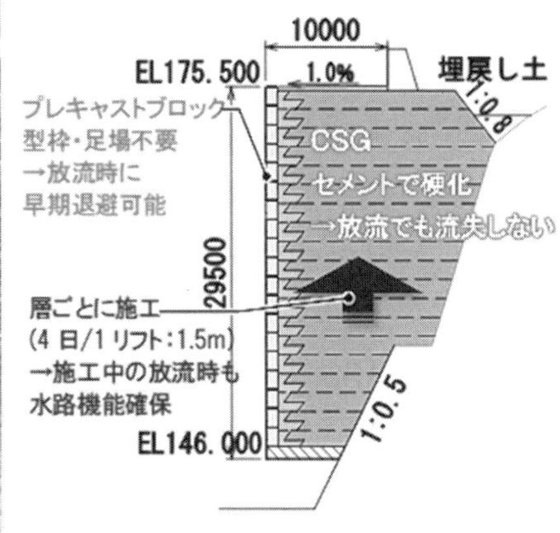

図 3.3.2　減勢工標準断面図

減勢工の施工は非出水期に実施されたが，降雨等でダムの貯水位が上昇した場合，施工期間中でもゲート放流される条件であった．そのため，放流による施工中のコンクリート欠損・品質低下防止や，工程短縮，放流時の迅速な退避等を目的として，減勢工側壁表面にプレキャストブロックを適用した（図 3.3.1，図 3.3.2）．適用規模としては，減勢工左岸：延長 153m，高さ 33.0m，プレキャストブロック 769 基，減勢工右岸：延長 84m，高さ 29.5m，プレキャストブロック 486 基である．

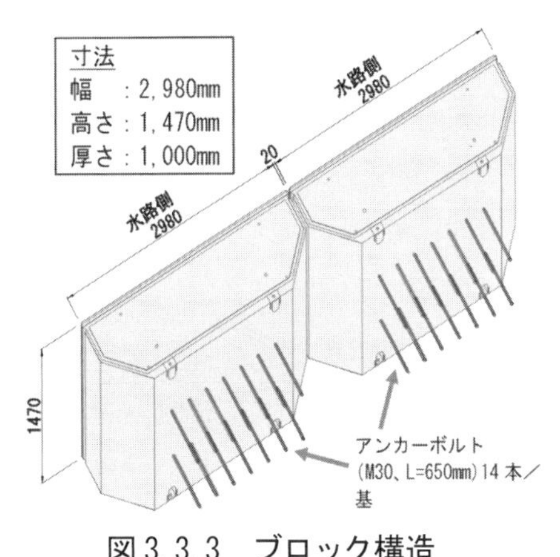

図 3.3.3　ブロック構造

写真 3.3.1　設置状況

写真 3.3.2　完成全景

技術的留意事項

- ダム減勢工の側壁表面（導流壁）にプレキャストブロックを適用する国内初の事例
- ダムからの高速・大量放流による水圧や摩耗に対する構造的な性能確保
- 設置したブロックの脱落防止対策
- 側壁としての一体性を確保するためのブロック同士の適切な接手処理
- 施工性が確保できるようなブロック仕様の選定と施工方法の検討

	課題		対策
具体的な課題と対策	施工条件	・減勢工施工期間中でも既設ダムからのゲート放流の影響を受ける可能性があり，現場打ちコンクリートでの構築の場合，硬化前のコンクリートが欠損したり，品質が低下する可能性があった．	・減勢工側壁表面に，十分な強度が発現したプレキャストブロックを適用することで，施工中の放流による躯体コンクリートとしての欠損や品質低下を防止した．
具体的な課題と対策	設計（構造上の安定性確保）	・ダムからの高速・大量の放流の影響によって，ブロックが脱落すると減勢工の水路としての機能が損なわれる可能性があった．	・ブロック背面にアンカーを設置（M30，14 本/個）し，背面の埋戻し材（CSG）との間に間詰めコンクリートを打設して，その中にアンカーを埋設・定着させて脱落防止を図った（**図 3.3.3**）．
具体的な課題と対策	設計（構造上の安定性確保）	・ブロック同士の接手処理を確実に実施し，減勢工側壁として一体化させる必要があった．	・ブロック接手処理には高流動の無収縮モルタルを充填した．確実な充填を実施するために，ブロック内に充填材のサプライ管・リターン管を設置してエア抜きと確実な充填確認を可能とする構造とした（**図 3.3.4**）．
具体的な課題と対策	施工（施工上の安全性・効率性・品質確保）	・プレキャストブロック据付精度が低下すると水路面に凹凸ができ，放流水の円滑な流れを妨げる可能性があった．	・既据付けプレキャストブロック上面の箱抜きに，位置決めガイド用ピンを差し込み，後行ブロック下面箱抜きを組み合わせて大まかな据付を行った． ・更に，あらかじめ予め各ブロックの設置座標を算出し．測量しながら 1 基ずつ位置を微調整することによって据付精度を高めた．
具体的な課題と対策	施工（施工上の安全性・効率性・品質確保）	・ブロックのサイズが大きかったり，形状が特殊なものだったりすると設置に手間がかかり，工程が遅延する可能性があった．	・ブロックは車両での運搬性も考慮して重量を 9.2tf/個とし，現地に設置できる移動式クレーン（200t）での揚重を可能とした（**写真 3.3.1**）また，ブロック形状はほぼ矩形とすることで，設置効率を確保した．
具体的な課題と対策	施工（施工上の安全性・効率性・品質確保）	・ブロック据付は高所作業となるため，据付時に転落災害が発生する可能性があった．	・ブロックを設置箇所に据え付ける前に，事前にユニット型の柵を上部に設置して転落防止対策を図った（**写真 3.3.3**）．

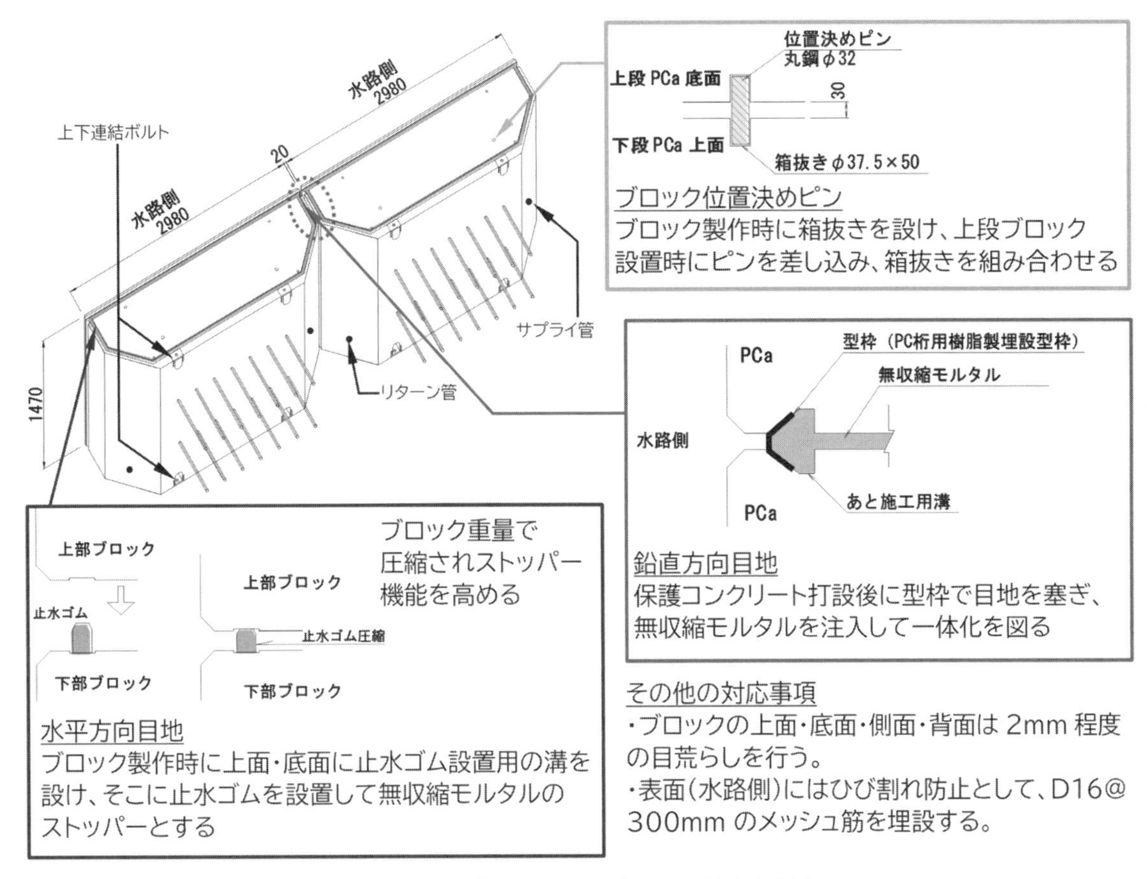

図 3.3.4　プレキャストブロック接合部詳細

写真 3.3.3　ユニット型手すりを先行設置した PCa ブロック

施工事例 4

工事名	安威川ダム建設工事	事業者	大阪府
工　種	非常用洪水吐き工		

（工事概要）

工期：2014年2月～2023年2月

諸元：堤高：76.5m

　　　堤頂長：337.5m

　　　堤体積：222.5万 m^3

安威川ダムは，洪水調整，河川の正常な機能の維持，下流河川の環境改善を目的とした淀川水系安威川に建設するロックフィルダムである．洪水吐き部掘削時に大規模な法面変状が発生し，設計の見直し，法面の切り直し・法面補強工の追加施工が必要となった．その影響で生じた工程遅延を回復すべく，洪水吐き工躯体の一部をプレキャスト化した（**写真 3.4.1，図 3.4.1**）．

写真 3.4.1　プレキャスト設置状況

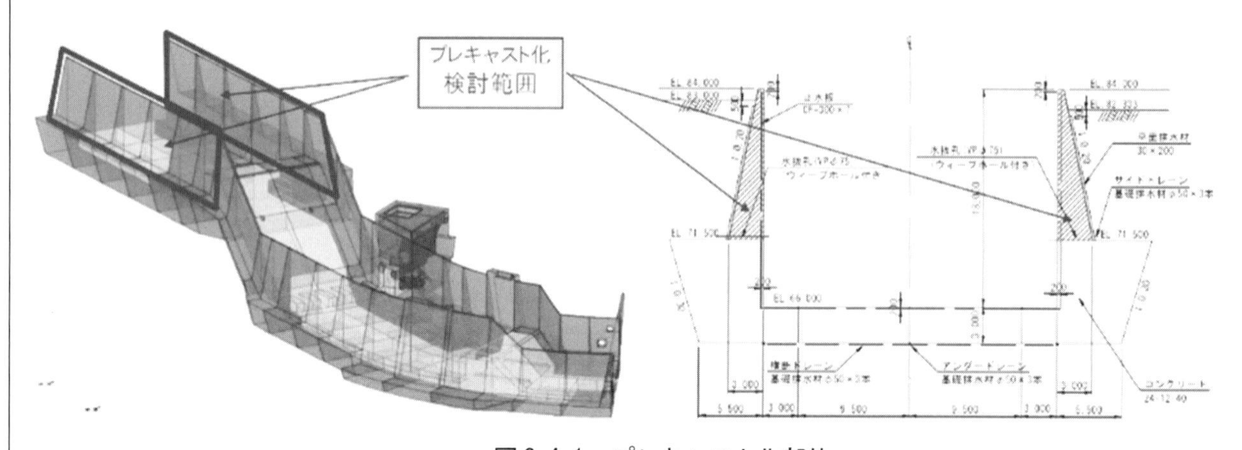

図 3.4.1　プレキャスト化部位

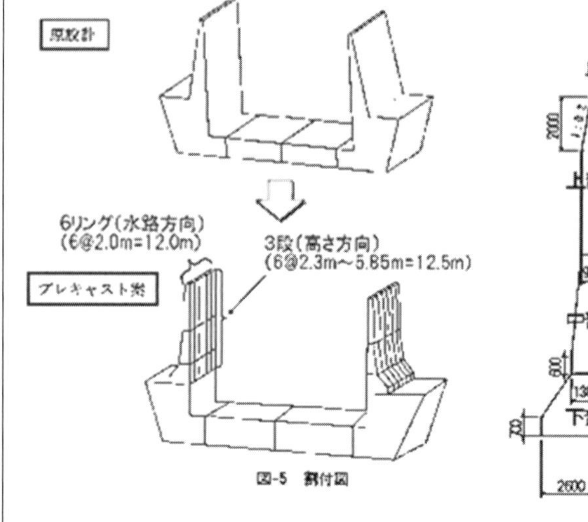

図 3.4.2　擁壁分割位置図

写真 3.4.2　現場打ち部の鉄筋精度確保

技術的留意事項	・工程短縮，コスト削減に直結するブロック割の最適化 ・現場打ち構造部とプレキャスト構造部との接合方法とその精度管理方法 ・プレキャスト構造の遮水性，水密性の確保		
具体的な課題と対策	課題		対策
	施工条件	・事業完成に向けた工程短縮が必要である．	・非常用洪水吐き工の躯体工事工程を大幅に短縮するめに，壁面部のプレキャスト化を導入した． ・プレキャスト設置のための仮設工期を含め，14ヶ月→5ヶ月と，9ヶ月の工程短縮となった．
	設計 （構造上の安定性確保）	・必要強度を満たすとともに，プレキャスト化に適した断面形状の採用と，施工可能部材寸法の調整が必要である．	・高さ方向で必要厚さを求め，適切な部材分割位置を検討するとともに，側壁の薄型化による軽量化を行った（**図 3.4.2**）． ・側壁厚さ低減を補う鉄筋量を増加した（D29→D35）．
	施工 （施工上の安全性・効率性・品質確保）	・現場打ち部（基礎部）とプレキャスト部材との接合精度の確保が必要である．	・現場打ち部から突出する差し筋の精度を高めるため，テンプレートを用いて設置した．鉄筋頂部は木製のガイドパネルを用いて追加固定した（**写真 3.4.2**）． ・コンクリート打設後も差し筋の出来形を全数測量し，付着物を清掃した．
		・プレキャスト構造全体の遮水性，水密性を確保するためにプレキャストブロック間（10mm）の充填材を選定する必要がある．	・充填モルタルは十分な流動性と分離抵抗性を有する無収縮材料を使用． ・充填が確認できるエア抜き孔を適切に配置した．

施工事例5

工事名	浅川ダム建設工事	事業者	長野県
工　種	常用洪水吐		

（工事概要）

工期：2010年3月～2017年3月

諸元：堤高：53.0m

堤頂長：165.0m

堤体積：14.1万m³

写真3.5.1　副ダム部UFCパネル設置状況

浅川ダムは，信濃川水系浅川の長野市浅川一ノ瀬地先に流水型ダムとして建設するものである．ダムは重力式コンクリートダムとして高さ 53m，総貯水容量 1,100,000m³，有効貯水容量 1,060,000m³で，洪水調節を目的とする．

浅川ダムは，「流水型ダム」であり，普段は川に水が流れダムに水が貯まることはない．常用洪水吐きならびに減勢工には，キャビテーション損傷対策，摩耗対策として鋼製ライニングを実施した．副ダム越流部箇所には，超高強度繊維補強コンクリートパネル（UFCパネル）を用いた(図3.5.2)．

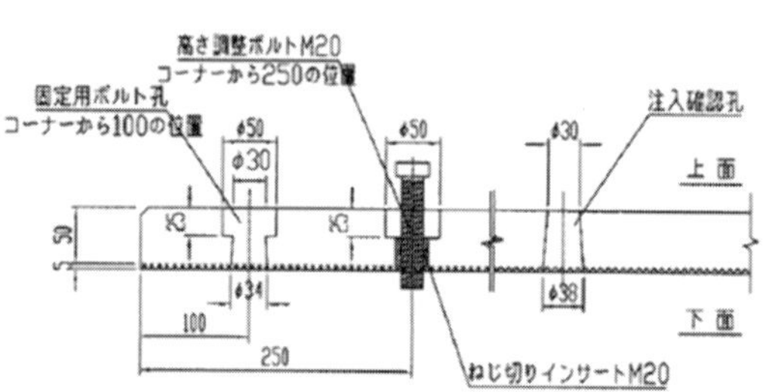

図3.5.1　UFCパネル構造図

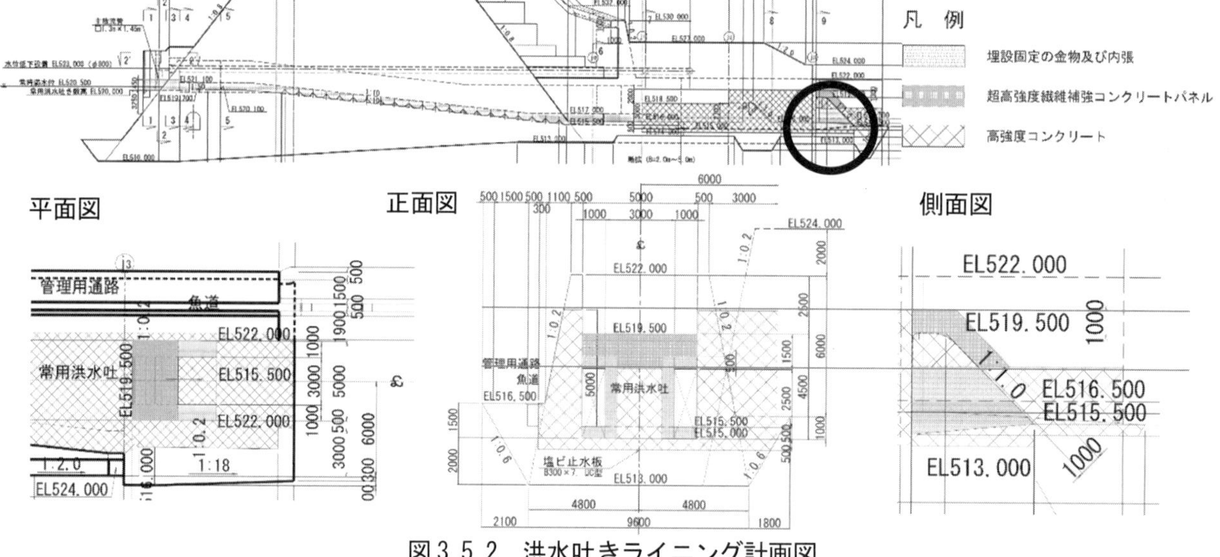

図3.5.2　洪水吐きライニング計画図

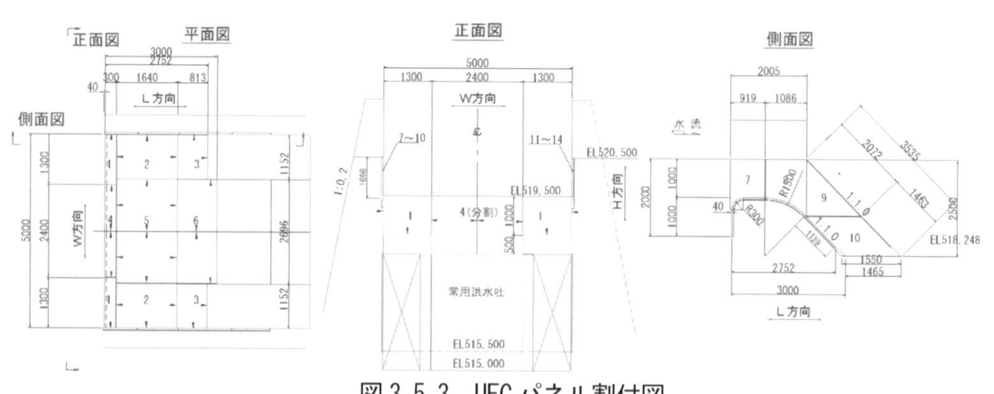

図3.5.3　UFCパネル割付図

<table>
<tr><td>技術的留意事項</td><td colspan="3">・UFC パネルの強度が十分であること
・UFC パネル目地部等の平たんな施工
・充填モルタルによる確実な充填</td></tr>
<tr><td rowspan="4">具体的な課題と対策</td><td colspan="2">課題</td><td>対策</td></tr>
<tr><td rowspan="2">設計
（構造上の安定性確保）</td><td>・UFC パネルの強度が十分であり，耐久性や耐摩耗性に優れている必要がある．</td><td>・UFC パネルは 60N/mm^2 クラスの高強度コンクリートと比較して 7～8 倍程度の耐摩耗性を有することを確認した．</td></tr>
<tr><td>・UFC パネルの目地部に段差が生じるとキャビテーションの要因となるため，確実な固定方法を取る必要がある．</td><td>・UFC パネルは固定ボルトおよび高さ調整ボルトで平滑かつ確実に固定した（図 3.5.1，図 3.5.3）．
・UFC 設置部および UFC パネルと設置基面は一体化可能な目粗しを実施．</td></tr>
<tr><td>施工
（施工上の安全性・効率性・品質確保）</td><td>・充填モルタルを確実に充填する必要がある．</td><td>・充填モルタルは十分な流動性と分離抵抗性を確保した材料を選定（無収縮グラウト材）．
・充填が確認できるエア抜き孔を適切に配置した．</td></tr>
</table>

施工事例6

工事名	川上ダム本体建設工事	事業者	独立行政法人　水資源機構
工　種	取水設備工・放流設備工		

（工事概要）

工期：2017年9月～2023年3月

諸元：堤高：84m

堤頂長：334m

堤体積：45.5万 m^3

ダム工事では，取水・放流設備工事等は別発注工事であることが多く，各々異なるCADソフトを用いる場合，ゲート等の鋼構造部材と躯体や施工との干渉チェックや照査を行うことが困難である．作業調整を行いながら遅延なく工事を進めるため，施工段階でCIM（詳細度500）を導入し，合理化検討を進め，機械設備構造を取り入れた複合構造のプレキャストを積極導入した．この結果，リフトスケジュールの平準化が図られ，効率的な施工が行えた（図3.6.1）．

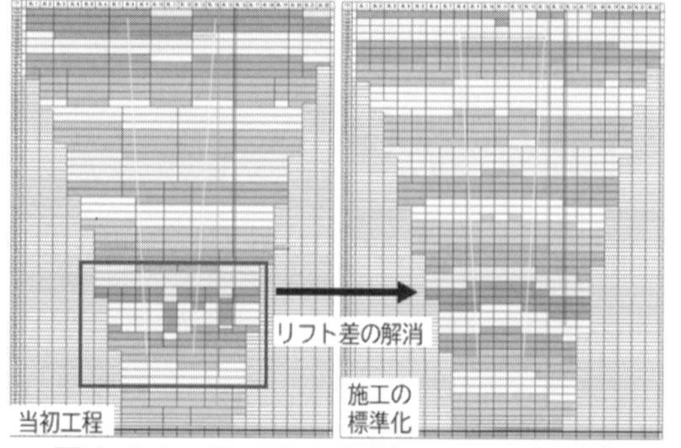

図3.6.1　リフトスケジュールの平準化

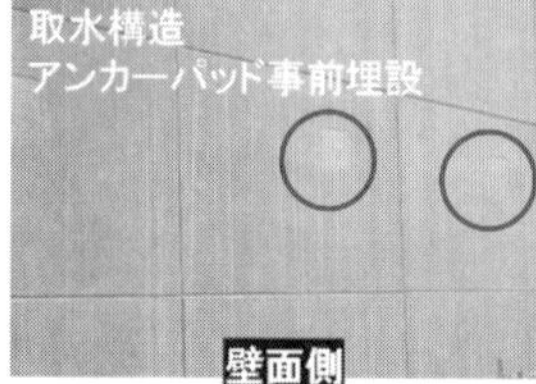

写真3.6.1　複合プレキャスト

図3.6.2　取水構造合成モデル

図3.6.3　放流構造合成モデル

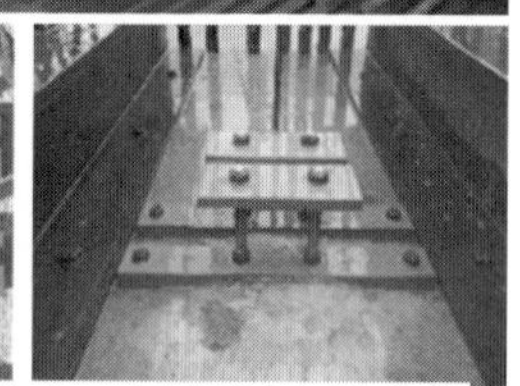
写真3.6.2　箱抜き，貫通型支持金物

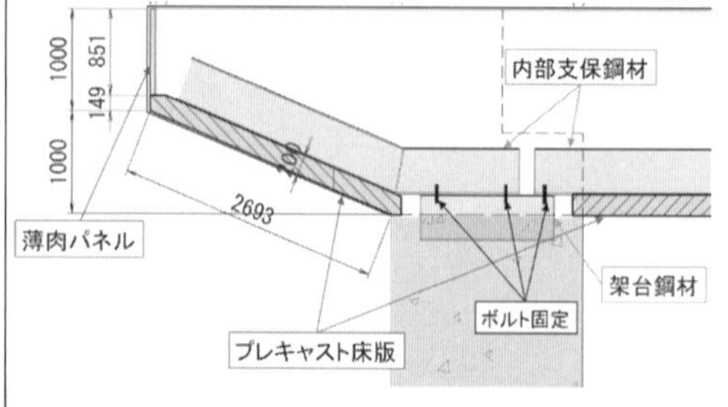

図3.6.4　プレキャスト部材の一括設置

写真3.6.3　洪水吐きの養生

<table>
<tr><td>技術的留意事項</td><td colspan="3">・別発注工事，当工事との干渉回避
・別発注工事の機械図面と当工事との整合性確認による工程調整および工程確保
・別発注図面を合成した正確なプレキャスト製品の製造，品質確保
・設備構造周辺コンクリートの強度と適切な養生期間の確保</td></tr>
<tr><td rowspan="8">具体的な課題と対策</td><td colspan="2">課題</td><td>対策</td></tr>
<tr><td>施工条件</td><td>・高速施工に対応するため，労務負担が大きく工程遅延のリスクのある機械設備周りの構築方法を改善する必要がある．</td><td>・機械設備と調整を行った複合プレキャストの導入により，据付け工程の短縮を図り，打ち重ね間隔を大幅に短縮した（図 3.6.2～図 3.6.4，写真 3.6.1）．</td></tr>
<tr><td rowspan="2">設計
（構造上の安定性確保）</td><td>・機械構造上の品質も考慮する必要がある．</td><td>・機械メーカーとの調整内容を，発注者・設計者と共有するための会議を実施し，協議変更対象とした．
・特に埋設アンカーの固定方法・引き抜き強度確保を考慮し，埋め込み，箱抜きの二つの方法を採用した（写真 3.6.2）．</td></tr>
<tr><td>・運搬制約および，適用箇所に応じた部材の分割・接合方法の選定が必要である．</td><td>・発生応力分布を考慮した部材分割位置の検討と内部応力を考慮した必要鉄筋量を適用した．</td></tr>
<tr><td rowspan="2">設計および施工
（構造上の安定性確保および施工上の品質確保）</td><td>・放流管・取水塔配置ブロックは施工ステップが多くなり，工程が遅延し打ち重ね間隔が空くため，温度応力上の弱点となる傾向がある．</td><td>・プレキャスト化による工程短縮効果により打ち重ね間隔を改善することと，プレキャストによる初期強度確保によりひび割れ指数を改善し，品質を確保した．</td></tr>
<tr><td>・限られた事業工程内で，複数工事の作業工程を確保する設計・施工計画が必要である．</td><td>・プレキャスト部材を導入することで，支保工や作業足場を削減し，休止期間を最小限にすることにより，リフト差の発生を防止した．
・プレキャスト化により機械機材搬入スペースが早期に確保される事で施工性が総合的に向上し，事業工程が短縮された．</td></tr>
<tr><td>施工
（施工上の安全性・効率性・品質確保）</td><td>・プレキャストと本体コンクリートの一体化が必要</td><td>・プレキャスト部材の適正な目粗し．
・打設時のプレキャスト部材の湿潤保持．
・プレキャスト表面部へのモルタル塗布による一体化促進と周辺部コンクリートへの構造物周り配合の適用．</td></tr>
</table>

	課題		対策
具体的な課題と対策	施工 （施工上の安全性・効率性・品質確保）	・機械設備の据付工事では土木構造物以上に厳密な精度確保が要求されるため，据付精度の確保とその確認の方法を検討する必要がある．	・放流管等の主要部材は機械設備先行での施工方法を採用．プレキャスト部材を機械設備に合わせて配置． ・プレキャストに埋設される機械設備アンカーは，埋込と箱抜きの二つの固定方法を採用し，精度に対して冗長性を持たせる方法に変更した．
		・洪水吐き内の保温・湿潤養生を確実に実施し，温度ひび割れを抑制する必要がある．	・プレキャスト適用範囲を拡大することで開口部を極力減らした．端部養生蓋を設置し，密閉状態を確保した．その上で，常用洪水吐き内に温水+投込みヒーターを配置し，高湿度状態を確保した．温度応力解析結果から15℃を下限規制値として管理した（最低温度17℃）（**写真3.6.3**）．
		・コンクリート打設に支障をきたさないよう搬入～据付までスケジュール管理を行う．	・機械設備との事前検討にCIMを活用する事で，施工方法の見える化により，詳細な作業調整が容易となる．部材の製作から設置までの施工データをCIMに付与する事で維持管理データを保存． ・余裕のある仮置き場計画により，プレキャスト地組ヤードを確保した．分割した部材を地組しタワークレーンで一括投入することで，設置作業時間を削減した．

施工事例 7

工事名	津軽ダム本体建設工事	事業者	国土交通省　東北地方整備局
工　種	上下流面型枠工（張出部）		

（工事概要）

工期：2008 年 10 月～2017 年 3 月

諸元：堤高：97.2m

　　　堤頂長：342m

　　　堤体積：75.9 万 m^3

津軽ダムは，直上流 60m に位置する目屋ダム（1960 年完成）の再生事業である．洪水調節，流水の正常な機能維持，発電，工業用水の供給，灌漑用水の補給および水道用水の供給を目的として青森県中津軽郡西目屋村に建設された多目的ダムである．

津軽ダムでは常用洪水吐き等の張出部（**写真 3. 7. 1**, **写真 3. 7. 2**）に加え，景観設計に伴った曲線形状のピア（**写真 3. 7. 3**）や隔壁（**写真 3. 7. 4**），および張出形状の天端高欄（**写真 3. 7. 5**）等の複雑な形状の構造が多い．これらの箇所において工程短縮および安全性施工向上を目的として残存型枠（PIC パネル）を使用した．

写真 3. 7. 1　常用洪水吐き張出部

写真 3. 7. 4　下流面隔壁部

写真 3. 7. 2　取水塔張出部

写真 3. 7. 3　下流部曲線ピア部

写真 3. 7. 5　天端高欄部

技術的留意事項

・残存型枠部材の剛性の確保

・残存型枠の設置および固定方法

・残存型枠据付精度の確保

	課題		対策
具体的な課題と対策	施工条件	・張出部施工用外部足場と支保工の設置による施工効率および安全性の低下.	・プレキャスト型枠を設置し，内部から据付作業を行うことで外足場および支保工を無くした.
	設計および施工（構造上の安定性確保および施工上の品質確保）	・残存型枠部材の剛性の確保.	・採用した残存型枠部材（PIC パネル）は繊維コンクリートによる製品であり，十分な曲げ剛性を有している.
		・残存型枠の設置および固定方法.	・残存型枠固定用の鋼材を前リフトから埋設し棒鋼を介して溶接にて引張固定した. 型枠間は連結プレートにて固定し剛結化した.
	施工（施工上の安全性・効率性・品質確保）	・残存型枠据付精度の確保.	・リフト毎に出来形を実測し，設計位置と比較して微修正を行った. 微修正はライナープレートにより行い，微細な隙間はコーキングにてノロ止めをした. ・コンクリート打設時の衝撃によるずれを防止するため，コンクリートは 30cm 程度離して投入し施工した.

施工事例 8

工事名	津軽ダム本体建設工事	事業者	国土交通省　東北地方整備局
工　種	コンジットゲート上部スラブ，取水塔上部スラブ		

（工事概要）

工期：2008 年 10 月～2017 年 3 月

諸元：堤高：97.2m

　　　堤頂長：342m

　　　堤体積：75.9 万 m^3

写真 3.8.1　コンジットゲート上部スラブ施工状況

津軽ダムは，直上流 60m に位置する目屋ダム（1960 年完成）の再開発事業である．洪水調節，流水の正常な機能維持，発電，工業用水の供給，灌漑用水の補給および水道用水の供給を目的として青森県中津軽郡西目屋村に建設された多目的ダムである．

コンジットゲート上部（**写真 3.8.1**）および取水塔上部（**写真 3.8.2**）は通常は型枠支保工を構築してスラブ施工となるが，支保工設置作業を無くし取水放流設備等の工事をできるだけ停滞させずに同時施工するため，橋梁技術（イージースラブ橋）を流用した工法を採用した．

写真 3.8.2　取水塔上部スラブ施工状況

写真 3.8.3　主桁設置状況

写真 3.8.4　主桁間パネル設置状況

写真 3.8.5　鉄筋設置状況

技術的留意事項

・ゲート据え付け工事との干渉回避

・スラブの開口位置を考慮した主桁およびパネル材の割付け

・部材の剛性および耐久性の確保

・鉄筋の配置と継手方法

・スラブ施工高さの精度確保

	課題		対策
具体的な課題と対策	施工条件	・コンジットゲートスラブ下部では機械メーカーにて引張ラジアルゲートの据付作業，取水塔スラブ下部では取水ゲート据付作業が平行して行われ，支保工設置および残置ができない.	・橋梁技術（イージースラブ橋）を流用し，主桁および主桁間パネル（プレキャスト床版）から構成される吊支保工形式とすることで，スラブ下部に於ける支保工設置作業を無くした（**写真** 3.8.3，**写真** 3.8.4）.
	設計および施工（構造上の安定性確保および施工上の品質確保）	・各部材のコンクリート荷重に対する剛性の確保，および耐久性の確保.	・主桁間のパネルは曲げ剛性を確保するため鋼製もしくは繊維入りコンクリートとした．仕上げ面に現れる鋼製部材はステンレス製とするか防食塗装を施した.
		・主桁材とスラブ構造鉄筋が干渉する.	・スラブ下部の鉄筋はピッチに合わせ主桁材に貫通孔を設け設置した．継手は桁間で行うこととなることから機械式継手（エポキシ充填）とした（**写真** 3.8.5）.
	施工（施工上の安全性・効率性・品質確保）	・主桁材のたわみによりスラブ標高が規定の精度を確保できない可能性がある.	・主桁材はコンクリート死荷重によるたわみを考慮しキャンバーを設けた．主桁受として前リフトに鋼材を埋設し，桁受高さの精度を向上した.

施工事例 9

工事名	笠堀ダム嵩上げ工事	事業者	新潟県
工　種	洪水吐（ダム再生工事）		

（工事概要）

工期：2014 年 9 月～2018 年 3 月

諸元：堤高：78.5m（4.0m かさ上げ）

堤頂長：251m

堤体積：24.6 万 m^3（かさ上げ分 2.0 万 m^3）

笠堀ダム嵩上げ工事は，1964 年に竣工した重力式コンクリートダムの堤高を 4m かさ上げし，既設ゲート設備を更新する工事である．ダムの機能を維持しながらの工事であり，特に洪水調節設備に関わる工事は非出水期（10/1～翌 6/14 の 8.5 か月）に限定された．しかし，洪水吐コンクリート工事とゲート更新工事が干渉するため，従来工法では非出水期内の完了は困難であった．そこで，複数の部位にプレキャスト型枠（以下 PCa 型枠）を採用することで足場や支保工を不要とし，ゲート更新工事を同時並行で進め，洪水設備を非出水期内に完了させた（図 3.9.1）．

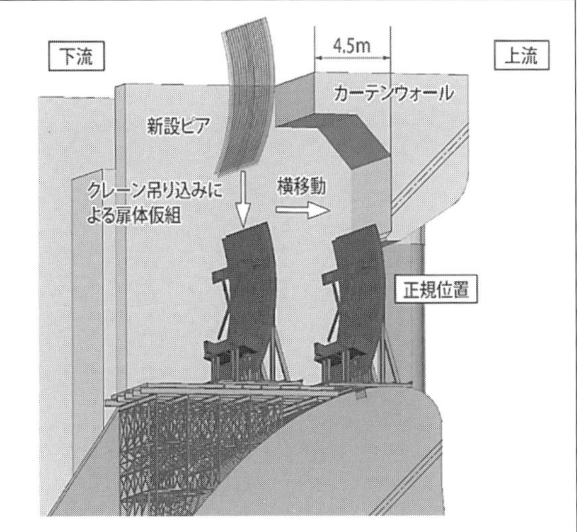

図 3.9.1 洪水吐コンクリート工事とゲート更新工事の同時施工

写真 3.9.1 カーテンウォール部 PCa 型枠

写真 3.9.2 ピア側壁部 PCa 型枠

写真 3.9.3 戸当り一体型 PCa 型枠

写真 3.9.4 橋梁支承部 PCa 型枠

写真 3.9.5 堤体上流面 PCa 型枠採用

写真 3.9.6 予備ゲート開閉装置部 PCa 型枠

技術的留意事項

- 洪水吐コンクリート工事とゲート更新工事の同時施工
- 大型張出部のプレキャスト化・特殊支保
- PCa 型枠耐久性の確認
- 品質に配慮したゲート構造物周りのコンクリート打設計画の策定
- 特殊構造部への PCa 型枠の採用

	課題		対策
具体的な課題と対策	施工条件	・作業エリアが干渉する洪水吐コンクリート工事とゲート更新工事を直列で施工した場合は，洪水調節設備に関わる工事を非出水期内に完了できない．	・カーテンウォール部とピア側壁部にPCa型枠を採用することで作業エリアの干渉を回避し，洪水吐コンクリート工事とゲート更新工事の同時施工を可能とした（**写真**3.9.1，**写真**3.9.2）． ・この結果，大幅な工程短縮，非洪水期内での工事完了を達成した．
	設計 （構造上の安定性確保）	・カーテンウォールの張出が長く（長さ4.5m×ピア径間10.0m），張出直下に支保工を設置すると，ゲート工事が同時施工できない．	・両端ピアに鋼材を埋め込み，PCa型枠用の吊支保工をその鋼材に接続することで，カーテンウォールの無支保での構築を可能とした．
		・PCa型枠採用範囲の一部が流水部に該当する．	・PCa型枠表面の耐久度を精査し，流水部での採用に問題がないことを確認した．
	施工 （施工上の安全性・効率性・品質確保）	・洪水吐コンクリート工事とゲート工事が干渉し，コンクリート打設工程の調整や養生設備の設置および養生期間の確保が難しい．	・PCa型枠を採用することで，ゲート工事の進捗に左右されずに温度応力に配慮した打設工程を設定でき，厳冬下でも大掛かりな養生設備は不要となり，一般的な設備のみで必要な養生環境は確保できた．
		・ゲート戸当りの設置と二次コンクリート打設の施工期間が長く，かつ，足場等の仮設備がゲート工事と干渉する．	・戸当り一体型PCa型枠を採用することで，施工期間を大幅に短縮するとともに，ゲート工事との同時作業を可能にした（**写真**3.9.3）．
		・ピア側壁上部に設置する天端橋梁支承部の施工期間が長く，足場等の設備がゲート工事と干渉する．	・橋梁支承部にPCa型枠を採用することによって，足場は不要となり，施工期間を大幅に短縮した（**写真**3.9.4）．
		・既設ダム設備が型枠等と干渉し，コンクリート打設工程が遅延する．	・堤体上流面，既設ダム設備干渉部分（取水塔架台等）にPCa型枠を採用し，施工の簡便化を図ることによって，施工期間を大幅に短縮した（**写真**3.9.5）．
		・予備ゲート開閉装置更新時（新設）に，長期間に渡って機能が停止する．	・新設予備ゲート開閉装置を設置する張出部にPCa型枠を採用し，旧予備ゲートとの干渉を回避し，予備ゲート機能停止期間を大幅に短縮した（**写真**3.9.6）．

【参考資料 9】 ダム再生工事におけるダムコンクリートの品質確保

1. 概要

既設ダムを有効活用してダム機能の向上を図るダム再生工事について，実施事例が相当数積み重ねられつつあり，それらを支える各種技術も進展しつつあることから，最近国内で施工されたコンクリートダム既設堤体の改造を伴う再生工事を対象に，技術的留意事項，課題と対策について調査を行った．計画上，設計上，施工上の技術的留意事項について整理した結果を以下に示す．

各ダムの調査結果については，工事概要，技術的留意事項，具体的な課題と対策を中心に，3. に事例集として取り纏めている．

2. ダム再生工事における技術的留意事項

2.1 構造計画上，構造設計上の留意事項

既設ダムを運用しながら機能向上を図るダム再生は，既設堤体のかさ上げ，既設ダムを切削し新設放流設備を増設する方式や既設堤体を削孔（穴あけ）して放流設備（管）を増設する方式等があるが，いずれの場合も，あらかじめ既設ダムの構造や健全性を十分に把握，確認し，その結果を構造計画・構造設計に反映する必要がある．

既設堤体コンクリートの物性については，設計値や建設時の品質管理記録のほか，試験湛水時の記録や保管されている維持管理の記録等も参照するとともに，必要に応じ適切なサンプリング（コア採取）による試験等により把握しておく必要がある．

また，かさ上げダムの設計を行う上では，既設堤体コンクリートの物性のみならず基礎地盤の状態も精度よく把握した上で構造型式や力学特性を定める必要があることから，基礎地盤についてもボーリング等による調査や必要な試験を行って物性を把握しておく必要がある．

2.2 施工計画上，施工上の留意事項

ダム再生工事の施工計画においては，既設ダムの位置，目的，運用条件，構造等から新設ダム以上に多くの制約条件を考慮する必要があることが多く，施工計画の成立性がダム再生の方式選定の重要な要素となることもある．このため，計画・設計段階から施工の実現性については十分に検証しておくこと必要がある．

また，ダム再生では，通常の場合，既設ダムを運用しながら施工する必要がある．このため，既設ダム機能を維持しながら工事を安全かつ効率的に施工できるような施工計画の検討が重要となる．

ダム再生工事において，特に，設計上，施工上配慮すべき技術的留意事項は以下のとおりである．

① 施工中の上流側貯水位の堤体安定性への影響
② 既設コンクリートと新設コンクリートとの一体化
　特に，かさ上げダムでは新旧コンクリート打継面の一体化
③ 新設コンクリートの温度応力の影響
④ 既設堤体切削，削孔（穴あけ）等施工中の既設堤体残存部損傷防止

既設堤体の改造を伴うダム再生工事において，特にダムコンクリートとしての品質確保の観点から留意を要する技術的課題とその対策を**表 2.1** に示す．

表 2.1　ダム再生工事における主な技術的留意事項

改造方式	技術的留意事項	対策
共通	・既設ダムを運用しながらの施工	・上流側貯水位，気象条件，施工過程等によって，施工箇所周辺の応力状態が変化することを設計，施工計画に反映させる．
既設堤体かさ上げ	・新旧コンクリートの確実な一体化 (構造上の安定性確保)	・既設堤体表面の品質・性状（中性化，強度，ひび割れ発生状況等）は区々なことから，事前に既設堤体，既設ダムコンクリートの健全性を確認し，調査結果を新旧堤体一体化の設計・施工計画に反映させる．
	・新設（かさ上げ・増厚）コンクリートの温度ひび割れ対策 (施工上の品質確保)	・新設コンクリートの施工幅は薄く，温度ひび割れ発生が懸念されることから，適切な温度規制計画（結合材等材料，配合，リフト厚やリフトスケジュール，プレクーリング，収縮継目設置，養生等）を策定し実施する．
既設堤体切削による放流設備増設	・既設堤体切削時の堤体残存部の安定性確保 (構造上の安定性確保)	・既設堤体切削・撤去により，堤体の構造上の安定性が損なわれることから，安定性確保対策を講ずる．
	・既設堤体切削時の堤体残存部の損傷防止 (施工上の品質確保)	・既設堤体切削・解体に当たっては，極力振動を発生させない施工法の選定・採用，振動規制値を設定し施工を管理する等　既設堤体残存部の損傷防止に配慮する．
既設堤体削孔（穴あけ）による放流管増設	・既設堤体穴あけに伴う削孔部周辺の安定性確保 (構造上の安定性確保)	・既設堤体穴あけ（既設堤体大断面掘削）に伴い，削孔部周辺の堤体構造上の安定性が損なわれることが無いよう，発生応力軽減等安定性確保対策を講ずる．
	・新設放流管周りの適切な補強筋配置（構造上の安定性確保）	・新設放流管周り等開口部（狭隘部）補強筋に関する設計の工夫により高密度配筋を回避する．
	・既設堤体穴あけ時の削孔部周辺の損傷防止 (施工上の品質確保)	・既設堤体穴あけ掘削に当たっては，極力振動を発生させない施工法の選定・採用，振動規制値を設定し施工を管理する等　削孔部周辺の損傷防止に配慮する．
	・新設放流管周りのコンクリート充填性確保 (施工上の品質確保)	・放流管設置後の管周り開口内は，高密度配筋や鋼製架台等で狭隘となるので，コンクリートの確実な充填性が確保できる施工方法・配合を採用する．
その他	・施工中の洪水処理等を考慮した洪水吐，減勢工の施工 (施工上の安全性・効率性・品質確保)	・洪水吐や減勢工導流壁にプレキャスト部材を採用する場合，背面埋設アンカー構造とし背面コンクリートとの確実な一体化・剥落防止を図る． ・プレキャスト型枠表面の仕上がりについても，通常のダム流水部に求められる仕上がり精度（平滑性）を確保する．

3. ダム再生工事事例集

施工事例 1

工事名	笠堀ダム嵩上げ工事	事業者	新潟県
工　種	既設堤体かさ上げ		

（工事概要）

工期：2014 年 9 月～2018 年 3 月

諸元：堤高：78.5m（4.0m かさ上げ）

　　堤頂長：251m

　　堤体積：24.6 万 m^3（かさ上げ分 2.0 万 m^3）

笠堀ダムは，洪水調節，利水，発電および水道用水等の確保を目的として，信濃川水系五十嵐川支流笠堀川の新潟県三条市笠堀地先に建設された重力式コンクリートダムで，1964 年の竣工後，洪水調節機能の増強のため 1979 年にゲート 1 門の増設等が行われた．

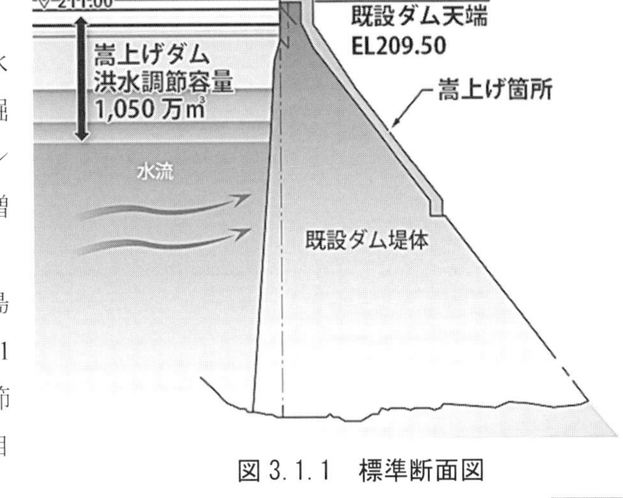

図 3.1.1　標準断面図

笠堀ダム嵩上げ工事は，2011 年 7 月の新潟・福島豪雨による五十嵐川沿川での甚大な被害を機に，2011 年五十嵐川災害復旧助成事業の一環として，洪水調節容量を 870 万 m^3 から 1,050 万 m^3 に増強することを目的として，ダム堤体の 4m のかさ上げおよび既設ゲートの改造等が行われた．

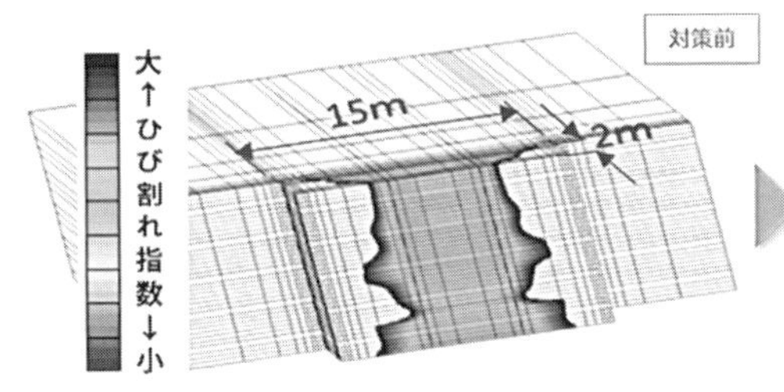

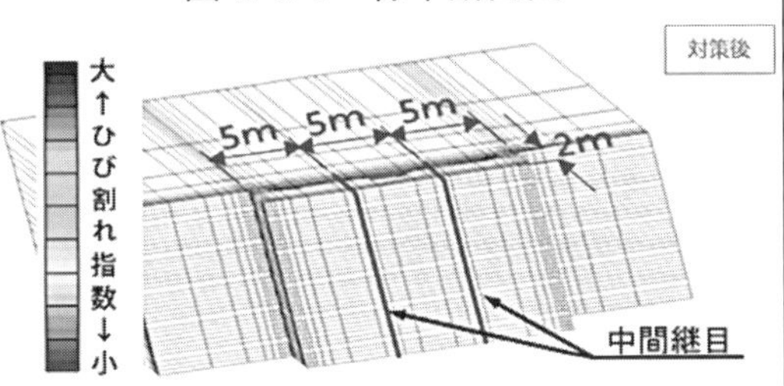

図 3.1.2　中間継目イメージ図

工事の特徴

・既設堤体は竣工後 50 年を経過していることから，新設増設コンクリートとの打継面となる既設堤体表面の健全性は事前に十分に確認しておく必要がある．

・ダム機能を維持しながらの工事であり，特に洪水調節設備に関わる工事は非出水期（10/1～翌年 6/14 の 8.5 か月）に限定された．

技術的留意事項	・既設ダムの運用（貯水位の変動）下での施工 ・既設堤体，既設ダムコンクリートの健全性確認 ・新旧堤体打継面の一体化（接続面打継ぎ処理） ・新設増設コンクリートの温度応力の影響 ・限定された工期内（非出水期）での洪水吐流水部の施工

	課題		対策
具体的な課題と対策	施工条件	・上流側貯水位等によって，下流側増設コンクリートの発生応力状態が変化する．	・貯水位は，低水位，ドライな状態もしくは一定水位での施工を基本とした（非出水期）．
	設計 （構造上の安定性確保）	・事前に，既設堤体，既設ダムコンクリートの健全性を確認し，新旧堤体一体化の設計・計画に反映させる必要がある．	・既設堤体表面のひび割れ発生状況，強度，中性化深さ等を調査・確認し，実態に合わせてひび割れ補強筋，アンカー筋の配置や斫り深さを決定した．
	施工 （施工上の安全性・効率性・品質確保）	・新設コンクリートは施工幅が薄く，温度ひび割れ発生が懸念される．	・3次元温度応力解析結果（施工時）を基に，ダム軸方向5m間隔で中間継目を設置した．中間継目と既設堤体との取合部には，継ぎ目目開きの既設側への延伸防止対策として緩衝金物を設置した（図3.1.2）．
		・既設堤体上流面に発生しているひび割れから下流面への漏水が懸念される．	・既設堤体解体箇所は，ブロック撤去工法によりひび割れ発生等不良範囲を確認しながら完全に取り除き，健全な堤体を再構築した． ・実際の止水板の埋設状況を確認し，止水ライン計画に反映した．
		・洪水吐ゲート関連工事が遅延すると出水期（6/15～9/30）に差し掛かり，ダムの洪水調節機能が損なわれる危険性がある．	・ゲートピア側面部等にプレキャスト型枠（アンカー定着）を採用し，足場・支保工を無くすことによって，新設コンクリート工事，ゲート工事の同時施工が可能となり，工程遅延を回避した．

施工事例 2

工事名	新桂沢ダム建設工事	事業者	国土交通省　北海道開発局
工　種	既設堤体かさ上げ		

（工事概要）

工期：2016 年 8 月～2024 年 3 月（予定）

諸元：堤高：75.5m（11.9m かさ上げ）

　　　堤頂長：397m

　　　堤体積：59.5 万 m^3

　　　（かさ上げ分 24.5 万 m^3）

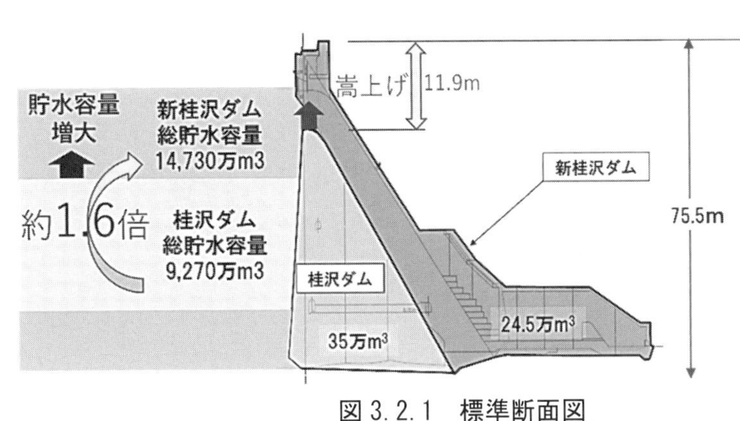

図 3.2.1　標準断面図

新桂沢ダムは，堤高を 63.6m から 75.5m 同軸で 11.9m かさ上げすることで，総貯水容量を 5,500 万m^3増大させることを目的に実施された．堤高を約 1.2 倍にかさ上げすることで総貯水容量が 1.6 倍となり，効率的に治水・利水機能の増強が図れた．

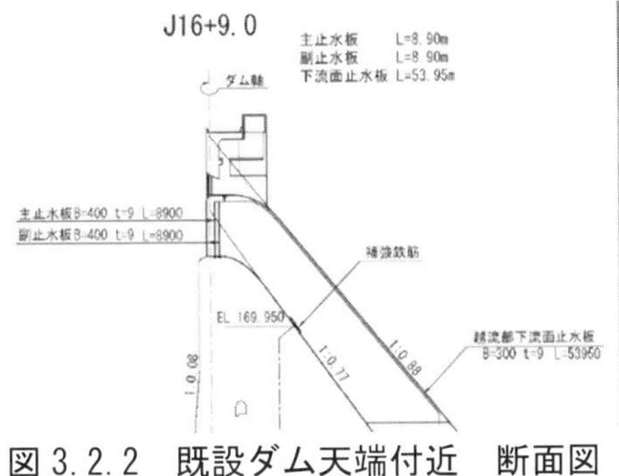

図 3.2.2　既設ダム天端付近　断面図

写真 3.2.1　既設ダム打継面チッピング状況

工事の特徴：

・新設増設コンクリート打設は拡張レヤー工法を採用し，1 リフト 1.5m（75cm×2 層）とした．

・コンクリートのスランプは 4cm，粗骨材の最大寸法は 150mm である．セメントは，中庸熱ポルトランドセメントにフライアッシュ置換率 30%とした中庸熱フライアッシュセメント（MF30）を使用した．

・練混ぜ水はチラー設備を使用して冷却し，コンクリートの打込温度を 25℃以下に管理した．粗骨材はコンクリート製造設備上部の貯蔵ビンに冷風ミストを噴霧して冷却した．

技術的留意事項	・既設ダムの運用（貯水位の変動）下での施工 ・既設堤体，既設ダムコンクリートの健全性確認 ・新旧堤体打継面の一体化（接続面打ち継ぎ処理） ・新設増設コンクリートの温度応力の影響

	課題		対策
具体的な課題と対策	施工条件	・上流側貯水位等によって，下流側増設コンクリートの発生応力状態が変化する．	・越冬時に発生する引張応力は，貯水位が最も低下する際に最大値が発生する．そこで，冬期の貯水位をできるだけ高く保つことにより，堤体に発生する引張応力を緩和した．
	設計 （構造上の安定性確保）	・事前に，既設堤体，既設ダムコンクリートの健全性を確認し，新旧堤体一体化の設計・計画に反映させる必要がある．	・既設堤体表面の中性化深さによってチッピング深さを決定した（**写真 3.2.1**）． ・既設堤体の縦継目には補強筋を配置する設計とした．また，既設堤体表面のひび割れ発生状況によってひび割れ補強筋を追加した．
	施工 （施工上の安全性・効率性・品質確保）	・増設コンクリートは施工幅が薄く，温度ひび割れ発生が懸念される．	・温度規制計画（結合材等材料，配合，リフト厚，リフトスケジュール，プレクーリング，養生（特に越冬時の養生）等）の実施を徹底した．
		・既設堤体天端部の止水性を確保する必要がある．	・既設ダム止水板と新設止水板との接続方法を工夫し，二重の水平止水板を設置することで，止水性を強化した（**図 3.2.2**）．

施工事例 3

工事名	長安口ダム改造事業	事業者	国土交通省　四国地方整備局
工　種	既設堤体改造，洪水吐新設，減勢工増設		

（工事概要）

工期：2012 年 9 月～2020 年 3 月

諸元：堤高：85.5m

　　堤頂長：200.7m

　　堤体積：28.3 万 m³

長安口ダム施設改造工事は，年間降水量が 3,000 mmを超える多雨地帯にある那賀川の洪水被害に対処するため，洪水調節能力の増強を目的に実施された．

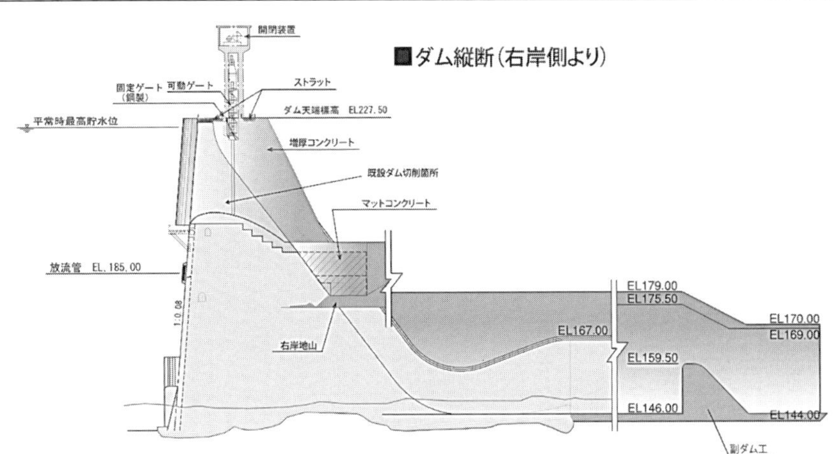

図 3.3.1　ダム縦断図（右岸側より）※1

工事の特徴：

- ダムを運用しながら施工する必要があり，特に，減勢工の施工は非出水期（11 月～4 月）に限定された．
- 既設堤体を大断面で 2 か所切削し（川側：幅 11m×高さ 37m，山側：幅 11m×高さ 28m），クレストゲート設備と導流壁，減勢工を増設する日本初の工事であった（**図 3.3.2**）．
- 減勢工側壁表面にプレキャストブロック，背面埋戻しに CSG を採用し，施工中のダム放流に伴う損傷・流出を防止するとともに，ダムの水路としての機能を活かしながら施工を実施した．

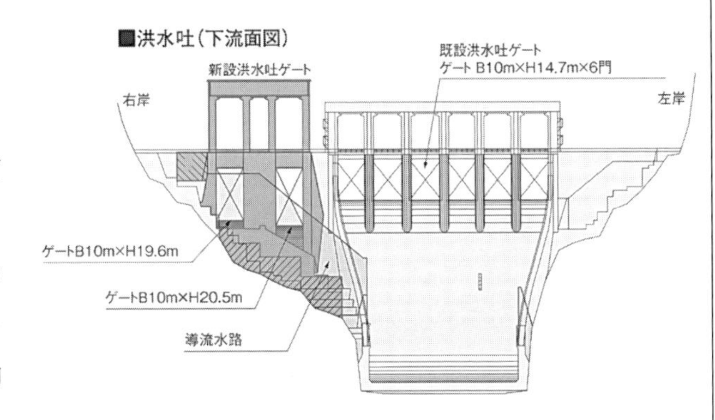

図 3.3.2　洪水吐（下流面図）※1

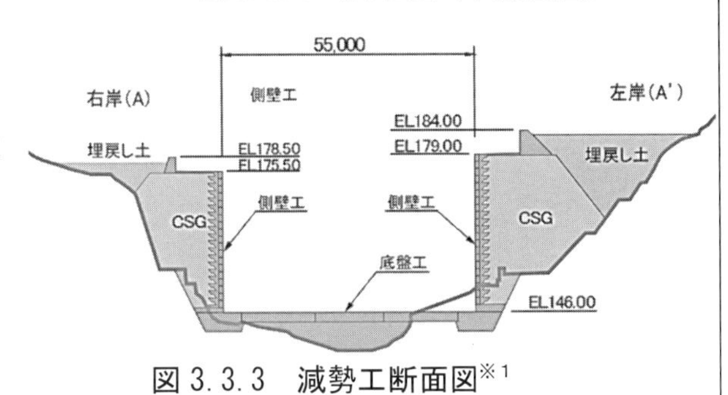

図 3.3.3　減勢工断面図※1

※1　図面は全て国土交通省四国地方整備局那賀川河川事務所 HP より引用

https://www.skr.mlit.go.jp/nakagawa/dam/effect/index.html（最終閲覧日：2023 年 7 月 31 日）

技術的留意事項	・既設堤体切削に伴う堤体残存部の安定性の確認と対策（施工時，完成時） ・既設堤体，既設ダムコンクリートの健全性確認 ・既設堤体切削時，堤体残存部損傷防止 ・限定された工期内での減勢工の施工

<table>
<tr><td rowspan="4">具体的な課題と対策</td><td colspan="2">課題</td><td>対策</td></tr>
<tr><td>設計
(構造上の安定性確保)</td><td>・既設堤体切削撤去により，堤体の安定性が損なわれることのないよう，安定性確保対策が必要となる.

上下流方向断面：基本三角形欠損となり重量が減少する.
ダム軸方向断面：切削後ブロック残存部は無筋片持梁構造の薄肉壁形状となる.</td><td>・上下流方向断面での安定性確保(滑動・転倒）のために，下流側にマットコンクリートを増し打ちして安定性を確保した（図 3.3.1，図 3.3.2).

・薄肉壁残存部の倒壊防止・変位抑制のために，片持梁上端(ダム天端)に薄肉壁支保用ストラットを設置した.</td></tr>
<tr><td rowspan="2">施工
(施工上の安全性・効率性・品質確保)</td><td>・既設堤体切削時，既設堤体残存部の損傷を最大限防止する必要がある.</td><td>・既設堤体切削に当たっては，撤去部を無振動工法（水中ワイヤーソー）で既設堤体と切り離し，バースターでブロック状に小割分割して搬出する工法を採用した.</td></tr>
<tr><td>・施工上の安全性・効率性を向上させるために，減勢工導流壁表面にプレキャストブロックの適用を検討したが，大量・高速のダム放流水の影響を受けるため，剥落防止対策が必要となる.</td><td>・施工中の洪水処理等を考慮し，導流壁表面にプレキャストブロック，背面埋戻しにCSGを採用することで，施工中放流による減勢工躯体損傷を防止した（図 3.3.3).
・プレキャストブロックの採用によって，導流壁前面（川側）の足場組立・解体が不要となったことから，非洪水期内目一杯の施工が可能となった.
・プレキャスト部材背面に埋設アンカーを配置し，埋戻し材（CSG）との間の背面コンクリートに定着させて剥落防止を図った.</td></tr>
</table>

施工事例 4

工事名	鶴田ダム再開発事業	事業者	国土交通省　九州地方整備局
工　種	既設堤体削孔，放流設備増設，発電管付け替え，既設減勢工改造，減勢工増設		

（工事概要）

工期：2011 年 2 月～2018 年 10 月

諸元：堤高：117.5m

　　堤頂長：450m

　　堤体積：111.9 万 m^3

鶴田ダム再開発事業は，夏場の洪水調節容量を最大 7,500 万 m^3 から最大 9,800 万 m^3（約 1.3 倍）に増量し，洪水調節機能の強化を図ることを目的に実施された．

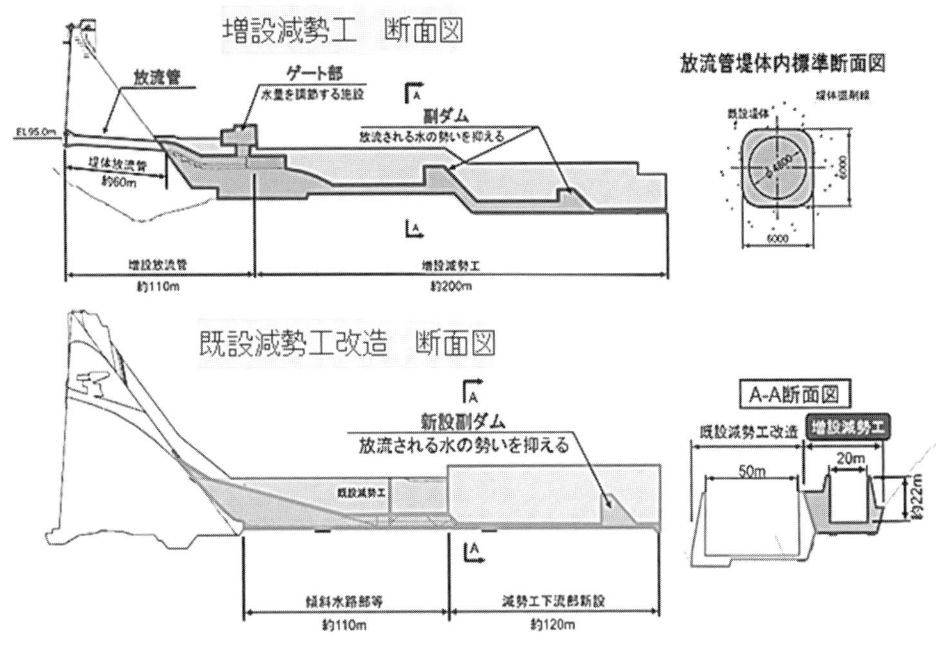

図 3.4.1　増設減勢工・既設減勢工改造　断面図

工事の特徴：

・ダムを運用しながら減勢工増設，既設減勢工改造工事を施工する必要があった．

・近接する施設（別企業者管理の発電施設等）の稼働に影響を及ぼさないように施工する必要があった．

・複数の関連業者との工事調整が必要．

・主な工事内容は，堤体削孔（増設放流管　削孔断面：6.0m×6.0m×3 条，発電取水管　削孔断面：6.4m×6.4m×2 条），減勢工増設，既設減勢工改造等である．

技術的留意事項

・既設堤体削孔に伴う削孔部周辺の安定性の確認と対策（施工時，完成時）

・既設堤体，既設ダムコンクリートの健全性確認

・既設堤体削孔時，削孔部周辺の損傷防止

・新設放流管・発電管周りのコンクリート充填性確保

<table>
<tr><td rowspan="5">具体的な課題と対策</td><td colspan="2">課題</td><td>対策</td></tr>
<tr><td rowspan="2">設計
(構造上の安定性確保)</td><td>・大断面削孔に伴う既設堤体への発生応力の軽減対策が必要となる.</td><td>・削孔断面を円形・矩形で比較検討し，応力軽減効果の大きい矩形とした（図3.4.1）.</td></tr>
<tr><td>・狭隘部における高密度配筋となり，コンクリートの確実な充填性確保が容易でない.</td><td>・今後，施工時・完成後等の堤体状況や，上流水位，配筋・管体による応力の分担まで考慮に入れた高精度な設計手法により，高密度配筋を回避する設計の工夫について検討する余地がある.</td></tr>
<tr><td rowspan="2">施工
(施工上の安全性・効率性・品質確保)</td><td>・既設堤体削孔時，既設堤体残存部の損傷を最大限防止する必要がある.</td><td>・既設堤体削孔は，低振動工法（ロードヘッダーによる切削）を基本とし，発生振動が極端に大きくなる最上流貫通部については，無振動工法（コアボーリング連孔による外周縁切り・ワイヤーソーによる小割分割）にてブロック状に解体し，搬出した.</td></tr>
<tr><td>・放流管周りは，鋼製架台や高密度配筋等によりコンクリート打設用クリアランス確保が困難なことから，コンクリートが確実に充填できる施工方法，配合について検討が必要である.</td><td>・狭隘部でも確実に充填性が確保できる施工方法・配合を採用した．施工にあたっては，ブロックごとに天井部にエアベント等を配置し，充填性を確認しながら打設を進めた.</td></tr>
</table>

CL164

規準編

[規 準 編]

目　　次

Ⅰ．2023年制定コンクリート標準示方書［規準編］の改訂概要

1. はじめに

土木学会では，コンクリートに関する品質規格および試験方法を土木学会規準として制定してきた．これらの規準類は，関連する JIS とともに整備されてきており，1991 年よりコンクリート標準示方書［規準編］として発刊され，今日に至っている．特に，2002 年に示方書全編が性能照査型に移行したことから，性能評価のための試験方法が構造物の設計や施工，あるいは維持管理の場面で果たす役割が拡大し，これにともなって規準編の重要性はますます高まっている．このような状況下において，規準編に盛り込むべき品質規格や試験方法に関する最新の情報を反映させるとともに，コンクリート標準示方書の記載内容を補完するという位置づけを明確化することを基本方針として，今回，2018 年版の内容を改めて見直し，2023 年制定コンクリート標準示方書［規準編］として発刊する運びとなった．

コンクリート標準示方書［規準編］は，2005 年版から，土木学会規準と JIS 以外の関連規準をまとめて 1 冊として土木学会が製作し，コンクリート標準示方書との関係が深い JIS を日本規格協会が編集し 1 冊にまとめ，2 分冊で発行している．このうち土木学会規準は，土木学会（コンクリート委員会）の責任において制定されたものであり，他の方法での入手が困難であることから，規準編に全て掲載することにした．一方，土木学会規準以外の規準類については，コンクリート標準示方書と関係が深い JIS や日本コンクリート工学会の規準などのように，重要と判断されたもののみを掲載し，利用される機会の少ないと考えられるものは規準の名称のみを目次に示し，内容の掲載は省略することとした．

この改訂資料は，土木学会規準および関連規準に関して，2023 年版で新たに取り入れられたものや 2018 年版から改訂されたものについて，その主な内容を紹介するものである．また，今回の改訂でも，コンクリート標準示方書［基本原則編］，［設計編］，［施工編］，［ダムコンクリート編］，ならびに［維持管理編］の記載内容を補完することを目的として，これらに記載されている試験方法などを可能な限り網羅し，利用者への便宜を図ることを心掛けた．

2. 土木学会規準

規準の更新数は**表 1.1** のとおりである．

表 1.1　土木学会規準更新概要

WG	新規制定	改訂有り	改訂無し（(案) 削除）	合計	廃止
水・骨材・混和材料	1	13	2（1）	16	0
鋼材・補強材	0	6	62（11）	68	1
フレッシュコンクリート	1	11	25（16）	37	0
硬化コンクリート・製品・施工機械	0	0	24（6）	24	0
補修材料	2	1	17（8）	20	0
合計	4	31	130（42）	165	1

2.1 新しく制定された土木学会規準

新しく制定された規準は下記の 4 規準である．このうち，JSCE-D 504-2023 はコンクリート標準示方書［施

工編］との連携により規準化がなされた．JSCE-F 702-2022 はコンクリート委員会 締固めを必要とする高流動コンクリートの施工に関する研究小委員会（256 委員会）との連携により規準化がなされた．JSCE-K 544-2022 ならびに JSCE-K 573-2022 は，内閣府 SIP（戦略的イノベーション創造プログラム）「インフラ維持管理・更新・マネジメント技術」において「インフラ構造材料研究拠点の構築による構造物劣化機構の解明と効率的維持管理技術の開発」と題した研究開発テーマの中で組織された「補修材料評価方法研究会」の活動成果を規準化したものである．

（1）セメント・水・骨材・混和材料

①暑中環境下におけるコンクリートのスランプの経時変化・凝結特性に関する混和剤の試験方法（案）(JSCE-D 504-2023)

（2）鋼材・補強材

なし

（3）フレッシュコンクリート

①加振を行ったコンクリート中の粗骨材量試験方法（案）(JSCE-F 702-2022)

（4）硬化コンクリート・コンクリート製品・施工機械

なし

（5）補修材料

①自己治癒充填材のひび割れ透水率試験方法（案）(JSCE-K 544-2022)

②表面含浸材を塗布したコンクリート中の鋼材の防せい率試験方法（案）(JSCE-K 573-2022)

2.2　改訂された土木学会規準

改訂された土木学会規準のうち特に大きく変更したものを下記に示す．JISの改正内容に対応した修正を含め，軽微な修正分についての説明はここでは省略する．改訂内容の詳細については，**Ⅱ．規準の改訂内容**を参照していただきたい．

（1）セメント・水・骨材・混和材料

B 101（コンクリート用練混ぜ水の品質規格), D 102（吹付けコンクリート（モルタル）用急結剤品質規格), および D 104（コンクリート用水中不分離性混和剤品質規格）は，JIS A 5308（レディーミクストコンクリート）の記述内容に合わせ，水に関する規定について改訂を行った．また，JIS A 1158（試験に用いる骨材の縮分方法）が 2020 年に改正されたことを受け，縮分の方法は JIS A 1158 によることとし，関連する基準の改訂を行った．D 107（フライアッシュ用 AE 剤品質規格）の報告において，フライアッシュの試験成績表に加えて，メチレンブルーの吸着量または BET 法による比表面積を記載し，報告項目を増やした．

（2）鋼材・補強材

6 規準の改訂が行われているが，いずれも JIS の改正内容に対応した軽微な修正である．

（3）フレッシュコンクリート

F 502（加圧ブリーディング試験方法）について，試料の採取方法と製造方法に関する条文を改訂した．F 505（試験室におけるモルタルの作り方）について，練混ぜの休止期間中に鉢やパドルに付着したモルタルをかき落とす時間を「休止の最初の 15 秒間」から「休止の最初の 30 秒間」に改訂した．F 506（モルタルまたはセメントペーストの圧縮強度試験用円柱供試体の作り方）について，型枠の材料および形状寸法の許容差に関する規定が修正された．F 552（鋼繊維補強コンクリートの強度およびタフネス試験用供試体の作り方）について，供試体の形状および寸法の許容差について修正した．F 561（吹付けコンクリート（モルタル）の圧縮強度試験用供試体の作り方）および F 563（吹付けコンクリート（モルタル）のはね返り率試験方法）について，パネル型枠に要求される事項として吹付け圧力により壊れない構造とすることを本文中に規定した．F 566（補修・補強用吹付けコンクリート（モルタル）の付着強度試験用供試体の作り方）について，JIS R 6010（研磨布紙用研磨材の粒度）の改正に伴い，供試体の作製に使用する研磨紙に関する規定を見直した．

JSCE-F 701-2022 は既存の JSCE-F 701-2018 に「附属書 1（規定）　容器の仕切りゲートを開くと同時にバイブレータを始動させる場合の試験方法」を追加することで改訂されたものである．この試験方法の追加はコンクリート委員会 締固めを必要とする高流動コンクリートの施工に関する研究小委員会（256 委員会）により提案されたものであり，同小委員会と規準関連小委員会との連携により改訂作業が進められた．

（4）硬化コンクリート・コンクリート製品・施工機械

軽微な誤記や誤植を修正した土木学会規準はいくつかあったが，内容の変更を伴う改訂はなかった．

（5）補修材料

K561（コンクリート構造物用断面修復材の試験方法）について，引用規格の削除により試験方法が埋込み型ひずみ計を用いた方法に統一された．

2.3　廃止された土木学会規準

JSCE-E 541 と JIS A1191 の内容は同一であるため，JSCE-E 541 は廃止することとした．

3.　関連規準

公益社団法人日本コンクリート工学会の成果物からの掲載について見直しを行った．同学会の「JCI 規準」とは，2004 年 3 月に制定された「日本コンクリート工学会規準・指針の制定／改正に関する規程」に基づいて制定された規準を指し，同学会が公に認める規準であり，JCI-S-○○○の記号が付されている．この JCI 規準については引き続きこの規準編の関連規準として掲載した．一方，2002 年より前に同学会の研究専門委員会によって作成され，報告書等の中で提案された規準や規準案と名の付くものは，「委員会成果」と呼称されるものである．「委員会成果」は 2002 年に同学会の研究委員会の中に設置された JCI 規準小委員会によりアーカイブス集として作成した JCI 規準集（2004 年 4 月発刊）に掲載されているが，同学会が公に認める規準ではない．つまり，「委員会成果」は「JCI 規準」ではない．そのため，この「委員会成果」についてはこの規準編の関連規準として掲載することを取りやめた．具体的には次の 2 つの「委員会成果」の掲載がそれに相当する．

①塩化物イオン選択電極法によるフレッシュコンクリート中の塩化物イオン含有量試験（JCI-SC6-1987）

②セメントペースト，モルタルおよびコンクリートの自己収縮および自己膨張試験方法（JCI-SAS-2-1996）

硬化コンクリートに関して，日本非破壊検査協会規格（NDIS）から次の規格を新たに掲載した．

①コンクリート構造物の放射線透過試験方法（NDIS 1401:2009）

②コンクリートの非破壊試験－表層透気試験方法－

　第 1 部：一般通則（NDIS 3436-1:2020）

　第 2 部：ダブルチャンバー法（NDIS 3436-2:2020）

　第 3 部：シングルチャンバー法（NDIS 3436-3:2020）

第４部：ドリル削孔法（NDIS 3436-4:2020）
第５部：校正器（NDIS 3436-5:2020）
③硝酸銀溶液の噴霧による硬化コンクリートの塩化物イオン浸透深さ試験方法（NDIS 3437:2021）
④ボス供試体によるコンクリートの静弾性係数試験方法（NDIS 3441:2021）
⑤ボス供試体によるコンクリートの促進中性化試験方法（NDIS 3442:2021）
⑥ボス供試体によるコンクリートの長期モニタリング試験方法（NDIS 3443:2021）
⑦立方体ボス供試体の作製方法及び圧縮強度試験方法（NDIS 3444:2021）

JIS 規格集には，新規の制定規格，およびコンクリート標準示方書の他編での掲載規格を踏まえ，次の規格を新たに掲載した．

①コンクリート生産工程管理用試験方法－スラッジ水の濃度試験方法（JIS A 1806：2011）
②コンクリート用スラグ骨材－第５部：石炭ガス化スラグ骨材（JIS A 5011-5：2020）
③コンクリート用火山ガラス微粉末（JIS A 6209：2020）
④コンクリート用収縮低減剤（JIS A 6211：2020）
⑤コンクリート及びモルタル用合成短繊維（JIS A 6208：2018）
⑥鉄筋コンクリート用ステンレス異形棒鋼（JIS G 4322：2008）
⑦鉄筋コンクリート用異形棒鋼溶接部の超音波探傷試験方法及び判定基準（JIS Z 3063：2019）
⑧ボス供試体の作製方法及び圧縮強度試験方法（JIS A 1163：2020）
⑨大気環境の腐食性を評価するための環境汚染因子の測定（JIS Z 2382：1998）
⑩下水道構造物のコンクリート腐食対策技術－第２部：防食設計標準（JIS A 7502-2：2015）
⑪適合性評価－日本産業規格への適合性の認証－一般認証指針（鉱工業品及びその加工技術）（JIS Q 1001：2020）
⑫適合性評価－日本工業規格への適合性の認証－分野別認証指針（レディーミクストコンクリート）（JIS Q 1011：2019）
⑬適合性評価－日本工業規格への適合性の認証－分野別認証指針（プレキャストコンクリート製品）（JIS Q 1012：2019）
⑭コンクリート及びコンクリート構造物に関する環境マネジメント－第１部：一般原則（JIS Q 13315-1：2017）
⑮コンクリート及びコンクリート構造物に関する環境マネジメント－第２部：システム境界及びインベントリデータ（JIS Q 13315-2：2017）
⑯コンクリート及びコンクリート構造物に関する環境マネジメント－第４部：コンクリート構造物の環境設計（JIS Q 13315-4：2020）

Ⅱ．規準編の改訂内容と補足説明

1．セメント・水・骨材・混和材料

1.1 新しく掲載された土木学会規準

今回，新たに掲載された土木学会規準は，以下に示す1編である．

①暑中環境下におけるコンクリートのスランプの経時変化・凝結特性に関する混和剤の試験方法（案）（JSCE-D 504-2023）

この規準は，土木学会コンクリート委員会「養生および混和材料技術に着目したコンクリート構造物の品質・耐久性確保システム研究小委員会」（356 委員会）において試験方法についての基本的な検討が行われ，その検討結果に基づいてコンクリート標準示方書改訂小委員会施工編改訂部会から規準原案が提案されたものであり，提案されたプラント添加型混和剤および別途添加型混和剤の暑中環境下におけるスランプの経時変化（練上がりからの時間的な変化）と凝結特性を，コンクリートを用いて試験する方法について規定するものである．

2012 年のコンクリート標準示方書［施工編］の改訂において「暑中コンクリート」の章では，「打込み時のコンクリートの温度は35 ℃以下でなければならない」から「35 ℃以下を標準とする．コンクリート温度がこの上限値を超える場合には，コンクリートが所要の品質を確保できることを確かめなければならない」に改訂され，35 ℃を上回る場合の検討内容5項目が以下のように明記された．

(1) フレッシュコンクリートの品質に及ぼす影響を確認する

(2) 硬化コンクリートの強度に及ぼす影響を確認する

(3) コンクリートの施工に及ぼす影響を確認する

(4) 温度ひび割れに対する照査を行う

(5) 初期の高温履歴が圧縮強度に及ぼす影響を試験により確認する

これにより，35 ℃以上の環境においても品質を確保しつつコンクリートの打込みが可能となったものの，これら5項目に関する検討や対策に関する知見が現状では少なく，個々の工事において，これらを検討することは容易ではない．また，昨今の都市部のヒートアイランド現象等による気温上昇により，今後ますます打込み時のコンクリート温度を35 ℃以下に保つことが困難な場合が増加すると思われる．

一方で，化学混和剤はコンクリートの諸性質，例えばフレッシュコンクリートでは，コンシステンシー，プラスティシティー，ポンパビリティー，フィニシャビリティーなどのワーカビリティーを経済的に改良することに貢献しており，今後さらに性能の向上が期待されている．特に昨今，従来の化学混和剤よりも時間の経過によるスランプの低下を抑えて，かつ，適切な凝結遅延性を有する混和剤の技術開発が進み，夏期のコンクリート温度が非常に高い環境下においても，フレッシュコンクリートの性状を従来よりも長時間確保することが可能になり，実際の工事にも適用され始めている．

本規準の対象となる混和剤は，レディーミクストコンクリート工場あるいは現場プラントにおいて，練混ぜ水と同時にミキサに添加される「プラント添加型混和剤」と，あらかじめ練り混ぜられたコンクリートに対し，レディーミクストコンクリート工場または現場プラントからの出荷時あるいは施工現場に到着した後に添加される「別途添加型混和剤」とした．なお，別途添加型混和剤と類似した使用方法の混和剤として，

JIS A 6204（コンクリート用化学混和剤）に適合する流動化剤があるが，現在の一般的な流動化剤では「別途添加型混和剤」に要求される 35 ℃を超えるコンクリート温度におけるスランプ保持性と凝結遅延性を満足することができない可能性が高いことに注意が必要である．なお，詳しい解説はこの改訂資料の「III 新しく制定された規準の解説」を参照されたい．

1.2　改訂された土木学会規準

今回改訂した土木学会規準を紹介する．JIS の改正内容に対応した修正を含め，軽微な修正分についての説明はここでは省略する．なお，修正なしまたは軽微な修正のみの規準については，規準タイトルから（案）を削除した．

①コンクリート用練混ぜ水の品質規格（案）（JSCE-B 101-2023）
②コンクリート用高強度フライアッシュ人工骨材の品質規格（案）（JSCE-C 101-2023）
③海砂の塩化物イオン含有率試験方法（滴定法）（案）（JSCE-C 502-2023）
④海砂の塩化物イオン含有率試験方法（簡易測定器法）（案）（JSCE-C 503-2023）
⑤高炉スラグ混合細骨材の高炉スラグ細骨材混合率試験方法（案）（JSCE-C 504-2023）
⑥高強度フライアッシュ人工骨材の圧かい荷重試験方法（案）（JSCE-C 505-2023）
⑦電気抵抗法によるコンクリート用スラグ細骨材の密度および吸水率試験方法（案）（JSCE-C 506-2023）
⑧モルタル小片試験体を用いた塩水中での凍結融解による高炉スラグ細骨材の品質評価試験方法（JSCE-C 507-2018）
⑨モルタル円柱供試体を用いた硫酸浸せきによる高炉スラグ細骨材の品質評価試験方法（案）（JSCE-C 508-2023）
⑩コンクリート用骨材のアルカリシリカ反応性評価試験方法（改良化学法）（案）（JSCE-C 511-2023）
⑪吹付けコンクリート（モルタル）用急結剤品質規格（案）（JSCE-D 102-2023）
⑫コンクリート用水中不分離性混和剤品質規格（案）（JSCE-D 104-2023）
⑬フライアッシュ用 AE 剤品質規格（案）（JSCE-D 107-2023）
⑭高炉スラグ微粉末の混入率および置換率試験方法（案）（JSCE-D 501-2023）
⑮混和材として用いたフライアッシュの置換率試験方法（JSCE-D 503-2023）

①⑪⑫について

JIS A 5308（レディーミクストコンクリート）では，「水は，附属書 C に適合するものを用いる」と定められ，附属書 C（規定）（レディーミクストコンクリートの練混ぜに用いる水）では，「上水道水は，特に試験を行わなくても用いることができる」と定められていることから，水道水については JIS A 5308 の記述内容に合わせることにし，①と⑫の引用規格から水道法を削除した．なお，①⑪⑫では水道法に関する記載内容を削除した．

②～⑦について

縮分の方法について，JIS A 1158（試験に用いる骨材の縮分方法）が 2020 年に改正されたことを受け，縮分の方法は JIS A 1158 によることとした．

②について

引用規格の JSCE-C 505 が本文中に記載されていないことから，圧かい（潰）荷重の定義（３．ｂ））に明記した.

③について

6.1（試薬）の注(5)～(8)を本文に移し，6.1（試薬）と 6.2（ファクターの求め方）に分けてわかりやすくした．さらに，化学分析を行う際の留意事項も遵守する必要があることから引用規格に JIS K 0050（化学分析用方法通則）を追加した.

④について

4.1 b)の注(1) (2)を本文へ移し，4.2（検定液），4.3（検定）を新設した．その他，本文として示すべき注記を本文に移した.

⑤について

引用規格に JIS A 1158（試験に用いる骨材の縮分方法）を追加した．また，引用規格の JIS Z 8801（試験用ふるい）を最新の JIS Z 8801-1（試験用ふるい－第 1 部：金属製網ふるい）に変更した．さらに，塩酸溶液を作製する際，塩酸に水を加えるのは危険を伴うことから，5.2 b）の「塩酸に水を加えて」という表記を「水に塩酸を加えて」に修正した.

⑥について

引用規格に JSCE-C 101（コンクリート用高強度フライアッシュ人工骨材の品質規格）および JIS A 1158（試験に用いる骨材の縮分方法）を追加した．また，「9. 記録」を他の規準と揃えて「9. 報告」に改めた.

⑦について

引用規格の JIS Z 8301（規格票の様式及び作成方法）は本文中に引用がないため，削除した.

⑧⑮について

軽微な修正のみ，および修正点なしであったため，（案）を削除した.

⑨について

JIS B 7507 が 2022 年に改正されたことを受け，引用規格の JIS B 7507 の名称を修正した.

⑩について

3.（定義）の一部の内容を誤解が生じないように修正した.

⑫について

6.1.2 c)の注記と附属書 1 において，「固形成分」を「固形分」に修正した．また，附属書 3 の 5.1.2 の注釈では，「硝酸 225 mL に水を加えて」という表記について安全性を考慮して，「水約 250 mL に硝酸 225 mL を少しずつ加えて」と修正した.

⑬について

7.（報告）のa)において，フライアッシュの試験成績表に加えて，メチレンブルーの吸着量またはBET法による比表面積を記載し，報告項目を増やした．

⑭について

4.1，4.2，7.2に製造者等の固有名詞が記載されていたことから，それらを削除し，記載内容を修正した．また，使用するガラス繊維ろ紙やメンブランフィルターにはJISがないため，孔径や厚さを記載して，その品質を特定できるようにした．さらに，7.（分析方法）においては，2018年版では，操作の手順の間に使用する試薬の調製方法が記載されていたが，試薬の調製方法と操作を別項目とし，分析試験の流れを理解しやすくした．

1.3　廃止された土木学会規準

なし．

1.4　新たに掲載された関連規準

関連規準として追加されたものはなし．

新たにJISとして以下のものが制定されたので，掲載した．

- ・コンクリート用スラグ骨材ー　第5部：石炭ガス化スラグ骨材（JIS A 5011-5：2020）＜本文省略＞
- ・コンクリート用火山ガラス微粉末（JIS A 6209：2020）＜本文省略＞
- ・コンクリート用収縮低減剤（JIS A 6211：2020）＜本文省略＞

2. 鋼材・補強材

2.1　新たに掲載された土木学会規準

なし．

2.2　改訂された土木学会規準

鋼材・補強材関連では，以下の①～⑥について改訂が行われている．これらはいずれも，JIS の改正内容に対応した軽微な修正であることから説明は省略する．なお，2018 年版からの修正なし，または，語句等の軽微な修正のみの規準については，規準タイトルから（案）を削除した．

①コンクリート用鋼繊維品質規格(案)（JSCE-E 101-2023）
②鉄筋コンクリート用太径ねじ節鉄筋 D57 および D64 品質規格(案)（JSCE-E 121-2023）
③内部充てん型エポキシ樹脂被覆 PC 鋼より線の品質規格(案)（JSCE-E 141-2023）
④鉄筋継手部の疲労試験方法(案)（JSCE-E 501-2023）
⑤樹脂被覆鉄筋の曲げ試験方法(案)（JSCE-E 515-2023）
⑥連続繊維シートの促進暴露試験方法(案)（JSCE-E 547-2023）

2.3　廃止された土木学会規準

連続繊維シートの引張試験方法（JSCE-E 541-2013）は，2015 年に第 2 版として発行された ISO 10406-2 に基づき，2021 年に改正された JIS A 1191 と内容的に重複しているため廃止することとした．

2.4　改訂または新たに掲載された関連規準

なし．

3. フレッシュコンクリート

3.1 新しく掲載された土木学会規準

コンクリートライブラリー161「締固めを必要とする高流動コンクリートの配合設計・施工指針（案）」の発行に伴い1編の土木学会規準が制定され，2023年制定［規準編］に掲載された．

①加振を行ったコンクリート中の粗骨材量試験方法(案)（JSCE-F 702-2022）

①加振を行ったコンクリート中の粗骨材量試験方法(案)（JSCE-F 702-2022）

本規準は，締固めを必要とする高流動コンクリートに加振を行ったときの粗骨材の沈降を把握するための試験方法を定めたものである．図3.1.1に示すように内径270 mm，深さ370 mmの鋼製ペールにコンクリートを充填しバイブレータで10秒間加振する．その後，表面から約5 kgのコンクリートを採取し，洗い試験によって単位粗骨材量を求めるものである．

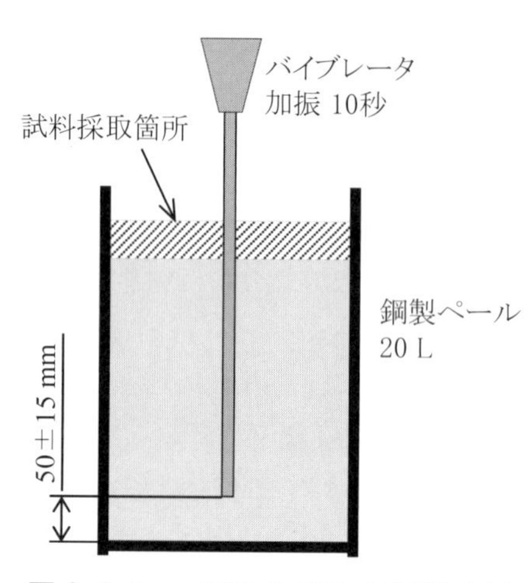

図3.1.1　JSCE-F 702の試験方法

3.2 改訂された土木学会規準

今回，改訂された土木学会規準は以下の11編であるが，①と⑥は試験用器具の規定を明示的に示しただけで技術的な改訂は含まれないため，解説は省略する．

①舗装用コンクリートの振動台式コンシステンシー試験方法(案)（JSCE-F 501-2023）
②加圧ブリーディング試験方法(案)（JSCE-F 502-2023）
③水中不分離性コンクリートの圧縮強度試験用水中作製供試体の作り方(案)（JSCE-F 504-2023）
④試験室におけるモルタルの作り方(案)（JSCE-F 505-2023）
⑤モルタルまたはセメントペーストの圧縮強度試験用円柱供試体の作り方(案)（JSCE-F 506-2023）
⑥RCD用コンクリートのコンシステンシー試験方法(案)（JSCE-F 507-2023）
⑦鋼繊維補強コンクリートの強度およびタフネス試験用供試体の作り方(案)（JSCE-F 552-2023）
⑧吹付けコンクリート(モルタル)の圧縮強度試験用供試体の作り方(案)（JSCE-F 561-2023）
⑨吹付けコンクリート(モルタル)のはね返り率試験方法(案)（JSCE-F 563-2023）

⑩補修・補強用吹付けコンクリート（モルタル）の付着強度試験用供試体の作り方（案）（JSCE-F 566-2023）
⑪ボックス形容器を用いた加振時のコンクリートの間隙通過性試験方法（案）（JSCE-F 701-2022）
附属書 1（規定）容器の仕切りゲートを開くと同時にバイブレータを始動させる場合の試験方法

②加圧ブリーディング試験方法（案）（JSCE-F 502-2023）

4.（試料）において試料の採取方法と製造方法が曖昧であったため，JIS A 1115（フレッシュコンクリートの試料採取方法）と JIS A 1138（試験室におけるコンクリートの作り方）に準拠して試料を準備するように条文を改訂した．あわせてこれらの JIS 規格を 2．（引用規格）に追加した．

③水中不分離性コンクリートの圧縮強度試験用水中作製供試体の作り方（案）（JSCE-F 504-2023）

5.（供試体の作製手順）において，養生中の温度が 20 ± 3 ℃となっていた規定を JIS A 1132（コンクリートの強度試験用供試体の作り方）に合わせて 20 ± 2 ℃に修正した．

④試験室におけるモルタルの作り方（案）（JSCE-F 505-2023）

6.（モルタルの練混ぜ）において，練混ぜの休止期間中に鉢やパドルに付着したモルタルをかき落とす時間を「休止の最初の 15 秒間」から「休止の最初の 30 秒間」に修正した．これは，JIS R 5201（セメントの物理試験方法）の 11.5.2（練混ぜ方法）に整合させたものである．

⑤モルタルまたはセメントペーストの圧縮強度試験用円柱供試体の作り方（案）（JSCE-F 506-2023）

5.2（試験用器具）において旧規準では，型枠は金属製となっていたが，プラスチック製を含む軽量型枠が使用できるように「型枠は，非吸水性でセメントに侵されない材料で造られたもの」に修正された．さらに JIS A 1132 との整合性を考慮し，供試体に対して形状寸法の許容差を規定して，型枠には「所定の供試体の精度が得られるもの」を要求することにし，型枠の寸法の許容差は削除することとした．

5.4（供試体の上面仕上げ）において，本規準に規定される供試体の上面仕上げの方法はキャッピングと研磨で，それぞれの具体的な方法は JIS A 1132 に従うように条文を修正した．

⑦鋼繊維補強コンクリートの強度およびタフネス試験用供試体の作り方（案）（JSCE-F 552-2023）

旧規準の 5.5（供試体の形状寸法の許容差）は JIS A 1132 に倣い，5.5（供試体の形状および寸法の許容差）と修正し，内容も JIS A 1132 の 5.5 に準拠するように修正した．

旧規準の 6.（曲げ強度，曲げタフネス試験およびせん断強度試験用供試体）には供試体の形状及び寸法の許容差に関する規定がなかったので，JIS A 1132 の 6.4 に準拠するように節を追加した．

⑧吹付けコンクリート（モルタル）の圧縮強度試験用供試体の作り方（案）（JSCE-F 561-2023）
⑨吹付けコンクリート（モルタル）のはね返り率試験方法（案）（JSCE-F 563-2023）

これら 2 つの規準の改訂内容は共通で，JSCE-F 561 においては 5.（供試体切取り用のパネル型枠の材料，寸法，構造），JSCE-F 563 においては 6.1（パネル型枠の材料，寸法，構造）のパネル型枠の構造に関する注(3)の記述で，吹付け圧力により壊れない構造とすることは，木製のパネル型枠に関わらず，パネル型枠に要求される事項なので，注釈ではなく本文中に記述することとした．

⑩補修・補強用吹付けコンクリート(モルタル)の付着強度試験用供試体の作り方(案)（JSCE-F 566-2023）

3.（試験用基板）において，供試体の表面を研磨する研磨紙に使用される研磨材の規格，JIS R 6010（研磨布紙用研磨材の粒度）が改正され，これに伴い JIS R 6252（研磨紙）の 5（種類）の表記が変更されたため，本規準においても研磨紙の規定を「150 番研磨紙」から最も近い規格である「研磨紙－シート－P180」に修正した．しかし，市販の研磨紙は，ほとんどが従来からの番手を表記したものであるため，150 番研磨紙を用いてもよいことを注釈に追記している．

⑪ボックス形容器を用いた加振時のコンクリートの間隙通過性試験方法(案)（JSCE-F 701-2022）

本試験方法は，コンクリートライブラリー145「施工性能にもとづくコンクリートの配合設計・施工指針［2016 年版］」の発行に伴い改訂されたもので，ボックス形容器を用いて加振時の間隙通過性を試験するものである．しかし，旧規準の条文に規定されている試験方法では，**図 3.2.1** の（a）に示すようにバイブレータを停止した状態で仕切りゲートを開け，コンクリートの流動が停止していることを確認したうえでバイブレータを始動するため，コンシステンシーの小さなコンクリートに適用すると仕切りゲートを開放した時点で B 室における充塡高さが 190 mm を超える場合があり，結果として試験の目的である間隙通過速度を求めることができないことが問題であった．この解決策として仕切りゲートの開放と同時にバイブレータを始動し，190 mm 到達時間と 300 mm 到達時間を計測する試験方法（**図 3.2.1** の（b)）を附属書 1 に規定として制定するに至った．

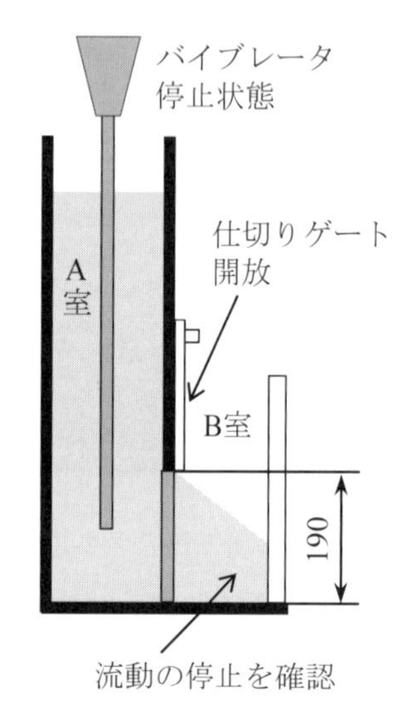

（a）本文による試験方法

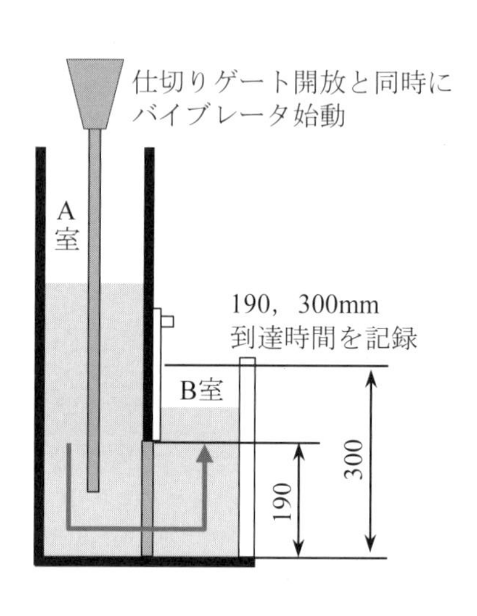

（b）附属書 1 による試験方法

図 3.2.1　JSCE-F 701 の試験方法

3.3　廃止された土木学会規準

なし．

3.4　改訂または新たに掲載された関連規準

なし．

4. 硬化コンクリート・コンクリート製品・施工機械

4.1 新しく掲載された土木学会規準

1) 硬化コンクリート

なし．

2) コンクリート製品，施工機械および資材，樹脂系コンクリート

なし．

4.2 改訂された土木学会規準

1) 硬化コンクリート

なし．誤記や誤植を対象とした軽微な修正のみ．

2) コンクリート製品，施工機械および資材，樹脂系コンクリート

軽微な修正．

4.3 廃止された土木学会規準

1) 硬化コンクリート

なし．

2) コンクリート製品，施工機械および資材，樹脂系コンクリート

なし．

4.4 改訂または新たに掲載された関連規準

1) 硬化コンクリート

改訂された関連規準は，以下の 4 件である．

①コンクリート構造物の目視試験方法（NDIS 3418:2022）

②ドリル削孔粉を用いたコンクリート構造物の中性化深さ試験方法（NDIS 3419:2022）

③グルコン酸ナトリウムによる硬化コンクリートの単位セメント量試験方法（NDIS 3422:2020）

④コンクリートの非破壊試験－鉄筋平面位置及びかぶり厚さの電磁波レーダ試験方法－（NDIS 3429:2021）

また，新たに掲載となった関連規準は，以下の 8 件である．なお，これらは目次におけるタイトルのみの掲載となっており，本文は省略している．

⑤コンクリート構造物のコア試料による膨張率の測定方法（JCI-S-011-2017）

⑥コンクリート構造物の放射線透過試験方法（NDIS 1401:2009）

⑦コンクリートの非破壊試験－表層透気試験方法－（NDIS 3436:2020）

⑧硝酸銀溶液の噴霧による硬化コンクリートの塩化物イオン浸透深さ試験方法（NDIS 3437:2021）
⑨ボス供試体によるコンクリートの静弾性係数試験方法（NDIS 3441:2021）
⑩ボス供試体によるコンクリートの促進中性化試験方法（NDIS 3442:2021）
⑪ボス供試体によるコンクリートの長期モニタリング試験方法（NDIS 3443:2021）
⑫立方体ボス供試体の作製方法及び圧縮強度試験方法（NDIS 3444:2021）

2)　コンクリート製品，施工機械および資材，樹脂系コンクリート

①合板（日本農林規格，令和元年6月27日，農林水産省告示第475号）

①は，合板に関する日本農林規格であるが，令和元年（2019年）に改正された．なお，規準編には，目次のみの掲載とし，本文は省略している．

5. 補修材料

5.1 新たに掲載された土木学会規準

内閣府 SIP（戦略的イノベーション創造プログラム）「インフラ維持管理・更新・マネジメント技術」において「インフラ構造材料研究拠点の構築による構造物劣化機構の解明と効率的維持管理技術の開発」と題した研究開発テーマの中で組織された「補修材料評価方法研究会」の活動成果に基づき，次の試験方法を規準化した．いずれも昨今開発された新しい補修材料に対する規準である．いずれの規準に関しても，この改訂資料の III に解説が記載されているため，詳細についてはそちらを参照されたい．

①自己治癒充填材のひび割れ透水率試験方法（案）（JSCE-K 544-2022）
②表面含浸材を塗布したコンクリート中の鋼材の防せい率試験方法（案）（JSCE-K 573-2022）

①自己治癒充填材のひび割れ透水率試験方法（案）（JSCE-K 544-2022）

この規準は，ひび割れの発生に伴うコンクリート構造物の耐久性の低下を回復させるために自己治癒機能を付与するセメント系材料に関する試験方法である．ひび割れを閉塞させる機構としては，ひび割れ部において，(a)未水和セメントの再水和を活用するもの，(b)水酸化カルシウムを活用して炭酸カルシウムを析出させるもの，(c)フライアッシュなどのポゾラン反応を活用するもの，(d)ジオマテリアルや膨張材など，膨張性の物質を析出するもの，(e)バクテリアを活用し，炭酸カルシウム等を析出するもの，などがある．コンクリート構造物の躯体に用いる材料に自己治癒機能を付与するには経済性の観点等から難しいが，充填材などの補修材料に自己治癒機能を付与した材料が開発され，実用化されている現状にある．また，今後はセメント系に限らず，多様な材料や治癒機構に基づく材料開発の可能性もあるなかで，今後新たに開発される自己治癒機能を有する材料の性能を適切に評価するためには統一的な指標ならびに試験方法を確立する必要がある．

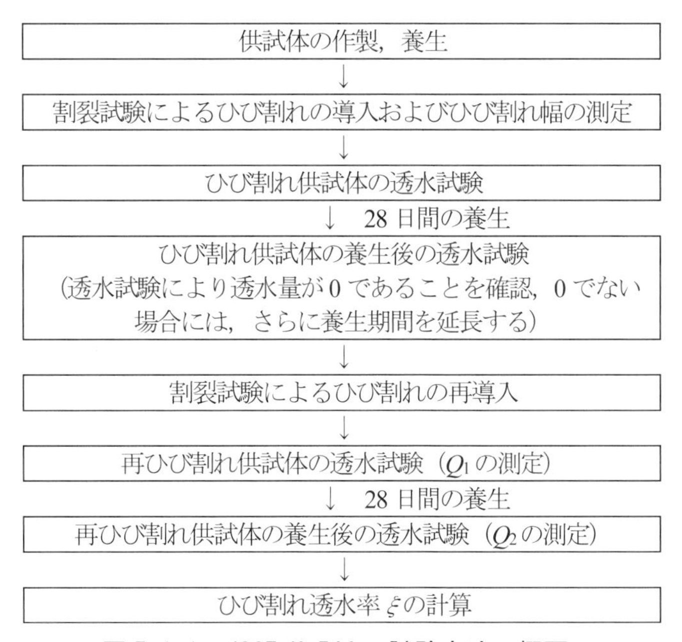

図 5.1.1　JSCE-K 544 の試験方法の概要

このような背景のなか，ひび割れを介して生じる漏水を止める目的で適用される自己治癒充填材を対象に，ひび割れ部の透水量を測定する試験方法ならびにひび割れ透水率の試験方法を制定した．本試験の手順の概要を**図 5.1.1** に示す．まず自己治癒充填材を VU 管に詰めた供試体を作製する．所定の養生後，目標ひび割れ幅 0.1 mm として割裂試験によりひび割れを導入し，ひび割れ幅を測定する（**図 5.1.2** 参照）．ひび割れ導入直後に透水試験を実施し（**図 5.1.2** 参照），その後 28 日間の水中養生を行う．養生後の透水試験により透水量が 0 g であることを確認したうえで，割裂試験によりひび割れを再度導入し，透水試験により透水量 Q_1 を測定する．その後，再度 28 日間養生を行い，透水試験により透水量 Q_2 を測定する．得られた Q_1 および Q_2 を用いてひび割れ透水率 ξ を計算する．以上のように，本試験方法は，一旦閉塞したひび割れ部を再開口させ，そのひび割れの自己治癒によるひび割れ透水率を測定するものである．なお，一連の試験手順を見ると分かるように，ひび割れを導入した供試体を水中に浸漬することでひび割れを閉塞させることから，水中においてひび割れを閉塞させる機構を持つセメント系の自己治癒充填材が主な適用の対象となる．

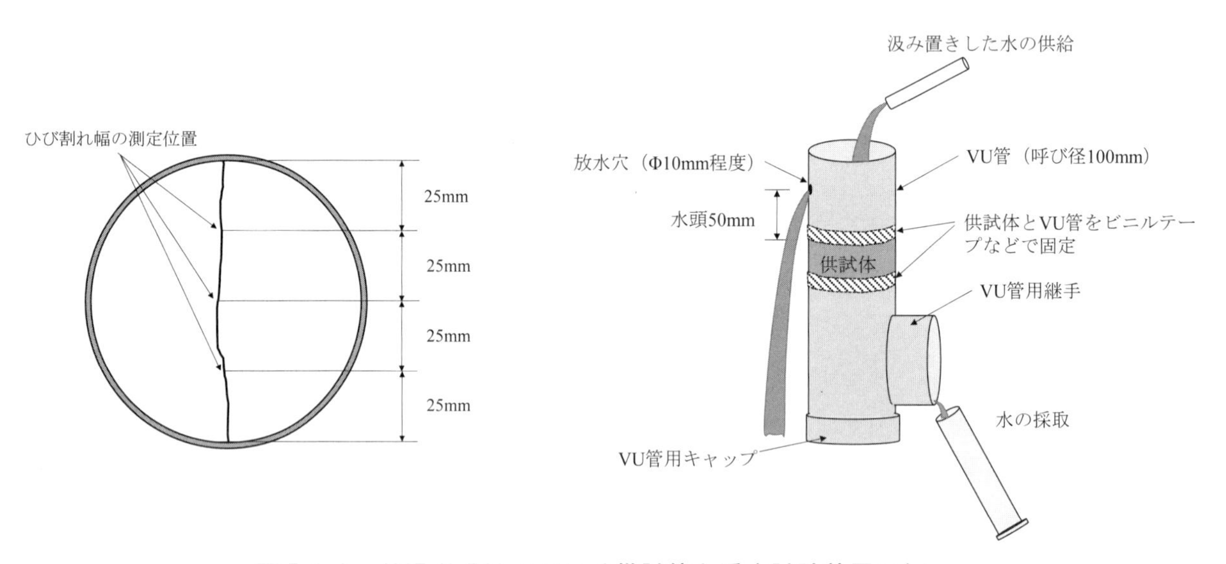

図 5.1.2　JSCE-K 544 に用いる供試体と透水試験装置の例

②表面含浸材を塗布したコンクリート中の鋼材の防せい率試験方法（案）（JSCE-K 573-2022）

シラン・シロキサン系表面含浸材は，そのはっ水性により，水に溶けてコンクリートに浸み込む塩化物イオンに対しても遮断性が期待され，予防保全的にも使用され始めた．土木学会ではシラン・シロキサン系表面含浸材を対象に，2005 年 3 月に表面含浸材の試験方法(案)（JSCE-K 571-2005）を制定し，(a)外観観察試験，(b)含浸深さ試験，(c)透水量試験，(d)吸水率試験，(e)透湿度試験，(f)中性化に対する抵抗性試験，および，(g)塩化物イオン浸透に対する抵抗性試験方法を定めた．その後，より含浸深さの大きいものが求められ始め，国内メーカ側ではフォーム状やゲル状の 80 %以上の高濃度品が開発され，その特性を活かしてさらに予防保全的に使われた．また，2010 年代に入ると，海外からアミノカルボン酸塩などのコンクリート中においても高い浸透性を有する腐食抑制成分を含むシラン・シロキサン系表面含浸材が，腐食抑制型表面含浸材として国内に導入された．この材料は，コンクリート中で腐食が開始した鋼材に対しても腐食進行の抑制効果が期待されるため，事後維持管理の対策として使用され始めた．そこで，表面含浸材を塗布した鉄筋コンクリートの腐食抑制効果の指標として，**図 5.1.3** に示すような試験体を用いて鋼材の防せい率を求める試験方法を制定することとした．なお，コンクリート中の鉄筋腐食を評価する手法として，非破壊的に腐食状態を推定できる電気化学的手法の活用を検討したが，現状では測定装置の種類が異なる場合の測定値のばらつきが大きいことから，本試験方法では，試験体から取り出した鋼材による鋼材腐食面積率や鋼材腐食減量率による直接的な測定手法を用いることとした．

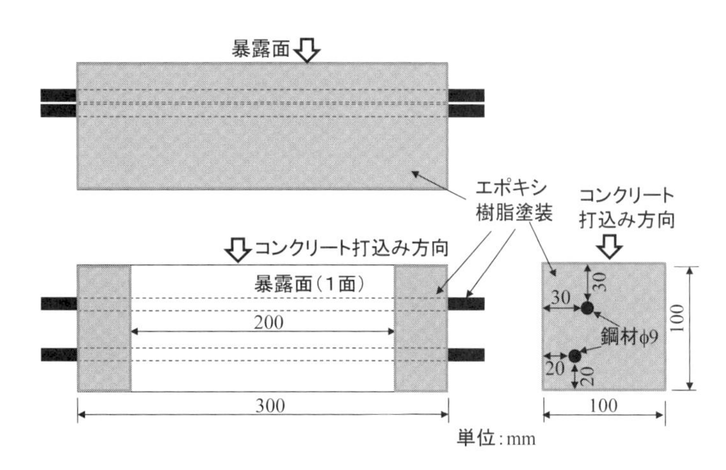

図 5.1.3 JSCE-K 573 で使用する試験体の概要

5.2 改訂された土木学会規準

本節では，改訂された土木学会規準のうち特に大きく変更したものや今回新たに掲載されたものを紹介する．JIS の改正内容に対応した修正を含め，軽微な修正分についての説明はここでは省略する．なお，軽微な修正または修正なしの規準については，規準タイトルから(案)を削除した．

JSCE-K 561-2013 は，JCI の規準として引用していた規格の削除により，本規準では埋込型ひずみ計を用いた方法のみを用いることとし，JSCE-K 561-2023（コンクリート構造物用断面修復材の試験方法（案））とした．

補修材等と母材との付着性を評価する規準において用いられる研磨紙に関して，従来から用いてきた「JIS R 6252 に規定する***番研磨紙」の表現は，「JIS R 6252 に規定する研磨紙－シート－P***を用いて」という表現に変更した．変更にあたって，公的な試験機関へのヒアリング等も行い試験結果への影響や入手の容易さなども確認し，総合的に判断した．また土木学会規準全体での確認事項となったが，JIS Z 8401（数値の丸め方）に関連した四捨五入は，改訂版の前文において注意書きが記載されることとなり，補修材料に関しては，従来の規準を踏襲し，引用規格に JIS Z 8401（数値の丸め方）の加筆と四捨五入に関わる本文中において JIS の記載は行わないこととした．

5.3 廃止された土木学会規準

なし．

5.4 改訂または新たに掲載された関連規準

なし．

6. 新旧対照表

本章では，2023年版で改訂された土木学会規準のうち，次の規準の新旧対照表をまとめて示す．

JSCE-B 101-2023 コンクリート用練混ぜ水の品質規格（案）
JSCE-C 101-2023 コンクリート用高強度フライアッシュ人工骨材の品質規格（案）
JSCE-C 502-2023 海砂の塩化物イオン含有率試験方法（滴定法）（案）
JSCE-C 503-2023 海砂の塩化物イオン含有率試験方法（簡易測定器法）（案）
JSCE-C 504-2023 高炉スラグ混合細骨材の高炉スラグ細骨材混合率試験方法（案）
JSCE-C 505-2023 高強度フライアッシュ人工骨材の圧かい荷重試験方法（案）
JSCE-C 506-2023 電気抵抗法によるコンクリート用スラグ細骨材の密度および吸水率試験方法（案）
JSCE-C 511-2023 コンクリート用骨材のアルカリシリカ反応性評価試験方法（改良化学法）（案）
JSCE-D 102-2023 吹付けコンクリート（モルタル）用急結剤品質規格（案）
JSCE-D 104-2023 コンクリート用水中不分離性混和剤品質規格（案）
JSCE-D 107-2023 フライアッシュ用AE剤品質規格（案）
JSCE-D 501-2023 高炉スラグ微粉末の混入率および置換率試験方法（案）
JSCE-E 101-2023 コンクリート用鋼繊維品質規格(案)
JSCE-E 121-2023 鉄筋コンクリート用太径ねじ節鉄筋D57およびD64品質規格（案）
JSCE-E 141-2023 内部充てん型エポキシ樹脂被覆PC鋼より線の品質規格（案）
JSCE-E 501-2023 鉄筋継手部の疲労試験方法（案）
JSCE-E 515-2023 樹脂被覆鉄筋の曲げ試験方法（案）
JSCE-E 547-2023 連続繊維シートの促進暴露試験方法（案）
JSCE-F 501-2023 舗装用コンクリートの振動台式コンシステンシー試験方法（案）
JSCE-F 502-2023 加圧ブリーディング試験方法（案）
JSCE-F 504-2023 水中不分離性コンクリートの圧縮強度試験用水中作製供試体の作り方（案）
JSCE-F 505-2023 試験室におけるモルタルの作り方(案)
JSCE-F 506-2023 モルタルまたはセメントペーストの圧縮強度試験用円柱供試体の作り方（案）
JSCE-F 507-2023 RCD用コンクリートのコンシステンシー試験方法（案）
JSCE-F 552-2023 鋼繊維補強コンクリートの強度およびタフネス試験用供試体の作り方（案）
JSCE-F 561-2023 吹付けコンクリート(モルタル)の圧縮強度試験用供試体の作り方（案）
JSCE-F 563-2023 吹付けコンクリート(モルタル)のはね返り率試験方法（案）
JSCE-F 566-2023 補修・補強用吹付けコンクリート(モルタル)の付着強度試験用供試体の作り方（案）
JSCE-K 561-2023 コンクリート構造物用断面修復材の試験方法（案）

JSCE-B 101-2023　コンクリート用練混ぜ水の品質規格（案）

現行規準（JSCE-B 101-2023）		旧規準（JSCE-B 101-2013）		改訂理由
箇条番号及び題名	内容	箇条番号及び題名	内容	
2．引用規格	**水道法**　平成23年12月14日，法令122号を削除した．	**2．引用規格**	**水道法**　平成23年12月14日，法令122号	水道水については JIS A 5308 の記述内容に合わせることで対応できるから．
4．品質 a）上水道水	上水道水は，特に試験を行わなくても用いることができる．	**4．品質 a）上水道水**	上水道水は，水道法第4条（水質基準）に適合したものでなければならない．	引用規格の削除に伴い変更した．
表-1　上水道水以外の水の品質	塩化物イオン（Cl^-）量　200 mg/L 以下 空気量の増減分	**表-1　上水道水以外の水の品質**	塩化物イオン（Cl^-）量　200 ppm 以下 空気量の増分	単位の統一と±1 %へ整合させるため．
6.1　e）	基準水は，3．c）による練混ぜに用いる水は，上水道水とする．	5.1.3 水	練混ぜに用いる水は，上水道水または水道法第4条（水質基準）に適合するものとする．	上水道水のみとしても実質上問題ないため削除した．
6.3.3　d）	塩化物イオン量（mg/L）	6.3.3　d）	塩化物イオン量（ppm）	単位の統一のため．
6.3.4	ガラス電極式 pH 計（以下，pH 計と称す）	6.3.4	ガラス電極式 pH 計（pH 計）	省略を示す記述の統一のため．
6.4.6　b）	式中　$f_{\mathrm{control}}(m)$	6.4.6　b）	式中　$f_{control}(m)$	添字は斜体にせず，標準体にすることに統一するため．

JSCE-C 101-2023　コンクリート用高強度フライアッシュ人工骨材の品質規格（案）

現行規準（JSCE-C 101-2023）		旧規準（JSCE-C 101-2013）		改訂理由
箇条番号及び題名	内容	箇条番号及び題名	内容	
3．定義 b）圧かい（潰）荷重	JSCE-C 505 の方法より HFA 骨材を圧かいさせるために負荷した圧縮荷重の最大値であり，試料の測定値の平均値をもって表したもの．	**3．定義 b）圧かい（潰）荷重**	1 個の HFA 骨材を圧かいさせるために負荷した圧縮荷重の最大値であり，試料の測定値の平均値をもって表したもの．	圧かい（潰）の試験方法が JSCE-C 505 に規定されていることから，その規格を引用して説明する記載とした．
6．試験方法 6.1　試料の採り方	試料は，代表的なものを採取し，JIS A 1158 によって縮分する．	**6．試験方法 6.1　試料の採り方**	試料は，代表的なものを採取し，合理的な方法で縮分する．なお，縮分の方法は，JIS A 1158 に規定する方法によることが望ましい．	縮分の方法をより明確にした．
6．試験方法 6.6 塩化物	塩化物の試験は，JIS A 5002 の 5.5 による．	**6．試験方法 6.6 塩化物**	塩化物の試験は，JIS A 5002 に規定する方法による．	表現をより明確にした
6．試験方法 6.8　安定性	ただし，操作の回数は 5 回とする． を削除	**6．試験方法 6.8　安定性**	ただし，操作の回数は 5 回とする．	JIS A 1122 のなかで，操作を 5 回行うことが明記されているので削除した．
6．試験方法 6.13　実積率	実積率の試験は，JIS A 5002 の 5.13 による．	**6．試験方法 6.13　実積率**	実積率の試験は，JIS A 5002 に規定する方法による．	表現をより明確にした

JSCE-C 502-2023 海砂の塩化物イオン含有率試験方法（滴定法）（案）

現行規準（JSCE-C 502-2023）		旧規準（JSCE-C 502-2018）		改訂理由
箇条番号及び題名	内容	箇条番号及び題名	内容	
2．引用規格	JIS K 0050 化学分析方法通則	**2．引用規格**		化学分析の関連する試験方法であることから JIS A 0050 を追加した．
4．試料採取および試験液の作製 b）	縮分の方法は，JIS A 1158 による．	**4．試料採取および試験液の作製 b）**	縮分の方法は，JIS A 1158 に規定する方法によることが望ましい．	縮分方法をより明確にした
同上 b） 注(2)	分取した試料をビーカーまたは広口瓶に入れて乾燥するとよい．	同上 b） 注(2)	分取した試料をビーカーまたは広口瓶に入れて乾燥する．	注記にふさわしい文章に修正した．
同上 c）	分取試料を 105 ± 5 ℃の乾燥炉に入れ	同上 c）	分取試料を 100〜110 ℃の乾燥炉に入れ	他の規準と表現を統一した．
同上 d） 注(3)	精製水とは蒸留水またはイオン交換樹脂で精製した水をいう	同上 d） 注(3)	蒸留水またはイオン交換樹脂で精製した水を使用する	注記にふさわしい文章に修正した．
6．塩化物イオン選択性電極を用いた電位差滴定法 **6.1 試薬** **6.2 ファクターの求め方**	6.1 **試薬** 試薬には，0.1 mol/L と 0.01 mol/L に調製された硝酸銀溶液を用いる． a）**0.1 mol/L 硝酸銀溶液**(4) 硝酸銀溶液は，0.1 mol/L に調製されたものを用いることを標準とする．調製済みのものが入手できない場合には，JIS K 8550 に規定する特級硝酸銀を 100〜110 ℃で約 1 時間乾燥したものをデシケーターで放冷後，17.0 g を精ひょうして 1000 mL のメスフラスコに入れ，精製水に溶解して正確に定容して 0.1 mol/L 硝酸銀溶液とする． 注(4) 変質し易いので，褐色ガラス瓶あるいはポリエチレン製の容器に保存するとよい． b）**0.01 mol/L 硝酸銀溶液**(4) 硝酸銀溶液は，0.01 mol/L に調製されたものを用いることを標準とする．調製済みのものが入手できない場合には **6.1 a**）の 0.1 mol/L 硝酸銀溶液 100 mL をホールピペットで 1000	**6．塩化物イオン選択性電極を用いた電位差滴定法** **6.1 試薬**	6.1 **試薬** 試薬には，0.1 mol/L と 0.01 mol/L に調製された硝酸銀溶液を用いる． a）**0.1 mol/L 硝酸銀溶液**(4) 硝酸銀溶液は，0.1 mol/L に調製されたものを用いることを標準とする(5)(6)． 注(4) 変質し易いので，褐色ガラス瓶あるいはポリエチレン製の容器に保存する．市販品は，記載してあるファクター（濃度係数）*f* を用いてよいが，長期間保存した場合には，濃度が既知である塩化ナトリウム標準液で試験し，ファクター *f* を新たに求める． 注(5) 調製済みのものが入手できない場合には，JIS K 8550 に規定する特級硝酸銀を 100〜110 ℃で約 1 時間乾燥したものをデシケーターで放冷後，17.0 g を精ひょうして 1000 mL のメスフラスコに入れ，精製水に溶解して正確に定容する．調製後は必ず，濃度が既知である塩化ナトリウム標準溶液によってファ	注記のうち，本文とすべき文章を本文とした． 注記で記載されていたファクターの求め方は新たに 6.2 を設けて記載した．

mL のメスフラスコに分取し，精製水で定容して 0.01 mol/L 硝酸銀溶液とする．

6.2　ファクターの求め方　ファイターの求め方は，次による．

a）市販品は，記載してあるファクター（濃度係数）fを用いる．

b）長期間保存した場合には，濃度が既知である塩化ナトリウム標準液で試験し，ファクターfを求める．

c）調製後は必ず，濃度が既知である塩化ナトリウム標準溶液によってファクターを求める．

d）0.1 mol/l 硝酸銀溶液のファクターfは，次のような手順で求める．

① JIS K 8005 に規定する塩化ナトリウムで調整した 0.1 mol/L 塩化ナトリウム標準液 20 mL を，ホールピペットでビーカーに分取し，精製水で約 50 mL にする

② 6.4 c）と同じ操作で，0.1 mol/L 硝酸銀溶液の滴定量を求める．

③ 0.1 mol/L 硝酸銀溶液のファクターfは，次式によって求める．

$$\text{ファクター}\quad f=\frac{N\times 20}{0.005\,84\times V_0}\times\frac{P}{100}$$

ここに，N：0.1 mol/L 塩化ナトリウム標準液 1 mL 中の塩化ナトリウム量（g）

P：使用した塩化ナトリウムの純度（%）

V_0：滴定に要した 0.1 mol/L 硝酸銀溶液量（ml）

e）0.01 mol/L 硝酸銀溶液ファクター f は，次の手順で求める．

① JIS K 8005 に規定する塩化ナトリウムで調整した 0.1 mol/L 塩化ナトリウム標準液 20 mL を，ホールピペットで 200

クターを求める．

注[6]　0.1mol/l 硝酸銀溶液のファクターfは，次のような手順で求める．

① JIS K 8005 に規定する塩化ナトリウムで調整した 0.1 mol/L 塩化ナトリウム標準液 20 mL を，ホールピペットでビーカーに分取し，精製水で約 50 mL にする

② 6.3 c）と同じ操作で，0.1 mol/L 硝酸銀溶液の滴定量を求める．

③ 0.1 mol/L 硝酸銀溶液のファクターfは，次式によって求める．

$$\text{ファクター}\quad f=\frac{N\times 20}{0.005\,84\times V_0}\times\frac{P}{100}$$

ここに，N：0.1 mol/L 塩化ナトリウム標準液 1 mL 中の塩化ナトリウム量（g）

P：使用した塩化ナトリウムの純度（%）

V_0：滴定に要した 0.1 mol/L 硝酸銀溶液量（ml）

b）0.01 mol/L 硝酸銀溶液[4]　硝酸銀溶液は，0.01 mol/L に調製されたものを用いることを標準とする[7][8]．

注[7]　調製済みのものが入手できない場合には 6.1 a）の 0.1 mol/L 硝酸銀溶液 100 mL をホールピペットで 1000 mL のメスフラスコに分取し，精製水で定容して 0.01 mol/L 硝酸銀溶液に調整する．調製後は必ず，濃度が既知である塩化ナトリウム標準溶液によってファクターを求める．

注[8]　0.01 mol/L 硝酸銀溶液ファクターfは，次の手順で求める．

① JIS K 8005 に規定する塩化ナトリウムで調整した 0.1 mol/L 塩化ナトリウム標準液 20 mL を，ホールピペットで 200 mL メスフラスコに分取し，精製水で定容して 0.01 mol/L

	mL メスフラスコに分取し，精製水で定容して 0.01 mol/L 塩化ナトリウム標準液（0.000584 g NaCl/mL）に調整する． ② 0.01 mol/L 塩化ナトリウム標準液 20 mL を，ホールピペットでビーカーに分取し，精製水で約 50 mL にする． ③ 6.4 c）と同じ操作で，0.01 mol/L 硝酸銀溶液の滴定量を求める． ④ 0.01 mol/L 硝酸銀溶液のファクター f は，次式によって求める． ファクター $f=\frac{N\times 20}{0.000584\times V_0}\times\frac{P}{100}$ ここに，N：0.1 mol/L 塩化ナトリウム標準液 1 mL 中の塩化ナトリウム量（g） P：使用した塩化ナトリウムの純度（%） V_0：滴定に要した 0.01 mol/L 硝酸銀溶液量（mL）		塩化ナトリウム標準液（0.000584 g NaCl/mL）に調整する． ② 0.01 mol/L 塩化ナトリウム標準液 20 mL を，ホールピペットでビーカーに分取し，精製水で約 50 mL にする． ③ 6.3 c）と同じ操作で，0.01 mol/L 硝酸銀溶液の滴定量を求める． ④ 0.01 mol/L 硝酸銀溶液のファクター f は，次式によって求める． ファクター $f=\frac{N\times 20}{0.000584\times V_0}\times\frac{P}{100}$ ここに，N：0.1 mol/L 塩化ナトリウム標準液 1 mL 中の塩化ナトリウム量（g） P：使用した塩化ナトリウムの純度（%） V_0：滴定に要した 0.01 mol/L 硝酸銀溶液量（mL）	
6.3 6.4		6.2 6.3		6.2 にファクターの求め方　を追加した関係で，節番号を修正した．
7.3 a）	6.4 a）と同様の操作で	7.3 a）	6.3 a）と同様の操作で	節番号の変更に伴い修正した．
注(5)〜(7)		注(9)〜(11)		注記から本文にすべき内容を本文に移行した関係から，注記の番号を修正した．
注(8)	注(8)　6.2 d）において	注(12)	注(12)　6.1a）において	注記から本文にすべき内容を本文に移行した関係から，注記の番号を修正した．また，節番号の変更に伴う修正を行った．

JSCE-C 503-2023 海砂の塩化物イオン含有率試験方法（簡易測定器法）（案）

現行規準（JSCE-C 503-2023）		旧規準（JSCE-C 503-2018）		改訂理由
箇条番号及び題名	内容	箇条番号及び題名	内容	
4.1	塩化物イオン含有率測定器は，次による．	4.1	塩化物イオン含有率測定器および検定は，次による．	4.3 節に検定の節を新たに設けたことから「および検定」を削除した．
4.2 4.3	**4.2 検定液** 塩化物イオン含有率測定器の検定に用いる塩化ナトリウム検定液は，塩化物イオン濃度が 0.05 %，0.10 %，および 0.20 %に調製されたものを用いる．調製済みのものが入手困難である場合には，JIS K 8150 に規定する特級塩化ナトリウム 3.30 g を正確にひょう量して蒸留水に溶解した後，1000 mL のメスフラスコで定容にして塩化物イオン濃度が 0.20 %の塩化ナトリウム検定液を調製する．塩化物イオン濃度が 0.05 %，および 0.10 %の検定液は，0.20 %検定液をホールピペット，およびメスフラスコを用いて，それぞれ 4 倍および 2 倍に希釈して調製する． **4.3 検定** 塩化物イオン含有率測定器の検定は，次による． a）測定器の検定は，初期調製機能を有する場合には各測定器に適合した初期調整用の較正液で初期調整操作を行ってから実施する． b）初期調整を必要としない測定器（主にモール法を測定原理にしている試験紙，または検知管）の場合はそのままの状態で検定を実施する． c）各濃度に対する検定は，3 回行い，その時の温度は 20 ± 2 ℃とする． d）試験紙式，または検知管式の測定器では，検定を測定器の製造ロットごとに行う．	4.1 注 (1) (2)	**注(1)** 塩化物イオン含有率測定器の検定に用いる塩化ナトリウム検定液は，塩化物イオン濃度が 0.05 %，0.10 %，および 0.20 %に調製されたものを用いる． 調製済みのものが入手困難である場合には，JIS K 8150 に規定する特級塩化ナトリウム 3.30 g を正確にひょう量して蒸留水に溶解した後，1000 mL のメスフラスコで定容にして塩化物イオン濃度が 0.20 %の塩化ナトリウム検定液を調製する．塩化物イオン濃度が 0.05 %，および 0.10 %の検定液は，0.20 %検定液をホールピペット，およびメスフラスコを用いて，それぞれ 4 倍および 2 倍に希釈して調製する． **注(2)** 測定器の検定は，初期調製機能を有する場合には各測定器に適合した初期調整用の較正液で初期調整操作を行ってから実施する．初期調整を必要としない測定器（主にモール法を測定原理にしている試験紙，または検知管）の場合はそのままの状態で検定を実施する． 各濃度に対する検定は，3 回行い，その時の温度は 20±2 ℃とする． また，試験紙式，または検知管式の測定器では，検定を測定器の製造ロットごとに行う．	注(1)は本文とすべき内容であったことから，4.2 とした． 注(2)は本文とすべき内容であったことから，4.3 とした．
4.4	**4.4 その他の試験用器具**	4.2	**4.2 その他の試験用器具**	新たに 4.2 と 4.3 を追加したので，節番号を変更

				した.
5.2	JIS A 1158 に規定する方法による.	5.2	JIS A 1158 に規定する方法によることが望ましい.	他の規準と表現を統一した.
5.2a)の注	正確にひょう量しておく.	5.2a)の注	正確にひょう量しておかなければならない.	注記にふさわしい表記に修正した.
5.2 b)	試料の水分量が不明な場合はa)の方法に従って行う.	5.2 b)の注	注(5)　絶乾状態でない分取試料をひょう量する場合, 試料の水分量がわかっていなければならない. 試料の水分量が不明な場合はa)の方法に従って行う.	注記中の, 本文とすべき文章を本文とした. 「絶乾状態でない分取試料をひょう量する場合, 試料の水分量がわかっていなければならない.」は記載しないでも理解できるので削除した.
6.1	電極式の測定器はこの操作を必要とするものが多いが, 試験紙式, または検知管式のものはこの操作を必要としない. 測定器の初期調整は, 次による.	6.1	測定器の初期調整は, 次による. 注(8)　電極式の測定器はこの操作を必要とするものが多いが, 試験紙式, または検知管式のものはこの操作を必要としない.	注記中の, 本文とすべき文章を本文とした.

JSCE-C 504-2023 高炉スラグ混合細骨材の高炉スラグ細骨材混合率試験方法（案）

現行規準（JSCE-C 504-2023）		旧規準（JSCE-C 504-2013）		改訂理由
箇条番号及び題名	内容	箇条番号及び題名	内容	
1. 適用範囲	この規準は，高炉スラグ混合細骨材における高炉スラグ細骨材混合率を求める試験方法について規定する．なお，この規準は，高炉スラグ混合細骨材に使用した高炉スラグ細骨材および普通細骨材の試料が入手できる場合に適用できる．また，石灰質分の含有量が多い普通細骨材を使用した高炉スラグ混合細骨材には適用できない．	**1. 適用範囲**	この規準は，高炉スラグ混合細骨材における高炉スラグ細骨材混合率を求める試験に適用する(1)，(2)． **注**(1) この規準は，石灰質分の含有量が多い普通細骨材を使用した高炉スラグ混合細骨材には適用できない． **注**(2) この規準は，高炉スラグ混合細骨材に使用した高炉スラグ細骨材および普通細骨材の試料が入手できる場合に適用できる．	注記中の本文とすべき文章を本文に組み入れた．
2．引用規格	JIS A 1158 試験に用いる骨材の縮分方法	**2．引用規格**		縮分方法がJIS化されたために追加した．
2．引用規格	JIS Z 8801-1 試験用ふるい－第1部：金属製網ふるい	**2．引用規格**	JIS Z 8801 試験用ふるい	JIS規格の変更に伴う修正．
4.1 試料の採取	JIS A 1158により縮分したのち，	**4.1 試料の採取**	4分法または試料分取器によって，ほぼ所定量となるまで縮分したのち，	縮分方法をより明確にした．
5．b)	水に塩酸を加えて作製した	5．b)	塩酸に水を加えて作製した	塩酸に水を加えるのは危険を伴うことから，安全性に配慮した修正．

JSCE-C 505-2023 高強度フライアッシュ人工骨材の圧かい荷重試験方法（案）

現行規準（JSCE-C 505-2023）		旧規準（JSCE-C 505-2001）		改訂理由
箇条番号及び題名	内容	箇条番号及び題名	内容	
2．引用規格		**2．引用規格**	JIS A 0203 コンクリート用語	この規準のなかで，コンクリート用語が用いられていないことから削除
2．引用規格	JSCE-C 101 コンクリート用高強度フライアッシュ人工骨材の品質規格（案） JIS A 1158 試験に用いる骨材の縮分方法	**2．引用規格**		コンクリート用高強度フライアッシュ人工骨材の品質規格である JSCE-C 101 を追加した。また，縮分方法の JIS が制定されたことから追記した．
3．定義	この規準で用いる用語は，次のとおりとする．	**3．定義**	この規準で用いる用語は，JIS A 0203 によるほか，次のとおりとする．	この規準のなかで，コンクリート用語が用いられていないので，表現を修正した．
3．定義	a）**HFA 骨材** フライアッシュを主原料として，人工的に造粒，焼成して製造したコンクリート用人工粗骨材（JSCE-C 101 参照）．	**3．定義**	a）**HFA 骨材** フライアッシュを主原料として，人工的に造粒，焼成して製造したコンクリート用人工粗骨材	引用規格に JSCE-C 101 を追加したことによる修正．
6.1 試料の取り方	JIS A 1158 により縮分する．	**6.1 試料の取り方**	合理的な方法で縮分する．	縮分の方法をより明確にした．
9．報告	以下の事項を報告する．	**9．記録**	以下の事項を記録する．	他の規準の記載方法に揃えた．

JSCE-C 506-2023 電気抵抗法によるコンクリート用スラグ細骨材の密度および吸水率試験方法（案）

現行規準（JSCE-C 506-2023）		旧規準（JSCE-C 506-2018）		改訂理由
箇条番号及び題名	内容	箇条番号及び題名	内容	
2．引用規格	JIS Z 8301 規格票の様式及び作成方法を削除した．	**2．引用規格**	JIS Z 8301 規格票の様式及び作成方法	引用がないため．
4.1 a）	JIS A 1158 に記載の四分法または試料分取器によって	4.1 a）	四分法または試料分取器によって	JIS A 1158 が改正されたため．
5.2 a）	試料を JIS A 1158 に記載の四分法により四分し	5.2 a）	試料を四分し	JIS A 1158 が改正されたため．
6.1 a）	式中 m_{D}	6.1 a）	式中 m_D	添字は斜体にせず，標準体にすることに統一するため．

JSCE-C 511-2023　コンクリート用骨材のアルカリシリカ反応性評価試験方法（改良化学法）（案）

現行規準（JSCE-C 511-2023）		旧規準（JSCE-C 511-2018）		改訂理由
箇条番号及び題名	内容	箇条番号及び題名	内容	
3．定義 他全体	*Rc*，*Sc* など	**3．定義** 他全体	*Rc*，*Sc* など	添字は斜体にせず，標準体にすることに統一するため．
3．定義 a）アルカリシリカ反応	アルカリ反応性をもつシリカ［二酸化けい素（SiO_2）］を含有する骨材が，セメント，その他のアルカリ分と長期にわたって反応し，コンクリートに膨張ひび割れ，ポップアウトを生じさせる現象．	**3．定義 a）アルカリシリカ反応**	骨材中の反応性をもつシリカと，セメントや混和剤あるいは海砂などによりコンクリートに含まれるナトリウムやカリウムなどのアルカリが，反応して生じた生成物が吸水して膨張し，ひび割れなどを生じさせる現象．	JIS A 1145 の定義と整合を取ったため．
3．定義 b）アルカリ濃度減少量（Rc）	消費された水酸化ナトリウムの量	**3．定義 b）アルカリ濃度減少量**（Rc）	消費されたアルカリの量	JIS A 1145 の定義と整合を取ったため．
8.4.1　a） **標準液の調製**	市販のシリカ標準液（Si 1000 mg/L）	8.4.1　a）**標準液の調製**	市販のシリカ標準液（Si 1000 ppm）	単位の統一のため．

JSCE-D 102-2023 吹付けコンクリート（モルタル）用急結剤品質規格（案）

現行規準（JSCE-D 102-2023）		旧規準（JSCE-D 102-2018）		改訂理由
箇条番号及び題名	内容	箇条番号及び題名	内容	
2．引用規格	JIS A 0203　コンクリート用語を追加した．	**2．引用規格**		コンクリート（モルタル）に関係する規準であるため，JIS A 0203 を引用規格に追加した．
5.1 試験に用いる材料	以下に示す試験に用いる材料の温度は，あらかじめ 20±2 ℃に調整しておく．	**5.1 試験に用いる材料**		急結剤の性能は，コンクリート（モルタル）の温度の影響を受けるため，試験に用いる材料の温度を規定した．
5.1.1 セメント	セメントは，任意に選んだ三つの異なる生産者の JIS R 5210 に適合する普通ポルトランドセメントを等量ずつ使用する．	**5.1.1 セメント**	セメントは JIS R 5210 に適合し，かつ，製造会社の異なる普通ポルトランドセメント 3 銘柄を選び，これらを等量混合したものを用いるものとする．	JIS A 6204（コンクリート用化学混和剤）および他の土木学会規準の記載と整合させた．
5.1.3 水	練混ぜに用いる水は，上水道水とする．	**5.1.3 水**	練混ぜに用いる水は，上水道水または水道法第 4 条（水質基準）に適合するものとする．	上水道水のみとしても実質上問題ないため削除した．
5.2 モルタルの配合	なお，急結剤の添加量は製造者の推奨する値とする．	**5.2 モルタルの配合**	なお，急結剤の添加量はメーカーの推奨する値とする．	他の土木学会規準の記載と整合させた．
注(1)	ただし，水分量は製造者の公表値による．	**注**(1)	ただし，水分量はメーカーの公表値による．	他の土木学会規準の記載と整合させた．
5.4.2 供試体の作り方	締固めには振動台を用い，上下 2 層に分けて供試体成形用突き棒で突き固めながら表面が平滑に仕上がるまで振動させ締め固める．供試体成形用突き棒は，JIS A 1171 に示されたものとする（**図 1**）．なお，振動台を用いた供試体の作り方によって十分な締固めができないと判断された場合には，**附属書 2** によることができる．	**5.4.2 供試体の作り方**	締固めには振動台を用い，上下 2 層に分けて供試体成形用突き棒で突き固めながら表面が平滑に仕上がるまで振動させ締め固める．なお，振動台を用いた供試体の作り方によって十分な締固めができないと判断された場合には，**附属書 2** によることができる．	2018 年版では，注(2)に記載されていたが，要求事項であるため，本文に移した． これに伴い，注(2)は削除した．
附属書 1 注(1)	ただし，水分量は製造者の公表値による．	**附属書 1 注**(1)	ただし，水分量はメーカーの公表値による．	他の土木学会規準の記載と整合させた．
附属書 2 4．供試体の作り方	**供試体の作り方**	**附属書 2 4．供試体作製方法**	**供試体作製方法**	**附属書 2** の表題に整合させるため，表記を変更した．
附属書 3 4.1 b）	試料表面を金こてにより平滑にならす．	**附属書 3 4.1 b）**	試料表面を金こてにより水平にならす．	規準内で表記を統一した．

JSCE-D 104-2023 コンクリート用水中不分離性混和剤品質規格（案）

現行規準（JSCE-D 104-2023）		旧規準（JSCE-D 104-2018）		改訂理由
箇条番号及び題名	内容	箇条番号及び題名	内容	
2．引用規格	**水道法第四条（水質基準）** を削除．	**2．引用規格**	水道法第四条（水質基準）	水道水についてはJIS A 5308の記述内容に合わせることで対応できるから．
6.1.1 c）水	練混ぜに用いる水は，上水道水とする．	6.1.1 c）水	練混ぜに用いる水は，上水道水または水道法第四条（水質基準）に適合するものとする．	水道水についてはJIS A 5308の記述内容に合わせることで対応できるから．
6.1.2 c）**単位セメント量および単位水量 注**(13)	固形分以外の部分は	6.1.2 c）**単位セメント量および単位水量 注**(13)	固形成分以外の部分は	用語を統一するため．
附属書1（規定）	固形分量	**附属書1（規定）**	固形成分量	用語を統一するため．
附属書3（規定）4.5 検量線の作成	検量線は，試験を行う都度作成する．	**附属書3（規定）4.5 検量線の作成**	検量線，試験を行う都度作成する．	脱字を補うため．
附属書3（規定）5.1.2 注(3)	水約250 mLに硝酸225 mLを少しずつ加えて，全量を500 mLとする．	**附属書3（規定）5.1.2 注**(3)	硫酸225 mLに水を加えて500 mLとする．	安全に試験を行うため．

JSCE-D 107-2023 フライアッシュ用AE剤品質規格（案）

現行規準（JSCE-D 107-2023）		旧規準（JSCE-D 107-2018）		改訂理由
箇条番号及び題名	内容	箇条番号及び題名	内容	
7．報告 a）	フライアッシュの試験成績表，およびメチレンブルーの吸着量またはBET法による比表面積	**7．報告** a）	フライアッシュの試験成績表	5．**試験方法** の内容と整合させるため．

JSCE-D 501-2023 高炉スラグ微粉末の混入率および置換率試験方法（案）

現行規準（JSCE-D 501-2023）		旧規準（JSCE-D 501-2018）		改訂理由
箇条番号及び題名	内容	箇条番号及び題名	内容	
2．引用規格	JIS A 1156 フレッシュコンクリートの温度測定方法を追加した．	**2．引用規格**		コンクリート試料に関してコンクリート温度を報告するため，その測定方法を JIS A 1156 で規定するため引用規格に追加した．
4.1 h）ガラス繊維ろ紙	6.3 で用いるガラス繊維ろ紙は，約 1 μm の孔径を持ち，試料，アセトンおよび水の懸濁液が容易に吸引ろ過できるものとする．	**4.1 h）ガラス繊維ろ紙**	6.3 で用いるガラス繊維ろ紙は，試料，アセトンおよび水の懸濁液が容易に吸引ろ過できるものとする．	ガラス繊維ろ紙には JIS 規格がないため，その品質を限定するために，孔径を記載した．
4.1 h）注記	ガラス繊維ろ紙は，厚さ約 0.5 mm のものの上に，厚さ約 0.2 mm のものを重ねて用いるとよい．	**4.1 h）注記**	東洋濾紙（アドバンテック）GS25 相当品および GP70 相当品のサイズ φ47 mm とし，GP70 相当品の上に GS25 相当品を重ねて用いる．	固有名詞を削除した．
4.2 j）ガラス繊維ろ紙	7.2 で用いるガラス繊維ろ紙は，約 1 μm の孔径を持ち，試料を含んだ溶液が容易に吸引ろ過できるものとする．	**4.2 j）ガラス繊維ろ紙**	7.2 で用いるガラス繊維ろ紙は，試料を含んだ溶液が容易に吸引ろ過できるものとする． **注記** 東洋濾紙（アドバンテック）GS25 相当品または DP70 相当品のサイズ φ47 mm とする．	ガラス繊維ろ紙には JIS 規格がないため，その品質を限定するために，孔径を記載した．これに伴い，固有名詞を含む注記を削除した．
4.2 i）メンブランフィルタ	EDTA・トリエタノールアミン混合溶液による試験に使用するメンブランフィルタは，約 0.45 μm の孔径を持つセルロースアセテート系メンブランフィルタとする．	**4.2 i）メンブランフィルタ**	メンブランフィルタは，EDTA・トリエタノールアミン混合溶液による試験にはセルロースアセテート系メンブランフィルタを用いる． **注記** セルロースアセテート系メンブランフィルタは，東洋濾紙（アドバンテック）孔径 0.45 μm，サイズ φ47 mm 相当品とする．	メンブランフィルタには JIS 規格がないため，その品質を限定するために，孔径を記載した．これに伴い，固有名詞を含む注記を削除した．
6.1 コンクリートの採取	トラックアジテータから採取する場合は，排出の始めと終わりの部分を除いた箇所から採取する． 採取したコンクリートの温度は，JIS A 1156 によって測定し，記録する．	**6.1 コンクリートの採取**	トラックアジテータまたはトラックミキサから採取する場合は，排出の始めと終わりの部分を除いた箇所から採取する．	トラックミキサは，実質使用されていないため削除した． コンクリート試料の温度測定方法に JIS A 1156 を引用した．
7.3 試薬の調製	a）試験に使用する水は，JIS K 0050 の附属書 D に規定する A2（イオン交換法によって精製した水）もしくは A3（蒸留法によって精製した水）とする．	7.2 b） 注(4) **注記**	M/20-EDTA 標準液を M/10-Na_2CO_3 溶液に溶かして原液を作り，この 125 mL にトリエタノールアミン：水＝1：1 の溶液 12.5 mL を三角フラスコ中で加える．1M-NaOH を用い	注釈にに記載されていた内容を試薬の調製としてまとめ，試験の流れを分かりやすくした．

	ｂ）M/20-EDTA 標準液を M/10-Na_2CO_3溶液に溶かした原液は，EDTA18.60 g と炭酸ナトリウム 10.60 g を適量の水に溶かして全量フラスコ 1 000 mL に入れ，標線まで水を加えて振り混ぜて作る．この原液は，ポリエチレン製の瓶で保存する． ｃ）EDTA・トリエタノールアミン混合溶液は，ｂ）で作製した原液 125 mL にトリエタノールアミン：水＝1：1 の溶液 12.5 mL を三角フラスコ中で加え，1M-NaOH を用いて pH を 11.6±0.1 に調整したものとする．		て pH を 11.6±0.1 に調整して，混合溶液とする． M/20-EDTA 標準液を M/10-Na_2CO_3溶液に溶かした原液は，エチレンジアミン四酢酸二水素二ナトリウム二水和物 18.60 g と炭酸ナトリウム 10.60 g を適量の水に溶かして全量フラスコ 1 000 mL に入れ，標線まで水を加えて振り混ぜて作る．原液は，ポリエチレン製の瓶に保存する． 水は，JIS K 0050 の附属書 D に規定する A2（イオン交換法によって精製した水）もしくは A3（蒸留法によって精製した水）を用いる．	
7. 4 操作	操作は，次の手順によって行う．			7.2 に記載されていた内容を操作の手順としてまとめた．

JSCE-E 101-2023　コンクリート用鋼繊維品質規格（案）

現行規準（JSCE-E 101-2023）		旧規準（JSCE-E 101-2013）		改訂理由
箇条番号及び題名	内容	箇条番号及び題名	内容	
2. 引用規格	JISZ2251-1 ヌープ硬さ試験－第 1 部：試験方法	2. 引用規格	JIS Z 2251　ヌープ硬さ試験—試験方法.	JIS Z 2251 の改正に合わせて修正を行うため。
9.　c)	JISZ2251-1 および JISZ2251-2	9.　c)	JIS Z 2251	JIS Z 2251 の改正に合わせて修正を行うため。

JSCE-E121-2023　鉄筋コンクリート用太径ねじ節鉄筋 D57 および D64 品質規格（案）

現行規準（JSCE-E 121-2023）		旧規準（JSCE-E 121-2013）		改訂理由
箇条番号及び題名	内容	箇条番号及び題名	内容	
5. 機械的性質 表2	表2　化学成分（現行、下表）	5．機械的性質 表2	表2　化学成分（旧、下表）	JIS G 3112 の改正に合わせて修正を行うため.
6.2 表 4 注記	JIS G 3112 の 8.	6.2 表 4 注記	JIS G 3112 の 5.	JIS G 3112 の改正に合わせて修正を行うため.
8.1　a)	JIS G 0404 の 8.（化学成分）	8.1　a)	JIS G 0404 の 7.（化学成分）	JIS G 0404 の改正に合わせて修正を行うため.
8.3　形状・寸法	JIS G 3112 の 8.	8.3 形状賀寸法	JIS G 3112 の 9.3	JIS G 3112 の改正に合わせて修正を行うため.
10.2　1 結束ごとの表示	JIS G 3112 の 12.3	10.2　1 結束ごとの表示	JIS G 3112 の 11.2	

現行規準（JSCE-E 121-2023）　表2　化学成分

種類の記号	化学成分 %					炭素当
	C	Si	Mn	P	S	
SD 295-N	0.27 以下	0.55 以下	1.50 以下	0.050 以下	0.050 以下	−
SD 345-N	0.27 以下	0.55 以下	1.60 以下	0.040 以下	0.040 以下	0.60 以
SD 390-N	0.29 以下	0.55 以下	1.80 以下	0.040 以下	0.040 以下	0.65 以
SD 490-N	0.32 以下	0.55 以下	1.80 以下	0.040 以下	0.040 以下	0.70 以

旧規準（JSCE-E 121-2013）　表2　化学成分

種類の記号	化学成分 %									
	C	Si	Mn	P	S	Cu	Sn	Cr	N(ppm)	C+1/6M
SD 295-N	0.25 以下	0.50 以下	1.60 以下	0.030 以下	0.030 以下	0.05 以下	0.010 以下	0.07 以下	70 以下	0.48 以
SD 345-N	0.25 以下	0.50 以下	1.55 以下	0.030 以下	0.030 以下	0.05 以下	0.010 以下	0.07 以下	70 以下	0.48 以
SD 390-N	0.28 以下	0.55 以下	1.60 以下	0.030 以下	0.030 以下	0.05 以下	0.010 以下	0.07 以下	70 以下	0.52 以
SD 490-N	0.30 以下	0.55 以下	1.60 以下	0.030 以下	0.030 以下	0.05 以下	0.010 以下	0.07 以下	70 以下	0.57 以

JSCE-E 141-2023 内部充てん型エポキシ樹脂被覆PC鋼より線の品質規格（案）

現行規準（JSCE-E 141-2023）		旧規準（JSCE-E 141-2018）		改訂理由
箇条番号及び題名	内容	箇条番号及び題名	内容	
2. 引用規格	Paints and varnishes - Rapid-deformation	**2. 引用規格**	Paints and vanishes - Rapid-deformation	誤記のため．
6.1 機械的性能	機械的性質	**6.1 機械的性能**	機械的性能	用語を統一するため．
6.1 機械的性能	最大試験力，0.2％永久伸びに対する試験力，伸び）	**6.1 機械的性能**	引張荷重，0.2％永久伸びに対する荷重，伸び）	JISと用語を統一するため．
6.4.1 要求される品質	エポキシ樹脂被覆	**6.4.1 要求される品質**	エポキシ被覆	誤記のため．
6.12.1 要求される品質	エポキシ樹脂被覆	**6.12.1 要求される品質**	エポキシ被覆	誤記のため．

JSCE-E 501-2023 鉄筋継手部の疲労試験方法（案）

現行規準（JSCE-E501-2023）		旧規準（JSCE-E501-2013）		改訂理由
箇条番号及び題名	内容	箇条番号及び題名	内容	
2. 引用規格	JIS Z 3138 スポット溶接継手の疲れ試験方法	**2. 引用規格**	JIS Z 2273 金属材料の疲れ試験方法通則	JIS Z 3138 廃案に伴う変更
4.2 耐疲労特性試験 b)	JIS Z 3138	**4.2 耐疲労特性試験 b)**	JIS Z 2273	JIS Z 3138 廃案に伴う変更

JSCE-E 515-2023 樹脂被覆鉄筋の曲げ試験方法

<table>
<tr><th colspan="2">現行規準（JSCE-E 515-2023）</th><th colspan="2">旧規準（JSCE-E 515-2013）</th><th rowspan="2">改訂理由</th></tr>
<tr><th>箇条番号
及び題名</th><th>内容</th><th>箇条番号
及び題名</th><th>内容</th></tr>
<tr><td>5.3</td><td>20 °C で鉄筋の曲げ内半径を鉄筋公称直径の 1.5 倍（1.5φ）～2.5 倍（2.5φ）として，180°まで（ただし，SD490 材は 90°まで）曲げを行う（表 1 参照）.</td><td>5.3</td><td>20 °C で鉄筋の曲げ内半径を鉄筋公称直径の 1.5 倍（1.5φ）～3 倍（3φ）として，180°まで（ただし，SD490 材は 90°まで）曲げを行う（表 1 参照）.</td><td>JIS G 3112 の改正に合わせて修正を行うため。</td></tr>
<tr><td>5.3 表 1</td><td>表 1 曲げ加工条件（φ：鉄筋公称直径）*
<table>
<tr><th>種類</th><th colspan="2">曲げ内半径(r)**</th><th>曲げ角度</th></tr>
<tr><td rowspan="2">SD295</td><td>D16 以下</td><td>1.5φ</td><td>180°</td></tr>
<tr><td>D19 以上</td><td>2φ</td><td>180°</td></tr>
<tr><td rowspan="3">SD345</td><td>D16 以下</td><td>1.5φ</td><td>180°</td></tr>
<tr><td>D19 から D41</td><td>2φ</td><td>180°</td></tr>
<tr><td>D51</td><td>2.5φ</td><td>180°</td></tr>
<tr><td>SD390</td><td colspan="2">2.5φ</td><td>180°</td></tr>
<tr><td>SD490</td><td colspan="2">2.0φ</td><td>90°</td></tr>
</table>
* JIS G 3112 表 3 による.
** 曲げ内半径は，図 2 による.</td><td>5.3 表 1</td><td>表 1 曲げ加工条件（φ：鉄筋公称直径）*
<table>
<tr><th>種類</th><th colspan="2">曲げ内半径(r)**</th><th>曲げ角度</th></tr>
<tr><td rowspan="2">SD295A，B</td><td>D16 以下</td><td>1.5φ</td><td>180°</td></tr>
<tr><td>D19 以上</td><td>2φ</td><td>180°</td></tr>
<tr><td rowspan="3">SD345</td><td>D16 以下</td><td>1.5φ</td><td>180°</td></tr>
<tr><td>D19 から D41</td><td>2φ</td><td>180°</td></tr>
<tr><td>D51</td><td>2.5φ</td><td>180°</td></tr>
<tr><td>SD390</td><td colspan="2">2.5φ</td><td>180°</td></tr>
<tr><td rowspan="2">SD490</td><td>D25 以下</td><td>2.5φ</td><td>90°</td></tr>
<tr><td>D29 以上</td><td>3φ</td><td>90°</td></tr>
</table>
* JIS G 3112 表 3 による.
** 曲げ内半径は，図 2 による.</td><td>JIS G 3112 の改正に合わせて修正を行うため。</td></tr>
</table>

JSCE-E547-2023 連続繊維シートの促進暴露試験方法（案）

<table>
<tr><th colspan="2">現行規準（JSCE-E 547-2023）</th><th colspan="2">旧規準（JSCE-E 547-2007）</th><th rowspan="2">改訂理由</th></tr>
<tr><th>箇条番号
及び題名</th><th>内容</th><th>箇条番号
及び題名</th><th>内容</th></tr>
<tr><td>5.1 促進暴露試験装置</td><td>WV 形：紫外線カーボンアークランプ
WS 形：オープンフレームカーボンアークランプ</td><td>5.1 促進暴露試験装置</td><td>WV 形：紫外線カーボンアーク灯
WS 形：サンシャインカーボンアーク灯</td><td>JIS A 1415：2013 の表記に合わせて修正</td></tr>
<tr><td>6.1 促進暴露試験</td><td>試験方法は，促進暴露用プレートを用い，JIS A 1415 に準じることとする.</td><td>6.1 促進暴露試験</td><td>試験方法は，促進暴露用プレートを用い，JIS A 1415 に準じるほか下記のとおりとする.
a）試験時間は適切に定めるものとする．ただし，特に指定されたものがない場合には，JIS A 1415 に準じ WV 形については 2 000 時間を，WS 形については 1 000 時間をそれぞれ最高値としてよい.</td><td>JIS A 1415：2013 に最長時間の規定が明記されていないため，それに合わせて修正</td></tr>
<tr><td>8.3 d)～8.4 g)</td><td>供試体の</td><td>8.3 d)～8.4 g)</td><td>各供試体ごとの</td><td>重ね表記の修正</td></tr>
</table>

JSCE-F 501-2023　舗装用コンクリートの振動台式コンシステンシー試験方法（案）

現行規準（JSCE-F 501-2023）		旧規準（JSCE-F 501-2018）		改訂理由
箇条番号及び題名	内容	箇条番号及び題名	内容	
3．試験装置	a）試験装置は，テーブル振動機，容器，コーン，すべり棒のついた透明な円盤（全質量 1 kg）により構成される．テーブル振動機は，振動数が 1 500 rpm，全振幅が 0.8 mm の性能のものとする． b）容器は，金属製で内径 240 mm，高さ 200 mm のもの，内部に設置するコーンは金属製で上端内径 150 mm，下端内径 200 mm，高さ 227 mm のものとする． c）突き棒は，直径 16 mm，長さ 500～600 mm の丸鋼とし，その先端を半球状としたものとする． d）ストップウォッチは，0.1 秒まで計測できるものとする．	**3．試験装置**	試験装置は，**図 1** に示すように，大別するとテーブル振動機（振動数 1 500 rpm，全振幅 0.8 mm），容器（金属製のもので，内径 240 mm，高さ 200 mm），コーン（金属製のもので上端内径 150 mm，下端内径 200 mm，高さ 227 mm）およびすべり棒のついた透明な円板（全質量 1 kg）より構成されている．	試験装置を他の規準と同様に箇条書きとし，突き棒，ストップウォッチに関する規定を追加した．

JSCE-F 502-2023　加圧ブリーディング試験方法（案）

現行規準（JSCE-F 502-2023）		旧規準（JSCE-F 502-2018）		改訂理由
箇条番号及び題名	内容	箇条番号及び題名	内容	
2．引用規格	JIS A 1115　フレッシュコンクリートの試料採取方法 JIS A 1138　試験室におけるコンクリートの作り方	**2．引用規格**		試料の採取方法，製造方法に関する規格を新たに追加した．
4．試料	試料は，JIS A 1115 の規定により現場採取するか，または JIS A 1138 の規定により作る．なお，試験の目的により試験時間を遅らせる場合は，直前まで乾燥を防止しなければならない．	**4．試料**	a）試験に供する試料は，試験の対象となるコンクリートを代表するように採取し，ショベルで練り混ぜて一様にしなければならない． b）試料は，採取後，直ちに試験に供されなければならない．試験時間を遅らせる場合は，乾燥を防止しなければならない．	試料の採取方法，製造方法を JIS に準拠するように記述した．

JSCE-F 504-2023　水中不分離性コンクリートの圧縮強度試験用水中作製供試体の作り方（案）

現行規準（JSCE-F 504-2023）		旧規準（JSCE-F 504-2018）		改訂理由
箇条番号及び題名	内容	箇条番号及び題名	内容	
4．試験用器具	−	**4．器具**	−	章の見出しを統一した．
5．供試体の作製手順	a）水温は 20 ± 2 ℃を標準とする． f）養生場所は，20 ± 2 ℃の恒温室を標準とする． h）水温は，20 ± 2 ℃を標準とする．	**5．供試体の作製手順**	a）水温は 20 ± 3 ℃を標準とする． f）養生場所は，20 ± 3 ℃の恒温室を標準とする． h）水温は，20 ± 3 ℃を標準とする．	JIS A 1132 に準拠し養生温度を修正した．

JSCE-F 505-2023　試験室におけるモルタルの作り方（案）

現行規準（JSCE-F 505-2023）		旧規準（JSCE-F 505-2018）		改訂理由
箇条番号及び題名	内容	箇条番号及び題名	内容	
6．モルタルの練混ぜ	休止の最初の 30 秒間に練り鉢およびパドルに付着したモルタルをかき落とす． **注記**　この試験方法は，JIS R 5201 の 11.5.2 に定められている．	**6．モルタルの練混ぜ**	休止の最初の 15 秒間に練り鉢およびパドルに付着したモルタルをかき落とす． **注記**　この試験方法は，ISO 679 に定められている．	JIS R 5201 の 11.5.2 の規定に合わせて修正した．

JSCE-F 506-2023　モルタルまたはセメントペーストの圧縮強度試験用円柱供試体の作り方（案）

現行規準（JSCE-F 506-2023）		旧規準（JSCE-F 506-2018）		改訂理由
箇条番号及び題名	内容	箇条番号及び題名	内容	
5.2　試験用器具	a）型枠は，非吸水性でセメントに侵されない材料で造られたものとする． b）型枠は，供試体を作るときに変形および漏水のないものとする． c）型枠は，所定の供試体の精度が得られるものとする(2)． **注**(2)　精度の確認された型枠を用いて供試体を作る場合には，5.5 の a)，b) 及び c) に示した各項目の測定は省略してもよい．	**5.2　器具**	a）型枠は，内径 50 mm，高さ 100 mm の金属製円筒とする．型枠は，供試体を作るときに変形および漏水のないものとする．型枠の寸法の誤差は，直径で 1/200，高さで 1/100 以下とする．型枠の底板の面の平面度は，0.02 mm 以内とし，組み立てたとき型枠の側板（円筒）と底板とは，ほぼ直角でなければならない．	節の見出しを統一． JIS A 1132 に準拠した条文にし，軽量型枠も使用できるように規定を修正した．
5.4.1　キャッピングによる場合	キャッピングによる場合は，JIS A 1132 の 5.4.1 による． **注記　JIS A 1132 附属書 JA** を参考にするとよい．	**5.4　供試体の上面仕上げ**	a）型枠を取り外す前にキャッピングを行う場合には，試料を詰め終わってから適当な時期に上面を水で洗ってレイタンスを取り去り，キャッピングを行うまで十分に吸水させて水を拭き取った後，キャッピングを行う．材齢 1 日の試験に供する供試体のキャッピングには，硬質せっこうを用いる．材齢 1 日より後の試験に供する供試体のキャッピングには，セメントペーストを用いる．キャッピングは，硬質せっこうまたはセメントペーストを試料上面に置き，押し板で型枠の頂面まで一様に押し付ける．キャッピングの厚さはできるだけ薄くし，押し板とセメントペーストとが固着するのを防ぐため押し板の下に丈夫な薄紙などを挟む．	キャッピングの方法は，JIS A 1132 の 5.4.1 と附属書 JA に準拠するよう条文を修正した．

		5.4　供試体の上面仕上げ b）	b）型枠を取り外した状態でキャッピングを行う場合には，硫黄と鉱物質粉末との混合物または硬質せっこうもしくは硬質せっこうとポルトランドセメントとの混合物を用いる．この場合，供試体の軸とキャッピング面ができるだけ垂直になるような適当な装置を用いなければならない．なお，キャッピングに使用した材料が硬化するまでの間，供試体を湿布で覆って乾燥を防がなければならない．	JIS A 1132 の 5.4.1 と附属書 JA に型枠をはずした状態でのキャッピングの方法が含まれているため，b)は削除した．
		5.4　供試体の上面仕上げ	c）キャッピングの材料については，JIS A 1132 による．	キャッピングの材料は，附属書 JA に含まれるので，c）は削除した．
5.4.2　研磨による場合	研磨による場合は，JIS A 1132 の 5.4.2 による． **注記**　高強度モルタルまたはセメントペーストの場合は，研磨による上面仕上げが望ましい．	**5.4　供試体の上面仕上げ**	d）キャッピングを行わないときは，上面を研磨によって仕上げる．高強度モルタルまたはセメントペーストの場合は，研磨による上面仕上げが望ましい．	研磨の方法は JIS A 1132 の 5.4.2 に準拠するよう条文を修正した． 高強度モルタルに関する条文は推奨事項なので，注記に移した．
5.5　供試体の形状寸法の許容差	b）供試体の載荷面の平面度(3)は，0.05 mm 以内とする． **注**(3)　ここでいう平面度は，平面部分の最も高い所と最も低い所を通る二つの平行な平面を考え，この平面間の距離をもって表す．	**5.5　供試体の形状寸法の許容差**	b）上面仕上げを行った面の平面度は，0.05 mm 以内とする．	平面度に関する注釈を追加した．

JSCE-F 507-2023　RCD用コンクリートのコンシステンシー試験方法（案）

現行規準（JSCE-F 507-2023）		旧規準（JSCE-F 507-2018）		改訂理由
箇条番号及び題名	内容	箇条番号及び題名	内容	
2．引用規格	JIS B 7518　製品の幾何特性仕様（GPS）－寸法測定器－デプスゲージ	**2．引用規格**		デプスゲージの規格（JIS B 7518）を追加した.
3．試験用器具	d）デプスゲージは，JIS B 7518に規定するもので 0.1 mm まで測定できるものとする. e）ストップウォッチは，0.1秒まで計測できるものとする.	**3．試験用器具**		5.試験方法の g）において，容器上面から試料表面までの深さを測定するためにデプスゲージを使用するので，その規定を追記した. 6.1　VC 値の測定で振動時間を計測するためのストップウォッチの規定を追記した.

JSCE-F 552-2023　鋼繊維補強コンクリートの強度およびタフネス試験用供試体の作り方（案）

現行規準（JSCE-F 552-2023）		旧規準（JSCE-F 552-2018）		改訂理由
箇条番号及び題名	内容	箇条番号及び題名	内容	
5.4　供試体の上面仕上げ	供試体の上面仕上げは，次による.	**5.4　供試体の上面仕上げ**	供試体の上面仕上げは，JIS A 1132による.	JSCE-F 552にはアンボンドキャッピングが規定されていないため，5.4（供試体の上面仕上げ）から JIS A 1132の引用を削除した. キャッピングと研磨の具体的な方法についてそれぞれ箇条書きの条文中で JIS A 1132を引用することとした.
5.5　供試体の形状及び寸法の許容差	供試体の形状及び寸法の許容差は，JIS A 1132の5.5による.	**5.5　供試体の形状寸法の許容差**	供試体の形状寸法の許容差は，次による. a）供試体の寸法の許容差は，直径で0.5％以内，高さで5％以内とする. b）供試体の仕上げた面の平面度(3)は，0.05 mm以内でなければならない. c）載荷面と母線との間の角度は，90±0.5°とする.	JIS A 1132に準拠するよう条文を修正し，節の見出しも JIS A 1132に合わせた.
6.4　供試体の形状及び寸法の許容差	供試体の形状及び寸法の許容差は，JIS A 1132の6.4による.			圧縮強度試験および圧縮タフネス試験用供試体と同様に，曲げ強度試験，曲げタフネス試験及びせん断強度試験用供試体でも形状及び寸法の許容差に関して規定が必要であるため節を新設した.
9.1　必ず報告する事項	g）養生方法及び養生温度	**9.1　必ず報告する事項**	g）養生方法	JIS A 1132に準じて，報告事項を追加

JSCE-F 561-2023　吹付けコンクリート（モルタル）の圧縮強度試験用供試体の作り方（案）

現行規準（JSCE-F 561-2023）		旧規準（JSCE-F 561-2013）		改訂理由
箇条番号及び題名	内容	箇条番号及び題名	内容	
5．供試体切取り用のパネル型枠の材料，寸法，構造	c）パネル型枠は，吹付け圧力で壊れない強固な構造で**図 1** に示すように底板を有するものとする．なお，吹付け時にはね返り材料の混入を防ぐために一端を開放した構造とするが，上向きに吹き付ける場合は，この限りではない．	**5．供試体切取り用のパネル型枠の材料，寸法，構造**	c）パネル型枠は，**図 1** に示すように底板を持ち，また吹付け時にはね返り材料の混入を防ぐために一端を開放した構造とする．ただし，上向きに吹き付ける場合は，その限りでない(3)． **注**(3)　木製等の型枠を使用する場合，吹付け圧力により壊れないように，角材などで周囲を補強した強固な構造とする．	吹付け圧力により壊れない構造とすることは，木製のパネル型枠に関わらず，パネル型枠に要求される事項なので，注ではなく本文中に記述することとし，注釈を削除．

JSCE-F 563-2023　吹付けコンクリート（モルタル）のはね返り率試験方法（案）

現行規準（JSCE-F 563-2023）		旧規準（JSCE-F 563-2013）		改訂理由
箇条番号及び題名	内容	箇条番号及び題名	内容	
6.1　パネル型枠の材料，寸法，構造	c）パネル型枠は，吹付け圧力で壊れない強固な構造で**図 1** に示すように底板を有するものとする．なお，吹付け時にはね返り材料の混入を防ぐために一端を開放した構造とするが，上向きに吹き付ける場合は，この限りではない．	**6.1　パネル型枠の材料，寸法，構造**	c）パネル型枠は，**図 1** に示すように底板を持ち，また吹付け時にはね返り材料の混入を防ぐために一端を開放した構造とする．ただし，上向きに吹き付ける場合は，その限りでない(3)． **注**(3)　木製等の型枠を使用する場合，吹付け圧力により壊れないように，角材などで周囲を補強した強固な構造とする．	吹付け圧力により壊れない構造とすることは，木製のパネル型枠に関わらず，パネル型枠に要求される事項なので，注ではなく本文中に記述することとし，注釈を削除．

JSCE-F 566-2023 補修・補強用吹付けコンクリート(モルタル)の付着強度試験用供試体の作り方(案)

現行規準(JSCE-F 566-2023)		旧規準(JSCE-F 566-2018)		改訂理由
箇条番号及び題名	内容	箇条番号及び題名	内容	
3．試験用基板	b)吹付けコンクリートを付着させる基板表面は，JIS R 6252に規定する研磨紙－シート－P180(1)を用いて，十分に研磨し(2)，清掃する． **注**(1) 一般に市販されている150番研磨紙を用いてもよい．	**3．試験用基板**	b)吹付けコンクリートを付着させる基板表面は，JIS R 6252に規定する150番研磨紙を用いて，十分に研磨し(1)，清掃する．	JIS R 6010(研磨布紙用研磨材の粒度)の制定に伴い，JIS R 6252(研磨紙)が改正され，研磨材の粒度の表記が変更されたため条文を修正した． 一般に市販されている研磨紙は従前どおり番手表記のものがほとんどで，150番研磨紙を用いてもよいことを注釈に記載した．

JSCE-K 561-2023 コンクリート構造物用断面修復材の試験方法(案)

現行規準(JSCE-K 561-2023)		旧規準(JSCE-K 561-2013)		改訂理由
箇条番号及び題名	内容	箇条番号及び題名	内容	
引用規格	削除	**引用規格**	JCI-SAS2 セメントペースト，モルタルおよびコンクリートの自己収縮および自己膨張試験方法	日本コンクリート工学会のJCI規準の取扱変更に伴う削除
5.9 寸法安定性	寸法安定性の試験方法は，埋込み型ひずみ計を用いた方法による．方法は，次による．	**5.9 寸法安定性**	寸法安定性の試験方法は，JCI-SAS2による．または，埋込み型ひずみ計を用いた方法による．ただし，JCI-SAS2の4.1(脱型以前の試験方法)の温度による長さ補正は，供試体の中心部の温度を測定し，5.10により求めた線膨張率を用いる．埋込み型ひずみ計を用いた方法は，次による．	日本コンクリート工学会のJCI規準の取扱変更に伴う削除

Ⅲ．新しく制定された規準および試験方法を追加して改訂された規準の解説

ここでは，新しく制定された以下の①，③，④，⑤の 4 編の規準に加え，従来の規準に新たに試験方法が附属書として追加された②の規準に関する解説を掲載する．

①暑中環境下におけるコンクリートのスランプの経時変化･凝結特性に関する混和剤の試験方法（案）(JSCE-D 504-2023)
②ボックス形容器を用いた加振時のコンクリートの間隙通過性試験方法(案)（JSCE-F 701-2022）
附属書 1（規定）容器の仕切りゲートを開くと同時にバイブレータを始動させる場合の試験方法
③加振を行ったコンクリート中の粗骨材量試験方法（案）（JSCE-F 702-2022）
④自己治癒充填材のひび割れ透水率試験方法（案）（JSCE-K 544-2022）
⑤表面含浸材を塗布したコンクリート中の鋼材の防せい率試験方法（案）（JSCE-K 573-2022）

1．暑中環境下におけるコンクリートのスランプの経時変化・凝結特性に関する混和剤の試験方法（案）(JSCE-D 504-2023)―解説

この解説は，本体で規定した事柄，並びにこれらに関連する主なものについて補足的に説明するものであり，規準の一部ではない．

1.1　制定の趣旨および経緯

2012 年のコンクリート標準示方書［施工編］の改訂において「暑中コンクリート」の章では，「打込み時のコンクリートの温度は 35 ℃以下でなければならない」から「35 ℃以下を標準とする．コンクリート温度がこの上限値を超える場合には，コンクリートが所要の品質を確保できることを確かめなければならない」に改訂され，35 ℃を上回る場合の検討内容 5 項目が以下のように明記された．

(1) フレッシュコンクリートの品質に及ぼす影響を確認する
(2) 硬化コンクリートの強度に及ぼす影響を確認する
(3) コンクリートの施工に及ぼす影響を確認する
(4) 温度ひび割れに対する照査を行う
(5) 初期の高温履歴が圧縮強度に及ぼす影響を試験により確認する

これにより，35 ℃以上の環境においても品質を確保しつつコンクリートの打込みが可能となったものの，これら 5 項目に関する検討や対策に関する知見が現状では少なく，個々の工事において，これらを検討することは容易ではない．また，昨今の都市部のヒートアイランド現象等による気温上昇により，今後ますます打込み時のコンクリート温度を 35 ℃以下に保つことが困難な場合が増加すると思われる．

一方で，化学混和剤はコンクリートの諸性質，例えばフレッシュコンクリートでは，コンシステンシー，プラスティシティー，ポンパビリティー，フィニシャビリティーなどのワーカビリティーを経済的に改良することに貢献しており，今後さらに性能の向上が期待されている．特に昨今，従来の化学混和剤よりも時間

の経過によるスランプの低下を抑えて（以下，スランプ保持性と称する），かつ，適切な凝結遅延性を有する混和剤の技術開発が進み，夏期のコンクリート温度が非常に高い環境下においても，フレッシュコンクリートの性状を従来よりも長時間確保することが可能になり，実際の工事にも適用され始めている．

コンクリートの温度が 35 ℃を超えるような場合および 35 ℃以下の暑中コンクリートでも打込み終了時間が 90 分を超えるような場合には，上記の(1)および(3)においてフレッシュコンクリートに要求される事項は，所定の打込み終了時間までスランプが適切に保持されることと，許容打重ね時間までバイブレータの振動でコンクリートの流動を適切に確保することである．そのため，暑中環境における混和剤のスランプ保持性と適切な凝結遅延性について試験をするための，コンクリートを用いた室内での試験規準方法を制定することとした．当該試験において適切な評価指標を設定することにより，上記の(1)および(3)の項目を確認できると考えられる．

なお，上記(2)，(4)および(5)に関しては，日本コンクリート工学会近畿支部「暑中コンクリート工事の現状と対策に関する研究専門委員会」で検討された結果を参考に [1)]，土木学会の「暑中コンクリートの設計・施工指針に関する研究小委員会」において，さらに検討が進められている．

本試験規準案の対象となる混和剤は，レディーミクストコンクリート工場あるいは現場プラントにおいて，練混ぜ水と同時にミキサに添加される「プラント添加型混和剤」と，あらかじめ練り混ぜられたコンクリート（以下，ベースコンクリートと称する）に対し，レディーミクストコンクリート工場または現場プラントからの出荷時あるいは施工現場に到着した後に添加される「別途添加型混和剤」とした．なお，別途添加型混和剤と類似した使用方法の混和剤として，JIS A 6204「コンクリート用化学混和剤」に適合する流動化剤があるが，現在の一般的な流動化剤では「別途添加型混和剤」に要求される 35 ℃を超えるコンクリート温度におけるスランプ保持性と凝結遅延性を満足することができない可能性が高いことに注意が必要である．

なお，本試験規準案における暑中環境とは，主に打込み時のコンクリート温度が 35 ℃を超える環境を想定しているが，本試験規準案で対象とする混和剤をコンクリート標準示方書［施工編：施工標準］にある暑中コンクリート環境下で使用すればさらに高いスランプ保持性と凝結遅延性が得られて，施工標準に規定される練混ぜから打終りまでの時間や許容打重ね時間間隔を延長できるような用途の可能性も考えられる．

1.2　審議中に問題になった事項

1.2.1　適用範囲について

本試験規準案は，35 ℃を超える温度のコンクリートに対して，スランプの経時変化と凝結特性を評価するために用いるものである．試験方法としては，例えば，コンクリート温度が 35 ℃を超える実機で，コンクリートが所要の品質を有するかを試験によって確認することが理想ではあるが，あらかじめ酷暑の時期を見計らって試験しなければならないことや，規模の大きさから，汎用性の面で現実的ではない．そこで，室内試験と実機でのコンクリートの品質の関係について，いくつかの既往の報告の結果を参考に議論が行われ，室内による本試験規準案が決められた．

昨今，高温環境下でもフレッシュコンクリートの性状を従来よりも長い時間良好に確保できる混和剤として，コンクリートの製造時に添加される「プラント添加型混和剤」と，コンクリート製造後のある時点に添加される「別途添加型混和剤」が利用され始めており，これらの混和剤を使用したコンクリートを適用範囲とした．この試験では，酷暑期を想定した温度の室内において各混和剤が実際に使用される状況を模擬した試験手順をそれぞれ設定して，所定の時間までのスランプの経時変化および，許容打重ね時間に関連する貫入抵抗値を計測して凝結特性を確認することを目的とした．

1.2.2　試験環境条件について

既往の文献による一般的なAE減水剤および高性能AE減水剤を使用した現場到着時の目標スランプ12 cmのコンクリートにおける練混ぜ開始から60および90分後のスランプ低下量の平均値をコンクリート温度20～40℃毎に図1に示す[1～6]．これより，室内試験において，コンクリート温度20 ℃と34～38 ℃における練混ぜ開始から60および90分後のスランプ低下量の平均値を比較すると，前者は文献4)のAE減水剤・標準形の結果を除けば2.5～8 cmの範囲にあるが，後者は概ね8～12 cmの範囲で，高温環境下でのスランプ低下は大きくなる傾向にあることを確認した．ただし，コンクリート温度34～38 ℃におけるスランプ低下量の平均値を比較すると，練混ぜ開始から60分後では34，35および38 ℃の順にそれぞれ12.0 cm，10.5～12 cmおよび10.5 cm程度で，大きな差は認められなかった．同様に，練混ぜ開始から90分後においても，コンクリート温度34 ℃，35 ℃および38 ℃におけるスランプ低下量の平均値はそれぞれ11.5 cm，8.5～10.5 cmおよび10 cm程度で大きな差はなく，必ずしもコンクリートの温度が35 ℃を超えた場合にスランプの低下が著しく生じるわけではないことが認められた．本試験規準案は，35 ℃を超えるコンクリート温度に対してフレッシュ性状を調べるものであることから，室内試験の温度は35 ℃を超えた設定が理想ではあるが，各試験機関での室内設備の設定能力が一律ではないことや，試験時の実作業における身体への負担も勘案して，34 ℃以上38 ℃以下のコンクリート温度に設定した．

当該室内試験で使用するミキサの容量としては，50 Lまたは100 Lを対象としているが，試験時の実作業における身体への負担を考慮すると，50 L規模が望ましい．ただし，コンクリートからの水分の蒸発によるフレッシュ性状への影響を無視できないほどの高温環境下での試験であるため，容量50 Lのミキサを使用する場合，コンクリートの練混ぜ量は40 L以上が望ましいと考えられる．一方，試験は容量100 Lのミキサに見合った練混ぜ量での実施を妨げるものではないことから，本試験規準案でのコンクリートの練混ぜ量は，ミキサの公称容量の2/3以上で，かつ，公称容量を超えない量とした．

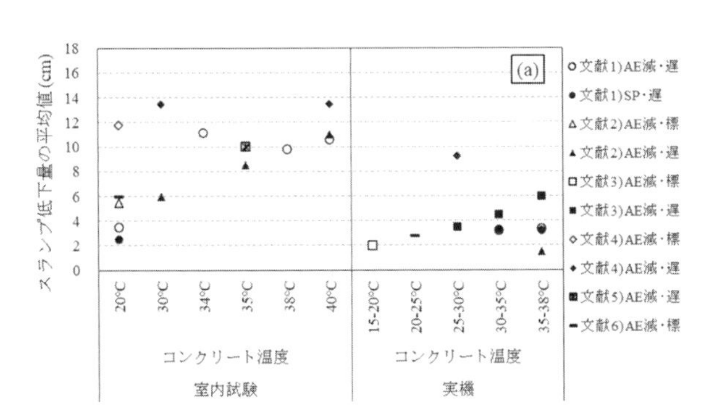

(a) 現場到着時の目標スランプ12 cm，60分後の場合

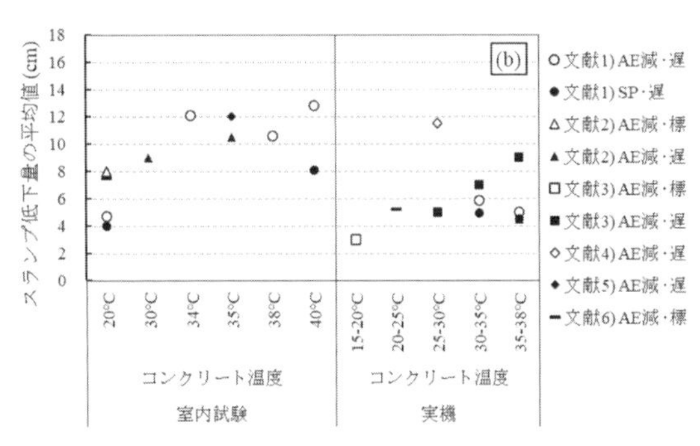

(b) 現場到着時の目標スランプ12 cm，90分後の場合

凡例 AE減・遅：AE減水剤遅延形，SP・遅：高性能AE減水剤遅延形，AE減・標：AE減水剤標準形

注記 室内試験と実機のデータは必ずしも対応した試験結果から得られたものではない．

図1 目標スランプ12 cmのコンクリートの練混ぜ開始から60および90分後のスランプ低下量の平均値

1.2.3　経時変化試験の試験時間の設定について

一般的なAE減水剤標準形を使用した27-12-20Nコンクリートの室内および実機でのスランプの経時変化試験結果および経時での低下量を図2および図3に示す[5]．これより，図2の室内試験では，練上がり15.5 cmのスランプが30分後に4.5 cm，60分後に6 cmそれぞれ低下しているのに対し，実機では，練上がり14 cmのスランプが30分後に2.5 cm，60分後に約3 cmそれぞれ低下しており，同じ経過時間でのスランプ低

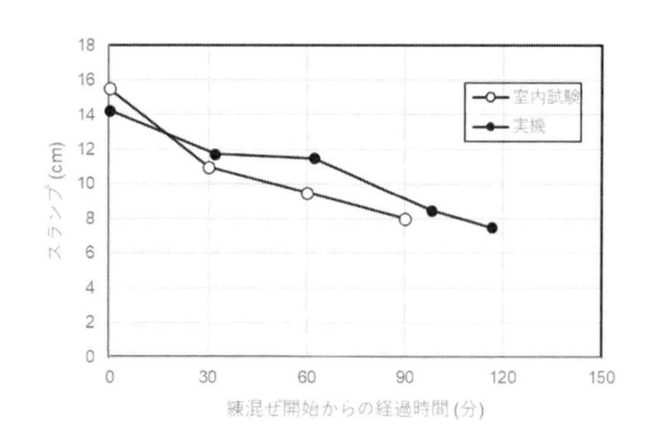

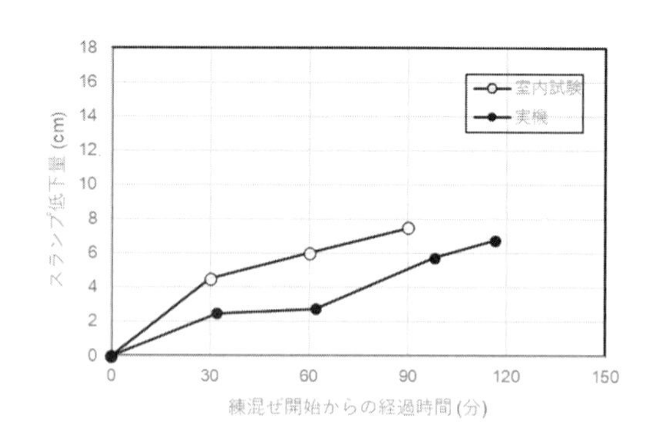

図 2 室内試験と実機によるスランプの経時変化の比較　図 3 室内試験と実機によるスランプ低下量の比較

下量は室内試験の方が大きく，実機の 1.5～2 倍程度を示す傾向にあった．

また，前述の**図 1**(a)のコンクリート温度 34～38 ℃における練混ぜ開始から 60 分後のスランプの低下量は，室内試験では 8～12 cm 程度であるのに対し，実機では 2～6 cm であった．同様に(b)のコンクリート温度 34～38 ℃における練混ぜ開始から 90 分後のスランプの低下量は，室内試験では 10～12 cm 程度であるのに対し，実機では 4～9 cm であり，同じ経過時間でのスランプ低下量は室内試験の方が大きい傾向にあることを確認した．

以上のことから，室内試験で練混ぜ開始から 60 分までのスランプの経時変化を確認すれば，実機での練混ぜ開始から 90 分までのスランプの経時変化を予測できると判断して，試験時間を練混ぜ開始から 60 分までとした．プラント添加型混和剤は，コンクリートの練混ぜ開始から 60 分後までの経時変化を試験し，別途添加型混和剤では，先に練り混ぜるベースコンクリートの練混ぜ開始から 60 分後までの経時変化を試験することとした．

1.2.4　経時変化試験方法について

室内試験の経時変化試験方法としては，コンクリートを所定の測定時間まで練り舟の中に置く「静置」と傾胴ミキサの中に入れて所定の時間まで低速回転させる「アジテート」が考えられる．**図 4** によると，水セメント比 55 %で AE 減水剤を使用したコンクリートでは静置とアジテートでスランプの経時変化量に差は認められなかったが，高性能 AE 減水剤を使用したコンクリートでは，アジテートの方がスランプの低下量はやや大きい結果であった [1]．このように，静置でもアジテートでもスランプの経時変化に明確な差は認められなかったことから，本試験規準案の経時変化方法は，高温環境下での作業量を低減する観点から，静置による方法とした．

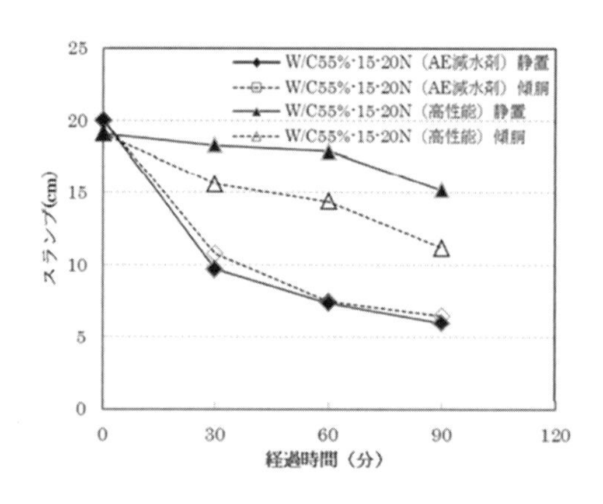

図 4 室内での静置とアジテートによるスランプの経時変化の比較 [1]

1.2.5　コンクリートの配合条件について

試験に供するコンクリート材料のうちセメントは，JIS A 6204 と同様に，普通ポルトランドセメントを 3 銘柄等量混合で使用することとし，骨材は JIS A 5308 附属書Ａ（規定）「レディーミクストコンクリート用骨材」に適合する砕石，砂利，砕砂および砂とした．コンクリートの配合は，一般の土木構造物に使用されるコンクリートを対象に 27-12-20N 程度を想定し，水セメント比 50 %以上，単位水量 175 kg/m^3 以下，単位セメント量を 300～350 kg/m^3 とした．また，本試験における練上がり時の目標スランプを設定するため，コンクリート温度 35℃以上を対象とした「プラント添加型混和剤」と「別途添加型混和剤」を使用したコンクリートの室内試験と実機での既往の報告を参照した．現場到着時の目標スランプを 12 cm とした場合の「プラント添加型混和剤」または「別途添加型混和剤」を使用したコンクリートの練上がり時のスランプの平均値は，**表 1** に示すように [1~6]，室内試験では 12.0～18.0 cm，実機では 12.5～14.0 cm であった．実機での練上がり時のスランプは，現場到着時の目標スランプに近い範囲にあるが，室内試験では比較的大きな練上がり時のスランプに調整される傾向にあるのは，上記 2.3 のように，同じ経過時間でのスランプ低下量は室内試験の方が大きいことに起因すると思われた．したがって，本試験規準案における練上がり時の目標スランプは，現場到着時の目標スランプの 12 cm よりも大きく設定する方がよいと考えられ，既往の結果の最大値の 18 cm よりも若干の安全性を見込み，15±1 cm とした．

表 1　現場到着時の目標スランプ 12 cm のコンクリートの練混ぜ直後のスランプの平均値

混和剤区分	室内試験	実機
プラント添加・別途添加型 (35℃超)	12.0～18.0 cm	12.5～14.0 cm

1.2.6　別途添加型混和剤の添加時刻の設定について

現在，各混和剤製造会社から製品化されている別途添加型混和剤は，製造会社によって実機での添加時刻のコンセプトが必ずしも同じではなく，工事現場で場内運搬前に添加される場合のほか，レディーミクストコンクリート工場または現場プラントからの出荷前に添加される場合もある．一方，JIS A 6204 に規定される流動化剤の室内における性能確認試験方法は，その添加時刻をベースコンクリートの練上がり 15 分後としている．これは，上記 2.3 の室内試験と実機でのスランプの経時変化の関係から，実機での流動化剤の添加時刻は練上がり 30 分程度とイメージできるため，本試験規準案では，添加時刻を練上がり 5～15 分後で混和剤製造会社が推奨する任意の時間を選択できるよう設定した．

ここで，別途添加型混和剤の添加時刻をベースコンクリートの練混ぜ開始から 5～15 分後ではなく，ベースコンクリートの練上がりから 5～15 分後とした理由は，ベースコンクリートの練混ぜから排出におよそ 2 分，練上がり後の測定に 2～3 分の都合 5 分程度要し，5～15 分の起点を練混ぜ開始からにすると 5 分後の測定が困難になるためである．なお，JIS A 6204 の流動化剤の経時変化試験においても，ベースコンクリートの練上がり後を起点としている．

1.2.7　別途添加型混和剤の試験方法について

本試験規準案における別途添加型混和剤の試験方法は，添加時刻がベースコンクリートの練上がりから 5～15 分の幅を持たせ，添加後に回復するスランプもベースコンクリートの目標の練上がりのスランプの範囲より大きい 21 cm まで許容することとした．これは，混和剤製造会社から製品化されている種類によって，添加時刻やスランプの回復量のコンセプトが異なる事情を考慮して決定した．本試験規準案作成の議論において，別途添加型混和剤の添加時刻を統一するとともに，添加後のスランプの範囲をベースコンクリートと同様の 15cm 程度にするなどの案も出されたが，打込みにおいて目標スランプの範囲にあれば施工性を確保できることから，ベースコンクリートの練上がりから 60 分後の経時変化を確認する本試験規準案の方法を選定した．

1.2.8　貫入抵抗値の測定範囲について

コールドジョイントに関する土木学会のコンクリートライブラリーによれば，コールドジョイントを防止できる下層コンクリートの凝結はプロクター貫入抵抗値で 0.01～1.0 N/mm^2 の範囲にあるとされている[7]．また，コンクリート標準示方書［施工編］では，一般に貫入抵抗値が 0.1 N/mm^2 を超えると締固めが困難となり，コールドジョイントが生じる危険性が高いことが明らかにされている，と記載されている．このため，本試験規準案における凝結の測定は，0.1 N/mm^2 のほかに 0.5 N/mm^2，1.0 N/mm^2 および始発まで行うこととした．

参考文献

1) 日本コンクリート工学会近畿支部：土木構造物における暑中コンクリート工事の対策検討ガイドライン，参考資料編，2018.6.
2) 伊佐治優，桜井邦昭，齊藤和秀，大石卓哉：特殊混和剤による暑中コンクリートの品質改善に関する実験的検討，コンクリート工学年次論文集，Vol.42，No.1，pp.941-946，2020.
3) 伊佐治優，桜井邦昭，齊藤和秀，大石卓哉：特殊混和剤の後添加により暑中期や酷暑期の施工性を改善できる新しいコンクリートの施工実験，コンクリート工学年次論文集，Vol.43，No.1，pp.1415-1420，2021.
4) 橋本紳一郎，西村和朗，西祐宜，根本浩史：暑中コンクリートへのこわばり低減剤の適用性に関する検討，コンクリート工学年次論文集，Vol.44，No.1，pp.772-777，2022.
5) 中元奏希，細田暁，藤岡彩永佳，小泉信一：スランプ保持性を高めたコンクリートの暑中環境下における打重ね部の品質評価，コンクリート工学年次論文集，Vol.44，No.1，pp.316-321，2022.
6) 小泉信一，菅俣匠，阿合延明，細田暁，藤岡彩永佳，渡邉賢三，柳井修司，筒井達也：スランプ保持型混和剤を使用したコンクリートの経時変化，令和 4 年度土木学会全国大会第 77 回年次学術講演会，V-394，2022.
7) コンクリート構造物におけるコールドジョイント問題と対策，コンクリートライブラリー 103，土木学会，2000.

2. ボックス形容器を用いた加振時のコンクリートの間隙通過性試験方法（案）（JSCE-F701-2022）一解説

この解説は，本体で規定した事柄，参考に記載した事柄，並びにこれらに関連する主なものについて補足的に説明するものであり，規準の一部ではない．

2.1　制定の趣旨および経緯

2019年にJIS A 5308が改正され，粗骨材の最大寸法20 mm，25 mmの普通コンクリートに対して，スランプフロー45 cm，50 cm，55 cm，60 cmがレディーミクストコンクリートの種類および区分に追加された．これに対して，2017年制定コンクリート標準示方書［施工編］では，スランプフローで管理するコンクリートとしては，特殊コンクリートとして，高流動コンクリートと高強度コンクリートの技術情報が整備されている．ここで，JIS A 5308 : 2019で追加された普通コンクリートに対して，スランプフローの値だけでコンクリート標準示方書との対応を整理すると，スランプフロー60 cmのコンクリートは自己充塡性を有する高流動コンクリートの自己充塡性ランク3に該当し，スランプフロー45 cm，50 cm，55 cmのコンクリートは締固めを必要とする高流動コンクリートに該当する．ただし，［施工編：特殊コンクリート］の高流動コンクリートでは，流動性がスランプフローで管理されるコンクリートのうち，締固めを必要とするコンクリートを「締固めを必要とする高流動コンクリート」と表記しているが，その具体的な技術情報は未整備であった．

このような状況に鑑み，土木学会256委員会「締固めを必要とする高流動コンクリートの施工に関する研究小委員会」では，「締固めを必要とする高流動コンクリートの配合設計・施工指針（案）」の制定を目指して検討を進めてきた．スランプで管理されるコンクリートに比べて，流動性の高い締固めを必要とする高流動コンクリートでは，振動締固めをうけたコンクリートが鋼材間を流動する際に材料分離が生じやすいことが考えられた．そこで，「ボックス形容器を用いた加振時のコンクリートの間隙通過性試験方法（案）（JSCE-F 701-2018）」に従って試験を実施してみたが，仕切りゲートを開いたときにB室正面における試料高さが190 mmを超えたため，間隙通過速度を得ることができなかった．

このような経緯から，B室正面における試料高さが190 mmを超える場合の試験方法として，容器の仕切りゲートを引き上げると同時にバイブレータを始動させる方法を検討した．この試験方法の改訂では，従来の試験方法（以下，従来法）に加えて，新たに規定した試験方法（以下，附属書1法）を附属書1とした．これに伴い，JSCE-F 701の7.2　**必要に応じて報告する事項**に，「ｆ）バイブレータを始動させた時期」を追加しているが，これは，実施した試験が，従来法または附属書1法で実施したかをわかるようにするためである．

なお，今回の改訂は，JSCE-F 701に附属書1を追加するものであるが，それに伴い実施した審議において，JSCE-F 701の５．ｇ）にある「B室正面において試料の高さが190 mmおよび300 mmに達するまでの時間」の測定方法の記述について指摘を受けた．例えば，190 mmに達する時間の測定にあたり，通過するコンクリートの先端の時間，平均的な高さが通過した時間，または面全体が通過した時間のいずれかを選択するかによって結果は異なる．ただし，この試験で得られる値は間隙通過速度であるため，190 mmと300 mmに達するまでの時間の測定方法が同じであれば，大きな問題は生じないと考えられる．そのため，規準の文章は改訂していないが，測定にあたっては留意するとよい．なお，試料が190 mmまたは300 mmを通過し，かつ目視による通過したタイミングの判定のしやすさを考慮すると，全体が通過した時間とするのがよいと考えられる．

2.2　審議中に問題になった事項

2.2.1　適用範囲について

本規準（案）の附属書1では，B室正面における試料高さが190 mmを超える場合を適用範囲としている．ここでは，従来法でB室正面における試料高さが190 mmを超えないコンクリートに対する附属書1法の適用性について試験を行い，本規準（案）の適用範囲を検討した．なお，本規準（案）の適用範囲に記されているように，この試験の目的は，バイブレータによる加振を受けたコンクリートが鋼材間を流動する際の間隙通過性を把握するものであり，バイブレータをコンクリートの横移動のために使用してはならないことは，コンクリート標準示方書［施工編：施工標準］の記述のとおりであることに注意されたい．

スランプ12 cmのコンクリートを対象に従来法と附属書1法の測定結果を比較した．使用材料および配合を**表1**および**表2**に示す．フレッシュコンクリートの試験結果を**表3**に，従来法と附属書1法での測定結果を**表4**に示す．結果を見ると，方法によらず，S2・G2（山砂，石灰岩砕石，単位セメント量280 kg/m^3）の方がS1・G1（砕砂，硬質砂岩砕石，単位セメント量330 kg/m^3）に比べて間隙通過速度は大きく，B室から採取した試料の粗骨材量比率も大きい結果となり，異なる材料および配合について，それぞれの試験方法を用いて相対的に特徴を比較することは可能であると考えられる．ただし，S1・G1では，従来法よりも附属書1法の間隙通過速度が若干大きいあるいは同等程度であるのに対して，S2・G2では，従来法の間隙通過速度が附属書1法に比べて明らかに大きくなっており，異なる材料および配合に対する異なる試験方法の相関関係は必ずしも明確ではない．

表1　使用材料（従来法と附属書1法の比較）

材料	記号	内容
水	W	上水道水
セメント	C	普通ポルトランドセメント：密度3.16 g/cm^3
細骨材	S1	砕砂：東京都八王子市，表乾密度：2.61 g/cm^3，F.M.：2.99
	S2	山砂：千葉県富津市 表乾密度2.61 g/cm^3，F.M. 2.60
粗骨材	G1	硬質砂岩砕石2005，東京都八王子市，表乾密度：2.64 g/cm^3，実積率59.4 %
	G2	石灰岩砕石2005：高知県吾川郡 表乾密度2.70 g/cm^3，実積率61.0 %
化学混和剤	AD	AE減水剤　標準形
	AE	AE剤

表2　配合（従来法と附属書1法の比較）

種別	W/C (%)	s/a (%)	単位量 (kg/m^3)							
			W	C	S1	S2	G1	G2	AD	AE
S1・G1	50.0	47.0	165	330	835	-	952	-	4.13	1.00
S2・G2			140	280	-	885	-	1032	5.60	0.14

表 3　フレッシュコンクリート試験結果（従来法と附属書 1 法の比較）

種別	目標スランプ(cm)	スランプ(cm)	目標空気量(%)	空気量(%)	コンクリート温度(℃)
S1・G1	12±2.5	13.0	4.5±1.5	4.9	21.0
S2・G2		13.0		4.4	22.0

表 4　測定結果（従来法と附属書 1 法の比較）

ケース		190mm 到達時間(秒)	300mm 到達時間(秒)	間隙通過速度(mm/s)	B 室から採取した試料の粗骨材量比率(%)
S1・G1	従来法	9.3	18.4	12.2	79
	附属書 1 法	3.7	12.2	13.0	83
S2・G2	従来法	3.8	7.1	33.4	102
	附属書 1 法	5.5	10.8	20.7	98

各種配合に対して附属書 1 法で実施した結果を示す．使用材料および配合を**表 5** および**表 6** に示す．No.1〜No.5 はスランプで管理されるコンクリートを，No.6〜No.10 はスランプフローで管理されるコンクリートを対象としている．測定結果を**表 7** に示す．なお，従来法では加振時間が 4 分（240 秒）に達した場合は測定不能という判断になるが，ここでは，300 mm に到達するまで加振を継続した．No.1〜No.5 までのスランプで管理されるコンクリートの場合，300 mm 到達時間が最小でも 53 秒程度となり，前述した**表 4** の結果を比較すると加振時間が長いことがわかる．一方で No.6〜No.10 のスランプフローで管理されるコンクリートの場合，粗骨材量比率が 90 %を超える場合には 300 mm 到達時間が 10〜13 秒程度であり，前述した**表 4** の結果と同等の結果を示している．スランプが比較的小さい場合で附属書 1 法の試験で実施すると，加振時間が極端に長くなる場合が生じてしまうのは，仕切りゲートの開放とバイブレータのタイミングの多少のずれ等によって，骨材のかみ合いが生じること等が影響していると考えられるが，その要因については引き続き検討が必要であると考えられる．

以上のことから，現時点では，従来法により B 室正面における試料高さが 190 mm を超えないコンクリートに対して附属書 1 法を適用した場合の測定結果の位置づけが明確にはできず，引き続き検討が必要であると考えられるため，本規準（案）の附属書 1 では，B 室正面における試料高さが 190 mm を超える場合を適用範囲とした．

表 5　使用材料（附属書 1 法）

材料	記号	内容
水	W	上水道水
セメント	C	普通ポルトランドセメント：密度 3.15g/cm³
細骨材	S1	多摩産砕砂：表乾密度 2.70g/cm³，F.M. 2.82
	S2	君津産山砂：表乾密度 2.57g/cm³，F.M. 1.52
粗骨材	G	多摩産砕石：表乾密度 2.67g/cm³，実積率 58.1%，F.M. 6.39
化学混和剤	Ad	高性能 AE 減水剤
	AE	AE 剤

表 6　配合およびフレッシュコンクリートの試験結果（附属書 1 法）

No.	W/C (%)	s/a (%)	単位量 (kg/m^3)							SL（No.1～5）SF（No.6～10）* (cm)	空気量 (%)
			W	C	S1	S2	G	Ad	AE		
1	55	47	175	318	543	303	961	0.95	1.59	9.5	3.9
2	55	47	180	327	537	300	950	0.65	1.64	11.5	3.8
3	55	45	165	300	532	297	1020	1.8	0.9	11.5	2.7
4	65	47	175	269	555	310	983	1.35	1.35	12.0	5.5
5	55	47	170	309	549	307	972	1.45	2.53	16.0	5.0
6	50	50	175	350	569	318	893	3.22	1.75	45	4.5
7	50	55	175	350	626	350	804	3.5	1.75	45	4.5
8	55	50	175	318	578	323	907	2.93	1.59	50	2.9
9	44	50	175	400	556	310	872	3.98	1.99	56	4.9
10	55	45	175	318	520	291	997	2.93	1.59	57	2.8

*：SL：スランプ，SF：スランプフロー

表 7　測定結果（附属書 1 法）

No.	190mm 到達時間（秒）	300mm 到達時間（秒）	間隙通過速度 (mm/s)	B 室から採取した試料の粗骨材量比率(%)
1	74.4	134.4	1.8	93
2	21.1	84.1	1.8	94
3	78.6	190.1	0.99	74
4	21.9	52.7	3.6	98
5	85.8	491.9	0.27	75
6	4.7	12.6	14.0	91
7	4.9	10.6	19.2	97
8	10.1	23.4	8.3	75
9	5.6	10.8	20.9	104
10	32.5	66.2	3.3	48

2.2.2　附属書 1 法の適用結果について

ここでは，土木学会 256 委員会に参画する各機関（全 23 機関）が保有する材料を使用して，附属書 1 法に従って試験を実施した．コンクリートの配合については，**表 8** に示す材料条件で，**表 9** に示す基準配合①～③の中から，各機関で粗骨材の沈降等の材料分離が生じていない良好な性状のコンクリートが得られる基準配合を選定した．なお，単位水量については 175 kg/m^3 を基本とし，流動性は高性能 AE 減水剤の添加量で調整した．実験ケースは，**表 9** の条件に基づいて選定した基準配合（基準配合①～③のうちのどれか 1 配合）から，**表 10** に示すように単位セメント量（C 量），細骨材率（s/a）および混和剤種類を変更した．基準配合であるケース 1 から単位水量，細骨材率，混和剤の種類を一定にして，単位セメント量を 30 kg/m^3 増加させた配合をケース 2，30 kg/m^3 減少させた配合をケース 3 とし，基準配合から単位水量，単位セメント量，混和

剤の種類を一定にして，細骨材率を45％にした配合をケース4，ケース3の配合から混和剤の種類だけを高性能AE減水剤から増粘剤含有高性能AE減水剤に変えた配合をケース5とした．なお，混和剤の添加率を調整することで，全てのケースで目標スランプフローおよび目標空気量を満足させている．

表8　材料条件

項目	内容	備考
セメント	普通ポルトランドセメント	メーカ等は指定なし
練混ぜ水	各機関で使用している練混ぜ水	
骨材（細骨材，粗骨材）	各機関で使用している骨材	
混和剤	高性能AE減水剤 増粘剤含有高性能AE減水剤	メーカ等は指定なし

表9　配合条件

種類	目標スランプフロー (cm)	目標空気量 (%)	水セメント比 (%)	単位水量 (kg/m^3)	単位セメント量 (kg/m^3)	細骨材率 (%)
基準配合①	45±5，55±5	4.5±1.0	54.7	175	320	50
基準配合②			50.0	175	350	50
基準配合③			46.1	175	380	50

表10　配合条件

ケースNo.	ケース1	ケース2	ケース3	ケース4	ケース5
名称	基準配合	基準配合から C量＋30 kg	基準配合から C量－30 kg	基準配合から s/a＝45％	ケース3から 混和剤を変更
予測される性状	良好	粘性大きい	粘性小さい 分離気味	粘性小さい 分離気味	良好 ケース1同程度
基準配合①	W　175 kg C　320 kg s/a　50％	W　175 kg C　350 kg s/a　50％	W　175 kg C　290 kg s/a　50％	W　175 kg C　320 kg s/a　45％	W　175 kg C　290 kg s/a　50％
基準配合②	W　175 kg C　350 kg s/a　50％	W　175 kg C　380 kg s/a　50％	W　175 kg C　320 kg s/a　50％	W　175 kg C　350 kg s/a　45％	W　175 kg C　320 kg s/a　50％
基準配合③	W　175 kg C　380 kg s/a　50％	W　175 kg C　410 kg s/a　50％	W　175 kg C　350 kg s/a　50％	W　175 kg C　380 kg s/a　45％	W　175 kg C　350 kg s/a　50％

間隙通過速度とB室から採取した試料の粗骨材量比率の関係を**図1**に示す．間隙通過速度が小さい範囲において，B室から採取した試料の粗骨材量比率が小さくなる結果が得られていることがわかる．これは，粗骨材の分離によって，コンクリート全体の流動が阻害されたことによって間隙通過速度が小さくなったと考

えられる．また，いずれの場合も，同じ目標スランプフローの範囲にあるコンクリートであっても，間隙通過速度とB室から採取した試料の粗骨材量比率の関係が異なることがわかる．すなわち，「ボックス形容器を用いた加振時のコンクリートの間隙通過性試験方法（案）（JSCE-F 701-2018）」の制定時に指摘されていた，スランプだけでフレッシュコンクリートの品質を評価することが難しいことについて，締固めを必要とする高流動コンクリートの場合も同様であることがわかる．

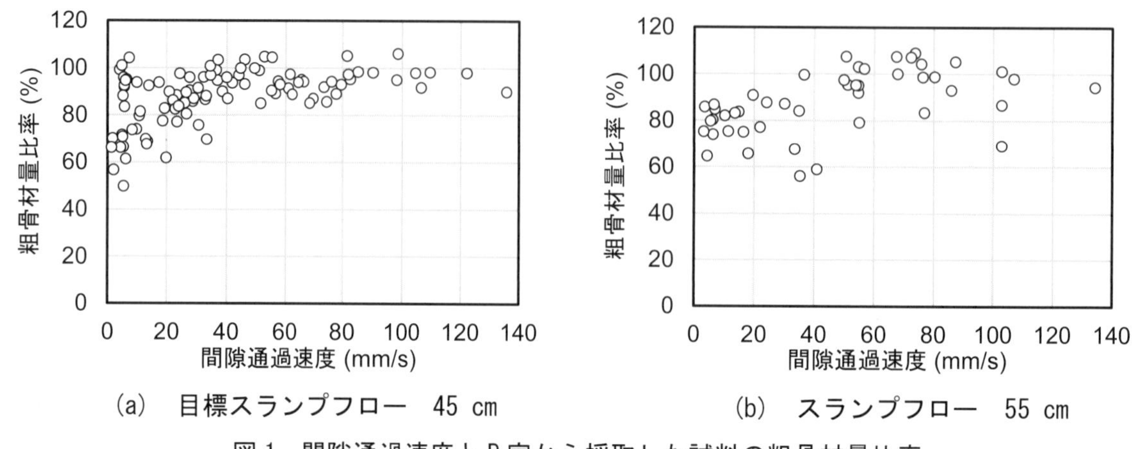

図1　間隙通過速度とB室から採取した試料の粗骨材量比率

3. 加振を行ったコンクリート中の粗骨材量試験方法（案）（JSCE-F 702-2022）一解説

この解説は，本体で規定した事柄，参考に記載した事柄，並びにこれらに関連する主なものについて補足的に説明するものであり，規準の一部ではない．

3.1 制定の趣旨および経緯

2019年にJIS A 5308が改正され，粗骨材の最大寸法20 mm，25 mmの普通コンクリートに対して，スランプフロー45 cm，50 cm，55 cm，60 cmがレディーミクストコンクリートの種類および区分に追加された．これに対して，2017年制定コンクリート標準示方書［施工編］では，スランプフローで管理するコンクリートとしては，特殊コンクリートとして，高流動コンクリートと高強度コンクリートの技術情報が整備されている．ここで，JIS A 5308 : 2019で追加された普通コンクリートに対して，スランプフローの値だけでコンクリート標準示方書との対応を整理すると，スランプフロー60 cmのコンクリートは自己充填性を有する高流動コンクリートの自己充填性ランク3に該当し，スランプフロー45 cm，50 cm，55 cmのコンクリートは締固めを必要とする高流動コンクリートに該当する．ただし，［施工編 : 特殊コンクリート］の高流動コンクリートでは，流動性がスランプフローで管理されるコンクリートのうち，締固めを必要とするコンクリートを「締固めを必要とする高流動コンクリート」と表記しているが，その具体的な技術情報は未整備であった．

このような状況に鑑み，土木学会256委員会「締固めを必要とする高流動コンクリートの施工に関する研究小委員会」では，「締固めを必要とする高流動コンクリートの配合設計・施工指針（案）」の制定を目指して検討を進めてきた．スランプで管理されるコンクリートに比べて，流動性の高い締固めを必要とする高流動コンクリートでは，振動締固めによる材料分離が生じやすいことが考えられた．ここで，［施工編 : 施工標準］で対象とするスランプで管理されるコンクリートは，一定以上の粉体量とすることによって所定の材料分離抵抗性を確保しているため，これまで，フレッシュコンクリートの材料分離を評価する試験方法の規準は制定されていなかった．

このような経緯から，締固めを必要とする高流動コンクリートにおいて，振動に伴い鉛直方向に生じるフレッシュコンクリート中の材料の分離性状を把握する試験方法として，本規準を制定するに至った．なお，フレッシュコンクリート中の材料の分離の評価指標は，「ボックス形容器を用いた加振時のコンクリートの間隙通過性試験方法(案)（JSCE-F 701-2018)」を参考に，粗骨材量比率を用いることとした．

3.2 審議中に問題になった事項

3.2.1 適用範囲について

本規準(案)では，粗骨材の最大寸法が20 mmまたは25 mmの締固めを必要とする高流動コンクリートを適用の範囲としている．これは，3.2.3.1に示すように，本規準(案)で対象とするコンクリートよりも流動性が低いコンクリートに対して，適切な試験条件を設定できなかったことによる．

3.2.2 試験用器具について

3.2.2.1 容器について

本規準(案)では，試験に用いる容器としては，JIS Z 1620の20 Lの2号に適合するものを標準としている．ここでは，容器の材質や形状が測定結果に与える影響について検討した．

検討に使用した容器を図1に示す．図1(a)はJIS Z 1620に準拠した鋼製ペール（内径270 mm，高さ370 mm)，図1(b)はプラスチック製の容器（内径270 mm，高さ380 mm)，図1(c)はバケツ（内径上面320 mm，内径底面 250 mm，高さ 315 mm）である．各容器における試料の充填高さは，鋼製ペールとプラスチック製容器の場合は 350 mm，バケツの場合 310 mm で試験を行った．試験手順は，本規準（案）と同様で実施した．**表 1** に使用材料を，**表 2** に配合を示す．

(a)　JIS 準拠の鋼製ペール

(b)　プラスチック製容器

(c)　バケツ

図 1　容器の材質や形状の検討に用いた容器

表 1　使用材料

材料	記号	内容
水	W	上水道水：千葉県習志野市
セメント	C	普通ポルトランドセメント：密度 3.16g/cm³
細骨材	S	砕砂：東京都八王子市 表乾密度 2.61g/cm³，F.M. 2.99
粗骨材	G	砂岩砕石 2005：東京都八王子市 表乾密度 2.64g/cm³，実積率 59.4%
化学混和剤	SP	高性能 AE 減水剤（標準型 I 種）
	AE	AE 剤（I 種）

表 2　配合

スランプフロー (cm)	W/C (%)	s/a (%)	単位量(kg/m³)					
			W	C	S	G	SP	AE
45	48.6	50.0	170	350	880	890	4.90	2.45

試験結果を**図 2** に示す．なお，図中の上部は本規準(案)と同様の結果を，下部は最下部から本規準(案)と同様に約 5 kg を採取した結果を示している．いずれの容器を用いても，粗骨材量比率は，試料上部で 94 % 前後，試料下部で 105 %前後となった．これらの結果から，本試験で用いる容器の材質や形状が測定結果に大きな影響を与えないことが確認されたが，標準的な容器としては JIS に規定されている容器とした．

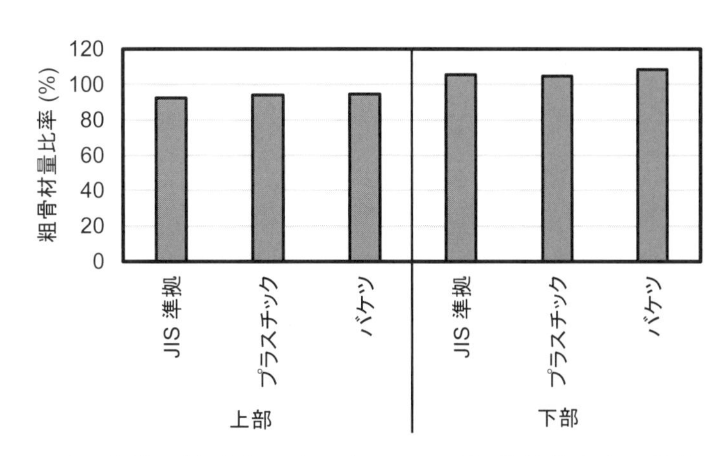

図 2　容器の材質や形状の違いによる粗骨材量比率の比較

3.2.3　試験手順について

3.2.3.1　試料の詰め方について

本規準(案)では，試料の詰め方として，容器のふちから 30±5 mm 低くなる高さまで，ハンドスコップ等を用いて材料分離が生じないように静かに詰める方法を採用している．これは，本規準(案)で対象としている締固めを必要とする高流動コンクリート程度の流動性が確保されている場合に可能な方法である. 一方で，スランプで管理されるコンクリート等の本規準(案)で対象としているコンクリートよりも流動性が低いコンクリートに対して適用した場合, 本規準(案)の方法では未充塡箇所が生じる可能性が考えられる. 本規準(案)の趣旨は，振動締固めを与えたときの自重および振動に伴い鉛直方向に生じる材料の分離を粗骨材量比率を用いて把握することにあり，その趣旨に基づけば，試料を容器に詰める際には極力外力を与えない状態が望ましい．仮に外力を与えて試料を容器に詰める場合も，測定結果に影響がないような統一した方法を定めることが極めて重要となる．今後，本規準(案)の適用範囲を広げる場合には，このような影響を検討した結果に基づき，試料の詰め方について定める必要がある．

3.2.3.2　加振方法について

本規準(案)では，加振方法として，挿入したバイブレータを始動し，10 秒間加振することを標準としている．ここでは，加振時間が測定結果に与える影響について検討した．

図 3 に加振時間と粗骨材量比率の関係を示す．なお，使用材料を**表 3** に，凡例のケースの配合およびフレッシュコンクリートの試験結果を**表 4** に示す．全ての配合で加振時間の増加にともない粗骨材量比率が低下する傾向が確認できる．加振時間 10 秒までの区間でケース 2 とケース 4 に着目すると，加振時間 5 秒まではケース 2 の粗骨材量比率が大きいが，加振時間 10 秒ではケース 2 の粗骨材量比率が小さくなっている．このように，使用材料や配合によっては，短時間の加振で粗骨材量比率が低下する場合や，短時間の加振では大きな変化は無いが，ある一定の加振時間を超えると大きく低下する場合等，様々な状況が想定されるため，試験結果の利用の目的に応じて加振時間を適切に設定する必要があることがわかる．

本規準(案)では,「締固めを必要とする高流動コンクリートの配合設計・施工指針(案)」の［施工標準］で用いるフレッシュコンクリートの品質試験としての利用を想定しており，加振時間として 10 秒を標準として設定している．これは,［施工標準］で設定している締固め条件（締固め時間は 5 秒程度）よりも過剰な締固めを与えたうえで，**図 3** から 10 秒であれば，振動に伴い鉛直方向に生じるフレッシュコンクリート中の材料の分離性状を把握しやすいことに基づいて定めている．

表3　使用材料

材料	記号	内容
水	W	上水道水：千葉県浦安市
セメント	C	普通ポルトランドセメント：密度 3.16g/cm³
細骨材	S	山砂：千葉県富津市　表乾密度 2.61g/cm³，F.M. 2.60
粗骨材	G	石灰岩砕石 2005：高知県吾川郡　表乾密度 2.70g/cm³，実積率 61.0%
化学混和剤	AD	高性能 AE 減水剤遅延形
	AE	AE 剤

表4　配合およびフレッシュコンクリートの試験結果

ケース No.	配合									フレッシュコンクリートの試験結果	
	スランプフロー (cm)	W/C (%)	s/a (%)	単位量 (kg/m³)				化学混和剤の添加率 (C×wt.%)	AE 剤	スランプフロー (cm)	空気量 (%)
				W	C	S	G	AD	AE		
ケース1	55	54.6	50.4	175	321	893	907	1.20	4.0	52.0	4.5
ケース2		54.6	50.4	175	321	893	907	1.30	4.0	55.0	4.8
ケース3		47.7	49.4	175	367	856	907	1.15	4.5	55.0	4.8
ケース4		42.3	48.2	175	414	817	907	1.15	4.0	58.0	4.8
ケース5		34.6	46.6	170	492	765	907	1.35	1.0	53.0	4.8

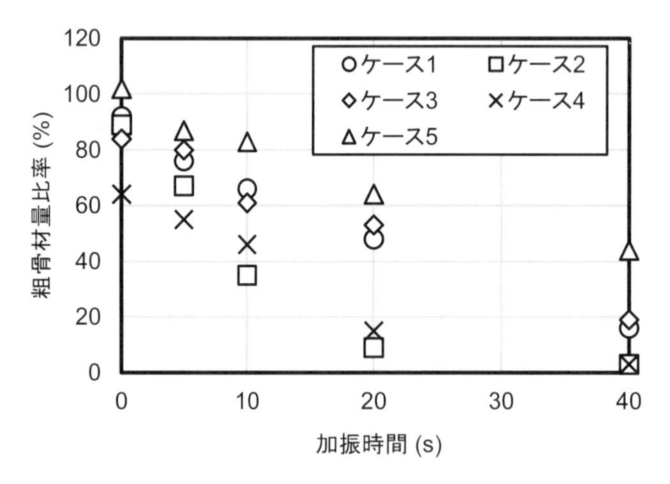

図3　加振時間と粗骨材量比率の関係

3.2.3.3　試料の採取について

本規準(案)では，試料の採取方法として，バイブレータを引き抜いた後，直ちに上層部の一定の深さから約 5 kg の試料を採取することを定めている．これは，「ボックス形容器を用いた加振時のコンクリートの間隙通過性試験方法(案)（JSCE-F 701-2018)」の粗骨材量比率を用いる際の試料の採取方法を参考に規定した．

表1および**表2**と同様の使用材料と配合を用い，本規準(案)に従って試験を実施し，試料の採取方法の妥当性を検証した．試料の採取にあたっては 5 kg ずつ上層から下層までの合計 10 層の試料を採取して粗骨材量比率を求めた結果を**図4**に示す．図の左軸は底面からの高さを，図の右軸は上面からの深さを示している．

試料上部の 1 層目では，加振による粗骨材量比率の低下が明確に確認できた．一方，2 層目の粗骨材量比率は 100 %を上回っており，1 層目から沈降した粗骨材量が影響していることが示唆され，2 層目以深の粗骨材量比率から材料分離を評価することは難しいと考えられる．また試料下部の 5 層目から 10 層目にかけては，緩やかに粗骨材量比率が増加する傾向が見られるが，その値は 100 %前後であり，試料上部よりも加振による影響が現れにくいことが伺える．これらの結果は，既往の研究[例えば 1), 2)]の重力方向の粗骨材量分布と同様の傾向を示しており，試料上部の 5 kg を採取し粗骨材量比率を把握することが妥当であることを確認した．

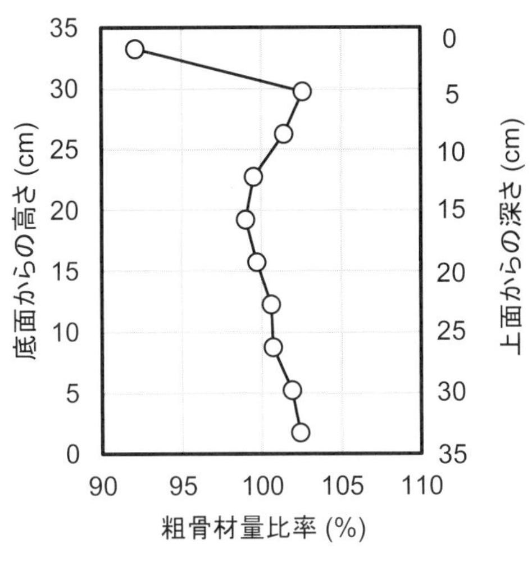

図 4　粗骨材量比率の高さ方向の分布

採取する量の影響について検討した結果を**図 5** に示す．図の左軸は底面からの高さを，図の右軸は上面からの深さを示している．ここでは，**図 4** に示した採取方法と同様の測定に加えて（凡例 10 層），各層の試料量を約 7 kg とした測定（凡例 7 層）を実施した．何れの場合も，最上層の結果については 10 層と 7 層の場合で大きな違いはないが，それ以外の層では必ずしも同程度の値が得られていないことがわかる．このことから，試料上部からの採取であれば，採取する量の影響は大きくないと考えられる．

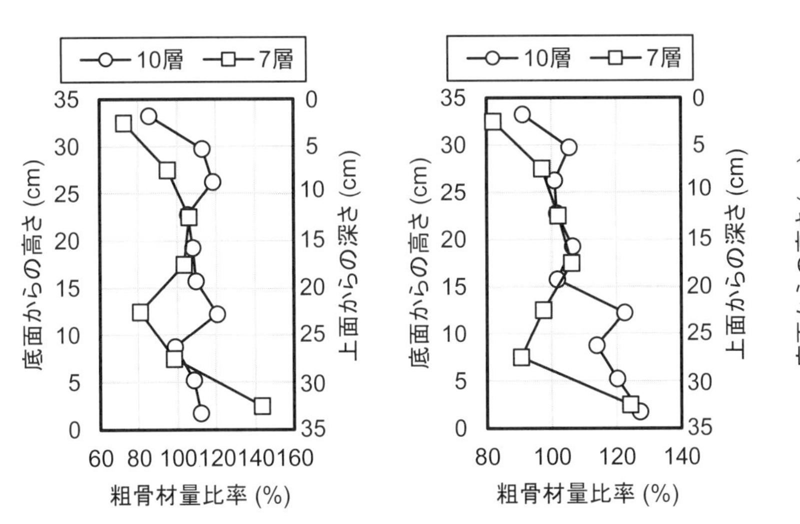

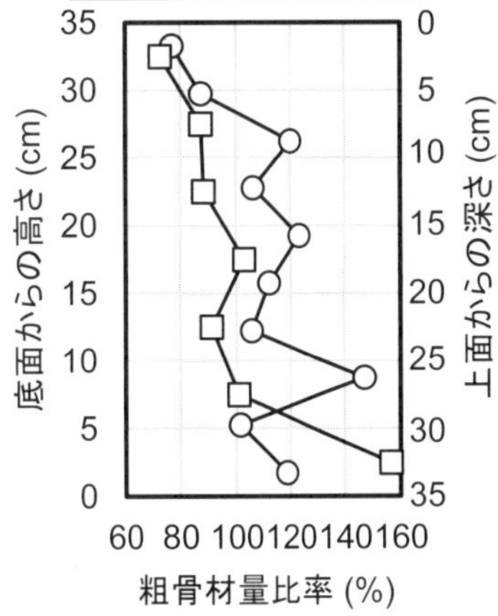

(a) スランプフロー　40×39.5 cm　(b) スランプフロー　57×55 cm　(c) スランプフロー　61×56 cm

図 5　採取する量の影響

なお，これらの試験では上層から下層までの全てのコンクリートを対象として試料を採取したが，流動性が高い状態を保持した層では採取の際にコンクリートが流動してしまうために層を分けて採取することが難しいことや，材料分離が顕著な場合の下層では粗骨材が密実に充填していて採取が極めて困難な状況であったこと等が確認された．

以上のことから，本規準（案）では，バイブレータを引き抜いた後，直ちに上層部の一定の深さから約 5 kg の試料を採取する方法を採用した．

参考文献

1) 梁俊，坂本淳，丸屋剛：締固めを必要とする高流動コンクリートの分離抵抗性に関する検討，令和 2 年度土木学会全国大会第 75 回年次学術講演会，V-423，2020.9
2) 古川翔太，加藤佳孝，鈴木将充，髙橋駿人：モルタルの粘性と粗骨材量が流動性の高いコンクリートの材料分離に与える影響，コンクリート工学年次論文集，Vol.42，No.1，pp.989-994，2020.7

4. 自己治癒充填材のひび割れ透水率試験方法（案）（JSCE-K 544-2022）ー解説

この解説は，本体で規定した事柄，参考に記載した事柄，並びにこれらに関連する主なものについて補足的に説明するものであり，規準の一部ではない．

4.1　制定の趣旨および経緯

ひび割れの発生に伴うコンクリート構造物の耐久性の低下を回復させるために自己治癒機能を付与するセメント系材料に関する研究開発が行われている．ひび割れを閉塞させる機構としては，ひび割れ部において，①未水和セメントの再水和を活用するもの，②水酸化カルシウムを活用して炭酸カルシウムを析出させるもの，③フライアッシュなどのポゾラン反応を活用するもの，④ジオマテリアルや膨張材など，膨張性の物質を析出するもの，⑤バクテリアを活用し，炭酸カルシウム等を析出するもの，などがある [1]．コンクリート構造物の躯体に用いる材料に自己治癒機能を付与するには経済性の観点等から難しいが，充填材などの補修材料に自己治癒機能を付与した材料が開発され，実用化されている現状にある．また，今後はセメント系に限らず，多様な材料や治癒機構に基づく材料開発の可能性もある．

ひび割れの閉塞を伴う自己治癒機能を評価するための指標として，①強度や剛性などの力学特性に着目したもの，②ひび割れ部の物質移動抵抗性（水やガスなど）に着目したもの，など，現時点で用いられている指標や試験方法が様々であり，今後新たに開発される自己治癒機能を有する材料の性能を適切に評価するためには統一的な指標ならびに試験方法を確立する必要がある．

このような背景のなか，ひび割れを介して生じる漏水を止める目的で適用される自己治癒充填材を対象に，ひび割れ部の透水量を測定する試験方法ならびにひび割れ透水率の試験方法を制定した．本試験の手順の概要を**図 1** に示す．まず自己治癒充填材を VU 管に詰めた供試体を作製する．所定の養生後，目標ひび割れ幅 0.1 mm として割裂試験によりひび割れを導入し，ひび割れ幅を測定する．ひび割れ導入直後に透水試験を実施し，その後 28 日間の水中養生を行う．養生後の透水試験により透水量が 0 であることを確認したうえで，割裂試験によりひび割れを再度導入し，透水試験により透水量 Q_1 を測定する．その後，再度 28 日間養生を行い，透水試験により透水量 Q_2 を測定する．得られた Q_1 および Q_2 を用いてひび割れ透水率 ξ を計算する．以上のように，本試験方法は，一旦閉塞したひび割れ部を再開口させ，そのひび割れの自己治癒によるひび割れ透水率を測定するものである．なお，一連の試験手順を見ると分かるように，ひび割れを導入した供試体を水中に浸漬することでひび割れを閉塞させることから，水中においてひび割れを閉塞させる機構を持つセメント系の自己治癒充填材が主な適用の対象となる．

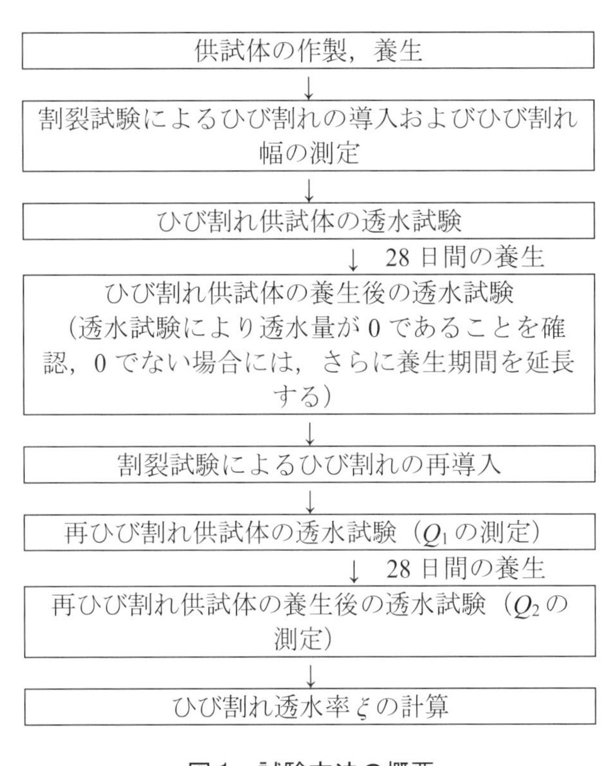

図 1　試験方法の概要

4.2　審議中に問題になった事項

4.2.1　適用範囲について

本試験方法は，ひび割れを有する自己治癒充填材の透水試験を行い，自己治癒機能によるひび割れ透水率を求める試験方法である．試験方法を検討するにあたり，補修材として既設コンクリートに施工された状態を対象とするかどうか，対象とするひび割れ幅，漏水の程度について議論が行われた．

まず，補修材として評価するためには，既設コンクリートに適用された補修材のひび割れを対象とするのが望ましいと考えられる．その際，現時点で対象となる充填材について，既設コンクリートに対する下地処理方法が充填材の種類によって様々であるため（V カットが必要，ドリルによる削孔が必要，ひび割れに擦り込む作業が必要など），標準的な試験方法として規定することが困難であった．実際に予備検討において，既設コンクリートに適用された充填材にひび割れを導入し，ひび割れ透水率を確認したところ，充填材の材料のポテンシャルを評価しているのか，供試体に対する施工方法の良否を評価しているのか，透水試験による評価では判断できなかった．前述のとおり，補修材の評価において施工方法の良否を含む評価は重要ではあるものの，本試験方法は充填材の材料としてのポテンシャルを評価するための試験方法に限定することとした．

対象とするひび割れ幅ならびに漏水については，本試験方法で対象とする自己治癒充填材が有する治癒メカニズムは，極めて緩慢であることから，多量の漏水を伴うひび割れの閉塞への適用は技術的に難しい現状にあった．実際，非常に多量の漏水がある条件下（大きな水頭，ひび割れ幅）では，有機系の充填材が適用される場合が多い．よって，本試験方法では，橋梁の RC 床版などにおいて，雨天時のみ水が滲みる程度の漏水が生じるひび割れ幅の条件や，トンネルなどの漏水のうち，極少量の漏水が生じている条件を対象に試験条件（水頭，導入ひび割れ幅）を決定した．

4.2.2　供試体の作製

供試体の作製にあたっては，呼び径 100 mm（内径 107 mm），長さ 50 mm の VU 管に詰めた充填材にひび割れを導入して透水試験を行う．先述のとおり，対象がひび割れ充填材のため，母材コンクリートに実際の補修の際と同じ方法で試験をすべきとのことで，予備検討が行われたが，結果の再現性が十分に得られなかったことから，充填材のみの試験を行い，材料のポテンシャルを測定する試験方法とした．

なお，土木学会規準のけい酸塩系表面含浸材の試験方法(案)（JSCE-K 572-2018）においても，VU 管に固定したコンクリートのひび割れに表面含浸材を塗布し，透水試験によって評価する方法が規定されている．VU 管とコンクリートをエポキシ樹脂で接着するなど供試体の作製手順が異なることや，コンクリートではなく充填材をそのまま VU 管に詰める点において大きく異なる．また，想定する充填材では膨張材を使用するなど寸法安定性に優れたものを対象としていることから，VU 管と内部に詰めた充填材との剥離が生じにくく，ひび割れ導入後の透水への影響などはないと考えられた．

供試体の長さ（本試験では 50 mm）が試験結果に及ぼす影響は，自己治癒する面積が大きくなるという視点で大きいと考えられる．例えば，長さ 300 mm の供試体と長さ 50 mm の供試体とでは，ひび割れ透水率が 0 になるまでの時間も異なると考えられる．本試験方法では，少なくともかぶり程度の厚さで自己治癒機能による止水が可能であることを確認するため，および自己治癒充填材が材料分離することなく，均一に作製できる厚さを考慮して，厚さ 50 mm の供試体を用いることとした．

4.2.3　試験方法

透水試験に用いる水頭については，最終的には 50 mm とした．予備検討において，1000 mm までの試験が行われたが，現状の自己治癒充填材では，大きな水頭の場合に止水できないことが判明した．一般に，トンネルなどの比較的多量の漏水を止水する場合には，有機系の充塡材が用いられ，本試験の主たる対象であるセメント系の自己治癒充塡材は適用できない．よって，橋梁のRC床版において降雨によってひび割れから染み出る程度の漏水を対象として試験方法を制定することとした．

対象とするひび割れ幅についても，上述の適用条件およびひび割れ導入方法の再現性の観点から0.1±0.05 mmとした．まず，試験の特徴上，0.1 mmというひび割れ幅ではなく，結果としての透水量が同じものを選んで評価対象とした方が良いとの意見があった．同一のひび割れ幅であっても，使用材料（例えば細骨材の有無）の違い等によりひび割れ面の形状が異なるなどにより透水量にばらつきが生じることが多い．試験の再現性の観点からは，複数の供試体に対して試験を行い，例えば平均値からの偏差の小さいものを評価対象とすることも考えられる．しかし，ひび割れ充塡材を選定するにあたって，どの程度のひび割れ幅を前提とした評価結果なのかを示すことが重要であることから，表面のひび割れ幅について条件を満たしていないものを除外することとした．なお，後述のとおり，十分な数の供試体を用いたうえで，ひび割れ幅 0.1±0.05 mmの範囲に入る供試体を対象とし，さらに透水量の平均に対する偏差の小さいものから5個を評価対象とすることとした．

許容範囲としての0.05 mmの妥当性についても議論が行われた．マイクロスコープ等を用いれば，より高精度にひび割れ幅を測定することも可能であるが，一般的なクラックゲージにおいて測定可能な精度を採用した．ただし，クラックゲージの精度を保証する規格等が存在せず，ひび割れ幅の測定精度を厳密に規定することができなかったため，今後の課題とする．図2にセメントペースト（W/C=50％，早強ポルトランドセメント）および2種類のセメント系自己治癒充塡材（細骨材も使用しないペーストを基本とする材料）について，各10個の供試体に対してひび割れを導入した際の結果を示す．この図から，0.1 mmの目標ひび割れ幅が得られていること，また10個の試験を行えば5個以上の供試体において，所定のひび割れ幅が得られていることが確認できる．

また試験の手順として，ひび割れ導入後に水中養生をし，ひび割れが閉塞していることを確認後，再ひび割れを導入するが，再ひび割れ導入時のひび割れ幅も材料の種類によらず再現性が得られることが確認された．

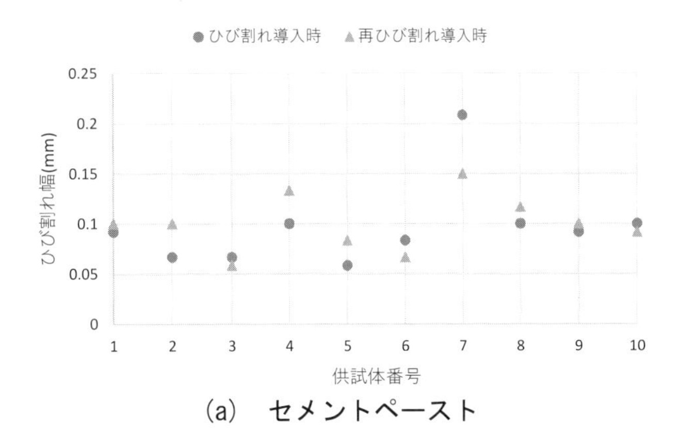

(a)　セメントペースト

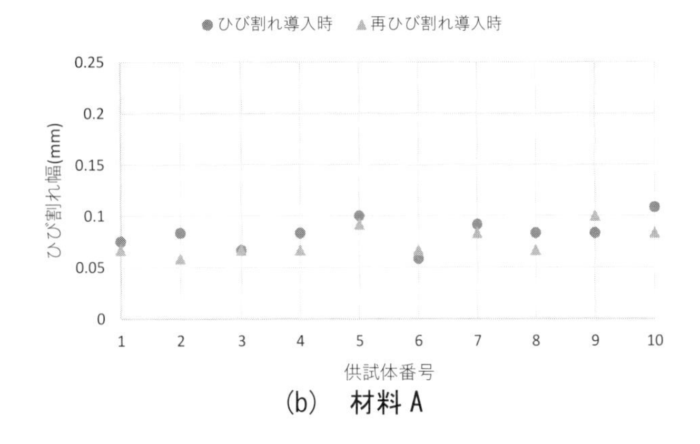

(b)　材料A

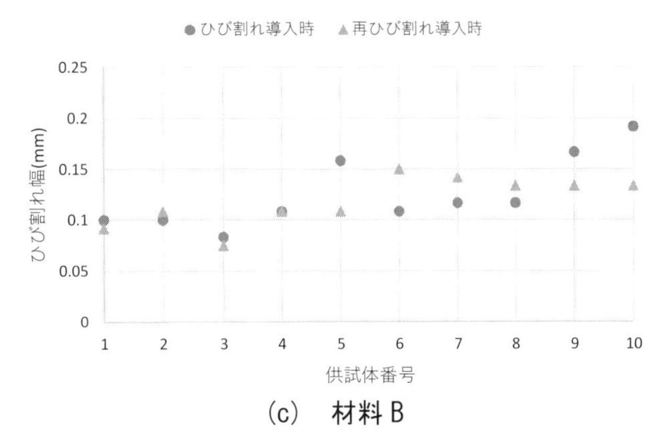

(c)　材料B

図2　導入されたひび割れ幅

試験材齢についても，実際の適用に鑑みれば補修後の供用期間に応じて試験材齢を設定すべきである．しかしながら，標準試験としての簡便性，材料ポテンシャルの相対評価を目的とすることから，材齢28日でひび割れを導入することとした．同様に，自己治癒機能によるひび割れ透水率を求めるにあたり，ひび割れの閉塞を観察する期間，すなわち再養生期間を設定する必要がある．

ひび割れ供試体の透水試験に用いる装置として，50 mmの水頭が確保できるもの，ひび割れからの透水量が測定でき，かつ試験中に漏水等を生じさせないものを規定した．試験装置の例として，50 mmの水頭が確保できるように直径10 mm程度の穴を開けたVU管を用いた装置の例を紹介した．供試体とVU管および下部VU管はビニルテープ等でシールをし，漏水のないことを確認する．なお，VU管底部には，VU管用継手部分からあふれ出る水を透水量として計測できるよう，あらかじめ水を貯めておくとよい．

図3に各時点における透水量の測定結果を示す．なお，ひび割れ導入時にひび割れ幅0.1 mm±0.05 mmの範囲を越えた供試体は網掛けとして示している．ばらつきはあるものの，ひび割れ導入時の透水量はセメントペーストならびに材料Aでは10 g以下の測定結果であった．一方，材料Bでは20 gを越える透水量が得られており，ひび割れ幅は同程度であっても材料によってはひび割れ内部の凹凸の形状なども影響していると考えられる．既往の研究[2)]において，ひび割れの透水量は，表面のひび割れ幅だけでは評価できず，例えばコンクリートとモルタルのひび割れ面の凹凸の性状などによって大きく異なることが明らかにされているが，現時点でひび割れ内部の形状を定量的に測定することは難しい．

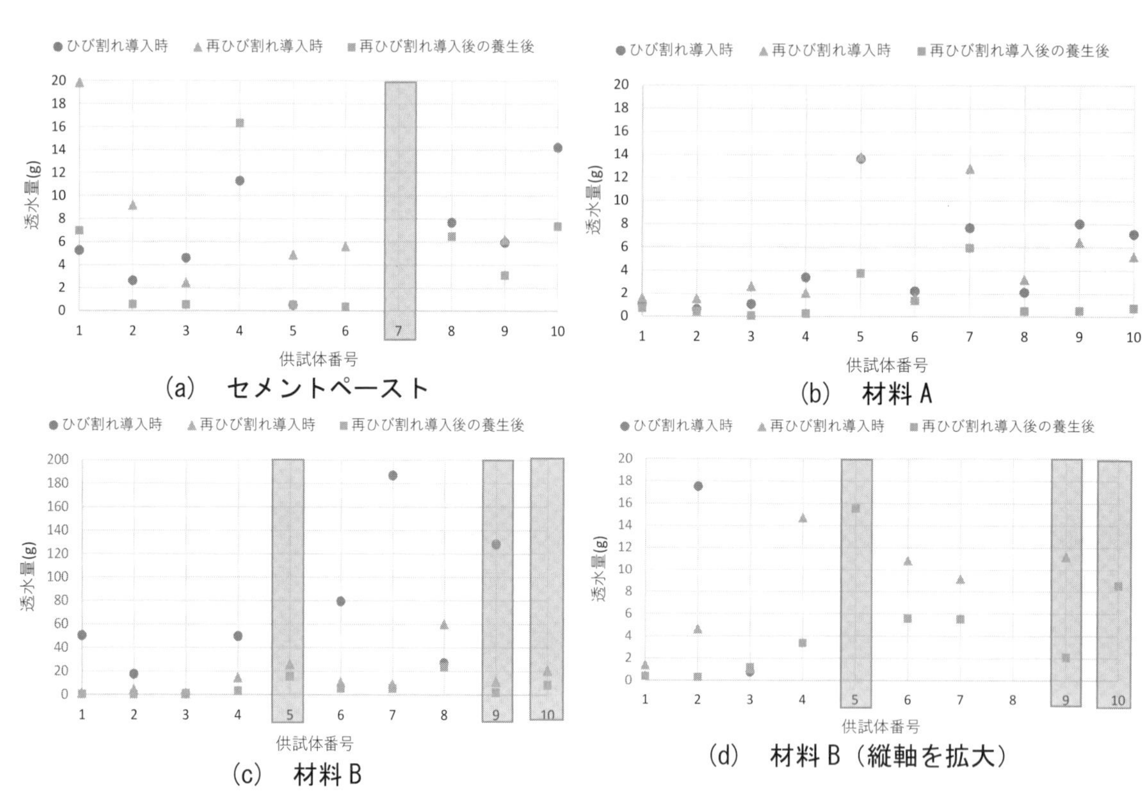

図3　ひび割れ供試体の各時点での透水量

（網掛けの供試体はひび割れ幅が許容値を超えているため，ひび割れ透水率の評価からは除外している）

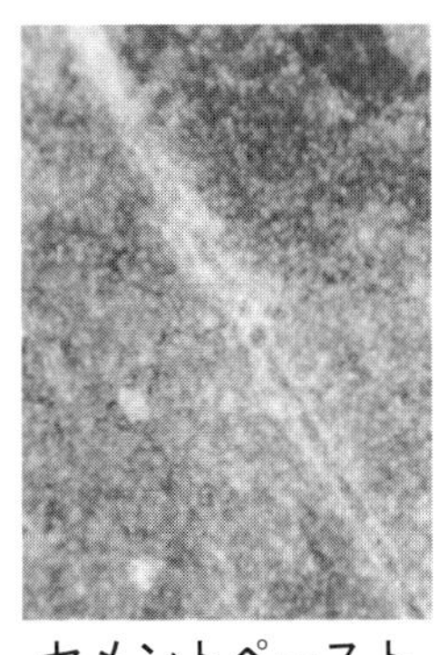
セメントペースト

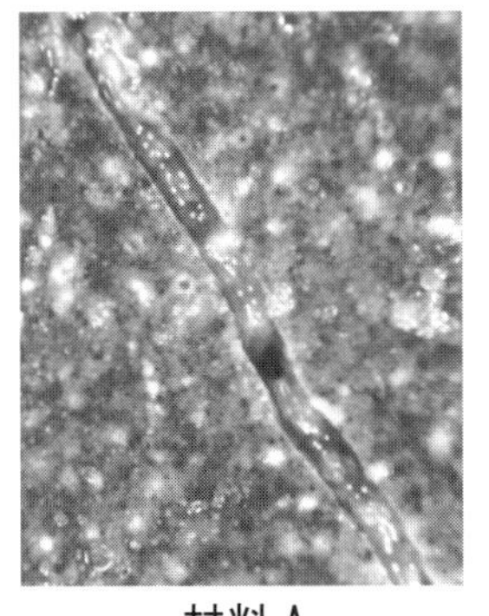
材料 A

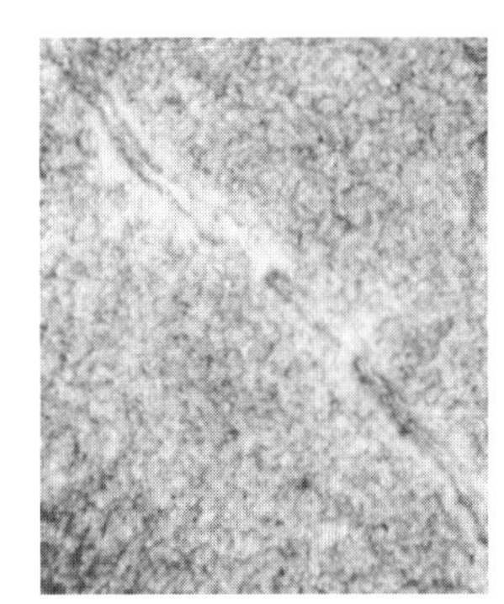
材料 B

図 4　ひび割れの閉塞状況（再ひび割れ導入直前）

表 1　得られたひび割れ透水率の例

	セメントペースト	材料 A	材料 B
ひび割れ透水率 ξ (%)	28.9	10.3	33.8

自己治癒機能の評価にあたって，養生条件についての検討も重要である．既往の研究 [3]において，養生水の条件（例えば水温，pH，静水中か通水中か）が自己治癒機能に及ぼす影響についての検討が行われている．温度については，一般的なセメントコンクリートの各種試験と同一にすることが合理的であること，今回採用した水頭での通水の影響は小さいと判断した．なお，既往の研究 [3]では静水中の養生は，結果として pH を若干上昇させ，ひび割れ閉塞に必要な炭酸カルシウムの生成を遅らせる結果も報告されている．また，ひび割れ部を透水する水に含まれる溶存気体が，透水中に気泡を出現させ，透水経路を制約し，結果として透水量を抑制することが問題提起されている [4]．本実験において，セメントペーストを対象として，水道水と 1 日汲み置いた水とで透水量を測定したところ，優位な差は認められなかった．ただし，地域によって溶存気体の量が異なることや，気温等によっても溶存気体の量が異なることから，本試験方法では 24 時間以上汲み置きした水を使用することとした．

図 4 に示すように，ひび割れ導入後，28 日間の水中養生により，いずれの材料もひび割れの閉塞が確認されたが，同様の条件においてはセメントペースト（W/C=50%，早強ポルトランドセメント）のひび割れであっても閉塞することが確認された．この閉塞したひび割れに対して，再度割裂試験によりひび割れを導入した場合における再ひび割れ導入時の透水量は，**図 3** に示すようにひび割れ導入時の透水量よりやや小さくなる傾向にあったが，再ひび割れ導入後の養生後の透水量は自己治癒機能により透水量が大幅に小さくなっている．なお，完全に透水量が 0 になっているものはほとんど無い．従って，完全にひび割れが閉塞するかどうかを判定するのではなく，28 日後の透水量がどの程度減少するのかをひび割れ透水率で表すこととした．

ひび割れ透水率の計算については，再ひび割れ導入直後の透水量 Q_1 に対する再養生 28 日後の透水量 Q_2 の比とした．**表 1** に示すように，セメントペーストのひび割れ透水率は，28.9 %であったのに対し，材料 A は 10.3 %と自己治癒機能によるひび割れ透水率が小さく，自己治癒による止水の機能が高いという評価結果となった．一方，材料 B に関してはひび割れ透水率が 33.8 %となり，材料 A に比べて自己治癒機能による止水の機能が低く，セメントペーストと同程度の結果となった．本試験方法は供試体作製後の比較的短期間での試験であり，セメントペーストでは未水和セメントが残存している可能性もあるが，結果として材料 B とセメントペーストが同程度の止水の機能を有していると評価された．

図 5 に各供試体の再ひび割れ導入直後の透水量 Q_1 とひび割れ透水率 ξ との関係を示す．なお，中塗りのプロットは，最終的なひび割れ透水率に用いた 5 個の結果であり，白抜きのプロットはひび割れ透水率の計算に採用されなかったデータである．各材料の中でばらつきが認められるものの，20 g 程度以下の範囲内におけるひび割れ透水率を評価している試験方法であることが分かる．なお，**図 2** によれば，本試験方法で規定したひび割れ幅の範囲にはあるものの，材料 A に対して材料 B では，ひび割れ幅がやや大きい傾向が認められ，再ひび割れ導入直後の透水量 Q_1 もやや大きくなっている傾向にあった．このように，ひび割れ幅の測定方法の精度が十分でないことによる評価結果の妥当性についての課題が認められるが，測定したひび割れ幅も報告事項において確認することができることから，得られるひび割れ透水率とあわせて評価することも必要である．本試験方法では，試験の簡便性を考慮してクラックゲージを用いており，ひび割れ幅をこれ以上の精度で測定することが困難であるが，マイクロスコープなどを用いて高精度に測定する方法の検討も今後必要である．

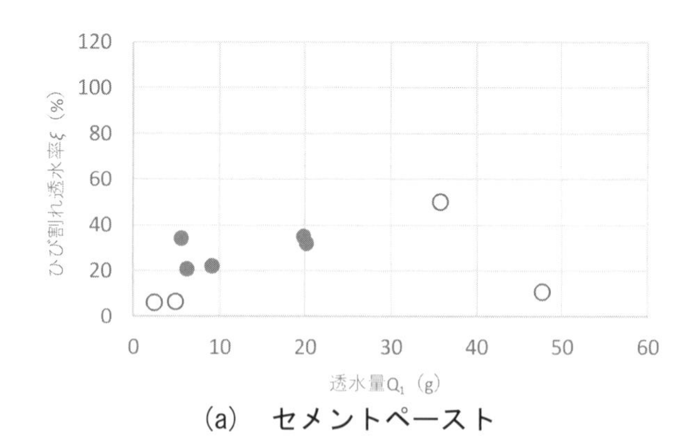

(a)　セメントペースト

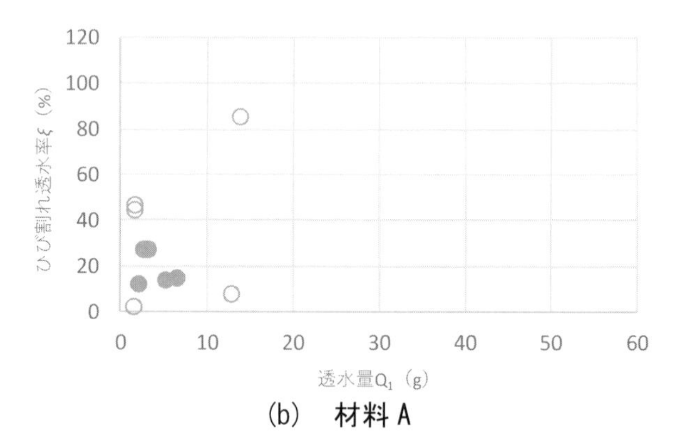

(b)　材料 A

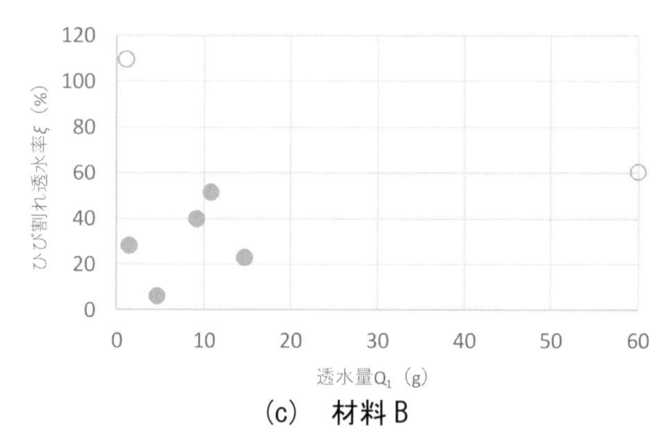

(c)　材料 B

中塗りのプロット：ひび割れ透水率の計算に用いたデータ(透水量の偏差の小さい5個

図 5　再ひび割れ導入直後の透水量 Q_1 とひび割れ透水率 ξ の関係

参考文献

1) 日本コンクリート工学会：セメント系材料の自己治癒技術の体系化研究専門委員会報告書，2011.
2) 小松怜史，細田暁，安台浩，池野誠司：ひび割れ間で通水する自己治癒コンクリートの治癒性状，コンクリート工学年次論文集，Vol.30，No.1，pp.117-122，2008
3) 栗田淑乃，細田暁，小林薫，松田芳範：養生水の性質が自己治癒コンクリートの治癒効果に与える影響，コンクリート工学年次論文集，Vol.31，No.1，pp.247-252，2009
4) 生駒勇人，岸利治，酒井雄也：コンクリート中のひび割れ通水量の初期急速抑制機構の解明，セメント・コンクリート論文集，Vol.68，pp.434-441，2014

5. 表面含浸材を塗布したコンクリート中の鋼材の防せい率試験方法（案）（JSCE-K 573-2022）一解説

この解説は，本体で規定した事柄，参考に記載した事柄，並びにこれらに関連する主なものについて補足的に説明するものであり，規準の一部ではない．

5.1 制定の趣旨および経緯

シラン・シロキサン系表面含浸材は，1980 年代初頭に北欧で ASR により劣化したコンクリート構造物の補修材として有効なことが報告され，1980 年代の後半になると，我が国でも柔軟型ポリマーセメント系表面被覆材との複合工法による ASR の補修事例が報告された．この頃に使用されたシラン・シロキサン系表面含浸材の有効成分の濃度は，数%～30 %程度までの比較的低濃度なものであった．

シラン・シロキサン系表面含浸材は，そのはっ水性により，水に溶けてコンクリートに浸み込む塩化物イオンに対しても遮断性が期待され，予防保全的にも使用され始めた．一方，土木学会ではシラン・シロキサン系表面含浸材を対象に，2005 年 3 月に「表面含浸材の試験方法(案)（JSCE-K 571-2005)」を制定し，①外観観察試験，②含浸深さ試験，③透水量試験，④吸水率試験，⑤透湿度試験，⑥中性化に対する抵抗性試験，および，⑦塩化物イオン浸透に対する抵抗性試験方法を定めた．

その後，より含浸深さの大きいものが求められ始め，国内メーカ側ではフォーム状やゲル状の 80 %以上の高濃度品が開発され，その特性を活かしてさらに予防保全的に使われた．また，2010 年代に入ると，海外からアミノカルボン酸塩などのコンクリート中においても高い浸透性を有する腐食抑制成分を含むシラン・シロキサン系表面含浸材が，腐食抑制型表面含浸材として国内に導入された．この材料は，コンクリート中で腐食が開始した鋼材に対しても腐食進行の抑制効果が期待される[1), 2)]ため，事後維持管理の対策として使用され始めた．

ただし，このような腐食抑制型表面含浸材の腐食抑制効果を確認する試験方法は制定されていなかったため，その効果を客観的に示す試験方法の確立が望まれた．そこで，表面含浸材を塗布した鉄筋コンクリートの腐食抑制効果の指標として，鋼材の防せい率を求める試験方法を制定することとした．なお，コンクリート中の鉄筋腐食を評価する手法として，非破壊的に腐食状態を推定できる電気化学的手法の活用を検討したが，現状では測定装置の種類が異なる場合の測定値のばらつきが大きいことから，本試験方法では，試験体から取り出した鋼材による鋼材腐食面積率や鋼材腐食減量率による直接的な測定手法を用いることとした．

本試験方法は，腐食抑制型表面含浸材に限らず，様々な表面含浸材を適用した時の腐食抑制効果を評価する際に用いることが可能であることから，適用範囲として，腐食抑制型表面含浸材に限定することはしていない．

5.2 審議中に問題になった事項

5.2.1 適用範囲および定義について

本試験方法は，塩化物イオンを含有するコンクリート中における鋼材腐食に対して，表面含浸材を適用した場合の腐食抑制効果指標として防せい率を測定することを目的としたものである．腐食抑制型表面含浸材とは，はっ水成分に加えて腐食抑制成分を有し，腐食抑制成分がコンクリート表面から数十 mm 程度浸透し，鋼材表面に直接作用して鋼材腐食を抑制する効果が期待される材料である．このことから，本試験方法では，塩化物イオンによるコンクリート中の鋼材腐食が進行しているような状況を想定し，表面含浸材を適用した場合の鋼材腐食進行の抑制効果の指標として，鋼材の防せい率を求める試験方法を規定する．本試験方法では，防せい率として「腐食面積による防せい率」と「腐食減量による防せい率」の2種類を定義した．これは，従来からJIS A 6205（鉄筋コンクリート用防せい剤）や，日本建築学会「鉄筋コンクリート造建築物の耐久性調査・診断および補修指針（案）・同解説」などにおいて，腐食面積率を用いた防せい率が定義されていることから，これらと混乱せずに用いることができるよう配慮したものである．

なお，現在国内で販売されている主要な腐食抑制型表面含浸材として，腐食抑制成分を含むシラン・シロキサン系表面含浸材や亜硝酸リチウムを含有する表面含浸材が挙げられるが，本試験方法は，今後開発される表面含浸材も含めて広く多様な材料の比較検討に適用できるよう配慮した．

5.2.2　試験体およびコンクリートの配合条件について

本試験方法では，鋼材腐食促進試験に供する小型鉄筋コンクリート試験体として，径9 mmの黒皮付き丸鋼をかぶり20 mmおよび30 mmに配したものを用いることとした．かぶりの異なる鉄筋を2本配置することで，コンクリート表面からの含浸材浸透状況と鋼材腐食抑制効果の関係を把握することができる．20 mmや30 mmは一般的なコンクリート構造物のかぶりとしては小さいが，塩分，水分，酸素がバランスよく供給され，乾湿繰返しによって鋼材腐食が進行しやすいかぶりとして選定した．なお，異形棒鋼では腐食面積率の算出が難しく，また節の有無で腐食状況が異なるため，丸鋼を用いることとした．さらに，鋼材種類として黒皮の影響の無いみがき丸鋼ではなく，実構造物でも利用される黒皮付き棒鋼を用いることとした．なお，後述する鋼材腐食促進試験の促進条件を決めるために作製した試験体には径9 mmの丸鋼SS400を用いたが，本試験方法では入手の容易さを勘案してSS400と同等の基礎物性を有する丸鋼SR235を用いることとした．

試験体の作製に用いるコンクリートの配合条件に関して，水セメント比60％，粗骨材の最大寸法15 mmとした．コンクリート中の鋼材腐食を促進する観点から，水セメント比は比較的高く設定したが，鋼材腐食へのブリーディングの影響が大きくならないように配慮して水セメント比は60％とした．また，粗骨材の最大寸法は，試験体のかぶりよりも小さい必要があることから，15 mmを選定した．スランプと空気量の許容範囲は，一般的なコンクリートのフレッシュ性状を想定して決定した．鋼材腐食を促進させるためのコンクリート中の塩化物イオン濃度として，厳しい塩害環境を想定した8.0 kg/m^{3}を選定した．本試験方法と同様の条件で，塩化物イオン濃度のみ変化させた実験を実施した結果，塩化物イオン濃度3.0 kg/m^{3}あるいは5.0 kg/m^{3}では，促進試験実施による鋼材腐食程度は比較的軽微であり，表面含浸材の適用による効果を明確に判定するためには，初期混入塩化物イオン濃度として8.0 kg/m^{3}が必要と判断した．本試験方法に規定した条件で作製したコンクリートの配合条件と諸性状の一例を**表1**に示す．**表1**に示すコンクリートは，後述する鋼材腐食促進試験の促進条件を決めるために作製した試験体に用いられており，実験結果は後述する**図3**，**図4**および**図5**に示されている．また，今回の実験で用いた表面含浸材は，市販の表面含浸材4種類（けい酸塩系（塗布量：200 g/m^2），シラン系（塗布量：200 g/m^2），腐食抑制型A（塗布量：500 g/m^2），腐食抑制型B（塗布量：300 g/m^2））とし，いずれも刷毛を用いた1層塗りとした．

表1　コンクリートの配合および諸性状の例

W/C (%)	G_{max} (mm)	s/a (%)	単位量（kg/m^3）						スランプ (cm)	空気量 (%)	材齢28日 圧縮強度 (N/mm^2)
			C	W	S	G	NaCl	AE 減水剤			
60	15	49	292	175	871	933	13.2	2.92	12	3.7	33.1

試験体作製のためのコンクリートの打込み方向は，コンクリート中に水平配置した鋼材へのブリーディングの影響を考慮して決定した．ブリーディング水は打込み面と反対側の鋼材の下面に溜まり，その部分で腐食が進行しやすくなる．表面含浸材を塗布する暴露面は，打込み面以外とすべきであるが，型枠底面（打込み面と反対側）とすると，鋼材の暴露面側全面がブリーディングの影響を強く受けることになるため，型枠側面を暴露面とすることとした．

試験体の養生条件として，20 ℃恒温室中で 28 日間の封緘養生を標準として示したが，ある程度の鋼材腐食が発生した状態で腐食抑制型表面含浸材を適用した時の鋼材腐食抑制効果を検討できるように，鋼材腐食促進試験を開始するまでの養生期間を 6 ヶ月を上限として変更してもよいこととした．なお，鋼材腐食促進試験を開始するまでの養生によって発生した腐食状況を把握するために，養生終了後に鋼材腐食面積率および鋼材腐食減量率を測定するための試験体を別途作製することを規定した．

5.2.3　鋼材腐食促進条件について

コンクリート中の鋼材腐食促進条件として，乾湿繰返しの湿潤環境の際の温度が重要となるため，いくつかの温度条件で実験を行った．60 ℃で促進した場合の分極抵抗から求めた試験体中鋼材腐食速度の経時変化を**図 1**，30 ℃で促進した場合を**図 2**，40 ℃で促進した場合を**図 3** にそれぞれ示す．ここで，分極抵抗の測定と鋼材腐食速度への換算方法は，既往の検討 [1)]に示す通りであり，外部分極曲線の原点近傍直線部分の傾きを分極抵抗とし，Stern-Geary 式の定数を 26 mV として鋼材腐食速度に換算している．なお，**図 1** と**図 2** において示された凡例の最初の数字はコンクリートの含有塩化物イオン濃度（kg/m^3），その後に示された数字は鋼材のかぶり（mm）を表している．また，**図 3** に示した試験体のコンクリートは 8.0 kg/m^3 の塩化物イオンを含有している．**図 1〜図 3** にデータを示した試験体は，すべて，本試験方法で規定した方法で封緘養生を 28 日間実施後に，温度 20 ℃，相対湿度 60 %の環境でコンクリートの表面含水率が 5 %以下となるまで乾燥させ，含浸材を塗布している．表面含浸材塗布後の養生は本試験方法で規定したように，14 日間実施しているが，養生条件は，温度 20 ℃，相対湿度 60 %の環境としている．これに対して，本試験方法では，JSCE-K 571 に規定される条件として，温度 23 ± 2 ℃，相対湿度(50 ± 5) %を採用している．**図 1** によると，60 ℃で腐食促進を行った場合には，腐食促進期間中に表面含浸材塗布前より鋼材腐食速度が大きくなるような現象が見られる場合もあり，腐食抑制型表面含浸材の腐食抑制効果を判定するための腐食促進条件として厳しすぎる可能性も考えられる．一方，**図 2** に示した 30 ℃で腐食促進を行った場合には，コンクリートの含有塩化物イオン濃度によらず，腐食促進期間中の鋼材腐食速度は 0.5 $\mu A/cm^2$ 以下と比較的小さく，腐食抑制効果を判断するには不十分と考えられることから，腐食促進温度として 40 ℃を選定した．**図 3** によると，含浸材無塗布の場合の鋼材腐食速度は腐食促進期間中に 1.5 $\mu A/cm^2$ 程度に達し，これに対して腐食抑制型含浸材を適用した試験体では，鋼材腐食速度は大幅に抑制されていることがわかる．

また，コンクリート中の鋼材腐食進行には酸素の供給が不可欠であることから，腐食促進は温度 40 ± 2 ℃，相対湿度(95 ± 5) %の湿潤環境を 3 日間，温度 23 ± 2 ℃，相対湿度(50 ± 5) %の乾燥環境を 4 日間の合計 7 日間を 1 サイクルとした乾湿繰返しとした．また，繰返しのサイクル数は，鋼材腐食抑制効果を示すために十分な鋼材腐食促進が可能となる 20 サイクルを選定した．ただし，鋼材腐食によるひび割れの影響を除きたい場合には，コンクリートに鉄筋軸に沿ったひび割れが発生した時点で鋼材腐食促進試験を終了してもよいものとした．**図 3** は，本試験で設定された促進条件下で 20 サイクル乾湿繰返しを行った時の電気化学的測定結果である分極抵抗から求めた鋼材腐食速度の経時変化であるが，15 サイクルごろまでは，鋼材腐食速度の経時的な変動がやや大きいのに対して，その後は安定した値を示しており，本実験条件の場合には腐食ひび割れの顕著な影響も認められなかったことから，20 サイクルを繰返しサイクル数として選定した．

20サイクルの鋼材腐食促進期間中に測定された平均腐食速度と鋼材腐食面積率の関係を**図4（a）**に，平均腐食速度と鋼材腐食減量率の関係を**図4（b）**に示した．これらの図より，鋼材腐食面積率，鋼材腐食減量率は，いずれも鋼材の平均腐食速度との間に線形関係が認められることから，いずれの指標を用いても，本試験で規定した鋼材腐食促進期間中の経時的鋼材腐食の進行の結果を示していると考えられる．ただし，鋼材腐食減量率と平均腐食速度との間の相関関係は，鋼材腐食面積率の場合と比較してばらつきが大きい．これは，鋼材腐食減量率は，鋼材腐食面積率には表れない，局部的な深さ方向の腐食進行の影響を含むことが一因と考えられる．

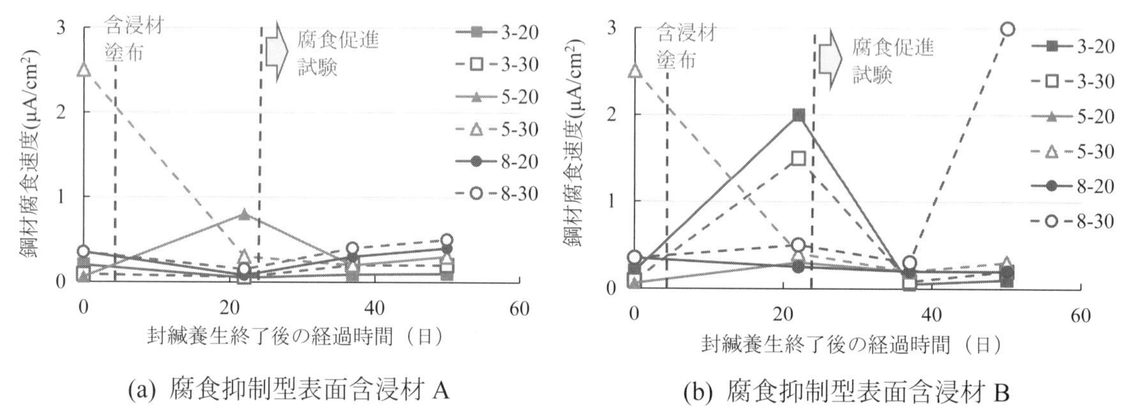

(a) 腐食抑制型表面含浸材 A　　(b) 腐食抑制型表面含浸材 B

図1　60 ℃で鋼材腐食促進を行った表面含浸材塗布試験体の分極抵抗から求めた鋼材腐食速度

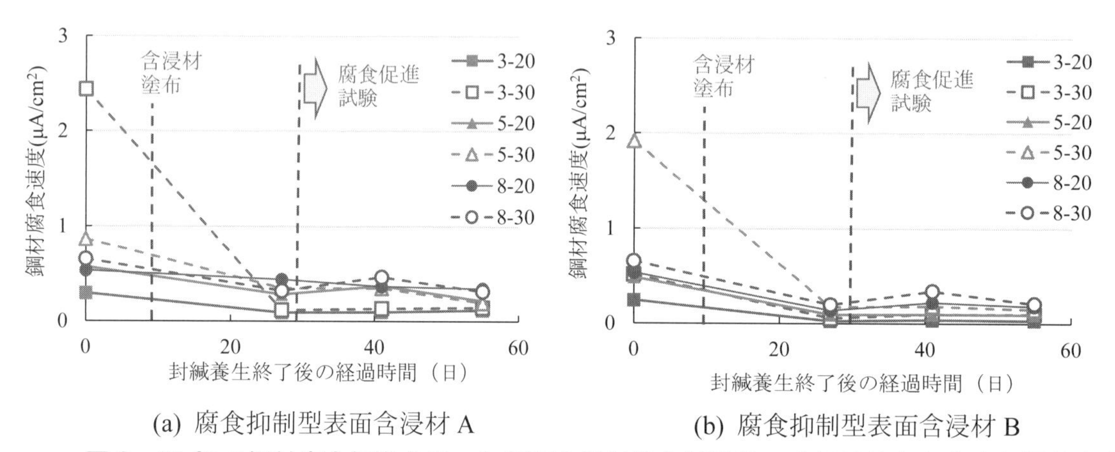

(a) 腐食抑制型表面含浸材 A　　(b) 腐食抑制型表面含浸材 B

図2　30 ℃で鋼材腐食促進を行った表面含浸材塗布試験体の分極抵抗から求めた鋼材腐食速度

（文献1のデータを使用）

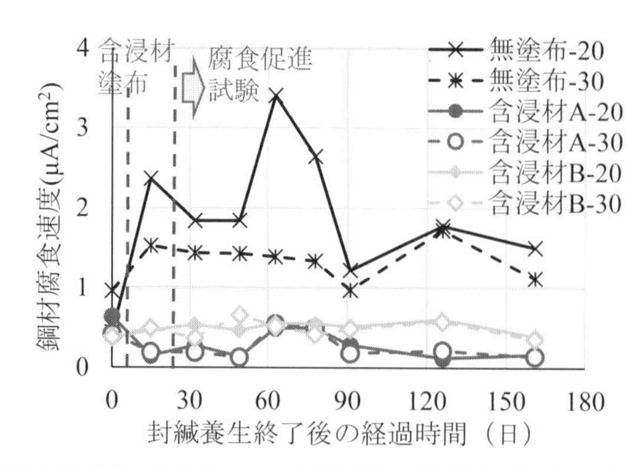

図3　40 ℃で鋼材腐食促進を行った試験体の分極抵抗から求めた鋼材腐食速度

5.2.4　鋼材腐食抑制効果の指標について

電気化学的手法によりコンクリート中の鋼材腐食速度を求める手法は現時点で規格化されておらず，現在国内で市販されているいくつかの測定装置で鋼材分極曲線や鋼材腐食速度を求めた場合に，大きなばらつきが見られた．また，腐食抑制型表面含浸材を塗布したコンクリートは，コンクリート抵抗が大きくなる傾向があるが，測定装置によってはこの抵抗成分を考慮した補正が難しいといった問題もあり，本試験方法では，最終的な鋼材腐食量の絶対評価に電気化学的手法による測定値を用いることは困難と判断した．ただし，**図1〜図4**にも示すように，含浸材を塗布することによる鋼材腐食抑制効果を無塗布の場合との相対比較で定性的に比較する目的であれば，電気化学的測定手法は試験体を破壊することなくコンクリート中の鋼材腐食状況を推定するのには有効な手法と言える．

以上を勘案し，本試験方法では，より確実にコンクリート中の鋼材腐食状況を把握するために，鋼材腐食促進後の試験体からはつり出した鋼材の腐食状態を直接確認することとした．鋼材腐食状況の指標としては，鋼材腐食面積率および鋼材腐食減量率を算出し，表面含浸材を塗布しない無塗布の試験体に対する防せい率を求めることとした．なお，鋼材腐食面積の測定方法は，JIS A 6205 附属書2（規定）の4.3（腐食面積の測定）に規定する方法，鋼材腐食減量を測定するための鋼材からの腐食生成物除去は，JIS Z 2383 附属書A（参考）(腐食生成物を除去する化学的方法のクエン酸二アンモニウム溶液を用いる方法) に従うものとしたが，本試験方法では，黒皮付き鋼材を用いることとしたため，黒皮の取り扱いが議論となった．結果として，本試験方法では，過去の検討[3]を参考にして，腐食していない部分（腐食面積としてカウントしていない部分）の黒皮のみを，腐食減量に含めないものとして補正する方法を採用した．

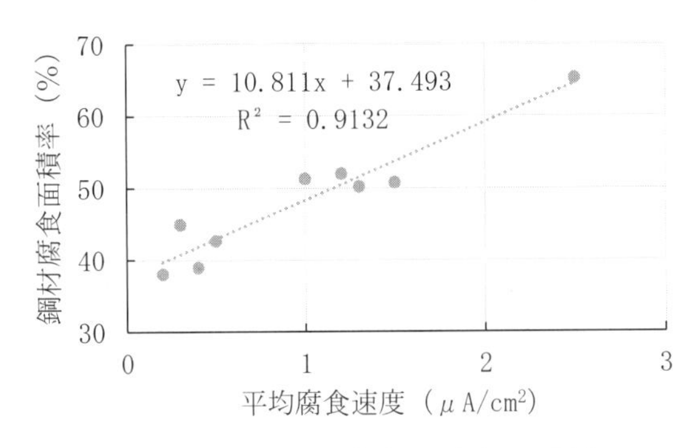

(a) 平均鋼材腐食速度と鋼材腐食面積率の関係

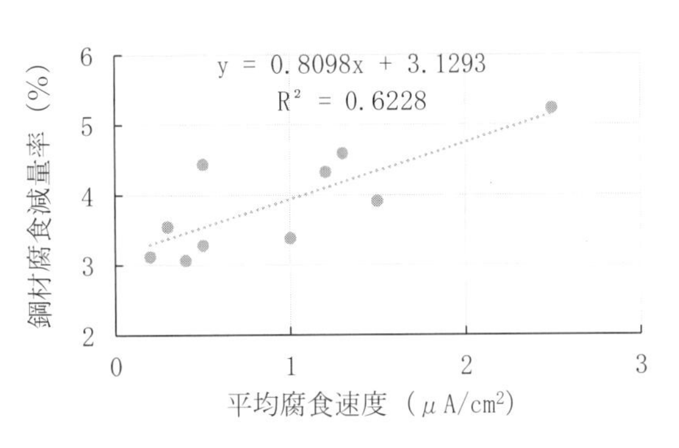

(b) 平均鋼材腐食速度と鋼材腐食減量率の関係

図4　40 ℃で鋼材腐食促進を行った試験体の分極抵抗から求めた鋼材腐食速度

本規準で定めた方法により，市販の各種表面含浸材を用いて求めた防せい率を**図5**に示す．なお，図中のけい酸塩系ならびにシラン系は従来型の表面含浸材で，腐食抑制成分を含有していない材料である．同じ試験体に対して，腐食面積による防せい率と，腐食減量による防せい率を示しているが，ここでは，腐食面積を用いた場合の方が防せい率が大きくなっている．前述したように，腐食面積だけでは，鋼材の深さ方向の腐食量が表現されないため，腐食減量の測定が望ましいが，一般に腐食減量はばらつきが大きくなるため，試験結果の信頼性を確保するためには，両方の防せい率を測定しておくことが望ましい．本実験の範囲内では，各要因に対して3本の試験体を作製し，両方の防せい率の標準偏差は5〜10 %程度と比較的大きい値を示していることから，信頼性確保の観点から含浸材塗布試験体および含浸材無塗布試験体の本数として5本を選定した．

本実験で**図5**に示した防せい率を求めるために測定された各値を参考のために**表2**に示す．本試験方法では，腐食の進行した状態から鋼材腐食促進試験を実施する場合に，養生期間を変更しても良いこととした．**表2**には，28日養生の場合と6カ月養生の場合の養生期間中の鋼材腐食面積率 A_{r0} と鋼材腐食減量率 W_{r0} の測定結果を示している．これより，28日間の標準養生条件では腐食程度は軽微だが，封緘養生期間を長くすることで，ある程度腐食が進行した状態を形成させることが可能であることがわかる．養生中の腐食促進のために養生温度を40℃程度を上限として上昇させる案も検討されたが，この場合，養生期間中に腐食ひび割れが発生する可能性が高くなることから，養生温度の変更はできないこととした．

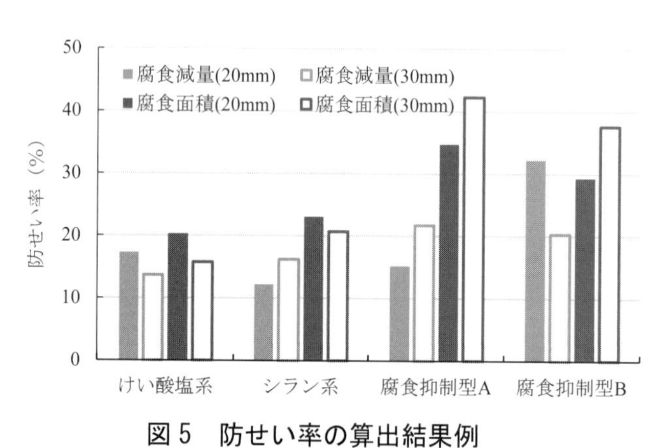

図5　防せい率の算出結果例

表2　腐食面積による防せい率および腐食減量による防せい率算出のための各種測定値の例

		鋼材腐食面積率 (%)		鋼材腐食減量率 (%)	
		20 mm	30 mm	20 mm	30 mm
20 ℃，28日養生後（A_{r0}, W_{r0}）		5.0	3.0	0.4	0.2
20 ℃，6か月養生後（A_{r0}, W_{r0}）		25.0	26.6	1.9	1.8
無塗布試験体促進後（A_{rn}, W_{rn}）		65.3	60.9	5.2	3.9
塗布供試体促進後（A_{ri}, W_{ri}）	けい酸塩系	52.0	51.3	4.3	3.4
	シラン系	50.2	48.3	4.6	3.3
	腐食抑制型A	42.6	35.2	4.4	3.0
	腐食抑制型B	46.1	38.0	3.5	3.1

5.2.5　表面含浸材浸透深さについて

現在国内で市販されている腐食抑制型表面含浸材は，JSCE-K 571に規定された従来型のシラン系含浸材と同様の方法ではっ水層の厚さを測定することができるが，鋼材腐食抑制効果に寄与する腐食抑制成分は，一般にはっ水層よりもさらに深部の鋼材近傍まで浸透する．このような，成分の浸透深さは，JIS K 0114に規定されるガスクロマトグラフィー装置，または，JIS K 6231-2に規定される熱分解ガスクロマトグラフィー装置を用いたガスクロマトグラフィー法か，質量分析法の一種であるDART（Direct Analysis in Real Time）により測定することができる．JSCE-K 571に規定するモルタル試験体に対して腐食抑制型表面含浸材を塗布した後に，含浸表面から深さ方向に10 mm間隔で各点1 g程度ずつドリル粉末を採取し，DARTにより腐食抑制成分の浸透深さを測定した例を**図6**に示す．なお，ここでは深さ5 mmにおける測定値を1として各深さにおける相対強度を表した．これより，腐食抑制型表面含浸材の腐食抑制成分が含浸材Aおよび含浸材Bともに表面から30 mmの深さまで浸透していることが確認できる．なお，このような含浸材の浸透深さ測定にあたっては，コンクリート試験体を用いて実施することが望ましいが，現状では腐食抑制成分の測定にあたって，粗骨材の影響が大きいと考えられることから，ここではモルタル試験体による測定結果を紹介した．ただし，腐食抑制型表面含浸材の腐食抑制成分の浸透深さを測定するにあたっては，以下に示す課題があることから，本試験方法では浸透深さの測定を求めないこととした．①ガスクロマトグラフィーやDARTといった測定装置は一般に高額であり，国内での普及率も高いとは言えない．②対象とする表面含浸材の種類によって検出すべき成分が異なる可能性がある．③鋼材腐食抑制効果を発揮する成分濃度が明確になっていない．

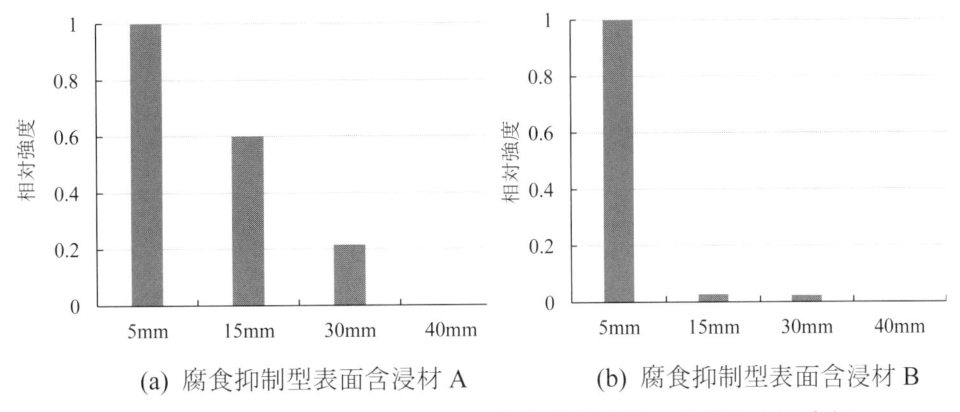

図6 DARTによるモルタル中への腐食抑制成分の浸透深さ測定例

参考文献

1) 大屋貴生，土井康太郎，高谷　哲，上田隆雄：腐食抑制型含浸材の腐食抑制効果評価方法に関する基礎的研究，コンクリート工学年次論文集，Vol. 39，No.1，pp. 1021-1026，2017.7

2) 金光俊徳，高谷　哲，府川勝也，山本貴士：高含浸型シラン系含浸材による防食効果とそのメカニズム，コンクリート工学年次論文集，Vol. 37，pp. 913-918，2015.6

3) 掛川　勝，桝田佳寛，松林裕二，鹿毛忠継：コンクリート中の鉄筋腐食速度に及ぼす各種要因の影響に関する長期屋外暴露実験，日本建築学会構造系論文集，Vol. 77，No. 672，pp. 143-151，2012.2

Ⅳ. 土木学会規準（コンクリート委員会制定）の制定／改訂に関する規定

制定：2017 年 12 月 1 日

1. 土木学会規準（コンクリート委員会制定）の目的と定義

コンクリート委員会制定土木学会規準（以下，JSCE 規準）は，コンクリート委員会活動などにより得られた学術的知見を，実際に利用可能な技術に具現化して記述したものであり，これらが他機関制定の規準などの先導的役割あるいは補完的役割を担うことにより，コンクリート工学の発展に資し，かつ，社会に貢献することを目的とする．

JSCE 規準の定義は以下のとおりである．

試験方法や品質基準を定めたもので，コンクリート委員会が認めたもの．コンクリートに関する製造方法，試験方法，認証方法などを具体的に実施できるように体系的に記述したもの．あるいはコンクリートに関する材料の品質や環境などの範囲・区分などを明示したものなどがこれにあたる．

2. 土木学会規準の制定／改訂の手順

JSCE 規準の制定／改訂の標準的な手順を以下に示す．

(1) 提案者はコンクリート委員会規準関連小委員会に制定／改訂の申請を行うと共に，JSCE 規準原案（Ver.1）をその解説およびバックデータと併せて提出する．

(2) コンクリート委員会規準関連小委員会は，提案内容について査読段階に進むか否かについて審議を行う．

(3) 査読段階に進んでよいと決定された場合，コンクリート委員会規準関連小委員会は，対応 WG を定めてその JSCE 規準原案（Ver.1）の査読を実施する．ここで，対応 WG は，委員会メンバーの他に提案者を含む関連分野の専門家を加えて構成することができる．また，必要に応じて，他学協会あるいは関係機関などへの意見照会を行う．

(4) コンクリート委員会規準関連小委員会は，査読結果などをとりまとめ，提案者に通知する．

(5) 提案者は査読結果などを検討の上，必要な修正を行ったうえで JSCE 規準原案（Ver.2）をコンクリート委員会規準関連小委員会に提出する．

(6) コンクリート委員会規準関連小委員会は，JSCE 規準原案（Ver.2）の審議・調整を主として対応 WG 内での議論の中で行い，その結果を提案者に通知する．

(7) 提案者は審議・調整結果を検討の上，必要な修正を行ったうえで JSCE 規準原案（Ver.3）をコンクリート委員会規準関連小委員会に提出する．

(8) コンクリート委員会規準関連小委員会委員長は，JSCE 規準原案（Ver.3）をコンクリート委員会常任委員会に諮る．この際，解説についても参考資料として提出する．

(9) コンクリート委員会規準関連小委員会委員長は，JSCE 規準原案（Ver.3）に関するパブリックコメントの照会を行う．

(10) パブリックコメントに関する修正を行い，コンクリート委員会常任委員会の承認を得られた JSCE 規準（案）は本規定 3．に定められた記号を付して公表する．これに併せて，新しく制定された JSCE 規準（案）の解説を土木学会論文集で公表することを原則とする．

(11) 公表された JSCE 規準（案）の見直しは，コンクリート標準示方書[規準編]の改訂に合わせて，規準関連小委員が担当して実施し，誤りや不合理な点など修正すべき点が発生した場合には，規準関連小委員会において議論の上，改訂点に関する新旧対照表を作成する．なお，(案)が付いたJSCE規準については，前回示方書[規準編]改訂時から修正が無い場合には(案)を取ることができる．

(12) コンクリート委員会規準関連小委員会委員長は，(11)で作成した新旧対照表の中でも特に「技術上重要な点をまとめた新旧対照表」をコンクリート委員会常任委員会に諮り，承認を得られた場合には，「技術上重要な点をまとめた新旧対照表」とともにJSCE規準として公表する．

3. 記号等

JSCE規準の記号は，「JSCE－分類記号　番号－制定年」とする．分類記号は以下のとおりとする．

A. セメント	D. 混和材料	G. 硬化コンクリート	J. 樹脂系コンクリート
B. 水	E. 鋼材・補強材	H. コンクリート製品	K. 補修材料
C. 骨材	F. フレッシュコンクリート	I. 施工機械および資材	Z. 一般

4. 土木学会規準の廃止

コンクリート委員会規準関連小委員会において，存続の必要性がないと判断された場合，あるいは，類似の規準がJIS規格として成立した場合に，コンクリート委員会規準関連小委員会委員長はJSCE規準の廃止をコンクリート委員会常任委員会に提案することができる．なお，廃止とするにあたっては，パブリックコメントの照会を行うことが望ましい．

コンクリート標準示方書一覧および今後の改訂予定（2023年9月時点）

書名	判型	ページ数	定価	現在の最新版	次回改訂予定
2022年制定　コンクリート標準示方書［基本原則編］	A4判	56	本体3,200円+税	2022年制定	2032年度
2023年制定　コンクリート標準示方書［ダムコンクリート編］	A4判	124	本体4,000円+税	2023年制定	2033年度
2022年制定　コンクリート標準示方書［設計編］	A4判	814	本体8,400円+税	2022年制定	2027年度
2023年制定　コンクリート標準示方書［施工編］	A4判	378	本体6,000円+税	2023年制定	2028年度
2022年制定　コンクリート標準示方書［維持管理編］	A4判	454	本体6,400円+税	2022年制定	2027年度
2023年制定　コンクリート標準示方書［規準編］（2冊セット） ・土木学会規準および関連規準 ・JIS規格集	A4判	738＋1076	本体18,000円+税	2023年制定	2028年度

※次回改訂版は、現在版とは編成が変わる可能性があります。

●コンクリートライブラリー一覧●

号数：標題／発行年月／判型・ページ数／本体価格

第 1 号：コンクリートの話－吉田徳次郎先生御遺稿より－／昭.37.5 ／ B 5・48 p.
第 2 号：第 1 回異形鉄筋シンポジウム／昭.37.12 ／ B 5・97 p.
第 3 号：異形鉄筋を用いた鉄筋コンクリート構造物の設計例／昭.38.2 ／ B 5・92 p.
第 4 号：ペーストによるフライアッシュの使用に関する研究／昭.38.3 ／ B 5・22 p.
第 5 号：小丸川 PC 鉄道橋の架替え工事ならびにこれに関連して行った実験研究の報告／昭.38.3 ／ B 5・62 p.
第 6 号：鉄道橋としてのプレストレストコンクリート桁の設計方法に関する研究／昭.38.3 ／ B 5・62 p.
第 7 号：コンクリートの水密性の研究／昭.38.6 ／ B 5・35 p.
第 8 号：鉱物質微粉末がコンクリートのウォーカビリチーおよび強度におよぼす効果に関する基礎研究／昭.38.7 ／ B 5・56 p.
第 9 号：添えばりを用いるアンダーピンニング工法の研究／昭.38.7 ／ B 5・17 p.
第 10 号：構造用軽量骨材シンポジウム／昭.39.5 ／ B 5・96 p.
第 11 号：微細な空げきてん充のためのセメント注入における混和材料に関する研究／昭.39.12 ／ B 5・28 p.
第 12 号：コンクリート舗装の構造設計に関する実験的研究／昭.40.1 ／ B 5・33 p.
第 13 号：プレパックドコンクリート施工例集／昭.40.3 ／ B 5・330 p.
第 14 号：第 2 回異形鉄筋シンポジウム／昭.40.12 ／ B 5・236 p.
第 15 号：デイビダーク工法設計施工指針（案）／昭.41.7 ／ B 5・88 p.
第 16 号：単純曲げをうける鉄筋コンクリート桁およびプレストレストコンクリート桁の極限強さ設計法に関する研究／昭.42.5 ／ B 5・34 p.
第 17 号：MDC 工法設計施工指針（案）／昭.42.7 ／ B 5・93 p.
第 18 号：現場コンクリートの品質管理と品質検査／昭.43.3 ／ B 5・111 p.
第 19 号：港湾工事におけるプレパックドコンクリートの施工管理に関する基礎研究／昭.43.3 ／ B 5・38 p.
第 20 号：フライアッシュを混和したコンクリートの中性化と鉄筋の発錆に関する長期研究／昭.43.10 ／ B 5・55 p.
第 21 号：バウル・レオンハルト工法設計施工指針（案）／昭.43.12 ／ B 5・100 p.
第 22 号：レオバ工法設計施工指針（案）／昭.43.12 ／ B 5・85 p.
第 23 号：BBRV 工法設計施工指針（案）／昭.44.9 ／ B 5・134 p.
第 24 号：第 2 回構造用軽量骨材シンポジウム／昭.44.10 ／ B 5・132 p.
第 25 号：高炉セメントコンクリートの研究／昭.45.4 ／ B 5・73 p.
第 26 号：鉄道橋としての鉄筋コンクリート斜角げたの設計に関する研究／昭.45.5 ／ B 5・28 p.
第 27 号：高張力異形鉄筋の使用に関する基礎研究／昭.45.5 ／ B 5・24 p.
第 28 号：コンクリートの品質管理に関する基礎研究／昭.45.12 ／ B 5・28 p.
第 29 号：フレシネー工法設計施工指針（案）／昭.45.12 ／ B 5・123 p.
第 30 号：フープコーン工法設計施工指針（案）／昭.46.10 ／ B 5・75 p.
第 31 号：OSPA 工法設計施工指針（案）／昭.47.5 ／ B 5・107 p.
第 32 号：OBC 工法設計施工指針（案）／昭.47.5 ／ B 5・93 p.
第 33 号：VSL 工法設計施工指針（案）／昭.47.5 ／ B 5・88 p.
第 34 号：鉄筋コンクリート終局強度理論の参考／昭.47.8 ／ B 5・158 p.
第 35 号：アルミナセメントコンクリートに関するシンポジウム；付：アルミナセメントコンクリート施工指針（案）／ 昭.47.12 ／ B 5・123 p.
第 36 号：SEEE 工法設計施工指針（案）／昭.49.3 ／ B 5・100 p.
第 37 号：コンクリート標準示方書（昭和 49 年度版）改訂資料／昭.49.9 ／ B 5・117 p.
第 38 号：コンクリートの品質管理試験方法／昭.49.9 ／ B 5・96 p.
第 39 号：膨張性セメント混和材を用いたコンクリートに関するシンポジウム／昭.49.10 ／ B 5・143 p.
第 40 号：太径鉄筋 D 51 を用いる鉄筋コンクリート構造物の設計指針（案）／昭.50.6 ／ B 5・156 p.
第 41 号：鉄筋コンクリート設計法の最近の動向／昭.50.11 ／ B 5・186 p.
第 42 号：海洋コンクリート構造物設計施工指針（案）／昭和.51.12 ／ B 5・118 p.
第 43 号：太径鉄筋 D 51 を用いる鉄筋コンクリート構造物の設計指針／昭.52.8 ／ B 5・182 p.
第 44 号：プレストレストコンクリート標準示方書解説資料／昭.54.7 ／ B 5・84 p.
第 45 号：膨張コンクリート設計施工指針（案）／昭.54.12 ／ B 5・113 p.
第 46 号：無筋および鉄筋コンクリート標準示方書（昭和 55 年版）改訂資料【付・最近におけるコンクリート工学の諸問題に関する講習会テキスト】／昭.55.4 ／ B 5・83 p.
第 47 号：高強度コンクリート設計施工指針（案）／昭.55.4 ／ B 5・56 p.
第 48 号：コンクリート構造の限界状態設計法試案／昭.56.4 ／ B 5・136 p.
第 49 号：鉄筋継手指針／昭.57.2 ／ B 5・208 p. ／ 3689 円
第 50 号：鋼繊維補強コンクリート設計施工指針（案）／昭.58.3 ／ B 5・183 p.
第 51 号：流動化コンクリート施工指針（案）／昭.58.10 ／ B 5・218 p.
第 52 号：コンクリート構造の限界状態設計法指針（案）／昭.58.11 ／ B 5・369 p.
第 53 号：フライアッシュを混和したコンクリートの中性化と鉄筋の発錆に関する長期研究（第二次）／昭.59.3 ／ B 5・68 p.
第 54 号：鉄筋コンクリート構造物の設計例／昭.59.4 ／ B 5・118 p.
第 55 号：鉄筋継手指針（その 2）―鉄筋のエンクローズ溶接継手―／昭.59.10 ／ B 5・124 p. ／ 2136 円

●コンクリートライブラリー一覧●

号数：標題／発行年月／判型・ページ数／本体価格

第 56 号：人工軽量骨材コンクリート設計施工マニュアル／昭.60.5／B5・104 p.
第 57 号：コンクリートのポンプ施工指針（案）／昭.60.11／B5・195 p.
第 58 号：エポキシ樹脂塗装鉄筋を用いる鉄筋コンクリートの設計施工指針（案）／昭.61.2／B5・173 p.
第 59 号：連続ミキサによる現場練りコンクリート施工指針（案）／昭.61.6／B5・109 p.
第 60 号：アンダーソン工法設計施工要領（案）／昭.61.9／B5・90 p.
第 61 号：コンクリート標準示方書（昭和 61 年制定）改訂資料／昭.61.10／B5・271 p.
第 62 号：PC 合成床版工法設計施工指針（案）／昭.62.3／B5・116 p.
第 63 号：高炉スラグ微粉末を用いたコンクリートの設計施工指針（案）／昭.63.1／B5・158 p.
第 64 号：フライアッシュを混和したコンクリートの中性化と鉄筋の発錆に関する長期研究（最終報告）／昭 63.3／B5・124 p.
第 65 号：コンクリート構造物の耐久設計指針（試案）／平. 元.8／B5・73 p.
※第 66 号：プレストレストコンクリート工法設計施工指針／平.3.3／B5・568 p.／5825 円
※第 67 号：水中不分離性コンクリート設計施工指針（案）／平.3.5／B5・192 p.／2913 円
第 68 号：コンクリートの現状と将来／平.3.3／B5・65 p.
第 69 号：コンクリートの力学特性に関する調査研究報告／平.3.7／B5・128 p.
第 70 号：コンクリート標準示方書（平成 3 年版）改訂資料およびコンクリート技術の今後の動向／平 3.9／B5・316 p.
第 71 号：太径ねじふし鉄筋 D57 および D64 を用いる鉄筋コンクリート構造物の設計施工指針（案）／平 4.1／B5・113 p.
第 72 号：連続繊維補強材のコンクリート構造物への適用／平.4.4／B5・145 p.
第 73 号：鋼コンクリートサンドイッチ構造設計指針（案）／平.4.7／B5・100 p.
第 74 号：高性能 AE 減水剤を用いたコンクリートの施工指針（案）付・流動化コンクリート施工指針（改訂版）／平.5.7／B5・142 p.／2427 円
第 75 号：膨張コンクリート設計施工指針／平.5.7／B5・219 p.／3981 円
第 76 号：高炉スラグ骨材コンクリート施工指針／平.5.7／B5・66 p.
第 77 号：鉄筋のアモルファス接合継手設計施工指針（案）／平.6.2／B5・115 p.
第 78 号：フェロニッケルスラグ細骨材コンクリート施工指針（案）／平.6.1／B5・100 p.
第 79 号：コンクリート技術の現状と示方書改訂の動向／平.6.7／B5・318 p.
第 80 号：シリカフュームを用いたコンクリートの設計・施工指針（案）／平.7.10／B5・233 p.
第 81 号：コンクリート構造物の維持管理指針（案）／平.7.10／B5・137 p.
第 82 号：コンクリート構造物の耐久設計指針（案）／平.7.11／B5・98 p.
第 83 号：コンクリート構造のエスセティックス／平.7.11／B5・68 p.
第 84 号：ISO 9000 s とコンクリート工事に関する報告書／平 7.2／B5・82 p.
第 85 号：平成 8 年制定コンクリート標準示方書改訂資料／平 8.2／B5・112 p.
第 86 号：高炉スラグ微粉末を用いたコンクリートの施工指針／平 8.6／B5・186 p.
第 87 号：平成 8 年制定コンクリート標準示方書（耐震設計編）改訂資料／平 8.7／B5・104 p.
第 88 号：連続繊維補強材を用いたコンクリート構造物の設計・施工指針（案）／平 8.9／B5・361 p.
第 89 号：鉄筋の自動エンクローズ溶接継手設計施工指針（案）／平 9.8／B5・120 p.
第 90 号：複合構造物設計・施工指針（案）／平 9.10／B5・230 p.／4200 円
第 91 号：フェロニッケルスラグ細骨材を用いたコンクリートの施工指針／平 10.2／B5・124 p.
第 92 号：銅スラグ細骨材を用いたコンクリートの施工指針／平 10.2／B5・100 p.／2800 円
第 93 号：高流動コンクリート施工指針／平 10.7／B5・246 p.／4700 円
第 94 号：フライアッシュを用いたコンクリートの施工指針（案）／平 11.4／A4・214 p.／4000 円
第 95 号：コンクリート構造物の補強指針（案）／平 11.9／A4・121 p.／2800 円
第 96 号：資源有効利用の現状と課題／平 11.10／A4・160 p.
第 97 号：鋼繊維補強鉄筋コンクリート柱部材の設計指針（案）／平 11.11／A4・79 p.
第 98 号：LNG 地下タンク躯体の構造性能照査指針／平 11.12／A4・197 p.／5500 円
第 99 号：平成 11 年版　コンクリート標準示方書［施工編］－耐久性照査型－　改訂資料／平 12.1／A4・97 p.
第100号：コンクリートのポンプ施工指針［平成 12 年版］／平 12.2／A4・226 p.
※第101号：連続繊維シートを用いたコンクリート構造物の補修補強指針／平 12.7／A4・313 p.／5000 円
第102号：トンネルコンクリート施工指針（案）／平 12.7／A4・160 p.／3000 円
※第103号：コンクリート構造物におけるコールドジョイント問題と対策／平 12.7／A4・156 p.／2000 円
第104号：2001 年制定　コンクリート標準示方書［維持管理編］制定資料／平 13.1／A4・143 p.
第105号：自己充てん型高強度高耐久コンクリート構造物設計・施工指針（案）／平 13.6／A4・601 p.
第106号：高強度フライアッシュ人工骨材を用いたコンクリートの設計・施工指針（案）／平 13.7／A4・184 p.
第107号：電気化学的防食工法　設計施工指針（案）／平 13.11／A4・249 p.／2800 円
第108号：2002 年版　コンクリート標準示方書　改訂資料／平 14.3／A4・214 p.
第109号：コンクリートの耐久性に関する研究の現状とデータベース構築のためのフォーマットの提案／平 14.12／A4・177 p.
第110号：電気炉酸化スラグ骨材を用いたコンクリートの設計・施工指針（案）／平 15.3／A4・110 p.
※第111号：コンクリートからの微量成分溶出に関する現状と課題／平 15.5／A4・92 p.／1600 円
※第112号：エポキシ樹脂塗装鉄筋を用いる鉄筋コンクリートの設計施工指針［改訂版］／平 15.11／A4・216 p.／3400 円

●コンクリートライブラリー一覧●

号数：標題／発行年月／判型・ページ数／本体価格

第113号 ：超高強度繊維補強コンクリートの設計・施工指針（案）／平 16.9 ／ A 4・167 p. ／ 2000 円
第114号 ：2003 年に発生した地震によるコンクリート構造物の被害分析／平 16.11 ／ A 4・267 p. ／ 3400 円
第115号 ：（CD-ROM 写真集）2003 年，2004 年に発生した地震によるコンクリート構造物の被害／平 17.6 ／ A4・CD-ROM
第116号 ：土木学会コンクリート標準示方書に基づく設計計算例［桟橋上部工編］／ 2001 年制定コンクリート標準示方書［維持管理編］に基づくコンクリート構造物の維持管理事例集（案）／平 17.3 ／ A4・192 p.
第117号 ：土木学会コンクリート標準示方書に基づく設計計算例［道路橋編］／平 17.3 ／ A4・321 p. ／ 2600 円
第118号 ：土木学会コンクリート標準示方書に基づく設計計算例［鉄道構造物編］／平 17.3 ／ A4・248 p.
※第119号 ：表面保護工法　設計施工指針（案）／平 17.4 ／ A4・531 p. ／ 4000 円
第120号 ：電力施設解体コンクリートを用いた再生骨材コンクリートの設計施工指針（案）／平 17.6 ／ A4・248 p.
第121号 ：吹付けコンクリート指針（案）　トンネル編／平 17.7 ／ A4・235 p. ／ 2000 円
※第122号 ：吹付けコンクリート指針（案）　のり面編／平 17.7 ／ A4・215 p. ／ 2000 円
※第123号 ：吹付けコンクリート指針（案）　補修・補強編／平 17.7 ／ A4・273 p. ／ 2200 円
※第124号 ：アルカリ骨材反応対策小委員会報告書－鉄筋破断と新たなる対応－／平 17.8 ／ A4・316 p. ／ 3400 円
第125号 ：コンクリート構造物の環境性能照査指針（試案）／平 17.11 ／ A4・180 p.
第126号 ：施工性能にもとづくコンクリートの配合設計・施工指針（案）／平 19.3 ／ A4・278 p. ／ 4800 円
第127号 ：複数微細ひび割れ型繊維補強セメント複合材料設計・施工指針（案）／平 19.3 ／ A4・316 p. ／ 2500 円
第128号 ：鉄筋定着・継手指針［2007 年版］／平 19.8 ／ A4・286 p. ／ 4800 円
第129号 ：2007 年版　コンクリート標準示方書　改訂資料／平 20.3 ／ A4・207 p.
第130号 ：ステンレス鉄筋を用いるコンクリート構造物の設計施工指針（案）／平 20.9 ／ A4・79p. ／ 1700 円
※第131号 ：古代ローマコンクリート－ソンマ・ヴェスヴィアーナ遺跡から発掘されたコンクリートの調査と分析－／平 21.4 ／ A4・148p. ／ 3600 円
第132号 ：循環型社会に適合したフライアッシュコンクリートの最新利用技術－利用拡大に向けた設計施工指針試案－／平 21.12 ／ A4・383p. ／ 4000 円
第133号 ：エポキシ樹脂を用いた高機能 PC 鋼材を使用するプレストレストコンクリート設計施工指針（案）／平 22.8 ／ A4・272p. ／ 3000 円
第134号 ：コンクリート構造物の補修・解体・再利用における CO_2 削減を目指して－補修における環境配慮および解体コンクリートの CO_2 固定化－／平 24.5 ／ A4・115p. ／ 2500 円
※第135号 ：コンクリートのポンプ施工指針　2012 年版／平 24.6 ／ A4・247p. ／ 3400 円
※第136号 ：高流動コンクリートの配合設計・施工指針　2012 年版／平 24.6 ／ A4・275p. ／ 4600 円
※第137号 ：けい酸塩系表面含浸工法の設計施工指針（案）／平 24.7 ／ A4・220p. ／ 3800 円
第138号 ：2012 年制定　コンクリート標準示方書改訂資料－基本原則編・設計編・施工編－／平 25.3 ／ A4・573p. ／ 5000 円
第139号 ：2013 年制定　コンクリート標準示方書改訂資料－維持管理編・ダムコンクリート編－／平 25.10 ／ A4・132p. ／ 3000 円
第140号 ：津波による橋梁構造物に及ぼす波力の評価に関する調査研究委員会報告書／平 25.11 ／ A4・293p. ＋ CD-ROM ／ 3400 円
第141号 ：コンクリートのあと施工アンカー工法の設計・施工指針（案）／平 26.3 ／ A4・135p. ／ 2800 円
第142号 ：災害廃棄物の処分と有効利用－東日本大震災の記録と教訓－／平 26.5 ／ A4・232p. ／ 3000 円
第143号 ：トンネル構造物のコンクリートに対する耐火工設計施工指針（案）／平 26.6 ／ A4・108p. ／ 2800 円
※第144号 ：汚染水貯蔵用 PC タンクの適用を目指して／平 28.5 ／ A4・228p. ／ 4500 円
※第145号 ：施工性能にもとづくコンクリートの配合設計・施工指針［2016 年版］／平 28.6 ／ A4・338p.+DVD-ROM ／ 5000 円
第146号 ：フェロニッケルスラグ骨材を用いたコンクリートの設計施工指針／平 28.7 ／ A4・216p. ／ 2000 円
第147号 ：銅スラグ細骨材を用いたコンクリートの設計施工指針／平 28.7 ／ A4・188p. ／ 1900 円
※第148号 ：コンクリート構造物における品質を確保した生産性向上に関する提案／平 28.12 ／ A4・436p. ／ 3400 円
※第149号 ：2017 年制定　コンクリート標準示方書改訂資料－設計編・施工編－／平 30.3 ／ A4・336p. ／ 3400 円
※第150号 ：セメント系材料を用いたコンクリート構造物の補修・補強指針／平 30.6 ／ A4・288p. ／ 2600 円
※第151号 ：高炉スラグ微粉末を用いたコンクリートの設計・施工指針／平 30.9 ／ A4・236p. ／ 3000 円
※第152号 ：混和材を大量に使用したコンクリート構造物の設計・施工指針（案）／平 30.9 ／ A4・160p. ／ 2700 円
※第153号 ：2018 年制定　コンクリート標準示方書改訂資料－維持管理編・規準編－／平 30.10 ／ A4・250p. ／ 3000 円
第154号 ：亜鉛めっき鉄筋を用いるコンクリート構造物の設計・施工指針（案）／平 31.3 ／ A4・167p. ／ 5000 円
※第155号 ：高炉スラグ細骨材を用いたプレキャストコンクリート製品の設計・製造・施工指針（案）／平 31.3 ／ A4・310p. ／ 2200 円
※第156号 ：鉄筋定着・継手指針〔2020 年版〕／令 2.3 ／ A4・283p. ／ 3200 円
※第157号 ：電気化学的防食工法指針／令 2.9 ／ A4・223p. ／ 3600 円
※第158号 ：プレキャストコンクリートを用いた構造物の構造計画・設計・製造・施工・維持管理指針（案）／令 3.3 ／ A4・271p. ／ 5400 円
※第159号 ：石炭灰混合材料を地盤・土構造物に利用するための技術指針（案）／令 3.3 ／ A4・131p. ／ 2700 円
※第160号 ：コンクリートのあと施工アンカー工法の設計・施工・維持管理指針（案）／令 4.1 ／ A4・234p. ／ 4500 円

●コンクリートライブラリー一覧●

号数：標題／発行年月／判型・ページ数／本体価格

※は土木学会にて販売中です．価格には別途消費税が加算されます．

定価 3,300 円（本体 3,000 円＋税 10%）

コンクリートライブラリー164
2023 年制定　コンクリート標準示方書改訂資料
－施工編・ダムコンクリート編・規準編－

令和 5 年 9 月 26 日　第 1 版・第 1 刷発行

編集者……公益社団法人　土木学会　コンクリート委員会
コンクリート標準示方書改訂小委員会　委員長　二羽　淳一郎
規準関連小委員会　委員長　山口　明伸
発行者……公益社団法人　土木学会　専務理事　三輪　準二

発行所……公益社団法人　土木学会
〒160-0004　東京都新宿区四谷一丁目無番地
TEL　03-3355-3444　FAX　03-5379-2769
http://www.jsce.or.jp/
発売所……丸善出版株式会社
〒101-0051　東京都千代田区神田神保町 2-17　神田神保町ビル
TEL　03-3512-3256　FAX　03-3512-3270

ISBN978-4-8106-1089-5
印刷・製本：昭和情報プロセス（株）　用紙：京橋紙業（株）
ブックデザイン：昭和情報プロセス（株）